Geometrical Optics, Aberrations and Optical Design

几何光学·像差·光学设计

（第五版）

李晓彤　岑兆丰　编著

ZHEJIANG UNIVERSITY PRESS
浙江大学出版社
·杭州·

图书在版编目(CIP)数据

几何光学·像差·光学设计 / 李晓彤,岑兆丰编著.
—5版. —杭州:浙江大学出版社,2023.8
ISBN 978-7-308-24298-1

Ⅰ.①几… Ⅱ.①李…②岑… Ⅲ.①几何光学②象差③光学系统—系统设计 Ⅳ.①O435

中国国家版本馆 CIP 数据核字(2023)第 196473 号

几何光学·像差·光学设计(第五版)
JIHE GUANGXUE XIANGCHA GUANGXUE SHEJI
李晓彤　岑兆丰　编著

策　　划　黄娟琴
责任编辑　王　波　黄娟琴
责任校对　吴昌雷
封面设计　续设计
出版发行　浙江大学出版社
(杭州市天目山路 148 号　邮政编码 310007)
(网址:http://www.zjupress.com)
排　　版　浙江大千时代文化传媒有限公司
印　　刷　杭州钱江彩色印务有限公司
开　　本　787mm×1092mm　1/16
印　　张　25
字　　数　608 千
版 印 次　2023 年 8 月第 5 版　2023 年 8 月第 1 次印刷
书　　号　ISBN 978-7-308-24298-1
定　　价　72.00 元

序

现代社会科技、经济进步的重要推动力之一是信息科学与技术学科的发展。光学工程学科是依托光与电磁波基本理论和光电技术，面向信息科学基本问题与工程应用的一门学科，是信息科学与技术一个重要的分支学科。自1952年浙江大学建立国内高校第一个光学仪器专业以来，我国光学工程学科的本科人才培养已经历了半个多世纪的发展，本科专业体系逐渐完善。为顺应光学工程学科和光电信息产业的不断发展，国内许多高校设立了光学工程本科相关专业，并在教育部教学指导委员会的重视和指导下，专业人才培养质量稳步提高。

但是目前在本科专业建设方面，还存在着专业特色不突出、学生光学工程能力培养欠缺、优秀教材系列化程度不足等问题。为此浙江大学光电系和浙江大学出版社发起并联合多所高校、企业编著了一套"高等院校光电类专业系列规划教材"，既包括了光学工程教育体系的主要内容，又整合了光电技术领域的专业技能，突出实践环节，充分体现光学工程学科的数理特征、行业特征以及国内外光学工程研究与产业发展的最新成果和动态，增强了学科发展与社会需求的协同性。

"高等院校光电类专业系列规划教材"不仅得到了教育部高等院校光电信息科学与工程专业教学指导分委员会、中国光学学会、浙江大学、长春理工大学、西安工业大学等单位的大力支持，邀请了专业知名学者、优秀工程技术专家参与，教指委专家审定，同时还吸取了多届校友和在校学生的宝贵意见和建议，是结合国际教学前沿、国内精品教学成果、企业实践应用的高水平教材，不仅有助于系统学习与掌握光学工程的理论知识，也与时俱进地顺应了光电信息产业对光学工程学科的人才培养要求，必将对培养适应产业技术进步的高素质人才起到积极的推动作用，为我国高校光学工程教育的发展和学科建设注入新的活力。

中国工程院院士

第五版前言

本教材自第四版出版以来又是三年过去了，这期间我们经历了一场长达三年的新冠疫情，很多同学不得不在封闭的环境下上网课，老师们也随时面临线上线下教学的转换，不仅影响了正常的师生交流，同学之间的交流也少了很多。当然，这期间我们也更认识到光学科技给我们带来的信息便利。在这重回正常生活的2023年，让我们再次回忆联合国大会第68届会议决议所提的，“认识到光和光基技术对世界民众的生活以及全球社会多层面未来发展的重要性”，包括光技术在推动可持续发展和解决多领域世界性问题的重要性，回顾国际光年、国际光日的确立，纪念千年来人类在光领域的重大发现。我们的教材再版也正是在推进人们对光和光学技术的认识、联合应对多个领域面临的紧迫挑战中贡献一份力量。

近些年来，光学在人类生活和各项活动中扮演了越来越重要的角色，大大拓展了人类的视觉。手机摄影功能已成为人们使用最频繁的标配功能，机器视觉、工业相机也在生产活动中被大量应用并得到普及。无论是空间探测，还是安防监控，以及现代通信、半导体行业等，都离不开光的传播与成像。本教材的内容就是以光线的传播表示光的传播，并在这个基础上系统地研究光的传播与成像。

光学是一门古老的学问，从墨子和古希腊的数学家、哲学家的观点直到近现代关于光的本质的争论可以看出，人类对光的了解越来越深入，但仍然有许多未知值得探索。光学和光学技术一直在发展中，在信息社会又焕发了新的生机。第四版修订时保留了第三版的系统性结构、时代特性、教材特性、工具书特性、开放性和人文特性，基于基本理论和工程应用的融合统一，将2007年的第二版于“特殊光学表面及其应用”一章推出衍射光学表面光线追迹的一般公式矢量形式调整到第一章，增加了由费马原理直接推导出该公式的详细过程，指出了2011年哈佛大学发表本公式标量形式应有的限制条件和国际上相关论文的普遍说法，而在“特殊光学表面及其应用”一章将此公式具体应用于含衍射结构的表面。

本次修订保留了上次修订的基本结构和内容，为适应多样化线上线下混合教学的需要，将我们在长期教学中制作的动画做成小视频，在书中以二维码的形式插入，供读者扫码观看，帮助读者理解相关知识。另外，我们的“应用光学”慕课（MOOC）已经在中国大学MOOC网站上线多年，这些都是在为“推进教育数字化，建设全民终身学习的学习型社会、学习型大国”做贡献。

本教材的时代特性、教材特性、工具书特性、开放性和人文特性的具体表现已经在第四版前言中叙述，这里不再赘述。从第一章的含衍射面的矢量形式折反射定律的详细推导和讨论向读者展开的视角，到将手机镜头写入教材；从相对独立又相互联系、融会贯通的知识结构，到引入动画帮助读者理解；从文献索引到介绍科学家的脚注，这些安排都体现着作者的期待，希望读者本着海纳江河的学习态度，无曰已是、无曰遂真的质疑精神，靡革匪因、靡故匪新的创造意识，通过学习本书，进一步体会浙大校歌歌词中的“形上谓道兮，形下谓器”，运用所学的光学知识为人类文明进步尽一份力，怀着对历史的尊重去开拓创新，同时也关注技术给人类带来的多方面影响，“坚持以人民为中心的发展思想”，多思考人类的未来。

本书仍由“几何光学”、“像差理论”和“光学设计”这三个相对独立而又相互联系的部分所构成，“几何光学”部分包括高斯光学的基本内容以及光束限制、光能计算等；“像差理论”部分包括几何像差、波像差和光线追迹；“光学设计”部分包括各类光学系统及其设计、像质评价、优化设计、光学工程制图等。希望读者能够在应用中体会人的自主性、创造性以及人与软件在现代光学设计中的关系，比较全面地了解光学设计的完整过程，更好地联系工程实际，培养工程素质。

本书列出的参考文献通常是光学或计算机科学方面相对完善、为大多数人所认同的著作，是较为成熟的知识，而光学和光学技术本身就是交叉学科，并且还在和其他学科进一步交叉融合，产生新的研究方向和知识生长点。读者还应关注那些处于探索和萌芽状态的新知识、新文献，不断获得处于流动和发展状态的、具有生命力的新的智慧，使自己融入这个时代的创造过程。

与原教材相同，王子余教授 1989 年著的《几何光学和光学设计》以及由周淑文副教授所编写的自编教材《特殊光学系统》是本书的最重要、最基本的源头，本书不仅包含了原光学教研室多位教师多年来科研和教学经验的结晶，还得到作者所在研究所以及其他所、室教师的支持和指导，多年来使用本书的广大同学在读期间和工作之后也从不同角度对本书提出了很多宝贵意见，在此谨表示衷心的感谢！

本书作者长期从事光学设计和与之相关的软件设计工作，书中有部分内容是对这些年教学工作的一些体会和总结，也包括了科研工作的一些收获，难免出现不够全面和考虑欠周的问题，欢迎读者参与有关问题的讨论。书中所有内容和技术上的欠妥和不当之处，敬请各位读者批评指正。

编著者

2023 年 7 月 25 日于求是园

第四版前言

本教材从2014年出第三版至今又是近7年过去了。在这一时期,我们所处的世界和人们的生活方式都发生了很大的变化,时间虽短,却多少有了一点沧桑感。而这些变化在很大程度上又与光学技术的发展密切相关。这里我们不能不回忆2013年12月20日联合国大会第68届会议形成的决议,“认识到光和光基技术对世界民众的生活以及全球社会多层面未来发展的重要性”,并强调光技术在推动可持续发展和解决多领域世界性问题的重要性,宣布2015年为光和光基技术国际年,简称国际光年,以此纪念千年来人类在光领域的重大发现。2018年起,我们又有了一个重要的日子:5月16日国际光日,由联合国教科文组织设立,目的是强调光在现代社会中的重要作用,通过一系列活动推进人们对光和光学技术的认识,联合应对多个领域面临的紧迫挑战。

视觉是人类信息的重要来源,光子携带信息进入我们的眼睛,眼睛便是我们人人都有的光学仪器;人们天天手机不离身,摄影摄像功能已经成为手机的标配,特别是近一年来国际上发生了新冠疫情,健康码、行程卡、扫码等功能常需要摄影摄像。当我们使用自己的光学仪器时,与生俱来的好奇心一定想知道光是怎么传播的、又是怎么成像的。本教材的内容就是以光线的传播表示光的传播,并在这个基础上系统地研究光的传播与成像。

光学是一门古老而又现代的学问,从墨子和古希腊的数学家、哲学家的观点直到近现代关于光的本质的争论和越来越深入的研究表明,光学和光学技术一直在发展中,至今还在不断焕发新的风采。2014年修订时已经在2007版国家“十一五”规划教材的基础上做了一次较大的修改,涉及本书结构的变化,在强调基本理论和工程应用的融合统一这一编著原则的同时,强化了本教材的时代特性、教材特性、工具书特性和开放性,增加了一些历史文化要素,体现了人文特性,并且从结构上将像差理论这部分内容进行了全面整合,突出了像差概念、像差现象、像差曲线表示以及初级像差和孔径、视场的关系,有助于在教学中由浅入深地讲授,也便于教师根据专业特点进行选择性教学。这些修订得到了读者的认可,2017年本教材被评为浙江省高校“十二五”优秀教材。

本次修订中,保留了2014版的系统性结构,在2007版于“特殊光学表面及其应用”一章推出衍射光学表面光线追迹的一般公式矢量形式的基础上,在第1

章增加了由费马原理直接推导出该公式的详细过程，称为折反射定律的一般矢量公式，并且告诉读者2011年哈佛大学发表本公式标量形式以及此后国际上有关论文的普遍说法，即“广义折反射定律”，而在“特殊光学表面及其应用”一章将此公式具体应用于含衍射结构的表面。

结合上次修订与本次修订，本教材的特性具体表现为：(1)时代特性：上次修订已删减和压缩了基本不用或应用很少的内容，整合了经典的像差部分，突出了以现代新技术、新方法、新材料为代表的发展和变革的内容，并在部分理论性内容后面加入了一些应用性实例，本次修订增加了对2007版已导出的光线追迹一般公式的详细推导过程，让读者可以用更广的视角、以费马原理为基础，了解几何光学和波动光学的联系，从二者相结合的视角审视折反射定律，并且由于“广义折反射定律”被人们用于研究超构透镜，认为这种透镜可能导致成像技术的变革，从而让读者将古老的几何光学和现代新技术联系起来。(2)教材特性：本书定位仍然是一本高等院校光电信息科学与工程类专业的教材，上次修订整理的每一章的知识要点仍然保留，并且强调内容上的融会贯通，帮助学习者掌握知识要点的前后联系，章后有较为充分的练习，覆盖了基本知识，教师可根据不同的课堂学时进行选择，除了用于本科生课程以外，也可供研究生阶段作为光学工程领域专业课的部分内容。(3)工具书特性：本书含有很多课堂教学之外的科研和工程技术方面的内容，如一般公式的矢量形式便是作者在科研中的工作积累，经多次应用已较为成熟，也包括作者在工作中对一些问题的思考和探讨，将这些写入本书希望可以作为从事研究与光学有关问题的其他专业人员的重要参考资料。(4)开放性：人们在学校里学习的知识是需要随着科学技术发展和社会进步不断更新的，继续学习、终身学习的理念已经深入人心，学习已经成为一种生活方式，成为一种习惯和乐趣。学习的过程也是接受信息、处理信息并且生成自己的信息和判断的过程，事实上我们每天都在接受信息，读者也需要与教材相关的更广层面上的资料。本书保留了原书中的主要专业词汇索引，并在多处强调读者的举一反三，希望本教材为读者继续学习提供一个开放的平台。通常的教学安排是先学习几何光学，后学习波动光学，本书描述了一种用几何光学的知识基础去理解波动光学概念的方法，为继续深入学习和研讨提供一种视角。(5)人文特性：对于本教材所涉及的原理、方法、光学元件和系统均查询历史渊源，上一版已经增加了脚注，对有关科学家和工程师作了简介，本版仍保留这些脚注。我们知道阅读本书的大多数是理工科专业的读者，但钻研技术的同时不能忘记文明，浙江大学校歌有一句歌词：“形上谓道兮，形下谓器。”希望读者在学习的过程中了解一点光学史及其在人类文明中的重要作用，怀着对历史和人物的尊重去开拓创新，也在更广泛的层面上关注技术给人类带来的多方面影响。

本书的结构在这次修订中未作变动，仍由“几何光学”、“像差理论”和“光学设计”这三个相对独立而又相互联系的部分构成。“几何光学”部分包括高斯光学的基本内容以及光束限制、光能计算等;“像差理论”部分包括几何像差、波像差和光线追迹,可以满足不同层次的教学要求;“光学设计”部分包括典型光学系统、光学系统初始结构设计方法、近现代多种各具特点的特殊光学系统原理与设计特点、非球面和衍射元件等特殊光学表面的原理和相关计算及应用,还有像质评价、光学系统自动设计、光学软件简介,希望读者能够在应用中体会人的自主性、创造性以及人与软件在现代光学设计中的关系。原书中对加工、安装工艺性的保证以及光学工程制图、公差与标注等工程方面的内容仍然保留,希望读者能够比较全面地了解光学设计的完整过程,更好地联系工程实际,培养工程素质。

本书列出了一些参考文献,通常是光学或计算机科学方面相对完善、为大多数人所认同的著作,是经过长期实践检验的知识。读者一方面应从其相互联系中加以融会贯通、综合把握,使自己具有扎实的基础,另一方面还应注意到光学和光学技术本身已经成为一种交叉学科,并且正在和其他学科进一步交叉融合,产生新的研究方向和知识生长点。读者应注意批判地学习那些处于探索中的、表现为最新文献和实践经验形式的知识,在现有知识中发现它们的萌芽和生长的过程,从而不断获得处于流动和发展状态的、具有生命力的新的智慧,使自己融入这个时代的创造过程。

与原教材相同,王子余教授 1989 年著的《几何光学和光学设计》以及由周淑文副教授所编写的自编教材《特殊光学系统》是本书的最重要最基本的源头,本书不仅包含了原光学教研室多位教师多年来科研和教学经验的结晶,还得到作者所在研究所以及其他所、室教师的支持和指导,多年来使用本书的广大同学在读期间和工作之后也从不同角度提出了很多宝贵意见,在此谨表示衷心的感谢!

天津大学范世福教授一直关心本书编著,从第二版起就作为主审提出诸多宝贵意见,作者在此致以衷心的感谢!

本书作者长期从事光学设计和与之相关的软件设计工作,书中有部分内容是对这些年教学工作的一些体会和总结,也包括了科研工作的一些收获,难免出现不够全面和考虑欠周的问题,欢迎读者参与有关问题的讨论。书中所有内容和技术上的欠妥和不当之处,以及不规范用字和一些标准,引用遗漏和不详等问题,敬请各位读者批评指正。

李晓彤　岑兆丰

2020 年 10 月 25 日于求是园

第三版前言

本次修订是在2007版国家“十一五”规划教材的基础上的一次修改提升，强调基本理论和工程应用的融合统一仍然是本书编著的原则，更突出了时代特性、教材特性、工具书特性和开放性，同时尝试在工程技术类教材中加入一些历史文化要素，体现人文特性。具体表现为：(1)时代特性：随着几何光学和光学设计的发展，再次删减和压缩了基本不用或应用很少的内容，整合了经典的像差部分，突出了以现代新技术、新方法、新材料为代表的发展和变革的内容，并在部分理论性内容后面加入了一些应用性实例，让读者了解几何光学和光学设计的应用方向。(2)教材特性：本书定位仍然是一本高等院校光电信息科学与工程类专业的教材，根据本次编排整理了每一章的知识要点，编著者尤其强调内容上的融会贯通，帮助学习者掌握知识要点的前后联系，章后练习也充分考虑到基本知识的覆盖和课堂学时要求，知识范畴涵盖了本科生到研究生阶段部分相关的专业课的内容。(3)工具书特性：本书含有很多课堂教学之外的科研和工程技术方面的内容，融入了作者从事多年科研、教学工作的积累，以及平时工作中对一些问题的思考和探讨，当这些思考和探讨在作者长期的研究工作中逐步成熟并且写入本书后，可以作为从事研究与光学有关问题的其他专业人员的重要参考资料。(4)开放性：继续学习、终身学习的理念深入人心，在现代社会学习已经成为一种生活方式，成为一种习惯和乐趣，读者往往需要与教材相关的更广层面上的资料。本书保留了原书中的主要专业词汇索引，并在多处强调读者的举一反三。希望本书成为读者深入学习、研讨的开放的平台。(5)人文特性：对于本教材所涉及的原理、方法、光学元件和系统均查询历史渊源，增加脚注对有关科学家和工程师做了简介，从而引导读者在学习的过程中了解一些光学史及其在人类文明中的重要作用，怀着对历史和人物的尊重去开拓创新。

同原教材相同，本书内容仍由“几何光学”、“像差理论”和“光学设计”这三个相对独立而又相互联系的部分构成。第一部分是“几何光学”，共六章，包括高斯光学的基本内容以及光束限制、光能计算等；第二部分是“像差理论”，将原来的六章整合为五章，从像差基本概念出发，逐级深入地讲述几何像差、波像差和光线追迹，可以满足不同层次的教学要求；第三部分是“光学设计”，共八章，包括典型光学系统原理、光学系统初始结构设计方法，特殊光学系统一章包括激光光学系统、傅里叶变换透镜、光谱分析光学系统、光电光学系统、梯度折射率透镜和光导纤维等光学系统的原理与设计特点，特殊光学表面包含了非球面和二元光学、光栅、全息等衍射面的原理、计算方法和应用，像质评价和光学系统自动设计等内容中对光学设计软件进行了简要的介绍，可以帮助读者了解和选择要使用的软件，并且在应用中体会人与软件在现代光学设计中的关系，原书中的对加工、安装工艺性的保证以及光学工程制图、公差与标注等工程方面的内容仍然保留，有利于读者了解光学设计的完整过程，掌握现代光学设计新动态，拓宽知识面，并打下良好的工程基础。全书内容安排体现出本书理论联系实际，重视从数学、物理基础向工程技术的转化的学习思路。

本书参考文献中列出的均系光学或计算机科学方面相对完善、为大多数人所认同的著作，这仅属于知识的一个层面。读者一方面应从其相互联系中加以融会贯通、综合把握，使自己具有扎实的基础；另一方面还应注意批判地学习另一个知识层面，即发展并处于探索中的，表现为最新文献和实践经验形式的知识。只有这样，才能不断获得处于流动和发展状态的、具有生命力的新的知识，使自己在总体素质上得到提高。

与原教材相同，王子余教授1989年著的《几何光学和光学设计》以及由周淑文副教授所编写的自编教材《特殊光学系统》是本书的最重要的源头，本书不仅包含了光学教研室新老教师多年来科研和教学经验的结晶，还得到其他所、室教师的支持和指导，特别是参考了广大同学的宝贵意见，在此谨表示衷心的感谢！

本书的作者长期从事光学设计和与之相关的软件设计工作，书中有部分内容是对这些年科研和教学工作的一些体会和总结，难免出现不够全面和考虑欠周的问题，欢迎读者参与有关问题的讨论。书中所有内容和技术上的欠妥和不当之处，以及不规范用字和一些标准，引用遗漏和内容不详等问题，敬请各位读者批评指正。

编著者

2013年12月15日于求是园

第二版前言

作为国家“十一五”规划教材，本书在原教材的基础上做了比较大的修改。在原教材重视理论基础和强调工程应用原则上力求二者的融合和统一。本书具有以下几个特性：(1)时代特性。表现在内容的改变上面，删节和压缩了部分由于技术进步而落后的或目前基本不用的内容，新增和强化了以现代新技术、新方法、新材料为代表的光学方面的发展和变革的内容，以及几何光学和光学设计新的应用领域的内容。(2)教材特性。本书定位仍然是一本高等院校工科光学有关专业的教材，学生和任课教师是本书的主要应用群体。本书在每一章都系统介绍了本章的知识要点，学习者可以牢牢把握学习的重点和主线，章后练习也充分考虑到基本知识的覆盖和课堂学时要求，知识范畴涵盖了本科生到研究生阶段部分相关的专业课的内容。(3)工具书特性。作为光学工程技术人员的专业工具书是本书的另一个定位，书中含有很多课堂教学之外的科学研究和工程技术方面的内容，可以作为从事研究与光学有关问题的其他专业人员的重要参考资料，内容中融入了作者多年科研、教学工作经验的积累，以及平时工作中对一些问题的思考和探讨。(4)开放性。科学技术的发展永无止境，终身学习的理念被现代社会广泛接受，书中增加了主要词汇的英文解释，并有这些词汇的索引，可以帮助读者学习相关的国外资料，作者力图使本教材成为一个开放的平台，供读者深入学习、研讨。

同原教材相同，本书内容仍由“几何光学”、“像差理论”和“光学设计”这三个相对独立而又相互联系的部分所构成。第一部分是“几何光学”，共六章，包括高斯光学的基本内容以及光束限制、光能计算等；第二部分是“像差理论”，共六章，该部分系统地讲述了像差、初级像差和波像差的基本概念和光线光路及像差的计算；第三部分是“光学设计”，共八章，包括典型光学系统原理、光学系统初始结构设计方法，特殊光学系统一章包括激光光学系统、傅里叶变换透镜、光谱分析光学系统、光电光学系统、梯度折射率透镜和光导纤维等光学系统的原理和设计特点，将原书的非球面在光学系统中的应用一章改成特殊光学表面这样一个更广的范畴，包含了原教材中非球面部分，并增加了包括二元光学、光栅、全息等衍射面的原理、计算方法和应用，像质评价和光学系统自动设计等内容中增加了光学设计软件介绍一章，可以帮助读者了解和选择要使用的软件，并且知道软件在现代光学设计中的作用，原书中的光学设计中对加工、安装工艺性的保证，光学工程制图、公差与标注等工程方面的内容仍然保留，有利于读者了解光学设计的完整过程，掌握现代光学设计新动态，拓宽知识面，并打下良好的工程基础。全书内容安排体现出本书理论联系实际，重视从数学、物理基础向工程技术的转化的学习思路。

本书参考文献中列出的均系光学或计算机科学方面相对完善、为大多数人所认同的著作，这仅属于知识的一个层面。读者一方面应从其相互联系中加以融会贯通、综合把握，使自己具有扎实的基础；另一方面还应注意批判地学习另一个知识层面，即发展并处于探索中的，表现为最新文献和实践经验形式的知识。只有这样，才能不断获得处于流动和发展状态的、具有生命力的新的智慧，使自己在总体素质上得到提高。

与原教材相同，王子余教授 1989 年著的《几何光学和光学设计》以及由周淑文副教授所编写的教材《特殊光学系统》是本书的最重要的源头，本书不仅包含了光学教研室新老教师多年来科研和教学经验的结晶，还得到其他所、室教师的支持和指导，特别是参考了广大同学的宝贵意见，在此谨表示衷心的感谢！

天津大学范世福教授精心审阅了本书并提出了诸多宝贵意见，编者在此致以衷心的感谢！

本书的作者长期从事光学设计和与之相关的软件设计工作，书中部分内容是对这些年科研和教学工作经验的总结，考虑欠周的地方在所难免，欢迎读者参与有关问题的讨论。各种疏漏与不当之处敬请各位读者批评指正。

编　者

2007 年 9 月 10 日于求是园

目 录

第一部分 几何光学

第二部分 像差理论

第三部分　光学设计

第一部分 几何光学

人类在生活与社会发展的各个领域内，使用着种类繁多的光学仪器。尽管其中的光学系统千差万别，但其基本功能则是共同的，即传输光信息，包括光能、光谱、光的波动信息或对所研究的目标成像。因此，研究光的传播和光学成像的规律对于设计光学仪器具有本质的意义。

从本质上讲，光具有波粒二象性，它的传播规律符合波动理论，这已为光的干涉、衍射和偏振等诸多现象所证明。按照波动理论，光的传播就是波面的传播。但用波面的观点来讨论光经透镜或光学系统时的传播规律和成像问题将会造成计算和处理上的很大困难，尽管目前已有针对光波传播的计算手段，但在解决实际的光学技术问题时仍然不够简便快捷。

如果只考虑光的粒子性，把光源或物体看成是由许多几何点组成，并把由这种点发出的光抽象成像几何线一样的光线，那么，只要按照光线的传播来研究这种点经光学系统的成像，解决问题的方法就会变得非常简便和实用。实际上，由波动方程在波长趋于零的缓变波近似下便可导出几何光学。因此，几何光学所研究的只是一种对真实情况的近似处理方法。尽管如此，按此方法所解决的有关光学系统的成像、有关光能传播的计算和设计等方面的光学技术问题，在大多数场合下与实际情况相符。所以，几何光学有很大的实用意义，是研究光学仪器理论必不可少的基础。这也是几何光学这门古老的学问在现代仍然焕发出生命力的原因。

按照几何光学的观点，被成像的物体是一几何点时，如果光学系统是理想的，其像也是一个几何点。这显然与实际情况不符。由于物点发出的波面受光学系统有限孔径的限制，实际的像是一个具有一定能量分布的衍射图样，其中心亮斑已具有一定大小。这样，当两个物点靠近到一定程度时，两个像就会重叠到使人难以分辨出是两个点。这就是光学仪器的分辨率问题，它是无法由几何光学来解决的。这类问题就不能完全依靠几何光学，而必须同时应用光的波动理论才能获得完满的解决。当我们将几何光学与波动理论相结合，方能理解为什么仪器的功能会受到限制，同时也可能找到拓展新光学仪器领域的途径。

因此，只有依靠几何光学中建立起来的一套理论和方法，并结合波动光学的理论，才能成功地解决各种光学系统的有关计算和设计问题。作为一个光学工作者，学习和掌握好几何光学是非常重要的。

第1章　几何光学的基本概念和基本定律

本章作为全书的开始，给出了本教材的基础知识，揭示了几何光学是对光传播特性的近似描述方法。本章内容大多以简单描述的方式介绍性地给出了各项基本概念，推导和计算很少，但是这些简单概念贯穿本教材始终，需很好地掌握。

本章知识要点

1. 发光点、波面、光线、光束
2. 光的直线传播定律、光的独立传播定律、光的反射定律和折射定律及其矢量形式
3. 全反射及临界角
4. 光程与极端光程定律(费马原理)
5. 光轴、顶点、共轴光学系统和非共轴光学系统
6. 实物(像)点、虚物(像)点、实物(像)空间、虚物(像)空间
7. 完善成像条件

1.1　发光点、光线和光束

发光点(luminous point)是本身发光或被其他**光源**(light source)照明后发光的几何点。它既无大小又无体积，但能辐射能量。它向四周发出如几何线那样的**光线**(ray)，携带着光能向外传播。

为什么要首先讨论发光点呢？因为物体总可看成是由点组成的，故通常讨论光学系统对物体成像时，以点作为基本成像元素。讨论物点的成像，便可全面了解物体的成像情况。然而，几何光学的这种发光点和光线的概念是简化了的抽象概念，实际上并不存在。一个实际的光源总有一定大小，才能容有能量。但从物理意义来说，一个光源只要其大小与作用距离相比可忽略不计就可认为是**点光源**(point light source)，例如宇宙中的星体对地球上的观察者来说就是一个点光源。同样，由于光的衍射影响，要从光源发出的光能中分离出光线来也是不可能的。在此，引入这种发光点和光线的概念是为了把复杂的光学成像和光能传播问题简化，从而可利用简单的数学方法方便地描述和解决之。

按照光的波动理论，由光源上一点发出的电磁波被看作是以波面的形式向四周推进，若光所处的介质为各向同性的均匀介质，则波面向各方向的传播速度相同，不同时刻的波面为一系列以发光点为中心的**球面波**(spherical wave)，光能就是沿着波面的法线方向传播的。这里，几何光学中的光线即波动光学中波面的法线，因此我们将波面的法线束称为**光束**

(light beam)。无限远处发光点发出的是**平面波(plane wave)**,对应于平行光束;有限远处发光点发出的是球面波,对应于同心的发散光束和会聚光束,它们统称为同心光束。同心光束经透镜或未精心设计过的光学系统以后会失去同心性,此时所对应的波面可能是轴对称或非轴对称的非球面。

1.2 光线传播的基本定律、全反射

几何光学通过上述简化,把光能的传播和光学成像问题归结为光线的传播问题。光线的传播遵循以下四个基本定律。

(1)**光的直线传播定律**:早在公元前 400 年前后,中国古代科学家墨子①便进行了小孔成像实验,并描述了光的直线传播现象:"景。光之人,煦若射,下者之人也高;高者之人也下。足蔽下光,故成景于上;首蔽上光,故成景于下。在远近有端,与于光,故景库内也。"

现在关于光的直线传播定律是这样表述的:在各向同性的均匀介质中,光在两点之间沿直线传播,即在这种介质中,光线都是直线。

(2)**光的独立传播定律**:以不同途径传播的光同时在空间某点通过时,彼此互不影响,各路光好像其他光线不存在似的独立传播。而在各路光相遇处,其光强度是简单地相加,总是增强的。

光的直线传播定律和光的独立传播定律只在不考虑光的波动性质时才是正确的。据此可以很好地解释日食、月食等现象。很多光学仪器的应用也都以此为基础。但是,这两个定律并不是在所有场合下都是正确的。当光经小孔传播时,光的**衍射(diffraction)**现象将明显地表现出来,通过小孔的光除了按原来的直线方向继续传播外,还要向其他方向衍射光能,并有

$$\sin\alpha=\frac{K\lambda}{D} \tag{1-1}$$

式中,λ 是光的波长,D 是小孔直径,K 是衍射级数。仅当波长为零时,才不存在衍射现象。即几何光学忽略了光的波动性质,是波长近似为零的一种特殊情况。根据经典力学是量子力学当德布罗意②波长趋于零时的近似,也可以说,波动光学是量子化的几何光学。波动光学还告诉我们,从光源上同一点发出的光经不同途径传播后再相遇于某点时,其合成作用应是电矢量的相加,而不是简单的光强度的相加,其光强度可能加强,也可能是减弱的。这就是光的**干涉(interference)**现象。

以上是光在同一介质中的传播规律。当光传播到两种介质的光滑分界面时,依界面的性质不同,光线或返回原介质,或进入另一介质。前者称为光的**反射(reflection)**,按反射定律传播,一般抛光的金属镜面为反射界面;后者称为光的**折射(refraction)**,按折射定律传播,

---

① 墨翟(前 468—前 376),中国古代(春秋末战国初期)思想家、科学家、社会活动家,墨家创始人,有《墨经》传世,对物理学多个分支均有研究与贡献。

② 德布罗意(Louis Victor de Broglie,1892—1987),法国物理学家,波动力学的创始人,量子力学的奠基人之一,巴黎大学教授,因发现电子的波动性获得 1929 年诺贝尔物理学奖。

两种透明介质的光滑分界面为折射界面。

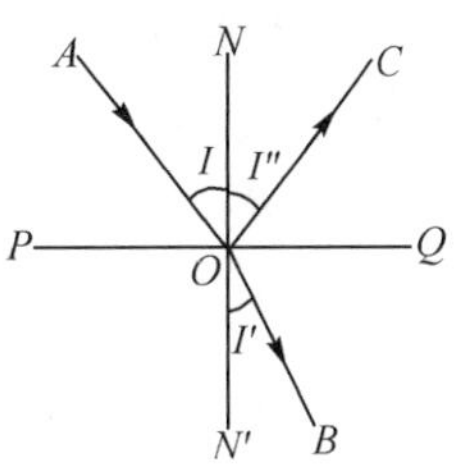

图 1-1

如图 1-1 所示，光线 AO 入射于界面 PQ 上的 O 点，NON' 为界面上入射点处的法线，一部分光能在该点反射，由 OC 方向射出，OC 为**反射光线(reflection ray)**，另一部分光能在该点折射，OB 为**折射光线(refraction ray)**。入射光线与法线的夹角 I 称为**入射角(incident angle)**，反射光线与法线的夹角 I'' 称为**反射角(reflection angle)**，折射光线与法线的夹角 I' 称为**折射角(refraction angle)**。

(3)**光的反射定律(reflection law)**：光的反射定律最早见于古希腊数学家、哲学家欧几里得[①]的《光学》，现在我们表述为：反射光线与入射光线和法线在同一平面内；入射光线和反射光线分别位于法线的两侧，与法线夹角相同，即

$$I''=-I \tag{1-2}$$

(4)**光的折射定律(snell's refraction law)**：折射光线与入射光线和法线在同一平面内；折射角与入射角的正弦之比与入射角的大小无关，仅由两介质的性质决定，当温度、压力和光线的波长一定时，其比值为一常数，等于前一介质与后一介质的折射率之比，即

$$\frac{\sin I'}{\sin I}=\frac{n}{n'}$$

或

$$n'\sin I'=n\sin I \tag{1-3}$$

式中，n 和 n' 分别是入射和折射介质的**折射率(refractive index)**，是介质的绝对折射率。我们知道，光在不同介质中的传播速度各不相同，在真空中光速最快，以 c 表示。介质的折射率便是描述光在该介质中的传播速度 v 减慢程度的一个物理量，即

$$n=\frac{c}{v} \tag{1-4}$$

真空的折射率为 1。空气的折射率在标准大气压 760mmHg 和标准温度 20℃下，对于波长为 5893Å 的钠光为 1.000272，与真空的折射率相差甚微。所以常以介质相对于空气的相对折射率作为该介质的折射率。

光的折射定律由荷兰数学家、光学家斯涅耳[②]记录在他的手稿中，被惠更斯等在整理他的遗物时发现并公开，所以又叫斯涅耳定律。笛卡儿[③]将其表述为今天的形式，论述于《屈光学》一书中。

在图 1-1 中，若令 CO 和 BO 为入射光线，则根据反射定律和折射定律，光线必由 OA 方向射出，这说明光的传播是可逆的，此即光路的可逆性。

在公式(1-3)中，若假定 $n'=-n$，则可得 $I'=-I$，此即反射定律。所以反射定律可认为是折射定律在 $n'=-n$ 时的特殊情况，也可认为空气中的反射界面是折射率分别为 1 和 −1 的两种介质的光滑分界面。

---

① 欧几里得(Ευκλειδης，约前 330—前 275)，古希腊数学家，几何学的奠基人，著有《几何原本》、《光学》。

② 斯涅耳(Willebrord Snell Van Roijen，1591—1626)，荷兰数学家、物理学家，曾任莱顿大学数学教授。

③ 笛卡儿(René Descartes，1596—1650)，法国数学家、哲学家、物理学家，西方现代哲学思想的奠基人，创立了直角坐标系。

一般情况下，光线射至透明介质的分界面时将同时发生反射和折射现象。但在特定条件下，该界面可将入射光能全部反射回去而无折射发生，这就是光的**全反射**(**total reflection**)。

习惯上，我们把界面两边折射率相对较大的介质称为**光密介质**(**optically denser medium**)，折射率相对较小的介质称为**光疏介质**(**optically thinner medium**)。那么，全反射这种特殊情况会在何时发生呢？当光线由光密介质向光疏介质传播时，因 $n'<n$，则 $I'>I$，当 I 增大时，折射光线远离法线，如图 1-2 所示。此时逐渐增大入射角 I 到某一值时，折射角 I' 达 90°，使折射光线沿界面掠射而出。若入射角继续增大，则有 $\sin I'>1$，显然这是不可能的。实验表明，这些光线不能折射入另一介质，而将按反射定律在界面上被全部反射回原介质。对应于 $\sin I'=1$ 的入射角 I_m 称为**临界角**(**critical angle**)，由式(1-3)可知

$$\sin I_m=\frac{n'}{n} \tag{1-5}$$

当光线由光疏介质向光密介质传播时，由公式(1-3)可知，不会发生全反射。

全反射现象在光学仪器中有着重要的应用，例如，为了转折光路可以使用全反射棱镜。如图 1-3 所示的等腰直角棱镜就是最常用的一种全反射棱镜，只要光束孔径角 $2U$ 在一定范围内，所有光线在斜面 AB 上的入射角都大于临界角，因而可以在该面上发生全反射。

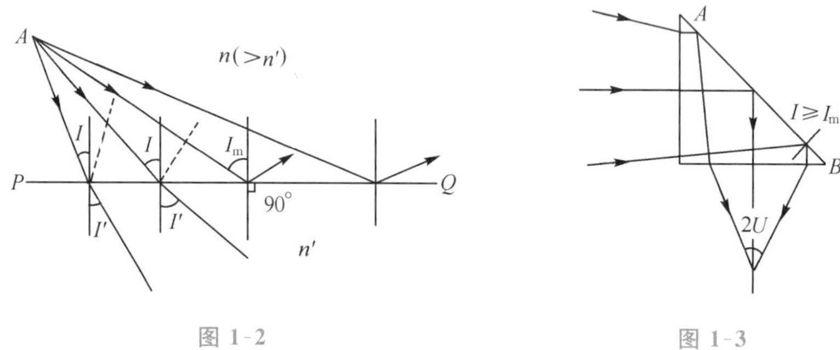

图 1-2　　图 1-3

有一种光学纤维是利用全反射原理来传输光的。单根光纤由内外两层透明介质，即高折射率玻璃的芯子和低折射率玻璃的包层所构成，进入光纤的光束在芯子材料和包层材料的分界面上入射角大于临界角的光线连续全反射，直至传到光纤的另一端，如图 1-4 所示。

以上形式的折(反)射定律在计算平面光路时是可行的，但要求知任何一条光线经界面折(反)射以后的方向，特别是当界面在空间分布复杂，或光线是三维空间的空间光线时，应用矢量形式的折射定律和反射定律来计算更为方便。

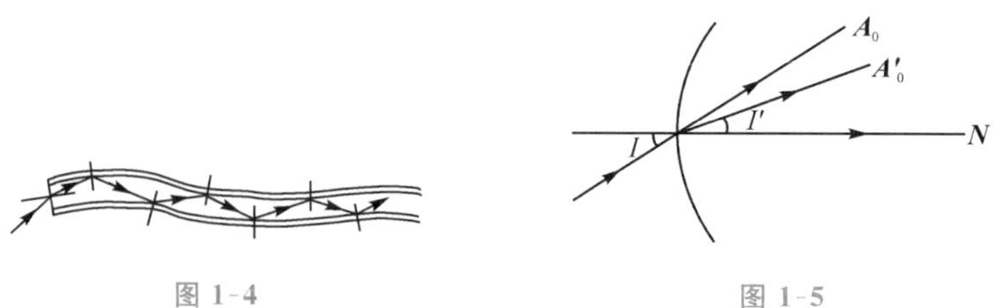

图 1-4　　图 1-5

如图 1-5 所示，$\mathbf{A}_0$ 和 $\mathbf{A}'_0$ 分别是沿入射光线和折射光线的单位矢量，$\mathbf{N}$ 是沿法线的单位矢量。法线矢量的方向是从入射介质到折射介质。按此，式(1-3)可写为

$$n'(\mathbf{A}'_0\times\mathbf{N})=n(\mathbf{A}_0\times\mathbf{N})$$

展开，并将长度为 n' 的折射光线矢量和长度为 n 的入射光线矢量分别记为 $\mathbf{A}'$ 和 $\mathbf{A}$，得

$$\mathbf{A}'\times\mathbf{N}=\mathbf{A}\times\mathbf{N}$$

或

$$(\mathbf{A}'-\mathbf{A})\times\mathbf{N}=0$$

$(\mathbf{A}'-\mathbf{A})$ 与 $\mathbf{N}$ 都不可能为零，因此，此两矢量必定是互相平行的，故上式可表示为

$$\mathbf{A}'-\mathbf{A}=P\mathbf{N}\quad(P\text{ 为待定常数})$$

上式两边同与 $\mathbf{N}$ 作标积，得

$$P=\mathbf{N}\cdot\mathbf{A}'-\mathbf{N}\cdot\mathbf{A}=n'\cos I'-n\cos I$$

当 $n'>n$ 时，$P>0$，矢量 $\mathbf{A}'-\mathbf{A}$ 与 $\mathbf{N}$ 正向平行；反之，当 $n'<n$ 时，$P<0$，两矢量为反向平行。请读者自行画出这两种情况下的矢量关系图。

一般地，在已知两介质折射率和光线的入射角求折射角时，P 可化为

$$P=\sqrt{n'^2-n^2+n^2\cos^2 I}-n\cos I \tag{1-6}$$

$$\mathbf{A}'=\mathbf{A}+P\mathbf{N} \tag{1-7}$$

这就是矢量形式的折射定律，应用它就可由已知的入射光线矢量 $\mathbf{A}$ 和法线矢量 $\mathbf{N}$ 求得折射光线矢量 $\mathbf{A}'$。

矢量形式的反射定律，可以在 $n'=-n$ 的情况下直接由式(1-7)得到，只是其中的 P 可以更为简化。可得

$$P=n'\cos I'-n\cos I=-2n\cos I=-2(\mathbf{N}\cdot\mathbf{A})$$

将其代入式(1-7)可得矢量形式的反射定律

$$\mathbf{A}''=\mathbf{A}-2\mathbf{N}(\mathbf{N}\cdot\mathbf{A}) \tag{1-8}$$

1.3　费马原理

法国业余数学家费马①由于提出了光线传播的费马原理而成为现代几何光学的奠基人之一。费马原理从光程的观点来描述光传播的规律，它具有更普遍的意义。

所谓**光程(optical path)**s，是光在介质中所经过的几何路程 l 与该介质折射率 n 的乘积：

$$s=nl \tag{1-9}$$

由于 $n=c/v$，$l=vt$，则

$$s=ct \tag{1-10}$$

故光程相当于光在介质中走过 l 这段路程的时间 t 内，在真空中所走过的几何路程。光程的概念在以后将有重要的应用。

费马原理(Fermat's principle)：光从一点到另一点是沿光程为极值的路径传播的，即光沿光程为极小、极大或常量的路径传播。该原理又称**极端光程定律**。

不失一般性，设光在非均匀介质中传播，则所走的路径不是直线，如图1-6所示。此时从 A 点到 B 点的总光程为

① 费马(Pierre de Fermat，1601—1665)，法国业余数学家、律师、公务员，对解析几何、微积分、概率论、数论和光学均有重大贡献。

$$s=\int_A^B \mathrm{d}s=\int_A^B n\cdot \mathrm{d}l$$

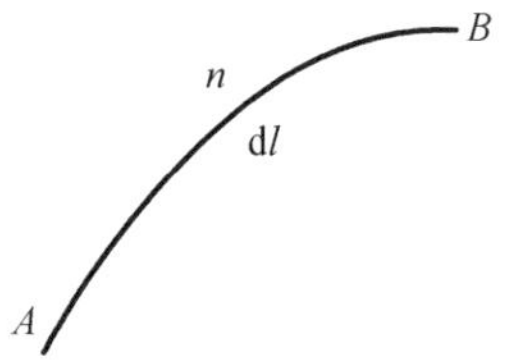

根据费马原理,s 应为极值,即

$$\delta s=\delta\int_A^B n\cdot \mathrm{d}l=0 \tag{1-11}$$

这就是费马原理的数学表达式。

图 1-6

费马原理是描述光线传播规律的最基本的定律。前述光的直线传播、反射和折射定律均可由费马原理导出。对于均匀介质,根据两点间直线为最短的几何公理,应用费马原理可直接解释光沿直线传播的必然性。同样根据该几何公理,由图 1-7 也可得到反射定律。

折射的情况如图 1-8 所示,分别从 A、B 点作界面的垂线 AP、BQ,并令其长度分别为 y_1 和 y_2,则 A 点到 B 点的光程为

$$(AOB)=n\cdot AO+n'\cdot OB=n\sqrt{x^2+y_1^2}+n'\sqrt{(L-x)^2+y_2^2}$$

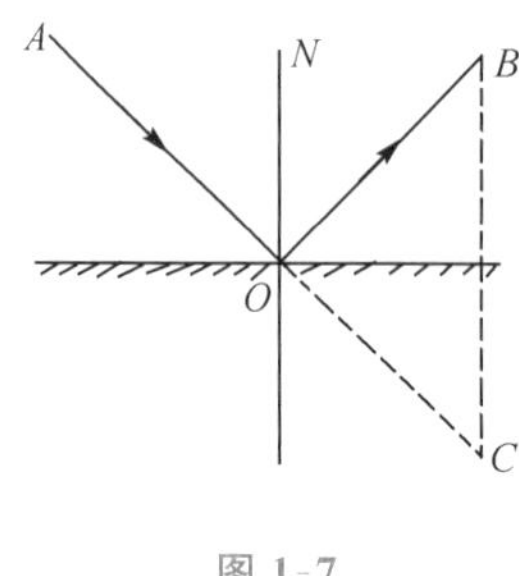

图 1-7

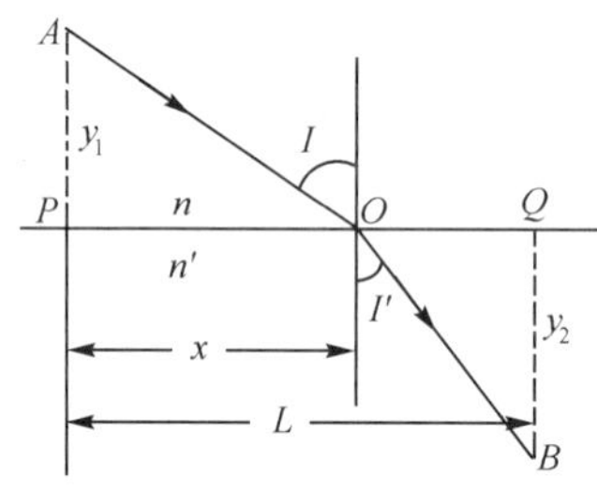

图 1-8

光程为极值的条件为

$$\frac{\mathrm{d}(AOB)}{\mathrm{d}x}=0$$

对上面的光程公式求导并化简即可得折射定律:

$$n\sin I-n'\sin I'=0$$

可见,在以平面为界面的情况下,光线是按光程为极小值的路径传播的。但按费马原理,光也可能按光程为极大值或常量的路径传播。当以曲面为界面时,随曲面的性质和曲率的不同,实际光程可能是极小、极大或常量。例如如图 1-9 所示的以 F 和 F' 为焦点的椭球反射面,根据椭球面的性质可知,由 F 点发出的所有光线经该面反射后必聚焦于 F' 点,且光程为常量,即

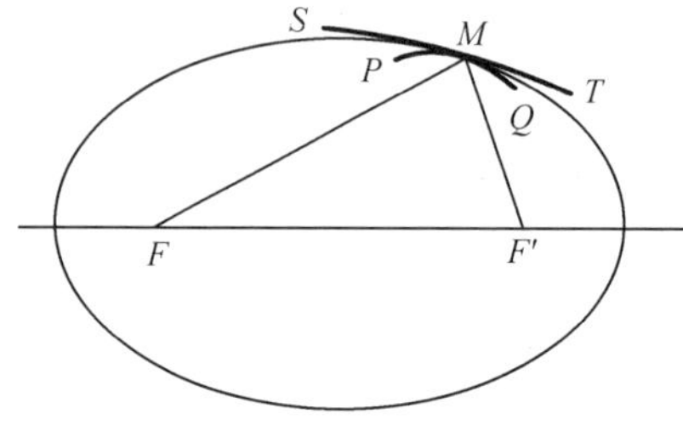

图 1-9

$$FF'=FM+MF'=\text{const}$$

这样的面，对 F 和 F'点来说，谓之等光程面。

图 1-9 中还给出了两个均与椭球面相切于 M 点而曲率不等的反射面 PQ 和 ST，前者曲率大于椭球面，后者曲率小于椭球面。FM 和 MF'也是这两个面的入射光线和反射光线。显然，光程(FMF')对 PQ 面来说为极大值，而对 ST 面来说为极小值。

1.4 物、像的基本概念和完善成像条件

光学仪器中的光学系统由一系列折射和反射表面组成，这些表面中，主要是折射球面，也可以有平面和非球面。各表面曲率中心均在同一直线上的光学系统称为**共轴光学系统**(**coaxial optical system**)，这条直线就叫**光轴**(**optical axis**)。实际光学系统绝大部分属共轴光学系统，为满足一些特殊需要，如航天相机中也常用到非共轴光学系统。

如图 1-10 所示，若以 A 为顶点的入射光束经光学系统的一系列表面折射或反射后，变为以 A'为顶点的出射光束，我们就称 A 为**物点**(**object point**)，A'为物点 A 经该系统所成的**像点**(**image point**)。图中的物点、像点由实际光线相交而成，是**实物**(**real object**)成**实像**(**real image**)的情况。若物像点由光线的延长线相交而成，则称为虚点。在图 1-11 中，A 是虚物点，A'是虚像点，是**虚物**(**virtual object**)成**虚像**(**virtual image**)的情况。需指出，虚物不能人为设置，也不能独立存在，它只能被前面另一系统给出。实像能用屏幕或感光器件来接收和记录，虚像则不能，但可为眼睛所感受。

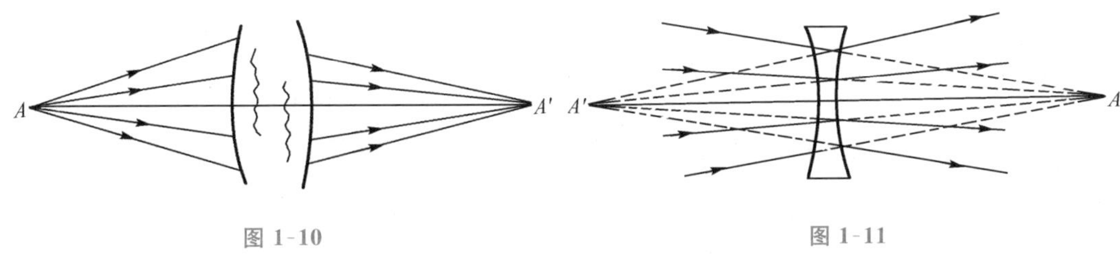

图 1-10　　图 1-11

物所在的空间称为**物空间**(**object space**)；像所在的空间称为**像空间**(**image space**)。它们都可以在从$-\infty$到$+\infty$的整个空间内。

一个发光点或实物点总是发出同心光束，与球面波相对应。一个像点应该也是由与球面波对应的同心光束汇交而成，这种像点称**完善像点**(**perfect image**)。因为光学系统入射波面与出射波面之间的光程是相等的，故要能够将物点 A 完善成像于 A'，必须实现 A 与 A'之间的等光程。所以，等光程是完善成像的物理条件。

如图 1-12 所示为一由 k 个表面组成的光学系统，它将物点 A 成像于 A'。如果 A'是完善像点，则由 A 到 A'之间任何光路的光程必须相等，即

$$\begin{aligned}(AA')&=n_1\cdot AO_1+n_2\cdot O_1O_2+\cdots+n_k\cdot O_{k-1}O_k+n_{k+1}\cdot O_kA'\\&=n_1\cdot AE_1+n_2\cdot E_1E_2+\cdots+n_k\cdot E_{k-1}E_k+n_{k+1}\cdot E_kA'\\&=\text{const}\end{aligned}$$

实际上，要实现对某一给定点的等光程成像，只需用单个反射或折射界面就能满足，这

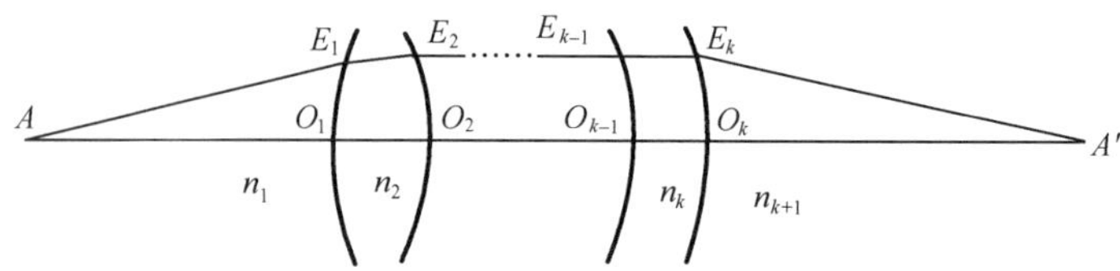

图 1-12

种单个界面称为等光程面。举数例如下：

1)有限距离物点 A 反射成像于有限距离的 A' 点，只需分别以 A 和 A' 为其焦点的椭球面就能达到要求，如图 1-9 所示。

2)无限远物点 A 反射成像于有限距离的 A' 点，只需以 A' 为焦点的抛物面就能达到要求，如图 1-13 所示。反之，根据光路的可逆性，抛物面镜也可将有限距离物点成像于无穷远处。

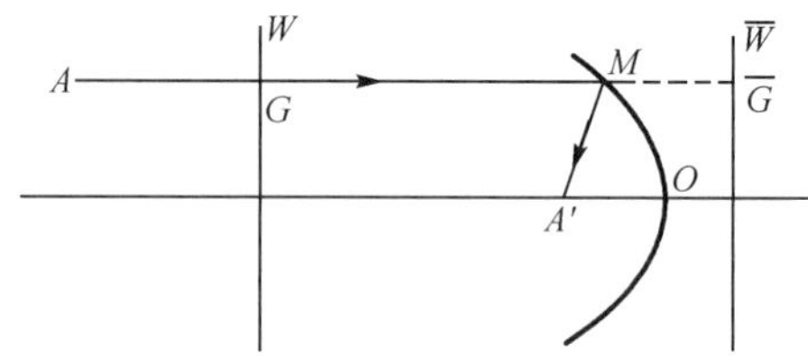

图 1-13

3)有限距离物点 A 折射成像于有限距离的 A' 点，如图 1-14 所示，须满足

$$(AA')=n\cdot AE+n'\cdot EA'=nl+n'l'=\text{const}$$

设 E 点的坐标为(x,y)，则由上式可写出 E 点的轨迹方程为

$$n'\left[l'-\sqrt{(l'-x)^2+y^2}\right]+n\left[l-\sqrt{(l+x)^2+y^2}\right]=0$$

这是一个四次曲线方程，为卵形线。以此曲线绕 AA' 旋转而成的曲面，称卵形面，就是 A 和 A' 之间的等光程面。若在该曲面后加上一个与 A' 同心的球面，如图 1-14 中虚线所示，就得到了一个能使 A 完善成像于 A' 点的等光程透镜。

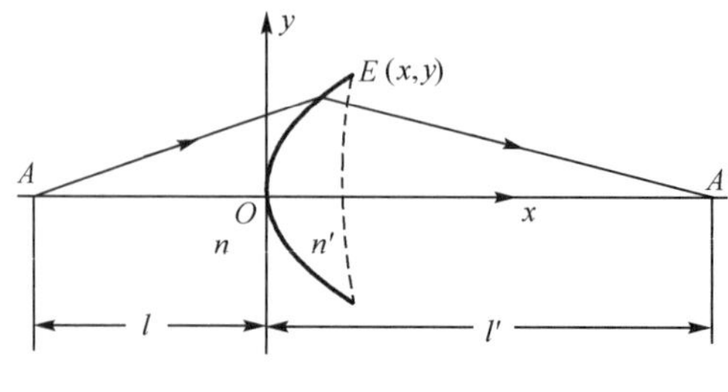

图 1-14

4)上例中，令物点或像点之一位于无穷远，等光程条件可化为二次曲线。若令像点 A' 在无穷远，如图 1-15 所示，该二次曲线为

$$n'x+n\left[l-\sqrt{(l+x)^2+y^2}\right]=0$$

由该二次曲线可见，$n<n'$ 和 $n>n'$ 两种情况下的等光程面分别为双曲面和椭球面。

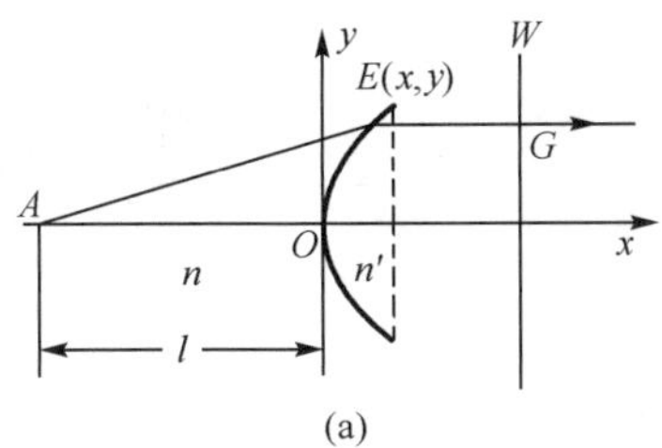

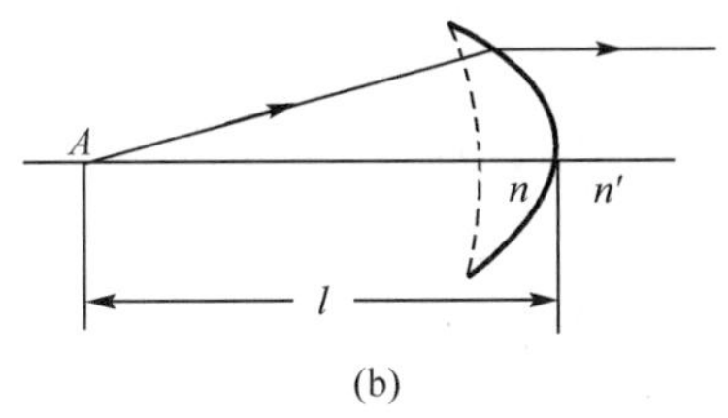

图 1-15

实际上，上述等光程面由于加工困难，且当它们对有限大小的物体成像时，轴外点并不满足等光程条件而不能对其完善成像，因此很少应用。实际的光学系统大多由容易加工的球面组成，当它们满足一定条件时，能对有限大小的物体等光程成像，这将在以后详加讨论。

1.5　折反射定律的一般矢量公式

上面我们已经得到了折射定律和反射定律的矢量形式，并且知道反射定律是折射定律当 $n'=-n$ 时的特殊情况。但这里仅认为界面是纯折射面或纯反射面，没有考虑到界面的多样性。事实上光学系统中除了折射面和反射面，还经常用到衍射面，如光栅、全息面和相位函数表示的二元光学面等，它们在一些光学系统中起到了折射面难以起到的一些作用，具体可参阅本书第 15 章。本章我们不详细介绍特殊表面本身，仅从费马原理得到适用于衍射表面的折反射定律的一般矢量公式。这个公式实际上已经于 2007 年写在本书的第二版“特殊光学表面及其应用”一章的“衍射光学元件的光路计算”这节，包括其推导要点，当时我们称之为“空间光线经衍射光学表面的光路计算一般公式”。哈佛大学 Capasso 团队于 2011 年在 *Science* 期刊上发表论文“Light Propagation with Phase Discontinuities: Generalized Laws of Reflection and Refraction”，给出了公式的标量形式，现在国际上也常称之为广义折反射定律，或广义斯涅尔定律。

这里为了便于读者理解一些新型光学表面的作用，给出公式的详细推导过程，其中衍射面所起的作用是由于界面的衍射特性产生了附加光程 ΔS。

对于如图 1-16 所示的任意形状的界面，设界面两边介质不同，物空间介质的折射率为 n，像空间介质的折射率为 n'。光线从 A 点传播到界面上的 P 点，经折射再传播到 B 点，如图 1-16 所示，写出 A 点到 B 点的光程。考虑到该界面可能是衍射面，设在 P 点处产生的附加光程为 ΔS，则 A 点到 B 点的总光程应为

$$S=n\cdot AP+n'\cdot PB+\Delta S \tag{1-12}$$

图 1-16　光线经一般界面传播

如果令 $AP=d_1$，$PB=d_2$，根据费马原理有

$$\delta S=n\delta d_1+n'\delta d_2+\delta\Delta S=0 \tag{1-13}$$

其中，$\delta d_1=\cos\alpha\delta x+\cos\beta\delta y+\cos\gamma\delta z$，$\delta d_2=-\cos\alpha'\delta x-\cos\beta'\delta y-\cos\gamma'\delta z$，这里 $(\cos\alpha,\cos\beta,\cos\gamma)$ 是沿入射光线的方向余弦，$(\cos\alpha',\cos\beta',\cos\gamma')$ 是沿出射光线的方向余弦，而 $\delta\Delta S=\dfrac{\partial\Delta S}{\partial x}\delta x$

$+\frac{\partial \Delta S}{\partial y}\delta y+\frac{\partial \Delta S}{\partial z}\delta z$。将公式(1-13)全部展开后得

$$\left(n\cos\alpha-n'\cos\alpha'+\frac{\partial \Delta S}{\partial x}\right)\delta x+\left(n\cos\beta-n'\cos\beta'+\frac{\partial \Delta S}{\partial y}\right)\delta y+\left(n\cos\gamma-n'\cos\gamma'+\frac{\partial \Delta S}{\partial z}\right)\delta z=0 \tag{1-14}$$

其中有 δx、δy 和 δz 三个小量。由于 P 点总是位于曲面上，设曲面方程为 $f(x,y,z)=0$，则 δx、δy 和 δz 三个量只有两个独立，即

$$\delta f=\frac{\partial f}{\partial x}\delta x+\frac{\partial f}{\partial y}\delta y+\frac{\partial f}{\partial z}\delta z=0 \tag{1-15}$$

其中$\frac{\partial f}{\partial x}$、$\frac{\partial f}{\partial y}$和$\frac{\partial f}{\partial z}$和曲面在该点处沿法线的单位矢量 $\mathbf{N}$ 的三个分量 N_x、N_y 和 N_z 具有相同的比例。根据公式(1-15)，可将 δz 用 δx 和 δy 表示并代入公式(1-14)，再令

$$n\cos\gamma-n'\cos\gamma'+\frac{\partial \Delta S}{\partial z}=-pN_z$$

其中 p 为待定常量。此时 δx 和 δy 可以任意变化，其系数必为零，可得

$$\begin{cases} n\cos\alpha-n'\cos\alpha'+\frac{\partial \Delta S}{\partial x}=-pN_x & (1)\\ n\cos\beta-n'\cos\beta'+\frac{\partial \Delta S}{\partial y}=-pN_y & (2)\\ n\cos\gamma-n'\cos\gamma'+\frac{\partial \Delta S}{\partial z}=-pN_z & (3)\end{cases} \tag{1-16}$$

将公式(1-16)中的第(1)式至第(3)式分别作为 x 方向、y 方向和 z 方向的分量进行合成，并按照本章的设定，设 $\mathbf{A}$ 是沿入射光线的矢量，长度为 n，$\mathbf{A}'$是沿出射光线的矢量，长度为 n'，$\mathbf{N}$ 是沿法线的单位矢量，合成后得

$$\mathbf{A}'=\mathbf{A}+p\mathbf{N}+\mathrm{grad}\Delta S \tag{1-17}$$

这就是折反射定律的一般矢量公式，或称广义折反射定律的矢量形式，是空间光线经有衍射作用的光学表面光路计算的一般公式。它将衍射和折射表达在一个公式里，包含了光程的梯度。其中 p 为与入射光线和法线有关的常量，并且对不同的 ΔS 也会有不同的表示。对于纯折射面或反射面，ΔS 恒为零，其梯度也为零，便得到公式(1-7)，此时 p 即为公式(1-7)中的 P，而当 ΔS 不为零时，p 根据 ΔS 的不同将会有不同的表达式。

在本章 1.2 节我们将标量形式 $n\sin I=n'\sin I'$变化为 $\mathbf{A}'\times\mathbf{N}=\mathbf{A}\times\mathbf{N}$ 得到了公式(1-7)，这一过程实际上已经默认入射光线、法线和出射光线在同一平面内。而严格来说应该通过本节的理论推导先得到公式(1-17)，再由矢量形式到标量形式，这条路径才是严谨的。

现将公式(1-17)两边同与 $\mathbf{N}$ 作叉积，考虑到矢量自叉积为零，得

$$\mathbf{A}'\times\mathbf{N}=\mathbf{A}\times\mathbf{N}+\mathrm{grad}\Delta S\times\mathbf{N} \tag{1-18}$$

显然，当 ΔS 恒为零时，即界面为纯折射面或纯反射面，即得 $n\sin I=n'\sin I'$。ΔS 不为零时，由公式(1-18)不能得出入射光线、折(反)射光线和法线在同一平面内的结论。为举例说明，不失一般性，总可以通过坐标变换将法线方向变到 z 方向，并令入射光线和法线构成的平面为 xz 平面，此时 $\mathbf{A}\times\mathbf{N}$ 的方向应该沿 y 轴，并且 $\mathbf{N}$ 的三个分量中仅 $N_z=1$，而 $N_x=N_y=0$。由公式(1-18)或公式(1-16)均可得出，当且仅当$\frac{\partial \Delta S}{\partial y}=0$ 时才满足“入射光线、折(反)

射光线和法线在同一平面内”，因此这一前提是附加光程 ΔS（或者相位函数，即表面上入射点处产生的附加相位 φ 与附加光程的关系为 $\Delta S=\frac{\lambda}{2\pi}\varphi$）不随 y 而改变，仅在 x 方向存在不为零的梯度，如沿 x 方向产生相位变化的光栅，或者光线的入射点恰好位于 $\frac{\partial \Delta S}{\partial y}=0$ 的位置。在这种情况下，将光程和相位的关系代入上式，有

$$n'\sin I'-n\sin I=\frac{\partial \Delta S}{\partial x}=\frac{\lambda}{2\pi}\frac{\partial \varphi}{\partial x} \tag{1-19}$$

哈佛大学 Capasso 团队于 2011 年发表的论文“Light Propagation with Phase Discontinuities: Generalized Laws of Reflection and Refraction”中得出的广义折反射定律的公式为

$$\sin(\theta_t)n_t-\sin(\theta_i)n_i=\frac{\lambda_0}{2\pi}\frac{d\varphi}{dx} \tag{1-20}$$

其中 n_i 和 n_t 分别为入射光和出射光所在介质的折射率，θ_i 和 θ_t 分别为入射角和折（反）射角。与公式(1-19)比较可见，该公式即为满足 $\frac{\partial \Delta S}{\partial y}=0$ 限定条件时的标量形式。

1.6　几何光学基本定律回顾：归纳和演绎

回顾以上有关光的传播路径的基本定律，不难看出，从光的直线传播定律到费马原理，其间经过了约 2000 年的漫长发展历程。发展的顺序是：光的直线传播定律、光的反射定律、光的折射定律、费马原理，属于对实验现象的归纳过程。但有了费马原理之后，我们易于得到光的直线传播定律、光的反射定律和折射定律等实验定律。那么费马原理是否又能由之后的理论得到呢？答案是肯定的。这不是几何光学能够解决的问题，限于本书内容和篇幅我们不作详细推导，但可作一简介。

我们知道光是电磁波，其传播符合麦克斯韦①方程组。由麦克斯韦方程组可导出标量波方程 $\nabla^2\psi+k\psi=0$，其中 ψ 是电场的一个分量，$k=\frac{\omega}{v}=\frac{\omega n}{c}=k_0 n$，该方程具有 $\exp(ikZ)$ 形式的解。一般认为介质是非均匀的，设方程的解为 $\psi=\psi_0\exp[ik_0 S(x,y,z)]$，其中 S 在相位因子中，这里即为光程，进而在缓变波零波长近似下可导出 $(\nabla S)^2=n^2$，称为程函方程，并进一步得到费马原理，再由费马原理导出前述实验定律，这是一个完全相反的演绎过程。这也从一个角度验证了 1.2 节提到的“波动光学是量子化的几何光学”。从另一个角度，在薛定谔②方程中用线性算符表示物理量，模仿经典力学到量子力学的过程，也可以由费马原理反推出波动方程，从而证明波动光学和几何光学并不是界限分明、毫无关联的两种学问，它们之间

① 麦克斯韦(James Clerk Maxwell，1831—1879)，英国数学家、物理学家，剑桥大学教授，创立了经典电动力学，把光、电统一起来，卡文迪许实验室第一任主任。

② 薛定谔(Erwin Schrödinger，1887—1961)，奥地利物理学家、生物学家、哲学家，概率波动力学创始人，因薛定谔方程获得 1933 年诺贝尔物理学奖。

有非常密切的联系。在大多数成像光学系统中，特别是常用的可见光成像领域，由于波长和光学系统本身的尺度相比很小，基于零波长近似的几何光学能够解决有关光传播的问题，并在这个基础上成功设计出符合要求的光学系统。而当光学系统中存在与波长尺度相当的微结构时，折反射定律的一般矢量公式便为计算波法线传播提供了关键方法，人们利用它进行分析计算和仿真模拟，设计出具有新结构、新功能的光学表面，如折衍混合表面、超构透镜等，不仅拓展了光学元件的范畴，而且使未来衍生出更多的技术创新。

可见，对实验的归纳和对基本理论的演绎是实现科学创新的两种基本过程。创新通常需要依赖长期的历史积累，而一旦形成具有普遍性的理论，便可对许多现象做出统一的解释，从一般再回到特殊，又可以通过新设计实现光传播的新路径。

习　题

1. 试列举日常生活中所见符合光传播的四个基本定律的现象。

2. 已知光在真空中的传播速度为 3×10^8 m/s，求光在折射率为 1.333 的水中和折射率为 1.65 的玻璃中的传播速度。

3. 一高度为 1.7m 的人立于离地面高度为 5m 的路灯(设为点光源)1.5m 处，求其影子的长度。

4. 一针孔照相机对一物体于屏上形成一 60mm 高的像。若将屏拉远 50mm，则像的高度为 70mm。试求针孔到屏间的原始距离。

5. 有一光线以 60°的入射角入射于 $n=\sqrt{3}$ 的磨光玻璃球的任一点上，其折射光线继续传播到球表面的另一点上，试求在该点反射和折射的光线间的夹角。

6. 若水面下 20cm 处有一发光点，我们在水面上能看到被该发光点照亮的范围(圆直径)有多大?

7. 入射到折射率为 $n=1.5163$ 的等腰直角棱镜的一束会聚光束(见图 1-3)，若要求在斜面上发生全反射，试求光束的最大孔径角 $2U$。

8. 有一光线 $\boldsymbol{A}=\cos 60^\circ\boldsymbol{i}+\cos 30^\circ\boldsymbol{j}$ 入射于 $n=1$ 和 $n'=1.5$ 的平面分界面上，平面的法线为 $\boldsymbol{N}=\cos 30^\circ\boldsymbol{i}+\cos 60^\circ\boldsymbol{j}$，求反射光线 $\boldsymbol{A}''$ 和折射光线 $\boldsymbol{A}'$。

全反射

第 2 章　球面和球面系统

球面不仅是光学系统的基本面型，更重要的是在本章中通过对球面和球面系统的光线计算问题的讨论所引出的近轴这一概念，是理想光学系统产生的基本原理。本章给出的几何光学基本符号规则学习者要熟练掌握。

本章知识要点

1. 子午平面
2. 物(像)方截距、物(像)方倾斜角
3. 符号规则
4. 近轴光线与近轴区，高斯光学，共轭点，单个折射球面成像特征：对细小平面以细光束成完善像，像面弯曲
5. 阿贝不变量，单个折射球面的近轴物像位置关系
6. 折射球面的光焦度、焦点和焦距
7. 垂轴放大率、沿轴放大率、角放大率：物理意义及关系
8. 拉氏不变量

2.1　概念与符号规则

用于光学成像或收集和传递光能的光学系统，绝大部分由**折射球面(refracting sphere)**(以透镜为基本单元)组成，同时为达到其他有关目的，还常包含有平面和反射球面等光学表面。由于反射面只是折射面在 $n'=-n$ 时的特殊情况，平面是半径为无穷大的球面，故首先讨论球面系统是最具普遍意义的。这里我们首先讨论光线经单个折射球面时的计算方法，有了这个计算方法就可以方便地解决光线经整个球面系统的计算问题。

图 2-1 所示是一条在纸平面上的光线经球面折射的光路。对于单个球面，凡过球心的直线就是其光轴。光轴与球面的交点称为**顶点(vertex)**。球面的半径用 r 表示。

在含轴面内入射于球面的光线，可以用两个量来确定其位置，一是从顶点 O 到光线与光轴交点 A 的距离 L，称为截距；另一是入射光线与光轴的夹角 U，称为倾斜角。这条光线经球面折射仍在含轴面内，其位置相应地用 L' 和 U' 表示。但为了区分，L 和 U 称为**物方截距(object distance)**和**物方倾斜角**；L' 和 U' 称为**像方截距(image distance)**和**像方倾斜角**。为使确定光线位置的参量具有确切的含义，并推导出普适于所有可能情况的一般公式，必须对这些量以及其他有关量给出某种符号规则。本书根据国家标准，采用的符号规则如下：

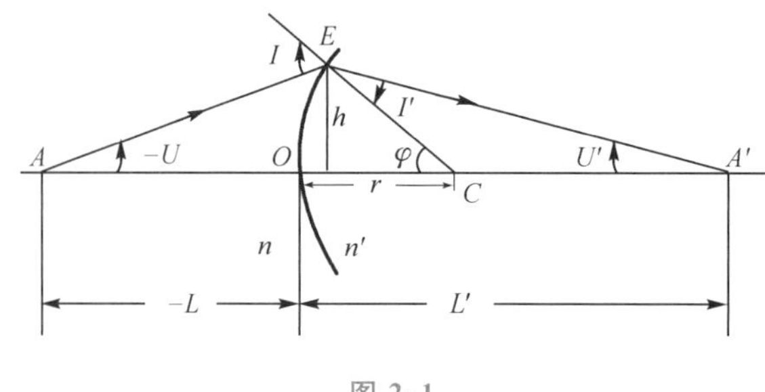

图 2-1

沿轴线段,如 L、L'和 r,以界面顶点为原点,如果由原点到光线与光轴的交点或原点到球心的方向与光线的传播方向相同,其值为正,反之为负。光线的传播方向规定自左向右。

垂轴线段:如 h,在光轴之上者为正,之下者为负。

光线与光轴的夹角 U 和 U'及光轴与法线的夹角 φ:以光轴为始边,从锐角方向转到光线或法线,顺时针转成者为正,逆时针转成者为负。

光线和法线的夹角 I、I'和 I'':以光线为始边,从锐角方向转到法线,顺时针者为正,逆时针者为负。

表面间隔 d:由前一面的顶点到后一面的顶点,其方向与光线方向相同者为正,反之为负。在纯折射系统中,d 恒为正值。

2.2 单个折射球面成像

下面我们将按照上节规定的符号规则,讨论在给定的球面半径 r 和两边的介质折射率 n、n'时,如何由已知的入射光线坐标 L 和 U 求出折射光线的坐标 L'和 U'。

在图 2-1 中,分别应用正弦定理于△AEC 和△$A'EC$,再根据图中固有关系

$$\varphi=U+I=U'+I'$$

并结合折射定律,可导出

$$\sin I=\frac{L-r}{r}\sin U \tag{2-1}$$

$$\sin I'=\frac{n}{n'}\sin I \tag{2-2}$$

$$U'=U+I-I' \tag{2-3}$$

$$L'=r+r\,\frac{\sin I'}{\sin U'} \tag{2-4}$$

式(2-1)至式(2-4)就是计算含轴面内光线光路的基本公式。依次应用,可由已知的 L 和 U 求得 L'和 U'。从这些公式可见,尽管由 A 点发出的具有相同 U 角的光线经球面折射后在像方交光轴于同一点 A',似乎 A'就是物点 A 被折射球面所成的像,但轴上点发出的具有不同 U 角的光线经球面折射后将有不同的 L'值,即不交光轴于同一点,因而像方光束失去同心性,成像是不完善的,如图 2-2 所示。这是成像的像差之一,称球差。

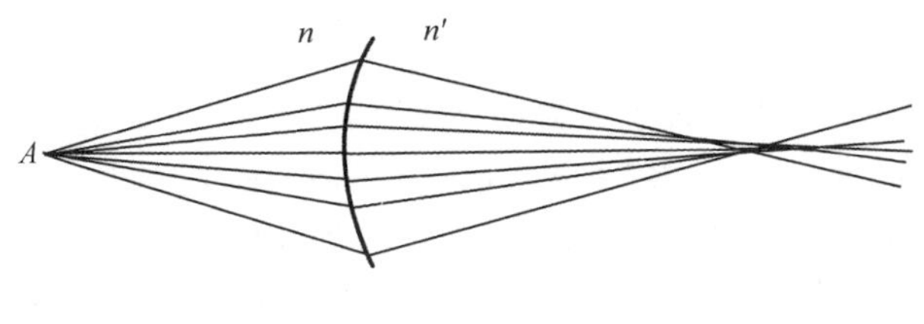

图 2-2

然而，如果由 A 点发出并入射于球面的光线与光轴的夹角很小，其相应的 I、I' 和 U' 也必很小。这种很靠近光轴的光线称为**近轴光线（paraxial ray）**。近轴光线的光路计算公式可从式（2-1）到式（2-4）直接以弧度代替角度的正弦获得，其中的有关量用小写字母表示，则有

$$i=\frac{l-r}{r}u \tag{2-5}$$

$$i'=\frac{n}{n'}i \tag{2-6}$$

$$u'=u+i-i' \tag{2-7}$$

$$l'=r+r\frac{i'}{u'} \tag{2-8}$$

由这组公式可知，不论 u 取何值，l' 总为定值。这说明，轴上点发出的很靠近光轴的同心光束经球面折射后仍为同心光束，即轴上点以细光束经单个折射球面所成的像是完善的，像的位置由 l' 所决定。这种由近轴光线所成的像称为**高斯像（Gaussian image）**。讨论光学系统近轴区成像性质和规律的光学称为**高斯光学（Gaussian optics）**或**近轴光学（paraxial optics）**。

在以上公式中设法消去 i 和 i'，并引用对近轴光线成立的简单关系

$$h=lu=l'u' \tag{2-9}$$

可得

$$n'\left(\frac{1}{r}-\frac{1}{l'}\right)=n\left(\frac{1}{r}-\frac{1}{l}\right)=Q \tag{2-10}$$

$$\frac{n'}{l'}-\frac{n}{l}=\frac{n'-n}{r} \tag{2-11}$$

$$n'u'-nu=\frac{n'-n}{r}h \tag{2-12}$$

以上三式是一个公式的三种不同表示形式。式（2-10）表示成不变量 Q 的形式，称**阿贝**[①]**不变量（Abbe invariant）**，它表明，当物点位置一定时，一个球面的物空间和像空间的 Q 值相等；式（2-11）给出了折射球面物、像位置之间的关系；式（2-12）给出了经球面折射前后的近轴光线与光轴夹角 u 和 u' 之间的关系。它们在今后将有重要应用。

由式（2-11）可见，对于给定物距 l 的物点，像的位置仅与 $(n'-n)/r$ 的值有关。因此，$(n'-n)/r$ 是一个表征折射球面光学特性的量，称为折射球面的**光焦度（focal power）**，记为 ϕ，即

① 阿贝（Ernst Abbe，1840—1905），德国物理学家、光学家、企业家，耶拿大学教授，耶拿天文台主任，卡尔·蔡司的合作人，肖特玻璃厂创始人之一。

$$\phi=\frac{n'-n}{r} \tag{2-13}$$

另一方面，光焦度一定时，像点的位置与物点位置有关。无穷远轴上物点被折射球面所成的像点称为**像方焦点**(**image focus**)或后焦点，以 F' 表示；这时的像距称为像方**焦距**(**focal length**)或后焦距，记为 f'，如图 2-3 所示。反之，对应于像方无穷远光轴上的物点称为物方焦点或前焦点，以 F 表示，相应的物距记为 f，称为物方焦距或前焦距。分别以 $l\to-\infty$ 和 $l'\to\infty$ 代入式(2-11)，可得

$$f'=\frac{n'}{n'-n}r \tag{2-14}$$

$$f=-\frac{n}{n'-n}r \tag{2-15}$$

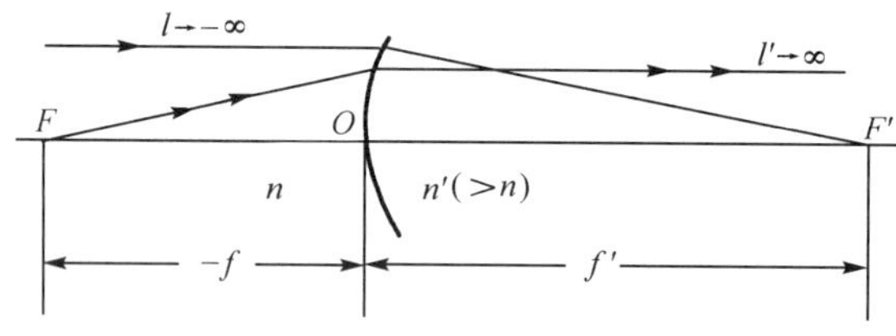

图 2-3

根据以上三个公式，折射球面的光焦度和焦距之间有如下关系式：

$$\phi=\frac{n'}{f'}=-\frac{n}{f} \tag{2-16}$$

$$\frac{f'}{n'}=-\frac{f}{n} \tag{2-17}$$

$$f'+f=r \tag{2-18}$$

以后将会看到，式(2-16)和式(2-17)对任何光学系统都是普适的。

从以上公式可见，当像方焦距为正，即 $f'>0$ 时，像方焦点在顶点之右，是由实际光束会聚成的实焦点。反之，若 $f'<0$，则像方焦点位于顶点之左，是由发散光束的延长线相交而成的虚焦点，如图 2-4 所示。所以，焦距(以后，凡不加说明，均指像方焦距)或光焦度的正负决定了折射球面对光束折射的会聚或发散特性，即 $\phi>0$ 时对光束起会聚作用，$\phi<0$ 时对光束起发散作用。还可看出，折射球面的 f' 和 f 总具相反符号，即像方焦点和物方焦点总位于顶点两侧，且虚实相同。凡平行于光轴入射的光线，经球面折射后必通过像方焦点；凡过物方焦点的光线，经球面折射后必平行于光轴射出。

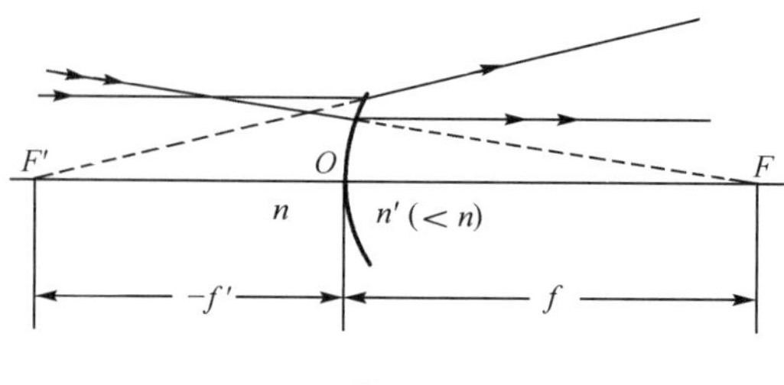

图 2-4

一般物总具有一定大小，因此我们还必须讨论轴外点和物平面以细光束成像的情况。

如图 2-5 所示，球心 C 处放置的具有小孔的屏（称光阑）限制了物方各点以细光束成像，它使物空间以 C 为中心、CA 为半径所作的球面 A_1AA_2 上的每一点均成像于同心球面 $A_1'A'A_2'$ 上。但物方垂直于光轴的平面 BA 的像是否也是过 A' 点并垂直于光轴的平面呢？不是的。因为物平面上的点 B 可看作是由球面上的点 A_1 沿辅光轴 CA_1 移动 dl 得到。由式(2-11)可知，对于折射球面，当物点沿光轴移动时，像点一定沿同方向移动。因此，B 点的像 B' 必位于 A_1' 和 C 之间，即物平面 BA 的像是一相切于 A' 点并比球面 $A_1'AA_2'$ 曲率更大的曲面。由此可见，平面物体即使以细光束经折射球面成像也不可能得到完善的平面像。这也是成像的像差之一，叫像面弯曲。

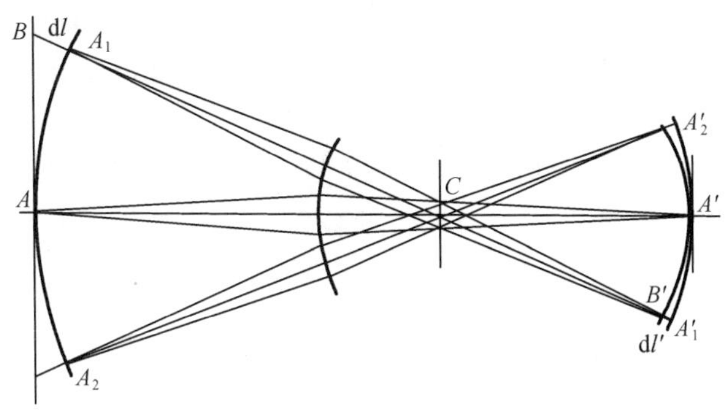

图 2-5

如果物平面是靠近光轴很小的垂轴平面，那么可认为其像面是平的、完善的，称为**高斯像面**。这种靠近光轴、能以细光束成完善像的不大区域称为**近轴区(paraxial region)**。

当讨论到对有限大小的物体成像时，自然就涉及像的放大率和正倒问题。

几何光学中所用的放大率有三种：一种是**横向放大率(transversal magnification)**，它定义为垂轴小物体成像时，像的大小与物的大小之比；一种是**轴向放大率(longitudinal magnification)**，它表征像点与对应的物点沿轴移动量之比；还有一种称为**角放大率(angular magnification)**，它是折射前后的一对光线与光轴夹角 u' 与 u 之间的比值。这三种放大率依次记为 β、α 和 γ。

图 2-6 给出了垂轴小物体 AB 被球面成像的情况。显然，像的位置由轴上点的近轴光线决定后，像的大小可由轴外物点 B 作一过球心的辅轴 BC 来决定。分别以 y 和 y' 表示物 AB 和像 $A'B'$ 的大小。由$\triangle ABC \backsim \triangle A'B'C'$并应用式(2-10)可得

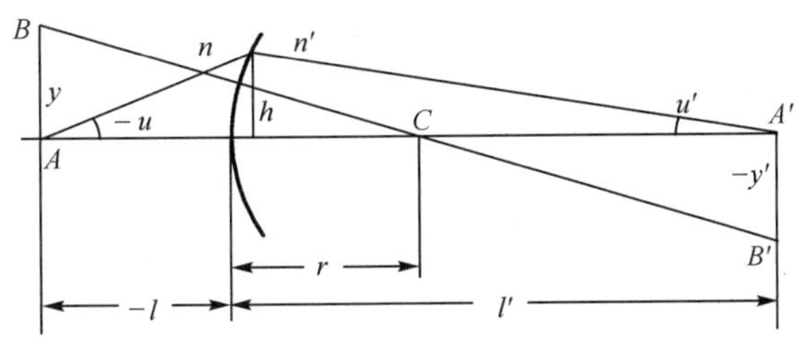

图 2-6

$$\beta=\frac{y'}{y}=\frac{l'-r}{l-r}=\frac{nl'}{n'l} \tag{2-19}$$

根据轴向放大率的定义，对式(2-11)微分，可导出单个折射球面的轴向放大率为

$$\alpha=\frac{\mathrm{d}l'}{\mathrm{d}l}=\frac{nl'^2}{n'l^2}=\frac{n'}{n}\beta^2 \tag{2-20}$$

角度放大率公式也易于得出

$$\gamma=\frac{u'}{u}=\frac{l}{l'}=\frac{n}{n'}\frac{1}{\beta} \tag{2-21}$$

所以，当求得光轴上一对物像点的截距 l 和 l' 后，就可按上式求得该对共轭点的三种放大率。

这三种放大率表征了折射球面的成像特性，下面我们一一讨论之：

(1)$\beta<0$ 时，y' 与 y 异号，l' 与 l 异号，表明成**倒像(inverted image)**，物与像位于球面的两侧，虚实相同；$\beta>0$ 时，y' 与 y、l' 与 l 分别同号，表明成**正像(positive image)**，物像在球面的同侧，且虚实不一；β 值仅与物像位置有关，因而当平面物成像时，像必相似于物体。

(2)由式(2-20)，折射球面的轴向放大率 α 恒为正值，即 $\mathrm{d}l'$ 与 $\mathrm{d}l$ 同号，当物沿着某方向移动时，像总沿相同方向移动。α 的大小也与物体位置有关，且因为 α 与 β 不等，不能对立体物给出相似的立体像。

(3)以上三种放大率之间存在关系

$$\alpha\gamma=\beta \tag{2-22}$$

以后我们将会看到，上述三种放大率公式对于任何系统都是适用的。

下面还将得出一个重要公式。在横向放大率式(2-19)中应用式(2-9)可得

$$nyu=n'y'u'=J \tag{2-23}$$

此式称为拉氏公式，表明一对物像平面内，J 值是一个常量，称拉格朗日①-赫姆霍兹②不变量，简称**拉赫不变量(Lagrange invariant)**或拉氏不变量。该不变量将在以后有重要应用。

2.3 反射球面

反射球面(reflecting sphere)又称**球面镜(spherical mirror)**，是光学系统中常用的光学零件。

由于反射定律只是折射定律在 $n'=-n$ 时的特殊情况，故球面镜成像的有关公式可从折射球面的相应公式中直接得到。即

$$\frac{1}{l'}+\frac{1}{l}=\frac{2}{r} \tag{2-24}$$

$$f'=f=\frac{r}{2} \tag{2-25}$$

---

① 拉格朗日(Joseph-Louis Lagrange，1736—1813)，法国数学家、物理学家，对分析数学的发展具有全面影响，和欧拉共同创立了变分法。

② 赫姆霍兹(Hermann von Helmholtz，1821—1894)，德国数学家、物理学家、生理学家，军医，柏林大学教授。

$$\left.\begin{aligned}&\beta=\frac{y'}{y}=-\frac{l'}{l}\\&\alpha=\frac{\mathrm{d}l'}{\mathrm{d}l}=-\beta^2\\&\gamma=\frac{u'}{u}=-\frac{1}{\beta}\\&\alpha\gamma=\beta\end{aligned}\right\}\tag{2-26}$$

从以上公式可见，球面镜的物、像方焦点是重合在一起的。具有负焦距的**凹面镜(concave mirror)**反有实焦点，对光束起会聚作用；$f'>0$ 的**凸面镜(convex mirror)**具有虚焦点，对光束起发散作用，如图 2-7 所示。这是因为球面镜的焦距与光焦度恒为异号之故，与用光焦度的正负决定光束的会聚或发散是一致的。同时，用横向放大率 β 的正负来判断像的正倒和虚实是与折射球面一致的，具有普遍性。球面镜的轴向放大率恒小于零，表示当物点沿光轴移动时，像点恒沿相反方向移动。

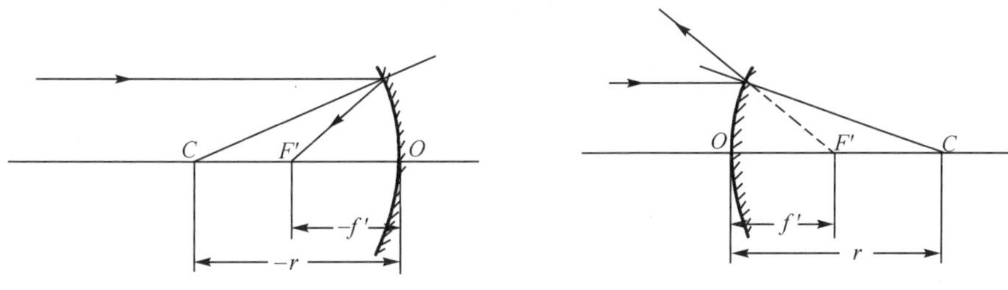

图 2-7

2.4　共轴球面系统

实际的光学系统，绝大部分是共轴球面系统，主要由球面透镜组成，也常应用一些如平面镜、棱镜和平行平板之类的光学零件，不过它们在系统中并不对高斯成像特性产生影响，只是为了达到某些其他目的而设置。

由 k 个面组成的一个共轴球面光学系统的结构，由下列结构参数所唯一确定：(1)各球面的曲率半径 $r_1,r_2,\cdots,r_k$；(2)各表面顶点之间的间隔 $d_1,d_2,\cdots,d_{k-1}$(k 个面之间共有 $k-1$ 个间隔)；(3)各表面间介质的折射率 $n_1,n_2,\cdots,n_{k+1}$(由 k 个面共隔开 $k+1$ 种介质)。

在已知上述结构参数的前提下，要计算光线的光路和像的位置、大小，除了把单个表面的公式重复应用于系统的每一个面之外，还必须实现从一个面到下一个面的过渡转换。

如图 2-8 所示是一个近轴区的物体被系统头两个面以近轴光线成像的情况。显然，一个面的像空间就是下一个面的物空间，由图中可以很容易地得出以下过渡公式：

$$\left.\begin{aligned}&n_2=n_1',n_3=n_2',\cdots,n_{k+1}=n_k'\\&u_2=u_1',u_3=u_2',\cdots,u_k=u_{k-1}'\\&y_2=y_1',y_3=y_2',\cdots,y_k=y_{k-1}'\end{aligned}\right\}\tag{2-27}$$

$$l_2=l_1'-d_1,l_3=l_2'-d_2,\cdots,l_k=l_{k-1}'-d_{k-1}\tag{2-28}$$

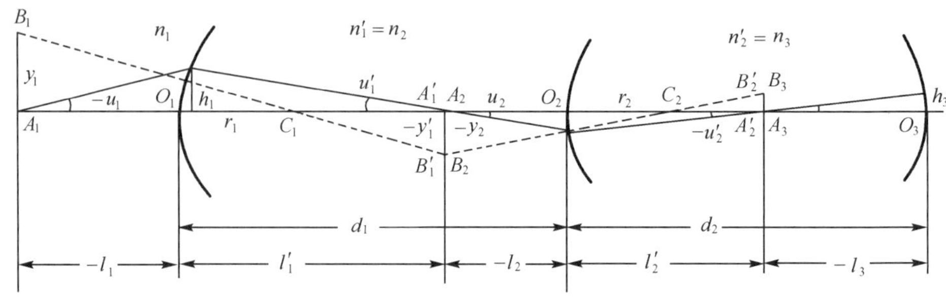

图 2-8

$$h_2=h_1-d_1u_1',h_3=h_2-d_2u_2',\cdots,h_k=h_{k-1}-d_{k-1}u_{k-1}' \tag{2-29}$$

利用以上过渡公式和单个折射球面的有关公式，共轴球面系统含轴面内的光线计算问题就可以解决了。

至于整个系统的放大率，易于证明，是各面放大率之乘积，即

$$\left.\begin{aligned}\beta&=\beta_1\beta_2\cdots\beta_k\\ \alpha&=\alpha_1\alpha_2\cdots\alpha_k\\ \gamma&=\gamma_1\gamma_2\cdots\gamma_k\end{aligned}\right\} \tag{2-30}$$

将单个折射球面的各种放大率公式分别代入，可得

$$\beta=\frac{n_1}{n_k'}\frac{l_1'l_2'\cdots l_k'}{l_1l_2\cdots l_k} \tag{2-31}$$

$$\beta=\frac{n_1u_1}{n_k'u_k'} \tag{2-32}$$

$$\alpha=\frac{n_k'}{n_1}\beta^2 \tag{2-33}$$

$$\gamma=\frac{n_1}{n_k'}\frac{1}{\beta} \tag{2-34}$$

三个放大率之间，仍有 $\alpha\beta=\gamma$。可见，整个系统的各放大率公式及其相互关系，与单个折射球面的相应公式完全一样，这一方面表明了单个折射球面公式的普遍意义，同时也说明单个折射球面只是折射球面系统当 $k=1$ 时的特殊情况。

根据公式组(2-27)可直接写出整个系统的拉氏公式，即

$$J=n_1y_1u_1=n_1'y_1'u_1'=n_2y_2u_2=n_ky_ku_k=n_k'y_k'u_k' \tag{2-35}$$

此式表明，拉氏不变量 J 对整个系统的每一个面的每一空间都是不变量，这是一个表征光学系统性能的重要特征量。J 值大，表示系统能对物体成像的范围大，能对每一物点以大孔径角成像。这一方面表示光学系统能传输的光能量大，另一方面孔径角越大，系统分辨物体细节的能力越强，即传递的信息密度越大。所以，J 值大的系统具有更高的性能。

以后将会看到，为计算光学系统像差的近似值，需要用到 J 值，并须对两条近轴光线进行计算。如图 2-9 所示，轴上物点 A 发出的经通光孔(严格地说，应为第 5 章中的入瞳)边缘的光线称为第一近轴光线，由 l_1 和 u_1 确定；物体边缘点 B 发出的经通光孔中心的光线称为第二近轴光线，由 l_{p1} 和 u_{p1} 确定，它们经整个系统的出射光线坐标分别为 l_k'、u_k' 和 l_{pk}'、u_{pk}'，由图 2-9 可见

$$y_1=(l_{p1}-l_1)u_{p1}, y'_k=(l'_{pk}-l'_k)u'_{pk} \tag{2-36}$$

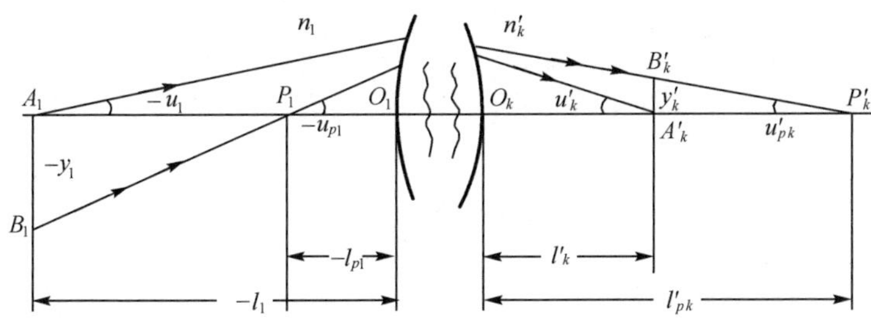

图 2-9

即得
$$J=n_1(l_{p1}-l_1)u_{p1}u_1=n'_k(l'_{pk}-l'_k)u'_{pk}u'_k \tag{2-37}$$
通常用此式来计算 J 和校对两条近轴光线的计算是否正确。

随光学系统而异，上述两条近轴光线中的任一条，可能平行于光轴，此时 u_1 或 u_{p1} 为零，不能直接从上面给出的公式求 J 值，可将公式展开。

当 $u_1=0$ 时，有
$$J=-n_1h_1u_{p1} \tag{2-38}$$

当 $u_{p1}=0$ 时，有
$$J=n_1h_{p1}u_1 \tag{2-39}$$
式中，h_1 和 h_{p1} 分别是两条光线在第一面上的入射高度，也是已知的。

习　题

1. 有一直径为 100mm、折射率为 1.5 的抛光玻璃球，在视线方向可见球内有两个气泡，一个位于球心，另一个位于球心与前表面间的一半处。求两个气泡在球内的实际位置。

2. 有一折射率为 1.54 的玻璃棒，一端为 $r=30$mm 的抛光凸球面，另一端为磨砂的平面。试问：棒长为多少时，正好能于毛面上被球面形成远处物体的清晰像？

3. 一折射球面，其像方焦距和物方焦距分别为 180mm 和 −150mm，物方介质为 $n=4/3$ 的水，求球面的曲线半径 r 和像方介质折射率 n'。

4. 有一 18mm 高的物体位于折射球面前 180mm 处，球面的半径 $r=30$mm，$n=1$，$n'=1.52$，求像的位置、大小、正倒和虚实。

5. 有一折射球面，$r=100$mm，$n=1$，$n'=1.5$，求像方焦距 f' 和物方焦距。并当物距分别为：$l=-\infty$，$-10r$，$-4r$，$-3r$，$-2r$，$-r$，0，r，$3r$，$10r$ 时，求像的位置、大小、正倒和虚实。将结果列于下表中，并讨论之。

物		像			
物距 $l=0$	实或虚	位置(像距 l')	大小(放大率 β)	正或倒	实或虚
$-\infty$					
$-10r$					
$-4r$					

续表

物		像			
物距 $l=0$	实或虚	位置(像距 l')	大小(放大率 β)	正或倒	实或虚
$-3r$					
$-2r$					
$-r$					
0					
r					
$3r$					
$10r$					

6. 曲率半径为 200mm 的凹面镜前 1m 处，有一高度为 40mm 的物体，求像的位置和大小，并说明其正倒和虚实。

7. 实物位于曲率半径为 r 的凹面镜前什么位置时，可得到：1)放大到 4 倍的实像；2)放大到 4 倍的虚像；3)缩小到 1/4 倍的实像？是否可能得到缩小到 1/4 倍的虚像？

8. 缩小到 1/5 倍的实像位于半径为 r 的凹面镜前何处时，该实像：1)被实物所成；2)被虚物所成？

9. 实物与被球面镜所成的实像相距 1.2m，如物高为像高的 4 倍，求球面镜的曲率半径。

10. 一球面镜对其前面 200mm 处的物体成一缩小一半的虚像，求其曲率半径。

11. 人眼的角膜可认为是一曲率半径 $r=7.8$mm 的折射球面，其后是 $n=4/3$ 的液体。如果看起来瞳孔在角膜后 3.6mm 处，且直径为 4mm，求瞳孔的实际位置和直径。

凹面镜

凸面镜

物平面以细光束经折射球面成像

第3章　平面和平面系统

球面系统能够对任意位置的细小平面物体以要求的倍率成像，这是平面系统所不能做到的。但平面系统在光学系统中所起的作用、能满足的要求又是透镜不能实现的。利用平面系统的这些作用，将使光学仪器的功能更趋完备，从而更能满足各种实际需要。

平面光学零件是工作面为平面的零件，包括平面镜、平行平板、反射棱镜和折射棱镜等。

本章知识要点

1. 平面镜的像，平面镜的偏转，双平面镜二次反射像特征及入、出射光线的夹角
2. 平行平板的近轴光成像特征
3. 常用反射棱镜及其展开、结构常数
4. 屋脊棱镜与棱镜组合系统，坐标判断
5. 角锥棱镜
6. 折射棱镜及其最小偏角，光楔
7. 光的色散
8. 光学材料及其技术参数

3.1　平面镜和双平面镜

平面镜(plane mirror)即平面反射镜。我们日常生活中使用的镜子就是平面镜。

平面镜的成像也可用折射球面的成像基本公式来描述。在式(2-11)中令 $n=-n'$，$r=\infty$，得

$$l'=-l,\beta=1$$

可见，物经平面镜成像时，物与像分居于镜面的两侧且到镜面的距离相等，成正立的、与物同等大小的像。显然，在这种情况下，物与像的虚实总是不一致的，即平面镜只能对实物成虚像，对虚物成实像。所以，平面镜的成像特性是比较单一的。

上述平面镜的成像性质也易于从反射定律按几何关系直接得出，如图3-1所示是平面镜对实物成虚像的光路，对虚物成实像的情况请读者自行画出。

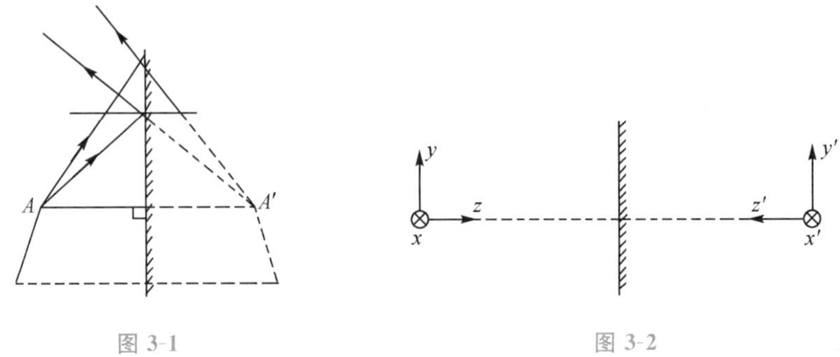

图 3-1　　　　图 3-2

从图 3-1 可见，平面镜把以物点 A 为顶点的同心光束反射成以像 A' 为顶点的同心光束，说明平面镜成像是完善的。但实质上，反射后的同心光束与原光束完全相同，只是方向改变了、顶点移动了而已。因此，在光学系统中应用平面镜并不会引起成像性质的变化，也不会引入像差而影响成像质量，但能改变光轴的方向，使像面变换到便于观察、检测和记录的位置或方向上，或将很长的光路通过转折光轴而压缩在较小的仪器箱体内。但平面镜成像时，像空间和物空间是不一致的。因为物像对称于镜面，使得一个右手直角坐标系统表示的物 $oxyz$，变成一个左手坐标系表示的像 $o'x'y'z'$，如图 3-2 所示。这种像称为**镜像(mirror image)**。若物是运动的目标，如顺时针转，我们将会看到其像是逆时针转的。这会造成观察者的错觉，在绝大部分观察用的光学仪器中是不允许的。但若再一次反射成像，又将恢复成与物相同的右手坐标系统。由此可见，奇次反射成镜像，偶次反射成与物体一致的像。所以，仪器中需用平面镜来转折光路而又要避免镜像时，必须采用偶数个镜面。

平面镜的另一重要性质是，当保持入射光线不变而使平面镜转过 α 角时，反射光线将转过 2α 角，如图 3-3 所示。这是因为入射角和反射角同时变化 α 角之故。这一性质可用于测量物体的微小转角或位移。如图 3-4 所示，分划板 R 位于物镜 L 的前焦面上。当测杆处于零位时，平面镜处于垂直于光轴的状态 M_0，此时 F 点发出的光束经物镜后与光轴平行，再经平面镜反射的原路返回，重被聚焦于 F 点。当测杆被被测物体顶推移动 x 而使平面镜绕支点转过 α 角而处于 M_1 状态时，平行光被反射后要相对于光轴转过 2α 角，并被物镜聚焦于 F' 处。由于转角 α 很小，此装置的位移量放大倍数

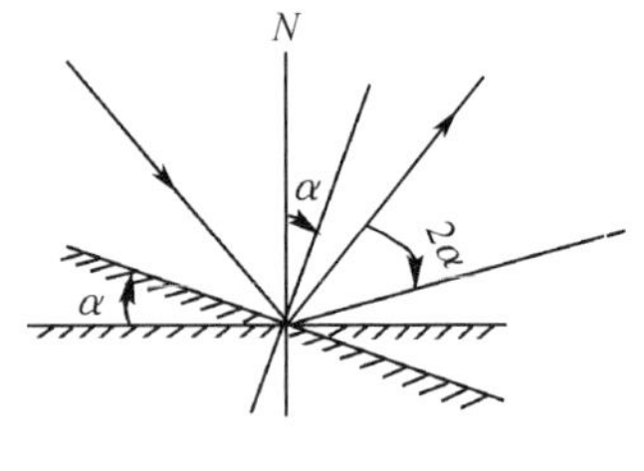

图 3-3

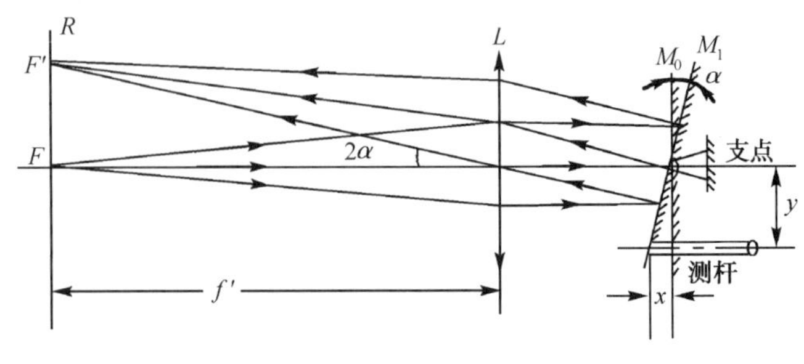

图 3-4

$$M=\frac{FF'}{x}=\frac{f'\tan 2\alpha}{y\tan\alpha}\approx\frac{2f'}{y}$$

将此放大倍数做成 100 是没有问题的。这样，若分划板上标尺的格值为 0.1mm，就能测出相当于测杆 0.001 的位移量。一种名为光学比较仪的计量仪器即按此原理制成。

图 3-5 是夹角为 α 的**双平面镜系统(bimirror)**。让我们讨论物体被这两平面镜相继成像一次的情况。一个以右手坐标系 $oxyz$ 表示的物先被镜 M_1 反射成像为 $o_1x_1y_1z_1$，它作为平面镜 M_2 的物被成像为 $o_2x_2y_2z_2$。显然该像为右手坐标系，是与原物一致的。该像与原物之间的夹角为

$$\angle OQQ_2=\angle O_1QQ_2-\angle O_1QO=2(\angle OQM_1+\alpha)-2\angle O_1QM_1=2\alpha$$

所以，双平面镜对物体所成的二次反射像是由物体绕 Q 轴转动 2α 角而得，转动的方向按反射次序由第一反射镜至第二反射镜的方向。若物体先被镜 M_2，再被镜 M_1 成像，则读者可同理推得此时的二次反射像的位置。

根据上述情况，若我们立于两镜面之前朝双平面镜的交线，也称棱线看时，可见到自身的两个像分立于棱线的两边。当双镜的夹角 α 从小的锐角逐渐增大时，两个像各自向棱线靠拢。当 α 增大到 90°时，两像重合于棱线。

由于经双镜相继反射一次所得的二次反射像与原物对棱线的张角只与双镜的夹角 α 有关，故当双镜绕棱镜转动时，只要保持 α 角不变，二次反射像是不会动的。

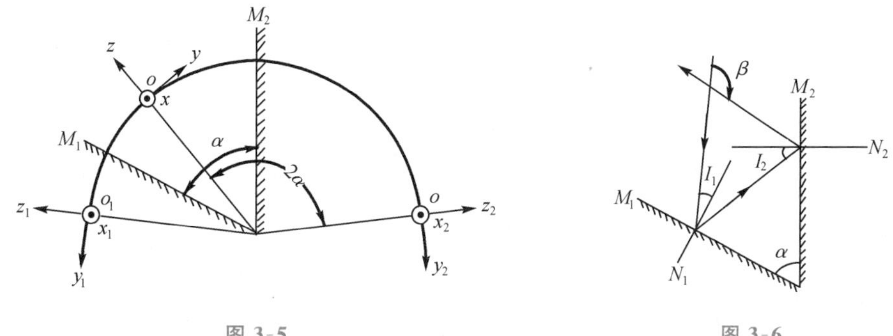

图 3-5　　　　图 3-6

下面再看看经双平面镜的两个面相继反射一次后的出射光线与入射光线间的关系。从图 3-6 可见，二次反射光线相当于入射光线按图中所示方向转动 β 角而得，其与 α 角之间有关系

$$\beta=2(I_1+I_2)=2\alpha$$

所以，光线经双镜反射后，其出射光线与入射光线的夹角是双镜夹角 α 的两倍，且由于 β 角只决定于双镜的夹角 α，当绕棱镜转动双镜时，出射光线的方向不变。双平面镜系统的这一性质具有重要的实用意义，二次反射棱镜就是按此做成。由于已将两个反射面做成一体，可始终保持其夹角不变。将其应用于光学系统中，可以在安装要求不高的情况下，较好地保持出射光束的正常状态。

3.2　平行平板

由两个相互平行的折射平面构成的光学零件称为**平行平板(parallel-plate)**，这是光学仪

器中应用甚多的一类光学零件，如刻有标志的分划板、夹持标本的载玻片和盖玻片、滤光片等等，都属于这类零件。还有反射棱镜也可看作等价的平行平板。

逐面应用折射球面物像公式(2-11)并结合过渡公式(2-28)，考虑到 $r_1=r_2=\infty$，可得

$$l'=nl,\ l_2=nl-d,\ l'=l-\frac{d}{n}$$

$$\beta=\beta_1\beta_2=1$$

式中 n 和 d 分别是平行平板的折射率和厚度，如图 3-7 所示。可见，平行平板总对物成同等大小的正立像，物与像总在平板的同侧，两者虚实不一致。且易于得出，不论物距为何值，像相对于物的位置总不改变。若以 $\Delta l'$ 表示像相对于物的距离，从图可见有

$$\Delta l'=-l+d-(-l')=d\left(1-\frac{1}{n}\right) \tag{3-1}$$

该 $\Delta l'$ 恒为正值，故平行平板所成的像总是由物沿光线行进方向沿轴移动 $d(1-1/n)$ 而得，与物的位置、虚实无关。这一事实相当常见。例如从平静清澈的水面看池底之物时，觉得视见深度减小，犹如池水变浅，这就是因为水底之物经一平行平板成像，提高了 $\Delta l'$ 之故。

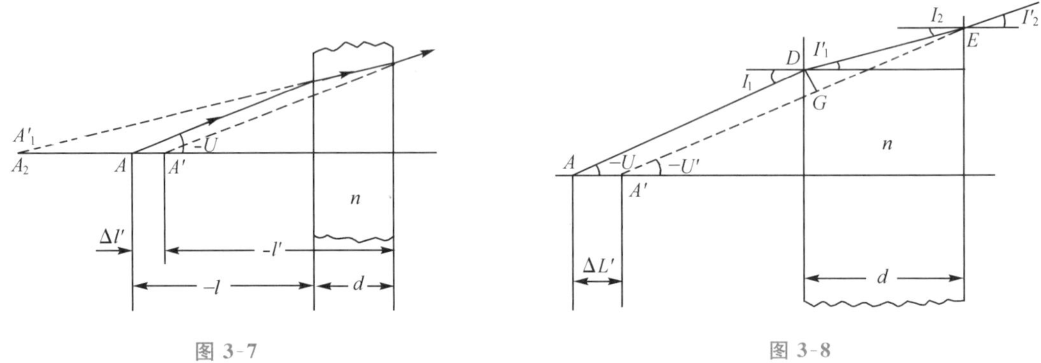

图 3-7　　图 3-8

下面讨论非近轴光线经平行平板的折射。如图 3-8 所示，从 A 点发出的光线经两个面折射之后从 $A'E$ 方向射出，根据折射定律，必有 $I_2'=I_1$ 或 $U'=U$，即光线经平行平板折射后方向不变，但要产生一个位移，如在侧向度量，其位移量用 $\Delta T'$ 表示，即

$$\Delta T'=DG=DE\cdot\sin(I_1-I_1')=\frac{d}{\cos I_1'}\sin(I_1-I_1')$$

上式可化为

$$\Delta T'=d\sin I_1\left(1-\frac{\cos I_1}{\sqrt{n^2-\sin^2 I_1}}\right) \tag{3-2}$$

若从沿轴方向来度量光线的位移量，并用 $\Delta L'$ 表示，则有

$$\Delta L'=\frac{\Delta T'}{\sin I_1}=d\left(1-\frac{\cos I_1}{\sqrt{n^2-\sin^2 I_1}}\right) \tag{3-3}$$

或

$$\Delta L'=d\left(1-\frac{\tan I_1'}{\tan I_1}\right) \tag{3-4}$$

由上可知，光线经平行平板折射后的轴向位移量 $\Delta L'$ 是 I_1 的函数。A 点发出的同心光束因其中不同 I_1 角的光线经平板折射后有不同的轴向位移量，导致出射的光束不再是同心光束，故平行平板不可能以宽光束对物点成完善像。而以近轴细光束成像时，由于 i_1 很小，

$\tan i_1$ 和 $\tan i_1'$ 近似等于 $\sin i_1$ 和 $\sin i_1'$，公式(3-4)即可化为公式(3-1)，表明 $\Delta l'$ 对给定的平板是个常数，即细光束成像是完善的。

同样，在近轴区 $\Delta T'$ 可简化为

$$\Delta t' = d\left(1 - \frac{1}{n}\right) i_1 \tag{3-5}$$

此时，光线的侧向位移量 $\Delta t'$ 与入射角 i_1 呈线性关系。因此，常在某些仪器中应用平行平板的这一性质，在较小的角度范围内利用平板的转动使折射光线线性平移来作为一种测试或补偿的手段。

3.3　反射棱镜

将一个或多个反射工作平面磨制在同一块玻璃上的光学零件称为**反射棱镜(reflection prism)**。反射棱镜在光学系统中用来达到转折光轴、转像、倒像、扫描等一系列目的。尽管这些作用也可以用平面镜系统来实现，但是镀金属反射膜的片状反射镜光能损失大、安装调整均不便，且不稳定又不耐久，因此在光学仪器中多使用反射棱镜。只有在应用大的棱镜有困难时才用反射镜。

反射棱镜随反射面数及其相互位置配置的不同而有繁多的种类，形状各异。现将最常用的棱镜和棱镜系统分述于下。

一次反射棱镜　对应于单块平面镜，对物成镜像。最常用的是等腰直角棱镜，如图 3-9 所示。两个直角面，即 AB 面和 BC 面，称为棱镜的入射面和出射面，光学系统的光轴必须从这两个面的中心垂直通过。故这种棱镜使光轴转折 90°。这里，入射面、反射面和出射面统称为棱镜的工作面，工作面的交线称为棱线或棱，垂直于棱线的平面称为棱镜的**主截面(principal section)**。光轴应位于主截面内。

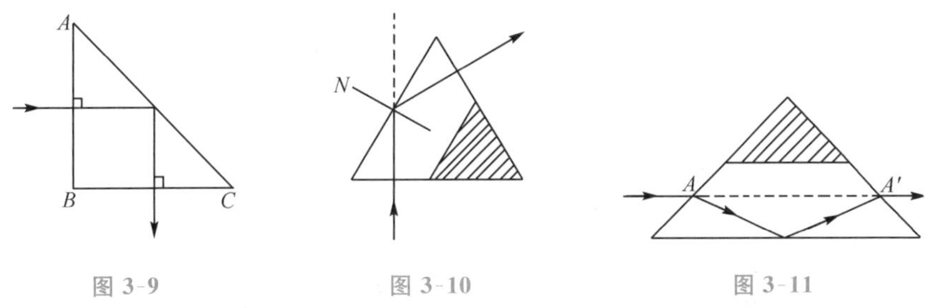

图 3-9　　图 3-10　　图 3-11

若需经一次反射使光轴转过若干角度，根据反射定律和几何关系，很容易通过作图或计算得出这种一次反射棱镜，图 3-10 所示是等边棱镜割去无用的阴影部分所得，它可使光轴转折 60°。

还有一种较为特殊的一次反射棱镜如图 3-11 所示，它由等腰直角棱镜截去无用的直角部分而成，称为**达夫**[①]**棱镜(Dove prism)**。它虽使光轴经一次反射，但因光轴在入射面和出

① 达夫(Heinrich Wilhelm Dove，1803—1879)，普鲁士物理学家、气象学家。

射面上均要经一次折射，最终并不改变光轴的方向。达夫棱镜的重要性质在于当它绕平行于反射面的 AA' 轴旋转 α 角时，物体的反射像将转过 2α 角。图 3-12 中棱镜处于两个位置(a)和(b)时的成像情况证明了这一事实。达夫棱镜的这一性质，使它在周视瞄准镜中得到重要应用，如图 3-13 所示。这里，直角棱镜 P_1 绕其出射光轴旋转达到周视的目的，同时，达夫棱镜 P_2 以 P_1 的角速度的一半同时转动，以使观察者不必改变位置就能周视全景。但要注意，由于达夫棱镜的入射面和出射面不与光轴垂直，它只能应用于平行光束中。

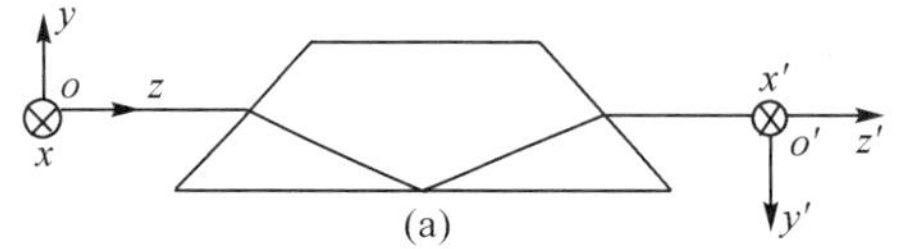

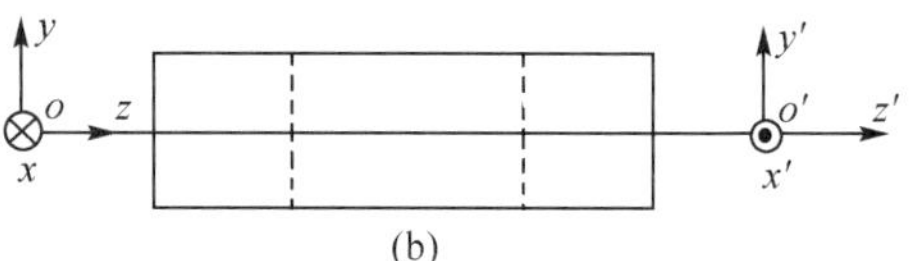

图 3-12

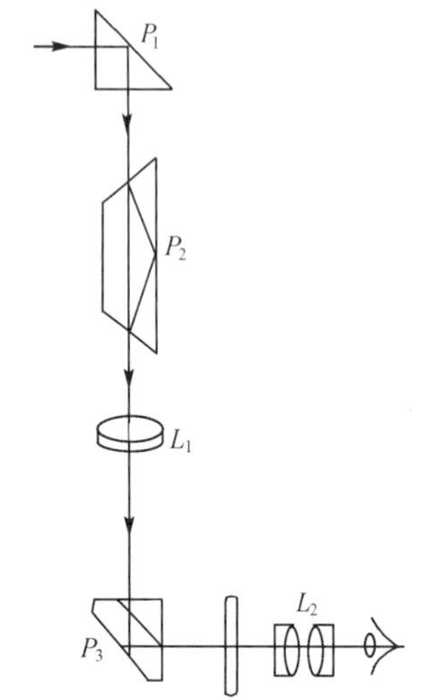

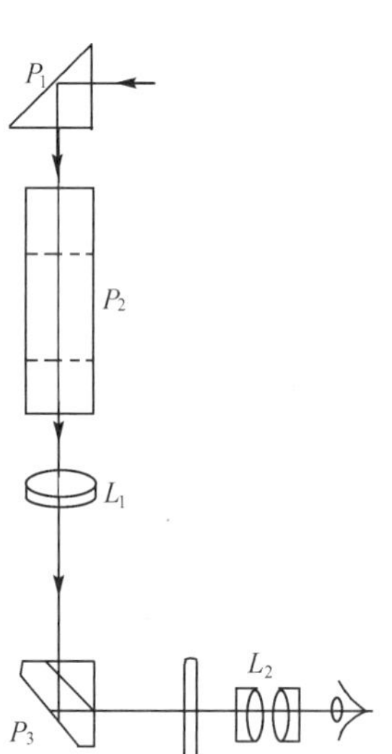

图 3-13

二次反射棱镜　这类棱镜相当于双平面镜系统，即夹角为 α 的二次反射棱镜将使光轴转过 2α 角。图 3-14 画出了几种常用的二次反射棱镜，其中(c)和(d)是最常用的两种棱镜。前者称**五角棱镜(pantagonal prism)**，当要避免镜像时，可用来代替一次反射直角棱镜。后者称二次反射直角棱镜，常用来组成棱镜倒像系统。图(a)是半五角棱镜。图(b)是 30°直角棱镜，它可代替图 3-10 所示的一次反射棱镜。图(e)称斜方棱镜(**rhombic prism**)，可使光轴产生平移。

三次反射棱镜　最常用的有**施密特**[①]**棱镜(Schmidt prism)**，如图 3-15 所示，它使出射光轴相对于入射光轴改变 45°的方向，用于瞄准镜中可使结构紧凑而甚为适用，如图 3-16 所示。但瞄准镜中的施密特棱镜一定要做成屋脊棱镜以避免镜像(详见第 32 页关于屋脊棱镜的内容)。

① 施密特(Bernhard Schmidt，1879—1935)，德国光学家。

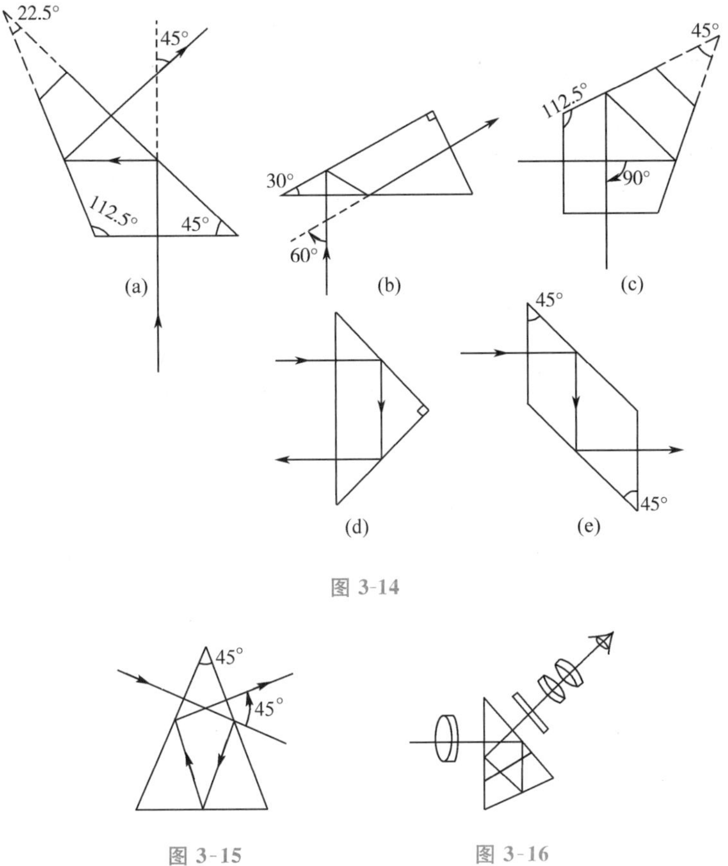

图 3-14

图 3-15

图 3-16

反射棱镜在光学系统中等价于一块平行平板，我们依次对反射面逐个作出整个棱镜被其所成的像，即可将棱镜展开成为平行平板。图 3-17 就是对一次反射等腰直角棱镜、达夫棱镜和施密特棱镜按此法所展成的等效平板。其他棱镜的展开图请读者自行画出。由图 3-17可见，本来在棱镜内部几经转折的光轴，展开后连成了直线。其中的达夫棱镜，由于入射面与出射面不与光轴垂直，其对应的平板是倾斜于光轴的。

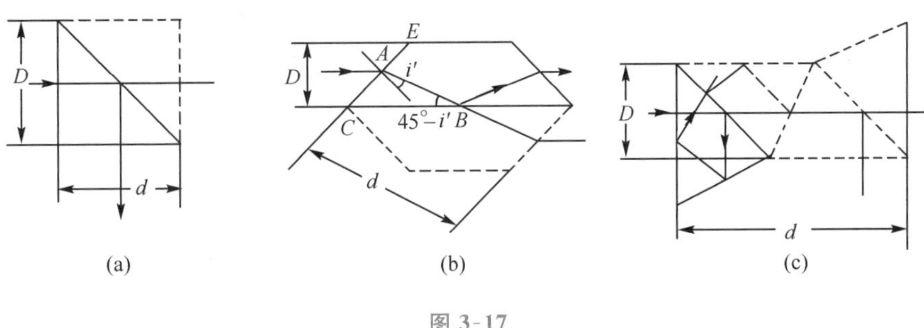

图 3-17

通常用反射棱镜的**结构常数(structual constant)**K 来表示棱镜的通光直径 D(入射面上或出射面上的最大光斑直径)和棱镜中的光轴长度 d 之间的关系，即

$$K=\frac{d}{D} \tag{3-6}$$

一般情况下，d 是等效平板的厚度，但达夫棱镜例外。

作出展开图后，易得上述各棱镜的结构常数分别为：

一次反射的等腰直角棱镜 $K=1$；

二次反射的等腰直角棱镜 $K=2$；

五角棱镜 $K=3.414$；半五角棱镜 $K=1.707$；

斜方棱镜 $K=2$；

施密特棱镜 $K=2.414$。

达夫棱镜的结构常数与棱镜材料的折射率有关，即

$$K=\frac{d}{D}=\frac{2AB}{D}=\frac{1}{\sin(45^\circ-i')} \tag{3-7}$$

根据棱镜的通光直径和结构常数，即可求知棱镜的结构尺寸。其中达夫棱镜的结构尺寸随折射率而异。

由于反射棱镜等效于平行平板，将其应用于光学系统的非平行光束中时，就不能像用平面镜那样随便，必须考虑到平行平板既要产生像的轴向位移，又会产生像差。

反射棱镜的又一重要用途是用来倒像，即使像面相对于物上下和左右同时转过 180°。上述棱镜单个使用时，都不能达到此目的。因为它们都不能使垂直于主截面的 ox 轴发生倒转，所成的像或者是镜像，或者是与物相同方向的像，都无济于事。

要达到用棱镜倒像的目的，有两个办法：一是应用屋脊棱镜，一是应用棱镜组合系统。

所谓**屋脊棱镜(roof prism)**，就是把普通棱镜的一个反射面用两个互成直角的反射面来代替的棱镜。两直角面的交线，即棱线，平行于原反射面，且在主截面上。它犹如在反射面上盖上一个屋脊，故有屋脊棱镜之称。

屋脊棱镜除了能保持与原有棱镜相同的光轴走向外，还能使垂直于主截面的 ox 轴发生倒转。因此上述的奇数次反射棱镜，用屋脊面代替其中的一个反射面后，就成了偶数次反射的屋脊棱镜，可以单独作为倒像棱镜之用。例如图 3-13 中的周视瞄准镜和图 3-16 中的小型瞄准镜就是分别用单块直角屋脊棱镜和施密特屋脊棱镜来起倒像作用的。同样，二次反射的普通棱镜也可做成奇次反射屋脊棱镜，常用的有屋脊五角棱镜和屋脊半五角棱镜。它们可在已具有一个反射面的系统中作为倒像棱镜用。

下面我们以图 3-18 中的直角屋脊棱镜为例，讨论其结构尺寸。可以看出，若直角面的高度 AB 仍像普通直角棱镜那样与宽度 EF 相等，光束就要被部分阻拦，故屋脊棱镜入射面上的高度必须适当增大，如图 3-19 所示。可以证明，入射面上端增大长度应为 $AC=0.336D$，因为对称关系，下端也应增大，所以直角屋脊棱镜的入射面高度 $AB=D+0.336D\times2$，并得出其等效平板厚度 d 或在其中的光轴长度也为 $1.732D$。实际上，棱镜中增大部分即右视图中的三块阴影部分均不受光，为减小体积和减轻重量，都将其割去。

同样易于证明，屋脊五角棱镜和屋脊半五角棱镜的入射面高度均应增大 $0.237D$，而施密特屋脊棱镜应增大 $0.259D$，即

屋脊五角棱镜：入射面高度 $AB=1.237D$，光轴长度 $d=3.414\times1.237D=4.223D$

屋脊半五角棱镜：入射面高度 $AB=1.237D$，光轴长度 $d=1.707\times1.237D=2.111D$

屋脊施密特棱镜：入射面高度 $AB=1.414\times1.259D=1.780D$（如图 3-20）

光轴长度 $d=2.414\times1.259D=3.039D$

入射光轴到顶棱的距离 $b=0.630D$

屋脊棱镜要求两个屋脊面正确成 90°，且屋脊棱平直，不然就要产生双像和影响像质。

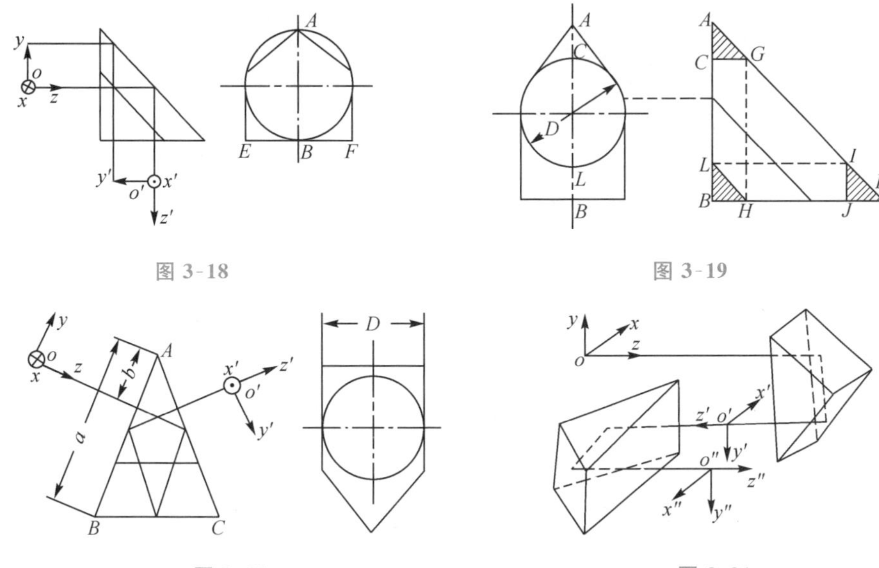

图 3-18

图 3-19

图 3-20

图 3-21

另一种倒像的方法是应用棱镜组合系统。图 3-21 所示由两块相同的等腰直角棱镜组成的**普罗**[①]**型棱镜组(Porro prism)**是最简单、最常用的，其倒像的原理简单易明。图中两棱镜的间隔是为表示物像坐标有意拉大的，实际应用时是很小的。图 3-22 中的两个棱镜倒像系统都称为**别汉棱镜(Pechan prisms)**，它由一块半五角棱镜和一块屋脊施密特棱镜、或一块屋脊半五角棱镜和一块施密特棱镜组成。这些棱镜倒像系统都保持出射光轴的方向与入射光轴相同，广泛应用于手持双筒观察望远镜中。并且由于光轴在棱镜系统中转折了很大长度，使望远镜有比较紧凑的结构。

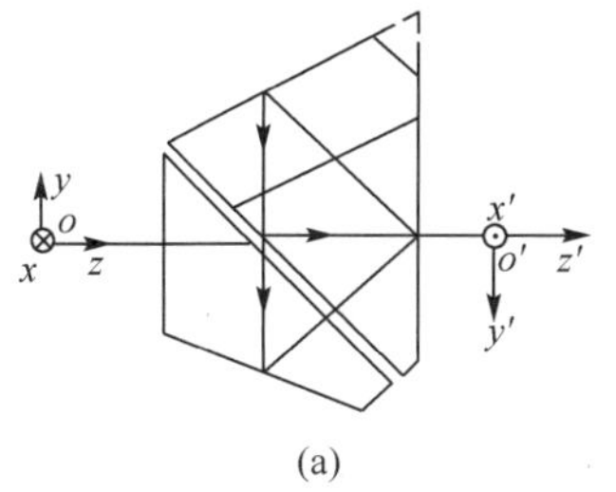

(a)

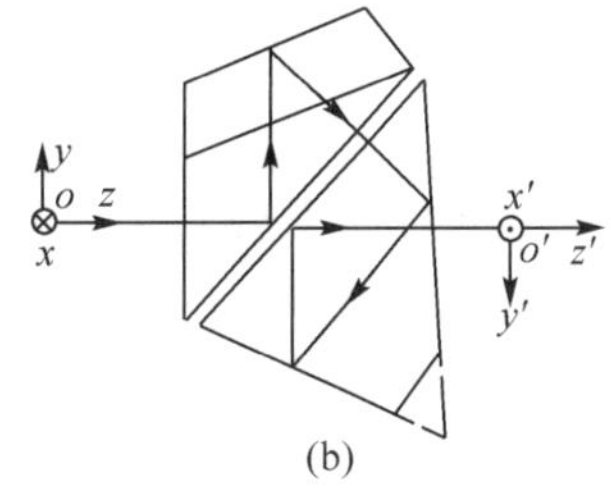

(b)

图 3-22

由于棱镜和棱镜系统在光学系统中应用广泛，必须熟知其物像空间坐标的变化关系，因此有必要总结一下各坐标轴经棱镜系统时的变化规律。设物方为右手坐标系统，沿光轴方向的坐标轴 oz 经棱镜系统后仍与光轴行进方向相同；垂直于主截面的坐标轴 ox 的方向经系统后是否倒转由系统中的屋脊个数决定，有奇数个屋脊时要倒转，否则不变；在主截面内

① 普罗(Ignazio Porro，1801—1875)，意大利光学仪器发明家。

的坐标轴 oy 经系统后的方向由系统的总反射次数决定(一个屋脊相当于二次反射),有奇次反射时像空间的坐标系与物方对称,成为左手系,否则仍为右手系,由此即可决定 oy 的方向。

此外,还有一种值得指出的棱镜,叫**角锥棱镜(corner cube)**。它相当于从立方体的一角切下的一个角锥,具有三个互成直角的反射面,如图 3-23 所示。其底面呈等边三角形,是光线入射和出射的共用面。它的主要特征是:从底面以任意方向入射的光线,经三个反射面顺序反射后,以与入射光线相反的方向从底面射出,且当棱镜以角顶为中心向任意方向偏转时,出射光线方向不变。由于其三个反射面呈空间分布,需以矢量形式的反射定律证实上述特征。

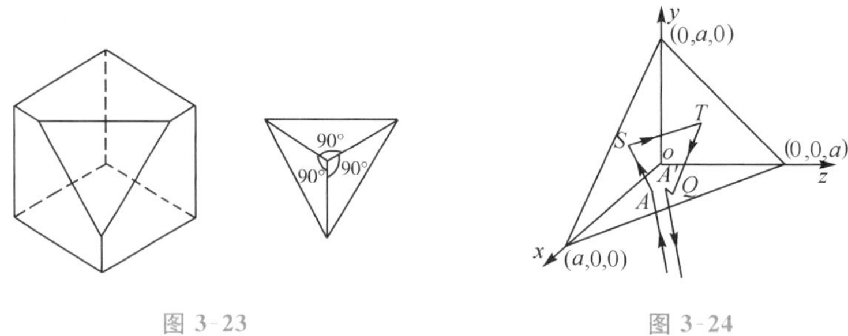

图 3-23　　图 3-24

以角顶为原点建立直角坐标系,则反射面的三条交线分别与坐标轴重合,如图 3-24 所示。设入射于底面的光线进入棱镜后沿 AS 方向射向第一个反射面,顺序从三个反射面上的 S、T、Q 点反射后,以 QA' 方向射向底面然后射出。设 $\boldsymbol{a}_1$、$\boldsymbol{a}_2$、$\boldsymbol{a}_3$、$\boldsymbol{a}_4$ 分别为沿光线 AS、ST、TQ、QA' 的光线矢量,不失一般性,设

$$\boldsymbol{a}_1 = l\boldsymbol{i} + m\boldsymbol{j} + n\boldsymbol{k}$$

式中 $\boldsymbol{i}$、$\boldsymbol{j}$、$\boldsymbol{k}$ 分别为沿三个坐标轴的单位矢量,三个反射面的法线矢量分别为 $\boldsymbol{N}_1 = -\boldsymbol{k}$,$\boldsymbol{N}_2 = -\boldsymbol{i}$,$\boldsymbol{N}_3 = -\boldsymbol{j}$,则根据矢量形式的反射定律表达式(1-8),有

$$\boldsymbol{a}_2 = \boldsymbol{a}_1 - 2\boldsymbol{N}(\boldsymbol{N} \cdot \boldsymbol{a}) = l\boldsymbol{i} + m\boldsymbol{j} - n\boldsymbol{k}$$

同理

$$\boldsymbol{a}_3 = -l\boldsymbol{i} + m\boldsymbol{j} - n\boldsymbol{k}$$

$$\boldsymbol{a}_4 = -l\boldsymbol{i} - m\boldsymbol{j} - n\boldsymbol{k}$$

可见,$\boldsymbol{a}_4$ 与 $\boldsymbol{a}_1$ 在空间反向平行。结合矢量形式的折射定律,易于证明,以任意方向入射于底面的光线,经三个面反射后将以相反方向从底面射出。所以,以角顶为中心转动棱镜时,反射光线的方向保持不变。

最后必须指出,反射棱镜主要利用全反射原理反射光线,但并不是所有棱镜的所有反射面都满足全反射条件。例如五角棱镜的两个反射面和施密特棱镜的底面,其入射光线的入射角都小于临界角。凡是这种反射面,都必须镀以反射膜。

3.4　折射棱镜

折射棱镜(refracting prism)与反射棱镜不同,它利用其表面对光线的折射作用,使出射光线相对于原来的方向发生一定的偏折。它由两个夹一定角度的折射平面构成,这一夹角

称为折射角。

图 3-25 画出了主截面内光线经棱镜两个折射面折射后的情况，其中出射光线相对于入射光线偏转的角度 δ 称为偏角，其正负规定为：由入射光线从锐角方向转到出射光线，顺时针者为正，反之为负。对两个折射面写出折射定律

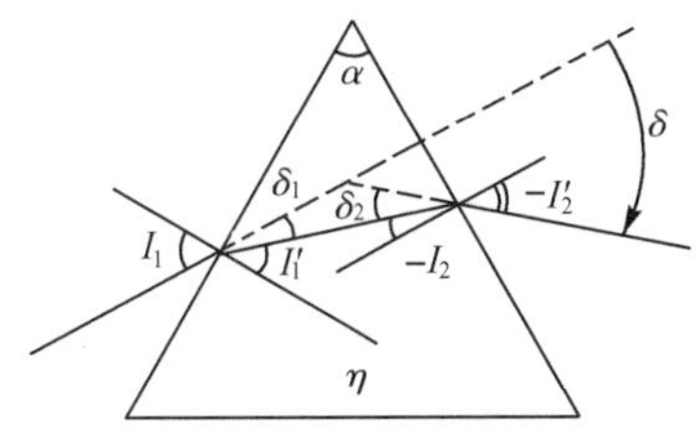

图 3-25

$$\sin I_1 = n\sin I_1'$$
$$\sin I_2' = n\sin I_2$$

由图 3-25 得

$$\alpha = I_1' - I_2,\delta = \delta_1 + \delta_2 = I_1 - I_1' + I_2 - I_2' \tag{a}$$

从而

$$\alpha + \delta = I_1 - I_2' \tag{b}$$

将两折射定律表达式相减并和差化积，再将公式(a)与(b)代入得

$$\sin\left(\frac{\alpha+\delta}{2}\right) = n\sin\frac{\alpha}{2}\cdot\frac{\cos\dfrac{I_1'+I_2}{2}}{\cos\dfrac{I_1+I_2'}{2}} \tag{3-8}$$

可见，光线经棱镜折射后的偏角 δ 是光线入射角 I_1、棱镜折射角 α 和折射率 n 的函数。当棱镜一定即 α 和 n 一定时，δ 仅随 I_1 而变。为求 δ 的极值，把公式(b)对 I_1 微分得

$$\frac{d\delta}{dI_1} = 1 - \frac{dI_2'}{dI_1} \tag{c}$$

微分两个面的折射定律表达式并相除，再由(a)式知 $dI_1' = dI_2$，即可求得 dI_2'/dI_1，代入(c)式，当 $d\delta/dI_1 = 0$ 时，偏角 δ 具有极值，此时应满足

$$\frac{\cos I_1}{\cos I_1'} = \frac{\cos I_2'}{\cos I_2} \tag{d}$$

按照折射定律，$\dfrac{\sin I_1}{\sin I_1'} = \dfrac{\sin I_2'}{\sin I_2} = n$ 为常数，所以，公式(d)仅当 $I_1 = -I_2'$ 和 $I_1' = -I_2$ 时才能成立。也就是说，只有当光线的光路对称于棱镜时，才使偏角为极值。由二阶导数可以证明，此时的 δ 是极小值，称为最小偏角。最小偏角与 α、n 之间的关系为

$$\sin\left(\frac{\alpha+\delta_{\min}}{2}\right) = n\sin\frac{\alpha}{2} \tag{3-9}$$

这一关系式常用来测量透明固体介质的折射率。为此，需将被测材料磨成棱镜，折射角以 60°为宜。精确地测出折射角 α 和最小偏角 δ 后，即可求得折射率。

当 $\alpha = 0$ 时，折射棱镜变成平行平板，由式(3-9)知此时 $\delta = 0$，表示光经平板后方向不变。

如果折射角很小，偏角公式可以分两种情况简化：

1)光线的入射角有一定大小,如图 3-26(a),此时因 α 和 δ 都很小,从(a)式可知 $I_1'=I_2$ 和 $I_1=I_2'$,将其代入公式(3-8)并以弧度代替正弦,得

$$\delta=\alpha\left(\frac{n\cos I_1'}{\cos I_1}-1\right) \tag{3-10}$$

2)当光线垂直入射或入射角很小时,如图 3-26(b),上式中的余弦值为 1,得

$$\delta=(n-1)\alpha \tag{3-11}$$

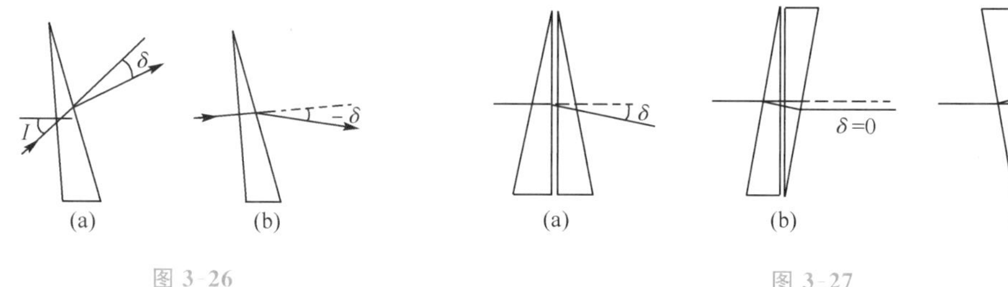

图 3-26　　图 3-27

折射角很小的棱镜称为**光楔(optical wedge)**,在光学仪器中常有应用。最常用的是双光楔系统,即两光楔相对转动,以产生不同的偏角,如图 3-27 所示。情况(a) 表示两光楔主截面平行且楔角方向相同,产生正的最大偏角,即 $\delta=2(n-1)\alpha$;情况(b)表示两光楔已相对转过 180°,两主截面仍平行但楔角方向相反,偏角为零;情况(c)表示光楔相对转过 360°,产生负的最大偏角。在由情况(a)到(c)的过程中,共有 $4(n-1)\alpha$ 的偏角变化量。当两光楔处于任何其他相对位置时,若两主截面的夹角为 ϕ,其偏角的大小可按下式计算:

$$\delta=2(n-1)\alpha\cos\frac{\phi}{2} \tag{3-12}$$

光线偏转的方向由两光楔折射角的方向共同决定。

3.5　光的色散

迄今,凡讨论到光线的传播和光学成像,都少不了与介质的折射率相联系,足见折射率是表征介质特性的一个重要量值。但是,介质的折射率只是对单一波长的光而言的,而波长反映了光的一种颜色。因此,前面所讨论的只是单色光的情况。实际上最常遇到的是白光的成像。白光是各种不同波长色光的复合光,在波长为 400nm 的紫光至 760nm 的红光范围内的光能为人眼感受,称为可见光。除真空以外,任何透明介质对不同波长的色光具有不同的折射率,只是随介质的不同,其折射率随波长而变的程度不同而已,这种性质称为光的**色散(dispersion)**。图 3-28 即为两种光学玻璃的折射率随波长而变化的曲线,称为色散曲线。可见,通常的光学介质折射率随波长的变短而增大,尤其是短波长部分,折射率增加得更快,这种性质叫正常色散。

在光学中,以太阳光谱中的夫朗和费①谱线作为特征单色谱线来表征光学介质的折射率。这些谱线的符号、颜色、波长和产生这些谱线的元素如表 3-1 所列。

① 夫朗和费(Joseph von Fraunhofer,1787—1826),德国物理学家、光学工艺家,慕尼黑大学教授。

表 3-1　各单色谱线的符号、颜色、波长及产生谱线的元素

符号	A'	r	C	D	d	e	F	g	G'	h
颜色	红			黄		绿	青		蓝	紫
λ/nm	768.2	706.5	656.3	589.3	587.6	546.1	486.1	435.8	434.0	404.7
元素	K	He	H	Na	He	Hg	H	Hg	H	Hg

如果入射于折射棱镜的是白光，由于棱镜对不同色光具有不同折射率，各色光经折射后的折射角将不同，经整个棱镜后的偏角也随之不等。因此，白光经棱镜折射后将分解成各种色光而呈现出一片按序排列的颜色。

从图 3-28 并根据材料色散理论可知，正常色散情况下红光的波长长，折射率小，产生较小的偏角，紫光将产生较大的偏角，如图 3-29 所示。这样，白光经折射三棱镜后，形成了按红、橙、黄、绿、青、蓝、紫顺序排列的连续光谱。但实际上射向棱镜的是一束白光，经棱镜色散后的色光仍将相互重叠而成白色。为获得清晰可见的光谱，可在棱镜两边各安置一个物镜，如图 3-30 所示。物镜 L_1 使从位于焦平面上的狭缝射来的白光成为平行光束，经棱镜分解后，各色光仍保持平行，但以不同方向射入物镜 L_2，从而在其焦平面上形成狭缝的各色清晰像。这就是棱镜光谱仪器的基本原理。当然，棱镜光谱仪光谱分辨率较低，且折射率的变化与波长并非线性关系。根据光栅衍射的原理，光栅也能起光的色散作用。随着光栅技术的发展，各种光栅已成为当今光谱仪器的主要色散元件了。但棱镜色散也有其优点，它不存在光栅的多级衍射现象，因而在很多场合人们也常采用棱镜组合通过精心设计获得高质量的棱镜光谱仪，这时棱镜的折射面已不再限于平面了。

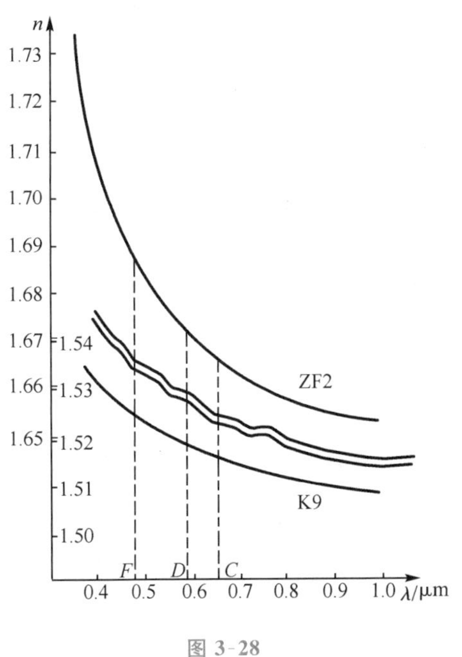

图 3-28

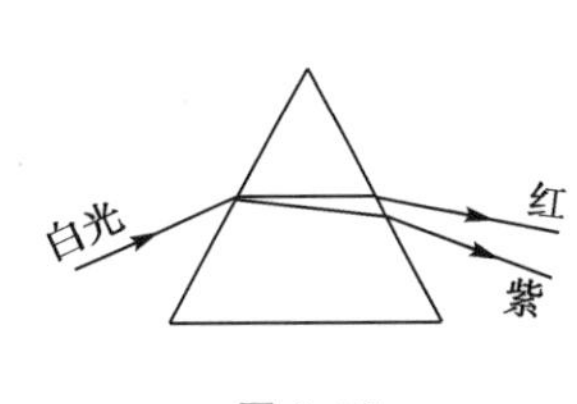

图 3-29

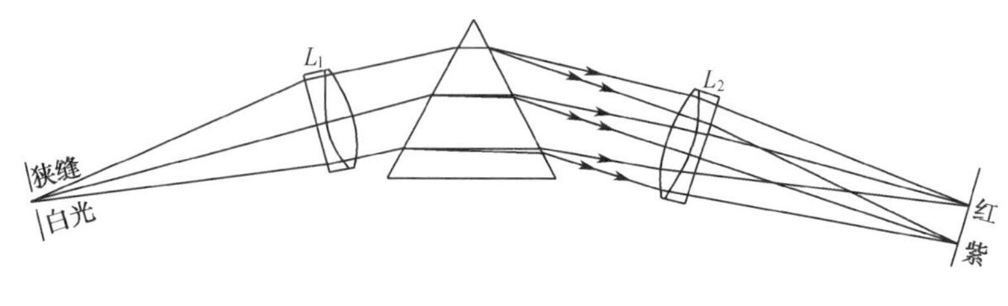

图 3-30

3.6 光学材料

光学成像要通过光学零件的折射和反射来实现。什么材料能用来制造光学零件,这主要决定于它对要求成像的波段是否透明,或者在反射的情况下是否具有足够高的反射率。

折射光学零件的材料绝大部分采用**光学玻璃(optical glass)**。一般的光学玻璃能够透明的波段范围大约为 0.35～2.5μm。在 0.4μm 以下,已显示出对光的强烈吸收。

透射材料的特性除透过率外,还有它对各种特征谱线的折射率。其中以 D 或 d 线的折射率 n_D 或 n_d 以及 F 线和 C 线的折射率差 n_F-n_C 作为其主要的光学性能参数。这是因为 F 线和 C 线接近人眼光谱灵敏极限的两端,而 D 或 d 线在其中间,接近人眼最灵敏的波长。n_d 称为**平均折射率(mean refractive index)**,n_F-n_C 称为**平均色散(mean dispersion)**。此外,将 $\nu_d=(n_d-1)/(n_F-n_C)$称为**阿贝常数(Abbe constant)**或平均色散系数,任意一对谱线的折射率差,如 n_g-n_F,称为部分色散(**partial dispersion**);部分色散和平均色散的比值称为部分色散系数或相对色散(**relative dispersion**)。所有这些数据都在光学玻璃目录中给出,是在光学设计时需要查知的。

为设计各种完善和高性能的光学系统,需要很多种光学玻璃以供选择。光学玻璃可分为**冕牌(Crown glass)**和**火石(Flint glass)**两大类,每个大类又有好几个种类。就国产的光学玻璃而言,其名称和符号有:冕牌玻璃类:轻冕玻璃 QK、冕玻璃 K、磷冕 PK、钡冕 BaK、重冕 ZK、镧冕 LaK;火石玻璃类:冕火石 KF、轻火石 QF、钡火石 BaF、火石 F、重火石 ZF、重钡火石 ZBaF、镧火石 LaF 、重镧火石 ZLaF、特种火石 TF 等。每个种类的玻璃又有很多牌号,用符号后跟数字来区别。一般而言,冕牌玻璃的特征是低折射率低色散,火石玻璃是高折射率高色散。但随着光学玻璃工业的发展,高折射率低色散和低折射率高色散的玻璃也不断熔炼了出来,使品种和牌号得到扩充,促进了光学工业的发展。

对光学玻璃按其主要光学常数 n_d 和 ν_d 的不同可作出 $n_d\sim\nu_d$ 图。图 3-31 是对德国著名的肖特①玻璃作出的 $n_d\sim\nu_d$ 图。从图可见,各类玻璃各占有一小区域,相互连接成一大片,从而为光学系统设计提供了挑选玻璃的充分余地。

在国外,还通行另一种用六位数字表示玻璃的方法,其中前三位数代表平均折射率小数点后的三位数,后三位数表示阿贝常数。例如 589612,即表示这种玻璃的平均折射率为 1.589,阿贝常数为 61.2。

---

① 肖特(Friedrich Otto Schott,1851—1935),德国化学家、光学玻璃专家,1884 年与阿贝创办肖特玻璃厂。

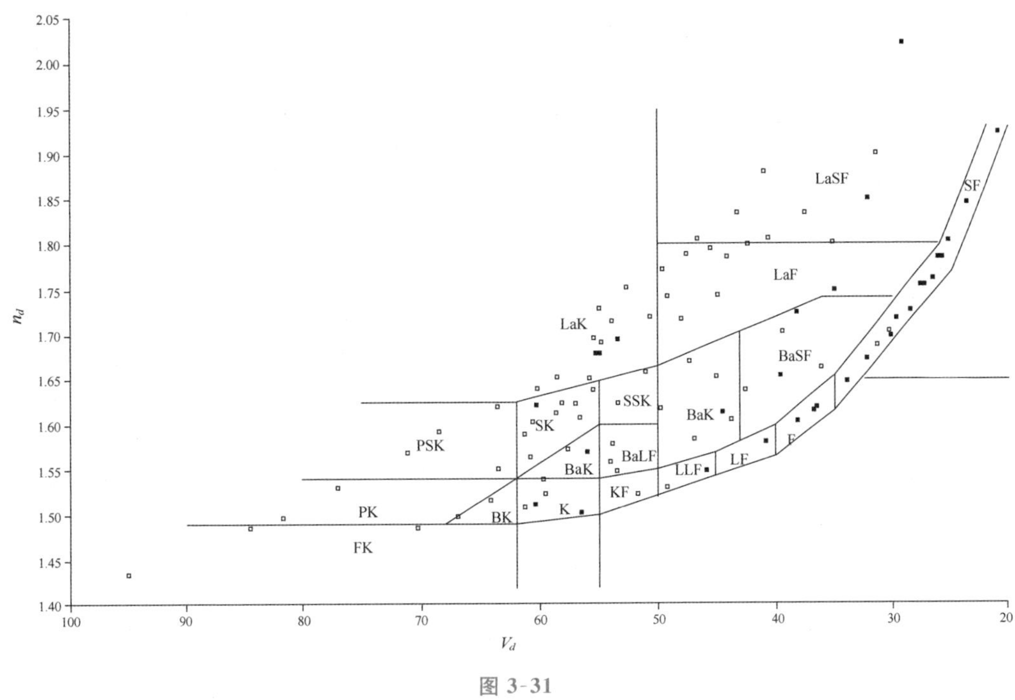

图 3-31

随着激光技术、光探测技术的不断发展，各种激光光学系统、红外光学系统以及其他应用于特定波长的光学系统越来越多。由于这些光学系统的应用波段不一定是可见光波段，像差校正时选择的波长一般不同于前述特征谱线的波长，有必要利用公式求知玻璃对任意波长的折射率。可以有多种色散公式来计算玻璃对任意波长的折射率，最常用的是德国的 Schott 玻璃厂提出的色散公式，即

$$n^2 = A_0 + A_1\lambda^2 + A_2\lambda^{-2} + A_4\lambda^{-4} + A_6\lambda^{-6} \tag{3-13}$$

利用这一公式计算折射率，在波长为 400～750nm 内，可达 $\pm 3\times 10^{-6}$ 精度，在 365～400nm 和 750～1014nm 内可达 $\pm 5\times 10^{-6}$ 的精度。这个精度通常已是足够的了。计算时，波长以纳米为单位，而式中的常数可从玻璃目录中查取。

透射光学材料除上述透过率和光学常数的要求外，还应有高度的光学均匀性、化学稳定性和良好的物理性能，同时在材料中不应有明显的气泡、条纹和内应力等缺陷。这些都对光学成像有危害性。

光学晶体(optical crystal)也是重要的透射材料，有些晶体的透明波段很宽，性能特异，有多方面的应用，例如 CaF_2 等，对远紫外到红外的色光都具有相当高的透过率，同时色散很低，属于超低色散材料，在对色散要求高的系统中常有应用，如复消色差显微物镜、长焦距摄影物镜等。与此类似的还有 LiF、MgF_2 等金属卤化物材料。其缺点是部分光学晶体呈现明显的各向异性，对入射光会产生双折射，限制了它们在成像系统中的应用。表 3-2 给出了部分光学晶体的性能参数。

表 3-2 部分光学晶体的性能参数

材料	n_d	ν_d	线胀系数
CaF_2	1.433849	94.9959	18.9×10^{-6}
MgF_2	1.377744	106.2176	9.4×10^{-6}
LiF	1.392146	97.2947	34.4×10^{-6}
蓝宝石	1.768234	72.2372	6.65×10^{-6}

由于塑料镜片可由模压而得，生产率高，成本很低，随着塑料加工技术的逐步成熟，**光学塑料(optical plastic)**也已普遍应用于许多光学仪器中。用于制作光学镜片的塑料大部分为热塑性塑料，可以多次反复加热仍有可塑性，常用的有**聚甲基丙烯酸甲酯(polymethyl methacrylate, PMMA)**、**丙烯酸有机玻璃(acrylic)**、**聚苯乙烯(polystyrene, PS)**和**聚碳酸酯(polycarbonate, PC)**等。也有一些热固性塑料，如环氧光学塑料等。后者经加热制成光学零件后如再加热也不再软化，常用于工作温度较高的场合，如卤钨灯反射器等。现有的透明光学塑料已有上百种，并且新的塑料品种还在不断被研发出来。光学塑料由于其可以模压成型的特点，并且可以一模多腔，加之价格便宜，特别适合于大批量生产，成本很低，易于制造表面形状复杂、采用玻璃无法研磨或很难研磨的零件，如非球面、微透镜列阵、菲涅耳透镜、光栅或二元光学元件等，注塑成型技术还可以一次加工出光学表面和安装定位面，减少了加工和装配工序。另外重量轻、耐冲击性好也是光学塑料的突出优点。其缺点是内部透过率比玻璃要低，热膨胀系数和折射率的温度系数较光学玻璃大得多，其折射率随环境的变化比玻璃要大数倍到数十倍。光学塑料在注塑成型过程中的流动和冷却过程中的收缩也会影响面形精度，需要由有经验的人员根据设计面形重新设计加工的模具面形，往往还需要经过多次修正。同时由于模压时产生的内应力，还会造成一定的应力双折射。表 3-3 是几种常用的光学塑料的性能参数，可见在设计时也可将其分为“冕牌”和“火石”两大类。

表 3-3 几种常用光学塑料的性能参数

材料	n_d	ν_d	线胀系数
PMMA	1.491756	57.4408	67.4×10^{-6}
ACRYLIC	1.491668	55.3102	60×10^{-6}
PS	1.590481	30.8669	90×10^{-6}
PC	1.585470	29.9092	67×10^{-6}

至于反射光学零件，一般都是在正确形状的抛光玻璃表面上镀以高反射率材料的薄膜而成。反射层材料的唯一特性是它对各种波长光的反射率。因为反射时不存在光的色散现象。

反射膜一般都用金属材料镀制。但不同金属的反射面，其适用波段是不同的。图 3-32 所示是几种金属的反射层随波长而变化的反射率曲线。可见，银在 350～750nm 的可见波段具有最高的反射率，高达 95%。但镀银面的反射率要随使用时间的加长而降低。铝的反射率比银低，但铝反射面由于能在空气中形成致密氧化层，镜面反射率能保持稳定，十分经久耐用。在红外区，金具有最好的反射特性，但在 2μm 以内的近红外区，铝、银等也并不逊

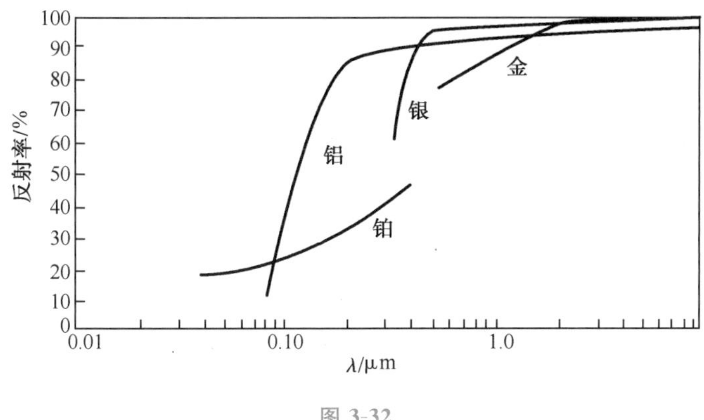

图 3-32

色。在 0.35μm 以下的紫外区，铝具有最高的反射率，而银已是对其透明而不能应用了。在 0.1 μm 以下，铝也成为透明物质，此时只能采用铂，尽管其反射率并不高。所以，紫外系统主要是受材料的限制而在发展上有很大的困难。由于金属具有复介电常数，金属膜层会影响光的偏振态，在需要考虑光学系统偏振特性的仪器中需要在设计时进行专门的分析。

多光谱成像系统中常用的滤光片常要求在透光波段具有很高的透过率，而在透光波段外又能很好地截止，需要在基底上镀制专门设计的多层膜系，这也是光电信息专业一个重要的研究方向。

读者如需了解有关光学材料的性能参数，可查阅参考文献[5]或[39]。

习　题

1. 房间的一面墙上挂有一幅 1.5m×1m 的画，在相距 5m 的对面墙上挂有一平面镜，人站在镜前 2m 处正好能看到整幅画的反射像，求反射镜的大小。

2. 夹角为 35°的双平面镜系统，当光线以多大的入射角入射于一平面镜时，其反射光线再经另一平面镜反射后，将沿原光路反向射出？

3. 有一双平面镜系统，光线与其中的一个镜面平行入射，经两次反射后，出射光线与另一镜面平行，问两平面镜的夹角是多少？

4. 在夹锐角的双平面镜系统前，可看见自己的两个像，当增大夹角时，两像互相靠拢。设人站在两平面镜交线前 2m 处，正好见到自己面孔的两个像互相接触(设脸宽为 156mm)，求此时的两平面镜的夹角为多少？

5. 如图 3-4 所示的装置，平行光管物镜的焦距为 550mm，当移动测杆导致平面镜倾斜而使物镜焦点 F 的自准直像相对于 F 移动 2mm 至 F'，求平面镜的倾斜角度。

6. 垂直下望池塘水底之物时，若其视见深度为 1m，求实际水深(水的折射率 $n=4/3$)。

7. 有一物镜，其像面与之相距 150mm，若在物镜后置一厚度 $d=60$mm，折射率 $n=1.5$ 的平行平板，求：1)像面位置的变化数值和方向；2)若欲使光轴向上、向下各偏移 5mm，平板应正、反转过多大角度？

8. 有一等边折射三棱镜，其折射率为 1.65，求：1) 光线经该棱镜的两个折射面折射后产生最小偏角时的入射角；2)最小偏角值。

9. 对图 3-33 所示棱镜和棱镜系统，画出其像空间的坐标。

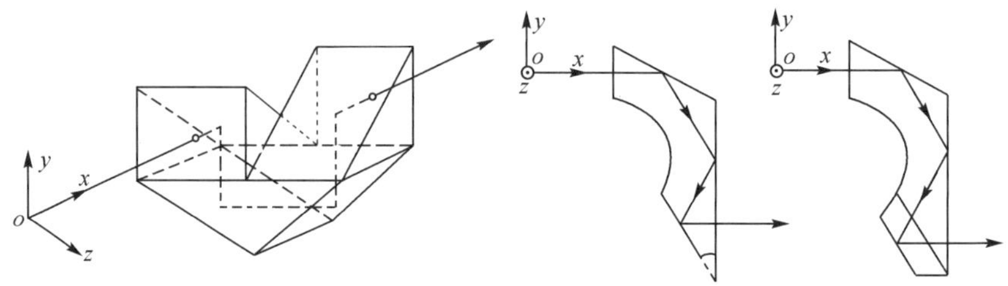

图 3-33

10. 有一光楔，其材料为 K9 玻璃($n_F=1.52196$，$n_C=1.51389$)。白光经其折射后要发生色散。若要求出射的 F 光和 C 光间的夹角 $\delta_{F,C}<1'$，求光楔的最大折射角应为多少？

11. 在屏上有一被光学系统所成的发光点的像，试回答用什么办法可达到：1) 使点像作垂直于光轴的上下直线运动；2)使点像作圆周扫描，并回答如何改变圆周直径。

平面镜　棱镜形状　棱镜光路　棱镜展开　光的色散

第 4 章　理想光学系统

理想光学系统是实际光学系统经过近似、再近似的原理模型，有了它可以对复杂光学系统的一些基本特性、工作原理和组合关系等使用一些非常简单的几何关系来表述和推演，可以说本章内容是几何光学，乃至本书的最重要的基础内容，本章中概念、计算公式较多，作图更是学习几何光学必须熟练掌握的基本功。

本章知识要点

1. 理想光学系统的原始定义
2. 理想光学系统的焦点、焦平面、主点、主平面
3. 理想光学系统的节点
4. 理想光学系统的物像位置关系，牛顿公式和高斯公式
5. 理想光学系统物方焦距与像方焦距的关系
6. 理想光学系统的拉氏不变量
7. 理想光学系统的光焦度及其与焦距的关系
8. 理想光学系统的垂轴放大率、沿轴放大率和角放大率及其关系
9. 几个特殊位置的三种放大率
10. 理想光学系统的作图法
11. 理想光学系统的组合：作图法和计算法
12. 远距型和反远距型理想光学系统模型
13. 多光组组合，正切计算法，截距计算法
14. 各光组对总光焦度的贡献
15. 焦距仪基本原理
16. 望远镜系统的理想光学系统模型
17. 视觉放大率概念
18. 望远镜与其他光组的组合
19. 薄透镜成像原理
20. 厚透镜的基点和基面及其与光组组合的关系

4.1　理想光学系统及其原始定义

实际的光学系统一般要求能对有限大小的物体以宽光束成像。由于单个折射球面成像

的不完善性，实际系统常需由若干透镜组成，并经过严格精细的设计以校正其成像缺陷，使成像或多或少具有理想性质。在设计计算之初，为使系统满足各种具体要求，要先确定整体方案，计算其有关参数。为此，有必要建立一套理想光学系统的概念和理论。

所**谓理想光学系统**（**perfect optical system**），就是能对任意宽空间内的点以任意宽的光束成完善像的光学系统。这种系统完全撇开具体的结构，是一个能与任何具体系统等价的抽象模型。理想光学系统将物空间的同心光束转换成像空间的同心光束，可归结为“共线变换”问题。基于此，可以用解析方法推演出理想光学系统的完整理论。在此，我们不作推演，而是直接根据理想光学系统的原始定义来导出有关公式。理想光学系统的原始定义表述如下：

1. 物空间中一点对应于像空间中唯一的一点。这一对对应点称为**共轭点**（**conjugate points**）。

2. 物空间中一条直线对应于像空间中唯一的一条直线。这一对对应直线称为共轭线。

3. 如物空间一点位于直线上，其在像空间中的共轭点必位于该直线的共轭直线上。

由这些定义可推广到：物空间中任意同心光束对应于像空间中一共轭的同心光束，物空间中任意平面对应于像空间中一共轭的平面。

共轴理想光学系统的理论在 1841 年由**高斯**①（**Gauss**）建立，因此称之为**高斯光学**（**Gaussian optics**）。它适用于任何结构的光学系统。

4.2 理想光学系统的基点和基面、焦距

根据理想光学系统的原始定义，如果在物空间中有一平行于光轴的光线入射于理想光学系统，不管其在系统中真正的光路如何，在像空间总有唯一的一条光线与之共轭，它可以与光轴平行，也可以交光轴于某一点。在此，我们先讨论后一种情况。

如图 4-1 所示，平行于光轴入射的光线 AE_1 经系统后，沿 $G'F'$ 方向射出交光轴于 F' 点，沿光轴入射的光线经系统后仍沿光轴出射。由于像方的出射光线 $G'F'$ 和 O_kF' 分别与物方的入射光线 AE_1 和 FO_1 共轭，故像方 F' 点在物方的共轭点必是光线 AE_1 和 FO_1 的交点，它位于左方无穷远的光轴上。故 F' 即为物方无穷远轴上点的像点，称为光学系统的像方焦点或**后焦点**（**rear focus**）。所有平行于光轴入射的光线经系统后都将通过此点。如果以相反的方向作一条平行于光轴的光线，同样可得到一个与光轴的交点 F，称为光学系统的物方焦点或**前焦点**（**object focus**）。它是像方无穷远轴上点的共轭点。或者说，自物方焦点发出的光线经系统后，必平行于光轴射出。

过像方焦点 F' 的垂轴平面称为像方焦平面，它是物方无穷远垂轴平面的像平面。这就是说，自物方无穷远轴外点发出的倾斜于光轴的平行光束经系统后必会交于像方焦平面上，如图 4-2 所示。同样，过物方焦点 F 的垂轴平面称物方焦平面，它是像方无穷远垂轴平面的共轭平面。自物方焦面上一点发出的光束经系统后，必为倾斜于光轴的平行光束。请读者

---

① 高斯（Johann Carl Friedrich Gauss，1777—1855），德国数学家、物理学家、天文学家，哥廷根大学教授，在数学、电磁学、光学等多个学科分支都有重大贡献。

画出该图。

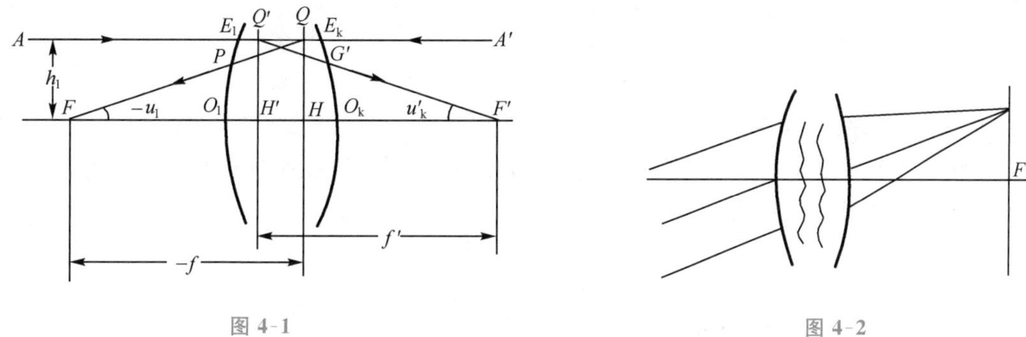

图 4-1　　　　　　　　　　　　　　　　图 4-2

图 4-1 中，延长入射平行光线 AE_1 和其共轭光线 $G'F'$，得交点 Q'；同样，延长光线$A'E_k$ 及其共轭光线 PF 得交点 Q。显然，Q 和 Q'是一对共轭点。过 Q 和 Q'点分别作垂直于光轴的平面 QH 和 $Q'H'$，两者也是共轭的。在这对共轭平面上的线段，如 QH 和 $Q'H'$，具有相同的高度，且在光轴的同侧，故其放大率 $\beta=1$。我们称这对放大率为正 1 的共轭平面为光学系统的**主平面(principal plane)**。QH 称物方主平面或前主面，$Q'H'$称像方主面或后主面。所有光学系统都具有一对主面。主面与光轴的交点称为**主点(principal point)**。H 为物方主点或前主点，H'为像方主点或后主点。

主点到相应焦点的距离称为**焦距(focal length)**。自物方主点 H 到物方焦点 F 的距离称光学系统的物方焦距或前焦距 f，自像方主点 H'到像方焦点 F'的距离称为像方焦距或后焦距 f'。焦距的正负以主点为原点来确定，如果从主点到相应焦点的方向与光线方向一致则为正，反之则为负。如果平行于光轴的入射光线高度为 h，其共轭光线与光轴的夹角为 u'，则有

$$f'=\frac{h}{\tan u'} \tag{4-1}$$

类似的，物方焦距为

$$f=\frac{h}{\tan u} \tag{4-2}$$

一对主点和一对焦点是光学系统的**基点(cardinal points)**，一对主面和一对焦面是光学系统的基面，它们构成了一个光学系统的基本模型。不同的光学系统，只表现为这些点的相对位置不同、焦距不等而已。图 4-3 画出了会聚球面的理想模型，请读者参照画出凹球面镜和薄透镜的理想模型。

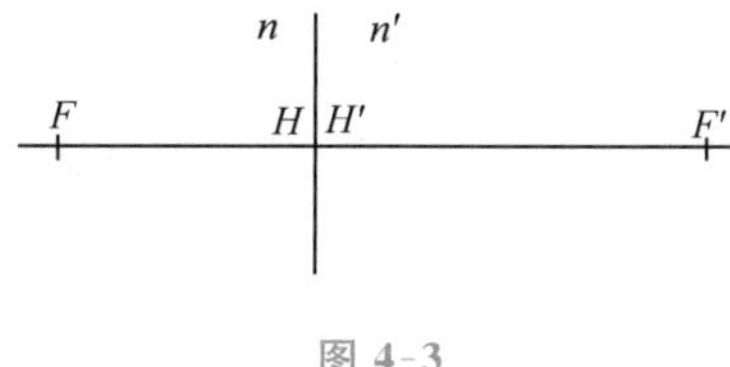

图 4-3

4.3 物像位置和放大率、焦距和光焦度、节点

如图 4-4,有一大小为 y 的垂轴物体 AB 被光学系统成一倒像 $A'B'$,像的大小为 y'。像的位置和大小易于由物点 B 分别作平行于光轴的光线 BQ 和通过物方焦点的光线 BF,利用焦点和主面的性质来确定。

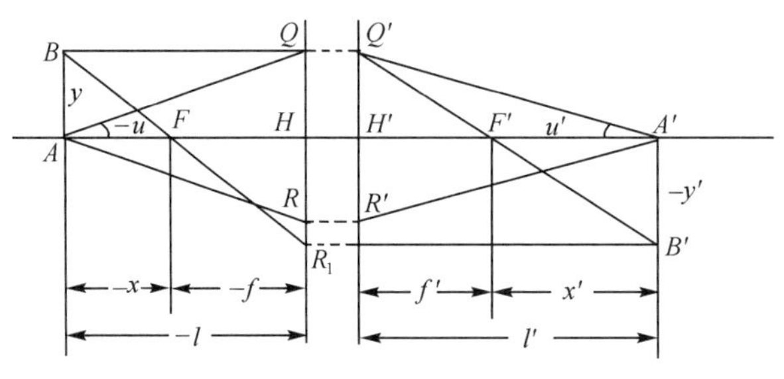

图 4-4

物和像的位置可以相对于焦点来确定。物方焦点 F 到物点的距离称为**焦物距(focus-object distance)**,用 x 表示,像方焦点 F'到像点 A'的距离称为**焦像距(focus-image distance)**,以 x'表示。焦物距、焦像距的正负以焦点为原点来决定,以沿光线方向者为正。由$\triangle BAF \backsim \triangle R_1HF$ 和$\triangle H'Q'F' \backsim \triangle A'B'F'$可导出

$$xx'=ff' \tag{4-3}$$

$$\beta=\frac{y'}{y}=-\frac{x'}{f'}=-\frac{f}{x} \tag{4-4}$$

这就是以焦点为原点的物像公式和相应的横向放大率公式,也称**牛顿**[①]**公式(Newton's fomula)**。

物和像的位置也可以相对于光学系统的主点来确定。用 l 表示物方主点 H 到物点 A 的距离,称**物距(object distance)**;用 l' 表示像方主点 H' 到像点 A' 的距离,称**像距(image distance)**,其正负以主点为原点来决定。由图显见,焦物距、焦像距和物距、像距之间有如下关系:

$$x=l-f,x'=l'-f' \tag{4-5}$$

将其代入牛顿公式(4-3)两边同除以 ll'可得

$$\frac{f'}{l'}+\frac{f}{l}=1 \tag{4-6}$$

这就是以主点为原点的物像公式的一般形式,称为**高斯公式(Gauss formula)**。其相应的放大率公式也可以从牛顿公式转化得到,有

$$\beta=\frac{y'}{y}=-\frac{f}{f'}\frac{l'}{l} \tag{4-7}$$

---

① 牛顿(Isaac Newton,1643—1727),英国物理学家、数学家、天文学家、自然哲学家,光的粒子说代表人物,解释了棱镜色散实验,发明了牛顿望远镜,在经典力学方面具有杰出成就。

下面将会看到，当物方介质和像方的介质相同时，有 $f'=-f$，则(4-6)、(4-7)式可写成

$$\frac{1}{l'}-\frac{1}{l}=\frac{1}{f'} \tag{4-8}$$

$$\beta=\frac{l'}{l} \tag{4-9}$$

由公式(4-8)可将 $1/l$ 和 $1/l'$ 的关系画成图 4-5。

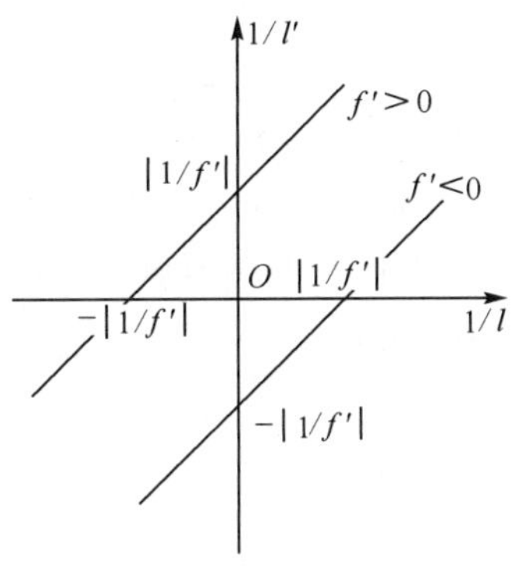

图 4-5

光学系统物像间的距离称为**共轭距(conjugate distance)**。在多数光学仪器中，常利用正焦距的光学系统来对实物成要求倍率的实像，此时共轭距被系统的焦距所完全决定。如果将 l 和 l' 都用放大率 β 来表示，并考虑到 $HH'\neq 0$ 的一般情况，得实物成实像的共轭距 L 为

$$L=l'-l+HH'=(2-\beta-\frac{1}{\beta})f'+HH'$$

为求出共轭距的极值，对上式分别求一阶导数和二阶导数并考虑到 $\beta<0$ 的事实，得 $\beta=-1$ 时，共轭距 $L_{\min}=4f'+HH'$。若为薄透镜，则 $HH'=0$。所以，欲使正焦距的系统对实物成实像(对负焦距系统以虚物成虚像也一样)，所需的最小共轭距是透镜焦距的四倍。此时，物和像位于透镜两边距透镜两倍焦距处，成同等大小倒立的像。

由放大率公式可知，放大率随物体位置而异。在同一共轭面上，β 是常数，因此像与物是相似的。单个折射球面的物像公式(2-11)和放大率公式(2-19)以及薄透镜的相应公式也可表示成与公式(4-7)和(4-8)完全相同的形式。这表明理想光学系统的成像性质可以在实际系统的近轴区得到实现。

有时，光学系统由若干个光组组成。此时，为求知某一物体被其所成像的位置和大小，需连续应用物像公式于每一光组。显然，物点 A_1 被第一光组成像于 A_1'，它就是第二个光组的物 A_2。两光组的相互位置以距离 $H_1'H_2=d_1$ 或 $F_1'F_2=\Delta_1$ 来表示，前者是主面间隔，后者称光学间隔。d_1 或 Δ_1 以前一个主点或焦点为原点决定正负。由图 4-6 易见有如下过渡关系：

$$l_2=l_1'-d_1\text{，一般地有 } l_i=l_{i-1}'-d_{i-1}\quad (i=2,3,\cdots,k) \tag{4-10}$$

$$x_2=x_1'-\Delta_1\text{，一般地有 } x_i=x_{i-1}'-\Delta_i\quad (i=2,3,\cdots,k) \tag{4-11}$$

光学间隔与主面间隔之间的关系有

$$\Delta_1=d_1-f_1'+f_2\text{，一般地有 } \Delta_{i-1}=d_{i-1}-f_{i-1}'+f_i \tag{4-12}$$

至于整个系统的放大率 β，由于有 $y_2=y_1'$，一般地有 $y_i=y_{i-1}'$，可得

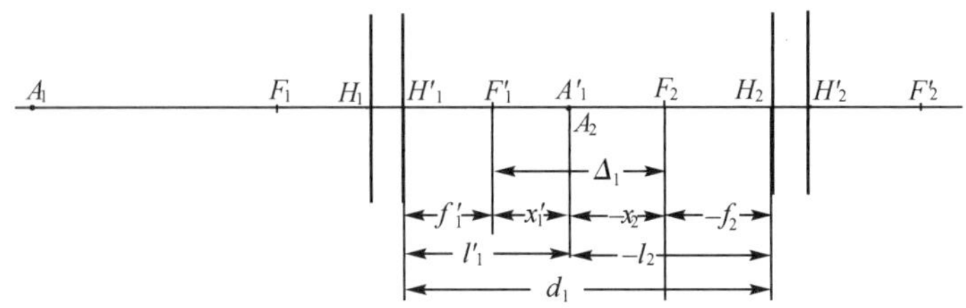

图 4-6

$$\beta=\beta_1\beta_2\cdots\beta_k \tag{4-13}$$

即系统的放大率等于各光组放大率的乘积。

另一方面，在图 4-4 中还画出了轴上点 A 经理想光学系统成像于 A' 的光路。由图可得

$$(x+f)\tan U=(x'+f')\tan U'$$

将式(4-4)中的 x 和 x' 代入上式得

$$fy\tan U=-f'y'\tan U' \tag{4-14}$$

对于理想光学系统，上式中的角度和物像高度不受限制，在近轴区可用角度的弧度值代替正切。结合共轴球面系统近轴区的拉氏公式 $nyu=n'y'u'$，得

$$\frac{f'}{f}=-\frac{n'}{n} \tag{4-15}$$

此式表明，光学系统两焦距之比等于相应空间介质折射率之比。绝大多数光学系统都在同一介质，一般是空气中使用，故两焦距必满足关系 $f'=-f$。但对于单个反射球面，由于 $n'=-n$，应有 $f'=f$。对于同时包含折射和反射球面的折反射系统，要视系统中反射面数目而定。若系统中有 k 个反射面，两焦距之间关系的普遍表示式应为

$$\frac{f'}{f}=(-1)^{k-1}\frac{n'}{n} \tag{4-16}$$

根据公式(4-15)，可将公式(4-14)化为理想光学系统的拉氏公式，即

$$ny\tan U=n'y'\tan U' \tag{4-17}$$

利用两焦距之间的关系式(4-15)，还可将一般形式的高斯公式(4-6)写成

$$\frac{n'}{l'}-\frac{n}{l}=\frac{n'}{f'}=-\frac{n}{f} \tag{4-18}$$

一线段的长度除以该线段所在介质的折射率所得的值称为该线段的折合距离。l'/n' 和 l/n 分别称折合物距和折合像距，f'/n' 和 f/n 称折合焦距。折合物、像距的倒数称为光线的**会聚度(convergence)**，分别以 V 和 V' 表示。这是因为折合的物距和像距越小，就显得光线会聚或发散得越厉害之故。折合焦距的倒数称为光学系统的**光焦度(focal power)**，以 Φ 表示，即

$$\Phi=\frac{n'}{f'}=-\frac{n}{f} \tag{4-19}$$

由此，公式(4-18)可写成

$$V'-V=\Phi \tag{4-20}$$

(4-20)式表示，一对共轭点成像光线的会聚度之差等于光学系统的光焦度。正的 V 值表示光线是会聚的，负的 V 值表示光线是发散的。在图 4-4 中，光束 AQR 自物点 A 发散，V

<0，而其共轭光束 $Q'R'A'$ 会聚于 A' 点，$V'>0$，所以 $\Phi=V'-V>0$。这表示，凡具有正光焦度的光学系统必对光束起会聚作用，反之，具有负光焦度的光学系统必对光束起发散作用。可见，光焦度是光学系统对光束会聚或发散能力大小的标志。大光焦度或短焦距的光学系统，会使出射光线相对于入射光线偏折得厉害，而平行平板，由于其光焦度为零，就不会对光线起偏折作用。

如果光学系统位于空气中，$n'=n=1$，其光焦度用 ϕ 表示，为

$$\phi=\frac{1}{f'}=-\frac{1}{f} \tag{4-21}$$

光焦度的单位是折光度或**屈光度(diopter)**。规定以空气中焦距为正 1m 时的光焦度为 1 屈光度。按此，一个光学系统的屈光度数就等于以米为单位的焦距的倒数。例如 $f'=-200\text{mm}$ 的系统，光焦度 $\phi=-5$ 屈光度。

前面我们已讨论了光学系统的横向放大率 β，下面在此基础上，再讨论另两种放大率。

设 A 和 A' 是光学系统的一对轴上共轭点，当物点 A 沿光轴作一微量移动 $\mathrm{d}x$ 或 $\mathrm{d}l$ 时，其像点也随着移动一相应的距离 $\mathrm{d}x'$ 或 $\mathrm{d}l'$。二者之比称为轴向放大率，即 $\alpha=\frac{\mathrm{d}x'}{\mathrm{d}x}=\frac{\mathrm{d}l'}{\mathrm{d}l}$。微分牛顿公式并应用式(4-4)可得

$$\alpha=-\frac{x'}{x}=-\beta^2\frac{f'}{f}=\frac{n'}{n}\beta^2 \tag{4-22}$$

当光学系统位于空气或同一介质中时，有

$$\alpha=\beta^2$$

上式表明，如物体在沿轴方向有一定深度，则因垂轴和沿轴方向的不等倍率，其像不可能与物体相似，除非物体处于 $\beta=\pm1$ 的位置。

过光轴上一对共轭点任取一对共轭光线，例如图 4-4 中的 AQ 和 $Q'A'$，其与光轴的夹角 U' 和 U 的正切之比称为角放大率，即 $\gamma=\tan U'/\tan U$。根据拉氏公式(4-17)可得 γ 与 β 的关系

$$\gamma=\frac{\tan U'}{\tan U}=\frac{ny}{n'y'}=\frac{n}{n'}\frac{1}{\beta} \tag{4-23}$$

当 $n'=n$ 时，角放大率与横向放大率互为倒数。所以，在成放大像时，$|\gamma|<1$，此像是以比物方入射光束细的光束所成，反之亦然。由于 β 随物像位置而变，角放大率也仅随物像位置而异。在同一对共轭点上，任一对共轭光线与光轴夹角 U' 和 U 的正切之比恒为常数。

根据式(4-22)和(4-23)可得三种放大率之间的关系

$$\alpha\gamma=\beta \tag{4-24}$$

上述有关放大率的公式与第 2 章所得的实际光学系统近轴区的相应公式完全相同。这再次表明理想光学系统的性质可在实际系统的近轴区得到实现。

下面，根据上述放大率公式来看看光学系统几个基点上放大率的情况。

1. 物方焦面上　在此面上有 $x=0$，$x'=\pm\infty$，故有

$$\beta_F=\pm\infty,\alpha_F=\infty,\gamma_F=0$$

此时，x' 和 β 有正有负，是因为 x 可以由不同方向趋近于零之故。横向放大率等于∞表示物方焦面上有限大小物体成一无限大的像于无穷远；轴向放大率为∞表示物点在焦点前后作一微小移动时，它的像有无限大的位移；角放大率为零表示由物方焦点发出与光轴成有限角

度的光线，在像方平行于光轴射出。

2. 像方焦面上　在此面上有 $x'=0$，$x=\pm\infty$，故有

$$\beta_F=0,\alpha_F=0,\gamma_F=\pm\infty$$

3. 主平面上　不论像方焦距 f' 是正的还是负的，总有 $x_H=-f$，因此 $x'_H=-f'$，读者可作图验证这一点，故主面上的三种放大率分别为

$$\beta_H=1,\alpha_H=\frac{n'}{n},\gamma_H=\frac{n}{n'}$$

若光学系统位于空气或同一介质中，则有

$$\beta_H=\alpha_H=\gamma_H=1$$

角放大率等于1表示通过物方主点的光线，其共轭光线必从像方主点以相同的方向射出，即有 $U'_H=U_H$。

然而，当物、像方介质不同时，必有 $\gamma_H\neq1$。此时，若令 $\gamma=1$ 可得 $x=f'$，$x'=f$。$\gamma=1$ 的一对共轭点称为光学系统的**节点(nodal point)**，用 J、J' 表示。显然，过节点的光线满足 $U'_J=U_J$，是彼此平行的，如图 4-7 所示。

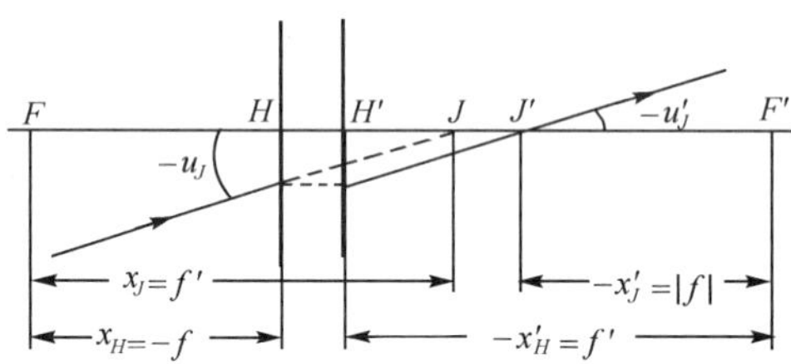

图 4-7

若光学系统位于空气或同一介质中，因 $f'=-f$，节点与主点重合。

光线通过节点方向不变的性质，可方便地用于图解求像，并且易于据此用实验方法寻求实际光学镜头的节点。如图 4-8，当光学系统绕过像方节点 J'，且垂直于光轴的轴线正反旋转一角度时，像方焦平面上无穷远物体的像是不会动的。实验寻找节点位置时，应将被测镜头装于节点架上，镜头可作沿轴移动和垂轴转动。当镜头沿节点架轴线移动到某一位置，且在正反向转动节点架而未见焦面上的无穷远物体的像在横向有所移动时，转轴轴线与光轴的交点即为像方节点。

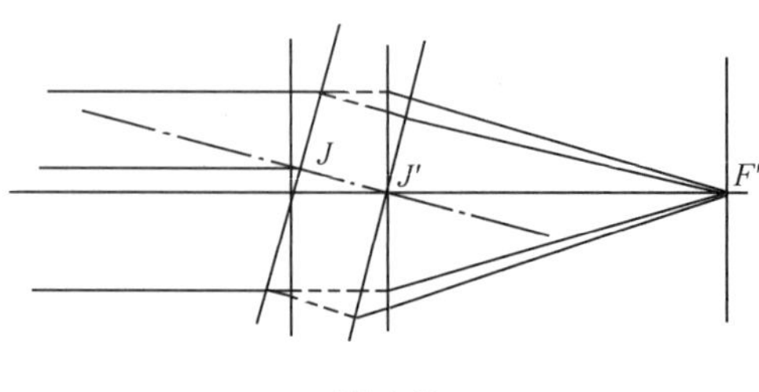

图 4-8

一对节点、一对主点和一对焦点，统称光学系统的基点。知道它们的位置以后，就能对理想光学系统的成像性质了解无遗。

4.4　理想光学系统的作图方法

一个光学系统的基点位置知道后，对于任何位置的点、线和面就可以方便地用作图方法求得其共轭的点、线和面。

图解方法(graphing method)主要是应用光学系统基点或基面的性质，对适当选用的光线或辅助光线画出其共轭光线的方法。可资选择的光线和利用的性质主要有：

(1)平行于光轴入射的光线，经系统后过像方焦点；

(2)过物方焦点的光线经系统后平行于光轴；

(3)过节点的光线相互平行；

(4)倾斜于光轴入射的平行光束过系统后会聚于像方焦面；

(5)自物方焦面上一点发出的光束经系统后相互平行；

(6)光线与物方、像方主面的交点，其高度相等。

此外，任意一对已知的共轭点或共轭光线都可资利用。

图 4-9 所示是对轴外物点 B 用作图方法求像的例子。本例利用了上述光线性质(1)～(3)和性质(6)。实际作图时，只要任选两条光线并利用性质(6)即可。

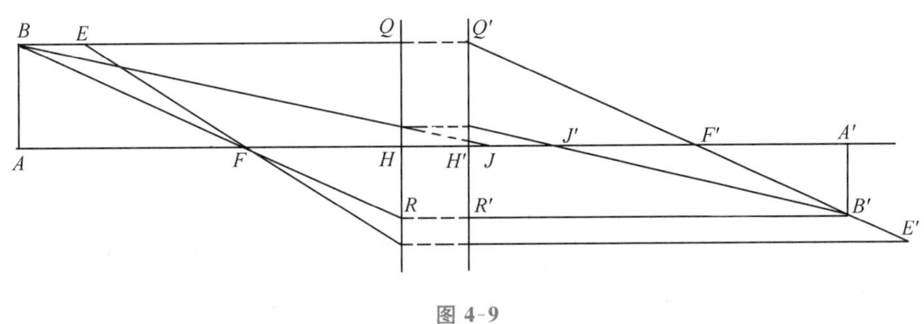

图 4-9

如果要求过 B 点的垂轴物体 BA 的像，只要过 B 点的像 B' 作一垂轴线段 $B'A'$ 即可。如果物体是一过 B 点且平行于光轴的线段 BE，为求得其像，还需作出 E 点的共轭点 E'。由图可见，物 BE 与光轴平行，而其像 $B'E'$ 则倾斜于光轴。这是因为 B 和 E 点的横向放大率不等的缘故。

图 4-10 所示是求作轴上点成像的例子，实际上也是对任意光线求其共轭光线的例子。可见，必须选用适当的辅助光线来求解。选用的辅助光线应是与欲作图的光线密切相关，且能直接画出其共轭光线者。

只要掌握好任意光线的共轭光线的作图方法，就不难解决由物经任意光组求像、或由像求物、或已知各光组的基点，求等效系统基点的图解问题。图 4-11 所示即为用作图法求复杂系统像方基点的例子，读者可用类似方法求解物方基点。

从实用的角度讲，图解方法并不能代替实际的计算。但对初学者来说，掌握好图解方法，对帮助理解光学成像的概念是必要的。

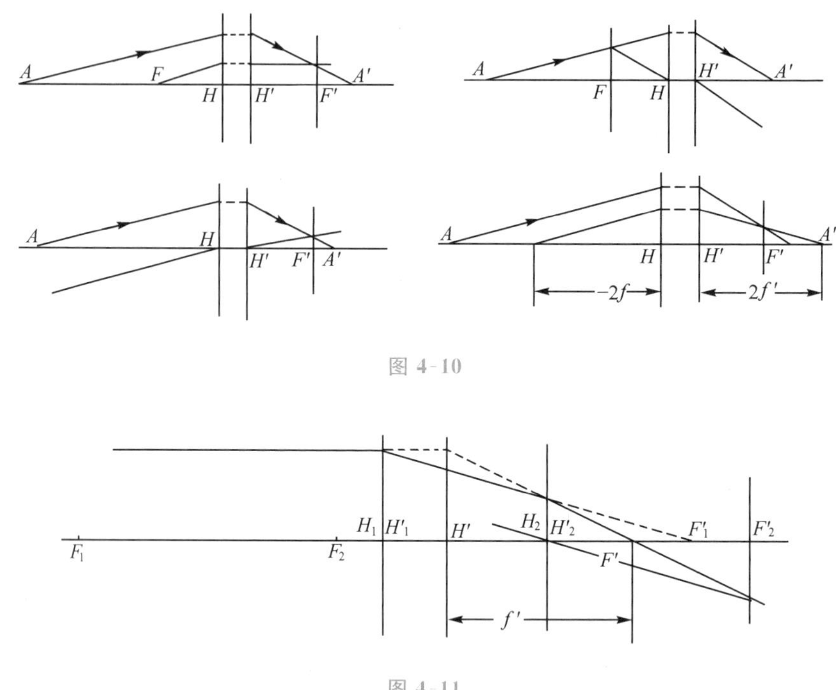

图 4-10

图 4-11

4.5 光学系统的组合

在实际工作中,常常会遇到这样的问题:已知焦距和基点位置的若干个光组处于一定位置时,相当于一个怎样的等效系统?或者相反,当用单组无法达到某些特殊要求而需用多组来实现时,这个系统应由怎样的个别光组来组成?前一问题要求求出等效系统的基点和焦距,后一问题要求求出个别光组的焦距和位置。这些就是光组组合的问题。

两个光组的组合是最常遇到的问题。为推导有关的计算公式,图 4-12 按正规的作图方法画出了由两个光组组合成的等效系统在两空间的焦点和主点。

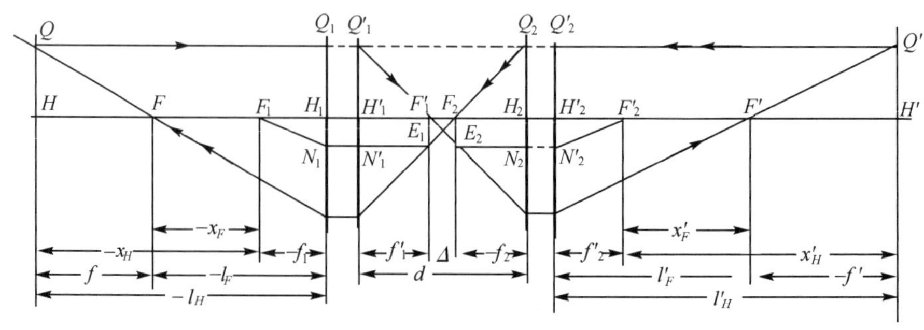

图 4-12

等效系统的像方焦点 F' 和主点 H' 的位置可用相对于第二光组像方焦点 F'_2 的距离

F'_2F'和F'_2H'来确定，也可用相对于第二光组像方主点 H'_2 的距离 H'_2F'和 H'_2H'来确定。它们分别用 x'_F 和x'_H、l'_F 和l'_H 表示。这些量的正负分别以 F'_2 和 H'_2 为原点来决定，左负右正。同样，等效系统的物方焦点 F 和主点 H 的位置，相应地以相对于第一光组的物方焦点 F_1 和物方主点 H_1 的距离 x_F、x_H 和 l_F、l_H 来确定，并以此为原点决定其正负。

由图可见，等效系统的像方焦点 F'和第一光组的像方焦点 F'_1，正好是第二光组的一对共轭点。按牛顿公式，焦物距 $x=-\Delta$，则其焦像距 x'_F 为

$$x'_F=-\frac{f_2f'_2}{\Delta} \tag{4-25}$$

同理可得

$$x_F=\frac{f_1f'_1}{\Delta} \tag{4-26}$$

等效系统的焦距可以从图中与之有关的已知量之间的关系中找出。根据$\triangle Q'H'F'\backsim\triangle N'_2H'_2F'_2$ 和$\triangle Q'_1H'_1F'_1\backsim\triangle E_2F_2F'_1$ 可导出

$$f'=-\frac{f'_1f'_2}{\Delta} \tag{4-27}$$

同理可得

$$f=\frac{f_1f_2}{\Delta} \tag{4-28}$$

得到等效系统的焦距 f'、f 和焦点位置x'_F、x_F 的表示式后，主点位置的表示式就能从其相互间的关系得出。从图可见

$$x'_H=x'_F-f' \quad 和 \quad x_H=x_F-f \tag{4-29}$$

实用上，也常相对于主点来确定等效系统的基点位置。它们易于从上面已得的公式直接变换过来。在绝大多数情况下，光学系统位于空气中，应有 $f'_1=-f_1$，$f'_2=-f_2$ 和 $f'=-f$。由此，光学间隔 Δ 可表示为

$$\Delta=d-f'_1+f_2=d-f'_1-f'_2$$

将其代入公式(4-27)和(4-28)可得

$$f'=-f=\frac{f'_1f'_2}{f'_1+f'_2-d} \tag{4-30}$$

或者表示成光焦度形式

$$\phi=\phi_1+\phi_2-d\phi_1\phi_2 \tag{4-31}$$

根据图 4-12，还可写出如下关系

$$l'_F=f'_2+x'_F,\ l_F=f_1+x_F \tag{4-32}$$

$$l'_H=l'_F-f',\ l_H=l_F-f \tag{4-33}$$

据此即可得出等效系统的基点相对于主点的位置关系。

等效系统的放大率 β 仍可用基本公式 $\beta=-f/x$ 来计算。但此时，f 应该是等效系统的焦距，x 应该是物点到等效系统的物方焦点的距离，将相应的公式代入之，可得

$$\beta=\frac{f_1f_2}{f_1f'_1-x_1\Delta} \tag{4-34}$$

以上就是两个光组组合时的有关计算公式。如果要对三个光组进行组合，可先求出第一和第二光组的等效系统，然后再与第三个光组组合，求得总的等效系统。但这样的过程比

较复杂，且容易出错。实用中常用其他方法来解决多光组的组合问题。

图 4-13 中画出了一条平行于光轴的光线经三个光组时的光路，光线经每个光组时的高度分别为 h_1、h_2 和 h_3，出射光线与光轴的夹角为 U_3'，显然有 $l_F'=h_3/\tan U_3'$ 和 $f'=h_1/\tan U_3'$。若有 k 个光组，其一般形式的表示式为

$$l_F'=\frac{h_k}{\tan U_k'} \tag{4-35}$$

$$f'=\frac{h_1}{\tan U_k'} \tag{4-36}$$

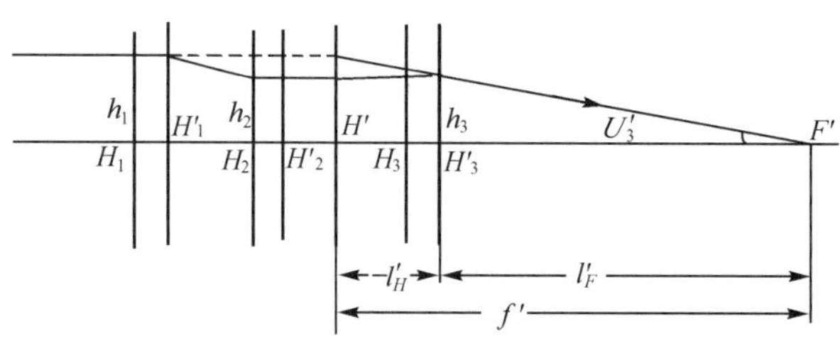

图 4-13

所以，关键问题是如何计算 h_k' 和 U_k'。将高斯公式(4-8)两边同乘以 h，过渡公式(4-10)两边同乘以 $\tan U'$，并利用 $h/l'=\tan U'$、$h/l=\tan U$ 和 $U_i=U_{i-1}'$，得

$$\tan U'=\tan U+\frac{h}{f'} \tag{4-37}$$

$$h_i=h_{i-1}-d_{i-1}\tan U_{i-1}' \quad (i=2,3,\cdots,k) \tag{4-38}$$

当用来计算像方基点位置和焦距时，应令 $\tan U_1=0$。在任意选取 h_1 值后，利用以上两公式，可以对若干个光组连续计算光线经各光组时的高度 h 和角度 U'。直到最后求得 h_k' 和 U_k'。这一方法称为**正切计算法**。

光线在各面上的高度 h 和角度 U 之间有 $l\tan U=l'\tan U'=h$ 的关系。对各面利用这种关系，可将公式(4-36)改写为

$$f'=\frac{l_1'l_2'\cdots l_k'}{l_2l_3l_k} \tag{4-39}$$

基于这一公式，只要令 $l_1=-\infty$，然后对每一光组重复应用高斯公式(4-8)和过渡公式(4-10)，分别求出其像距和物距，即可求得复杂系统的焦距。而最后一光组的像距 l_k'，即为决定系统像方焦点位置的 l_F'。这一方法称为**截距计算法**。

当利用上两方法计算物方焦点的位置时，可将整个系统倒转后进行计算，但计算结果须改变一个符号。

公式(4-37)中，利用 $\tan U_i=\tan U_{i-1}'$ 的关系，对各光组逐个取代，并以光焦度 ϕ 代替其中的 $1/f'$ 后可合并为

$$\tan U_k'=h_1\phi_1+h_2\phi_2+\cdots+h_k\phi_k=\sum h\phi$$

将其代入公式(4-36)可得复杂光学系统总光焦度与各组成光组的光焦度之间的关系式：

$$\phi=\frac{1}{h_1}\sum h\phi \tag{4-40}$$

公式(4-40)表明，个别光组对等效系统总光焦度的贡献，除与本身的光焦度大小有关

外，还与该光组在光路中的位置有关。当透镜位于像面或中间像面上时，虽然具有一定的光焦度，但因光线在其上的高度很小或为零，该透镜对总光焦度的贡献也很小或为零。

本节有较多相互关联的重要公式，为掌握其应用，请读者多做实例计算。例如，由两个光组组成的系统，设两光组均是薄的，且在空气中，有 $f'=90$，$f_2{}'=60$，$d=50$，单位均为 mm。读者可分别用正切计算法和截距计算法求等效系统的基点和焦距，并对位于第一光组前 150mm 处的物分别经两光组和其等效系统求像的位置和放大率，以证实合成系统的等效性。下面再举两个简单例子。

例 1　计算一个对无穷远物体成实像的光学系统。要求焦距为 1m，总长度 $L=700$mm，工作距离 $l'_F=400$mm。

解：根据要求，系统的长度比焦距短，表明像方主面必定在系统之前，用单个光组无法实现，须由两个光组组合而成。设两个光组的焦距分别为 f'_1 和 f'_2，间隔为 d，均为薄透镜，根据题中所给三个条件可列出三个方程式：

$$f'=\frac{f'_1 f'_2}{f'_1+f'_2-d}=1000(\text{mm})$$

$$l'_F=400(\text{mm})$$

$$d+l'_F=700(\text{mm})$$

方程组中 f' 和 l'_F 均根据有关公式写成 f'_1、f'_2 和 d 的函数，解之得

$$f'_1=500(\text{mm}),f'_2=-400(\text{mm}),d=300(\text{mm})$$

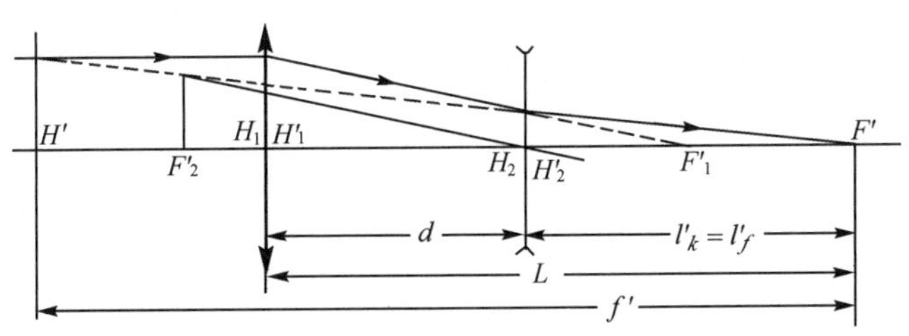

图 4-14

所以，这是一个由正负光组以一定间隔分离而成的系统，其特点是可使主面移到外面，如图 4-14 所示。长焦距照相物镜，为使镜筒长度不至于过长，常采用这种结构。反之，焦距很短的系统为达到足够的工作距离，使 $l'_F>f'$，常采用正负分离、负组在前的结构。

例 2　计算一个间距为 50mm 的双透镜系统，要求能对物体成放大 5 倍的实像，物像共轭距为 150mm。

解：本题的要求如果用单透镜来实现，其解是唯一的。物、像距和焦距分别为 $l=-25$，$l'=125$，$f'=20.833$，单位为 mm。但当用双透镜系统来实现时，就可有很多解，以满足各种特殊要求。例如获得比 $l=-25$ 更大或更小的物距。现设 $l_1=-35$mm。由于该系统等效于已求得的单透镜，入射光线与出射光线应与之重合，如图 4-15，故两透镜间的光线即为入射光线与第一透镜交点 B 和出射光线与第二透镜交点 C 之连线。又因放大率为 -5，则 $u_1=-5u'_2$。设 $u_1=-0.5$，则 $u'_2=0.1$。于是得

$$h_1=l_1u_1=17.5(\text{mm}),h_2=l'_2u'_2=(150-50-35)u'_2=6.5(\text{mm})$$

$$u'_1=u_2=\frac{h_1-h_2}{d}=0.22(\text{rad})$$

则按公式(4-37)可求得两个透镜的焦距为 $f'_1=24.306\text{mm}$，$f'_2=-54.167\text{mm}$。

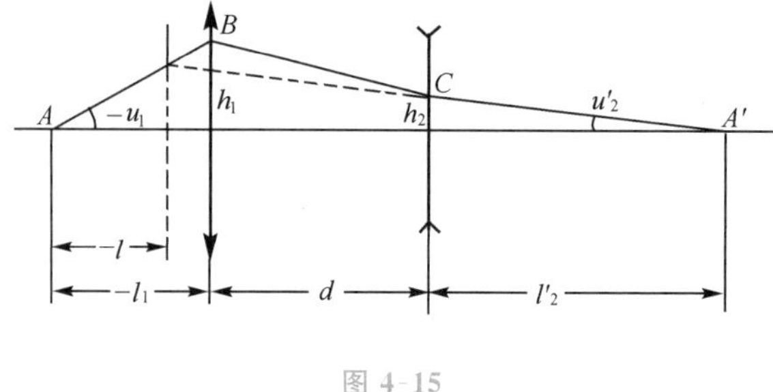

图 4-15

4.6 望远镜系统

前面我们讨论的是平行于光轴的入射光线，其共轭光线与光轴相交的情况，本节将讨论出射的共轭光线与光轴平行的情况。

使入射的平行光束仍保持平行地出射的光学系统称为**望远镜系统(telescope)**。易于想见，这种系统可由两个独立光组组成，其第一光组的像方焦点与第二光组的物方焦点重合，光学间隔 $\Delta=0$。从上节的公式可知，望远镜系统的焦距为无穷大，焦点和主点位于无穷远。因此，与有限焦距系统相比，望远镜系统的成像特性有其独特之处。为推导其物像公式，选用第一光组的物方焦点 F_1 和第二光组的像方焦点 F'_2 作为确定焦物距和焦像距的原点，它们是望远镜系统的一对共轭点。

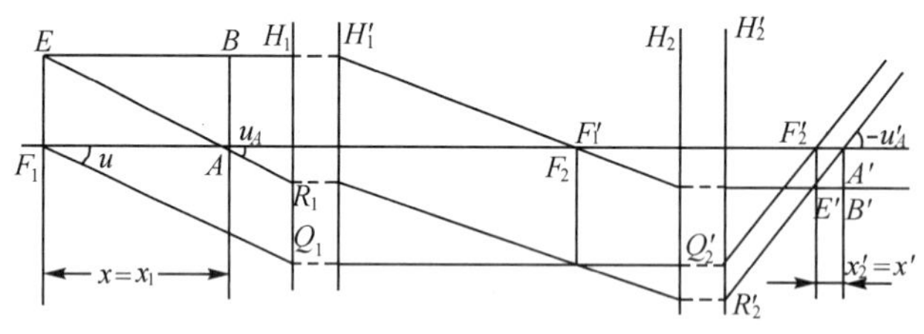

图 4-16

如图 4-16 所示，物点 A 相对于原点 F_1 的位置为 x_1，A 经系统所成的像 A' 相对于原点 F'_2 的位置为 x'_2。对两个光组分别应用牛顿公式，并考虑到过渡公式(4-11)中 $\Delta=0$，可导出

$$x'_2=\frac{f_2 f'_2}{f_1 f'_1}x_1 \tag{4-41}$$

$$\beta=\beta_1\beta_2=\frac{f_2}{f'_1} \tag{4-42}$$

轴向放大率公式可微分(4-41)得到

$$\alpha=\frac{\mathrm{d}x'_2}{\mathrm{d}x_1}=\frac{f_2 f'_2}{f_1 f'_1} \tag{4-43}$$

望远镜系统的角放大率，按式(4-14)应有

$$\gamma=\frac{\tan U'}{\tan U}=-\frac{yf}{y'f'}=-\frac{1}{\beta}\frac{f}{f'}$$

虽然望远镜系统的焦距为无穷大，但两焦距之比是定值，按公式(4-27)和(4-30)可求出 f/f'，将其与(4-42)式的 β 一起代入上式得

$$\gamma=\frac{\tan U'}{\tan U}=\frac{f_1}{f'_2} \tag{4-44}$$

通常，望远镜总在空气中应用，应有 $f'_1=-f_1$，$f'_2=-f_2$，因此上述公式可写成

$$\beta=-\frac{f'_2}{f'_1} \tag{4-45}$$

$$\alpha=\beta^2 \tag{4-46}$$

$$\gamma=-\frac{f'_1}{f'_2}=\frac{1}{\beta} \tag{4-47}$$

$$x'_2=\alpha x_1 \tag{4-48}$$

由此可见，望远镜系统的各种放大率，仅由组成该系统的两个光组的焦距所决定，是不随物像位置而改变的常值。这是与有限焦距系统所不同的，但诸放大率之间的关系仍相同。

望远镜系统的放大率为常量这一性质可从图 4-16 来理解，当它供眼睛观察时，可以扩大眼睛对远处物体的洞察能力。从无穷远物体上各点发出并射向望远镜系统的平行光束，经系统后仍为平行光束。正常眼的光学系统正好把这些平行光束会聚于视网膜上，形成无穷远物体的像。

供眼睛观察用的光学系统称目视光学系统。这种系统的两个光组中，朝向物体的那个称为**物镜(objective lens)**，靠眼睛的那个称为**目镜(eyepiece)**。对于目视光学系统来说，最有意义的是**视觉放大率(visual magnification)**。望远镜系统的视觉放大率是远处物体经系统所成的像对眼睛张角 W' 的正切与该物体直接对眼睛张角 W 的正切之比，以 Γ 表示。显然，W' 即相当于图 4-16 中的 U' 角，而无穷远物体直接对眼睛的张角 W 可认为是图中的 U 角。因此，望远镜系统的视觉放大率就等于该系统的角放大率，即

$$\Gamma=\frac{\tan W'}{\tan W}=\gamma=-\frac{f'_1}{f'_2}=\frac{1}{\beta} \tag{4-49}$$

所以，望远镜系统的视觉放大率就是物镜焦距与目镜焦距之比，如果物镜的焦距大于目镜的焦距，通过它观察远处物体时，成在网膜上的像就得到放大。根据需要，物镜的焦距可以几倍直至上百倍于目镜的焦距。通常，物镜的焦距总是正的，若目镜的焦距也为正，$\Gamma<0$，眼睛所看到的是物体的倒像；若为负目镜，则成正像。

在一个望远镜系统后再加一个望远镜系统时，仍组合成望远镜系统。这种组合可将倒像转成正像。如在望远镜系统后加上一个有限焦距系统，得到的则是一个有限焦距系统。显然，此等效系统的像方焦点就是所加系统的像方焦点，如图 4-17，而其等效焦距可推得

$$f'=\Gamma f'_2 \tag{4-50}$$

此式表明，一个有限焦距系统之前加角放大率为 Γ 的望远镜系统时，整个系统的焦距为原系统焦距的 Γ 倍。这种组合常会遇到，如眼睛通过望远镜观察远物就是这种组合系统，相当于眼睛的焦距被望远镜扩大了 Γ 倍，也就使远物在网膜上的像比用肉眼观察时放大到 Γ 倍。

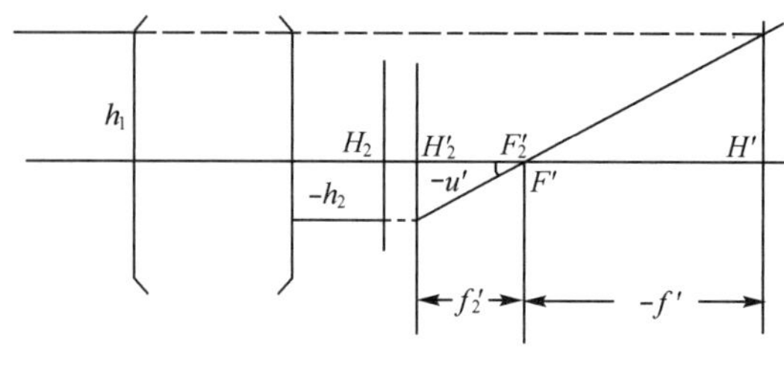

图 4-17

4.7 透镜的理想模型

4.7.1 薄透镜

由两个折射面所限定的透明体称为**透镜(lens)**,它是构成光学系统的最基本的光学元件,能满足对物体成像的各种要求。因为球面是最容易加工和最便于大量生产的曲面,所以在实际光学系统中应用得最广泛。非球面透镜在改善成像质量和简化结构等方面有其好处,但加工和检验相对困难。有关非球面的讨论请参见第 15 章。

透镜可分**凸透镜(convex lens)**和**凹透镜(concave lens)**两类,中心厚度大于边缘厚度的称凸透镜,中心厚度小于边缘厚度的称凹透镜,如图 4-18 所示。

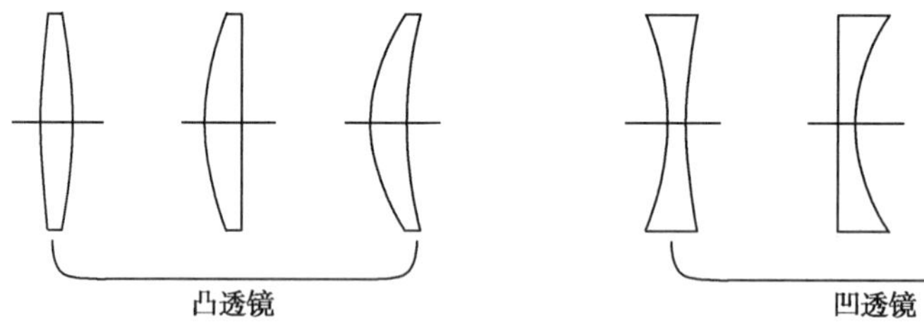

图 4-18

绝大部分实用的透镜,其厚度与球面半径相比很小,略去厚度不会引起成像结果的实质性变化,却能对初始阶段的分析和计算带来方便,导出甚为简单的公式,这时认为透镜的厚度为零,称**薄透镜(thin lens)**。

将单个折射球面的物像位置公式(2-11)应用于薄透镜的两个面,并考虑到 $n_1=n'_2=1$(空气),$n'_1=n_2=n$(透镜折射率),且透镜本身的厚度为 0,则可得

$$\frac{1}{l'}-\frac{1}{l}=(n-1)\left(\frac{1}{r_1}-\frac{1}{r_2}\right) \tag{4-51}$$

这就是薄透镜的物像位置公式。且其焦距为

$$f'=\frac{1}{(n-1)\left(\frac{1}{r_1}-\frac{1}{r_2}\right)}$$

并有 $f=-f'$

焦距的倒数称为透镜的光焦度，即

$$\phi=\frac{1}{f'}=(n-1)\left(\frac{1}{r_1}-\frac{1}{r_2}\right) \tag{4-52}$$

则公式(4-51)可写成

$$\frac{1}{l'}-\frac{1}{l}=\frac{1}{f'}=\phi \tag{4-53}$$

从薄透镜的焦距公式可见，凡凸透镜，$f'>0$，具有正光焦度，对光束起会聚作用，像方焦点是对入射的平行光束会聚而成的实焦点；凡凹透镜，$f'<0$，具有负光焦度，对光束起发散作用，像方焦点是虚焦点。因此，又称**凸透镜为正透镜(positive lens)**或**会聚透镜(converging lens)**，称凹透镜为**负透镜(negative lens)**或**发散透镜(diverging lens)**。图 4-19 所示为正、负透镜对平行光束的折射情况。通常用一条粗直线两端加箭头来表示薄透镜。

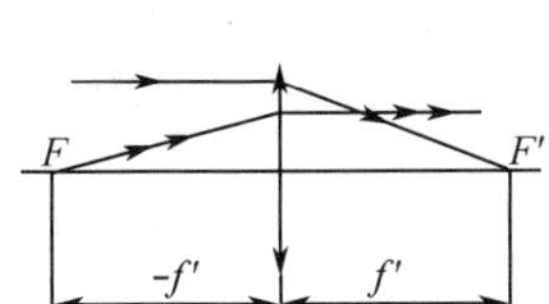

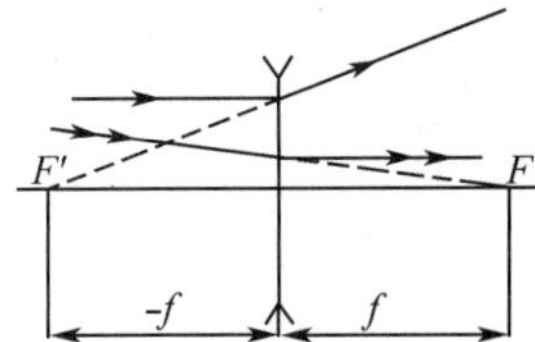

图 4-19

应用折射球面的放大率公式易于得到薄透镜的相应公式，即

$$\beta=\frac{l'}{l} \tag{4-54}$$

可见，放大率与物、像位置有关，随着物体位置的不同，放大率可大可小，可正可负，表明透镜可以满足各种各样的成像要求。

还值得指出，薄透镜放大率为正一倍的一对共轭点也有其重要的特性。从物像公式(4-53)解出 l' 并代入式(4-54)可得

$$\beta=\frac{f'}{l+f'} \tag{4-55}$$

当 $\beta=1$ 时，解得 $l=0$，并有 $l'=0$，此时一对物像点重合于薄透镜的中心或顶点，公式(2-34)表明，此时角放大率也为 1，即 $u'=u$，表示过这一对共轭点的共轭光线有相同的方向。因这对共轭点重合于薄透镜的中心，所以，过薄透镜中心的光线方向不变。

因此，薄透镜具有下列性质，即：平行于光轴入射的光线经透镜后通过像方焦点，过物方焦点的入射光线经透镜后平行于光轴射出，通过透镜中心的光线方向不变。根据其中任意两条，就可用作图方法方便地求解任何位置的物体经透镜的成像问题，如图 4-20 所示。

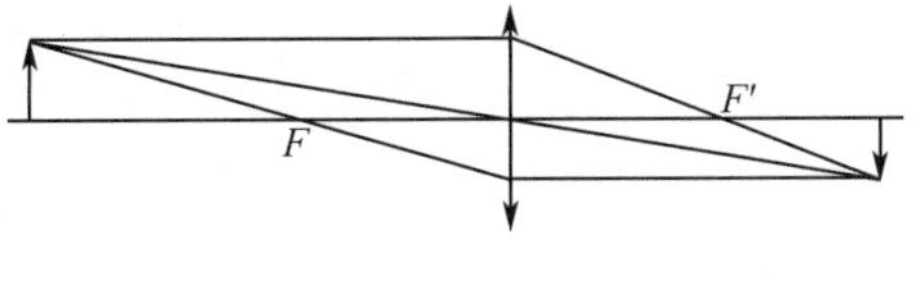

图 4-20

4.7.2 厚透镜

上文所讨论的薄透镜由于忽略了它的厚度，我们可认为它的一对主面与表面的顶点重合。但是，实际应用的透镜总需要有一定的厚度。如果把透镜的两个球面看作两个组元，由于已知其焦距和主点位置，应用前面的组合公式就可求得透镜的焦距和基点位置。

对于单个折射球面，两个主面皆重合于球面的顶点，而其焦距可按公式(2-14)和(2-15)写出。考虑到透镜在空气中，有 $n_1=n_2'=1, n_1'=n_2=n$（透镜玻璃的折射率），且透镜的光学间隔为 $\Delta=d-f_1'+f_2$，即可由公式(4-27)得出透镜的焦距公式：

$$f'=-f=\frac{nr_1r_2}{(n-1)[n(r_2-r_1)+(n-1)d]} \tag{4-56}$$

如将上式表示成光焦度的形式，则有

$$\phi=\frac{1}{f'}=(n-1)(\rho_1-\rho_2)+\frac{(n-1)^2}{n}d\rho_1\rho_2 \tag{4-57}$$

式中，ρ 为球面曲率。

决定透镜主面位置的公式，可由公式(4-32)、(4-33)和(4-25)、(4-26)组合得出，为

$$\left.\begin{aligned}l_H'&=\frac{-dr_2}{n(r_2-r_1)+(n-1)d}\\ l_H&=\frac{-dr_1}{n(r_2-r_1)+(n-1)d}\end{aligned}\right\} \tag{4-58}$$

基于上述公式，对各种透镜讨论如下：

(1)**双凸透镜(biconvex lens)**：这种透镜，有 $r_1>0, r_2<0$。由公式(4-56)可知，保持两面的半径不变，随厚度 d 的不同，其焦距可正可负。当 $d<|n(r_2-r_1)/(n-1)|$ 时，$f'>0$，是会聚的。再由公式(4-58)可知，$l_H'<0, l_H>0$，且二者的绝对值不会大于透镜的厚度，因此两个主面总位于透镜内部，如图 4-21 所示，但具体的位置随厚度而异。当厚度增大到 $d=r_1-r_2$，即为同心的双凸透镜时，$l_H'=r_2<0, l_H=r_1>0$，此时两个主面重合于两球面的公共球心处，如图 4-22 所示。若继续增加厚度，则两主面的相对位置发生颠倒，H' 将位于 H 之前了。当透镜的厚度 $d=|n(r_2-r_1)/(n-1)|$ 时，$f'=\infty$，相当于一个望远镜系统。而当 $d>|n(r_2-r_1)/(n-1)|$ 时，透镜的焦距成为负值，且 $l_H'>0, l_H<0$，主面已在透镜之外了。

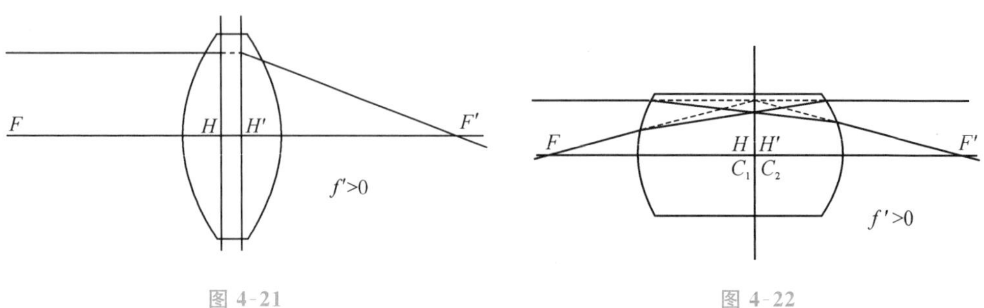

图 4-21　　图 4-22

(2)**双凹透镜(double-concave lens)**：这种透镜有 $r_1<0, r_2>0$。从公式(4-56)可知，f' 恒为负值，是发散透镜。再从公式(4-58)可知，$l_H'<0, l_H>0$，两主面也总位于透镜内部，如图 4-23 所示。

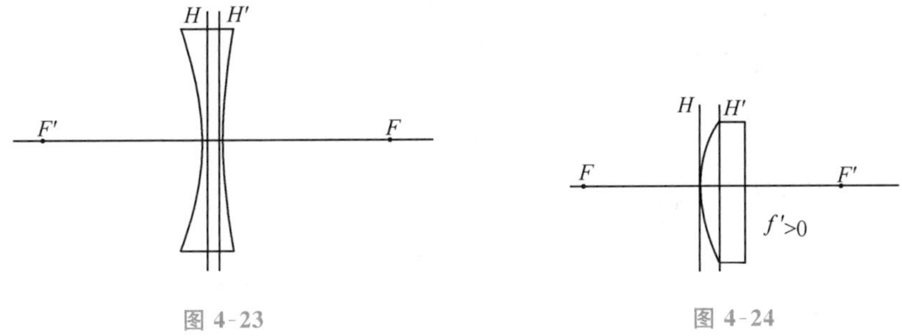

图 4-23 图 4-24

(3)**平凸透镜(plane convex lens)**:设第一面为凸面,即 $r_1>0, r_2=\infty$。此时,焦距和主面位置的公式简化成

$$f'=-f=\frac{r_1}{n-1}, l'_H=-\frac{d}{n}, l_H=0$$

这就是说,平凸透镜的像方焦距恒为正值,且其值与透镜的厚度无关。两主面上的一个相切于球面的顶点,另一个位于透镜内部,如图 4-24 所示。

(4)**平凹透镜(plane concave lens)**:也设第一面为凹面,即 $r_1<0, r_2=\infty$时,焦距和主面位置的公式与平凸透镜一样,焦距恒为负值,且与厚度无关,一个主面与球面顶点相切,另一个位于透镜内部,如图 4-25 所示。

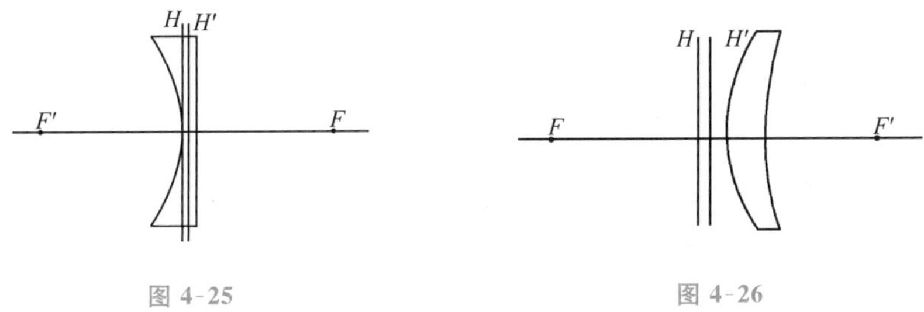

图 4-25 图 4-26

(5)**弯月形凸透镜(meniscus convex lens)**:这种透镜,两个球面的半径同号,但凸面半径的绝对值较小,由焦距和主面位置的公式可知,像方焦距恒为正值,若凸面朝向物方,则物方主面在凸面之前,像方主面在凹面之前,且 H 必在透镜外面,如图 4-26 所示。

(6)**弯月形凹透镜(meniscus concave lens)**:这种透镜两个面的半径也同号,但凸面半径的绝对值较大。如两个半径均大于零,则应 $r_1>r_2$。它与双凸透镜相似,其焦距的正负和主面的分布也随厚度而异。请读者根据公式(4-56)和(4-58)并参照图 4-27 分析讨论。值得指出,这种透镜由于两面半径同号,在两半径值差别较小时,不需很大的厚度就可获得给定正光焦度的效果。以后会看到,这种透镜将在校正像面弯曲方面有重要应用。

实际应用的透镜,其厚度与曲率半径相比都较小,因此用透镜的沿轴厚度是大于还是小于其边缘厚度来判别透镜的焦距正负是可靠的。除弯月形凹透镜外,厚度很大的其他透镜并无实用意义。但从光组组合的角度来看,上述不同型式的透镜正好提供了双光组组合的所有基本模式,包括正、负光焦度的不同组合及有限光焦度与平行平板的组合。熟知它们的焦距变化和基点位置的分布,就能对各种双光组的组合和等效系统的性质有更深刻的了解,从而在设计时灵活运用以达到设计目标。

如果在上面所得出的有关厚透镜的公式中令厚度 $d=0$,则可得到薄透镜的光焦度公

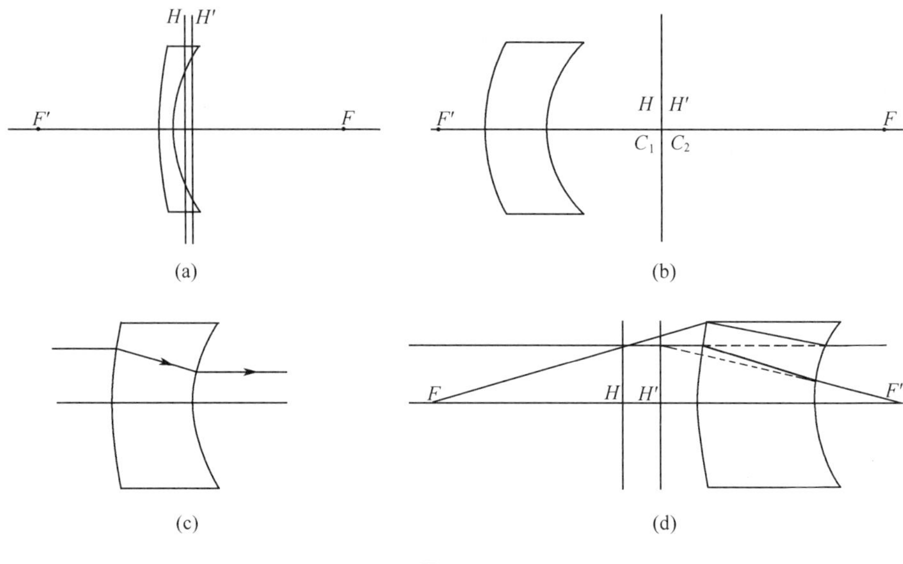

图 4-27

式，并将发现，略去厚度的薄透镜，两个主面皆重合于透镜，其光学性质仅由焦距决定，导致计算的极大方便。因此，光学系统设计的初始阶段总是先从薄透镜或薄光组入手的。

4.8 焦距测量

在实际工作中，常会遇到对透镜或实际镜头测定焦距的问题。焦距的测定有多种方法，读者可参阅参考文献[7]。这里仅介绍主要的两种。

方法 1：用一固定大小的物体经被测透镜或系统在两个位置成像，并量出在这两个共轭位置时的像的大小来计算焦距。如图 4-28 所示，大小为 y 的物体位于 A_1 时，经被测系统成像于 A_1'，放大率为 β_1；当物移到另一位置 A_2 时，成像于 A_2'，放大率为 β_2。根据放大率公式 $\beta=-f/x$，并令 $x_2-x_1=\Delta x$，可导出

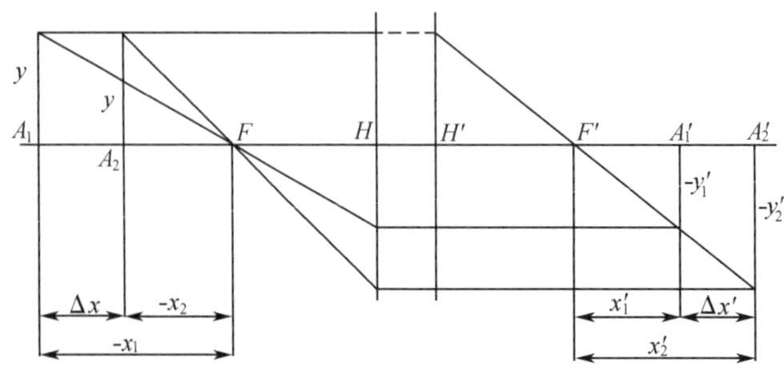

图 4-28

$$f=\frac{\Delta x}{\dfrac{1}{\beta_1}-\dfrac{1}{\beta_2}} \tag{4-59}$$

式中，Δx 为物体的移动距离，为已知值，所以只要量出两个位置的像的大小 y_1' 和 y_2'，即可求知两个 β，并按上式算出焦距。

若应用公式 $\beta=-x'/f'$，则可得出以像方焦距 f' 表示的相应公式：

$$f'=\frac{\Delta x'}{\beta_1-\beta_2} \tag{4-60}$$

所以，只要量出两个像位置的间距 $\Delta x'$ 和像的大小，即可求得像方焦距。

方法 2：用**平行光管(collimator)**测定焦距。如图 4-29 所示。先看被测系统 O_2 本身的光路。一束与光轴成 W 角的入射平行光束经系统 O_2 以后，会聚于焦平面上的 B' 点。它就是距 O_2 为无限远的某轴外物点的像。B' 点的高度 y' 可以由一对过节点的共轭光线来确定。通常光学系统位于空气中，主点与节点重合，因此，由图可得

$$y'=-f'\tan U'=-f'\tan W \tag{4-61}$$

这里，给定倾角的平行光束是由平行光管 O_1 提供的，在平行光管 O_1 的前焦面上设置一刻有几对已知间隔线条的**分划板(reticule)**，用以产生平行光束。平行光管物镜的焦距经精确测定而为定值，因此与每对刻线对应的平行光束的倾角 $\tan W=-y/f_1$ 也是已知的。按此，被测物镜的焦距

$$f_2{}'=-\frac{y'}{\tan W}=\frac{f_1}{y}y' \tag{4-62}$$

可见，整个测试工作仅在于测得被测物镜焦面上某对刻线像的间隔。专门用来测量焦距的焦距仪即按此原理制成。该仪器中，被测刻线像的间隔 $2y'$ 是用装在被测系统后面的一个读数显微镜来量测的。

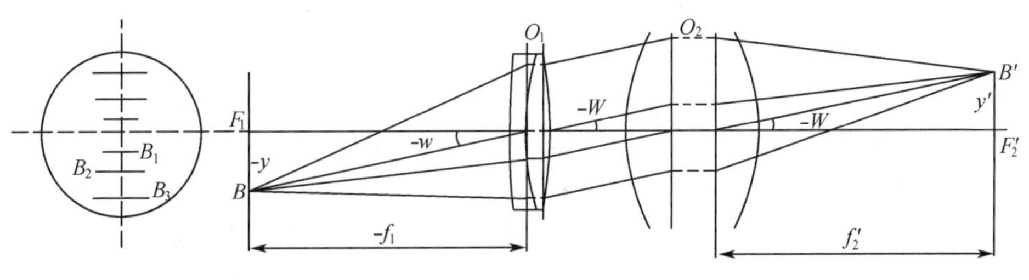

图 4-29

4.9　应用举例

焦距是任何一个光学镜头或系统的重要性能参数之一，因此，对已知结构参数的实际光学系统作基点位置和焦距的计算是本章理论的重要应用之一。

鉴于一切共轴光学系统的近轴区都具有理想光学系统的性质，本章所述有关理想光学系统的理论可以应用于实际光学系统的近轴区。计算实际系统的基点位置和焦距，自然可以按光组组合的方法，但这样做过于烦琐。实际应用的最简便方法是对一条平行于光轴的近轴光线进行计算，从而把一方空间的基点位置和焦距计算出来。由于计算是逐面重复进行的，在编程时只需要按面循环即可。下面以一个简单的望远镜物镜为例，叙述基点位置和

焦距的计算方法。物镜由两块透镜胶合而成，结构参数如下：

$$
\begin{array}{lll}
 & & n_1=1 \\
r_1=62.5 & d_1=4.0 & n_1'=n_2=1.51637 \\
r_2=-43.65 & d_2=2.5 & n_2'=n_3=1.67268 \\
r_3=-124.35 & & n_3'=1
\end{array}
$$

方法 1：应用公式(2-11)和过渡公式(2-28)，即

$$\frac{n'}{l'}-\frac{n}{l}=\frac{n'-n}{r} \quad \text{和} \quad l_i=l'_{i-1}-d_{i-1}$$

计算时应令 $l_1=\infty$。最后求得的 l'_k 决定了像方焦点的位置。像方焦距可按(4-39)式计算。算出 l'_k 即 l'_F 和 f' 后，主点的位置即可得出。请读者按此法自行编程计算，注意为保证应有的精度，如手工计算应取六位有效数字。

对以上双胶合物镜按此法计算结果为

$$l'_F=l'_3=96.9912, f'=99.8781, l'_H=l'_F-f'=-2.8869$$

方法 2：应用公式(2-12)和过渡公式(2-29)，即

$$n'u'-nu=\frac{n'-n}{r}h \quad \text{和} \quad h_i=h_{i-1}-d_{i-1}u'_{i-1}$$

此时，应令 $u_1=0$，h_1 可以任取，最后求得 h_k 和 u'_k 后，焦点位置为 $l'_F=l'_k=h_k/u'_k$，焦距为 $f'=h_1/u'_k$。

对以上双胶合物镜，令 $h_1=10$，得计算结果为：$h_3=9.71093$，$u_3{}'=0.100122$，则

$$l'_F=l'_3=96.9912, f'=99.8781, l'_H=l'_F-f'=-2.8869$$

方法 3：除了当仅需计算系统的基点位置和焦距时，常采用上述两种较简便的方法外，在光学系统设计时，近轴光线的光路计算一般都应用公式组(2-5)～(2-8)，即对光线的光路进行追迹，逐面地由初始值 l 和 u 计算出入射角 i 和折射角 i'，再求得 u' 和 l'。之所以这样做是为了用这些中间值定性地分析像差的形式和定量地计算像差近似值的分布，这是光学系统设计时必须了解和运用的。计算时，应取 $l_1=\infty$，$u_1=0$。但此时，因公式(2-5)不能直接应用，需用 $i_1=h_1/r_1$ 来计算入射角。h_1 为平行光线的入射高度，原则上可任取。最后一面求得的 l'_k 决定了像方焦点的位置，焦距同样由 $f'=h_1/u'_k$ 求取。具体的计算过程参见第 11 章表 11-1。其结果为 $l'_F=l'_3=96.9912$，$f'=h_1/u'_3=99.8781$。可见，三种方法的计算结果完全一致。

如果要求物方基点，可将系统倒转后再作一般的正向计算，不过所得结果必须改变符号以后才是物方的量。也可以采用已知像方参量求物方参量的方法。本例对应的物方的量为 $l_F=-98.5813$，$f=-99.8781$，$l_H=1.2969$。图 4-30是根据上面的计算结果画出的该物镜基点位置图。

矩阵理论亦可用于高斯光学计算，读者如有兴趣，可参阅参考文献[41]。

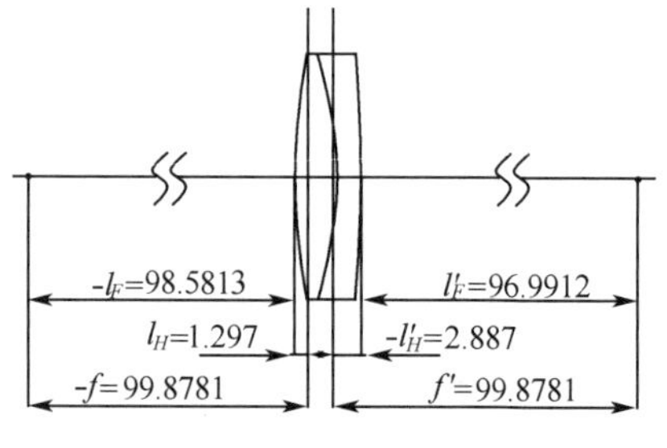

图 4-30

习 题

1. 有一薄透镜，其焦距 $f'=100\text{mm}$，分别求 $l=\infty, -4f', -2f', -f', -0.5f', 0, f', 4f'$ 时的像的位置 l' 和放大率 β，并说明像的正倒和虚实。将结果列于下表中，并总结其成像规律。类似地，对负透镜的成像性质也加以讨论。

物		像			
物距 l	实或虚	位置(像距 l')	大小(放大率 β)	正或倒	实或虚
$-\infty$					
$-4f'$					
$-2f'$					
$-f'$					
$-0.5f'$					
0					
f'					
$4f'$					

2. 单薄透镜成像时，若共轭距(物与像之间的距离)为 250mm，求下列情况下透镜应有的焦距：1)实物，$\beta=-4$；2)实物，$\beta=-1/4$；3)虚物，$\beta=-4$；4)实物，$\beta=4$；5)虚物，$\beta=4$。

3. 一个 $f'=80\text{mm}$ 的薄透镜，当物体位于其前何处时，正好能在 1)透镜之前 250mm 处；2)透镜之后 250mm 处成像？

4. 有一实物被成一实像于薄透镜后 300mm 处时，其放大率正好为 1 倍。问放大率为 50 倍时，实像应位于透镜后什么位置？

5. 用作图方法求解(见附图)。

(1)求物点 A 的像或像对应的物

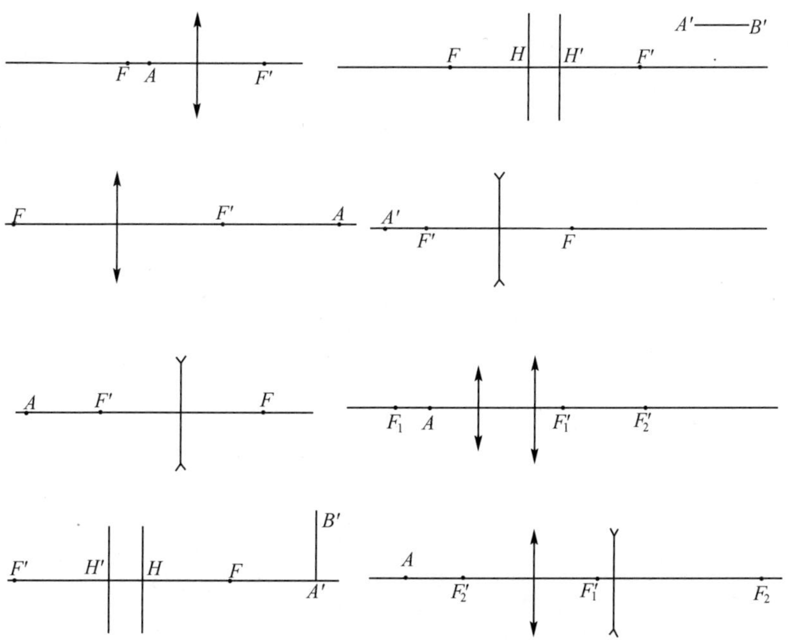

(2)求透镜的焦距,画出焦点 F、F'的位置

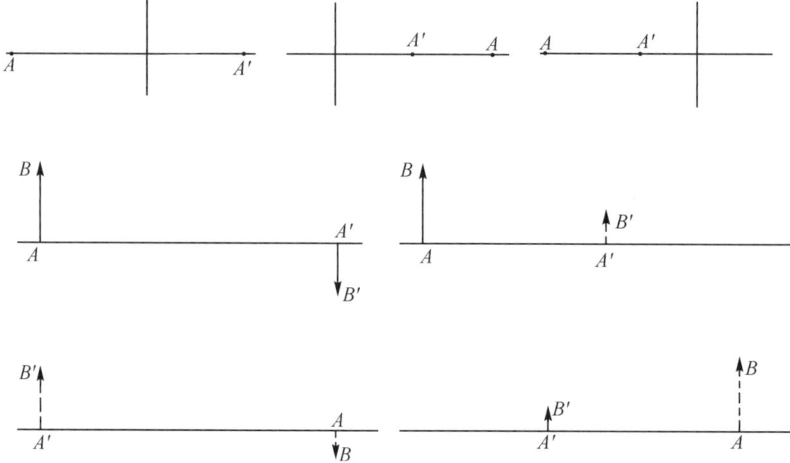

(3)求等效系统的基点的位置

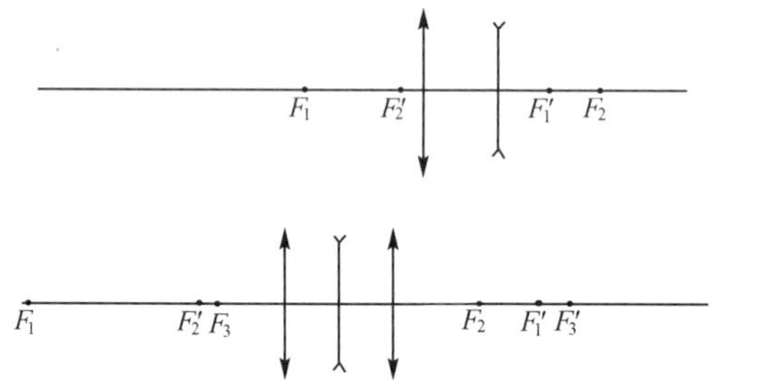

6.一透镜对无限远处和物方焦点前 5m 处的物体成像时,两像的轴向间距为 3mm,求透镜的焦距。

7.位于光学系统之前的一个 20mm 高的物体被成一 12mm 的倒立实像。当物向系统方向移动 100mm 时,其像成于无穷远,求系统的焦距。

8.用 135 照相机(物镜的焦距为 50mm)拍照时,若要求对身高为 1.7m 的人在底片上获得 17mm 高的像,物镜相对于焦平面的调焦量应为多少?人大致离照相机多少距离?

9.一正薄透镜将物体成像于屏幕上时,测得其放大率 $\beta=-3$(即-3倍),而当透镜向物体移近 180mm 时,屏上像的放大率为-4,问该透镜的焦距为多少?

10.一物体被一正薄透镜在屏上成 50mm 高的像。保持物体和光屏的位置不变而移动透镜 1.5m 时,其又在屏上形成 200mm 高的像,求物的高度和透镜的焦距。

11.一焦距为 10cm 的正薄透镜在某一共轭距时,两个成清晰像的透镜位置相距 15cm;现若将共轭距加倍,问此时能成清晰像的两个透镜位置相距多少?

12.一薄透镜对某一物体成 $\beta=-1$ 的像于屏上。当再用另一薄透镜紧靠于其上时,则见光屏需向透镜方向移近 20mm,且 $\beta=-3/4$,求两块透镜的焦距。

13.有一光学系统,已知物、像面之间的共轭距为 500mm,放大率 $\beta=-10$,两焦点的间距为 96mm,求系统的焦距,并以图形表示出主点和焦点的位置。

14.一个焦距为 540mm 的正薄透镜在其焦平面上给出无穷远物体的像。现欲在透镜之后再插入 $f'=200$mm 的薄透镜以使原来的像缩小一半,求此薄透镜的位置。

15.有两个薄透镜,已知 $f_1'=40$mm,$f_2'=30$mm,间隔 $d=15$mm,求合成系统的焦距和

基点位置，并以图示之。若在焦点 F 前 80mm 处有一 20mm 高的物体，求像的位置和大小，并要求回答物相对于第一透镜的主点 H_1、焦点 F_1 和等效系统的主点 H 的距离 l_1、x_1 和 l；类似地写出在像方的 l'_2、x'_2 和 l'。

16. 一短焦距广角照相物镜的焦距 $f'=28$mm，工作距离 $l'_F=40$mm，总长度（第一透镜到物镜像方焦点的距离）$L=55$mm，求组成此系统的两个薄透镜的焦 f'_1、f'_2 及其间隔 d。

17. 有一双透镜系统，以知 $f'_1=100$mm，$f'_2=-50$mm，要求总长度（第一透镜至系统像方焦点的距离）为系统焦距的 0.7 倍，求两透镜的间隔和系统的焦距。

18. 一平面朝前的平凸透镜对垂直入射的平行光束会聚于透镜后 480mm 处。如此透镜的凸面为镀铝的反射面，则使平行光束会聚于透镜前 80mm 处。求透镜的折射率和凸面的曲率半径。（计算时，透镜的厚度忽略不计）。

19. 人眼可简化成一曲率半径为 5.6mm 的单个折射球面，其像方折射率为 4/3。求远处对眼睛张角为 1°的物体在视网膜上所成像的大小。

20. 有一 5D 的眼镜片（即光焦度为 5 屈光度），其折射率为 1.5，第一面为 600°（即 $\phi_1=6$D)，厚度忽略不计，求两面的曲率半径。（分别就 $\phi=5$D 和 $\phi=-5$D 计算之）。

21. 试回答如何用两个薄透镜或薄透镜组组成如下要求的光学系统。

1）保持物距不变时，可任意改变两镜组的间距而倍率不变；

2）保持两镜组的间距不变时，可任意改变物距而倍率不变。

22. 一个折反射系统，以任何方向入射并充满透镜的平行光束，经系统后，出射光束仍为充满透镜的平行光束；并且当物面与透镜重合时，其像面也与之重合。试问此折反射系统的最简单的结构是怎样的？

23. 有一由两个薄透镜组成的系统，已知 $f'_1=50$mm，$f'_2=-150$mm，它对实物成一放大到 4 倍的实像，并且 $\beta_1=-2$，试求两透镜的间隔和物像共轭距，并回答保持物面位置不变，移动第一透镜至何处时，仍能在原像面位置成物体的清晰像？与此相应的放大率为多少？

24. 有一光学系统，已知 $f'=-f=100$mm，总厚度（第一面到最后一面的距离）为 15mm，$l'_F=96$mm，$l_F=-97$mm。求此系统对实物成放大到 10 倍的实像时的物距（离第一面）l_1、像距（离最后一面）l'_k 及共轭距 L。

25. 一块厚度为 15mm 的平凸透镜放在报纸上，当平面朝上时，报纸上的文字的虚像在平面下 10mm 处；当凸面朝上时，像的放大率为 $\beta=3$，求透镜的折射率和凸面的曲率半径。

26. 某望远镜物镜由正、负分离的两个薄透镜组组成，已知 $f'_1=500$mm，$f'_2=-400$mm，$d=300$mm，求其焦距。若用此望远镜来观察前方 200m 处的物体时，仅用第二个负透镜组来调焦以使其像仍位于物镜的原始焦平面上，问该镜组应向什么方向移动多少距离？此时物镜的焦距为多少？

27. 有一由三个薄透镜组成的系统，已知 $f'_1=60$mm，$f'_2=-45$mm，$f'_3=70$mm，$d_1=15$mm，$d_2=20$mm，计算此组合系统的焦距和基点位置，并以图示之。

28. 如图 4-30 所示的双胶合望远镜物镜，请按如下要求分别计算组合系统的焦距和像方基点位置，并以图示之。

1）在双胶合物镜前加一视觉放大率 $\Gamma=-8$ 的望远镜系统；

2）在双胶合物镜之前加一 $\Gamma=3$ 的望远镜系统；

3)在双胶合物镜之后加一厚度为60mm、折射率为1.5的平行平板。

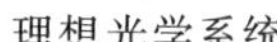

理想光学系统

薄透镜成像规律

理想光学系统作图法

理想光学系统作图举例

两正光组组合

第 5 章　光学系统中光束的限制

光阑大小和位置决定了光学系统通光能力、成像范围和分辨能力，本章讨论的主要问题正是如何分析系统各通光孔的光束限制作用，将系统所有光孔成像在同一空间是分析系统光束限制的关键。本章中概念性的内容较多，并同后面的学习内容有密切的联系，需要读者能够深入地掌握。

本章知识要点

1. 光阑的概念
2. 孔径光阑及其判断
3. 入瞳、出瞳的概念及其与孔径光阑的共轭关系
4. 入瞳、出瞳在光学系统中的作用
5. 主光线
6. 视场光阑概念、位置、入射窗、出射窗
7. 视场光阑在光学系统中的作用
8. 拦光及渐晕光阑
9. 渐晕系数
10. 对准平面、景像平面、远景平面、近景平面、远景深、近景深、景深
11. 景深与焦距、相对孔径、对准距离的关系
12. 物(像)方远心光学系统

5.1　概述

任何成像用的光学系统，均须满足一系列根据使用要求提出的条件。首先，使物体在给定共轭距上成要求倍率的像，由此决定了光学系统的轴向尺寸，这就是我们前面所讨论的。其次，系统还要具有要求的成像范围，所成的像还应具有一定的光度水准，并能反映物体的微细结构。前者规定了成像的线视场或视场角，后者与成像光束的孔径角有关。亦即：光学系统应对于要求成像范围内的物点，以要求孔径角的光束成像。这实质上是一个如何确定光学零件的横向尺寸或通光孔径，从而给通过光学系统的光束以合理限制的问题。

光学零件的通光孔径决定了能通过该零件的光束直径或立体角的大小，故光学系统中光学零件的镜框就是限制光束的光孔。此外，为了某些特殊需要和限定成像范围，还需在光学系统中设置一些被称为光阑的光孔。这些光孔在多数情况下是圆形的，并与整个系统

同轴。

有不同作用的几种**光阑**(**diaphragm**)。限制成像光束立体角的光阑称为**孔径光阑**(**aperture stop**),它决定了轴上点成像光束中最边缘光线的倾斜角,称其为光束的**孔径角**(**aperture angle**)。这种光阑在任何光学系统中都存在。限制物平面或物空间能被系统成像的最大范围的光阑称为**视场光阑**(**field diaphragm**),它决定了光学系统的**视场**(**field of view**)。另一类光阑以减小轴外像差为目的,使物空间轴外点发出的、本来能通过上述两种光孔的成像光束只能部分通过,称**渐晕光阑**(**vignetting stop**)。还有一类光阑,只对那些从视场外射入系统的光能和由镜头内部的光学表面、金属表面及镜座内壁的反射和散射所产生的杂散光起部分限制作用,称为**消杂光光阑**。在成像系统中,杂散光若通过系统,将在像面上产生一个杂光背景,危害像质。大型光学仪器,尤其是天文仪器中的望远镜系统和折反射系统等必须专门设置消杂光光阑。一般的光学仪器通常只将镜筒内壁车成螺纹,并涂以黑色无光漆或发黑来减少杂散光的影响。对于强激光系统,多次反射杂光会严重影响光束质量,如果会聚在系统内部关键元件附近还可能损坏元件,危害极大,必须加以全面分析并设法消除。

在光学系统中,视场光阑的位置是固定的,它总设置在系统的实像平面或中间实像平面上。若系统没有这种实像平面,则不存在视场光阑,此时必有渐晕光阑。当然,有视场光阑时也可能有渐晕光阑。而孔径光阑的位置则随系统而异,有些系统对其位置有特定的要求,如目视光学系统和远心光学系统等。除此之外,孔径光阑的位置是可选择的。不同的孔径光阑位置就等于从物点发出的宽光束中挑选不同部分的光束参与成像。如图 5-1 所示,光阑在位置 1 时,轴外物点 B 以光束 BM_1N_1 成像,而在位置 2 时,则以光束 BM_2N_2 成像。故合理选择光阑的位置有助于改善轴外点的成像质量,可阻拦偏离于理想成像要求较远的光束。此外,对于目视光学系统,须把眼瞳也作为系统中的一个光孔来考虑。并且一般都假定系统对光阑是理想成像的。

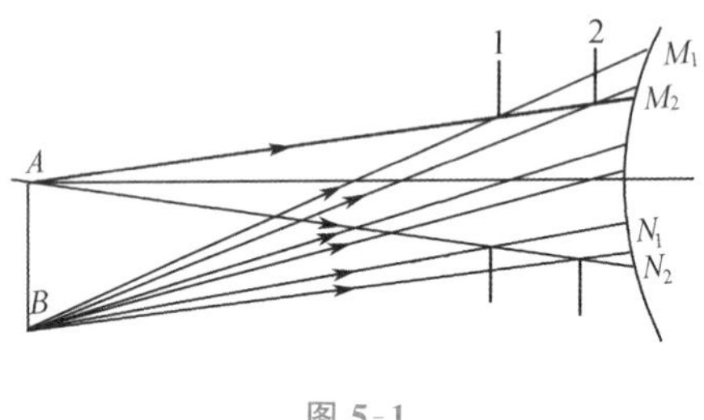

图 5-1

5.2　光学系统的孔径光阑、入射光瞳和出射光瞳

在一个光学系统的若干通光孔中,一定有一个光孔起着限制成像光束的作用。如图 5-2 所示的系统,它由两个透镜组(为方便计,画成薄镜组)及其之间的一个专设光阑 Q 所组成,共有三个光孔 O_1、Q 和 O_2。图中画出了自物体中心,即轴上点 A 发出的与光轴成不同角度的三条光线,分别经过三个光孔的边缘,其中经光阑 Q 边缘 Q_1 点的光线与光轴的夹角最小,

这表明，由 A 点发出的光束中，只有比此角小的光线才能通过系统参与成像。所以在这个系统中，光阑 Q 起着限制成像光束的作用，是系统的孔径光阑（以下简称孔阑）。

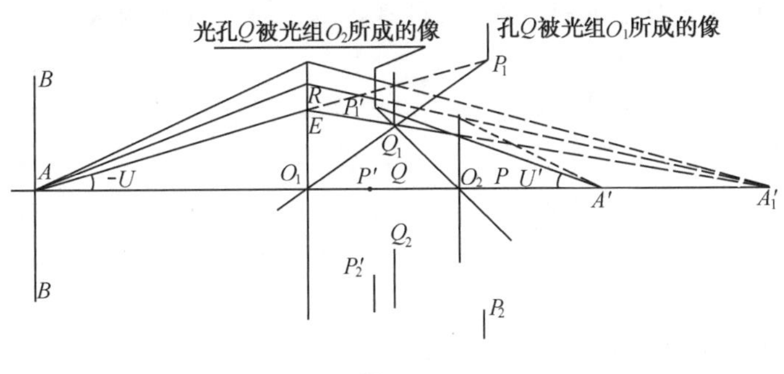

图 5-2

在图 5-2 中，我们画出了孔阑被其前面的镜组 O_1 所成的像 P_1PP_2，同样也易于画出光孔 O_2 被其前面的镜组所成的像。显然，在所有光孔被其前面的镜组在物空间所成的像中，孔径光阑的像 P_1PP_2 对轴上物点 A 的张角仍为最小。可见，只要找出所有光孔被其前面的镜组成在物空间的像，并求出它们对轴上物点的张角就能作出判断。即，与对轴上物点 A 张角最小的那个像相对应的光孔就是孔阑。那个光孔像，即孔阑被其前面的镜组在物空间中所成的像称为光学系统的**入射光瞳（entrance pupil）**（以下简称**入瞳**）。在图 5-2 中，入瞳就是 P_1PP_2。图 5-3 对同一系统画出了轴上点 A 和轴外点 B 的成像光束经过系统的情况，可以看出，入瞳决定了物点成像光束的最大孔径，并且是物面上各点成像光束的公共入口。同样，孔阑被其后面的镜组在系统像空间中所成的像 $P'_1P'P'_2$，也是所有光孔在像空间的像中对轴上点的像 A'张角最小的一个。这个像称为光学系统的**出射光瞳（exit pupil）**（以下简称**出瞳**）。出瞳是物面上各点的成像光束自系统出射时的公共出口，并且是入瞳经整个系统所成的像。

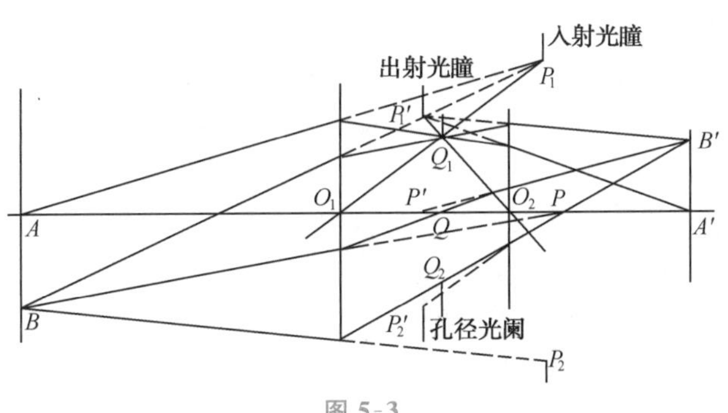

图 5-3

前面所述，是孔阑位于系统之间，因而是与入瞳和出瞳各不重合的一般情况。当然，孔阑也常位于系统之前、系统之后，有时也与镜组重合。相应地，孔阑或与入瞳重合，或与出瞳重合，或与入瞳、出瞳皆重合。请读者自行画出这三种情况下的光学系统图。

轴上物点发出的过入瞳边缘的光线与光轴的夹角 U 称为物方孔径角；由出瞳边缘射至轴上像点的光线与光轴的夹角 U'称为像方孔径角。过入瞳中心的光线称为**主光线（chief ray）**。由于共轭关系，主光线也通过孔阑和出瞳的中心。主光线是物面上各点成像光束的中心光线，它们构成了以入瞳中心为顶点的同心光束，这一光束的立体角决定了光学系统的成像范围。同时,过入瞳边缘的光线也必过孔阑的边缘和出瞳的边缘。

在大多数情况下,轴外点发出并充满入瞳的光束会受到远离孔阑的透镜的通光孔径的限制,被部分遮拦而不能全部通过系统,这种现象称为轴外光束的**渐晕(vignetting)**,我们将在下一节讨论。

必须指出,光学系统中的孔阑只是对一定的物体位置而言的。如果物体位置发生了变化,原来的孔阑将可能会失去限制光束的作用,成像光束将被其他光孔所限制。这是因为光孔在物空间的像对轴上物点的张角与物体位置有关。如果一个光学系统对无穷远物体成像,则要看系统中的所有光孔被其前面的镜组在物空间所成的像中何者直径最小,这个像就是入瞳,它所共轭的光孔就是孔阑。

以上只是对已有的光学系统就如何寻找出孔阑以及相关的问题进行了分析和讨论。至于一个光学系统孔阑究竟该如何设置,这是一个需在设计阶段解决的问题。一般而言,孔阑的位置是根据是否有利于缩小系统外形尺寸、镜头结构设计、使用方便,尤其是是否有利于改善轴外点成像质量等因素来考虑决定的,它的大小(即通光孔半径)则由轴上点 A 以要求的孔径角 U 的边缘光线在光阑面上的高度来决定。最后,按所确定的视场边缘点的成像光束和轴上点的边缘光线无阻拦地通过的原则,来确定系统中各个透镜和其他光学零件的通光直径。可见,孔阑位置不同,会引起轴外光束的变化和系统各透镜通光直径的变化,而对轴上点光束却无影响。因此,孔阑的意义,实质上是被轴外光束所决定的。孔阑的位置和大小的选择实质上是成像光线的选择。

5.3 光学系统的视场光阑、入射窗和出射窗、渐晕光阑

在光学系统中,起限制成像范围作用的光孔称为视场光阑(以下简称视阑)。显然,如果有接收面,则接收面的大小直接决定了物面上有多大的范围能被成像。因此,在成实像或有中间实像的系统中必有位于此实像平面上的视阑,此时有清晰的视场边界。视阑被其前面的镜组成在系统物空间的像称为**入射窗(entrance window)**,被其后面的镜组成在系统像空间的像称为**出射窗(exit window)**。显然,入射窗必与物面重合,出射窗必与像面重合。且出射窗是入射窗经整个系统所成的像。

物方视场边缘点,即入射窗的边缘对入瞳中心的张角称为**物方视场角(angle of field)**,像方视场边缘点,即出射窗的边缘对出瞳中心的张角称为像方视场角。如果物位于无穷远处,则物方视场的大小以物方视场角来表示。而如果物位于有限距离处,通常以线视场来表征物方视场的大小。

在某些情况下,系统中没有实像面,也没有中间实像面,此时则不存在视场光阑,视场也就没有清晰的边界。但是,是否在此情况下视场就不受任何限制呢?不是的。让我们看看图 5-4 所示的入瞳为无限小的特殊情况。此时可认为物面上各点只有一条主光线通过。在物平面光轴以下的一边取 B、C 两点,使其主光线 BP 和 CP 分别经过镜组 O_1 和 O_2 的边缘。可以看出,过镜组 O_2 边缘的那条主光线 BP 与光轴的夹角最小,即只有在 B 点以内的物点才能被系统成像,在 B 以外的物点,虽然其主光线能通过镜组 O_1,但却被镜组 O_2 的镜框所拦。可见此时镜组 O_2 是决定物面上成像范围的光孔,它就是在像空间中,对出瞳中心张角

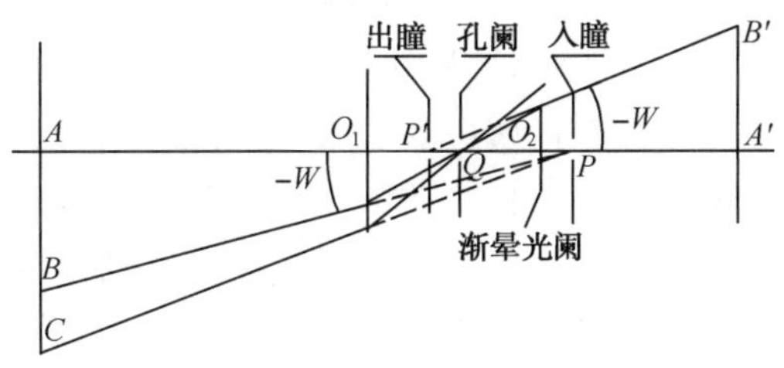

图 5-4

最小的那个光孔像(或在物空间中,对入瞳中心张角最小的那个光孔像)所共轭的光孔。

然而,这只是假定入瞳为无限小的情况。实际上,入瞳总有一定大小,情况将复杂一些。这时上述那个光孔在不同位置时将阻拦光束的上面部分或下面部分,使成像光束不能全部通过系统,即造成轴外光束的渐晕。因而我们称此光孔为渐晕光阑。为清楚起见,略去透镜和其他光孔,仅画出物平面、入瞳平面和渐晕光阑在物空间的像来说明这一问题,如图 5-5 所示。显然,物面上以 AB_1 为半径的圆形区域内物点发出的光束都能通过系统,B_1 以下区域发出的能通过入瞳的光束将部分地被渐晕光阑所阻拦,B_2 点发出的光束只有主光线以下的一部分可以通过,而 B_3 点只有一条光线可以通过。物面上 A、B_1、B_2、B_3 四点被系统成像时能通过的光束截面示于图 5-5 右面的四个图形中。显然,只有阴影部分的光线才能通过系统参与成像。因此,当视场逐渐增大时,首先拦截轴外光的光孔即为渐晕光阑。

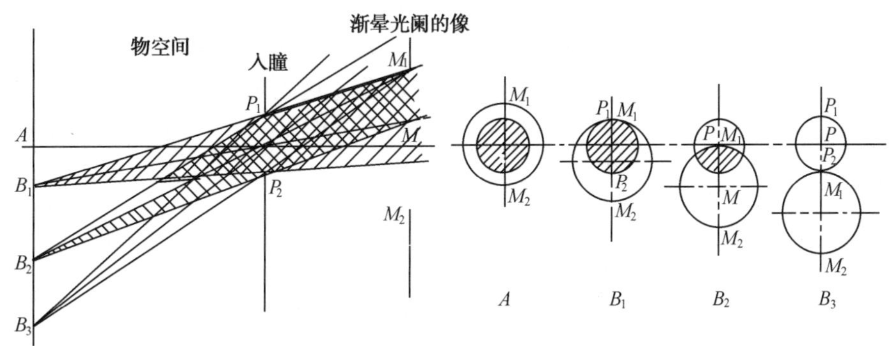

图 5-5

一般以**渐晕系数(vignetting factor)**来描述光束渐晕的程度,定义为:轴外点能通过光学系统的成像光束在入(出)瞳面上的截面积与入(出)瞳面积之比,称面渐晕系数;也可定义为:轴外点能通过系统成像的子午光束(即含轴面内光束)在入(出)瞳面上的线度与入(出)瞳直径之比,称线渐晕系数。按此,图 5-5 中 B_1 点以内线渐晕系数为 1;由 B_1 点到 B_2 点,线渐晕系数由 1 降到 0.5,B_2 点由入瞳中心 P 和渐晕光阑像的边缘点 M_1 的连线所确定;由 B_2 点到 B_3 点,光束的渐晕更为严重,线渐晕系数由 0.5 降到 0,B_3 点是可能被成像的最边缘点,由 P_2 和 M_2 的连线所确定。

图 5-5 所示为渐晕光阑对轴外光束单向拦光的情况,相当于孔阑位于光学系统之外。但对于孔阑位于系统内部的系统,可能存在两个渐晕光阑,它们在物空间的像分立于入瞳的两侧,一个拦去光束的下边部分,另一个拦去光束的上边部分。

由于每个光孔均有一定大小，因此在没有视阑的系统中，必存在渐晕光阑。在这种情况下，由渐晕光阑限制视场的大小。所以，这时也把渐晕光阑在物空间的像叫入射窗，把它在像空间的像称为出射窗。同时，在有视阑的系统中，也可能存在渐晕光阑，原因是我们并不希望把远离孔阑的透镜直径取得太大，更主要的是当视场边缘的物点以与轴上点相同孔径角的光束成像时，光束边缘部分的光线总偏离理想光路较远，像差难以校正。因此常常有意识地减小离孔阑最远的透镜的直径，拦截这些危害像质的光线。拦光通常不超过50%，实在不得已时，拦剩30%也是勉强许可的。

在经典的几何光学理论中，认为限制视场大小的光孔就是视场光阑，没有提出渐晕光阑的概念，而是将其和实像面或中间实像面上可能存在的光孔一起考虑的，将限制视场大小的光孔在物、像空间的像分别称为入射窗和出射窗。由于实像面上的光孔不会引起渐晕，它限制的是清晰视场的边界，并且也并不是所有的光学系统都存在这种光孔，所以还是应当与引起渐晕的光孔相区别，于是一些光学工程学家提出了渐晕光阑的概念，以它在物、像空间的像作为入射窗和出射窗。但这对于有视场光阑的系统又产生了矛盾，就是这种入射窗和出射窗并不是对物、像空间成像范围的明确限制，而仅仅决定了渐晕。这又违背了经典理论中定义两个窗的初衷，并且有些系统是没有渐晕光阑的。然而如果仅将视场光阑的像定义为入窗、出窗，那么没有视阑的系统也就没有了这两个窗，而实际上视场的范围是受到了渐晕光阑的限制，只不过它所限制的视场没有清晰边界而已，因而如果没有两个窗，从理论的自洽性来说略有欠缺。

本书将实像面或中间实像面上的光孔定义为视场光阑，将引起渐晕的光孔称为渐晕光阑，任何光学系统要实现对物空间成像范围的限制，视场光阑和渐晕光阑二者至少有其一，有的系统二者皆有。对于有视阑的系统，视阑在物、像空间的像即为入射窗、出射窗。而对于没有视阑的系统，可将渐晕光阑在物空间、像空间的像称为入射窗、出射窗。这样，既明确了两种光孔在光学系统中的作用，同时也明确了入射窗、出射窗的本来意义。当然，这只是作者的一家之言，到目前为止，关于这个问题的说法尚未有定论。当然光学设计中考虑的是各个视场实际能够通过的光线，这个问题的存在并不影响设计者设计出满足使用需要的镜头。如果读者对此感兴趣，不妨再作进一步探讨，以求得更为完美的理论描述。

5.4 平面上空间像的不清晰度、景深

我们已对垂轴平面上的物体的成像进行了讨论。属于这一类成像的光学仪器有某些显微镜、照相复制镜头和电影放映机等。此外，还有为数较多的光学仪器要求在某个像平面上给出整个空间或部分空间的像，如照相机、电影摄影机和望远镜等，眼睛也属于这一类。理论上，立体空间经光学系统成像时，只有与像平面共轭的那个平面上的物点能真正成像于该像平面上，其他非共轭平面上的物点在这个像平面上只能得到相应光束的截面，即弥散斑。如图5-6，空间点 B_1 和 B_2 位于物平面 A 以外，其像 B_1' 和 B_2' 也在像平面 A' 之外，在像平面 A' 上得到的是这两点的成像光束的截面 Z'_1 和 Z'_2，它们分别与物空间中的相应光束在 A 平面上的截面 Z_1 和 Z_2 共轭。如果弥散斑足够小，例如它对眼睛的张角小于眼睛的最小分辨角(约1分)，眼睛看起来并无不清楚之感。此时，弥散斑 Z_1' 和 Z_2' 可认为是空间点在平面上

的像，它们的位置由空间点的主光线和像平面的交点决定。显然，它们的大小与入瞳大小和空间点至共轭平面 A 的距离有关。

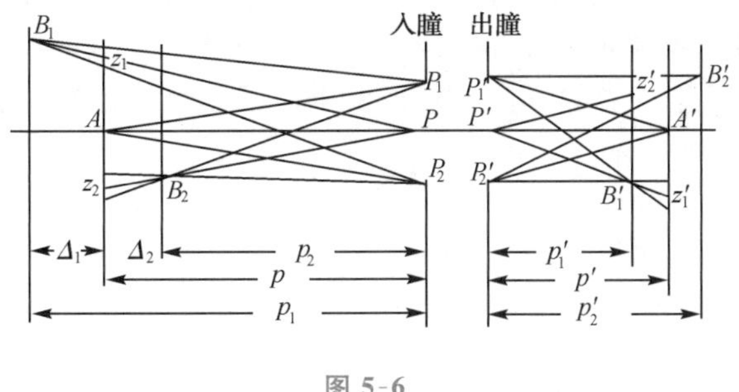

图 5-6

上述平面上空间点的像虽不是真正意义上的像，但从实用观点来看，数学般准确的点像既无必要，也不可能获得。因为任何光能接收器，如眼睛和照相乳胶等都不会没有缺陷。因此，只要我们对这些弥散斑给出一个大小的限制或质量标准，使其不超过光能接收器的分辨能力，这些弥散斑仍可看成是清晰像。光学仪器的性能和应用范围也因此才得以扩大。

能在像平面上获得清晰的像的空间深度称为**景深(depth of field)**。在图 5-6 中，景深就是 $\Delta_1+\Delta_2$。像平面 A' 称景像平面，其共轭平面 A 称对准平面。能在景像平面上成清晰像的最远平面称为远景，能在景像平面上成清晰像的最近平面称为近景。根据三角形相似关系，当已知入瞳直径 $2a$ 以及远景平面、近景平面和对准平面到入瞳的距离 p_1、p_2、p 时，即可求出远景和近景平面上物点的成像光束在对准平面上的截面大小 Z_1 和 Z_2。此二截面被系统成像于景像平面上，成为弥散斑，当小到一定程度时可认为是清晰的像，故对 Z_1 和 Z_2 应有相同的限制。于是可解得远景和近景平面到入瞳的距离分别为

$$p_1=\frac{2ap}{2a-Z},p_2=\frac{2ap}{2a+Z} \tag{5-1}$$

由于 $Z=Z'/\beta$，并将放大率 β 近似地写成 $\beta=f'/p$，得

$$p_1=\frac{2apf'}{2af'-pZ'},p_2=\frac{2apf'}{2af'+pZ'} \tag{5-2}$$

由此，远景和近景到对准平面的距离分别为

$$\Delta_1=p_1-p=\frac{p^2Z'}{2af'-pZ'},\Delta_2=p-p_2=\frac{p^2Z'}{2af'+pZ'} \tag{5-3}$$

Δ_1 和 Δ_2 分别称为远景深度和近景深度，二者之和为总的成像空间深度，即景深

$$\Delta=\Delta_1+\Delta_2=\frac{4af'p^2Z'}{4a^2f'^2-p^2Z'^2} \tag{5-4}$$

可见，当景像平面上的弥散斑大小 Z' 规定后，景深与系统的入瞳直径、焦距和对准平面的距离有关。入瞳直径越大，焦距越大，景深越小；拍摄距离越大，景深越大；同时，远景深度 Δ_1 总要比近景深度 Δ_2 为大。下面就几种具体情况为例讨论之：

(1)欲使对准平面以后的整个空间深度都能在景像平面上成清晰像：此时 $\Delta_1=\infty$，有 $2af'-pZ'=0$，得对准平面位置 $p=(2a/Z')f'$，近景平面位置 $p_2=af'/Z'=p/2$。若照相物镜的 $f'=50$，$2a=12.5$，并规定 $Z'=0.05$，单位均为 mm，则有 $p=12.5\text{m}$，$p_2=6.25\text{m}$。即在此种情况下，景深范围是 $6.25\text{m}\sim\infty$。

(2)如果把上例的照相物镜调焦于无穷远,则此时的近景为 p_2 在 $p_1\to\infty$ 时的极限,为 $p_2=2af'/Z'=12.5\text{m}$,也就是说,此时的景深等于自物镜前 12.5m 的平面起到无穷远。与第一种情况相比,景深减小。把物镜调焦于无穷远不利于得到最大景深。

(3)若调焦物镜使对准平面位于 $p=5\text{m}$ 处,可得近景和远景的深度和位置分别为 $\Delta_2=1.428\text{m}$, $p_2=3.527\text{m}$, $\Delta_1=3.333\text{m}$, $p_1=8.333\text{m}$, 景深 $\Delta=4.76\text{m}$,即自物镜前 3.57m 至 8.33m 止均为成像清晰的范围。

5.5 远心光学系统

有相当一部分光学仪器是用于测量物体长度的,如工具显微镜、投影仪等计量仪器。其原理是在物镜的实像平面上置一刻有标尺的透明分划板,标尺的格值已考虑了物镜的放大率。当被测物体成像于分划板平面上时,按刻尺读得的物体像的长度即为物体的长度。使用时应保证标尺分划板与物镜之间的距离固定不变,以确保按设计规定的物镜的放大率为常值。同时通过调焦(整体移动光学系统或移动工作台)使被测物体的像重合于分划板的刻尺平面,以免产生测量误差。但由于存在景深,很难精确调焦到物体的像与分划平面重合,这就难免要产生误差。如图 5-7,如能将物 B_1B_2 调焦到正确位置 A_1,将测得物体像的精确长度为 M_1M_2。而当调焦不准,例如在位置 A_1 之前 A_2 时,其像应在刻尺之后而不与之重合。此时,像点 B_1'、B_2' 在刻尺面上反映成觉察不出其不清晰的弥散斑,实际读得的长度是像点 B_1'、B_2' 的主光线与刻尺面的交点间距离 N_1N_2,显然它比 M_1M_2 略长。反之,当调焦于正确位置之后时,所测长度偏短。像面与分划刻线面不重合的现象称为**视差(parallax effect)**,视差越大,光束与光轴的倾斜角越大,测量误差也越大。

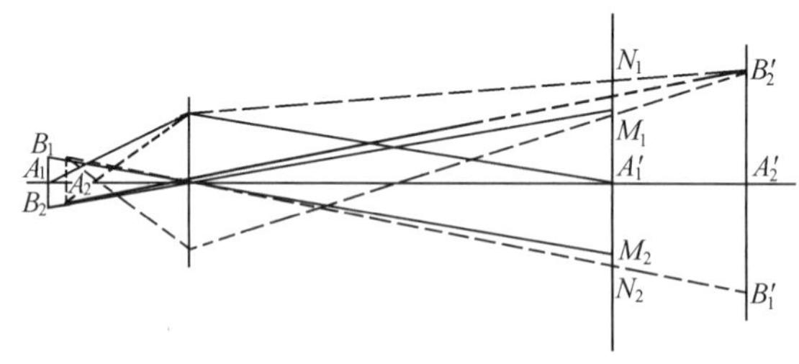

图 5-7

这种由于视差而引起的测量误差,如果给主光线的方向以适当的控制,就可以消除或减小。这只要把孔阑设置在物镜的像方焦面上即可。显然,它也是物镜的出射光瞳,如图 5-8 所示。此时,物面上各点的成像光束经物镜后,其主光线都通过像方焦点。相应地,物方主光线均平行于光轴。如果调焦准确,自然获得精确长度 M_1M_2;如果由于调焦不准,物体不在位置 A_1 而在 A_2,它的像 $B_1'B_2'$ 将偏离于刻尺,在刻尺平面上得到的是一投影像斑。但由于物体上同一物点的成像光束的主光线并不随物体位置而变,过投影像斑中心的主光线仍然通过 M_1 和 M_2,读出的长度仍为 M_1M_2。这就是说,上述调焦不准并不影响测量结果。主光线平行于光轴的光学系统称为**远心光学系统(telecentric optical system)**。上述系统物方主光线平行于光轴,相当于其会聚中心在物方无穷远,故称为物方远心光学系统。

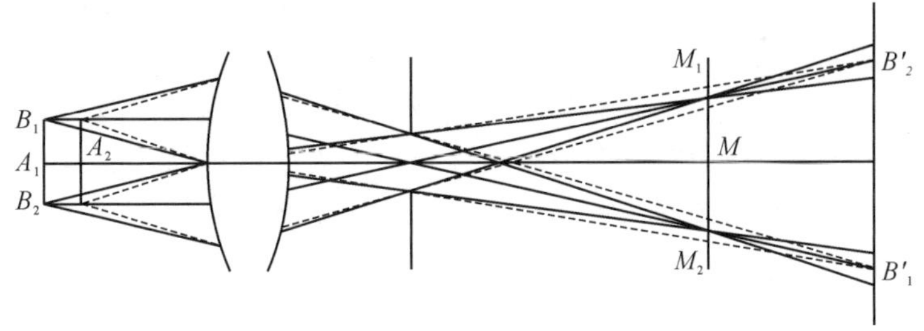

图 5-8

也有把孔阑设置在物方焦平面上的光学系统，如大地测量仪器。这类仪器是通过测量已知物（如远处的标尺）的像高，求得放大率，从而得出物距的。因此标尺不动，分划板相对于物镜将有移动，同样存在视差导致的测量误差。为消除或减小视差的影响，宜将孔阑设置于物方焦平面上，使像方主光线平行于光轴。这种光学系统称为像方远心光学系统。读者可参照图 5-8 画出像方远心光学系统的光路图。

像方远心光学系统各视场主光线垂直入射于像面，由第 6 章可知，像面照度与光的入射方向有关。因此像方远心光学系统当不存在渐晕和畸变（一种使像发生变形的像差）时中心视场和边缘视场的像具有相同的明亮程度。有些接收器对不同光线入射角度具有选择性响应，这种系统也常要求远心光路或提出主光线入射角范围要求。

5.6　光学系统物面与瞳面的转化、光瞳匹配

由以上关于光阑的讨论可知，光学系统中的每一个透镜都是透光孔，但在许多情况下并不拦光。对成像光束起限制作用的当属孔径光阑、视场光阑和渐晕光阑。成像光束要通过整个光学系统，必须通过所有这些光阑。从光信息传输的角度来说，这些光阑都是对信息量的限制。孔径光阑限制了能够进入系统参与成像的光束立体角，视场光阑限制了成像范围；而如果从入瞳到出瞳的成像关系来看，由入瞳发出的每一条光线又必须通过视场光阑才能成像到出瞳，因此入射窗和出射窗又成为入瞳到出瞳成像时的“光瞳”。

据此可以进一步理解拉氏不变量的物理意义。由公式 $J=nyu=n'y'u'$，左边包括物的大小和物方孔径角，被入射窗和入瞳所限制；右边是像的大小和像方孔径角，决定于出射窗和出瞳。这就是说当光学系统理想成像时，由入射窗进入入瞳的光信息都能通过光学系统并经由出瞳到达出射窗。经过精心设计的实际光学系统也可认为满足这一条件。所以我们说，拉氏不变量的大小表征光学系统能够传输的信息量的大小。拉氏不变量越大，传输的信息量越大，可对较大的物面以较大的孔径角成像，具有更高的成像分辨率，设计难度也就越大。

如果一个系统由若干子系统构成，能够通过系统到达像面的光必须能够通过每个子系统的所有光阑，而不能被任一个子系统的任一个光孔所拦。设两个子系统分别具有各自的孔径光阑和视场光阑，要使通过第 1 个子系统的光完全通过第 2 个子系统，那么只可能有两种情况：(1)两个子系统的孔径光阑互为共轭关系，视场光阑也互为共轭关系；(2)子系统 1 的孔径光阑与子系统 2 的视场光阑共轭，子系统 1 的视场光阑与子系统 2 的孔径光阑共轭。

前者常被称为瞳对瞳、窗对窗，后者也叫瞳对窗、窗对瞳。这就是光学系统组合中必须要考虑的光瞳匹配关系。

通常物面总是具有一定的光照强度分布，当物经光学系统成像时，由于物点与像点的共轭关系，任一像点总是得到物面上共轭点发出的光，因而也呈现同样的明暗分布，于是我们看到了物的共轭像。如果要利用光源通过照明光学系统照明某个表面，而光源本身是明亮程度均匀的面光源，易于想到的方案是把光源成像于被照明的表面上。根据以上光瞳匹配的要求，这应当属于第(1)种匹配关系。如果光源本身是不均匀的，例如有灯丝，采用这种方案会在被照明的表面上看到灯丝像，这种照明就是不均匀的。考虑到入瞳是物面上所有各点发出的光的公共入口，即不论亮处还是暗处发出的光都充满入瞳，因而入瞳面或孔阑面必是光照均匀的。如果把这个面成像于被照明的表面，就会得到均匀的照明。这时采用的就是上述第(2)种匹配关系。读者可结合 12.3 节中显微镜与照明系统的匹配进一步理解这种关系。

有时两个子系统匹配时是将第 2 个子系统插入第一个子系统当中的某个位置，例如带有透镜转像系统的望远镜就是这样，此时按照以上分析方法，转像系统的孔径光阑和视场光阑必须和望远镜系统匹配，采用的方法是瞳对瞳、窗对窗。为什么？请读者思考。

具有有限孔径的实际光学系统总是对入射光具有衍射作用。有了孔径光阑、入瞳和出瞳的概念以后，我们知道所有的成像光必须通过入瞳这一公共入口并由出瞳这一公共出口出射才能成像。对于轴上点，能够通过入瞳、出瞳的光不会受到其他光孔的限制；对于轴外点可能存在渐晕，投影到瞳上来看，相当于在瞳上再施加一个上下不均等的限制。因此在设计光学系统和进行像质评价中，没有必要考虑光通过每个光孔的衍射，只要考虑通过受渐晕光阑限制的孔阑上造成的衍射，这种近似就足够了。相应地，由于所有的成像光都必须由出瞳出射，实际处理时只考虑出瞳到像面的衍射。

5.7 应用举例

光学系统在设计之初，首先以高斯光学为基础，计算光学系统的焦距、通光口径和光学系统内部的间隔等，称为外形尺寸计算。我们将在“典型光学系统”一章通过望远镜系统的实例学习外形尺寸计算，这里为了帮助理解孔阑、视阑、渐晕等概念，我们可以先举一简单的基础性实例。

将某焦距为 50mm 的摄影物镜看成是薄透镜，其后 10mm 处安放孔径光阑。镜头对无穷远物成像，像面的大小是全画幅即 24mm×36mm，镜头的相对孔径即入瞳直径与焦距之比为 1/4，求物方视场角 $2W$ 和孔径光阑的通光直径 D_2。如果要求全视场无渐晕，透镜的通光直径 D_1 应当达到多少？

首先计算理想像高，由像面大小知 $y'=\frac{1}{2}\sqrt{24^2+36^2}=21.633$，进而根据镜头的焦距 $f'=50$，由公式(4-61)即 $y'=-f'\tan W$ 得 $2W=46.793°$。

根据相对孔径，可得入瞳直径为 $D=f'/4=12.5$，孔径光阑位于薄透镜的后面，即为系统的出瞳，它到物镜的距离为 10mm，由高斯公式或牛顿公式得入瞳位于物镜后 12.5mm

处，为孔径光阑的虚像。根据入瞳到出瞳的放大率，可得出瞳（这里即孔阑）通光直径 D_2 为 10mm。

这个光学系统具有视场光阑，孔径光阑是物镜后面的专设光孔，所以如果存在渐晕，物镜本身为渐晕光阑。我们画出该系统的光路图即图 5-9 可知，无渐晕要求全视场通过孔阑下边缘的光必须通过物镜的下边缘。由于物镜、孔阑和像面的相对位置已知，孔阑大小和像高已知，物镜通光口径为 D_1，根据几何关系易于写出：

$$\frac{0.5D_1+y'}{f'}=\frac{0.5D_2+y'}{f'-10}$$

于是可得 $D_1=23.3165\text{mm}$。

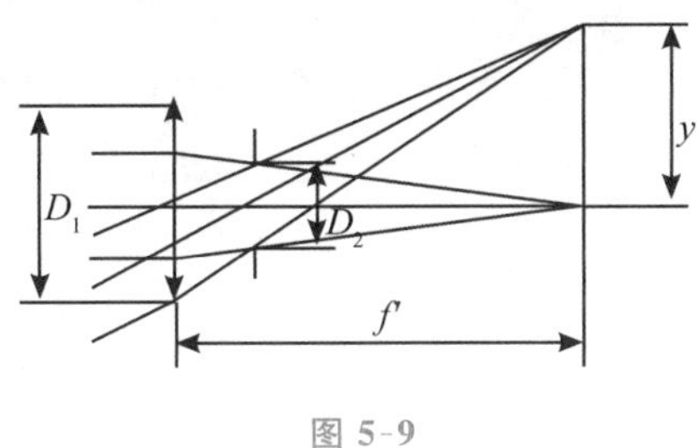

图 5-9

习　题

1. 已知照相机物镜的焦距为 50mm，相对孔径 $D/f'=1:2.8$，底片尺寸为 $24\times36\text{mm}^2$，求最大的入瞳直径和视场角。若选用 $f'=28\text{mm}$ 的广角镜头和 $f'=75\text{mm}$ 的远摄镜头，其视场角分别为多少？

2. 有一 $f'=140\text{mm}$ 的薄透镜组，通光直径为 40mm，在镜组前 50mm 处有一直径为 30mm 的圆形光孔。问实物处于什么范围时，光孔为入射光瞳？处于什么范围时，镜组本身为入射光瞳？对于无穷远物体，镜组无渐晕成像的视场角和渐晕一半时的视场角各为多少？

3. 有一焦距为 50mm 的放大镜，直径 $D=40\text{mm}$，人眼（指瞳孔）离放大镜 20mm 来观看位于物方焦平面上的物体，瞳孔直径为 4mm。1)问此系统中，何者为孔径光阑？何者为渐晕光阑？并求入瞳、出瞳和渐晕光阑在物方、像方的像的位置和大小。2)求能看到半渐晕时的视场范围。

4. 一个 20 倍的望远镜，视场角 $2W=3.2°$，物镜的焦距 $f'_0=500\text{mm}$，直径 $D'_0=62.5\text{mm}$，为系统的入射光瞳。在物镜与目镜的公共焦面上设有视场光阑。设目镜为单个正薄透镜组，求：1)整个系统的出瞳位置和大小；2)视场光阑的直径；3)望远镜的像方视场角 $2W'$。

5. 有一 4 倍的伽利略望远镜（目镜焦距为负的望远镜），物镜的焦距 $f'_0=160\text{mm}$，直径 $D'_0=40\text{mm}$；眼瞳在目镜后 10mm，直径为 5mm，是系统的出射光瞳，目镜的直径为 10mm。1) 确定何者为系统的渐晕光阑？并求它在物空间和像空间的像的位置和大小；2)无渐晕时的视场角为多少？3)半渐晕时的视场角为多少？

6. 试据理说明全对称光学系统（即孔径光阑居中，在其前后的透镜两两相同，且朝向对称于光阑面）中，1)入射光瞳和出射光瞳分别与物方主面和像方主面重合；2)像方视场角 $2W'$ 与物方视场角 $2W$ 相同；3)相当于其半部加一位于孔阑平面上的平面镜的折反射系统。

7. 采用变焦距照相物镜，以 150mm 的焦距值，分别在相对孔径为 1/4、1/5.6、1/8 和 1/11的情况下拍照时，若眼睛在相距景像平面为 $d=f'$ 的距离观察底片，并设眼睛的分辨角为 1.5′，问：1)当要求对准平面以远的整个空间成像清晰时，对准平面和近景平面应位于何处？ 2)当把对准平面设定在无穷远时，近景平面位于何处？ 3)当对准平面在 3m 远时，求远景平面、近景平面的位置及景深。

8. 用焦距为 75mm 的照相物镜在 1/8 相对孔径下拍照，要求对准平面以远的整个空间成像清晰，并且要将底片放大成 50 倍的照片供观察者在 10m 远处观看(设人眼的分辨角为 1.5′)，求对准平面和近景平面的位置。

光阑的概念

渐晕

可变光阑

孔径光阑判断

第 6 章　光能及其传播计算

光学系统作为光传输的工具，仅用几何光线的概念来研究其光传播路径和成像规律尚有不足。这里，光线不仅仅是波面的法线而且还是携带光能的载体，只有携带了足够的光能，到达像空间的光才能有一定的光度水准，才能被接收器所感受。因此，尽管几何光学不涉及能量问题，但若不了解光能经光学系统的传播规律，对各种光学系统的了解就太不完整了；所设计的光学系统如果不能传输足够的光能，就不能满足使用要求。因此，本章将对与光学系统有关的光能及其传播问题作一简要的讨论。

本章知识要点

1. 辐射能通量、光通量
2. 光谱光视效率、发光效率
3. 发光强度、光照度、光出射度、光亮度
4. 黑体与白体，余弦辐射体
5. 光束在同种介质中传播时的光亮度
6. 经界面反射和折射时光亮度的传播
7. 光学系统透过率的计算
8. 成像光学系统像面轴上点的照度
9. 像面照度与视场的关系

6.1　辐射量与光学量

光束是能量的载体。置一块涂黑的光屏于光路中，经一定时间后就会变热。此热能就是由能量受体所吸收的辐射能转变而来的。变热的程度除与入射的辐射能数量有关以外，还与能量受体对辐射能的吸收程度有关。某一瞬间通过某一面积的全部辐射能与通过时间的比值称为**辐射能通量(radiant flux)**，其单位为瓦。即

$$W=\frac{\mathrm{d}E}{\mathrm{d}t}(\mathrm{W})$$

为全面表征辐射能，不仅要知道其功率，还要知道其光谱分布，即辐射能中所包含的各种波长的单色辐射能通量的大小。图 6-1 表示某辐射体的能量分布曲线。P_λ 是某一波长附近单位波长间隔内所具有的功率，称辐射能通量随波长的分布函数。则在某一微小波长范围 $\mathrm{d}\lambda$ 内所包含的辐射能通量

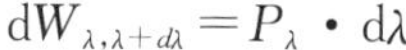

$$dW_{\lambda,\lambda+d\lambda}=P_{\lambda}\cdot d\lambda$$

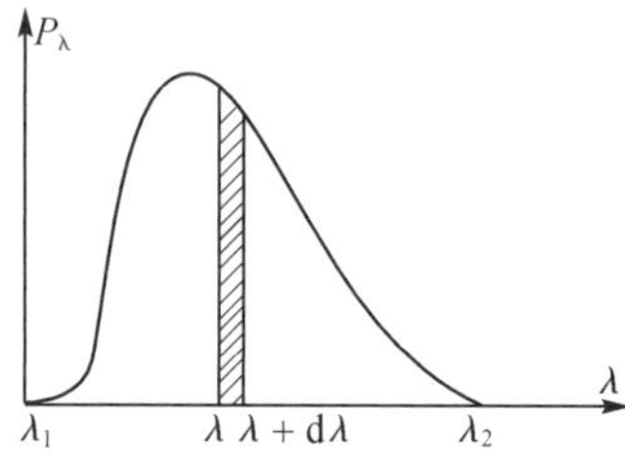

图 6-1

辐射体的总辐射能通量为

$$W=\int_{\lambda}P_{\lambda}\cdot d\lambda \tag{6-1}$$

任何能量接收器都只能选择性地接收某一小部分光谱区域内的辐射能，且对该区域内不同波长的辐射，其敏感程度也不同。人眼仅能感受波长在 400～760nm 区域的辐射能，故称这一区域的辐射为**可见光(visible light)**，这一区域的辐射能称为**光能(optical energy)**。按辐射能通量所引起的光作用而确定的功率称为**光通量(light flux)**，光通量的单位是**流明(lumen)**。

人的眼睛具有正确比较两个光刺激的强弱和判断其是否相等的能力，这是光度学的基础。但人眼对不同波长单色光的敏感程度并不一样，即相同功率的不同单色光所引起的光刺激或所相当的光通量是不相同的。经过大量实验确定，人眼对波长为 555nm 的黄光最为敏感。如果在单位波长内 P_{λ} 瓦的辐射能通量相当于 Φ_{λ} 流明的光通量，则其比值

$$K_{\lambda}=\frac{\Phi_{\lambda}}{P_{\lambda}} \tag{6-2}$$

可表示 1 瓦单色辐射能通量所相当的流明数。显然，波长为 555nm 的黄光的这一数值 K_{555} 为最大。任一其他波长的单色光的 K_{λ} 值与 K_{555} 之比表征了人眼对该单色辐射的相对灵敏度，称为**光谱光视效率(spectral luminous efficiency)**或**视见函数(visibility function)**，以 V_{λ} 表示，即

$$V_{\lambda}=\frac{K_{\lambda}}{K_{555}} \tag{6-3}$$

各种波长单色光的光谱光视效率值是在做大量实验的基础上，由国际照明委员会 CIE 所确定的，列于表 6-1 中。相应的 $V(\lambda)$ 曲线即人眼的光谱灵敏度曲线如图 6-2 所示。有了光谱光视效率的概念和数值后，就能对光通量作数量上的描写。在狭窄的波长间隔内，有

$$d\Phi=V_{\lambda}P_{\lambda}\cdot d\lambda$$

总光通量为

$$\Phi=\int_{\lambda}V_{\lambda}P_{\lambda}\cdot d\lambda \tag{6-4}$$

此式给出的光通量单位为瓦，若将其表示成流明，应有

$$\Phi=K_{555}\int_{\lambda}V_{\lambda}P_{\lambda}\cdot d\lambda \tag{6-5}$$

表 6-1　光谱光视效率 V_λ 值(眼睛的光谱灵敏度)

光的颜色	波长/nm	V_λ	光的颜色	波长/nm	V_λ
紫	400	0.0004	黄	580	0.870
	410	0.0012		590	0.757
	420	0.0040	橙	600	0.631
	430	0.0116		610	0.503
蓝	440	0.023		620	0.381
	450	0.038		630	0.265
青	460	0.060		640	0.175
	470	0.091		650	0.107
	480	0.139	红	660	0.061
	490	0.208		670	0.032
绿	500	0.323		680	0.017
	510	0.503		690	0.008
	520	0.710		700	0.0041
	530	0.862		710	0.0021
黄	540	0.954		720	0.00105
	550	0.995		730	0.00052
	555	1.000		740	0.00025
	560	0.995		750	0.00012
	570	0.952		760	0.00006

一个辐射体或光源发出的总光通量与总辐射能通量之比 η 称为光源的**发光效率**(**luminous efficiency**)，即

$$\eta=\frac{\Phi}{W} \tag{6-6}$$

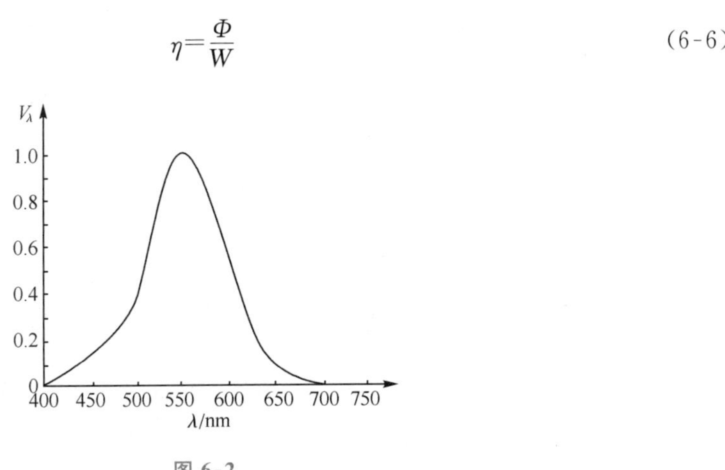

图 6-2

它表示每瓦辐射能通量所产生的光通量。由于 P_λ 和 V_λ 难以用具体的函数形式表示，使式(6-1)和(6-5)积分发生困难，故实际上，对于用电能点燃的光源，都用每瓦耗电功率所产生的流明数作为其发光效率。例如一个 100W 的钨丝灯泡所发出的总光通量为 1400lm，则其发光效率为 14lm/W。表 6-2 列出了一些光源的发光效率。

表 6-2　常用光源的发光效率　(lm/W)

光源名称	钨丝灯	卤素钨灯	荧光灯	氙灯	碳弧灯	钠光灯	高压汞灯	镝灯
发光效率	10～20	～30	30～60	40～60	40～60	～60	60～70	～80

6.2　光学量基本概念

6.2.1　发光强度

图 6-3 所示的点光源 C 向各个方向发出光能。在某一方向上划出一个微小的立体角 $\mathrm{d}\omega$，则在此立体角限定的范围内光源发出的光通量 $\mathrm{d}\Phi$ 与 $\mathrm{d}\omega$ 的比值称为点光源在该方向上的**发光强度(luminous intensity)**，即

$$I=\frac{\mathrm{d}\Phi}{\mathrm{d}\omega} \tag{6-7}$$

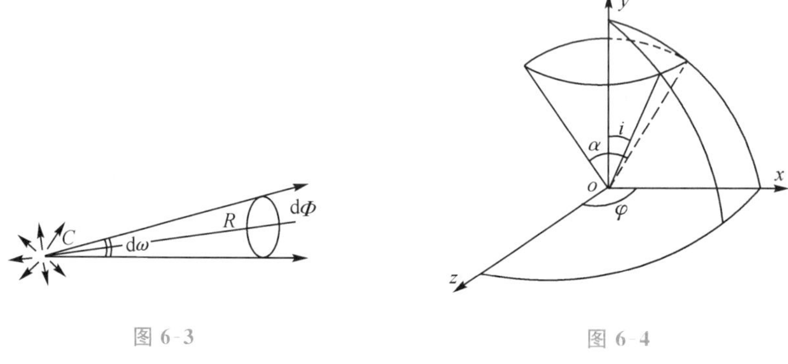

图 6-3　　图 6-4

对于均匀发光的光源，其 $I=I_0$ 为常数，此时有

$$I_0=\frac{\Phi}{\omega} \tag{6-8}$$

由于点光源周围整个空间的总立体角为 4π，故这种点光源向四周发出的总光通量为

$$\Phi=4\pi I_0 \tag{6-9}$$

对于发光强度随方向而变的光源，其在各方向发出的光通量各不一样，故 $\Phi/4\pi$ 只是其平均发光强度。如果我们把图 6-4 所示的坐标系中位于原点的点光源在由 i 和 φ 角所决定的方向上的发光强度表示为 $I(\varphi,i)$，并写出立体角的微分 $\mathrm{d}\omega$ 的表达式为

$$\mathrm{d}\omega=\sin i\cdot \mathrm{d}i\cdot \mathrm{d}\varphi \tag{6-10}$$

则对 $\mathrm{d}\Phi$ 在整个空间积分即可求出该点光源发出的总光通量。

实际中常需要求出各向均匀发光的点光源在锥角为 α 的锥体内发出的光通量。若锥体的轴线与 y 轴重合，且点光源位于光学系统的光轴上，则其对入瞳的张角 $2U$ 即为图 6-4 中的锥角 α，据此可求得光源发出能进入光学系统的光通量为

$$\Phi=4\pi I_0\sin^2\frac{U}{2} \tag{6-11}$$

光源发出的全部光通量不可能被任何光学系统增大，但光学系统可改变光通量的分布，以使它集中于某一方向上。探照灯的作用就是如此，它能使沿轴线方向的发光强度比光源的原有平均发光强度增大上千倍。普通的照明灯泡或光源，如果配以适当的反光灯罩，也能使更多的光通量射向欲照明的范围，以提高照明效果。

发光强度的单位是**坎德拉(candela)**，它被国际照明委员会规定为光度学的基本单位，这是因为表征一定发光强度的标准光源或标准具容易复制，且具有较好的客观性和较高的准确性之故。当然，发光强度的单位在历史上有一个不断演变和发展的过程。现在使用的定义是 1979 年第十六届国际度量衡会议规定的，即 1 坎德拉是光源在给定方向上，在每球面度立体角内发出 1/683＝0.00146W 频率为 540×10^{12} Hz 的单色辐射(即波长为 555nm 的单色光) 能通量时的发光强度。

光通量的单位是流明，国际代号为 lm。1 流明等于发光强度为 1 坎德拉的均匀发光点光源在 1 球面度立体角内所发出的光通量。即

$$1\text{lm}=1\text{cd}\cdot\text{sr}$$

6.2.2　光照度

当光源发出的光通量投射到某一表面时，该表面被照明。在某一微小面积 $\mathrm{d}S$ 上投射的光通量 $\mathrm{d}\Phi$ 与该小面积的比值 E 称为该小面积上的**光照度(illuminance)**，即

$$E=\frac{\mathrm{d}\Phi}{\mathrm{d}S} \tag{6-12}$$

显然，光照度表征了受照面被照明的亮暗程度。如果光通量是均匀射入受照表面的，则有

$$E=\frac{\Phi}{S} \tag{6-13}$$

光照度的单位是**勒克斯(lux)**，国际代号为 lx。1 勒克斯等于 1 流明的光通量均匀地照射在 1 平方米的面积上所产生的照度，即

$$1\text{lx}=1\text{lm/m}^2=1\text{cd}\cdot\text{sr/m}^2$$

按此，如果在 1m 半径的圆球球心上放一发光强度为 1 坎德拉的点光源，则在球面上产生的光照度正好是 1 勒克斯。

下面计算由点光源直接照射某一面积时，在该面积上所获得的光照度。如图 6-5 所示，发光强度为 I 的点光源 C 照明相距 R 处的面积 $\mathrm{d}S$ 时，该面积对点光源所张的立体角是

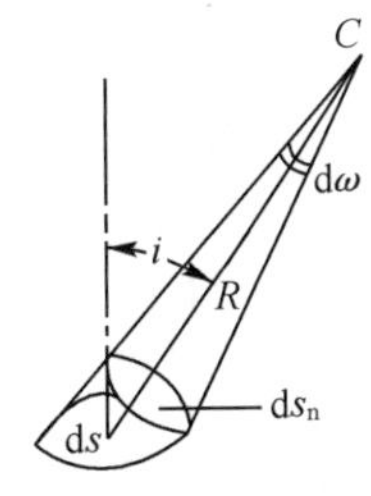

图 6-5

$$\mathrm{d}\omega=\frac{\mathrm{d}S_n}{R^2}=\frac{\mathrm{d}S\cdot\cos i}{R^2}$$

点光源在此立体角内发出的光通量为 $\mathrm{d}\Phi=I\mathrm{d}\omega$，得 dS 上的光照度为

$$E=\frac{I\cdot\cos i}{R^2} \tag{6-14}$$

可见，由点光源直接照射到某一面积所产生的光照度与光源的发光强度成正比，与光源到受照面积的距离平方成反比，并且还与照射方向有关，垂直照明时所得的光照度最大。

6.2.3 光出射度

某一发光表面上微小面积范围内所发出的光通量与这一面积之比称为这一微小面积上的**光出射度(luminous exitance)**，即

$$M=\frac{\mathrm{d}\Phi}{\mathrm{d}S} \tag{6-15}$$

若为均匀发光表面，且在 2π 立体角内发出的光通量为 Φ，则

$$M=\frac{\Phi}{S} \tag{6-16}$$

可见，光出射度与光照度有相同的形式。这表示两者有相同的含义，其差别仅在于光照度公式中的 Φ 是表面接收的光通量，而光出射度公式中的 Φ 是从表面发出的光通量。因此，光出射度的单位和光照度的单位一样，也是勒克斯。

除了自身发光的光源以外，被照明的表面也能反射或散射出入射于其上的光通量，称二次光源。二次光源的光出射度与受照后的光照度和表面的反射率有关，可表示为

$$M=\rho E \tag{6-17}$$

大多数物体对光的反射具有选择性，即对不同的色光具有不同的反射率。当白光入射于其上时，反射光的光谱组成与白光不同，因而这种物体是彩色的。有一类物体在可见光谱中对于所有波长的 ρ 值相同且接近于 1，这种物体称为**白体(white body)**，如氧化镁、硫酸钡或涂有这种物质的表面，其反射率达 95%。反之，对于所有波长 ρ 值皆同，但反射率接近于 0 的物体称为**黑体(black body)**，例如炭黑和黑色的毛糙表面，其反射率仅 0.01。当白体和黑体得到相同的光照度时，前者的光出射度要比后者大九十几倍。

6.2.4 光源和光束的光亮度

一个有限面积的光源，尽管在某一方向的发光强度与另一点光源在相同方向的发光强度相同，但看起来会觉得点光源更亮些。这表明仅用发光强度来表征有限面积光源的发光特性是不全面的。

如果在光源表面上划出一元面积 dS，如图 6-6 所示，那么在与法线 N 成 i 角的方向上，由元面积 dS 和受照小面积所限定的范围内，从该元面积所发出的光通量应与立体角 $\mathrm{d}\omega$ 和元面积在垂直于光束轴线的平面上的投影 $\mathrm{d}S_n$ 成比例。用 L_i 表示比例系数，则称此比例系数为光源在与法线成 i 角方向上的**光亮度(brightness)**，即

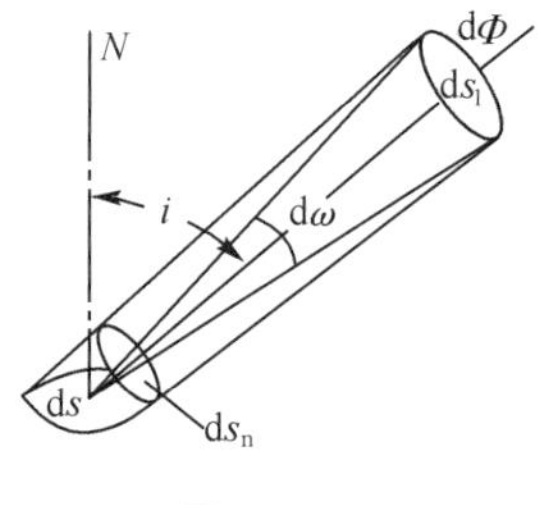

图 6-6

$$\mathrm{d}\Phi=L_i\cos i\cdot\mathrm{d}S\cdot\mathrm{d}\omega \tag{6-18}$$

光亮度的单位是**尼特(nit)**，国际代号是 nt。1 尼特等于 1 平

方米均匀发光表面在其法线方向的发光强度为 1 坎德拉时的光亮度，即

$$1\text{nt}=1\text{cd/m}^2$$

一般光源的光亮度在不同辐射方向上有不同的值，公式(6-18)中的 L_i 是光源在与法线成 i 角方向上的光亮度。考虑到 $I=\mathrm{d}\Phi/\mathrm{d}\omega$，则可将(6-18)式写成

$$L_i=\frac{I}{\mathrm{d}S\cdot\cos i}=\frac{I}{\mathrm{d}S_N}$$

此式表明，光源在 i 方向上的光亮度就是把光源投影到该方向后单位面积上的发光强度。

也有一些光源，其光亮度不随方向而异。对于这些光源有

$$I_i=L_i\mathrm{d}S\cos i=L_N\mathrm{d}S\cos i=I_N\cos i$$

说明这种光源各个方向上的发光强度随方向角 i 的余弦而变化，因此把这种光亮度为常数的光源或辐射体称为**朗伯**①**光源(Lambertian source)**或**余弦辐射体**。一般的漫射表面，如磨砂玻璃等漫透射表面和涂有氧化镁或硫酸钡的漫反射面等，经光源照明以后，其漫透射光和漫反射光都近似地具有这种特性，是常被采用的朗伯光源。

光源的光亮度与光出射度之间有一定关系。为求得此种关系，先求出光源在 2π 立体角范围内发出的总光通量。设光源为余弦辐射体，则对式(6-18)在 2π 立体角内作定积分得此光通量为

$$\Phi=\pi L\cdot\mathrm{d}S \tag{6-19}$$

将此式代入光出射度的公式(6-16)得

$$M=\pi L \tag{6-20}$$

由此可见，光亮度为常数的光源，其光出射度为光亮度的 π 倍。

对于不是本身发光的二次光源，其光亮度可按上式和(6-17)式表示为

$$L=\frac{\rho E}{\pi} \tag{6-21}$$

表 6-3 列出了一些情况下所达到或所需要的光照度，表 6-4 列出了一些光源所具有的光亮度值。读者如需了解其他光源或这些光源的其他参数，请参阅参考文献[5]。表 6-5 是上述诸物理量的单位及其换算关系。

表 6-3　部分情况下的光照度　（单位：lx）

光照情况	亮度	光照情况	亮度
晚间无月光时的光照度	3×10^{-4}	读书必需的光照度	50
月光下的光照度	0.2	精细工作时所需的光照度	100～200
明朗夏天室内的光照度	100～500	摄影棚内所需的光照度	10,000
没有阳光时室外的光照度	1000～10000	判别方向必需的光照度	1
阳光直射时室外的光照度	100000	眼睛能感受的最低光照度	1×10^{-9}

① 朗伯(Johann Heinrich Lambert，1728—1777)，德国数学家、物理学家、天文学家，欧拉和拉格朗日的同事，在数学、光学、热学、气象、天文等领域均有重要贡献。

表 6-4　一些光源所具有的光亮度　（单位：10^4 nt）

光照情况	亮度	光照情况	亮度
地面所见的太阳表面	150000	乙炔焰	8
晴朗的白天天空	0.3	生活照明用白炽钨丝灯	300～1000
月亮表面	0.25	放映、汽车前灯用钨丝灯	1000～2000
日光照射下的纸面	2.5	卤素钨丝灯	3000
放射磷光的表面	6×10^{-5}	碳弧灯	100000
没有月亮的夜空	10^{-8}	低压汞灯	2～3
烛焰	0.5	超高压球形汞灯	120000
煤油灯焰	1.5	氖气灯	0.1

表 6-5　光度学中诸物理量的单位及其关系

物理量	单位	关系
发光强度	坎德拉	基本单位
光通量	流　明	1 流明＝1 坎德拉・球面度
光照度	勒克斯	1 勒克斯＝1 流明/米^2＝1 坎德拉・球面度/ 米^2
光出射度	（与光照度同）	
光亮度	尼　特	1 尼特＝1 坎德拉/米^2 1 熙提＝1 坎德拉/厘米^2＝10000 尼特

为了了解光能经光学系统的传递，还必须讨论光束的光亮度。

如图 6-7 所示，两个中心相距 R 的元面积 dS_1 和 dS_2 限定了一个范围，从一个元面积上各点发出并射向另一个元面积的光束，在这两个截面之间不会越出这一范围。这种由两个元截面积所限定的光束通道称为元光管。该元截面之一可以是光源的发光表面，也可以是被光源照明的物面；另一个元截面可以是光学系统入瞳面上的元面积。同样，也可以由出瞳面积和像面上的元面积组成一个光管。设两个元截面的光亮度分别为 L_1 和 L_2，则按公式(6-18)可分别写出由 dS_1 射向 dS_2 的光通量 $d\Phi_1$ 和 $d\Phi_2$ 的表达式。因为在此元光管内光线不会越出管外，所以，若不考虑光在介质中的吸收和散射，应有 $d\Phi_1 = d\Phi_2$，据此读者易于导出

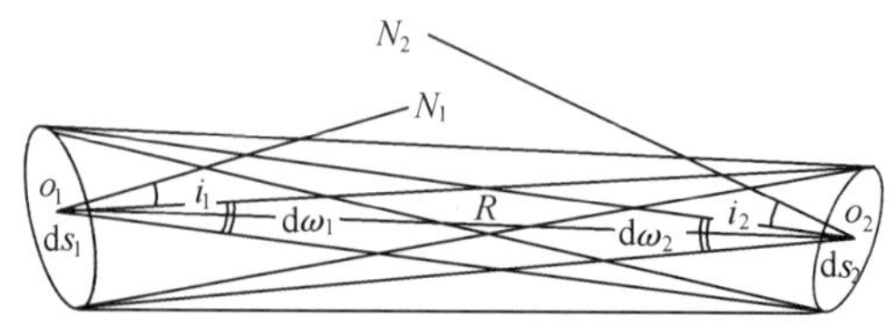

图 6-7

$$L_1 = L_2$$

这就是说，光能在同一均匀介质的光管中传递时，若忽略介质对光的吸收和散射，则在传播途径中的任一截面上，光通量和光亮度均保持不变。这里，L_1 和 L_2 称为光束的光亮度。如

果光管的截面之一就是光源的发光表面，则光束的光亮度就等于光源表面的光亮度。

下面讨论光束经透明介质分界面反射和折射时的光亮度变化。如图 6-8，入射光管的截面之一 dS 在两介质的界面上。通过光管入射的光通量 $d\Phi$ 经界面时，被反射和折射的光通量分别为 $d\Phi''$ 和 $d\Phi'$，并分别构成了反射光管和折射光管。若忽略介质的吸收和散射损失，应有

$$d\Phi = d\Phi'' + d\Phi' \tag{6-22}$$

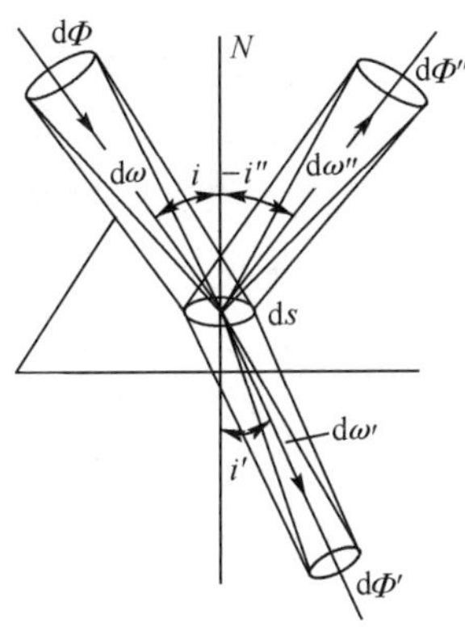

图 6-8

令入射光束、反射光束和折射光束的光亮度分别为 L、L'' 和 L'，则按(6-18)式可写出

$$\begin{aligned} d\Phi &= L\cos i \cdot dS \cdot d\omega \\ d\Phi'' &= L''\cos i'' \cdot dS \cdot d\omega'' \\ d\Phi' &= L'\cos i' \cdot dS \cdot d\omega' \end{aligned} \tag{6-23}$$

为求知 L''、L' 和 L 的关系，必须知道光管经反射和折射后立体角的变化。根据反射定律和折射定律可导出

$$\begin{aligned} d\omega'' &= d\omega \\ n'^2\cos i' d\omega' &= n^2\cos i d\omega \end{aligned} \tag{6-24}$$

根据以上关系，由式(6-23)可导出，反射光束的光亮度与入射光束的光亮度之比等于相应的光通量之比。令此比值为 ρ，即

$$\frac{L''}{L} = \frac{d\Phi''}{d\Phi} = \rho \tag{6-25}$$

其中 ρ 称为反射率，表示光传播到透明介质分界面上时，有多少光能从界面反射掉，也可作为光束在界面折射时光亮度损失的度量。非镀膜面的反射率可根据菲涅耳公式计算，即

$$\rho = \frac{1}{2}\left[\frac{\sin^2(i-i')}{\sin^2(i+i')} + \frac{\tan^2(i-i')}{\tan^2(i+i')}\right] \tag{6-26}$$

由于反射的存在，折射入第二介质的光通量相应地减少，根据公式(6-22)应有

$$d\Phi' = d\Phi - d\Phi'' = (1-\rho)d\Phi \tag{6-27}$$

根据式(6-23)并结合(6-24)可得

$$L' = (1-\rho)L\frac{n'^2}{n^2} \tag{6-28}$$

可见，折射光束的光亮度 L' 除因反射而损失了 ρL 之外，还与界面两边介质的折射率有关。

对于在同一介质，一般是空气中的光学系统或光通过某光学零件时，该折射率因子将不必考虑。

6.3 光学量经光学系统的传输

光能经光学系统传递时，不可避免地将发生光能损失。光在折射面上折射时总伴随着少量反射损失，在镀金属的反射面上也不可能全部反射，光经介质传播时还有吸收存在，这是三种主要的光能损失因素。此外，光学材料内部的气泡、杂质和局部混浊等将导致光的散射；光学零件表面磨光不良和疵病会造成光的漫反射和漫折射。这不仅将再损失些许光能，还会形成**杂散光(stray light)**而严重影响光学系统的像质。为此，必须对光学零件的材料和表面加工质量提出严格要求。

折射时光能的反射损失，可按上节的公式(6-26)计算。从该式可见，反射率 ρ 是折射面两边介质的折射率和入射角的函数。计算表明，在入射角小于 30°时，反射率与入射角为 0°时的数值基本相同，小于 45°时也相差不多，而当入射角继续增大时，ρ 值就很快增加，这一点读者很容易通过计算和作图来验证。实际上，光束经光学系统传递时，光线在每一面上的入射角很少会超过 45°，故公式(6-26)可以用小角度，即 $i=0$ 的简单形式来表示。此时有

$$\rho=\left(\frac{n'-n}{n'+n}\right)^2 \tag{6-29}$$

可见，反射率和光的行进方向(从空气到玻璃或从玻璃到空气)无关，因此，位于同一介质中的光学零件，其两个折射面的反射率相等，数值大小仅取决于折射面两边的折射率差，相差越大，则 ρ 值越大。例如由空气到玻璃，当 $n'=1.5$ 时，$\rho=0.04$；$n'=1.7$ 时，$\rho=0.067$。图 6-9 所示是光在空气与不同折射率的光学介质分界面上垂直入射时，反射率与折射率的关系曲线。

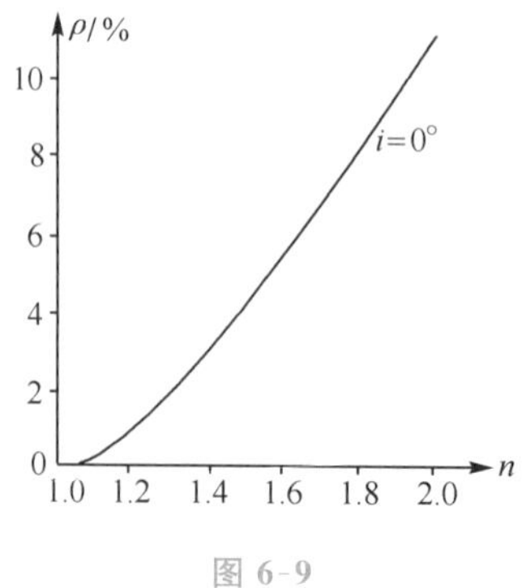

图 6-9

在光学系统中，胶合透镜应用甚多。由于胶合面两边的折射率相差很小，一般不超过 0.2，反射率不超过 0.004，因此反射损失可略去不计。

由于每一与空气接触的折射面上都要反射掉入射光能的 4%～7%，故由很多面组成的复杂光学系统，因反射而损失的光能是相当可观的。例如一个具有 10 个与空气接触的折射表面的中等复杂系统，若平均取每面的反射率为 0.05，按式(6-28)，最后自系统出射的光束

亮度为

$$L' = \prod (1-\rho_i)L = (1-0.05)^{10}L = 0.599L$$

即仅反射一项就要损失 40%的光能。

折射时必然伴随的反射损失不仅使出射光束的光亮度受损，而且各面的反射光又将被其前面的折射表面部分地反射。这种表面间偶次反射的光将通过光学系统以杂散光形式散布在像面上，造成一个杂光背景，或者在视场内有一个明亮的目标时，可能在像面上形成一个多次反射的**杂光像**(称**鬼像**)(**ghost**)。这些都严重危害光学系统的成像质量。因此，尽可能减少折射面上的光的反射，对提高光学系统的性能和质量有重要意义。现今的光学系统，凡与空气接触的折射表面均镀以**减反射膜或增透膜**(**reflection reducing coating, antireflection coating**)。根据物理光学原理，具有一定折射率和一定厚度(约波长的1/4)的薄膜，可以使某一波长的反射光强度干涉为零，其他波长反射光的强度也有所减小，从而可大大减少反射损失。经镀单层增透膜的折射表面，其反射率可降低到 1.5%左右，若镀上多层膜，可使反射率在较宽的波段内降低到 0.4%～0.5%以下。

除反射损失外，光经介质传播时的吸收损失也是不能忽略的。如果光束在介质中某一位置时的光亮度为 L_0，它传播了 d 厘米路程后去掉被吸收部分所剩余的亮度可按下式计算：

$$L = L_0\tau^d \tag{6-30}$$

式中 τ 是介质的**内部透过率**(**internal transmittance**)，表示光亮度为 1 的光束在介质中传播 10mm 后所得到的光亮度。显然，$1-\tau$ 为介质的吸收率。吸收率的大小与介质本身的性质和光的波长有关，一般用百分数表示。普通的光学玻璃对白光的平均吸收率约为 1%，但强烈地吸收光谱的紫外部分。

知道光学材料的吸收率和光在光学零件中的光路长度后，就能计算因吸收造成的光束光亮度的损失。计算时，光在介质中的光路长度可近似地取各光学零件的沿光轴厚度。

光学系统中的金属层反射面也不能把入射于其上的光能全部反射，是因为它也要吸收光能。金属层反射面的光学特性由其反射率 ρ_r 决定，且随波长而异。在可见光范围内，最常用的是镀银和镀铝面，它们具有较高的反射率。银的反射率高达 95%但不耐久，铝的反射率约 0.85～0.9，且经久耐用，故更为常用。几种主要金属反射面的反射率参见图 3-32。

为计算光经整个光学系统后的全部损失，需知道该系统中与空气接触的折射面数、光学零件的沿轴厚度、折射率和吸收率。如果折射面镀有增透膜，须知道镀膜以后的实际反射率。系统中如果有反射镜还须知其面数和反射率，但这里不计全反射棱镜反射时的损失。

图 6-10 所示是一个光学系统的前几个面和最后几个面，并表示出了光束在各个面前后的光亮度。L_1 是光束进入第一面前的光亮度，因可忽略光在空气中传输时的吸收，它就是光源或物面的初始光亮度 L。L_k' 是光束从最后一面出射时的光亮度，也就是像面的光亮度 L'。由此，可交替地按公式(6-28)和(6-30)写出去掉各折射面上反射损失和各光学零件中吸

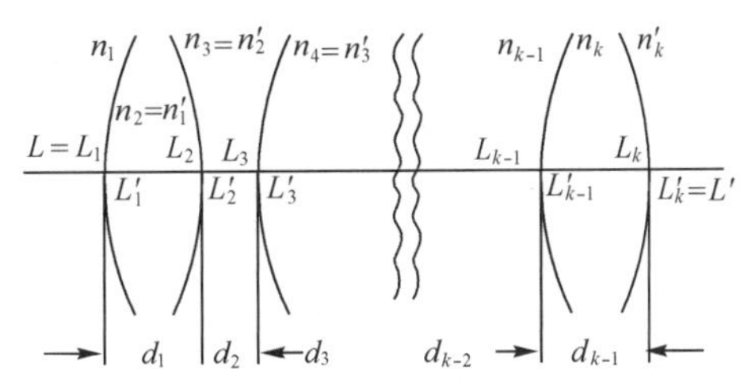

图 6-10

收损失所剩余的光亮度，最后可得

$$L'=L(1-\rho_1)(1-\rho_2)\cdots(1-\rho_k)\tau_1^{d_1}\tau_2^{d_2}\cdots\tau_{k-1}^{d_{k-1}}\left(\frac{n_k'}{n_1}\right)^2$$

如果系统中含有 m 个金属层反射面，只要在上式中再乘上因子 ρ_r^m 即可，则有

$$L'=KL\left(\frac{n_k'}{n_1}\right)^2 \tag{6-31}$$

式中，K 称为光学系统的透过率，表示为

$$K=\rho_r^m\prod(1-\rho_i)\prod\tau_j^{dj} \tag{6-32}$$

在常用的可见波段，各种光学玻璃的吸收率相差甚微，可认为相同，其值约为 0.01(对白光的平均值)，这样上式可近似写成

$$K=0.99^{\sum d}\cdot\rho_r^m\prod(1-\rho_i) \tag{6-33}$$

例如，对于图 6-11 所示的 6×30 双筒棱镜望远镜(6×30 表示放大倍率为 6 倍、物镜通光直径为 30mm)，计算所需要的数据列于表 6-6。

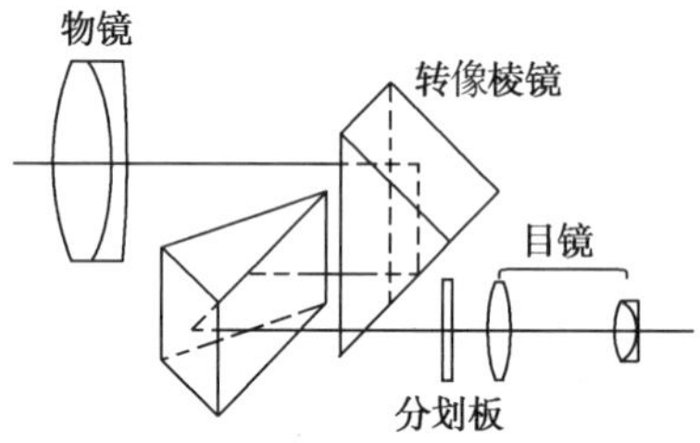

图 6-11

表 6-6

	沿光轴厚度/cm	折射率	ρ	$1-\rho$	折射面数
物镜:第一透镜	0.7	1.542	0.045	0.955	1
第二透镜	0.3	1.613	0.055	0.945	1
转像棱镜	8.6	1.569	0.049	0.951	4
分划板	0.3	1.516	0.042	0.958	2
目镜:向场镜	0.45	1.512	0.042	0.958	2
接目镜:透镜 1	0.46	1.574	0.050	0.950	1
透镜 2	0.10	1.613	0.055	0.945	1
	$\sum d=10.91$				共 12 面

根据表 6-6 中的数据可算出，光经 12 个与空气接触的折射面时的反射损失为 44.2%，光学零件的吸收损失为 10.4%，出射光束的光亮度为 $L'=0.558\times0.896L=0.50L$。若各折射面镀增透膜，并设 $\rho=0.01$，可得 $L'=0.794L$。即光亮度损失减小了 21%。实际上，以上所算出的光亮度要比真正的数值略小，这是因为有表面间多次反射的小部分光能以杂散光形式通过系统之故。可见，用镀增透膜来减小折射面的反射损失，不仅能提高光学系统的光效率，对改善成像质量也是很有意义的。

6.4　成像光学系统像面的照度

为了计算像的照度，首先须求知通过光学系统的光通量。显然，由物面上同一面元发出能进入系统的光通量，随入瞳面积的增大而增大。如图 6-12 所示，设物面上辐射元 dS 是余弦辐射体，其在各个方向的光亮度均为 L，并由入瞳大小决定了光学系统的物方孔径角为 U，则按公式(6-18)在由 $2U$ 决定的立体角上积分，可得由 dS 发出能进入入瞳的全部光通量是

$$\Phi=\pi L\cdot\sin^2 U\cdot \mathrm{d}S \tag{6-34}$$

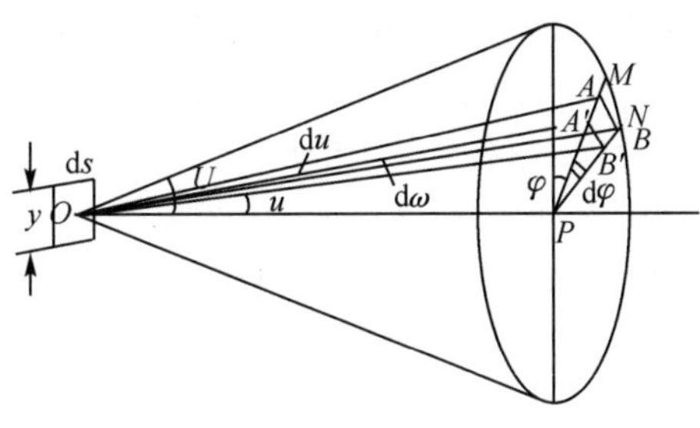

图 6-12

物面上的辐射元 dS 被光学系统在像面上成像为 dS'，它与出瞳构成了与图 6-12 完全相对应的关系。若出射光束的光亮度为 L'，则自出瞳射向像元 dS'上的光通量

$$\Phi'=\pi L'\cdot\sin^2 U'\cdot \mathrm{d}S' \tag{6-35}$$

将公式(6-31)中的 L'代入上式，可得

$$\Phi'=\pi KL\left(\frac{n_k'}{n_1}\right)^2\cdot\sin^2 U'\cdot \mathrm{d}S' \tag{6-36}$$

上式中的透过率 K 同样可用来表征光通量经光学系统的传递，但比较光亮度和光通量传递的原始公式(6-28)和(6-27)可知，在光通量的传递中是没有折射率因子的，即

$$\Phi'=K\Phi \tag{6-37}$$

因而可用 Φ 和 K 表示 Φ'，即

$$\Phi'=\pi KL\cdot\sin^2 U\cdot \mathrm{d}S \tag{6-38}$$

因此像元 dS'上的光照度为

$$E=\frac{\Phi'}{\mathrm{d}S'}=\pi KL\left(\frac{n_k'}{n_1}\right)^2\cdot\sin^2 U' \tag{6-39}$$

或利用公式(6-38)，并将 dS/dS'用系统的横向放大率来表示，则有

$$E=\pi KL\cdot\sin^2 U\cdot\frac{1}{\beta^2} \tag{6-40}$$

可见，像面上轴上点处小面积的光照度与孔径角正弦的平方成正比，与放大率的平方成反比。

下面把一般形式的像的光照度公式表示成适用于摄影系统的实用形式。如图 6-13 所示，$P_1'P'P_2'$是系统的出瞳，直径为 $2a'$。像面和出瞳平面相对于像方焦点的距离，以惯用的

符号 x' 和 x_p' 表示，则光照度计算公式(6-39)中的 $\sin U'$ 可近似地表示为

$$\sin U'=\frac{a'}{x'-x_p'}$$

将上式中各量分别用 a、β_p、β 和系统的焦距 f' 表示，其中 β_p 为入瞳到出瞳的放大率，入瞳直径为 $2a$，代入(6-39)式，并设系统位于空气中，可得

$$E=\frac{\pi KL}{4}\left(\frac{2a}{f'}\right)^2\cdot\frac{\beta_p^2}{(\beta_p-\beta)^2} \tag{6-41}$$

式中，入瞳直径与焦距之比 $2a/f'$ 称为相对孔径，它是摄影系统的一个重要性能参数。

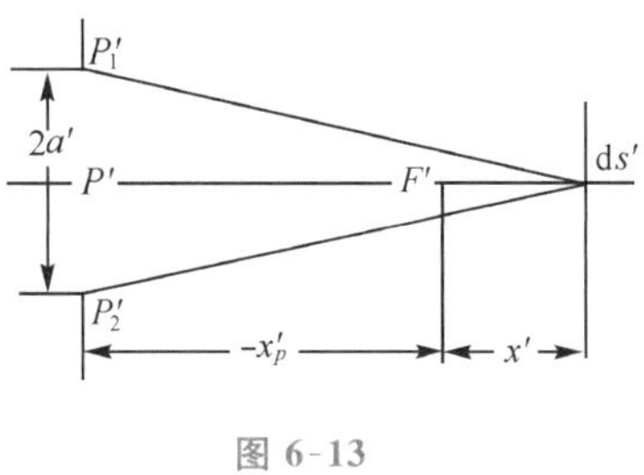

图 6-13

由式(6-41)可见，像的光照度除与相对孔径的平方成比例以外，还与物体的位置有关。当物面位于无穷远时，因 $\beta=0$，于是有

$$E=\frac{\pi KL}{4}\left(\frac{2a}{f'}\right)^2 \tag{6-42}$$

而当物面位于有限距离时，因成实像，$\beta<0$，而 $\beta_p>0$，则式(6-41)中的 $\beta_p/(\beta_p-\beta)<0$，因此像的照度要较物在无穷远时有所降低。对于某些照相复制镜头，一般具有对称型结构，有 $\beta_p=1$，当用它来作 1∶1 的图像复制时，像的光照度仅为 $\beta=0$ 时的四分之一。

以上所讨论的只是像面中心处很小面积上的光照度。对于轴外点的像，由于其成像光束的孔径角较轴上点小，其光照度要有所降低。读者可根据图 6-14 推演出轴外点孔径角 U_W' 和 U' 的关系，推导时假设 U_W' 和 U' 相对较小，其余弦近似相等。结果可导出

$$\sin U_W'=\sin U'\cdot\cos^2 W'$$

将其代入公式(6-39)可得

$$E_W=E\cdot\cos^4 W' \tag{6-43}$$

可见，轴外像点的光照度随视场角余弦的四次方而降低。但必须指出，上式只当出瞳处无像差和系统无轴外光束渐晕时才可使用，并且物面上的发光特性、入瞳面上接收的光能是否均匀分布对此都有影响。表 6-7 列出了不同像方视场角时的像点光照度与轴上点光照度的比值。

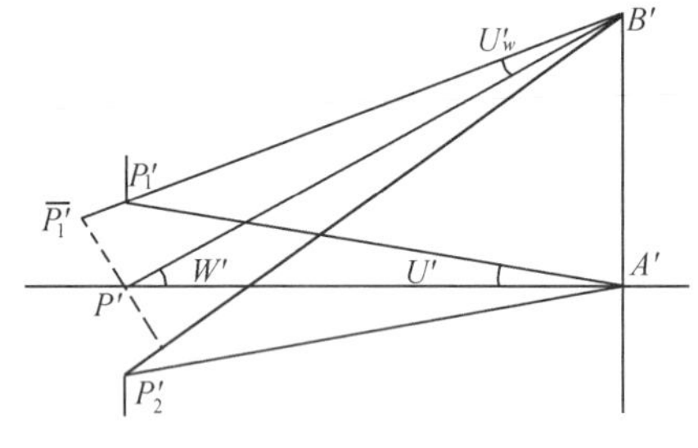

图 6-14

表 6-7

W'	0°	10°	20°	30°	40°	50°	60°
$E_W/E=\cos^4 W$	1.00	0.941	0.780	0.562	0.344	0.171	0.0625

从表 6-7 可见，一般视场较小的光学系统，视场边缘光照度的减弱是微不足道的，可认为整个视场内照度均匀。摄影物镜的视场一般较大，当 $2W'$ 不超过 60°时，视场边缘的照度约为中心照度的 56%，还不会引起摄影胶片感光的明显不均匀。但对于广角和特广角的摄影物镜，其像方视场角可大至 120°甚至更大，此时如果按照公式计算，视场边缘点的光照度仅为中心的 6.25%，这样悬殊的照度差别，必将引起胶片上感光的严重不均匀，是不能允许的。

如果轴外点的成像光束有渐晕，轴外像点的光照度将减弱得更为严重。若已知系统的

面渐晕系数 K，则轴外点的光照度应为

$$E_W = K \cdot E \cdot \cos^4 W' \tag{6-44}$$

这里 K 是上一章所讨论的几何渐晕系数。

但这仅是在理想光学系统模型下垂轴平面物成平面像时像面照度的近似估计，实际光学系统的像面照度和许多因素有关，包括物体的形状、光阑像差和畸变等。如果我们从物方入射光线入手，仍按照理想光学系统模型，设物面为垂轴平面，物面上一个面积为 $\mathrm{d}S$ 的小面元具有亮度 L，发光方向和面元的法线夹角为 θ，满足余弦辐射规律，则该面元在该方向上 $\mathrm{d}\omega$ 立体角内发出的光通量为 $\mathrm{d}\Phi = L \cdot \mathrm{d}S \cdot \mathrm{d}\omega\cos\theta$，其中 $\mathrm{d}\omega$ 是入瞳上的小面积对物点所张的立体角，设入瞳上的小面积为 $\mathrm{d}S_p$，若以入瞳中心为原点，物点的坐标为(x, y)，入瞳上小面积的中心坐标为(ξ, η)，如图 6-15 所示，则

$$\begin{cases} \cos\theta = \dfrac{-z}{\sqrt{(\xi - x)^2 + (\eta - y)^2 + z^2}} \\ \mathrm{d}\omega = \dfrac{\mathrm{d}S_p \cos\theta}{(z/\cos\theta)^2} = \dfrac{\mathrm{d}S_p \cos^3\theta}{z^2} \end{cases} \tag{6-45}$$

$$\mathrm{d}\Phi = L \cdot \mathrm{d}S \cdot \frac{\mathrm{d}S_p \cos^3\theta}{z^2} \cos\theta = \frac{L \cdot \mathrm{d}S \cdot \mathrm{d}S_p}{z^2} \cos^4\theta \tag{6-46}$$

这里的 θ 并不严格等于视场角，而是随着入瞳上小面积的位置而变化。由于物面的法线和光轴同方向，如果物面足够远，可认为 θ 和视场角 W 近似相等，则物面上面积为 $\mathrm{d}S$ 的小面元能够进入入瞳的光通量是在上式基础上考虑光学系统的透过率 k 和面渐晕系数 K 之后在入瞳上进行面积分的结果，即为

$$\Phi = k \cdot K \int_{\Omega} \frac{L \cdot \mathrm{d}S \cdot \mathrm{d}S_p}{z^2} \cos^4 W \tag{6-47}$$

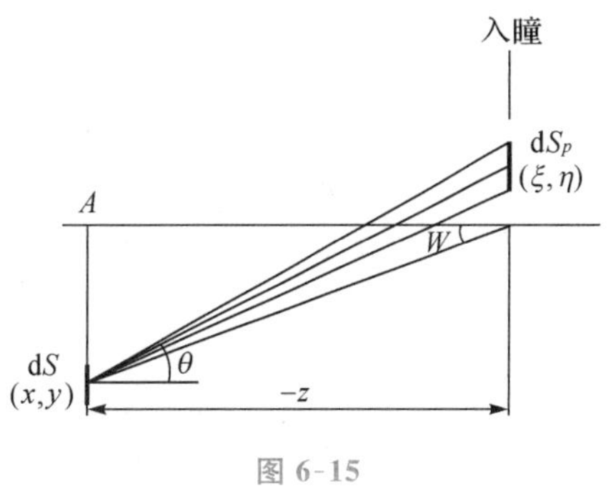

图 6-15

其中 Ω 表示积分区间为入瞳面。因此 $\Phi = k \cdot K \dfrac{L \cdot \mathrm{d}S \cdot S_p}{z^2} \cos^4 W$。该小面元所共轭的像面上的面元为 $\mathrm{d}S'$，所以像面上的照度为

$$E = k \cdot K \frac{L \cdot \mathrm{d}S \cdot S_p}{z^2 \mathrm{d}S'} \cos^4 W = k \cdot K \frac{L \cdot S_p}{z^2 \beta^2} \cos^4 W \tag{6-48}$$

和轴上点相比，这时 $E_W = K \cdot E \cdot \cos^4 W$。如果物面是以相机为中心的球面，则发光方向和面元的法线方向相同，二者夹角为零，此时 $E_W = K \cdot E \cdot \cos^3 W$，像面照度会比平面物改善。如果面元的法线既不是光轴方向，也不是光线方向，如倾斜的平面，则应通过严格的数值计算来确定。

以上仅为近似计算，宋菲君等在《近代光学系统设计概论》中指出，斜光束的照度下降包括物平面倾斜、轴外点导致孔径角变小和入瞳在物面入射光方向不再是圆形这三种贡献。大视场的情况下各视场的入瞳位置和大小均不相同，具体设计时需要经光阑对准才能正确计算参与成像的光线，这种情况下往往轴外视场具有更大的入瞳，从而补偿了像面照度的下降；另外在大视场成像时往往不可避免地引入大的负畸变（畸变的概念与现象详见第 7 章），使边缘视场的放大倍率小了很多，这时有可能边缘照度不但不下降，反而比轴上点的照度更大。

6.5 应用举例

卡塞格林系统是一种同轴反射式系统，可以在较短的总长度下获得相当长的焦距，由两个反射镜组成，分别称为主镜和次镜。主镜是抛物面或近似抛物面，次镜是双曲面。物方光线先经主镜反射，再经次镜反射并通过主镜的中心开孔到达像面成像。

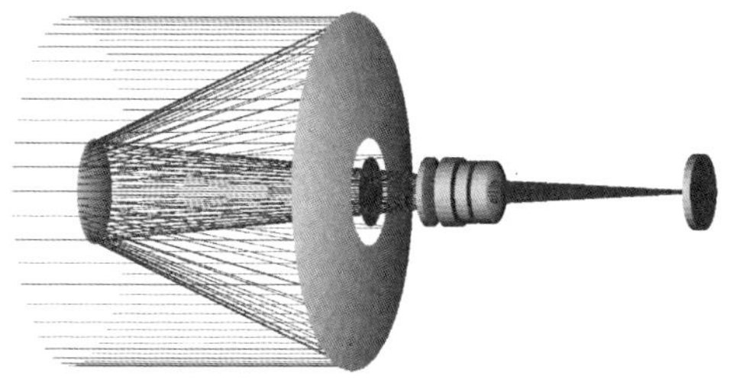

图 6-16

只有主镜和次镜的卡塞格林系统仅对轴上光才能完善成像，对轴外光成像即使视场很小也将有明显像差。为了提高轴外光的成像质量，设计者通常在卡塞格林型的基础上作一些改进，如在主、次镜之后加折射光学系统，图 6-16 即为包括主镜、次镜和折射元件的系统的实物图。这种改进型可以大大提高轴外光的成像质量，使全视场的成像质量基本接近衍射极限。这种系统在天文望远镜、长焦距摄影物镜、激光天线、空间遥感高分辨成像等领域具有广泛应用，是长焦距、高分辨空间相机中的主流。

这种系统的透过率计算不仅需要考虑主镜和次镜的反射率以及折射元件的表面残余反射，而且需要考虑次镜对入射光的遮拦。以图 6-16 所示的系统为例，设主镜和次镜的反射率为 92%，主镜通光口径为 300mm，次镜框外径为 100mm，折射系统中的 4 片透镜均镀增透膜使每个面透射率达到 99%，材料的内部透过率如表 6-8 所示。

表 6-8　材料的内部透过率

透镜号	每 10mm 的内部透过率	厚度/mm
1	0.997	20
2	0.997	25
3	0.998	15
4	0.996	33

则该系统的总透过率为

$$K = (1-\text{面积遮拦损失})\times\text{主次镜总反射率}\times\text{折射元件表面总透过率}\times\text{内部透过率}$$

$$=\left[1-\left(\frac{100}{300}\right)^2\right]\times 0.92\times 0.92\times 0.99^8\times 0.997^2\times 0.997^{2.5}\times 0.998^{1.5}\times 0.996^{3.3}$$

$$=67.4\%$$

这里还没有包括主、次镜之间的支撑，它们也会拦掉一些光，应当根据结构设计人员提供的数据，把这部分光能损失也计算在内。

习　题

1. 有一钨丝白炽灯，在各方向的平均发光强度正好与灯泡的功率(瓦数)相同，问该灯泡每瓦电功率的发光效率为多少？

2. 一个 $3\times4\mathrm{m}^2$ 的房间被一挂在房顶天花板中间的100W吊灯(相当于100坎德拉的发光强度)所照明。灯泡离地板的高度为2.5m,求灯下地板上和房间角落地板上的照度。

3. 与一平面镜相距2.5m处有一与之平行的屏幕,其间距平面镜0.5m处有一发光强度为20cd的均匀发光点光源,设平面镜的反射率为0.9,求屏幕上与法线交点处的照度。

4. 拍照时,为获得底片的适度曝光,根据电子测光系统指示,在取曝光时间为1/125秒时,光圈数(即相对孔径的倒数)应为8。现在为了拍摄快速运动目标,需将曝光时间缩短为1/500秒,问光圈数应改为多少?反之,希望拍照时有较大的景深,需将光圈数改为11,问曝光时间应为多少?

5. 有两个发光强度不同的点光源分立在光具座的两端,相距2m。当光屏位于距亮光源1.4m时,正好两光源在屏的两边产生相同的照度。现在于亮光源之前放一中性滤光片,正好使在相反位置(即离较暗光源1.4m)时的光屏上具有相同的照度。求所加滤光片的透过率。

6. 有一发光强度为15cd的点光源,位于透镜前60mm处的光轴上,其发出的光束被透镜会聚于镜后120mm处,透镜的通光直径为42mm,求在像方离透镜60mm和135mm处的垂轴光屏上,与光束所截面积内的平均照度。若将透镜拿去,问该点光源直接在上述两个位置的光屏上,于相应的截面积内所产生的平均照度是多少?

7. 在一个仪器的照明系统中,光源为6V25W的仪器用钨丝灯泡,发光效率为14lm/W,设其为在光轴上的均匀发光的点光源,且对聚光镜所张的孔径角为 $U=30°$。求灯泡发出的总光通量以及能进入聚光镜的光通量。

8. 有一张 $13\times18.5\mathrm{cm}^2$ 的白纸被一光源照明,纸的反射率为0.75,由光源射到该纸面上的光通量为5lm,问该纸面作为二次光源,其亮度为多少?

9. 一个光学系统,对100倍焦距处的物面成一缩小到1/50倍的像,物方孔径角为 $\sin U\approx u=0.005$,物面的照度为1000lx,反射系数为 $\rho=0.75$,系统的透过率为 $K=0.8$,求像面的照度。

10. 一个波长为 $0.6328\mu\mathrm{m}$ 的3mW氦氖激光器,其放电毛细管直径为1mm(即发光圆面积直径),激光束的发散角为1毫弧度。问此激光器发出的光通量和亮度各为多少?

11. 对远物摄影时,要求曝光量 $Q=Et=0.4\mathrm{lx\cdot s}$,被摄物体的表面亮度为 $0.36\mathrm{cd/cm^2}$,物镜的透过率 $K=0.9$,如取曝光时间为1/100秒,问应选用多大光圈数?设物镜为对称型系统,$\beta_p=1$。

12. 如图12-77所示的放映系统,聚光镜 L_1 紧靠物镜(为一 $24\times36\mathrm{mm}^2$ 的幻灯片),放映物镜 L_2 把幻灯片成－50倍的像于银幕上。光源为200W的放映灯泡,发光效率为15lm/W,灯丝面积为 $1.2\times1.2\mathrm{cm}^2$,可看作是两面发光的余弦辐射体,它被聚光镜成像于放映物镜的入瞳上,并正好充满入瞳,物镜的物方孔径角为 $u=0.25$,整个系统的透过率为0.6,求像面的照度。

13. 阳光直射时,地面的照度约为 $10^5\mathrm{lx}$,现经一无像差的薄透镜组($f'=100\mathrm{mm}, D/f'=1/5$)来聚焦时,所得照度为多少?已知太阳对地面的张角为 $32'$,光组的透过率为1。

第二部分　像差理论

由前面讨论的球面系统和平面系统的光路特征和成像特性可知，只有平面反射镜是唯一能对物体成完善像的光学零件。单个球面透镜或任意组合的光学系统，只能对近轴物点以细光束成完善像。随着视场和孔径的增大，成像光束的同心性将遭到破坏，产生各种成像缺陷，使像的形状与物不再相似。这些成像缺陷可用若干种像差来描述。

如果只考虑单色光成像，光学系统可能产生五种性质不同的像差，即球差、彗差、像散、像面弯曲和畸变，统称为单色像差。但是，绝大多数光学系统用白光或复色光成像，由于色散的存在会使其中不同的色光有不同的传播光路，由于这种光路差别而引起的像差称为色像差，包括位置色差和倍率色差。实际上，用白光成像时，由于其所包含的各种单色光有各自的传播光路，它们的单色像差也是各不相同的。为了便于分析，将其分成单色像差和色像差两类。其中，单色像差是对光能接收器最灵敏的色光而言的，色差是对接收器的有效波段内接近边缘的两种色光来考虑的。

几何像差的存在意味着波法线偏离理想路径，表现在波面的传播上就造成了波像差。波像差既与像质评价指标相联系，也与光学检测相关联。

几何像差和波像差都必须通过光线的光路计算来获得。光路计算即在已知光学系统参数和孔径、视场的情况下追迹光线到像面，经处理得到各种像差。光线初始参数的确定及计算结果的后处理是光路计算的关键。

事实上，我们不可能获得对整个空间都能良好成像的万能光学系统，只能为适应某种单一用途而设计专门的光学系统；同时，即使这样的光学系统，也不可能将各种像差完全校正和消除。但由于人眼和所有其他的光能接收器也具有一定的缺陷，只要将像差校正到某一限度以内，人眼和其他接收器就觉察和反映不出其成像的缺陷，这样的光学系统从实用意义上说可认为是完善的。几何像差和波像差都是光学系统像质评价的方式，以后我们还根据光学系统的用途采用其他综合性的指标来评价光学系统的质量。

下面我们将分类讨论各种像差。

第 7 章　几何像差

学习像差概念就是要了解绝大多数实际光学系统的成像是不完善的，像差就是不完善之处的具体表述，几何像差是最直观、最容易同光学系统结构参数建立联系的表述方法，包括单色像差和色像差，单色像差中球差为轴上点像差，彗差、像散、像面弯曲和畸变为轴外像差；色像差包括轴上点位置色差和轴外点的倍率色差。像差种类多，描述复杂，学习时要从各种像差的几何意义入手，进一步掌握各种像差的表现特点。

本章知识要点

1. 球差、彗差、像散、像面弯曲、畸变、位置色差和倍率色差的概念和现象及其度量
2. 正弦条件、等晕成像和等晕条件
3. 各种像差曲线
4. 单个折射球面的球差特征，三个无球差点、反常区与半反常区，齐明透镜设计
5. 位置色差与球差的异同

7.1　球差

球差是轴上点单色像差，是所有几何像差中最简单也是最基本的像差，好几种轴外单色像差均与球差有一定联系。

在 2.2 节中我们已知，由光轴上一点发出的光线经球面折射后所得的截距 L'，随入射光线与光轴夹角 U 或入射光线在球面上的入射点高度 h 而异。这样，轴上点发出的同心光束经光学系统各个球面折射后，将不复为同心光束。不同倾角的光线交光轴于不同位置上，相对于理想像点的位置有不同的偏离。这是单色光的成像缺陷之一，称为**球差（spherical aberration）**。

绝大多数光学系统具有圆形入瞳，轴上点的成像光束是关于光轴对称的，因此，对应于轴上点球差的光束结构是非同心的轴对称光束，它与参考像面截得一弥散圆。此时，只要讨论含轴平面上位于光轴一侧的光线即可了解整个光学系统的球差。

图 7-1 中，轴上点 A 的理想像为 A'_0，由 A 点发出的过入瞳边缘的光线 AP（**称边缘光线**）（**marginal ray**）从系统出射后，交光轴于 A'。由于球差，A' 与 A'_0 不重合。若它们的像方截距分别为 L' 与 l'，则

$$\delta L' = L' - l' \tag{7-1}$$

为这条光线的球差。显然，在边缘光线以内与光轴成不同角度的各条光线都有各自的球差。

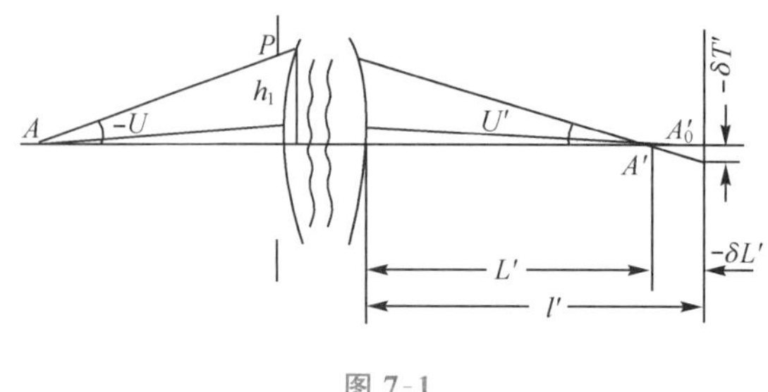

图 7-1

如图 7-1 所示为 $\delta L'<0$ 的情况。若经过计算，使某一孔径带 $\delta L'=0$，称光学系统对这一环带光线校正球差。大部分光学系统只能对一环带光线校正球差，一般是对边缘光线校正的。这种光学系统叫消球差系统。

球差对成像质量的危害，是它在理想像平面上引起半径为 $\delta T'$ 的弥散圆。$\delta T'$ 称为垂轴球差，它与轴向球差 $\delta L'$ 之间有如下关系：

$$\delta T'=\delta L'\cdot\tan U' \tag{7-2}$$

由于各环带的光线都有各自的球差，当轴上物点发出的充满入瞳的一束光通过光学系统后，这束光的各环带光线不能交于同一点，在像面上将得到圆形的弥散斑，并且近轴像的位置并不一定是最小弥散圆的位置，可以将实际像面在近轴像的位置前后移动，找到对轴上点成像的最佳像面。图 7-2 所示即为一光学系统在像面前后一段距离内的轴上点成像弥散斑，图中单位为微米（μm），下方一排数字表示到当前像面的相对位置。-100 表示在当前像面之前 0.1mm 处，50 表示在当前像面之后 0.05mm 处。

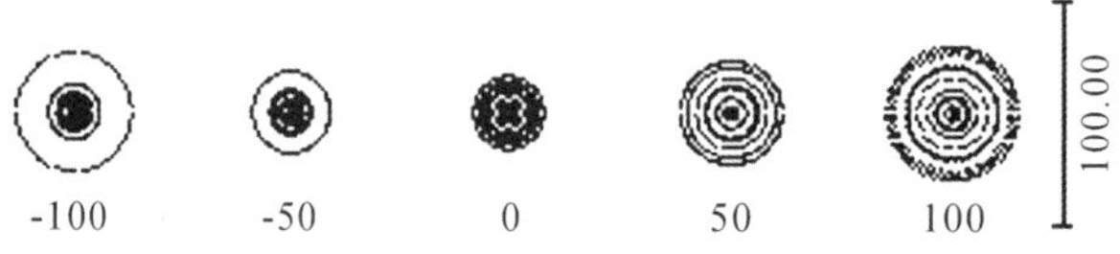

图 7-2

轴上点以单色光成像时只有球差，但轴上点以近轴细光束所成的像是理想的，可见，轴上点球差完全是由于光束的孔径角增大而引起的。所以，大孔径系统只允许有足够小的球差。同时由此还可看出，球差必然是 U_1 或 h_1 的函数。尽管它们之间的关系难以用显函数形式表示出来，但由于光束的轴对称性质，可以简单地把球差表示成 U_1 或 h_1 的幂级数。考虑到当 U_1 或 h_1 变号时球差不变，以及当 U_1 或 h_1 为零时球差为零，可写出以下两个表达式：

$$\left.\begin{aligned}\delta L'&=A_1h_1^2+A_2h_1^4+A_3h_1^6+\cdots\\ \delta L'&=a_1u_1^2+a_2u_1^4+a_3u_1^6+\cdots\end{aligned}\right\} \tag{7-3}$$

同理并结合(7-2)式考虑，得垂轴球差为

$$\left.\begin{aligned}\delta T'&=B_1h_1^3+B_2h_1^5+B_3h_1^7+\cdots\\ \delta T'&=b_1u_1^3+B_2u_1^5+b_3u_1^7+\cdots\end{aligned}\right\} \tag{7-4}$$

展开式中的第一项称为**初级球差（primary spherical aberration）**，此后各项分别称为二级球差、三级球差等。二级以上的球差统称为高级球差。

球差的精确数值须对光线作光路计算后按公式(7-1)求得。但对于仅有初级球差的系统，只需计算一条光线，通常是边缘光线的球差，即可求得公式中的系数 A_1 或 a_1，从而求知其他带的球差。同理，若同时有初级和二级球差，则只要计算两条光线的球差值，即可确定各项系数，并求得其他各带的球差。大多数光学系统属于此类。对于这种系统，利用初级球差和二级球差的平衡，可以对一个孔径带校正球差，此时在其他带上必具有**剩余球差(residual spherical aberration)**。那么，按通常做法，当对边缘光线校正球差后，在什么带上将具有最大的剩余球差，数值如何？为解决这个问题，首先以光线的相对高度表示展开式

$$\delta L' = A_1\left(\frac{h_1}{h_m}\right)^2 + A_2\left(\frac{h_1}{h_m}\right)^4 \tag{7-5}$$

当对 $h=h_m$ 的边光消球差时，有 $A_1=-A_2$。为求得球差的极值，将上式对 h 微分，并令其为零，得

$$h_1 = 0.707h_m$$

即当边光球差为零时，$h_1=0.707h_m$ 这一带光线，通常称带光，具有最大的剩余球差，其值为

$$\delta L'_{max} = 0.25A_1$$

由此可得出结论，对于可用展开式中前两项来描述球差的光学系统，当对边光校正了球差后，在 0.707 高度的带光具有最大的剩余球差，其值是边光为平衡高级球差所需的初级球差的四分之一。若高级球差为正，带球差一定是负的。光学系统的高级球差越大，带球差也越大；反之，已对边光消球差的系统，带球差大者，高级球差必大。有关高级球差的理论请参阅参考文献[10]。实际计算表明，结构型式一定的光学系统，在修改结构参数的过程中，高级球差变化甚微。同时，有关推导表明，一个面产生的高级球差与初级球差的比值和折射面的相对孔径(即 h/r)的平方成比例。因此一般而言，光学系统各折射面的半径应大些，以使其具有小的相对孔径。一般 $h/r<0.5$。并且，一定型式的系统，为使带球差不超过容限，其相对孔径不可任意增大。相对孔径或数值孔径很大的系统必须有较复杂的结构。

对于本书 4.9 节举例的双胶合望远物镜进行计算，入瞳直径为 20mm，近轴光和边缘光的像方截距分别为：$l'=96.9912$，$L_m'=96.9858$。另外，对 0.707 带光作光路计算得 $L_z'=96.9664$。由此，该物镜的边光球差和带光球差分别为

$$\delta L'_m = -0.0054,\ \delta L_z' = -0.02483$$

由(7-5)式求得：$A_1=-0.09392$，$A_2=0.08852$，即该物镜的球差展开式为

$$\delta L' = -0.09392\left(\frac{h_1}{h_m}\right)^2 + 0.08852\left(\frac{h_1}{h_m}\right)^4$$

请读者按此公式对其他各带的球差进行计算，并与由光线的光路计算求得的球差作一比较，可以发现，用两种方法计算所得的球差在数值上甚为一致，表明该物镜主要存在初级球差和二级球差，这种系统只能对一个孔径带采用初级球差和二级球差相抵消的办法校正球差。

以 $\delta L'$ 为横坐标、以 h/h_m 为纵坐标可画出如图 7-3 所示的球差曲线，它能更明晰地反映出系统的球差性质和球差校正情况。有时也以孔径的平方为纵坐标来绘制球差曲线，如图 7-4 所示。后者不仅与以后将要讨论的波像差联系密切，而且易于反映系统的球差性质。如果仅有初级球差，将得到一直线；若不为直线，则在曲线上纵坐标为零处所作的切线与曲线的偏离即为系统的高级球差。

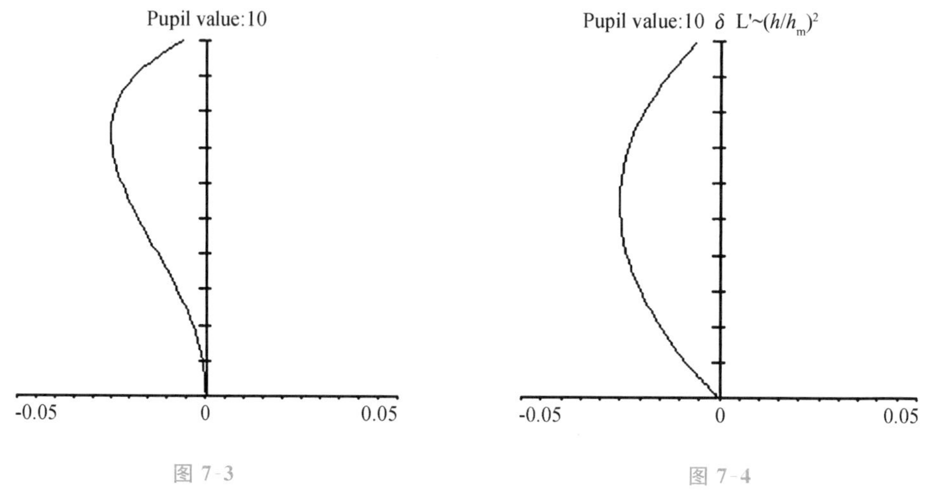

图 7-3　　图 7-4

如果光学系统同时具有初级、二级和三级球差，结果会比上述只有初级和二级球差的系统要复杂些。这时有两种可能：1）三级球差与二级球差同号，此时需有更大的异号初级球差与之平衡，边光消球差后，最大剩余球差发生在比 0.707 带更高的孔径带上；2）三级球差与二级球差异号，这时可能使边光和带光的球差同时为零，如图 7-5(a)所示，并且在 0.707 带上下各有一个很小的等值异号的剩余球差极值，读者用与前面类似的做法，可得其相对高度分别为 $h/h_m=0.8881$ 和 0.4597。图 7-5(b)分别画出了初级、二级、三级球差曲线。

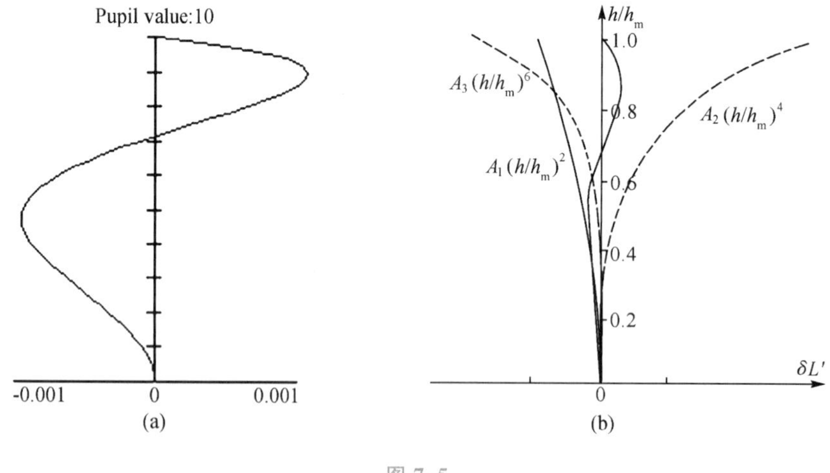

图 7-5

7.2 单个折射球面的球差特征

通过对整个光学系统近轴光路和实际光路的计算，利用公式(7-1)可以求得该系统各个孔径带上的球差值。但在这个计算过程中，不能获知系统中各个面对球差的贡献大小、正负和性质，而这些是在光学设计时为控制和校正球差所必须了解的。为此，有必要讨论各表面产生球差的情况和球差在系统各面上的分布。

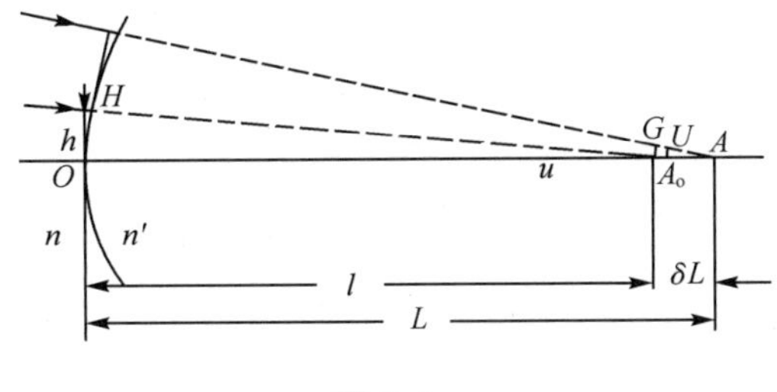

图 7-6

为得出一般的表示式，假设某一面的物方已有球差，如图 7-6 所示。经推导可得

$$n'u'\sin U'\delta L' - nu\sin U\delta L = -(L'\sin U' - L\sin U)ni \tag{7-6}$$

令 $S_- = 2(L'\sin U' - L\sin U)ni$，则

$$\delta L' = \frac{nu\sin U}{n'u'\sin U'}\delta L - \frac{1}{2n'u'\sin U'}S_- \tag{7-7}$$

可见，某表面像空间的球差由两部分构成，即物方球差在像空间的贡献和表面本身所产生的球差。前者通过相当于轴向放大率的因子 $nu\sin U/n'u'\sin U'$ 反映到像空间，后者由 S_- 决定。S_- 称为表面的球差分布系数，表征该表面对最后球差的贡献量。利用第 11 章中的公式(11-5)，S_- 可化为

$$S_- = \frac{niL\sin U(\sin I' - \sin U)(\sin I - \sin I')}{\cos\frac{I-U}{2}\cos\frac{I'+U}{2}\cos\frac{I+I'}{2}} \tag{7-8}$$

这是一个表征球面产生球差的重要表示式。可见，单个球面在三种情况下不产生球差：

(1) $L=0$，此时 $L'=0$，即不论 U 角多大，射向顶点的光线都从顶点折射而出，不产生球差。

(2) $\sin I - \sin I' = 0$，此时 $I = I' = 0$，即 $L = r$，物点位于球心。此时物点发出的所有光线均无折射地通过球面，像点仍在球心，即 $L' = r$。

(3) $\sin I' - \sin U = 0$ 或 $I' = U$，读者易于求出对应的物像点位置分别为

$$L = \frac{n+n'}{n}r,\ L' = \frac{n+n'}{n'}r \tag{7-9}$$

可见，这一对无球差的共轭点位于球心的一侧，且都在球心之外，只能是实物成虚像(如图 7-7)或虚物成实像(请读者自行画图)。物像之间的关系满足

$$\frac{\sin U'}{\sin U} = \frac{\sin I}{\sin I'} = \frac{n'}{n} = \frac{L}{L'} \tag{7-10}$$

上式表明，不管孔径角多大，这对共轭点的 $\sin U'/\sin U$ 和 L/L' 均为常数，都不产生球差。以后将会看到，这一对共轭点不仅能以任意宽的光束对轴上点成完善像，并且过该点的垂轴平面上与之很靠近的点也能以任意宽的光束成完善像，故称之为**齐明点或不晕点(aplanatic points)**，利用它可达到减小孔径的目的而不产生球差，在光学系统特别是高倍显微物镜中有重要应用。

如果将情况(2)和情况(3)综合，可构成无球差的单透镜，图 7-8(a)所示即为一无球差正透镜，(b)为无球差负透镜。它们常在面形检验仪器中起改变孔径的作用。

根据单个折射球面的三个无球差的物点位置，可将整个物空间分成四个以这三个点为

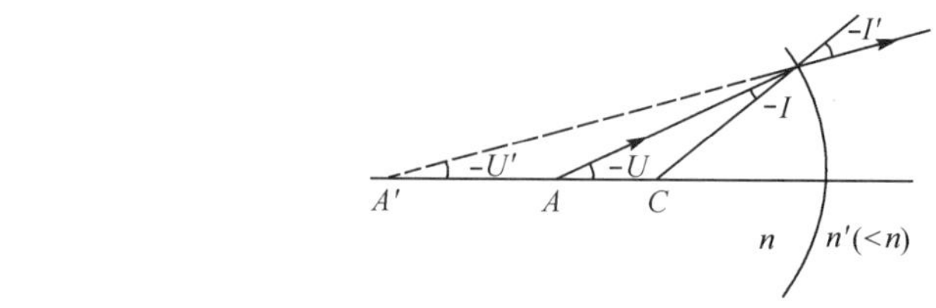

图 7-7

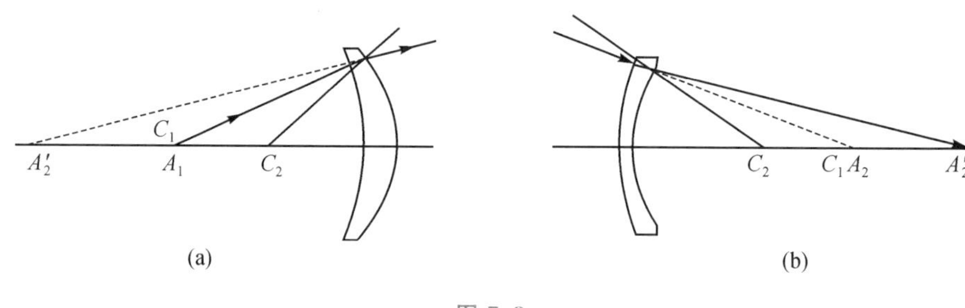

图 7-8

界的区域。由公式(7-8)可知,球差的正负是由 $L\sin U$、i、$\sin I-\sin I'$ 和 $\sin I'-\sin U$ 这四个因子的正负决定的。

显然,第一因子 $L\sin U=PA\cdot[\cos(I-U)/2]$ 总与 PA 同号,PA 是顶点到光线与球面交点的距离,以顶点为基准上正下负;第二因子 i 总与 $\sin I$ 同号;第三因子 $\sin I-\sin I'=\sin I\cdot\dfrac{n'-n}{n'}$,其符号根据 n 和 n' 的相对大小易于确定;第四因子 $\sin I'-\sin U$ 可表示成 $n\sin U\cdot\dfrac{L/r-(n'+n)n}{n'}$,其正负随不同区间而异。在 $PA>0$ 的情况下,分别对 $r>0$ 和 $r<0$ 的上述各因子进行正负判断,分别得到表 7-1 和表 7-2 所列的结果。

表 7-1 $r>0$ 的球面在各区间内的球差正负

区间	$-\infty\leqslant L<0$		$0<L<r$		$r<L<\dfrac{(n'+n)r}{n}$		$\dfrac{(n'+n)r}{n}<L\leqslant\infty$	
	$n'>n$	$n'<n$	$n'>n$	$n'<n$	$n'>n$	$n'<n$	$n'>n$	$n'<n$
$L\sin U$+	+	+	+	+	+	+	+	+
i 或 $\sin I$+	+	−	−	+	+	+	+	+
$\sin I-\sin I'$	+会聚	−发散	−发散	+会聚	+会聚	−发散	+会聚	−发散
$\sin I'-\sin U$	+	+	−	−	−	−	+	+
S_-	+	−	−	+	−	+	+	−
$\delta L'$	−	+	+	−	+	−	−	+

表 7-2 $r<0$ 的球面在各区间内的球差正负

区间			$-\infty\leqslant L<\frac{(n'+n)r}{n}$	$\frac{(n'+n)r}{n}<L<r$	$r<L<0$	$0<L\leqslant\infty$
$r<0$ $PA>0$	$n'>n$	$\sin I-\sin I'$	－发散	－发散	＋会聚	－发散
		$\delta L'$	＋正球差	－负球差	－负球差	＋正球差
	$n'<n$	$\sin I-\sin I'$	＋会聚	＋会聚	－发散	＋会聚
		$\delta L'$	－负球差	＋正球差	＋正球差	－负球差

若 $PA<0$，$\sin I$ 和 $\sin U$ 同时变号，这只引起各因子符号的同时改变，并不影响球差的正负。故单个折射球面产生的球差，其正负主要取决于光束的会聚还是发散。从以上二表可得出判断折射球面所产生球差正负的一般性结论如下：

(1)折射球面对光束起会聚作用(即 $\sin I-\sin I'>0$)时，产生负球差；对光束起发散作用时，产生正球差；但对从球心到齐明点的区间有相反结论。此区间称为折射球面的反常区。

(2)除反常区外，会聚球面对光束起会聚作用，产生负球差；发散球面对光束起发散作用，产生正球差。但从顶点到球心的区间例外。物点处于此区间时，会聚面反而对光束起发散作用，产生正球差；发散面对光束起会聚作用，产生负球差。此区间称为折射球面的半反常区。

(3)总之，会聚球面除在反常区和半反常区产生正球差外，均产生负球差；发散球面除在反常区和半反常区外，均产生正球差。

反射球面无反常区和半反常区。

7.3 轴外像差概述

由于组成光学系统的折射球面对光束会聚时存在球差以及对垂轴平面成像时存在弯曲(参见第 2 章)，光学系统对轴外点成像将会衍生出一系列像差，使成像产生模糊与变形，成像性质要比轴上点复杂得多。下面先通过对单个折射球面的讨论，定性地阐明**轴外像差(off-axis aberration)**的成因和性质。

我们已经把轴上点 A 发出的通过入瞳边缘的“近轴”光线是第一近轴光线，为了讨论轴外像差，先将要用到的一些基本概念整理如下：如图 7-9 所示，轴外某视场点发出的通过入瞳中心的“近轴”光线称为第二近轴光线，轴外某视场点发出的通过入瞳中心的实际光线称为该视场点发出的主光线；包含物点和光轴的平面称**子午平面(tangential plane, meridian plane)**，该面内的光线称**子午光线(tangential ray, meridional ray)**；包含主光线并与子午平面垂直的面称**弧矢面(sagittal surface)**，该面内的光线称**弧矢光线(sagittal ray)**；轴外点和球心的连线称为该折射球面的**辅轴(secondary optical axis)**；轴外点发出通过某孔径带上边缘的光线称某孔径带的上光线；轴外点发出通过某孔径带下边缘的光线称某孔径带的下光线；轴外点发出通过某孔径带前边缘的光线称某孔径带的前光线；轴外点发出通过某孔径带后边缘的光线称某孔径带的后光线。读者可在图中找出对应的光线，其中前光线和后光线没有画出，请读者自行用立体图画出。

图 7-10 是图 7-9 的局部放大图，图中 B 为物平面上一远离光轴的点，它总可认为在辅轴上。B'_0 是 B 点的高斯像，B' 是 B 点的近轴像，由于像面弯曲，它并不与 B'_0 重合。对辅轴而言，B 点仅产生球差，但因 B 点的成像光束中，各光线相对于辅轴有不同的高度，球差不同，使折射光束失去对主光线的对称性，造成聚焦缺陷。这些缺陷通常用子午平面和弧矢面（光学系统中包含主光线并与子午平面垂直的平面）上的光束聚焦特性来描述，对于子午宽光束，原对称于主光线的一对光线（如上下光线）经球面折射以后，因其球差值不同而使交点偏离主光线，即为子午彗差 K'_t。同理，弧矢光束中与上、下子午光线孔径相同的前后光线，由于对称于辅轴，其折射光线必相交于辅轴上，以 BQ 表示该对光线，则其与辅轴的交点 S 就是该对孔弧矢光线的交点。它也偏离于主光线，从而产生了弧矢彗差 K'_s。子午光线交点 T 与弧矢光线交点 S 间的沿轴偏离称为像散 $\Delta x'$，而这两点相对于高斯像面的沿轴偏离表征了子午像面和弧矢像面的弯曲程度，分别称为子午像面弯曲 X'_t 和弧矢像面弯曲 X'_s，也叫场曲。由于该像散和场曲都是对宽光束而言的，称之为宽光束像散和宽光束场曲。围绕着主光线的细光束虽无球差，且均会聚于主光线上而无彗差，但子午细光束的聚焦点 T_0 和弧矢细光束的聚焦点 S_0 并不重合，且不位于高斯像面上。T_0 和 S_0 之间的沿轴偏离称细光束像散 $\Delta x'$，而它们相对于高斯像面的沿轴偏离称为细光束的子午场曲 x'_t 和弧矢场曲 x'_s。以后，凡提到像散和场曲，如无特别说明，都是指细光束的。细光束交点与上述宽光束中成对光线的交点也不重合，这是轴外球差的表现。T 与 T_0 之间的沿轴距离称全孔径子午轴外球差，S 与 S_0 之间的距离称全孔径弧矢轴外球差。最后，由于球差和场曲（应该是匹兹凡面弯曲），主光线与高斯像面的交点 D 不与高斯像点 B'_0 重合，这个偏离就是畸变 $\delta y'$。

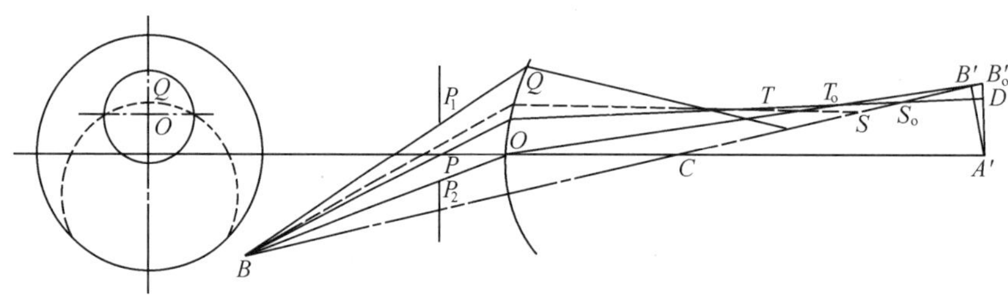

图 7-9

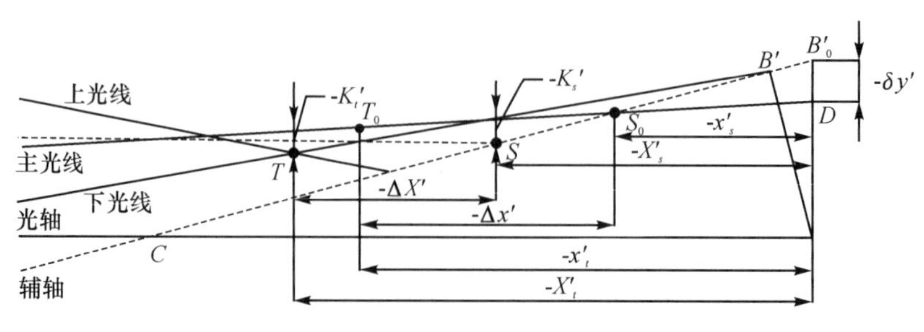

图 7-10

综上所述，轴外点以单色光被球面成像时，可从其复杂的光束结构中分离出不同性质的五种像差，即球差、彗差、像散、场曲和畸变。其中，球差和彗差属宽光束像差，像散、场曲和畸变属细光束像差。除场曲外，它们皆由辅轴球差引起。B 点所处位置球差越大，其主光线偏离于辅轴越大，轴外像差也越大。若轴外点的主光线正好过球心，即主光线与辅轴重合时，将不会产生轴外像差。不过像面弯曲仍然是存在的。

既然轴外像差除场曲外皆由辅轴球差引起（畸变由球差和匹兹凡弯曲同时引起），它们之间必存在一定的关系，利用这种关系可把轴外像差的一般表示式推导出来。对于初级轴外像差，其表示式相对简单。应用它们可对各种初级像差作定性分析和定量计算，对光学设计具有实际指导意义。

7.4　正弦条件与等晕条件

如果视场较小，其边缘点可认为与轴上点很靠近，这种近轴物点的像差性质要比远轴点简单得多。当光学系统对轴上点成完善像时，使在垂轴方向上与之无限靠近的物点也成完善像的充分必要条件称为**正弦条件（sine condition）**。这就是说，若光学系统满足正弦条件，就能对小视场物面完善成像。正弦条件可由费马原理导出。

如图 7-11，光轴上的点 A 成完善像于 A'。B 是在过 A 的垂轴方向上无限靠近 A 的一点，设它也被系统成完善像于 B'。分别以 y 和 y' 表示 AB 和 $A'B'$。过 A 点的光线 OA 与光轴成 U 角，其共轭光线 $O'A'$ 与光轴成 U' 角。过 B 点的光线 OB 与光轴成 $U+\mathrm{d}U$ 角，其共轭光线 $O'B'$ 与光轴成 $U'+\mathrm{d}U'$ 角。根据费马原理，光程 $(OAA'O')$ 应与 $(OBB'O')$ 相等，即

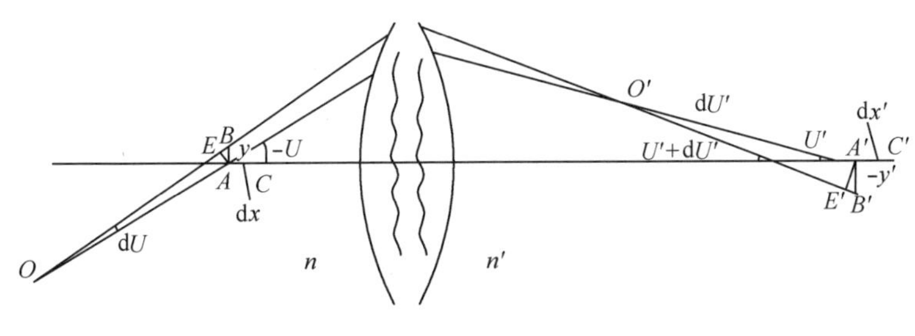

图 7-11

$$n \cdot OA+(AA')-n' \cdot O'A'=n \cdot OB+(BB')-n' \cdot O'B'$$

故有

$$n \cdot (OA-OB)-n' \cdot (O'A'-O'B')=(BB')-(AA') \tag{a}$$

以 O 点为中心，OA 为半径作圆弧，交光线 OB 于 E。因 $\mathrm{d}U$ 角极小，从 $\triangle ABE$ 可得

$$OA-OB=BE=AB \cdot \sin(-U)=-y\sin U \tag{b}$$

同理，在像方可得

$$O'A'-O'B'=-y'\sin U' \tag{c}$$

将(b)和(c)代入公式(a)，得

$$n'y'\sin U'-ny\sin U=(BB')-(AA')$$

因 A' 和 B' 分别是 A 和 B 的完善像，根据费马原理，其间的光程各为极值，即 $\delta(AA')=\delta(BB')=0$，因此光程 (AA') 和 (BB') 各为常数，二者之差也为常数，该常数可用一条沿光轴的光线来确定。对于这条光线，$U=U'=0$，故该常数为 0，由此得

$$n'y'\sin U'=ny\sin U \tag{7-11}$$

这就是正弦条件。这是光学系统对垂轴小面积成完善像所需满足的条件。或者说，当轴上点能以宽光束成完善像时，若满足此条件，过该点的垂轴小面积上的其他点也能以宽光束成完善像。

公式(7-11)又可化为

$$\frac{n\sin U}{n'\sin U'}=\beta \tag{7-12}$$

当物体位于无穷远时，$\sin U=0$，正弦条件须表示成另一种形式。以 $-(l-f)/f$ 代替 β，并有 $l\sin U=h$，可导出

$$\frac{h}{\sin U'}=f' \tag{7-13}$$

显然，仅由轴上点光线的光路计算结果就能方便地判断光学系统是否满足正弦条件。例如边缘光线，若已对其校正了球差，并根据其光路计算结果求取比值 $n\sin U/n'\sin U'$ 或 $h/\sin U'$，它们与按近轴光线所算得的放大率 $\beta=nu/n'u'$ 或焦距 $f'=h/u'$ 之差为

$$\delta\beta=\frac{n\sin U}{n'\sin U'}-\beta \tag{7-14}$$

$$\delta f'=\frac{h}{\sin U'}-f' \tag{7-15}$$

即表示系统偏离正弦条件的程度。

光轴上校正了球差并满足正弦条件的一对共轭点，称为齐明点或不晕点。由 7.2 节已知，单个折射球面存在三对无球差的共轭点，其中 $l=l'=0$ 和 $l=l'=r$ 这两对显然满足正弦条件，而 $l'=(n+n')r/n'$ 和 $l=(n+n')r/n$ 这一对，读者可自行证明有

$$\frac{n\sin U}{n'\sin U'}=\beta=\frac{n^2}{n'^2}$$

所以，以上三对共轭点都是满足正弦条件的齐明点。

正弦条件以轴上点完善成像为前提。但从球差的讨论可知，实际的光学系统仅能对物点发出的光束中的一个带或两个带的光线校正球差，因此，即使是轴上点也不可能是真正的完善成像。此外，轴上点球差校正不佳或不能校正时，成像也不完善。此时，轴外近轴点当然也不可能完善成像，充其量只能要求它的像质与轴上点一致，即具有相同程度的成像缺陷，我们称之为**等晕成像(aplanatic image formation)**。

既然轴上点成像时只有球差，那么，根据等晕成像的要求，在垂轴平面上与之无限靠近的轴外点也只有球差，并且对应孔径角球差相等，二者具有相同的光束结构，如图 7-12 所

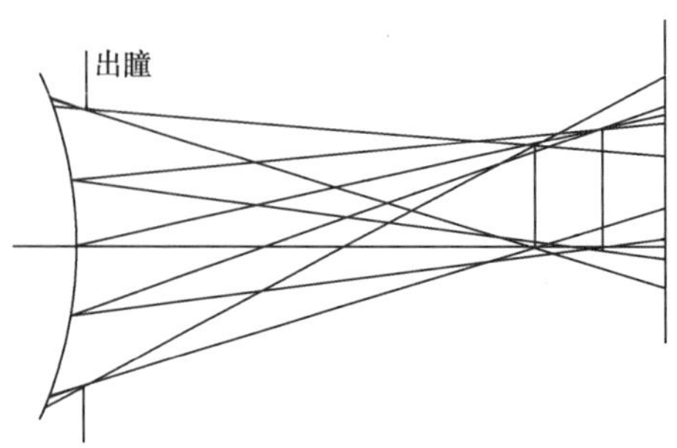

图 7-12

示。这时所要满足的条件称**等晕条件(aplanatic condition)**。即

$$OSC=\frac{n\sin U}{\beta n'\sin U'}\cdot\frac{l'-l'_p}{L'-l'_p}-1 \tag{7-16}$$

或

$$OSC=\frac{\sin U}{\sin U'}\cdot\frac{u'}{u}\cdot\frac{l'-l'_p}{L'-l'_p}-1 \tag{7-17}$$

若 $OSC=0$，表示系统满足等晕条件，OSC 称为正弦差。当轴上点由于球差而不完善成像时，满足此条件可使垂轴小面积等晕成像。

从以上公式可见，为计算正弦差以判断近轴点的像质，只需利用轴上点的光线计算结果，外加一条第二近轴光线的计算即可达到目的。为使正弦差的公式表示得更明确、简洁和便于计算，将 $l'=L'-\delta L'$ 代入，并且一般总取 $u=\sin U$，忽略高次小量(即取 $\sin U'=u'$ 和 $L'=l'$)后，公式(7-17)可化为

$$OSC=\frac{\delta\beta}{\beta}-\frac{\delta L'}{l'-l'_p} \tag{7-18}$$

当物体位于无穷远时，按公式(7-13)的来源，可将上式表示成

$$OSC=\frac{\delta f'}{f'}-\frac{\delta L'}{l'-l'_p} \tag{7-19}$$

以上两式中，$\delta\beta$ 和 $\delta f'$ 分别由公式(7-14)和(7-15)决定。

以上计算正弦差的公式中，都包含有出瞳位置因子 l'_p，它随孔阑位置而变。因此，当系统的球差已定而不满足等晕条件时，一定可以找到一个光阑位置使系统的正弦差为零。挑选光阑位置来校正某一种与其有关的像差是光学设计时常用的手段。

7.5　彗差

当光学系统不满足等晕条件时，轴外点成像将会产生**彗差(coma)**。由本章第 1 节已知，彗差是一种描述轴外点光束关于主光线失对称的像差，应分别对子午光束和弧矢光束求取。图 7-10 清楚地描述了这种像差的成因。

对于单个球面，彗差一方面是球差引起，球差越大，彗差也会越大，另一方面，折射球面产生的彗差还与光阑位置、即主光线的入射角 i_p 有关。如果光阑位于球心，相当于主光线与辅轴重合，即 $i_p=0$，则不论球差如何，都不会产生彗差。图 7-9 中的折射球面背向光阑，请读者画出折射球面弯向光阑时的彗差情况，从中可得出什么结论？

实际上，光学系统的各种像差总同时存在，故计算彗差时，并非像定义的那样，真正求出一对对称光线的交点相对于主光线的偏离，而是以这对光线与高斯像面交点高度的平均值与主光线交点高度之差来表征的。如图 7-13 所示，对于子午彗差，可表示为

$$K_t'=\frac{1}{2}(y'_a+y'_b)-y'_p \tag{7-20}$$

对于弧矢彗差，因一对对称的弧矢光线与高斯像面的交点在 y 方向的坐标必相等，故有

$$K_s'=y'_s-y'_p \tag{7-21}$$

彗差是轴外点成像时产生的一种宽光束像差，是与视场和孔径均有关系的。为全面了

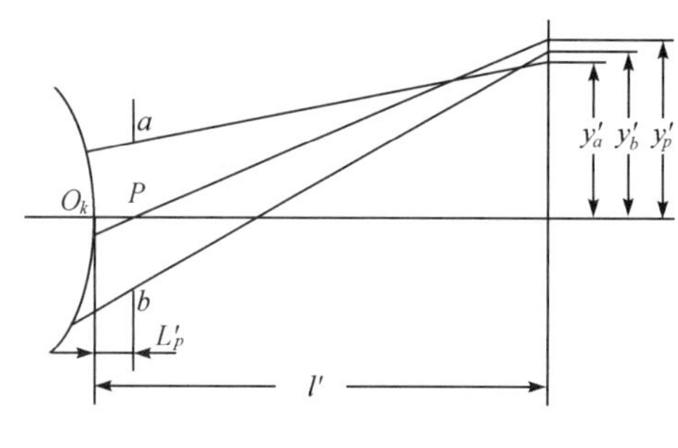

图 7-13

解光学系统对彗差的校正情况，需要计算设置多个特征视场和特征孔径计算彗差。对于子午光束，孔径取点系数为 K_η 要正负都取，如±1，±0.85，±0.707，±0.5 和±0.3；对于弧矢光束，只对单向的光线计算即可，即 K_η 只取正值。

如果光学系统不满足等晕条件，近轴轴外点就会产生彗差。所以彗差与等晕条件是有关系的。可以把近轴点的弧矢彗差归结为光学系统不满足等晕条件所导致的结果，由于视场很小时主光线与高斯像面的交点高度十分接近理想像高，可以证明这时有

$$K_s{}' = y_0' \cdot OSC \tag{7-22}$$

大的彗差，严重影响轴外点的成像质量。因此，任何具有一定大小孔径的光学系统都必须很好地校正彗差。为此，我们有必要了解有彗差的光学系统会对轴外光产生什么样的弥散斑，即彗差导致什么现象。

实际像差与结构参数具有很复杂的关系，因此很难用显函数表示彗差。讨论彗差现象有两种方法，一种是讨论初级彗差的现象，另一种是从折射球面的性质结合光的传播定性讨论彗差的现象。这里我们采用第二种方法。

如图 7-14，若假想在入瞳面上只有一中心在光轴上的细圆环透光，那么，由轴外点 B 射出，能进入光学系统的光线构成了以 B 点为顶点的圆锥面光束。此光束经系统后，由于多种像差的影响，不复为对称于主光线的圆锥面光束，也不再会聚于一点，它与高斯像面相截成一封闭曲线，具有复杂的形状，但对称于子午平面。整个入瞳可看成由无数个不同半径的细圆环组成。由 B 点发出过这些细圆环的光束，经系统后各自在高斯像面上截得大小不等、形状不一、并在 y' 轴方向错开的封闭曲线，最后叠加成一个形状复杂的对称于子午平面的弥散斑。所以，当轴外点成像具有各种像差时，其像质是很差的，也难以得到各种像差对成像质量的影响。

因此，讨论任何一种像差现象都必须把这种像差分离出来单独讨论，即认为光学系统仅存在这一种像差。

由前面的讨论可知，当光学系统仅有彗差时，对于由出瞳出射的某一孔径带光线，其上下光线的交点在子午面内，但不在主光线上；前后光线相当于比主光线略高的一对光线，但没有上下光线那么高，它们的交点在辅轴上，但不在主光线上。这个孔径带上其他任何一对光线又相当于比前后光线孔径更大、但比上下光线孔径小的光线，它们的交点应该在前后光线的交点与上下光线的交点之间，但由于它们并不关于子午面对称，所以它们的交点不在子午面内。因此，由出瞳上各个直径方向的对应点出射的各对光线在像空间相交，把这些交点连起来以后将形成一个光环，光环上离主光线最远点是子午光线的交点，离主光线最近点是

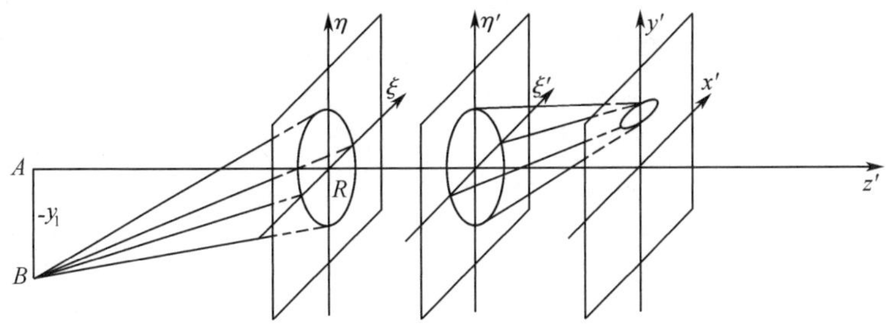

图 7-14

弧矢光线的交点，其余各点对应其他的交点。孔径越大，像空间的这个光环也就越大，相应的交点离主光线就越远，于是形成了彗星形状的弥散斑。如图 7-15 所示。

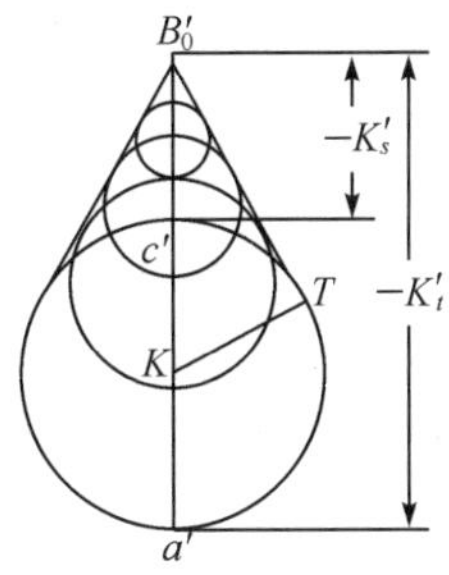

图 7-15

对于单个折射球面，当主光线通过球心时满足等晕条件，不会产生彗差。这说明彗差与孔径光阑的位置有关。因此，如果一个光学系统存在残余球差，仍可找到某一个孔径光阑位置使系统能够校正彗差。

7.6　像散和像面弯曲

像散和像面弯曲是两种互相密切联系的像差。

轴外点发出的光束，其主光线不与光学系统各个表面的对称轴重合，使出射光束失去对称。上面所述的彗差，只是表征光束失对称的一种像差，并且是对宽光束而言的。除此以外，还有一种描述光束失对称的像差。

随着视场的增大，远离光轴的物点，即使在沿主光线周围的细光束范围内，也会明显地表现出失对称性质。与此细光束对应的波面也非旋转对称，而是在不同方向上有不同的曲率。数学上可以证明，一个微小的非轴对称曲面元，其曲率是随方向的变化而渐变的，但存在两条曲率分别为最大和最小的相互垂直的主截线。在光学系统中，这两条主截线正好与子午方向和弧矢方向相对应。这样，使得子午细光束和弧矢细光束，虽因很细而能各自会聚于主光线上，但前者的会聚点 B_t'（子午像点）和后者的会聚点 B_s'（弧矢像点）并不重合。子午光束的会聚度大时，子午像点 B'_t 比弧矢像点 B'_s 更靠近系统，反之，B'_s 更靠近系统。描述子午细光束和弧矢细光束会聚点之间位置差异的像差即称为**像散（astigmatism）**，以 B_t' 与

B'_s 之间的沿轴距离度量之，属于细光束像差。

图 7-16 所示是整个非对称细光束的聚焦情况。设子午光束会聚度大，即负像散。此时，在子午像点 B'_t 处聚焦成一条垂直于子午平面的短线，称**子午焦线**（**tangential focal line**）；在弧矢像点 B'_s 处聚焦成一条位于子午平面上的铅垂短线，称**弧矢焦线**（**sagittal focal line**），且两个焦线互相垂直。在两条短线之间，光束的截面表现为子午焦线→长轴与子午面垂直的椭圆→圆→长轴在子午面上的椭圆→弧矢焦线。上述这种能在两个位置聚焦的非对称细光束称为像散光束。请读者画出弧矢焦线在前时的像散光束。

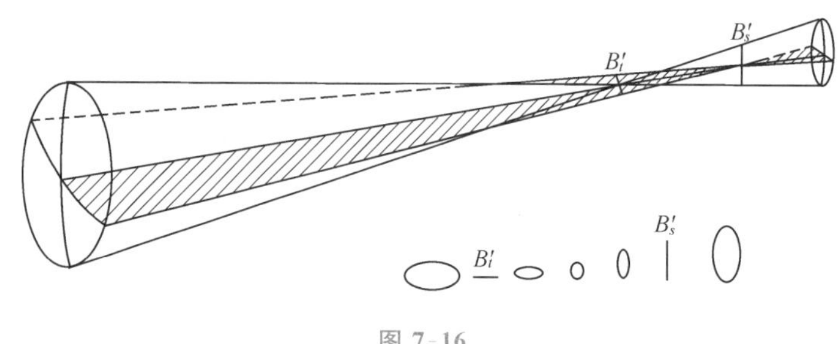

图 7-16

若光学系统对直线成像，由于像散，其像的质量将与直线的方向密切相关。图 7-17 所示是垂轴平面上三种不同方向的直线被子午光束和弧矢光束成像的情况。情况 1 是垂直于子午平面的直线，情况 2 是位于子午平面上的直线，情况 3 是既非垂直、又非位于子午平面的倾斜直线，请读者分析其子午像和弧矢像的成因。

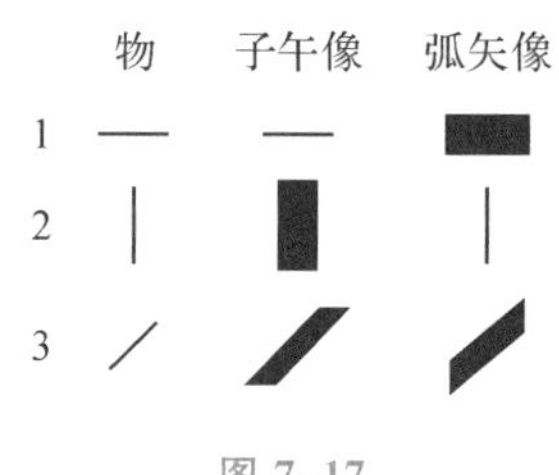

图 7-17

子午像点 B'_t 和弧矢像点 B'_s 的位置及像散的大小是随视场而异的，由这些点构成的子午像面和弧矢像面成为两个同时相切于高斯像面中心点的曲面，这就是**像面弯曲**，简称**场曲**（**field curvature**）。场曲以子午像点和弧矢像点相对于高斯像面的轴向偏离 x'_t 和 x'_s 来度量，x'_t 称子午场曲，x'_s 称弧矢场曲。二者之差，以 Δx 表示，即 $\Delta x' = x'_t - x'_s$ 就是同一视场的像散。像面弯曲和像散的计算方法详见“光线的光路计算”一章。

为表征光学系统的像散和像面弯曲的校正情况，通常以物方视场角为纵坐标、以场曲为横坐标画出曲线。为此，须对多个视场计算出像面弯曲值。图 7-18 所示是一种照相物镜的这种曲线。

必须指出，像面弯曲不光是由像散引起，即使像散为零，像面仍然可以是弯曲的。这是由于第 2 章所述的球面成像的固有特性所致，这种特性被所谓匹兹凡和所决定，将在下一章讨论。为得到平的像面，必须对光学系统同时校正像散和匹兹凡和。

显然，无论是宽光束还是细光束，都存在子午光线的交点和弧矢光线的交点之间有沿轴距离的现象，并且这两个交点通常也不在高斯像面上。所以宽光束和细光束都存在像散和

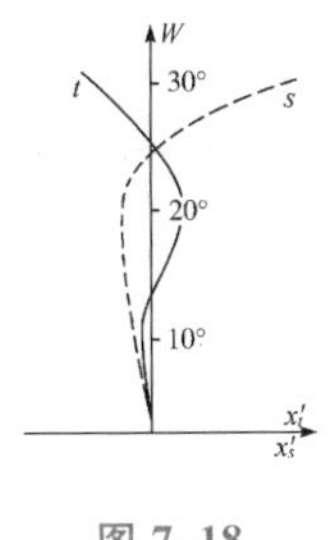

图 7-18

像面弯曲。其实细光束像散和像面弯曲就是后面将要讨论的初级像散和像面弯曲。一般如果不是特别指出的话，通常所说的像散和像面弯曲就是指细光束的。

7.7　畸变

对于理想光学系统，一对共轭平面上的放大率是常数。但对于实际光学系统，只当视场较小时具有这一性质，而当视场较大或很大时，像的放大率就要随视场而异，这样就会使像相对于物体失去相似性。这种使像变形的缺陷称为**畸变(distortion)**。

设某一视场的实际主光线与高斯像面的交点高度为 y_p'，当无彗差时，主光线即为成像光束的中心光线，因而 y_p' 表征实际像高。它与理想像高 y_0' 之差称为线畸变，即

$$\delta y' = y_p' - y_0' \tag{7-23}$$

常用 $\delta y'$ 相对于理想像高的百分比来表示畸变，称相对畸变，即

$$\frac{\delta y'}{y_0'} = \frac{y_p' - y_0'}{y_0'} \times 100\% \tag{7-24}$$

如果将实际放大率 y_p'/y 记为 $\bar{\beta}$，公式(7-24)可以化为

$$\frac{\delta y'}{y_0'} = \frac{\bar{\beta} - \beta}{\beta} \times 100\%$$

式中 β 为理想放大率。可见，实际放大率 $\bar{\beta}$ 与理想放大率 β 之差与 β 之比即为该视场的相对畸变。

对于大视场系统，与其他轴外像差一样，需对若干个视场计算畸变，然后以视场为纵坐标，畸变为横坐标画出畸变曲线。

有畸变或畸变很大的光学系统，若对等间距的同心圆物面成像，将得到非等间距的同心圆。若物面为如图 7-19(a)所示的正方形网格，读者易于分析得出，由正畸变的光学系统所成的像呈枕形，如图 7-19(b)所示，由负畸变光学系统所成的像呈桶形，如图 7-19(c)所示。图中虚线所示是理想像。

可见，畸变仅由主光线的光路决定，它只引起像的变形，而对像的清晰度并无影响。因此，对于一般的光学系统，只要感觉不出它所成像的变形(相当于 $\delta y'/y_0' \leqslant 4\%$，这种像差就无妨碍。但对某些要利用像来测定物体的大小和轮廓的光学系统，如计量仪器中的投影物镜、工具显微镜以及航空测量用的摄影物镜等，畸变就成为主要的缺陷了。它直接影响测量精度，必须严格校正。计量仪器中的物镜，畸变要求小于万分之几，但视场较小，矛盾并不突

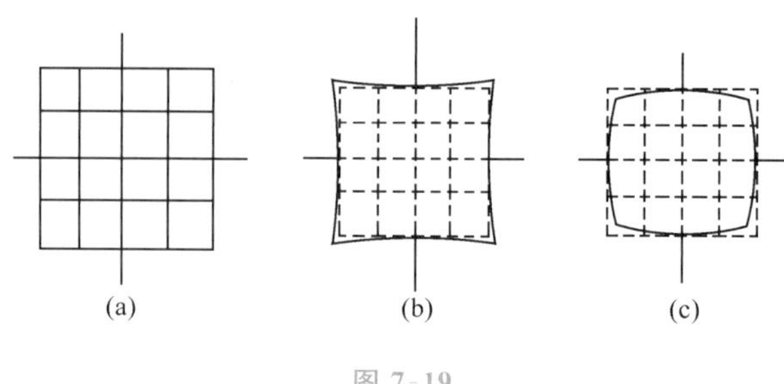

图 7-19

出；而航空测量用物镜视场大达 120°，畸变要求小到十万分之几，校正就相当困难，导致镜头结构极度复杂。

值得指出，结构完全对称的光学系统以 −1 倍的倍率成像时，畸变能自然消除。这是因为实际放大率$\bar{\beta}$可写成$\bar{\beta}=\dfrac{y'_p}{y}=\dfrac{(L'_p-l')\tan U'_p}{(L_p-l)\tan U_p}$，不管 U_p 为何值，由于系统的结构对称于孔径光阑，$\bar{\beta}$恒等于 −1 而不会产生畸变。

对于单个薄透镜或薄透镜组，当光阑与之重合时，主光线通过主点，沿理想方向射出，与高斯像面的交点接近与理想像高相等，也不产生畸变，如图 7-20(a)所示。以上双胶合物镜例子经计算足以说明这一结论。据此可以推知，当光阑位于透镜之前时，y'_p 小于理想像高 y'_0，产生负畸变，如图 7-20(b)所示；反之，当光阑位于透镜之后时产生正畸变，请读者自行作图。这表明了畸变对光阑位置的依赖关系。

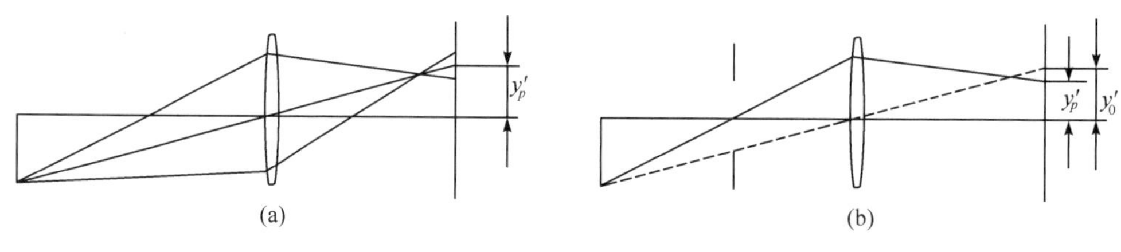

图 7-20

7.8 位置色差

任何光学介质，对透明波段中不同波长的单色光具有不同的折射率，波长短者折射率大。大多数光学系统需要对一定光谱范围内的光成像，如用白光成像的可见光成像系统，还有红外成像系统、紫外成像系统等。当一定光谱范围内的光入射于任何形状的介质分界面时，只要入射角不为零，各种色光将因色散而有不同的传播途径，结果导致各种色光有不同的成像位置和不同的成像倍率。这种成像的色差异称为**色差(chromatic aberration)**。

色差有两种。其中描述不同色光对轴上物点成像位置差异的色差称为位置色差或轴向色差，因不同色光成像倍率的不同而造成物体的像大小差异的色差称为倍率色差或垂轴色差。

如图 7-21，轴上点 A 发出一束近轴白光，经光学系统后，其中 F 光交光轴于 A'_F，C 光交

光轴于 A'_C。显然,这两点是 A 点被蓝光和红光所成的高斯像点。它们相对于光学系统最后一面的距离分别为 l'_F 和 l'_C,则其差就是近轴光的**位置色差**(**longitudinal chromatic aberration**)$\delta l'_{ch}$,即

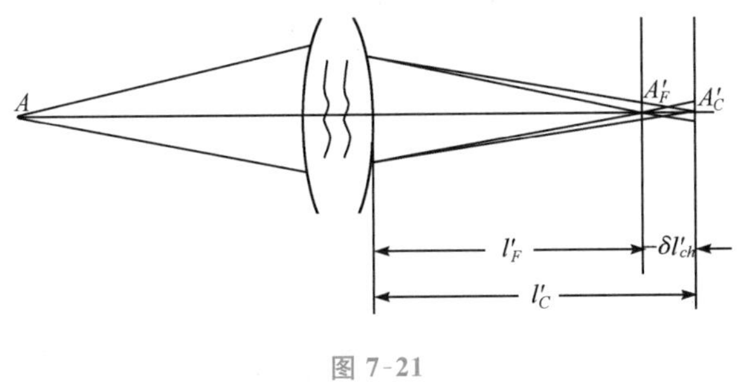

图 7-21

$$\delta l'_{ch}=l'_F-l'_C \tag{7-25}$$

若两色像点重合,$\delta l'_{ch}=0$,称光学系统对这两种色光**消色差**(**achromatism**)。通常所谓的**消色差系统**(**achromatic system**),就是指对两种选定的色光消位置色差的系统。

由于色差,光轴上一点即使以近轴光成像也不能得到清晰像。图 7-21 中,若设 A 点仅发出红、蓝两种色光,则在过 A'_F 的垂轴光屏上将看到蓝色的像点外有红圈;而在过 A'_C 的屏上,则是红色的点外有蓝圈。可见,色差严重影响光学系统的像质,所有成像用的光学系统都必须校正色差。

位置色差的精确数值,须对要求校正色差的两种色光进行光路计算,算出其截距后按(7-25)式求得。如前述双胶合望远物镜,已知其正、负透镜的玻璃分别为 K9 和 ZF2,它们的折射率为:K9,$n_F=1.52196$,$n_C=1.51389$;ZF2,$n_F=1.68747$,$n_C=1.66662$。对这两种色光作光路计算后,求得 $l'_F=97.024$,$l'_C=97.074$,则位置色差 $\delta l'_{ch}=-0.050$。

必须指出,上面计算的只是近轴光的色差。若 A 点发出一条与光轴成有限角度的白光,也将产生色差。这条白光中的 F 光和 C 光经系统后与光轴的交点,将因各自的球差而不与各自的近轴像点重合,并且因二色光线的球差值不等,其位置色差值也与近轴光的 $\delta l'_{ch}$ 不同。光学系统一般只能对光束中的某一带光线校正色差,通常是对 0.707 带光来校正的。

由于二色光线在同一带上的球差不同,光学系统对带光校正了位置色差以后,在其他带上一定会有剩余色差。因此,需对若干个带,至少需对边缘光、0.707 带光和近轴光进行计算后才能了解系统的色差校正情况。表 7-3 所列是对上述双胶合物镜算得的三个带的色差。

表 7-3　双胶合物镜三个带的色差

h	L'_F	L'_C	$\delta L'_{ch}$
0	$l'_F=97.024$	$l'_C=97.074$	$\delta l'_{ch}=-0.050$
7.07	97.038	97.034	0.004
10	97.098	97.038	0.060

通常把计算得的色差相对于光线的入射角 U 或入射高度 h 画成曲线,最好是把上面对两种色光的计算结果以球差曲线形式与主色光的球差曲线画在一起,图 7-22 所示就是这种曲线。从这种曲线图中,不仅可清楚地知道色差随孔径变化的情况,还可了解到球差随色光

而变化的情况。显然，当对 0.707 带校正了色差以后，其他带上剩余色差的大小，正好可作为这种球差的色差异的量度。例如上例中，从零孔径到全孔径，色差从 −0.05 变到 0.06，变化了 0.11，它正好等于 F 光和 C 光的球差之差，即

$$\delta L'_{chm} = \delta l'_{ch} = \delta L'_F - \delta L'_C = 0.11$$

故称这种球差的色变化为色球差，称图 7-22 所示的曲线为色球差曲线。

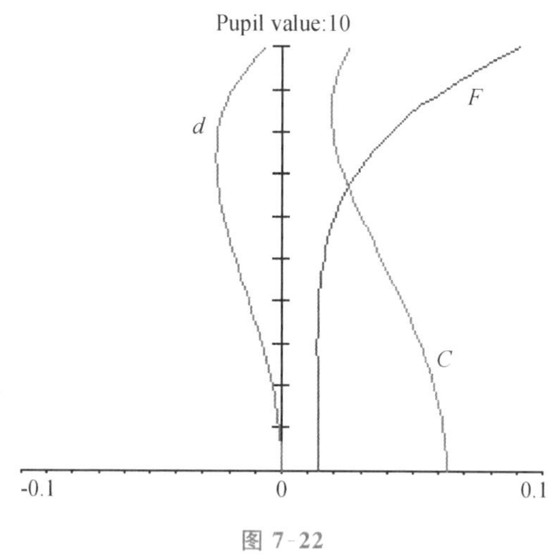

图 7-22

从色球差曲线还可看出，虽然对 F 光和 C 光在 0.707 带校正了色差，但其公共焦点相对于主色光 d 线尚有较大的偏离，约为 0.053。这种二色光的公共焦点相对于主色光的位置差异称为二级光谱。如果要求光学系统具有极好的像质，除了必须很好地校正球差和位置色差外，还需对色球差和二级光谱进行校正，但这是非常困难的，只有当系统有相当复杂的结构才有可能。同时校正位置色差和二级光谱即是对三种色光消色差，这种系统称为复消色差系统，详见下一章二级光谱一节。

7.9 倍率色差

校正了位置色差的光学系统，只能使两种色光的像点或像面重合在一起，但两种色光的焦距并不一定就此相等，使这两种色光可能具有不同的放大率，使同一物体的像大小不等，因而仍可能存在**倍率色差(lateral chromatic aberration)**。

光学系统的倍率色差，用两种色光的主光线与高斯像面的交点高度之差来度量，以符号 $\delta y'_{ch}$ 表示，若对 F 光和 C 光考虑色差，有

$$\delta y'_{ch} = y'_F - y'_C \tag{7-26}$$

倍率色差的存在，使物体像的边缘呈现颜色，影响像的清晰度。所以，具有一定大小视场的光学系统，必须校正倍率色差。

为计算倍率色差值，需对要校正色差的两种色光计算主光线的光路，然后求出它们与高斯像面的交点高度 y'_F 和 y'_C，再按公式(7-26)求得。例如对前述双胶合望远物镜的 −3 °视场时的 F 光和 C 光的主光线作光路计算后得到：

$$y'_p=5.23449, y'_C=5.23513, \delta y'_{ch}=-0.00064$$

可见该物镜的倍率色差很小或几近为零。这是因为该物镜的位置色差已经校正，倍率色差也随之校正之故。另外，倍率色差显然与光阑位置有关，因光阑与物镜重合，倍率色差也不会产生。例如，单个薄透镜不可能校正位置色差，当光阑与之重合时倍率色差为零；而当光阑位置移动时，倍率色差就要随之变化。当光阑位于透镜之前时，如图 7-23 所示，因 $n_F>n_C$，F 光比 C 光偏折角度更大，$y'_F<y'_C$，故产生负的倍率色差；反之，如光阑位于透镜之后，则产生正的倍率色差。

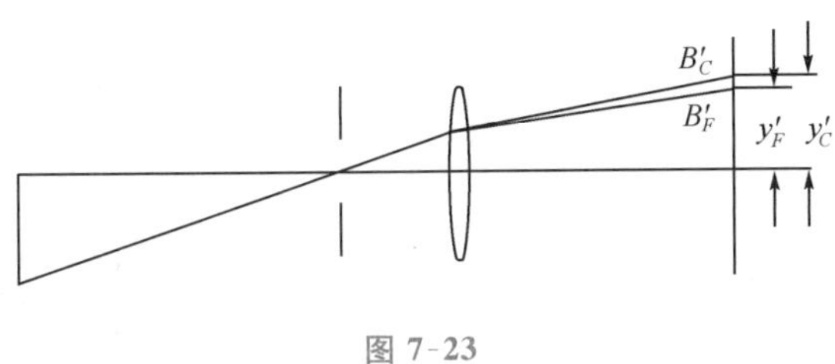

图 7-23

7.10　应用举例

干涉测量是采用波面干涉的方法对光学元件或系统进行检验的装置。泰曼[①]干涉仪是一种典型的干涉测量系统，利用它可以检测光学元件的面形，或对光学系统的综合质量进行检验。图 7-24 是利用泰曼干涉仪产生的等厚干涉条纹测量光学表面面形的原理图，经准直的平行激光束入射于偏振分光棱镜分为参考光路和测量光路，在测量光路中安放聚焦镜 L_1，其焦点位于被测球面的球心，由标准面 M_1 反射回的参考光和由被测面 M_2 反射回的测量光再次通过分光棱镜后通过透镜组 L_2 得到干涉条纹。为了能够测量不同相对孔径(对于一个面，相对孔径为 h/r)的球面，聚焦镜由一个消球差透镜组和一组齐明透镜组成，根据被测球面的相对孔径决定加几个齐明透镜。

设测量光路中的双胶合透镜对波长为 0.6238μm 的激光消球差，其 $l'_F=97.0291$mm，如采用 ZK9 作为齐明透镜的材料，该种材料在 0.6328μm 处的折射率 $n=1.61824$，双胶合透镜最后一面到第一个齐明透镜前表面的中心距离为 5mm，根据公式(7-9)即

$$L=\frac{n+n'}{n}r, L'=\frac{n+n'}{n'}r$$

有 $L=97.0291-5=92.0291$，于是 $r_1=35.1492$，$L'=56.8698$。如果该齐明透镜的厚度为 2.5mm，第二面是同心面，其半径为 $r_2=54.3698$。

设前一个齐明透镜第二面到后一个齐明透镜第一面的中心间隔为 1mm，可得第二个齐明透镜的 L，采用上述同样的方法可以设计第二、第三及第四个齐明透镜，请读者自行设计，设计中需要确定适当的中心厚度使边缘厚度满足工艺要求，每一片齐明透镜的厚度可不相同。这样设计出的聚焦透镜组，可满足较大的测量范围要求。图 7-25 和图 7-26 是加两片

① 泰曼(Frank Twyman, 1876—1959)，英国光学家。

和四片齐明透镜时的聚焦透镜组和聚焦光路。

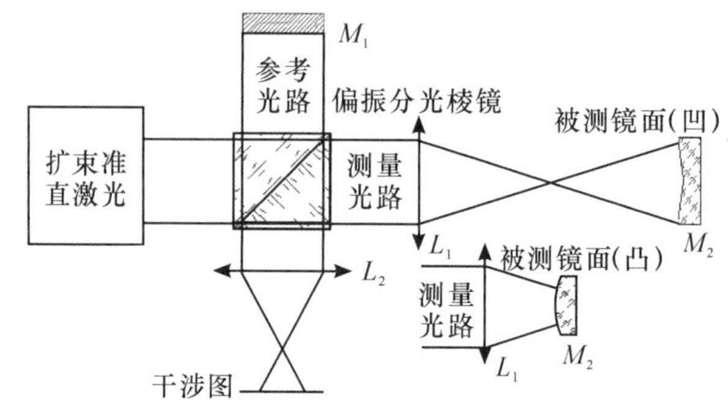

图 7-24

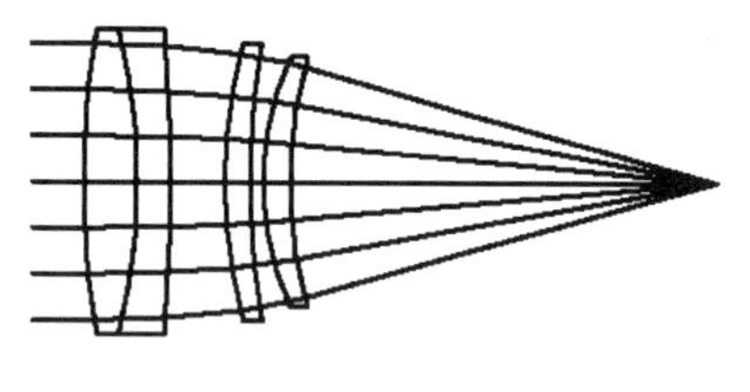

图 7-25

图 7-26

习　题

1. 一个光学系统，知其只包含初级和二级球差，更高级的球差可忽略不计。已知该系统的边光球差 $\delta L_m'=0$，0.707 带光球差 $\delta L_z'=-0.015$，要求：

1)表示出此系统的球差随相对高度 h/h_m 的展开式，并计算 0.5 和 0.85 带光线的球差；

2)边缘光的初级球差和高级球差；

3)最大的剩余球差出现在哪一高度带上？数值是多少？

2. 如果第一题中的光学系统，允许带光球差可增大一倍，问：1)若保持焦距不变，相对孔径可增大到多少？2)若保持相对孔径不变，焦距可增大到多少？

3. 已知会聚折射球面的一对齐明点相距 30mm，球面两边介质的折射率分别为 $n=1.5$ 以及 $n'=1$，求此折射球面的曲率半径及齐明点的位置和放大率。如将其组成一个无球差的透镜，厚度为 5mm，写出此透镜的结构参数。如将此透镜用于一个系统的像方会聚光束中，其光束孔径角 $u'=0.25$，问经此透镜后，光束的孔径角将为何值？

4. 一个半径 $r=-50$mm 的折射球面，物方介质为玻璃，像方介质为空气，有一束自轴外点发出的平行光束入射于该球面，试以光轴以下的物方视场为例定性判断光阑位置分别为 $l_p=-70$mm，-50mm，-30mm 时，彗差、畸变和倍率色差的正负。

5. 将上题的折射球面作为一个透镜的第二面，透镜的厚度为 4mm，且对入射的斜平行光束，其子午彗差、畸变和倍率色差均不产生，求第一面的半径和光阑的位置。

单色像差

色差

轴外像差概念

一套齐明透镜

第 8 章　初级像差及其特征

当光学系统孔径很小时，可认为仅存在初级球差；当光学系统以近轴光成像时，仍会产生位置色差，这就是初级位置色差。本章将了解初级像差和孔径、视场的关系，以及一些简单光学结构如平行平板、薄透镜和薄系统的初级像差特征，并利用初级像差理论研究某些像差的校正方法，通过对初级像差的分析，在设计时可以及时发现是什么像差起主要作用，是否可以通过改变结构型式来加以控制。

本章知识要点

1. 初级像差与孔径、视场的关系，五个赛得和数和两个色差和数，整体缩放对像差的影响
2. 薄透镜与简单薄透镜系统的球差特征、最小球差形状
3. 平行平板的球差和位置色差
4. 匹兹凡面弯曲及其校正方法
5. 薄透镜与简单薄透镜系统的位置色差、倍率色差特征及校正
6. 二级光谱及消像差谱线的选择

8.1　初级像差及其与孔径、视场的关系

上一章中的实际像差均需通过严格的光路计算得出，我们知道球差可以表示为孔径的级数关系，其他的像差也可以用级数展开表示，表示时孔径和视场都是归一化的，即最大孔径和最大视场都认为是 1，其他孔径和视场均小于 1。因此当孔径或视场较小时，初级像差接近实际像差。由于初级像差公式较简单，可与系统结构参数相联系，设计人员在设计之初常利用初级像差理论指导结构的选择，并在设计中利用初级像差引导设计方向。

先考虑球差。对于整个系统中的每一面写出公式(7-6)并相加可得

$$n'_k u'_k \sin U'_k \delta L'_k - n_1 u_1 \sin U_1 \delta L_1 = -0.5 \sum S_{-}$$

或

$$\delta L'_k = \frac{n_1 u_1 \sin U_1}{n'_k u'_k \sin U'_k} \delta L_1 - \frac{1}{2 n'_k u'_k \sin U'_k} \sum S_{-} \tag{8-1}$$

当物方无球差，即为实物点时，$\delta L_1 = 0$，上式成为

$$\delta L'_k = -\frac{1}{2 n'_k u'_k \sin U'_k} \sum S_{-} \tag{8-2}$$

这些公式称 **Kerber 球差分布公式**。其中各面产生的 S_- 即为该面的球差分布值，表征该面对系统球差贡献的大小。

在球差展开式(7-3)中略去高次项可得初级球差。在孔径较小时，初级球差接近实际球差；孔径较大时，初级球差与实际球差的差异即为高级球差。因此，对初级球差的讨论有实用意义。可用初级球差来表示实际球差的孔径范围称为**赛得**[①]**区(Seidel region)**。在实际球差公式(8-1)中，以弧度代替正弦，以 1 代替余弦，并以近轴量 l 代替 L，可得初级球差表示式

$$\delta L'_0 = \frac{n_1 u_1^2}{n'_k u'^2_k}\delta L_0 - \frac{1}{2n'_k u'^2_k}\sum S_{\mathrm{I}} \tag{8-3}$$

$$S_{\mathrm{I}} = luni(i-i')(i'-u) \tag{8-4}$$

当入射光束发自实物点时，$\delta L_0{}'=0$，式(8-3)右边仅余一项。可见，S_{I} 表征光学系统各面对初级球差的贡献，称初级球差分布系数。$\sum S_{\mathrm{I}}$ 称**初级球差系数**，也称**第一赛得和数**。公式表明，S_{I} 与孔径的四次方成正比，初级球差与孔径的平方成正比，相当于球差展开式中的第一项。只需计算一条自轴上物点发出的通过入瞳边缘点的"近轴"光线，即**第一近轴光线**的光路，即可求得初级球差。

由初级球差公式还可知道，当保持相对孔径或数值孔径不变而整体缩、放光学系统时，由于只改变 h 或 l 而不会引起角度的变化，故球差也将呈线性变化。这一结论对实际球差、高级球差和其他像差也都是正确的。

由上节的讨论可知，轴外点成像时会产生各种像差。任取一条由轴外点发出的空间光线，用相对于理想光路的差别来描述其像差的一般表示式，可对这些像差进行完整的分析。

如图 8-1，轴外点空间光线 BD 由物面坐标(x_1, y_1)和瞳面坐标(ξ_1, η_1)所决定。由于物面对称于光轴，总可将物点取在子午平面 Oyz 上，即 $x_1=0$，因此空间光线的位置仅被三个坐标所决定。此光线经系统后，过出瞳面上的 D' 点。由于像差的存在，在像空间与光线 BD 共轭的光线与子午平面的交点 $\bar{B}'$不在高斯像面上，与高斯像面的交点 B'_T 也不与高斯像点

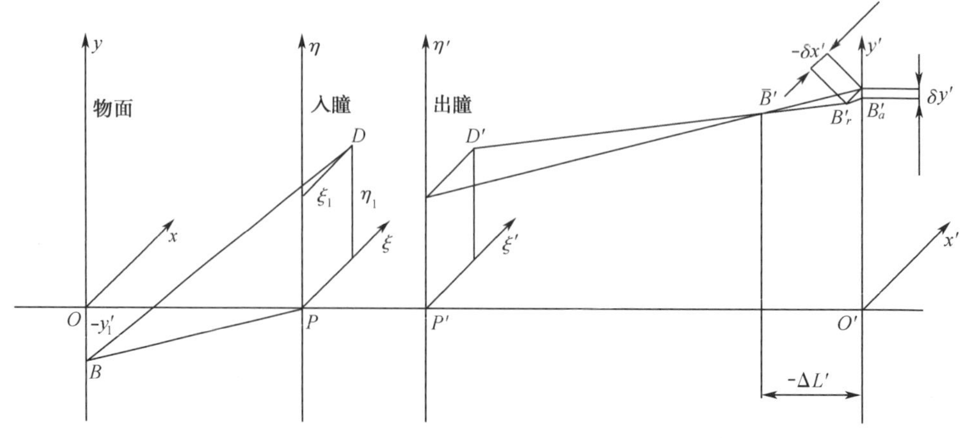

图 8-1

① 赛得尔(Philipp Ludwig von Seidel，1821—1896)，德国数学家、光学家，1856 年提出初级像差的计算公式。

B_0' 重合。定义像方的空间光线与子午平面的交点 $\bar{B}'$ 到高斯像面的距离为该空间光线的轴向像差，以 $\Delta L'$ 表示；像方空间光线与高斯像面的交点 B_T' 到高斯像点 B_0' 的距离为该空间光线的横向像差或垂轴像差。垂轴像差常以它在子午方向和弧矢方向上的分量来度量，分别以 $\delta y'$ 和 $\delta x'$ 表示，称为垂轴像差的子午分量和弧矢分量。

显然，对于被不同的三个坐标确定的空间光线，以上各种像差分量也将相应改变。所以，当物面和入瞳面的位置一定时，空间光线的轴向像差 $\Delta L'$ 和垂轴像差的分量 $\delta y'$ 和 $\delta x'$ 一定是 ξ、η 和 y 的函数。如果仅限于初级的空间光线像差，经推导可以得出垂轴像差的两个分量，分别是

$$n'u'\delta y' = -[\eta(\xi^2+\eta^2)AS_{\mathrm{I}} - (\xi^2+3\eta^2)yBS_{\mathrm{II}} + \eta y^2C(3S_{\mathrm{III}}+S_{\mathrm{IV}}) - y^3DS_{\mathrm{V}}] \quad (8\text{-}5)$$

$$n'u'\delta x' = -[(\xi^2+\eta^2)\xi AS_{\mathrm{I}} - 2\eta\xi yBS_{\mathrm{II}} + \xi y^2C(S_{\mathrm{III}}+S_{\mathrm{IV}})] \quad (8\text{-}6)$$

式中

$$S_{\mathrm{V}} = (S_{\mathrm{III}}+S_{\mathrm{IV}})(i_p/i) \quad (8\text{-}7)$$

且 A、B、C、D 当物面位置、瞳面位置、视场、孔径一定时为常数，它们分别为

$$A=\frac{1}{2}\frac{1}{h^3}\frac{l^3}{(l-l_p)^3}$$

$$B=\frac{1}{2}\frac{1}{h^2h_p}\frac{l^2l_p}{(l-l_p)^3}=A\left(\frac{h}{h_p}\frac{l_p}{l}\right)$$

$$C=\frac{1}{2}\frac{1}{hh_p^2}\frac{ll_p^2}{(l-l_p)^3}=A\left(\frac{h}{h_p}\frac{l_p}{l}\right)^2$$

$$D=\frac{1}{2}\frac{1}{h_p^3}\frac{l_p^3}{(l-l_p)^3}=A\left(\frac{h}{h_p}\frac{l_p}{l}\right)^3$$

如果物方已有像差，则应有

$$n'u'\delta y' - nu\delta y = [\eta(\xi^2+\eta^2)AS_{\mathrm{I}} - (\xi^2+3\eta^2)yBS_{\mathrm{II}} + \eta y^2C(3S_{\mathrm{III}}+S_{\mathrm{IV}}) - y^3DS_{\mathrm{V}}] \quad (8\text{-}8)$$

$$n'u'\delta x' - nu\delta x = -[(\xi^2+\eta^2)\xi AS_{\mathrm{I}} - 2\eta\xi yBS_{\mathrm{II}} + \xi y^2C(S_{\mathrm{III}}+S_{\mathrm{IV}})] \quad (8\text{-}9)$$

以上所得，就是任意一条空间光线经单个折射球面时的轴向和垂轴像差表示式。对于整个系统，可将它们分别应用于每一面，然后求和得出其相应的表示式。读者容易证明，以上公式中，所有在 S_{I}、S_{II}、…、S_{V} 之前，由参数 ξ、η 和 y 以及 A、B、C、D 构成的系数对每一面来说都是不变量，所以在对各面的像差表示式求和时，可把它们作为公因子提出，得到整个系统的空间光线**初级像差(primary aberration)**的一般式如下：

$$\begin{aligned} n_k'u_k'\delta y_k' - n_1u_1\delta y_1 = & -\eta_1(\xi_1^2+\eta_1^2)A_1\sum S_{\mathrm{I}} + (\xi_1^2+3\eta_1^2)y_1B_1\sum S_{\mathrm{II}} \\ & -\eta_1y_1^2C_1(3\sum S_{\mathrm{III}}+\sum S_{\mathrm{IV}}) + y_1^3D_1\sum S_{\mathrm{V}} \end{aligned} \quad (8\text{-}10)$$

$$\begin{aligned} n_k'u_k'\delta x_k' - n_1u_1\delta x_1 = & -[(\xi_1^2+\eta_1^2)\xi_1A_1\sum S_{\mathrm{I}} - 2\eta_1\xi_1y_1B_1\sum S_{\mathrm{II}} \\ & +\xi_1y_1^2C_1(\sum S_{\mathrm{III}}+\sum S_{\mathrm{IV}})] \end{aligned} \quad (8\text{-}11)$$

式中系数

$$A=\frac{1}{2}\frac{1}{h_1^3}\frac{l_1^3}{(l_1-l_{p1})^3}$$

其余 B_1、C_1、D_1 类推。$\sum S_{\mathrm{I}}$、$\sum S_{\mathrm{II}}$、$\sum S_{\mathrm{III}}$、$\sum S_{\mathrm{IV}}$ 和 $\sum S_{\mathrm{V}}$ 分别称为第一、第二、第三、第四和第五**赛得和数(Seidel coefficient of aberrations)**，它们分别表征光学系统的初级球差、初

级彗差、初级像散、匹兹凡面弯曲和初级畸变。其表示式如下：

$$
\begin{aligned}
\sum S_{\mathrm{I}} &= \sum luni(i-i')(i'-u) \\
\sum S_{\mathrm{II}} &= \sum S_{\mathrm{I}} \frac{i_p}{i} \\
\sum S_{\mathrm{III}} &= \sum S_{\mathrm{II}} \frac{i_p}{i} = \sum S_{\mathrm{I}} \left(\frac{i_p}{i}\right)^2 \\
\sum S_{\mathrm{IV}} &= J^2 \sum \frac{n'-n}{n'nr} \\
\sum S_{\mathrm{V}} &= \sum (S_{\mathrm{III}} + S_{\mathrm{IV}}) \frac{i_p}{i}
\end{aligned}
\tag{8-12}
$$

上面所得的空间光线的初级像差表示式具有普遍意义，适用于物面上任一点发出的任一条光线。可以证明，对于轴上点边缘光线，按照 $y_1=0$，$\eta_1=a$（入瞳半径）和 $\xi_1=0$ 导出的 $\delta y'$ 即为垂轴球差公式。这里，利用了两条近轴光线之间的如下关系（图 8-2）：

$$\frac{a}{h_1}=\frac{l_1-l_{p1}}{l_1} \tag{8-13}$$

$$\frac{y_1}{h_{p1}}=\frac{l_1-l_{p1}}{-l_{p1}} \tag{8-14}$$

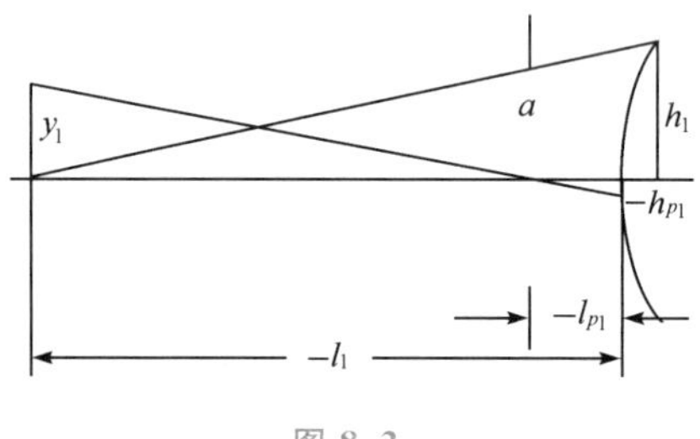

图 8-2

根据空间光线的初级像差表示式，可以分别得出各种轴外像差的初级量。

1. 初级子午彗差

在子午彗差的算式中，任一条子午光线与高斯像面的交点高度可表示为理想像高 y'_0 与 $\delta y'$ 之和，将其代入公式(7-20)可得

$$K_t'=\frac{1}{2}(\delta y'_a+\delta y'_b)-\delta y'_p \tag{a}$$

主光线的初值为：y_1，$\eta_1=\xi_1=0$；上边缘光线的初值为：y_1，$\eta_1=a$，$\xi_1=0$；下边缘光线的初值为：y_1，$\eta_1=-a$，$\xi_1=0$。分别将这些初值代入式(8-10)，求出 $\delta y'_p$、$\delta y'_a$ 和 $\delta y'_b$，再代入式(a)，再利用式(8-13)和式(8-14)，得初级子午彗差为

$$K_{t0}'=-\frac{3}{2n'u'}\sum S_{\mathrm{II}} \tag{8-15}$$

2. 初级弧矢彗差

由于全孔径弧矢光线的初值为 y_1，$\eta_1=0$，$\xi_1=a$，用与推导(8-15)式同样的方法，读者易于得出

$$K_{s0}'=-\frac{1}{2n'u'}\sum S_{\mathrm{II}} \tag{8-16}$$

可见，第二赛得和数 $\sum S_{\mathrm{II}}$ 表征光学系统的初级彗差，故又称之为初级彗差系数。

3. 初级像散和像面弯曲

对于细光束，因 η_1 和 ξ_1 为无限小，考虑像面上垂轴像差与沿轴像差的关系，细光束像面弯曲 x'_t、x'_s 和像散 $\Delta x'$ 可以写成

$$x'_t = -\frac{1}{2n'u'^2}\left(3\sum S_{\mathrm{III}} + \sum S_{\mathrm{IV}}\right) \tag{8-17}$$

$$x'_s = -\frac{1}{2n'u'^2}\left(\sum S_{\mathrm{III}} + \sum S_{\mathrm{IV}}\right) \tag{8-18}$$

$$\Delta x' = -\frac{1}{n'u'^2}\sum S_{\mathrm{III}} \tag{8-19}$$

式中第三和第四赛得和数按公式(8-12)计算。

由上列公式可知，$\sum S_{\mathrm{III}}$ 和 $\sum S_{\mathrm{IV}}$ 有相同的因次，均与孔径的平方和视场的平方成正比，因此，初级像散的场曲也有相同的因次，仅与视场的平方成比例。还可知道，场曲同时受 $\sum S_{\mathrm{III}}$ 和 $\sum S_{\mathrm{IV}}$ 的影响，当存在 $\sum S_{\mathrm{III}}$ 而 $\sum S_{\mathrm{IV}} = 0$ 时，弯曲的子午像面和弧矢像面因像散随视场的增大而分开，在中心同时相切于高斯像面。当 $\sum S_{\mathrm{III}} = 0$ 而 $\sum S_{\mathrm{IV}} \neq 0$ 时，子午像面与弧矢像面重合，得到消像散的清晰像，但像面仍是弯曲的。弯曲的程度由 $\sum S_{\mathrm{IV}}$ 决定，以 x'_p 表示，有

$$x'_p = -\frac{1}{2n'u'^2}\sum S_{\mathrm{IV}} \tag{8-20}$$

由 $\sum S_{\mathrm{IV}}$ 决定的曲面称为**匹兹凡面**①**(Petzval surface)**，它是消像散时的真实像面所在。$\sum S_{\mathrm{IV}}$ 又称为**匹兹凡和(Petzval sum)**。

所以光学系统只有满足 $\sum S_{\mathrm{III}} = 0$ 和 $\sum S_{\mathrm{IV}} = 0$ 时，才能获得平的消像散的清晰像面。不过要同时满足两条件并非易事。对于某些光学系统，受其结构的限制，$\sum S_{\mathrm{IV}}$ 是一难以任意改变的定值。此时，为减小像面弯曲，常使光学系统具有与 $\sum S_{\mathrm{IV}}$ 异号的 $\sum S_{\mathrm{III}}$ 值。一般地说，后者是比较容易控制的。

在 $\sum S_{\mathrm{III}} \neq 0$ 时，子午像面、弧矢像面与匹兹凡面各不重合。当以匹兹凡面作参考面时有

$$\left.\begin{aligned} x'_{tp} &= -\frac{3}{2n'u'^2}\sum S_{\mathrm{III}} \\ x'_{sp} &= -\frac{1}{2n'u'^2}\sum S_{\mathrm{III}} \end{aligned}\right\} \tag{8-21}$$

所以，$x'_{tp} = 3x'_{ts}$，即子午像面至匹兹凡面的距离为弧矢像面至匹兹凡面距离的三倍，且二者总在匹兹凡面的一边，如图 8-3 所示。(a)是 $\sum S_{\mathrm{III}}$ 与 $\sum S_{\mathrm{IV}}$ 同号的情况，(b)是二者异号

① 匹兹凡 (Józeph Petzval，1807—1891)，匈牙利(出生地现为斯洛伐克)数学家、光学家，设计了匹兹凡摄影物镜。

的情况。可见，在相同 $\sum S_{\mathrm{IV}}$ 的情况下，后者的像面要平得多。

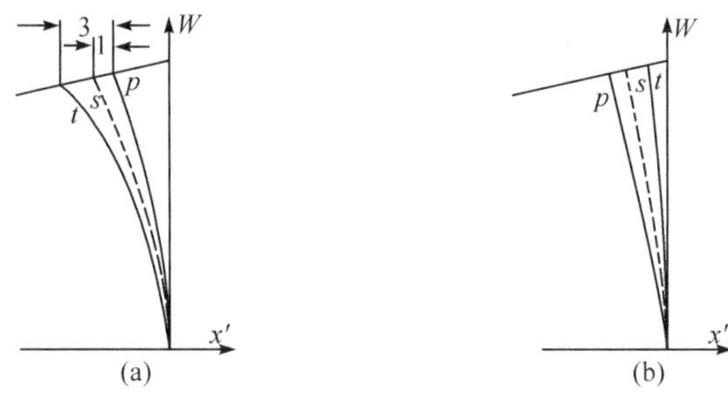

图 8-3

4. 初级畸变

只要把主光线的初值 y_1 和 $\eta_1=\xi_1=0$ 代入公式(8-10)即可求得初级畸变，当考虑公式(8-14)时，可简写为

$$\left.\begin{aligned}\delta y'_{p0}&=-\frac{1}{2n'u'}\sum S_{\mathrm{V}}\\\sum S_{\mathrm{V}}&=\sum(S_{\mathrm{III}}+S_{\mathrm{IV}})\frac{i_p}{i}\end{aligned}\right\}\tag{8-22}$$

可见初级畸变仅与视场的三次方成比例。

5. 初级位置色差

与轴上点球差一样，位置色差也可表示成级数展开式。当 h 或 u 变号时，色差不变，故展开式中只包含 h 或 u 的偶次方项；又当 $h=0$ 或 $u=0$ 时，色差不为零，故存在常数项。据此有

$$\begin{aligned}\delta L'_{ch}&=a_0+a_1h^2+a_2h^4+a_3h^6+\cdots\\\delta L'_{ch}&=b_0+b_1u^2+b_2u^4+b_3u^6+\cdots\end{aligned}\tag{8-23}$$

当孔径为零时，色差值为常数项，而近轴光的计算结果不依赖于孔径大小，所以孔径为零时的位置色差就是近轴光的位置色差，可将其归结为初级位置色差。

单个折射球面对轴上点以近轴光成像时，像的位置由式(2-11)决定。显然，二色光线的成像位置会因折射率的不同而异。由于光学介质的色散即 n_F-n_C 与折射率相比是一小量(小二、三个量级)，故二色光因色散而引起的光路差异也是一小量。这样，只要对式(2-11)进行微分就可得到初级位置色差的表达式，即

$$\frac{\mathrm{d}n'}{l'}-\frac{n'\mathrm{d}l'}{l'^2}-\frac{\mathrm{d}n}{l}+\frac{n\mathrm{d}l}{n}=\frac{\mathrm{d}n'-\mathrm{d}n}{r}$$

式中 $\mathrm{d}n'$ 和 $\mathrm{d}n$ 分别是像方和物方介质的色散，如对 F 光和 C 光计算色差，为 $\mathrm{d}n=n_F-n_C$，同理可得 $\mathrm{d}n'$；n' 和 n 为中间色光(d 光)的折射率，$\mathrm{d}l'$ 和 $\mathrm{d}l$ 即为初级位置色差。将 $\mathrm{d}l'$ 和 $\mathrm{d}l$ 用 $\delta l'_{ch}$ 和 δl_{ch} 表示，留在公式左边，其余各项移到右边，并将两边各乘以 h^2，再应用简单表达式即 $l'u'=lu=h$ 和 $i=h/r-u$，可得

$$n'u'^2\delta l'_{ch}-nu^2\delta l_{ch}=-luni\left(\frac{\mathrm{d}n'}{n'}-\frac{\mathrm{d}n}{n}\right)$$

这就是单个折射球面的初级位置色差公式。对于整个光学系统，可对每一面应用此式求和，

中间项可一一消去，最后可得

$$n'_k u'^2_k \delta l'_{ch,k} - n_1 u_1^2 \delta l_{ch,1} = -\sum luni\left(\frac{\mathrm{d}n'}{n'} - \frac{\mathrm{d}n}{n}\right) \tag{8-24}$$

或

$$\left.\begin{aligned} \delta l'_{ch,k} &= \frac{n_1 u_1^2}{n'_k u'^2_k}\delta l_{ch,1} - \frac{1}{n'_k u'^2_k}\sum C_{\mathrm{I}} \\ C_{\mathrm{I}} &= luni\left(\frac{\mathrm{d}n'}{n'} - \frac{\mathrm{d}n}{n}\right) \end{aligned}\right\} \tag{8-25}$$

这就是所要推导的初级位置色差公式。式中，C_{I} 表征在每一折射面上的色差分布，而各面分布值之和 $\sum C_{\mathrm{I}}$ 称为初级位置色差系数或第一色差和数。

如果光学系统对实际物点成像，物方色差为零，则有

$$\delta l'_{ch,k} = -\frac{1}{n'_k u'^2_k}\sum C_{\mathrm{I}} \tag{8-26}$$

6. 初级倍率色差

倍率色差是光学系统的放大率随折射面间介质的折射率变化而引起的，因此其近似表达式定可由微分折射面的放大率公式而得到。单个折射球面的放大率公式为

$$\frac{y'}{y} = \beta = \frac{nl'}{n'l}$$

先对上式取对数，然后微分得

$$\frac{\mathrm{d}y'}{y'} - \frac{\mathrm{d}y}{y} = \frac{\mathrm{d}n}{n} + \frac{\mathrm{d}l'}{l'} - \frac{\mathrm{d}n'}{n'} - \frac{\mathrm{d}l}{l}$$

上式中的 $\mathrm{d}y'$ 和 $\mathrm{d}l'$ 是由于折射率变化 $\mathrm{d}n'$ 所引起像的大小和位置的差异，具有与倍率色差和位置色差相同的意义。再将上式两边同乘以拉氏不变量 $J = n'y'u' = nyu$ 得

$$n'u'\delta y'_{ch} - nu\delta y_{ch} = \frac{n'y'u'^2\delta l'_{ch}}{h} - \frac{nyu^2\delta l_{ch}}{h} - J\left(\frac{\mathrm{d}n'}{n'} - \frac{\mathrm{d}n}{n}\right) \tag{a}$$

式中的 y'/h 和 y/h 可表示为

$$\frac{y'}{h} = \frac{(l'_p - l')u'_p}{h} = \frac{h_p}{h} - \frac{u'_p}{u'}, \quad \frac{y}{h} = \frac{h_p}{h} - \frac{u_p}{u} \tag{8-27}$$

其中 h_p/h 可利用拉氏不变量作代换，有

$$J = n(l_p - l)u_p u = nhh_p\left[\left(\frac{1}{r} - \frac{1}{l_p}\right) - \left(\frac{1}{r} - \frac{1}{l}\right)\right] = nhi_p - nh_p i$$

所以

$$\frac{h_p}{h} = \frac{i_p}{i} - \frac{J}{hni} \tag{8-28}$$

将式(8-28)代入式(8-27)，整理后再将其中的初级位置色差部分以式(8-24)代入，并将式中的 $\delta y'_{ch}$ 和 δy_{ch} 加上星号，得

$$n'u'\delta y'^{*}_{ch} - nu\delta y^{*}_{ch} = -luni_p\left(\frac{\mathrm{d}n'}{n'} - \frac{\mathrm{d}n}{n}\right) - (n'u'u'_p\delta l'_{ch} - nuu_p\delta l_{ch}) \tag{b}$$

上式中的 $\delta y'_{ch}$ 和 δy_{ch} 加上星号的原因是它们虽有二色光像高差的含义，但它们是在各自的像面上度量的。这与倍率色差的定度不符，也与使用统一像面的实际不符。同时，上式中的像高差由于受包括位置色差在内的两项因子的影响，也难以明确表示倍率色差。现在的任

务是要找出 $\delta y'^*_{ch}$ 和 δy^*_{ch} 与按原始定义的倍率色差 $\delta y'_{ch}$ 和 δy_{ch} 之间的关系。

图 8-4 表示出了像方两种色光在各自像面上和在高斯像面上的像高 y'^*_F、y'^*_C 和 y'_F、y'_C，它们都是由二色主光线与相应像面的交点高度所决定的。由图显见有

$$y'^*_F = y'_F + \Delta y'_F = y'_F - \Delta l'_F \cdot u'_{pF}$$
$$y'^*_C = y'_C + \Delta y'_C = y'_C - \Delta l'_C \cdot u'_{pC}$$

因主光线随折射率变化所引起的光路差别是一小量，上两式中的角度 u'_{pF} 和 u'_{pC} 可用中间色光的 u'_p 来代替，则上两式相减所得的关系式代入公式(b)，并考虑到物方的类似关系，可最后得到

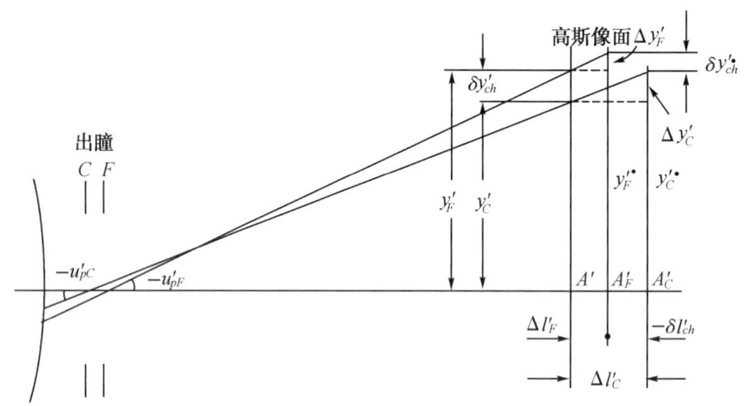

图 8-4

$$n'u'\delta y'_{ch} - nu\delta y_{ch} = -luni_p\left(\frac{dn'}{n'} - \frac{dn}{n}\right) \tag{8-29}$$

这就是单个折射球面的初级倍率色差表示式。令等号右边的表示式用 C_{II} 表示，即

$$C_{\mathrm{II}} = luni_p\left(\frac{dn'}{n'} - \frac{dn}{n}\right) = C_{\mathrm{I}}\frac{i_p}{i} \tag{8-30}$$

它表征折射球面对倍率色差的贡献大小。可见，单个折射球面的倍率色差 C_{II} 由位置色差 C_{I} 所引起，当主光线通过球心，即 $i_p=0$ 时，虽有位置色差，也不会引起倍率色差。

对于整个光学系统，可把单个球面的公式应用于每一面，然后求和。由于 $nu\delta y_{ch}$ 是转面不变量，故可得到如下简单表式：

$$n'_k u'_k \delta y'_{ch,k} - n_1 u_1 \delta y_{ch,1} = \sum C_{\mathrm{II}} \tag{8-31}$$

$\sum C_{\mathrm{II}}$ 称为初级倍率色差系数或第二色差和数。各面的初级倍率色差分布值按(8-30)式计算。如果系统对实际物体成像，则有

$$\delta y'_{ch} = -\frac{1}{n'_k u'_k}\sum C_{\mathrm{II}} \tag{8-32}$$

由以上公式可见，初级倍率色差仅与视场的一次方成比例，这表示光学系统在视场不大时，就会受到倍率色差的有害影响。

由上可知，光学系统的七种初级像差，分别被七个和数所决定。将它们的计算公式汇总如下：

单色像差：

球差　$\delta L'_0 = -\frac{1}{2n'u'^2}\sum S_{\mathrm{I}}$，　$S_{\mathrm{I}} = luni(i-i')(i'-u)$

弧矢彗差　$K_{S0} = -\frac{1}{2n'u'}\sum S_{\mathrm{II}}$，　$S_{\mathrm{II}} = S_{\mathrm{I}}\frac{i_p}{i}$

像散　$x'_{sp} = -\frac{1}{2n'u'^2}\sum S_{\mathrm{III}}$，　$S_{\mathrm{III}} = S_{\mathrm{II}}\frac{i_p}{i}$

像面弯曲　$x'_p = -\frac{1}{2n'u'^2}\sum S_{\mathrm{IV}}$，　$S_{\mathrm{IV}} = J^2\frac{n'-n}{n'nr}$　(8-33)

畸变　$\delta y'_p = -\frac{1}{2n'u'}\sum S_{\mathrm{V}}$，　$S_{\mathrm{V}} = (S_{\mathrm{III}}+S_{\mathrm{IV}})\frac{i_p}{i}$

色差：

位置色差　$\delta l'_{ch} = -\frac{1}{n'u'^2}\sum C_{\mathrm{I}}$，　$C_{\mathrm{I}} = luni(\frac{\mathrm{d}n'}{n'}-\frac{\mathrm{d}n}{n})$

倍率色差　$\delta y'_{ch} = -\frac{1}{n'u'}\sum C_{\mathrm{II}}$，　$C_{\mathrm{II}} = C_{\mathrm{I}}\frac{i_p}{i}$

8.2　薄透镜与薄系统的初级球差和初级彗差

光学系统无论视场大小，都有必要考虑球差。在设计之初总希望找到一种球差较小的结构。对于薄透镜来说，可以通过用结构参数表示球差，了解其球差特征。

对于单薄透镜，当光焦度 ϕ 一定时，两个面的曲率中仅一个为自由变数，且 l_1 和 l'_2 也有一定的关系。若以 ρ_1、ρ_2、σ_1 和 σ'_2 分别表示 r_1、r_2、l_1 和 l'_2 的倒数，则可将单个薄透镜的初级球差最终表示成结构参数的函数，即

$$\delta L'_0 = -\frac{1}{2n'u'^2}h^4 A \tag{8-34}$$

其中

$$A = \frac{n+2}{n}\phi\rho_1^2 - \left(\frac{2n+1}{n-1}\phi^2 + \frac{4n+4}{n}\phi\sigma_1\right)\rho_1 + \frac{3n+1}{n-1}\phi^2\sigma_1 + \frac{3n+2}{n}\phi\sigma_1^2 + \frac{n^2}{(n-1)^2}\phi^3 \tag{8-35a}$$

或

$$A = \frac{n+2}{n}\phi\rho_2^2 + \left(\frac{2n+1}{n-1}\phi^2 - \frac{4n+4}{n}\phi\sigma'_2\right)\rho_2 - \frac{3n+1}{n-1}\phi^2\sigma'_2 + \frac{3n+2}{n}\phi\sigma'^2_2 + \frac{n^2}{(n-1)^2}\phi^3 \tag{8-35b}$$

由以上公式可见，薄透镜的初级球差除与物体位置、透镜的折射率有关外，还与透镜的形状有关。对于给定折射率和物体位置的透镜，如保持光焦度不变而改变其形状，其初级球差按抛物线变化。这种保持光焦度不变而改变透镜形状的做法称整体弯曲。

将式(8-35a)代入式(8-34)并求 $\delta L'_0$ 对 ρ_1 的一阶导数和二阶导数可知，当

$$\rho_{10} = \frac{(2n+1)n}{2(n+2)(n-1)}\phi + \frac{2(n+1)}{n+2}\sigma_1 \tag{8-36}$$

时，球差为极值。

球差具极值时的透镜称**最佳形状透镜**。由式(8-36)可导出，当物体位于无穷远时，有

$$\rho_{10}=\frac{(2n+1)n}{2(n+2)(n-1)}\phi \tag{8-37}$$

$$\delta L_0'=-\frac{h^2}{8f'}\cdot\frac{n(4n-1)}{(n-1)^2(n+2)} \tag{8-38}$$

上式对于正透镜为极大值，对于负透镜为极小值。故正透镜恒产生负球差，负透镜恒产生正球差。图 8-5 画出了正透镜的球差值当 $n=1.5$ 时与其形状的关系，请读者对负透镜画出类似的图形。消去 ϕ 可得

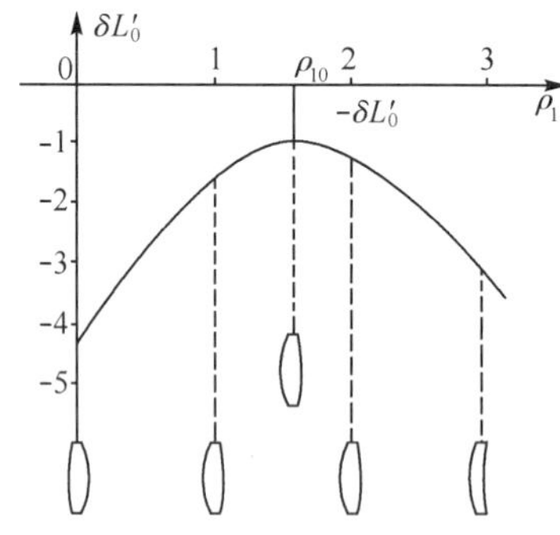

图 8-5

$$\frac{\rho_1}{\rho_2}=\frac{n(2n+1)}{2n^2-n-4}=\frac{r_2}{r_1} \tag{8-39}$$

根据上式，只有 $n=1.68614$ 的玻璃，其最佳形状是严格的凸面朝向物体的平凸透镜。但对于一般应用于可见光波段的光学玻璃，在 $l=\infty$时，凸面朝向物体的平凸透镜虽非严格的最佳形状，但其球差已接近最小值。因此当仅需用单透镜对无穷远物体成像时，取平凸透镜为最佳。还可见，当 h 和 f'一定时，透镜的球差随折射率的增大而减小，这是因为高折射率使透镜表面半径增大而减小折射面相对孔径之故。对于应用于其他波段的材料，n 值将远离 1.68614，此时的最佳形状请读者自行考虑。

此外，判别透镜的形状是否最佳还有一个简单的方法，即当透镜的形状恰使入射和出射光线对透镜对称时，所产生的球差为最小。这是因为光线正处于最小偏角状态之故。此时，两个面的球差贡献几乎相同。按此易知，当以负 1 倍的倍率成像时，以等半径的双凸透镜为最佳；物位置接近焦平面时，以平面朝向物体的平凸透镜最优。例如照明用聚光镜系统，常采用如图 8-6 所示的形式。

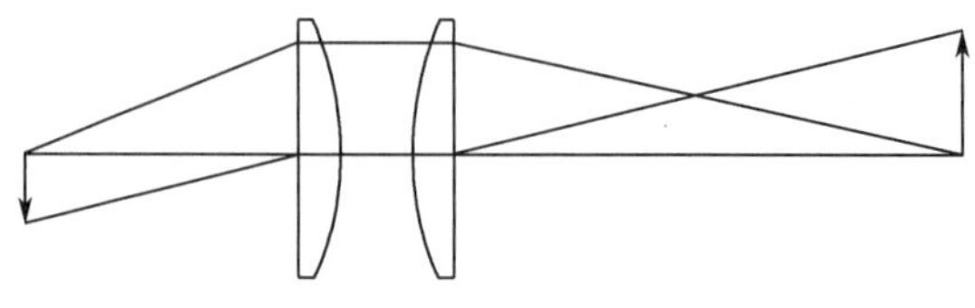

图 8-6

以上是单薄透镜的情况，对于薄透镜系统，可将其初级球差表示式写成

$$\delta L_0' = -\frac{1}{2n'u'^2}\sum S_{\mathrm{I}} = -\frac{1}{2n'u'^2}\sum h^4 A \tag{8-40}$$

式(8-40)是初级球差按透镜分布的表示式，其中，A 是每个透镜的结构参数的函数，按照式(8-35)计算。对于相接触的薄透镜系统，光线在各透镜上的高度相等。

式(8-42)可用于求解薄透镜系统的初始结构。下面讨论两种最常见的情况。

(1)双胶合透镜组：有三个折射面，当二透镜的光焦度 ϕ_{I} 和 ϕ_{II} 根据色差要求分配确定(详见色差章)后，仅留下一个自由变数。通常选择胶合面的曲率 ρ_2 作为变量，得双胶合透镜组的初级球差公式为

$$\begin{aligned}\delta L_0' &= -\frac{1}{2n'u'^2}[A_{\mathrm{I}}(n_{\mathrm{I}},\phi_{\mathrm{I}},\rho_2,\sigma_{\mathrm{I}}')+A_{\mathrm{II}}(n_{\mathrm{II}},\phi_{\mathrm{II}},\rho_2,\sigma_{\mathrm{II}})]\\ &= a\rho_2^2+b\rho_2+c\end{aligned}\tag{8-41}$$

不论是要求消球差，还是要求补偿系统中其他光学零件产生的球差，都可应用上式根据具体要求解得双胶合镜组的 ρ_2。当然，先决条件是 $b^2-4a(c-\delta L_0')\geqslant 0$，这取决于玻璃对的挑选是否合理。

(2)微小间隙的双分离镜组：由正、负透镜共四个折射面组成。当二透镜的光焦度 ϕ_{I} 和 ϕ_{II} 确定后，还有两个自由变数，二透镜可各自作整体弯曲。一般取 ρ_1 和 ρ_3 作为变量，得

$$\begin{aligned}\delta L_0' &= -\frac{1}{2n'u'^2}[A_{\mathrm{I}}(n_{\mathrm{I}},\phi_{\mathrm{I}},\rho_2,\sigma_{\mathrm{I}})+A_{\mathrm{II}}(n_{\mathrm{II}},\phi_{\mathrm{II}},\rho_3,\sigma_{\mathrm{II}})]\\ &= a_1\rho_1^2+a_2\rho_3^2+b_1\rho_1+b_2\rho_3+c\end{aligned}\tag{8-42}$$

式中 σ_2 可由 σ_1 和 ϕ_{I} 决定。多余的一个变量可用来校正另一种像差。

类似于初级球差系数，初级彗差系数也可表示成与薄透镜系统结构参数相关联的有用表达式。其中 $\sum S_{\mathrm{II}}$ 可表达成

$$\sum S_{\mathrm{II}} = \sum h^3 h_p Q Q_p \Delta\frac{1}{nl} \tag{8-43}$$

式中，h_p 是第二近轴光在表面上的高度，Q_p 是第二近轴光的阿贝不变量。后者可用拉氏不变量 J 和 Q 表出，有

$$J = hh_p(Q_p - Q)$$

所以

$$Q_p = \frac{J}{hh_p}+Q \tag{8-44}$$

将其代入公式(8-43)得

$$\sum S_{\mathrm{II}} = \sum h^3 h_p Q^2\Delta\frac{1}{nl} + J\sum h^2 Q\Delta\frac{1}{nl} \tag{8-45}$$

可见，对于接触薄透镜系统，上式右面第一项表征球差。因此，当其为消球差镜组或光阑与之重合时，该项为零，$\sum S_{\mathrm{II}}$ 仅余第二项，再令 $\sum Q\Delta\frac{1}{nl} = B$，可得消球差的或光阑与之重合的薄镜组的初级彗差系数为

$$\sum S_{\mathrm{II}} = Jh^2 B \tag{8-46}$$

所以，只要 $B=0$，就能使初级彗差为零。

对于单个薄透镜，类似于推导薄透镜的初级球差公式(8-35)，可将 B 表示成 ϕ、n、σ_1 和 ρ_1 或 ϕ、n、σ'_2 和 ρ_2 的函数，即

$$B=\frac{n+1}{n}\phi\rho_1-\frac{2n+1}{n}\phi\sigma_1-\frac{n}{n-1}\phi^2 \tag{8-47}$$

$$B=\frac{n+1}{n}\phi\rho_2-\frac{2n+1}{n}\phi\sigma'_2+\frac{n}{n-1}\phi^2 \tag{8-48}$$

可见，当对与光阑重合的单薄透镜作整体弯曲时，B 呈线性变化，故单透镜总存在消初级彗差的解。

对于双胶合镜组，当以胶合面作为变量时，可对第一透镜应用式(8-48)，对第二透镜应用式(8-47)，有

$$\sum S_{\text{II}} = Jh^2[B_{\text{I}}(n_{\text{I}},\phi_{\text{I}},\sigma'_{\text{I}},\rho^2)+B_{\text{II}}(n_{\text{II}},\phi_{\text{II}},\sigma_{\text{II}},\rho_2)] \tag{8-49}$$

可见，对一定位置的物体，双胶合物镜的初级彗差是胶合面曲率的线性函数，因此总能利用整体弯曲使其为零或某一保留值。然而，若与球差方程(8-41)结合起来考虑，一般就不能同时满足。但如果双胶合镜组的玻璃挑选恰当，两公式有可能同时满足。这样的双胶合组可在小视场系统，如望远镜和低倍显微镜中独立作为物镜之用。

8.3 薄透镜与薄系统的初级色差

在 1670 年到 1672 年间，牛顿进行了棱镜色散实验，并且认为任何折射式望远镜都无法消除色差的影响，因此发明了反射式牛顿望远镜。此后欧拉①也研究了色差现象，并提出了研制消色差透镜的建议，而霍尔②和多兰德③先后发明的消色差透镜证明通过不同材料的组合可以实现消色差，成为光学技术的一个转折点。下面我们根据初级色差公式研究薄透镜与薄系统的色差性质。

按式(8-25)便于对已知结构参数的光学系统进行色差计算，但不能用来求取满足色差要求的初始解。为此，需把色差公式表示成按透镜分布的形式。对于薄透镜系统，这种公式具有十分简单的形式和重要的实用意义。

对于单个薄透镜，对各个面应用公式(8-25)并结合式(2-5)可导出

$$C_{\text{I}}=h^2\frac{\phi}{\nu} \tag{8-50}$$

因此，单块薄透镜所产生的色差为

$$\delta l'_{ch}=-\frac{1}{n'u'^2}C_{\text{I}}=-l'^2\frac{\phi}{\nu} \tag{8-51a}$$

若透镜对无穷远物体成像，则色差为

---

① 欧拉(Leonhard Euler，1707—1783)，瑞士数学家、物理学家，第一个使用“函数”描述包含参数的表达式，刚体力学和流体力学奠基者。

② 霍尔(Chester Moore Hall，1703—1771)，英国律师、业余数学家，于 1730 年前后发现火石和冕牌玻璃的消色差组合。

③ 多兰德(John Dollond，1706—1761)，英国光学仪器制造商，1758 年制作了消色差物镜。

$$\delta l'_{ch}=-\frac{f'}{\nu} \tag{8-51b}$$

可见，薄透镜的初级位置色差仅由透镜的光焦度和材料决定，而与透镜的形状无关；正透镜总产生负色差，负透镜总产生正色差；对于同一透镜，色差还与物体位置有关。

对于薄透镜系统，其位置色差系数为

$$\sum C_{\mathrm{I}} = \sum h^2 \frac{\phi}{\nu} \tag{8-52}$$

式中，$\sum$ 表示以透镜为单位连加。从上式可见，在光学系统中，各透镜对色差的贡献除与本身的光焦度大小和阿贝常数有关外，还与它在光路中所处的位置有关。同一透镜，当处于光线入射高度 h 大的位置，色差贡献就大，反之亦然。处于像面上的透镜，如场镜，对色差无贡献。

从公式(8-51)可见，在对系统的各透镜选定玻璃以后，消色差问题将转化为在满足总光焦度的前提下，如何合理分配各透镜的光焦度问题。下面就常见的几种情况进行讨论。

1. 双胶合或微小空气隙的双分离镜组

对于这种系统，应联立消色差条件和总光焦度两个方程求取各透镜的光焦度，即

$$\frac{\phi_1}{\nu_1}+\frac{\phi_2}{\nu_2}=0$$

$$\phi_1+\phi_2=\phi$$

式中，ϕ_1 和 ϕ_2 是各块透镜的光焦度。解得

$$\left.\begin{aligned}\phi_1&=\frac{\nu_1}{\nu_1-\nu_2}\phi\\ \phi_2&=-\frac{\nu_2}{\nu_1-\nu_2}\phi\end{aligned}\right\} \tag{8-53}$$

由上式可知：

1)具有一定光焦度的双胶合或双分离透镜组，只有用两块不同玻璃制造的正负透镜组合才能消色差。为使二透镜的光焦度不致太大，两种玻璃的阿贝常数之差应尽可能大，通常选用冕牌玻璃和火石玻璃组合而成。

2)若光组为正，则不论正透镜在前还是负透镜在前，正透镜必须用冕牌玻璃，负透镜必须用火石玻璃；反之，负光组时正透镜须用火石玻璃，负透镜须用冕牌玻璃。

3)如二透镜用同种玻璃，必须满足 $\phi_1=\phi_2$，得到无光焦度系统。这种系统可在消色差的情况下，产生单色像差，具有实际应用。例如可在折反射系统中补偿反射球面的像差。

例：若要设计一个焦距为 100mm 的双胶合望远镜物镜，选用的玻璃为 K9 和 ZF2，其阿贝常分别为 64 和 32.2，取正透镜在前的形式，则按(8-53)式可求得消色差解为

$$\phi_1=0.02013,f'_1=49.68;\phi_2=-0.01013,f'_2=-98.76$$

如果进一步考虑消球差，可用公式(8-41)求曲率半径。

有时物镜需要保留一部分色差，以便与其他光学零件的色差相抵消。如双筒棱镜望远镜物镜后面的转像棱镜，要产生 0.402mm 的正色差，物镜必须保留等值的负色差来补偿，此时物镜应满足 $\sum C_{\mathrm{I}}=-n'u'^2\delta l'_{ch}$，再与 $\phi_1+\phi_2=\phi$ 联立，可得

$$\left.\begin{aligned}\phi_1&=\frac{\nu_1}{\nu_1-\nu_2}\phi(1+\nu_2\phi\delta l'_{ch})\\ \phi_2&=-\frac{\nu_2}{\nu_1-\nu_2}\phi(1+\nu_1\phi\delta l'_{ch})\end{aligned}\right\}\tag{8-54}$$

可见，当 $\phi>0$ 时，负的保留色差将使 ϕ_1 和 ϕ_2 之值比消色差时为小，正的保留色差将使二值增大。物镜后有相当大厚度的平行平板时，属前种情况，是有利的。显然，(8-53)式是(8-54)式当 $\delta l'_{ch}=0$ 时的特殊情况，公式(8-54)更具普遍意义。对于上述双胶合物镜，如需保留 -0.402mm 的色差，得解为

$$\phi_1=0.017524,f'_1=57.064,\phi_2=-0.007524,f'_2=-132.91$$

2.具有一定间隔的双薄透镜系统

这种系统，光线在二透镜上的高度不等，其消色差条件和光焦度分配公式应为

$$h_1^2\frac{\phi_1}{\nu_1}+h_2^2\frac{\phi_2}{\nu_2}=0\tag{a}$$

$$h_1\phi_1+h_2\phi_2=h_1\phi\tag{b}$$

如果物体在无穷远，根据公式(4-38)，上式中的高度比 $h_2/h_1=1-d\phi_1$，与以上两式综合后可得二次方程

$$\nu_1 d\phi_1^2+(\nu_2-\nu_1-\nu_1 d\phi)\phi_1+\nu_1\phi=0\tag{8-55}$$

据此可解得 ϕ_1 和 ϕ_2。由(a)式可知，二者必是异号的，图 8-7 即为一种可能。当然，间隔 d 必须使方程(8-55)的判别式 $\Delta>0$ 才是有解的。

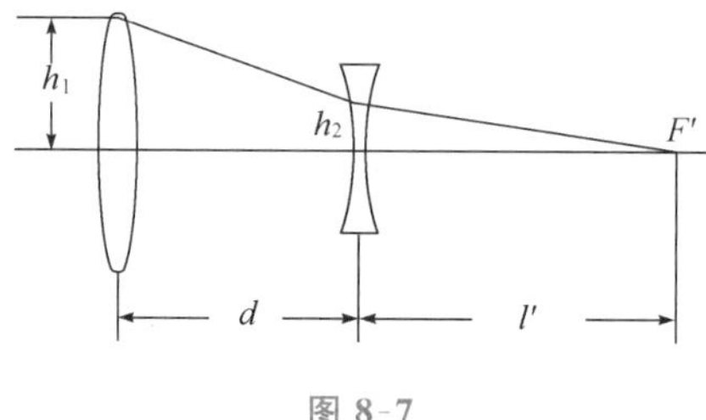

图 8-7

例如，仍以 K9 和 ZF2 玻璃设计一个焦距为 100mm 的分离双透镜消色差系统，从式(8-55)可得

$$64d\phi_1^2+(32.2-64-64\times0.01d)\phi_1+64\times0.01=0$$

分析此方程的判别式得，只有当 $d\leqslant8.45$ 时才有解，现以 $d=8$ 为例求解之，得 $\phi_1=0.04312$ 或 0.02899，取后者继续计算，得 $h_2/h_1=0.7681$，代入(b)式得 $\phi_2=-0.02472$。

此例条件与前一种情况完全一样，但所得的消色差解 ϕ_1 和 ϕ_2 要较前例大得多。所以，消色差双透镜分离的结果，导致各透镜光焦度的显著增大，是不利的。

再考虑薄透镜的倍率色差，在公式(8-30)中，以式(8-28)中的 i_p/i 代入可得

$$C_{\mathrm{II}}=h_p ni\left(\frac{\mathrm{d}n'}{n'}-\frac{\mathrm{d}n}{n}\right)+J\left(\frac{\mathrm{d}n'}{n'}-\frac{\mathrm{d}n}{n}\right)$$

将其应用于单个薄透镜，因有 $h_{p1}=h_{p2}=h_p,h_1=h_2=h,\mathrm{d}n'_2=\mathrm{d}n_1=0$，并将单个薄透镜 C_{I} 的表示式(8-51)代入，可得

$$C_{\mathrm{II}}=hh_p\frac{\phi}{\nu}\tag{8-57}$$

这就是单个薄透镜的初级倍率色差系数表示式。对于薄透镜系统，将上式对各透镜求和即得

$$\sum C_{\mathrm{II}} = \sum hh_p \frac{\phi}{\nu} \tag{8-58}$$

下面就几种常见情况进行讨论。

1. 接触薄透镜系统

这种系统，可认为光线在各透镜上的高度相等，$\sum C_{\mathrm{II}}$ 可表示为

$$\sum C_{\mathrm{II}} = hh_p \sum \frac{\phi}{\nu} \tag{8-59}$$

校正倍率色差的条件也是 $\sum \frac{\phi}{\nu} = 0$，这与接触薄系统校正位置色差的条件全同。即接触薄透镜系统在校正位置色差的同时，倍率色差也得到了校正。另外还可知道，这种系统当光阑与之重合，即 $h_p=0$ 时，不管其位置色差如何，倍率色差都不会产生。

2. 具有一定间隔的双透镜系统

这种系统常用作简单目镜，因其视场较大，须校正倍率色差。目镜中，两条近轴光线的光路大体如图 8-8 所示，即第一近轴光线平行入射，第二近轴光线近似平行出射。按公式(8-59)，其校正倍率色差的条件可写成

$$\frac{h_{p1}}{h_{p2}}\frac{\phi_1}{\nu_1}+\frac{h_2}{h_1}\frac{\phi_2}{\nu_2}=0$$

式中，两条近轴光线在二透镜上的高度比，按公式(4-38)有

$$\frac{h_2}{h_1}=1-d\phi_1, \qquad \frac{h_{p1}}{h_{p2}}=1-d\phi_2$$

由此可得校正倍率色差的条件。考虑到系统总光焦度 ϕ 及 l_2' 或 l_{p1} 的要求，可得方程组

$$(1-d\phi_2)\frac{\phi_1}{\nu_1}+(1-d\phi_1)\frac{\phi_2}{\nu_2}=0 \tag{a}$$

$$\phi_1+\phi_2-d\phi_1\phi_2=\phi \tag{b}$$

$$l_2'=(1-d\phi_1)f', \quad l_{p1}=-(1-d\phi_2)f' \tag{c}$$

由给定的 ϕ 和 l_2' 或 l_{p1} 再根据选定的玻璃，即可求出系统校正倍率色差的解。

如果两透镜选用同种玻璃，由(a)式可得

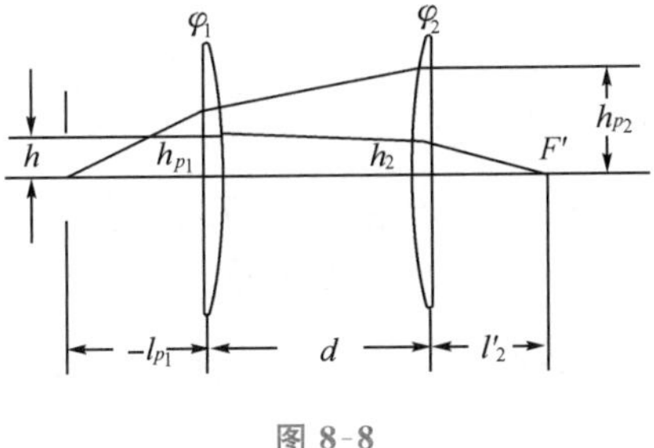

图 8-8

$$d=\frac{\phi_1+\phi_2}{2\phi_1\phi_2} \quad 或 \quad d=\frac{1}{2}(f_1'+f_2')$$

于是，其光焦度 ϕ_1 和 ϕ_2 与总光焦度之间满足关系

$$\phi=\frac{\phi_1+\phi_2}{2}$$

生物显微镜中普遍采用的惠更斯①目镜就是满足以上条件的消倍率色差的目镜。

3. 同时校正位置色差和倍率色差的分离薄透镜系统

将这种系统校正两种色差的条件联立得

$$\left(\frac{\phi_1}{\nu_1}+\frac{\phi_2}{\nu_2}\right)+\left(\frac{h_{\text{II}}}{h_{\text{I}}}\right)^2\left(\frac{\phi_3}{\nu_3}+\frac{\phi_4}{\nu_4}\right)=0$$

$$\left(\frac{\phi_1}{\nu_1}+\frac{\phi_2}{\nu_2}\right)+\frac{h_{\text{II}}h_{p\text{II}}}{h_{\text{I}}h_{p\text{I}}}\left(\frac{\phi_3}{\nu_3}+\frac{\phi_4}{\nu_4}\right)=0$$

比较两公式可知，因比值 $h_{p\text{II}}/h_{p\text{I}}$ 不可能与 $h_{\text{II}}/h_{\text{I}}$ 相等，故两式同时满足的条件只可能是

$$\frac{\phi_1}{\nu_1}+\frac{\phi_2}{\nu_2}=0 \quad \text{和} \quad \frac{\phi_3}{\nu_3}+\frac{\phi_4}{\nu_4}=0$$

这就是说，由若干个接触镜组分离的复杂系统，若要同时校正位置色差和倍率色差，必须每一镜组本身校正位置色差。

最后须指出，本节所讨论的校正色差只是初级量，如消位置色差只对近轴光而言，这与实际上希望对带光消色差的要求不符。此外，当由薄透镜变到一定厚度的实际透镜时，也会引入些许色差变化，包括位置色差和倍率色差。所以本方法求得的只是近似的消色差解，在设计过程中还要对它进行精确的校正。

8.4 二级光谱

消色差系统只能对两种色光校正位置色差，它们的公共焦点或像点相对于中间色光的焦点或像点仍有偏离。这种偏离称为**二级光谱(second order spectrum)**。对于成像波段较宽的光学系统，二级光谱的存在将使它不能给出无色的高品质像。但由于校正二级光谱非常困难，只有对成像和清晰度要求特别高的系统，如研究用显微镜物镜、长焦距平行光管等，才设法予以校正或减少。这种对三种色光校正位置色差的系统称为**复消色差光学系统(apochromatic system)**。

光学系统对 C 光和 F 光校正了位置色差以后，其公共焦点至中间色光(设为 D 光)焦点间的距离可由位置色差系数 $\sum C_{\text{I}}^{F,D}$ 决定，即

$$\sum C_{\text{I}}^{F,D}=\sum h^2\frac{\phi}{\nu_{F,D}}=\sum h^2\frac{\phi}{\nu}\frac{n_F-n_D}{n_F-n_C} \tag{8-59}$$

式中，$(n_F-n_D)/(n_F-n_C)$ 是玻璃的部分色散系数或相对色散，以带注脚的 P 表示。如 $P_{F,D}$ 表示 F 光与 D 光间的相对色散。按此，光学系统校正二级光谱的条件是

$$\sum C_{\text{I}}^{F,D}=\sum h^2\frac{\phi}{\nu}P_{F,D}=0 \tag{8-60a}$$

或一般地写成

① 惠更斯(Christiaan Huygens，1629—1695)，荷兰物理学家、天文学家、数学家，光的波动学说代表人物，在数学、天文学、光学和力学等领域均有杰出成就。

$$\sum C_{\mathrm{I}}^{\lambda1,\lambda2} = \sum h^2 \frac{\phi}{\nu_{\lambda1,\lambda3}} P_{\lambda1,\lambda2} = 0 \tag{8-60b}$$

将此式与消色差条件 $\sum h^2(\phi/\nu)=0$ 比较可知，校正二级光谱的条件是各块透镜的玻璃有相同的相对色散。但是，现在尚没有相对色散相同而阿贝常数又相差较大的常用光学玻璃，上述条件是满足不了的。这就是光学系统校正二级光谱非常困难的原因。

列出双胶合物镜复消色差的条件可知，条件(8-60a)总得不到满足，一定存在二级光谱。根据消色差解，可得二级光谱值为

$$\sum C_{\mathrm{I}}^{F,D} = \left(\frac{h}{f'}\right)^2 f' \frac{P_{FD1}-P_{FD2}}{\nu_1-\nu_2} \tag{8-61}$$

可见，双胶合镜组的二级光谱与结构参数无关，在焦距一定时，仅由两块玻璃的相对色散差与阿贝常数之比值所决定。

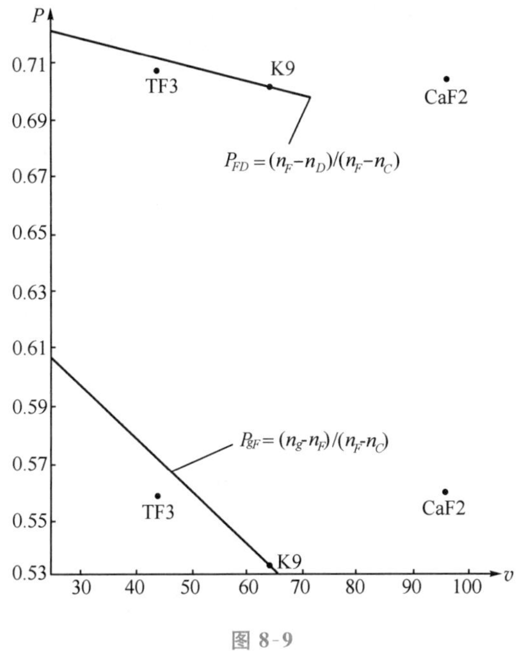

图 8-9

光学玻璃的相对色散随阿贝常数而异，两者的关系在 $P\sim\nu$ 图中可明显地表示出来。如把所有玻璃画在这种图上，则可发现，对同一对色光的相对色散而言，$P\sim\nu$ 的关系近乎线性，如图 8-9 所示。对于图中所画两对色光的相对色散，其与 ν 之间的直线方程为

$$\begin{aligned} P_{F.D} &= K_{F.D} - 0.00052\nu \\ P_{g.F} &= K_{g.F} - 0.00185\nu \end{aligned} \tag{8-62}$$

显然，式(8-61)中，反映二级光谱大小的因子 $(P_{FD1}-P_{FD2})/(\nu_1-\nu_2)$，就是玻璃直线的斜率，因此，双胶合镜组的 D 光相对于 F 光的二级光谱为

$$\delta l'^{FD}_{ch} = 0.00052 f'$$

这进一步揭示，一定焦距的双胶合物镜，其二级光谱不仅与结构参数无关，而且对各种玻璃组合都差不多是一个常量。这是由普通光学玻璃的特性所决定的。

但是也有少数特种玻璃，如 TF3 等，在 $P\sim\nu$ 图中离开直线相对较远，用它来与常用的

K9 玻璃组成双胶合物镜，二级光谱可减小 1/3。先列出这对玻璃的有关数据：

K9：$n_D=1.51630$，$n_F-n_C=0.00806$，$\nu=64.1$，$n_F=1.52196$；

TF3：$n_D=1.61230$，$n_F-n_C=0.01389$，$\nu=44.1$，$n_F=1.62214$。

则 $P_{FD1}=0.7022$，$P_{FD2}=0.7084$，按公式(8-61)可得 $\delta l'^{FD}_{ch}=0.00031f'$。

特别值得指出，利用萤石(CaF_2)作透镜材料，可以很好地校正二级光谱，其常数为：$n_D=1.43385$，$n_F-n_C=0.00454$，$\nu=95.56$，$n_F=1.43705$。它在 $P\sim\nu$ 图中远离直线，决定了它在二级光谱校正方面的重要意义。例如用它和 TF3 组合时，其二级光谱为 $0.0000700f'$。但具有良好光学均匀性的大块萤石价格贵且加工成本高，一般只能用它来设计制造复消色差显微物镜。

如果双透镜分离，可以证明，反而会导致二级光谱的增大。所以实际上，可能实现的长焦距复消色差物镜，只能用三块透镜组合而成，并且只能有相当小的相对孔径。三块透镜的玻璃在 $P\sim\nu$ 图上应包围成尽可能大的三角形面积。

只要拥有玻璃折射率计算所需参数，就可以自编程序画出 $P\sim\nu$ 图。一些玻璃厂家也会为用户提供 $P\sim\nu$ 图，图 8-10 就是德国 Schott 公司提供的 $PgF\sim\nu$ 图。

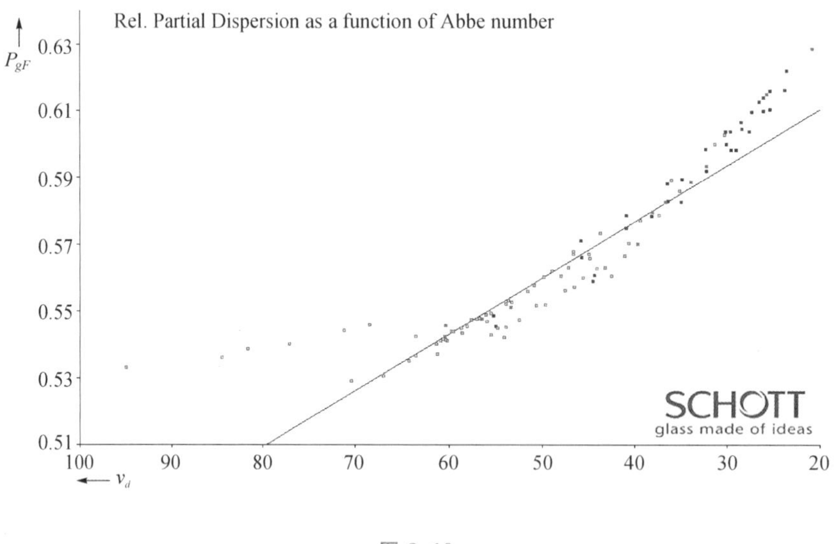

图 8-10

用普通光学玻璃达到复消色差目的的另一途径是应用等效透镜。由两块适当的玻璃透镜组成的镜组在给定光焦度时，其等效阿贝常数和等效相对色散值有别于普通玻璃所具有的线性关系。但用此方法设计成的复消色差系统，将会有比较复杂的结构。

日本的 Sumita 公司制造了一种可以取代萤石的新型超低色散光学玻璃 CaFK95，其光学常数几乎与萤石相同。另外，德国 Schott 玻璃厂的 FK 类和 KZFS 类，我国成都光明的部分具有特殊色散的玻璃也是校正二级光谱的上好材料，使设计复消色差系统具有更广泛的前景。

8.5　光学系统消像差谱线的选择

绝大部分光学系统用于对复色光或白光成像。由于光学系统不可能对各种色光同时校正好像差，这样就有一个应对什么波长的色光校正像差的问题。

光学系统消像差谱线的选择，要取决于光学系统的使用条件、光源的发光特性和接收器的特性。一般而言，光学系统应对有效成像波段内，对接收器最灵敏波长的色光校正单色像差，对有效波段的二边缘色光校正色差。在实际设计时，应尽可能取与所选波长最相近的夫琅和费谱线作为具体的消像差谱线。这样，可直接从玻璃目录中查取所用玻璃的折射率。下面列举几种常用光学系统的消像差谱线。

(1)目视光学系统：对于眼睛，有效谱段是红光(C 线)和蓝光(F 线)间的光谱区域，故目视系统总对 F 光和 C 光校正色差，对其中间的 D 光或 d 光校正单色像差。常用光学玻璃数据库中的阿贝常数值就是根据 d、F 和 C 这三种谱线的折射率给出的。但实际上，对人眼最灵敏的波长是 555nm，与其最靠近的谱线并非 D 线(589.3nm)或 d 线(587.6nm)，而是 e 线(546.1nm)。因此，对于目视系统还是选 e 线校正单色像差为佳。

(2)胶片相机光学系统：考虑到照相乳剂的光谱灵敏度，普通照相系统一般对 D 光和 g 光校正色差，对 F 光校正单色像差。设计时，玻璃的有关光学常数应根据这三种谱线计算。但实际上，各种照相乳剂的光谱灵敏度差别很大，并且常用目视方法调焦，也可选用与目视系统一样的谱线。不过考虑到照相底片的全色性，应适当兼顾 g 线的像差，使之不要过大。

(3)数码照相系统：数码照相系统范围很广，它是用光电探测器件如 CCD 或 CMOS 作为接收器的成像系统，拍摄波段也不限于可见光。通常以拍摄波段的中心波长作为主色光，对靠近成像光谱两端的特征波长校正色差。普通数码照相系统仍以拍摄可见光照片为目的，一般选用 d 光、F 光和 C 光，并适当兼顾 g 光。CCD 或 CMOS 的光谱灵敏度曲线与人眼不同，为了得到与人眼看起来比较一致的照片，一般需要做低通滤波和红外截止处理。

(4)不需调焦的照相系统：属这一类的有天文摄影和航空摄影系统。考虑到大气的性质和不需调焦的特点，通常对 h 光和 F 光校正色差，对 G' 光校正单色像差。

(5)特殊光学系统：近代仪器应用范围已扩展到可见光谱区域之外，如红外或紫外光学系统。设计这种系统时，已无与消像差的波长相应的谱线可供选择。如系统应用于自 λ_1 至 λ_2 的光谱区域，则计算时应取 λ_1 和 λ_2 作为校正色差的谱线，取中间色光来校正单色像差。三种色光的折射率可利用色散公式求得。

8.6　平行平板的初级球差与初级色差

光学系统中常用于转像或转折光轴的反射棱镜，相当于具有一定厚度的平行平板。在 3.2 节中已经知道，中心在光轴上的同心光束入射于与光轴垂直的平行平板时，与光轴成不同角度的光线经其折射以后，具有不同的轴向位移。这就是平行平板的球差。显然，它就是实际光线与近轴光线的轴向位移量之差，如图 8-11 所示，即

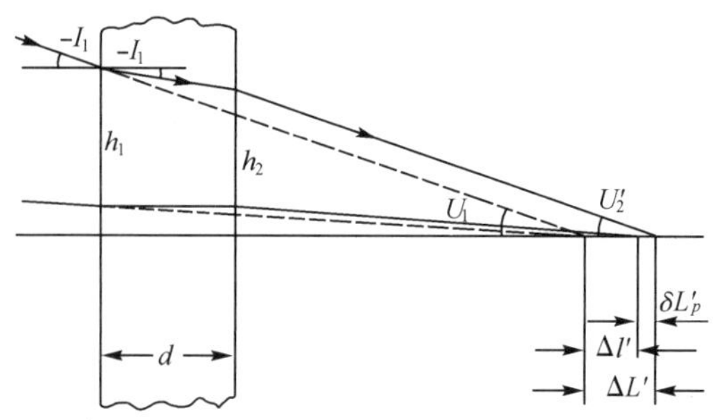

图 8-11

$$\delta L'_p = \Delta L' - \Delta l'$$

将公式(3-4)和(3-1)代入得

$$\delta L'_p = (1 - \frac{\cos I_1}{\cos I'_1})\frac{d}{n} \tag{8-63}$$

即为平行平板的实际球差公式。式中 I_1 即为该光线的孔径角 U_1。

平行平板的初级球差公式可从一般公式(8-3)和(8-4)推出,有

$$\sum S_{\mathrm{I}} = -\frac{n^2-1}{n^3}du_1^4 \tag{8-64}$$

$$\delta L_p{}' = -\frac{1}{2n_2{}'u'^2_2}\sum S_{\mathrm{I}} = \frac{n^2-1}{2n^3}du_1^2 \tag{8-65}$$

可见,平行平板恒产生正球差,其大小随平板厚度 d 和入射光束孔径角 U_1 的增大而增大。平板只有当处于 $U_1=0$ 的平行光束中才不会产生球差。

例如,在图 6-11 所示的双筒棱镜望远镜中,若物镜的相对孔径为 1/3.5,两块转像棱镜相当于厚度为 86mm 的平行平板,其折射率为 1.5696,则按公式(8-65)和(8-63)可算出此平板产生的初级球差和实际球差分别为 0.3322 和 0.3360。此时高级球差很小。但该物镜系统的球差容限为 0.0272,因此物镜须保留−0.33 的球差来与之补偿。

同理,在数值孔径为 0.65 的显微物镜的发散光束中,由 0.17mm 厚的盖玻片所产生的初级球差和实际球差分别为 0.0134mm 和 0.0178mm,均已超过物镜的球差容限,且高级球差也大。所以,在大孔径高倍显微物镜中,盖玻片应作为物镜的一个光学零件来一起校正球差。

当平行平板置于非平行光束中时,除了产生球差以外,还将产生位置色差。由于平板对光线的折射具有方向不变的性质,其色差计算公式易于推出。因有 $i_1 = -u_1 = -u'_2 = i'_2$,可得

$$\sum C_{\mathrm{I}} = l_1 u_1 n_1 i_1 (\frac{dn'_1}{n'_1} - \frac{dn_1}{n_1}) + l_2 u_2 n_2 i_2 (\frac{dn'_2}{n'_2} - \frac{dn_2}{n_2}) = -\frac{dn}{n^2}du_1^2 \tag{8-66}$$

所以

$$\delta l'_{ch} = -\frac{1}{n'u'}\sum C_{\mathrm{I}} = \frac{dn}{n^2}d = \frac{n-1}{n^2\nu}d \tag{8-67}$$

式中,dn 是玻璃的平均色散,ν 是阿贝常数,都可直接从玻璃数据表或一些光学设计软件的玻璃数据库中查取,或按折射率值计算得到。

读者也可直接由平行平板对二色光所产生的轴向位移之差导出其位置色差。

可见，平行平板恒产生正色差，其大小只与平板的厚度 d 和玻璃的光学常数有关，而与在光路中所处的位置无关；当平板处于平行光束中时，不产生色差。

由于在会聚或发散光束中的平行平板恒产生正色差，故带有反射棱镜的光学系统，其透镜系统需保留相当数值的负色差与之补偿。例如若双筒棱镜望远镜中的两块转像棱镜相当于厚度为 $d=86\text{mm}$ 的平行平板，棱镜的玻璃为 BaF_2，$n=1.5696$，$dn=0.001152$，则此转像棱镜所产生的色差为 $\delta l'_{ch}=0.402\text{mm}$，物镜应保留等值的负色差。

8.7　匹兹凡和及其校正方法

前文曾提及，光学系统的匹兹凡和 $\sum S_{\text{IV}}$ 并不是能够任意控制到某一预定值的。有些结构型式的系统，如正组分离的系统，匹兹凡和根本无法校正。因此，这类系统的视场常因匹兹凡和而受到限制，或在视场外围部分的像质受到影响。

在某些情况下，匹兹凡和是可以校正的。

1. 薄透镜和薄透镜系统

空气中的单个薄透镜的匹兹凡和可由公式(8-12)变换为以光焦度表示的简单形式，有

$$S_{\text{IV}}=J^2\frac{\phi}{n} \tag{8-68}$$

可见，薄透镜的匹兹凡和完全被其光焦度和折射率所决定，而与形状无关。

薄透镜系统的匹兹凡和可对各个薄透镜的 S_{IV} 求和得到，即

$$\sum S_{\text{IV}}=J^2\sum\frac{\phi}{n} \tag{8-69}$$

如果是相接触的或无限靠近的单组薄透镜系统，当具有一定的正光焦度时，其中正透镜的正光焦度总大于负透镜的负光焦度，匹兹凡和也总是正值。同理，负光焦度的镜组，一定具有负的匹兹凡和。所以单个薄透镜组也不能校正匹兹凡和。

分离的薄系统在给定总光焦度时，随透镜或透镜组的相对位置不同，各自的光焦度也不同，这会使系统的匹兹凡透镜组组成的系统，第二组虽有较大的负光焦度，因处于光线入射高度 h_2 比较小的位置，它对系统总光焦度的贡献并不大，而所产生的负 $\sum S_{\text{IV}}$ 值则可抵消第一正组的正 $\sum S_{\text{IV}}$ 值，使系统的匹兹凡和得到校正。所以正负光焦度分离是薄透镜系统校正匹兹凡和的唯一有效方法。如三片式的柯克物镜。相反，正组分离反导致匹兹凡和的增大，如大部分目镜和普通消色差显微物镜就是这样。

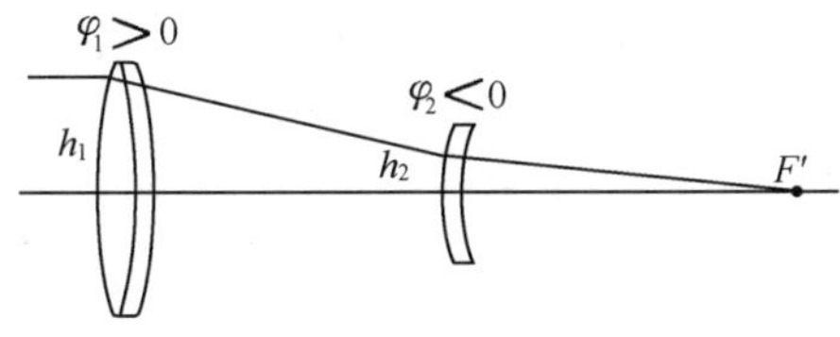

图 8-12

2. 厚透镜

从匹兹凡和的表示式可知，单个透镜两个面的$(n'-n)/(n'n)$总是等值异号的，故只有两个面的半径同号才能使S_{IV}值相互抵消。若两个面的半径相同即可使$\sum S_{\text{IV}}=0$；而控制透镜的厚度，可同时使透镜达到要求的光焦度。所以弯月形厚透镜是可以校正匹兹凡和的。这也是正负光焦度分离以校正匹兹凡和的原理。

为使弯月形厚透镜在给定光焦度ϕ时产生要求的$\sum S_{\text{IV}}$值，需同时满足

$$S_{\text{IV}}=J^2\frac{n-1}{n}(\rho_1-\rho_2) \tag{8-70}$$

$$\phi=(n-1)(\rho_1-\rho_2)+\frac{(n-1)^2}{n}d\rho_2\rho_2$$

由上两式可解出$\rho_1-\rho_2=a$和$\rho_1\rho_2=b$，于是，ρ_1、ρ_2是二次方程$\rho^2-a\rho-b=0$的两个根。选定透镜的厚度d后，即可求得透镜的半径。计算表明，在S_{IV}一定时，d越小透镜的半径也越小；而当d一定时，S_{IV}值越小，半径也越小。所以，弯月形厚透镜通常具有相当的厚度。

照相物镜和平场显微物镜常利用这种厚透镜来达到校正像面弯曲的目的。

习　题

1. 利用初级像差理论，对上一章第4题所述的折射球面和三个光阑位置，试以光轴以下的物方视场为例定性判断彗差、细光束像散、场曲、畸变和倍率色差的正负。

2. 一会聚的双凸透镜，$l_1=-\infty$，试分别对光阑在透镜之前、与透镜重合和在透镜之后的三种情况，以图形定性表示出球差、位置色差、像散、场曲、畸变和倍率色差，并回答为什么不能表示彗差的情况？

3. 有一凸透镜，对实物成实像，问当光阑与之重合时，是否能通过整体弯曲的方法来校正像散？为什么？

4. 有一凸面朝向物体的平凸透镜，$n=1.7$，光阑在其后面一定距离处。为进一步减小球差、彗差和像散，透镜应朝什么方向进行整体弯曲？

5. 有两个薄透镜系统，分别为正负透镜胶合和正负透镜分离，焦距、相对孔径和视场均相同，分别为100mm、1/4和8°。其中胶合组为$\phi_1=0.02013$，$\phi_2=-0.01013$，$d=0$；分离组为$\phi_1=0.02899$，$\phi_2=-0.02472$，$d=8$。两个镜组所用玻璃均为K9+ZF2，其折射率分别为1.5163和1.6727。求这二镜组的匹兹凡和与匹兹凡面弯曲。

6. 与上题相同的要求，若由两个相同的正薄透镜分离8mm组成一个焦距为100mm的双薄透镜组，求此镜组的匹兹凡和与匹兹凡像面弯曲。二透镜的玻璃相同，也为$n=1.5163$。如果玻璃取用ZK6($n=1.6126$)，S_{IV}值与x'_p值又为多少？对比上题结果，试讨论之。

7. 一双胶合物镜，焦距250mm，第一透镜用K8玻璃($n_d=1.51600$，$\nu=56.76$)，第二透镜用F2玻璃($n_d=1.61294$，$\nu=36.98$)，求消色差解ϕ_1和ϕ_2。

8. 与上题相同焦距的双胶合物镜，由K9($n_d=1.51637$，$n_F-n_C=0.00806$)和ZF2($n_d=1.67268$，$n_F-n_C=0.02087$)组合，求消色差解ϕ_1和ϕ_2，并与上题的结果进行比较。

9. 若在第4题的双胶合物镜后面有一厚度为60mm的平行平板，材料也为K9玻璃，并知物镜的相对孔径为$D/f'=1/5$，求此系统的消色差解ϕ_1和ϕ_2，并与上题的结果比较。

10. 计算第3和第4两题的二级光谱值。(已知：K8：$n_F=1.52234$，$n_C=1.51325$；F2：n_F

$=1.624611$，$n_C=1.60806$；K9：$n_F=1.52196$，$n_C=1.51389$；ZF2：$n_F=1.68747$，$n_C=1.66662$）。

11. 求与第 4 题相同玻璃组合、相同焦距的双分离薄透镜系统的消色差解。设二透镜的间隔为 20mm。将结果与第 4 题的结果比较讨论之。

12. 求解一个对 F 光和 C 光消色差的组合光楔。要求此光楔产生 $2°$ 的偏角，第一光楔用 K9 玻璃，第二光楔用 ZF2 玻璃，求此二光楔的楔角 α_1 和 α_2。

单透镜球差与形状关系

平行平板的球差随厚度的变化

平行平板的球差随孔径的变化

平行平板的像差

第 9 章　像差综述

本章是对前几章像差内容的总结，并结合光线计算简单说明了各种像差及初级像差系数的计算方法、平行平板的初级像差特性、光阑位置对各种像差的影响。由于入瞳、出瞳、光阑之间的共轭关系，在实际光学系统中一定存在光阑像差，本章还简单分析了光阑像差与物面像差的关系等内容。

本章知识要点

1. 初级像差计算
2. 平行平板的初级像差
3. 对称光学系统的像差特性
4. 初级像差与光阑位置
5. 光阑像差与物面像差
6. 初级像差系数与物面位置

9.1　像差计算综述

前面，我们已对光学系统成像时可能产生的各种像差分别作了讨论，并均以同一个双胶合望远物镜为例，在相对孔径为 1∶5，视场为 $-3°$时，对部分像差的实际值和近似值进行了计算。第 11 章还将研究近轴光线、子午面内的实际光线、沿主光线的细光束和空间光线等各种光线的计算方法。可以知道，像差无不是通过光线的追迹而求知的。

对于轴对称光学系统，轴上物点成像只产生球差和位置色差。一般对三种色光分别作近轴光线、0.707 带光线和边缘光线的追迹后，就可算出像差值和画出如图 7-22 所示的三色球差曲线。据此可全面判断轴上点像差的校正状况。垂轴平面上近轴轴外点或大孔径小视场系统的轴外点，只要根据轴上点光线的追迹结果，就能通过计算正弦差值来判知其像质。

远离光轴的点会产生所有像差，因此需对轴外点进行全部像差的计算。这种计算至少应对边缘视场和 0.707 视场点进行，每点的孔径取值与轴上点相同。

对于绝大多数能以二级像差表征高级像差的光学系统，以上计算已足够。对于那些不能忽略高级像差的系统，计算的光线数应该有所增加。一般计算六个视场点，取值为 $K_W=-1,-0.85,-0.707,-0.5,-0.3$ 和 0。20 世纪 80 年代以前计算机软、硬件条件还比较差，设计条件十分有限，编制软件时也必须考虑到计算机内存容量、计算时间等限制，一般除

$K_W=0$ 的轴上点外，每个视场计算十一条子午光线和五条弧矢光线，其孔径取值分别为：$K_\eta=\pm1,\pm0.85,\pm0.707,\pm0.5,\pm0.3,0$；$K_\xi=1,0.85,0.707,0.5,0.3$。根据这些详尽的结果，包括沿主光线的细光束像散计算结果，已经能够正确地画出各种像差曲线和对像差校正状况作出全面评价。20 世纪 90 年代至今，随着集成电路技术的突飞猛进，计算机硬件条件发展非常迅速，以作者所在的实验室为例，PC 机的内存容量从过去的 64K 至 1M 左右发展到今天的若干 G 左右，并且还在不断增加中。内存的增加和主频的显著提高使大量的光路计算所耗费的时间大大减少，因此现代光学设计软件已不再局限于几何像差和简单的少量波像差，而是通过密集取样光线追迹来评价光学系统的质量，包括几何像差、波面、光学传递函数在内的各种评价指标都可以迅速获得。

无论使用什么样的光学设计软件，在设计光学系统时，要得到像差获得最佳校正的良好设计结果，都必须对系统的结构参数反复修改。光学自动设计软件的应用只是加快了这一修改进程，但不可能跨越它。同时，软件作为一种工具是要由人来使用的，自动设计过程中人的干预仍然不可避免，并且在多数情况下还起决定性的作用。由于一般的光学系统，当其结构型式一定时，结构参数的改变对高级像差的影响很小，所以，了解初级像差特征对于设计者来说具有重要意义。由上一章已经知道，光学系统的七种初级像差，分别被七个和数所决定。将它们的计算公式汇总如下：

单色像差：

$$
\begin{aligned}
&\text{球差} && \delta L_0'=-\frac{1}{2n'u'^2}\sum S_{\mathrm{I}}, && S_{\mathrm{I}}=luni(i-i')(i'-u)\\
&\text{弧矢彗差} && K_{S0}=-\frac{1}{2n'u'}\sum S_{\mathrm{II}}, && S_{\mathrm{II}}=S_{\mathrm{I}}\frac{i_p}{i}\\
&\text{像散} && x_{sp}'=-\frac{1}{2n'u'^2}\sum S_{\mathrm{III}}, && S_{\mathrm{III}}=S_{\mathrm{II}}\frac{i_p}{i}\\
&\text{像面弯曲} && x_p'=-\frac{1}{2n'u'^2}\sum S_{\mathrm{IV}}, && S_{\mathrm{IV}}=J^2\frac{n'-n}{n'nr}\\
&\text{畸变} && \delta y_p'=-\frac{1}{2n'u'}\sum S_{\mathrm{V}}, && S_{\mathrm{V}}=(S_{\mathrm{III}}+S_{\mathrm{IV}})\frac{i_p}{i}
\end{aligned}
\tag{9-1}
$$

色差：

$$
\begin{aligned}
&\text{位置色差} && \delta l_{ch}'=-\frac{1}{n'u'^2}\sum C_{\mathrm{I}}, && C_{\mathrm{I}}=luni\left(\frac{\mathrm{d}n'}{n'}-\frac{\mathrm{d}n}{n}\right)\\
&\text{倍率色差} && \delta y_{ch}'=-\frac{1}{n'u'}\sum C_{\mathrm{II}}, && C_{\mathrm{II}}=C_{\mathrm{I}}\frac{i_p}{i}
\end{aligned}
$$

在公式组(9-1)中，以 x_{sp}' 表示像散和以 x_p' 表示像面弯曲，是为了使它们在形式上与其他公式相一致。从意义上讲，x_{sp}' 即弧矢像面相对于匹兹凡面的弯曲，它的存在标志着像散的存在，它的两倍就是像散值。同样弧矢和子午像面弯曲分别为 $x_{sp}'+x_p'$ 和 $3x_{sp}'+x_p'$。

可见，初级像差的表示式在形式上甚为一致，便于记忆。在公式的分母中，凡属垂轴方向度量的像差，u' 的因次都是一次；凡属沿轴方向度量的像差，u' 都是二次。轴向像差反映到高斯像面时，成一弥散斑。对此弥散斑的大小进行度量，即得到与该轴向像差对应的垂轴像差。如果我们统一把像差都在垂轴方向度量，将会发现各种像差与孔径和视场之间，有着很有规律的比例关系：

单色像差：

垂轴球差 $\delta T'_0=-\frac{1}{2n'u'}\sum S_{\mathrm{I}} \qquad \infty u^3W^0$

彗差 $K_{S0}=-\frac{1}{2n'u'}\sum S_{\mathrm{II}} \qquad \infty u^2W^1$

垂轴像散 $\Delta x'=-\frac{1}{n'u'}\sum S_{\mathrm{III}}$ (9-2)

垂轴场曲 $x'_t=-\frac{1}{2n'u'}(3\sum S_{\mathrm{III}}+\sum S_{\mathrm{IV}}) \qquad \infty u^1W^2$

$x'_s=-\frac{1}{2n'u'}(\sum S_{\mathrm{III}}+\sum S_{\mathrm{IV}})$

畸变 $\delta y'_p=-\frac{1}{2n'u'}\sum S_{\mathrm{V}} \qquad \infty u^0W^3$

色差：

垂轴位置色差 $\delta l'_{ch}=-\frac{1}{n'u'}\sum C_{\mathrm{I}} \qquad \infty u^1W^0$

倍率色差 $\delta y'_{ch}=-\frac{1}{n'u'}\sum C_{\mathrm{II}} \qquad \infty u^0W^1$ (9-3)

可见，对于单色初级像差，与之成比例的孔径 u 和视场 W 的因次之和均为三次，所以在有些书和文献中，把初级像差称作三级像差。与此相应，二级像差称作五级像差。

计算初级像差，只需对第一近轴光线和第二近轴光线进行追迹，然后逐面计算其像差分布系数 $S_{\mathrm{I}}, S_{\mathrm{II}}, \cdots, S_{\mathrm{V}}$ 和 $C_{\mathrm{I}}, C_{\mathrm{II}}$。但必须指出，在计算这些系数时，以下两种情况是值得注意的：

(1) $l=r$，即第一近轴光线正好过球面的球心时。此时 $i=0$，因此 $S_{\mathrm{I}}=S_{\mathrm{II}}=C_{\mathrm{I}}=0$，但其他系数并不为零。除 S_{IV} 可按原公式计算外，S_{III}、S_{V} 和 C_{II} 需另用公式计算。可导出

$$S_{\mathrm{III}}=-S_{\mathrm{V}} \tag{9-4}$$

$$S_{\mathrm{V}}=J(u_p^2-u'^2_p) \tag{9-5}$$

$$C_{\mathrm{II}}=luni_p\left(\frac{dn'}{n'}-\frac{dn}{n}\right) \tag{9-6}$$

(2) $r=\infty, l=\infty$，而 l_p 为定值时。此时也相当于 $i=0$，应有 $S_{\mathrm{I}}=S_{\mathrm{II}}=C_{\mathrm{I}}=0$；另外参照公式(9-1)，还应有 $S_{\mathrm{III}}=S_{\mathrm{V}}=0$，但 S_{V} 和 C_{II} 并不为零，可按公式(9-5)和(9-6)求得。

9.2 平行平板的初级像差系数

平行平板的初级球差系数和位置色差系数已在上章导出。对于其他几种像差，除 $\sum S_{\mathrm{IV}}$ 恒因 $r=\infty$ 而为零外，利用关系式 $i_p/i=u_p/u$，极易由平板的球差和位置色差系数公式(8-64)和(8-66)得出其表示式。总列如下：

$$\sum S_{\mathrm{I}}=\frac{1-n^2}{n^3}du^4$$

$$\sum S_{\mathrm{II}}=\frac{1-n^2}{n^3}du^3u_p$$

$$\sum S_{\mathrm{III}} = \frac{1-n^2}{n^3}du^2u_p^2$$

$$\sum S_{\mathrm{IV}} = 0 \tag{9-7}$$

$$\sum S_{\mathrm{V}} = \frac{1-n^2}{n^3}duu_p^3$$

$$\sum C_{\mathrm{I}} = -\frac{dn}{n^2}du^2 = -\frac{n-1}{n^2\nu}du^2$$

$$\sum C_{\mathrm{II}} = -\frac{dn}{n^2}duu_p = -\frac{n-1}{n^2\nu}duu_p$$

式中各物理量的含义与前相同。可见，在平行光束中的平行平板不产生任何像差，可不考虑它的影响。而当它位于非平行光束中时，所产生的像差须由其他透镜系统来给予抵消。

9.3　对称光学系统的像差特性

结构参数完全对称于孔径光阑的光学系统，称为全对称光学系统。如果把光阑面看成是平面镜，则全对称系统中处于光阑前后的两个半部系统是互成镜像的。

全对称光学系统一般用于 $\beta=-1$ 的场合。例如复印镜头、印刷业中的制版镜头以及某些复杂系统中的一倍转像系统等。

全对称系统在 $\beta=-1$ 的倍率下成像时，第一近轴光线的光路也是对称于光阑面的。由公式(9-1)和(9-2)可知，在对称的一对折射面上，轴向像差分布系数中 S_{I} 和 C_{I} 以及 S_{IV} 都是相同的，比值 i_p/i 是大小相等、符号相反，故 S_{III} 也相同，而垂轴像差分布系数 S_{II}、S_{V} 和 C_{II} 则大小相等、符号相反。对于光阑前后的两个半部系统，情况也相同，即 $\sum S_{\mathrm{I}}$、$\sum S_{\mathrm{III}}$、$\sum S_{\mathrm{IV}}$ 和 $\sum C_{\mathrm{I}}$ 是大小符号均同，$\sum S_{\mathrm{II}}$、$\sum S_{\mathrm{V}}$ 和 $\sum C_{\mathrm{II}}$ 是数值相等、符号相反。整个系统合成的结果是轴向像差为半部像差的两倍，垂轴像差则相互抵消为零。这就是全对称系统的像差特征。因此，全对称系统在设计时，只需对其半部校正四种轴向像差，从而使这种系统的设计大为简化。

当 $\beta\neq-1$ 时，全对称光学系统并不合适。因此时第一近轴光线不对光阑面对称，在对称面上的轴向像差和垂轴像差均不相等，导致整个系统的像差失去平衡。为使系统适宜于在放大率偏离负一倍较多的情况下使用，常采用结构参数失对称来补偿像差的变化。这种虽在结构参数上已不复对称，而在结构型式上仍具对称形状的系统，称为**对称型光学系统(symmetric optical system)**。这种系统具有广泛的应用，在大视场的场合下尤为适宜。

对称型系统的基本像差特征仍与全对称系统一样，即在对称面上，垂轴像差符号相反，起相消作用，轴向像差符号相同，起相加作用。这对设计对称型系统很有指导意义。若使对称面或对称参数作不对称性变化，即增大一个参数时，另一个参数减小，可改变垂轴像差而不影响或少影响轴向像差。读者可自行分析其机理。反之，若使对称面或对称参数作对称性变化，可使轴向像差发生改变而不影响或少影响垂轴像差。这样，就可根据系统的实际像差情况，选取对欲改变像差灵敏的成对参数进行修改以控制和校正像差。

9.4 初级像差与光阑位置的关系

由公式组(9-1)和(9-2)可知,在七个初级像差系数中,除$\sum S_{\mathrm{I}}$、$\sum S_{\mathrm{IV}}$和$\sum C_{\mathrm{I}}$仅由第一近轴光线决定外,其他四个系数$\sum S_{\mathrm{II}}$、$\sum S_{\mathrm{III}}$、$\sum S_{\mathrm{V}}$和$\sum C_{\mathrm{II}}$还与第二近轴光线的量i_p有关,它们将随光阑位置的改变而改变。

光阑位置改变后采用软件重新计算各种像差只是一瞬间的事,而对于设计者来说,如果了解光阑位置和初级像差的关系,就易于找出有利于整个系统像差平衡的最佳光阑位置,加快设计进程。

显然,光阑位置移动引起初级像差的变化,纯系i_p值变化所致。因此只要找出不同位置时的i_p之间的关系,就能找出相应的像差变化关系。令新光阑位置时,第二近轴光线的有关量用带星号的同一符号表示。图9-1中,画出了两个光阑位置时的第二近轴光线。应注意,光阑位置不同时,为保持第一近轴光线的光路不变,光阑大小要作相应的变化。由图可见有

$$(l_p^* - l)u_p^* = y = (l_p - l)u_p$$

则由式(2-5)可得

$$\frac{i_p^* - i_p}{i} = \frac{h_p^* - h_p}{h} = \frac{u_p^* - u_p}{u} = k \tag{9-8}$$

同理,在像方有相应的表示式。

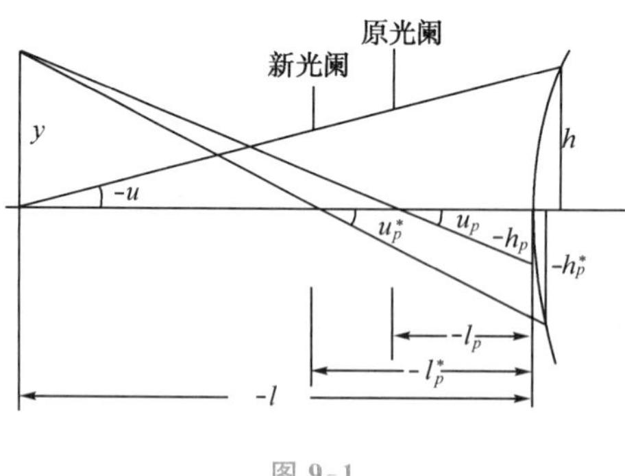

图 9-1

以上只是对单个折射面,例如对第一面而言的。但可以证明,对于其他各面,k是一不变量,即$k_i = k_{i-1} = \cdots = k_2 = k_1$。因此对任何一个折射面,其$i_p^*$与$i_p$之间,可一般地表示成

$$i_p^* = k_i + i_p$$

将其代入像差系数的公式组(9-1)和(9-2),可得新光阑位置时的像差系数表示式:

$$\begin{aligned}
\sum S_{\mathrm{I}}^* &= \sum S_{\mathrm{I}} \\
\sum S_{\mathrm{II}}^* &= k\sum S_{\mathrm{I}} + \sum S_{\mathrm{II}} \\
\sum S_{\mathrm{III}}^* &= k^2\sum S_{\mathrm{I}} + 2k\sum S_{\mathrm{II}} + \sum S_{\mathrm{III}} \\
\sum S_{\mathrm{IV}}^* &= \sum S_{\mathrm{IV}}
\end{aligned} \tag{9-9}$$

$$\sum S_{\mathrm{V}}^{*} = k^{3}\sum S_{\mathrm{I}} + 3k^{2}\sum S_{\mathrm{II}} + k(3\sum S_{\mathrm{III}} + \sum S_{\mathrm{IV}}) + \sum S_{\mathrm{V}}$$

$$\sum C_{\mathrm{I}}^{*} = \sum C_{\mathrm{I}}$$

$$\sum C_{\mathrm{II}}^{*} = k\sum C_{\mathrm{I}} + \sum C_{\mathrm{II}}$$

式中 k 值按(9-8)式决定。

从公式组(9-9)可以得知光阑位置移动对初级像差的影响，讨论如下：

(1) $\sum S_{\mathrm{I}}$、$\sum S_{\mathrm{IV}}$ 和 $\sum C_{\mathrm{I}}$ 与光阑位置无关。

(2)对于 $\sum S_{\mathrm{II}}$，仅当 $\sum S_{\mathrm{I}} \neq 0$ 时，改变光阑位置才使 $\sum S_{\mathrm{II}}$ 发生变化，并且此时一定可以找到一个光阑位置能使 $\sum S_{\mathrm{II}}^{*} = 0$，这一使系统满足等晕条件的光阑位置按 $k = -\sum S_{\mathrm{II}} / \sum S_{\mathrm{I}}$ 决定。

(3)对于 $\sum S_{\mathrm{III}}$，当 $\sum S_{\mathrm{I}} = \sum S_{\mathrm{II}} = 0$ 时，移动光阑位置对 $\sum S_{\mathrm{III}}$ 没有影响。而当 $\sum S_{\mathrm{I}} = 0$，$\sum S_{\mathrm{II}} \neq 0$ 时，可求得一消像散的光阑位置，由 $k = -\sum S_{\mathrm{III}}/2(\sum S_{\mathrm{II}})$ 决定。若 $\sum S_{\mathrm{I}}$ 和 $\sum S_{\mathrm{II}}$ 都不为零，则根据公式组(9-9)中第三式的不同情况，可有不同结果。当该二次方程的判别式 $\Delta<0$ 时，无消像散的光阑位置；当 $\Delta>0$ 时，可以有两个消像散的光阑位置；当 $\Delta=0$ 时，可获得一个消像散的光阑位置，并且此解与消彗差的光阑位置相同，即当光学系统的像差系数满足 $(\sum S_{\mathrm{II}})^{2} - \sum S_{\mathrm{I}} \cdot \sum S_{\mathrm{III}} = 0$ 时，将光阑移至按 $k = -\sum S_{\mathrm{II}} / \sum S_{\mathrm{I}}$ 确定的位置，就可使该系统对物面成等晕的和消像散的像。

(4)对于 $\sum S_{\mathrm{IV}}$，读者可以参考以上分析，利用公式组(9-9)中第五个方程作出讨论。

(5)对 $\sum C_{\mathrm{II}}$ 的分析与(2)类似。

9.5　光阑像差及其与物面像差的关系

由第 5 章可知，入瞳是孔径光阑经孔阑前的光学系统所成的像，它是物面上各点成像光线的公共入口。出瞳是入瞳经整个光学系统所成的像，它是成像光线的公共出口。换言之，物面上发出的光要参与成像，必须由入瞳进入并由出瞳出射。由于入瞳和出瞳关于整个系统的共轭关系和系统的非理想成像特性，入瞳到出瞳成像也存在像差，就是光阑像差，即把入瞳看成物面、出瞳看成像面的像差。

光通过光学系统的传输是一个信息传输的过程，能够传输的最大信息量由拉氏不变量表征。由 $J=nyu$ 或 $J=ny\tan U$ 可以看出，视场和孔径的大小是拉氏不变量的两个决定因素。也就是说，所有的光都必须由物面发出，所有的光也都必须通过入瞳。因此，当讨论光阑像差时，应当把入瞳看成发光面，这些光也必须通过物面才能参与成像。所以计算光阑像差时应当把原来的物面看成光瞳面。

此时，过光瞳中心的是第一近轴光线，过物面中心的是第二近轴光线。因此，光阑像差以带下标 p 的一般像差符号表示，有

$$\sum S_{\mathrm{I}p} = \sum l_p u_p n i_p (i_p - i'_p)(i'_p - u_p)$$
$$\sum S_{\mathrm{II}p} = S_{\mathrm{I}p} \frac{i}{i_p}$$
$$\sum S_{\mathrm{III}p} = \sum S_{\mathrm{II}p} \frac{i}{i_p} = \sum S_{\mathrm{I}p} (\frac{i}{i_p})^2$$
$$\sum S_{\mathrm{IV}p} = \sum J^2 \frac{n' - n}{n' n r} \tag{9-10}$$
$$\sum S_{\mathrm{V}p} = \sum (S_{\mathrm{III}p} + S_{\mathrm{IV}p}) \frac{i}{i_p}$$
$$\sum C_{\mathrm{I}p} = l_p u_p n i_p (\frac{dn'}{n'} - \frac{dn}{n})$$
$$\sum C_{\mathrm{II}p} = \sum C_{\mathrm{I}p} \frac{i}{i_p}$$

显然,光阑像差中的 $\sum S_{\mathrm{I}p}$、$\sum S_{\mathrm{IV}p}$ 和 $\sum C_{\mathrm{I}p}$ 仅被第二近轴光线单独决定,不会受物面位置影响。这表明光阑球差和光阑位置色差与物面球差和物面位置色差之间不存在任何内在联系;而 $\sum S_{\mathrm{IV}p}$ 和 $\sum S_{\mathrm{IV}}$ 总是相同的。其他初级像差系数不管是属物面的还是属光瞳的,都同时被两条近轴光线所决定,这就表示二者之间一定是有关系的。其关系直接列出如下:

$$\sum S_{\mathrm{II}} - \sum S_{\mathrm{V}p} = -J(u'^2_k - u^2_1)$$
$$\sum S_{\mathrm{III}} - \sum S_{\mathrm{III}p} = -J(u'_k u'_{pk} - u_1 u_{p1})$$
$$\sum S_{\mathrm{IV}} - \sum S_{\mathrm{IV}p} = 0 \tag{9-11}$$
$$\sum S_{\mathrm{V}} - \sum S_{\mathrm{II}p} = -J(u'^2_{pk} - u^2_{p1})$$
$$\sum C_{\mathrm{II}} - \sum C_{\mathrm{II}p} = J(\frac{dn'_k}{n'_k} - \frac{dn_1}{n_1})$$

可见,光阑像差中,除光阑球差和光阑位置色差外,都不是各自独立的,它们都可用物面像差表示出来。所以一个光学系统,对单色光而言,其独立的初级像差系数共有六个,即 $\sum S_{\mathrm{I}}$、$\sum S_{\mathrm{II}}$、$\sum S_{\mathrm{III}}$、$\sum S_{\mathrm{IV}}$、$\sum S_{\mathrm{V}}$ 和 $\sum S_{\mathrm{I}p}$;对复色光而言,独立的初级色差共有三个,即 $\sum C_{\mathrm{I}}$、$\sum C_{\mathrm{II}}$ 和 $\sum C_{\mathrm{I}p}$。

如同光阑位置变化要引起某些物面像差的变化一样,当物面位置改变时,某些光阑像差也是要发生变化的,其关系与上节讨论"物面像差与光阑位置间的关系"完全相对应,故可从公式组(9-9)直接写出,只是将各参量都加上下标 p 即可。并有

$$k_p = \frac{h_1^* - h_1}{h_{p1}} = \frac{u_1^* - u_1}{u_{p1}} = \frac{i_1^* - i_1}{i_{p1}} \tag{9-12}$$

以上公式中,带星号上标的是新物面位置时的量。

9.6 初级像差系数与物面位置的关系

光学系统的像差总是对一定位置的物面而言的。当物面位置变化时,像差也要随之变

化。对于初级像差，易于由前两节所得的结果获知像差随物面移动而变化的关系。

首先由光阑像差着手，先得出物面位置移动后的光阑像差，然后再应用公式组(9-11)，把这些新物面位置的光阑像差表示成物面像差，即可得到像差随物面位置移动而变化的公式。但是球差和位置色差是无法用这种方法得到相应公式的，需对它们另行推导。在此，仅将结果列出以备查考。

$$
\begin{aligned}
\sum S_{\mathrm{I}p}^{*} &= \sum S_{\mathrm{I}p} \\
\sum S_{\mathrm{V}}^{*} &= \sum S_{\mathrm{V}} + B\sum S_{\mathrm{I}p} \\
\sum S_{\mathrm{IV}}^{*} &= \sum S_{\mathrm{IV}} \\
\sum S_{\mathrm{III}}^{*} &= \sum S_{\mathrm{III}} + B(2\sum S_{\mathrm{V}} + J\Delta u_p^2) + B^2\sum S_{\mathrm{I}p} \\
\sum S_{\mathrm{II}}^{*} &= \sum S_{\mathrm{II}} + B(3\sum S_{\mathrm{III}} + \sum S_{\mathrm{IV}} + J\Delta uu_p) \\
&\quad + B^2(3\sum S_{\mathrm{V}} + 2J\Delta u_p^2) + B^3\sum S_{\mathrm{I}p} \qquad (9\text{-}13) \\
\sum S_{\mathrm{I}}^{*} &= \sum S_{\mathrm{I}} + B(4\sum S_{\mathrm{II}} + J\Delta u^2) + B^2(6\sum S_{\mathrm{III}} + 2\sum S_{\mathrm{IV}} + 3J\Delta uu_p) \\
&\quad + B^3(4\sum S_{\mathrm{V}} + 3J\Delta u_p^2) + B^4\sum S_{\mathrm{I}p} \\
\sum C_{\mathrm{II}}^{*} &= \sum C_{\mathrm{II}} + B\sum C_{\mathrm{I}p} \\
\sum C_{\mathrm{I}}^{*} &= \sum C_{\mathrm{I}} + B\left[2\sum C_{\mathrm{II}} - J\left(\frac{dn'}{n'} - \frac{dn}{n}\right)\right] + B^2\sum C_{\mathrm{I}p}
\end{aligned}
$$

式中，B 是标志物面移动的一个量，与公式(9-12)中的 k_p 同义。用 Δ 表示的角差是指整个系统像方与物方之角差，例如 $\Delta u_p^2 = u'^2_{pk} - u_{p1}^2$，等等。

可见，一个给定的共轴光学系统，不仅光阑像差可由某一物面的像差来表示，而且其他任意物面位置的像差也可用这同一物面的像差和光阑球差表示。这就是说，光学系统的初级像差特性是可被某一物面的像差和光阑球差所完全决定的。

从以上公式还可知道，当物面移动时，光阑球差对各种像差都有影响。因此，对需要在不同物距或倍率下使用的系统，如高质量的制版和复印镜头等，在设计时须设法校正好光阑球差，以消除或减小物面位置改变所引起的像差变化。关于像差的进一步讨论读者可参阅参考文献[10]。

习　题

1. 已知一个给定结构参数的光学系统的七种初级像差和数之值 $\sum S_{\mathrm{I}}$、$\sum S_{\mathrm{II}}$、$\sum S_{\mathrm{III}}$、$\sum S_{\mathrm{IV}}$、$\sum S_{\mathrm{V}}$、$\sum C_{\mathrm{I}}$ 和 $\sum C_{\mathrm{II}}$，试计算它们随下列情况改变而引起的变化：(1)孔径增大一倍而视场和焦距不变；(2)视场增大一倍而孔径和焦距不变；(3)焦距增大一倍而孔径和视场不变(焦距增大一倍指系统的半径、间隔、通光口径等结构参数和物距、瞳距、瞳径等外部参数整体增大一倍，下同)；(4)孔径增大一倍，视场减小一半而焦距不变；(5)孔径减小一半，视场增大一倍而焦距不变；(6)孔径、视场和焦距均增大一倍。

2. 一个光学系统，通过对视场边缘点发出的子午平面上的平行光束中，与主光线对称的一对全孔径光线、一对半孔径光线和主光线的光路追迹，分别得到如下终值：

上边缘光线：$L'_a=-39.9435$，$U'_a=-0.3219$

上中间带光线：$L'_{0.5a}=-23.2258$，$U'_{0.5a}=-0.3771$

主光线：$L'_p=-11.1985$，$U'_p=-0.4299$

下中间带光线：$L'_{0.5b}=-2.0945$，$U'_{0.5b}=-0.4803$

下边缘光线：$L'_b=5.0843$，$U'_b=-0.5282$

此外，还知道 $D/f'=1:4$，$2W=50°$，$f'=75.2463$，$l'=64.3240$（长度均系毫米），要求：全孔径和半孔径时的子午彗差和宽光束子午场曲以及畸变。

3. 一单透镜，当光阑与之重合时，能否以整体弯曲的办法来改变其像散值？当光阑在其他位置时又能否？是否总能找到一个或两个光阑位置使其像散为零？能校正像散的必要条件是什么？

4. 本书中一直引以举例的双胶合物镜，其像散值在第 11 章计算求得。据理回答：1）数值能否通过整体弯曲予以进一步减小？2）是否能改变光阑位置来予以校正？

5. 在需接续成像的系统，如透镜转像望远镜系统中，常需在中间像面上设置场镜以控制主光线的走向和将轴外光束折向后续透镜，试分析场镜的像差特征。

6. 全对称光学系统在以 $\beta=-1\times$ 成像时，已知系统的半部的七种初级像差和数值为 S_{I}、S_{II}、S_{III}、S_{IV}、S_{V}、C_{I} 和 C_{II}，问整个系统的这些数值为多少？若把对称系统的后半部焦距放大一倍，问此时的全系统成像放大率为多少？七种初级像差和数值又为多少？

第10章 波像差

前面对像差的讨论是以几何光学为基础，用光线经光学系统的实际光路相对于理想光路的偏离来度量的，统称为几何像差。它直观、易算，可用其数值的大小来描述一点成像时几何光线的密集程度，从而评估像质的优劣。但光线本身是一抽象的近似概念，用它的密集程度来评价像质，在很多场合下与实际情况并不符合，而且像差也不可能完全校正到零。人们把几何像差分为多种，实际上光学系统成像质量是像差的综合影响，各种像差之间具有很强的相关性。因此，必须考虑像差的最佳校正方案，并根据系统的使用要求和使用状况给出合理的像差。这些像质评价问题常须基于光的波动本质才能解决。

与上述像质评价问题密切相关的是光学系统的波像差。例如要计算斯特列尔强度比（即中心点亮度）和光学传递函数时，就必须求知波像差；而瑞利判断更是直接以波像差的大小来作评价标准的。加之波像差与几何像差之间有内在联系，利用这种联系，可在一定程度上解决前述像差的最佳校正问题和容限问题，因此，讨论波像差，并建立起它与几何像差的关系是很必要的。

本章知识要点

1. 波像差概念，瑞利判据，与几何像差关系，离焦原则，图形表示与展开式
2. 参考点移动引起的波像差，焦深
3. 复色光的波像差
4. 光学系统的像差容限

10.1 波像差概念

几何光学中的光线相当于波阵面的法线，因此，物点发出的同心光束与球面波对应。此球面波经光学系统后，改变了曲率。如光学系统是理想的，则形成一个新的球面波，其球心即为物点的理想像点(实际上，由于受系统有限孔径的衍射，即使是理想系统也不可能对物点形成点像)。但是实际的光学系统的像差将使出射波面或多或少地变了形，不复为理想的球面波。实际波面相对于理想球面波的偏离就是**波像差(wave aberration)**。

通常在光学系统的出瞳处研究波像差，并计算波像差的具体数值。考虑到波面上的光程总是相等的，波像差就是实际光线与参考光线在参考波面上的光程差。光程差的计算详见“光线的光路计算”一章，这里不再重复。由于计算中心点亮度、传递函数等都需要用到波像差，为计算方便一般在光瞳上是按2的幂打网格取样，取样越稀疏计算速度越快，但波面

拟合的精度越低;取样越密集计算速度越慢,但波面拟合的精度越高。常用的取样密度有 16×16,32×32,64×64,128×128,256×256 等。例如对本书一直用以举例的双胶合透镜轴上点按取样密度 16×16 计算主色光的波像差,表 10-1 列出了对半部光瞳的计算结果。在这里主光线作为参考光线是必须要计算的,它通过光瞳的中心,因此实际上计算时是按 15×15 取样,主光线的数据在第 8 行第 8 列。读者可以注意到表中外围的数据都是 0,其实这部分是落在圆形光瞳以外的。由于共轴光学系统轴上点产生的波面也是对称的,读者可以看出这些数据关于第 8 行是上下对称的,表格的右半部分没有列出,它关于左半部分也是对称的。

表 10-1　双胶合物镜轴上点的主色光波像差数据(单位:波长)

0.0000	0.0000	0.0000	0.0000	0.0000	0.0000	0.0000	0.1496
0.0000	0.0000	0.0000	0.0000	0.1434	0.1301	0.1199	0.1161
0.0000	0.0000	0.0000	0.1332	0.1083	0.0873	0.0743	0.0699
0.0000	0.0000	0.1332	0.1001	0.0699	0.0487	0.0369	0.0331
0.0000	0.1434	0.1083	0.0699	0.0407	0.0229	0.0141	0.0116
0.0000	0.1301	0.0873	0.0487	0.0229	0.0093	0.0038	0.0024
0.0000	0.1199	0.0743	0.0369	0.0141	0.0038	0.0006	0.0002
0.1496	0.1161	0.0699	0.0331	0.0116	0.0024	0.0002	0.0000
0.0000	0.1199	0.0743	0.0369	0.0141	0.0038	0.0006	0.0002
0.0000	0.1301	0.0873	0.0487	0.0229	0.0093	0.0038	0.0024
0.0000	0.1434	0.1083	0.0699	0.0407	0.0229	0.0141	0.0116
0.0000	0.0000	0.1332	0.1001	0.0699	0.0487	0.0369	0.0331
0.0000	0.0000	0.0000	0.1332	0.1083	0.0873	0.0743	0.0699
0.0000	0.0000	0.0000	0.0000	0.1434	0.1301	0.1199	0.1161
0.0000	0.0000	0.0000	0.0000	0.0000	0.0000	0.0000	0.1496

如果是轴外点,波像差数据一般不再对称。为了画出逼真的波像差三维图,取样密度还需要再大一些。选择取样密度为 64×64,对以上双胶合透镜 3°视场画出波像差三维图如图 10-1 所示。图下方的文字表示色光的波长为 0.588μm,x 方向视场为 0°,y 方向视场为 3°,波像差的**峰值和谷值之差(peak-to-valley)**为 4.5008 个波长。如果取波面的子午和弧矢截线,可以画出如图 10-2 所示的波像差曲线图。

图中横坐标 p_x 表示弧矢方向的取点系数,p_y 表示子午方向的取点系数,纵坐标表示以波长为单位的波像差值。三种不同的线型分别表示三种色光,已在图的下方标明。

实际生产中对于高精度光学系统可以采用波面干涉法检验波像差,有不同类型的干涉仪用于检验光学系统的质量,如双光路的泰曼干涉仪,它是用一条光路产生标准波面、另一条光路产生被测波面,从而得到两个波面的干涉图。共光路的斐索干涉仪也是常用的一种,由于标准波面和被测波面在同一光路,可以得到稳定性更好的干涉图。剪切干涉法的原理与此不同,它是采用平板反射等方法使同一个波面在一个方向产生错位获得干涉图。各种

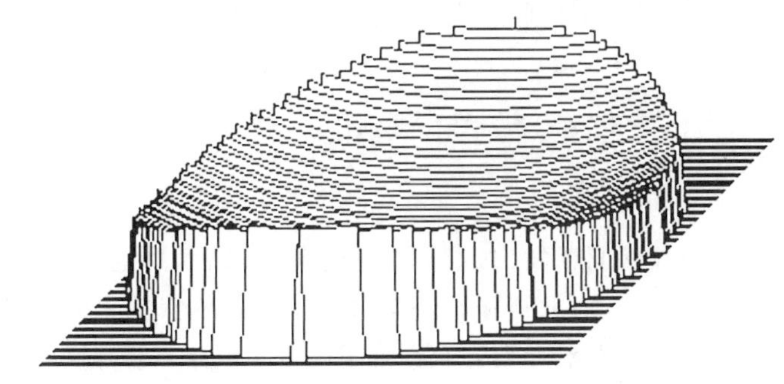

图 10-1

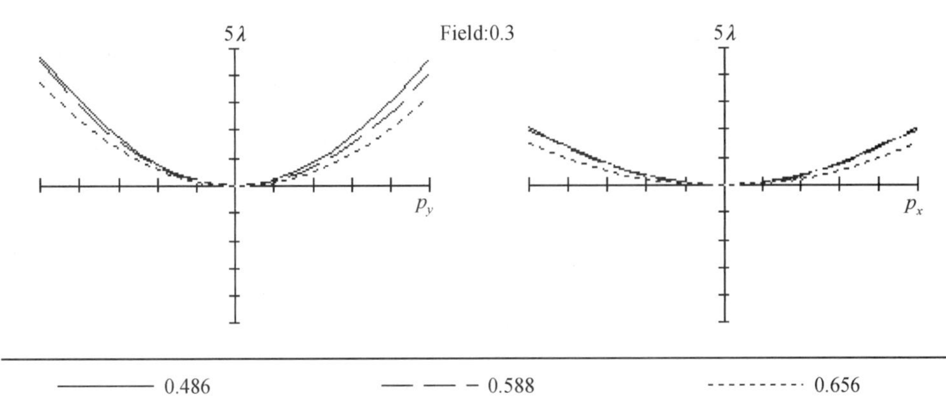

图 10-2

干涉测量方法的原理及具体应用本书限于篇幅不作详细讨论，请读者参阅参考文献[7]、[8]和[44]。显然利用波像差数据可以直接得到实际波面与参考波面的干涉图，例如图 10-3 就

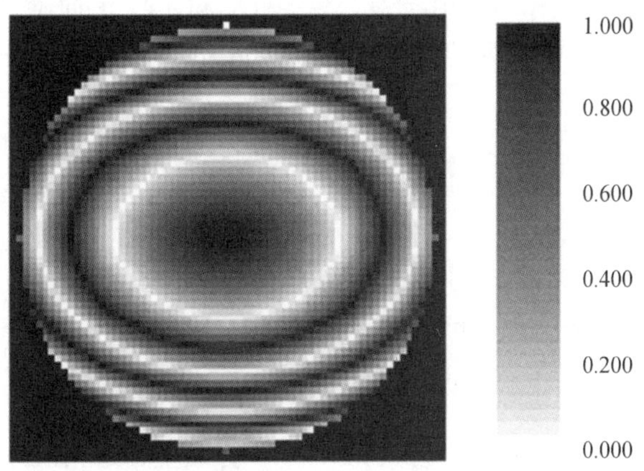

图 10-3

是按每1个波长一个条纹的比例所画的对应于图10-1的干涉图。

10.2 波像差与几何像差的关系

对于轴对称光学系统，轴上点发出的球面波经系统以后，只是由于唯一的球差，使出射波面变形而偏离于球面。由于轴上点波面是轴对称的，其波像差只需从波面与子午平面相截的截线上，取光轴以上的一方来考察即可。如图10-4所示，$o'z'$是波面的对称轴（即系统的光轴），o'是系统的出瞳中心，实际波面$o'\overline{N}$上任意一点$\overline{M}$的法线交光轴于$\overline{A}'$点。任取一参考点，例如以高斯像点A'为中心，作一在o'点相切于实际波面的参考球面Σ，它就是理想波面。显然，$\overline{A}'A'$就是孔径角为U'时的球差。光线$\overline{M}A'$交理想波面于M，则$n \cdot M\overline{M}$就是波面像差，简称波像差。可见，波像差就是实际波面与理想波面之间的光程差，用W表示。规定实际波面在理想波面之后时的波像差为负，反之为正。令理想波面的曲率半径为R，MA'与$M\overline{A}'$之间的夹角为δ，显然

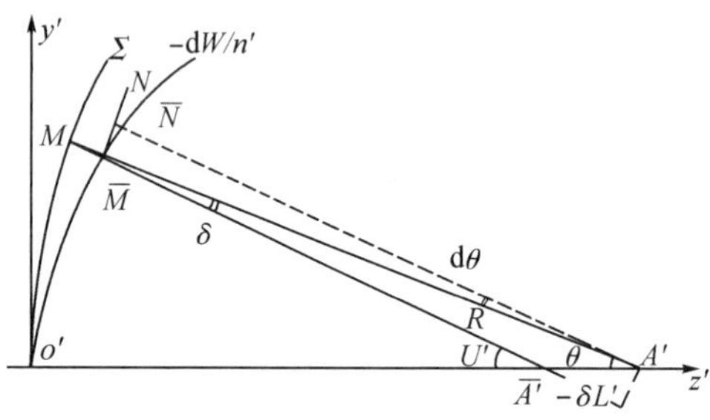

图 10-4

$$\delta = -\frac{\delta L' \sin U'}{R}$$

以A'为中心，过$\overline{M}$点作一圆弧$\overline{M}N$，显然$\overline{M}N$和$o'M$之间是等光程的。则$\overline{M}$附近一点$\overline{N}$处的波像差相对于$\overline{M}$点处的波像差的改变量$\mathrm{d}W$，可以相对于参考球面$\overline{M}N$来确定，则有

$$\delta = -\frac{\mathrm{d}W/n'}{R \cdot \mathrm{d}\theta} \approx -\frac{1}{n'}\frac{\mathrm{d}W}{R \cdot \mathrm{d}U'}$$

由以上二式可得

$$\mathrm{d}W = n'\mathrm{d}L'\sin U'\mathrm{d}U' \tag{10-1}$$

当光学系统的孔径不大时，$\sin U' \approx u'$，则有

$$\overline{W} = \int \mathrm{d}W = \frac{n'}{2}\int_0^{u'_m} \delta L' \mathrm{d}u'^2 \tag{10-2}$$

这就是波像差与球差之间的关系。可见，如以u'^2为纵坐标来画出球差曲线，曲线所围面积的一半即为波像差。这样，就很容易从球差曲线以图形积分方法求得轴上点不同孔径时的波像差。对于物在无穷远的系统，宜将u'表示为h/f'，相应的波像差公式为

$$W = \frac{n'}{2f'^2}\int_0^{h_m} \delta L' \mathrm{d}h^2 \tag{10-3}$$

或者以相对高度 h/h_m 来表示

$$W=\frac{n'h_m^2}{2f'^2}\int_0^1 \delta L' \mathrm{d}(\frac{h}{h_m})^2 \tag{10-4}$$

设已知一双胶合物镜的结构参数，且有 $h_m=10$，$f'=79.563$，根据结构参数算得球差，画出球差曲线如图 10-5 所示，并判断出其球差方程为

$$\delta L'=-0.22(\frac{h}{h_m})^2+0.22(\frac{h}{h_m})^4$$

由积分得

$$W=\frac{n'h_m^2}{2f'^2}[-\frac{0.22}{2}(\frac{h}{h_m})^4+\frac{0.22}{3}(\frac{h}{h_m})^6]$$

也可两边同除以 λ，直接表示成以波长为单位的值。把已知的值代入并取 D 光，相应的波像差曲线如图 10-6 所示。

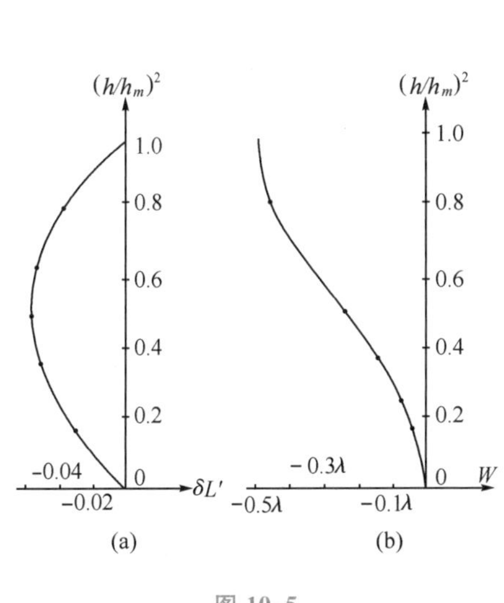

图 10-5

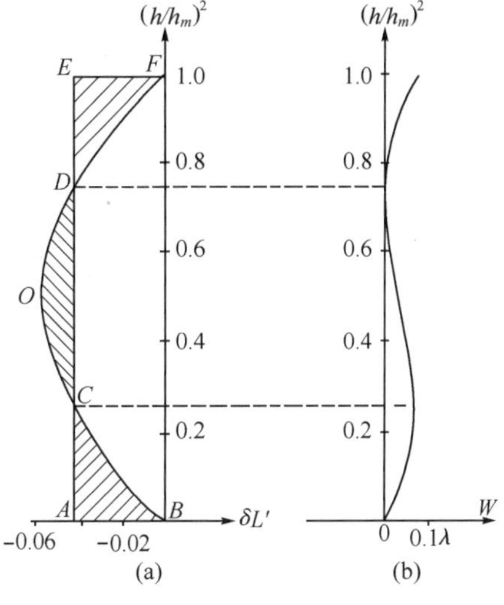

图 10-6

可见，边缘带处波像差最大，约为半个波长。按瑞利判断（当按绝对值计的最大像差小于 1/4 波长时，可认为系统是完善的）已超出允许的数值。这是否就意味着该物镜达不到像质要求呢？并不是。因为上面的波像差值是以高斯像点为参考点求得的。如果选择另一个参考点，就有可能使波像差减小。因为波像差是随参考点位置而异的。这个使波像差为最小的参考点位置，就是物镜的最佳像点所在。它并不一定在高斯像点位置。那么，如何寻求最佳像点位置？在以最佳像点为参考点时如何计算波像差？这将是两个需回答的问题。

我们已知球差曲线对纵坐标轴所围面积与波像差成比例，因此，最佳像点，即球差曲线中新选的纵坐标轴位置应使曲线对其所围的面积为最小。对于如图 10-5 所示的曲线，应取理想波面的中心位于 A 处，以使面积 $ABC=COD=DEF$，此时，最大的波像差仅被面积 ABC 所决定，相应的波像差曲线如图 10-6 所示。显然波像差要较原来小得多。这种在沿轴方向求取最佳焦点的做法，称**轴向离焦（axial defocusing）**。比较图 10-5 和图 10-6 可见，轴向离焦前后的波像差曲线，在形状上完全相同，后者仅相当于把纵轴作一次转动而已。

对于只包含初级和二级球差的光学系统,当对边缘光线校正了球差后,其最佳像点位于离高斯像点$(3/4)\delta L'_{0.707}$处,并在$(h/h_m)^2=1/4$带处具有最大波像差,在$(h/h_m)^2=3/4$带处波像差为零,在边缘带处的波像差与$(h/h_m)^2=1/4$带相同。最大的波像差为

$$W=\frac{n'h_m^2}{2\lambda f'^2}\cdot\frac{\delta L'_{0.707}}{12} \tag{10-5}$$

计算可得,当参考点取在最佳像点时,最大波像差仅$(1/16)\lambda$,只有原最大波像差的1/8,为波像差容限的1/4,所以,该物镜的结果是好的。

如果光学系统仅有初级球差,那么,以u^2为纵坐标轴画得的球差曲线为一直线,此时,最佳像点的位置应在$(1/2)\delta L'_m$处;如果光学系统还有更高级的球差,球差曲线将更复杂些,但如果从波像差的观点来考虑的话,最佳校正方案应该是使球差曲线与可能选到的参考纵轴包围尽可能多块大小相同、且可相消的面积。这是一个基本原则。

轴外点光束经光学系统后,一般已失去轴对称性质。因此不能像轴上点那样,仅用一个量来描述其像差。通常用光线的垂轴像差的子午分量$\delta y'$和弧矢分量$\delta x'$来描述,相应地,轴外点的波像差也将表示成与这两个分量之间的关系。

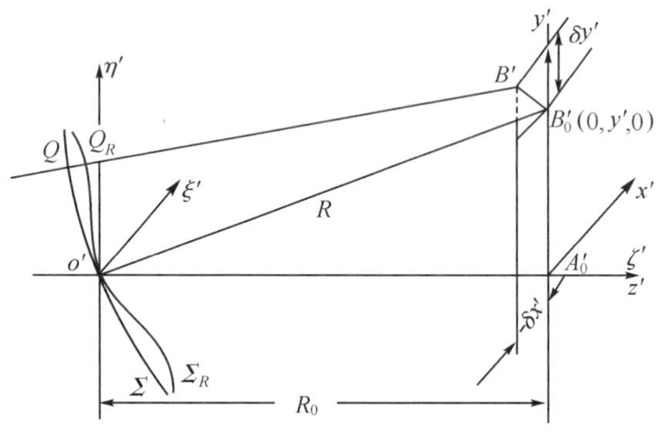

图 10-7

分别以出瞳中心o'和理想像面中心A'_0为原点,作瞳面坐标$o'\xi'\eta'\zeta'$和像面坐标$A'_0x'y'z'$,如图10-7所示。Σ_R为轴外点B的实际波面,Σ为以理想像点B'_0为中心所作的在出瞳中心o'处与实际波面相切或相交的理想参考球面。任取一条光线,与波面Σ、Σ_R和高斯像面分别相交于Q、Q_R和B'点,显然,$Q_RQ=-W/n'$。这里

$$\mathrm{d}W=\frac{n'}{R}(\delta y'\cdot\mathrm{d}\eta'+\delta x'\cdot\mathrm{d}\xi') \tag{10-6}$$

将上式中的η'、ξ'以规化坐标η'/η'_m和ξ'/ξ'_m表示,记之以$\bar{\eta}'$和$\bar{\xi}'$,由$\bar{\eta}'_m=\bar{\xi}'_m$且$\eta'_m/R=u'_m$得

$$\mathrm{d}W=n'u'_m\delta y'\cdot\mathrm{d}\,\bar{\eta}'+n'u'_m\delta x'\cdot\mathrm{d}\,\bar{\xi}' \tag{10-7}$$

这就是轴外点波像差与垂轴几何像差之间的关系式。利用它可由几何像差求知波像差。为从光线的垂轴像差计算波像差,可对公式(10-7)进行积分。但是这样计算是相当不便的,因为要精确地把垂轴像差的两个分量表示成瞳面坐标(η,ξ)的函数关系通常非常复杂。实际上,波像差是直接计算光线光程求得的。但从公式(10-7)我们可以看出,改变垂轴像差也会引起波像差的变化,这样就有可能选择使波像差更小的参考点,即引入**垂轴离焦(lateral defocusing)**的概念。当参考点相对于高斯像点在垂轴方向作一微小移动时,相当于各条光

线的 $\delta y'$值改变了同样一个移动量，对于 $\delta x'$也类似，就可能获得使波像差最小的参考点。因此垂轴离焦的目的，只是为了获知最佳参考点位置后，估计波像差大小以判断该像点的像质是否良好。

至于轴向离焦，从上一节的讨论可知，只相当于纵轴的一个偏转。但必须注意，轴向离焦不同于垂轴离焦，后者仅为了作像质评价，而前者则是要最后决定一个最佳像面位置。因此，轴向离焦不能只顾一个视场，应该从对各个视场都有好处来选取适当的离焦量。对于一个成像系统，垂轴离焦实际上对像面没有任何操作，并且垂轴离焦所确定的最佳像点可能不是理想像点。当光学系统存在畸变时垂轴离焦是迁就畸变的，所以用波像差虽然是一种综合性的像质缺陷表示，但不包括畸变。

10.3 参考点移动产生的波像差、焦深

由上节讨论可知，参考点位置变化时，将会使波像差产生变化，这可以理解为参考点移动产生了新的波像差所致。对几何像差而言，参考点移动只相当于坐标原点的变化，但对波像差而言，相当于参考球面的半径发生变化，使得新的参考球面与原来的参考球面有所偏离，这就是参考点移动所产生的波像差。若参考点沿波面对称轴移动 $\Delta l'$，其所引起的波像差变化量 ΔW 可应用公式(10-2)以 $\Delta l'$代替其中的球差 $\delta L'$来求得，即

$$\Delta W = \frac{1}{2}n'\Delta l'\int \mathrm{d}u'^2 = \frac{1}{2}n'u'^2_m\Delta l' \tag{10-8}$$

对于理想光学系统，以高斯像点为参考点时，波像差为零。若有一微量的离焦 $\Delta l'_0$，只要其产生的波像差小于 1/4 波长，仍不失其成像的完善性。与此相应的离焦量为

$$\Delta l'_0 \leqslant \frac{0.5\lambda}{n'u'^2_m} \tag{10-9}$$

无论实际像点在高斯像点之前或之后 $\Delta l'_0$，波像差都不会超过 1/4 波长，故定义**焦深(depth of focus)**为

$$焦深 = 2\Delta l'_0 \leqslant \frac{\lambda}{n'u'^2_m} \tag{10-10}$$

可见，焦深与光学系统的孔径角有关，孔径越大，焦深越小。焦深是光学中的一个重要量值，可用它作为衡量光学系统的剩余像差能否被允许的尺度。

10.4 波像差的一般表示式

为计算有像差时的像点的能量分布，常需作波像差计算。用前述的由几何像差来计算波像差的方法是很不方便的。

因为波像差就是实际波面与理想波面之间的光程差，所以用计算光程的方法求知波像差较为方便易行。根据马吕斯定律可知，出射波面与入射波面之间是等光程的，只是因为光学系统的像差，使出射的等光程面变形而偏离了球面形状而已。因此，光程差实际上反映在入射波面与参考球面之间，这样，只要计算从物点发出的在入瞳面上按序分布的若干光线与

参考球面交点之间的光程 $\sum n_i D_i$，就能求知各光线间的光程差了。鉴于参考球面与实际波面在出瞳中心相切或相交，该点（相当于主光线）的波像差为零，因此各条光线的光程与主光线的光程之差即为各光线的波像差。

波像差是各种几何像差的综合表现。对于一个设计良好的光学系统，加工、装配环节带来的误差也会引起波面的倾斜或变形，从而在波像差中体现出来。在光学系统质量检验中为了分析实际波面的成因，分离出各种像差的影响，为改进设计、提高加工装配精度提供依据，常将波像差表示成由离焦、倾斜及各种像差叠加而成的函数形式。

对给定光学系统，光线由物面坐标 y 和瞳面坐标 ξ、η 所确定。不同的光线波像差不同，故波像差一定是这些坐标的函数。对于共轴光学系统，因坐标为 y、η、ξ 的光线与坐标为 $-y$、$-\eta$、$-\xi$ 的光线具有完全相同的光路，故必有

$$W(\eta,\xi,y)=W(-\eta,-\xi,-y)$$

据此，波像差表达式中，只可能包含 η、ξ、y 的偶次元：$\eta^2,\xi^2,y^2,\eta y,\eta\xi,\xi y$；再由于光束对子午平面对称，坐标 ξ 的奇次项不可能在表达式中出现；再考虑到轴上点波像差只是入瞳半径 $\eta^2+\xi^2$ 的函数，因此上面偶次项中的 η^2 和 ξ^2 项只能以 $\eta^2+\xi^2$ 的形式出现。故有

$$\begin{aligned}W&=W(\xi^2+\eta^2,y^2,\eta y)\\&=a_1(\xi^2+\eta^2)+a_1\eta y+b_1(\xi^2+\eta^2)^2+b_2\eta y(\xi^2+\eta^2)\\&\quad+b_3\eta^2y^2+b_4y^2(\xi^2+\eta^2)+b_5\eta y^3+c_1(\xi^2+\eta^2)^3+c_2\eta y(\xi^2+\eta^2)^2\\&\quad+c_3\eta^2y^2(\xi^2+\eta^2)+c_4y^2(\xi^2+\eta^2)^2+c_5\eta^3y^3+c_6y^3\eta(\xi^2+\eta^2)\\&\quad+c_7y^4\eta^2+c_8y^4(\xi^2+\eta^2)+c_9y^5\eta+\cdots\end{aligned}\tag{10-11}$$

由于参考球面在出瞳中心与实际波面相切，即 $\eta=\xi=0$ 的主光线的波像差为零，故上式中不存在常数项和单独的 y^2 元。

上式中，$a_1(\eta^2+\xi^2)$ 和 $a_2y\eta$ 分别是轴向离焦和垂轴离焦项，是由于参考点不在高斯像点而产生的。以 b_i 为系数的五项，对应于五种初级单色像差引起的波像差。以 c_i 为系数的九项，是由二级像差引起的。

常见有用极坐标 r、ϕ 表示瞳面坐标的波像差表示式。此时有

$$\xi=r\cos\phi,\eta=r\sin\phi,\xi^2+\eta^2=r^2$$

将其代入公式(10-11)，可得相应的表示式。

以上的波像差表示式，一般都是用来对某一给定的视场计算其波像差的，故式中的视场因子 y 是一常数，可并入系数内。

根据波像差的一般表达式，可以画出各种单色像差引起的实际波面与参考波面干涉图，它们与实例计算的结果完全一致。图 10-8 是一个具有球差的单透镜以高斯像点为参考点时的轴上点 F 光波像差干涉图，图 10-9 是一个具有明显彗差的双胶合透镜 1°视场以主光线像点为参考点时的 F 光波像差干涉图，图 10-10 是本书一直用以举例的双胶合透镜 3°视场以主光线为参考像点时的 F 光波像差干涉图，它的 d 光干涉图就是图 10-3。如果参考波面或被测波面发生倾斜，波像差干涉图也会发生相应的变化。

在波面检测中，常根据波面干涉图及其移动情况分解出波像差一般表达式中的各项，这

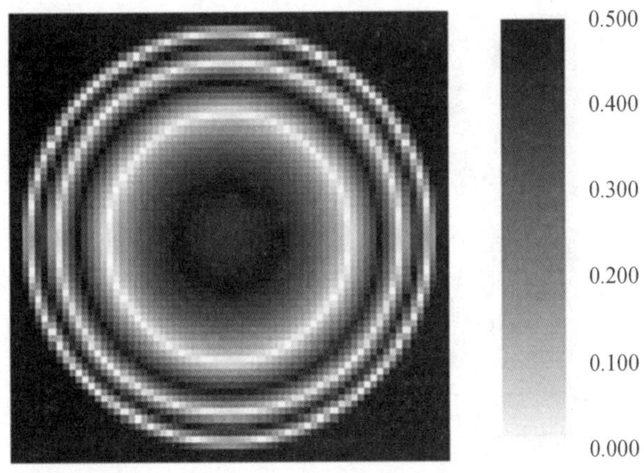

Wave=0.486 microns, Field=(0,0)deg
Peak to valley is 1.4953 λ

图 10-8

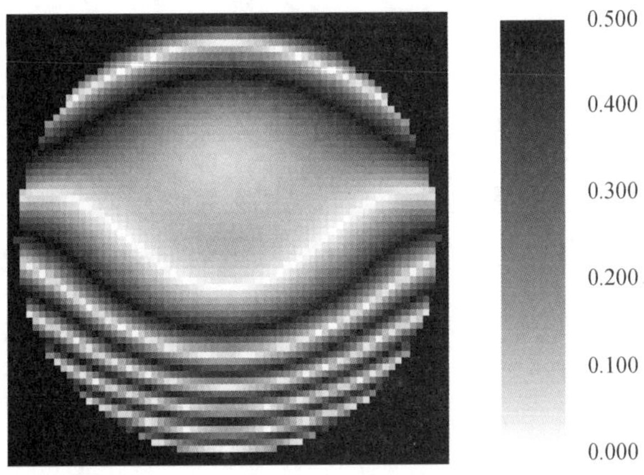

Wave=0.486 microns, Field=(0,1.5)deg
Peak to valley is 3.3613 λ

图 10-9

种情况大多采用**泽尼克①圆多项式（Zernike polynomial）**表示波像差，其中各项均具有明确的物理意义，易于从中分离出各种像差。例如准分子激光角膜切削手术治疗屈光不正时，首先要测量角膜曲率、角膜厚度以及眼睛本身的像差，从而给出最佳的切削方案。这种测量大多是用泽尼克多项式表示波像差的。在出瞳上按极坐标定义归一化坐标 ρ 和 θ 之后利用泽尼克圆多项式展开的波像差为

$$W = \overline{W} + \sum_{n=1}^{\infty}\left[A_n Q_n^0(\rho) + \sum_{m=1}^{n} Q_n^m(\rho)\rho^m(B_{nm}\cos m\theta + C_{nm}\sin m\theta)\right] \tag{10-12}$$

其中 $\overline{W}$ 是波像差的平均值，A_n、B_{nm} 和 C_{nm} 为根据波像差值拟合的各项系数，$Q_n^m(\rho)$ 为 ρ 的

① 泽尼克（Frederik Zernike，1888—1966），荷兰物理学家，建立了表示误差的 Zernike 多项式，因发明相衬显微镜获得 1953 年诺贝尔物理学奖。

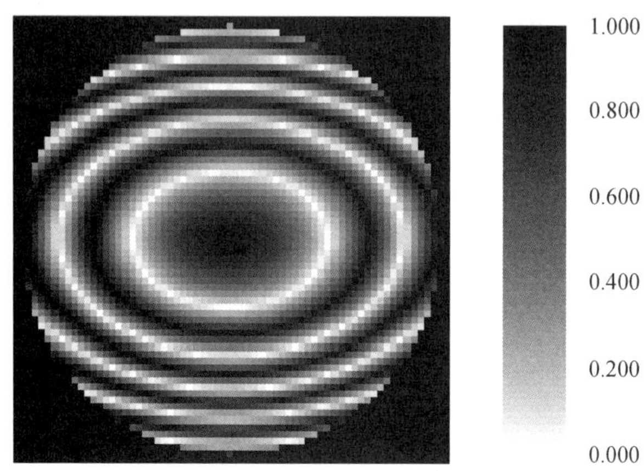

图 10-10

$2(n-m)$阶多项式：

$$Q_n^m(\rho)=\sum_{s=0}^{n-m}(-1)^s\frac{(2n-m-s)!}{s!(n-m)!(n-m-s)!}\rho^{2(n-m-s)} \tag{10-13}$$

表 10-2 所示是泽尼克多项式的前 9 项。

表 10-2　泽尼克多项式前 9 项

n	m	序号	相应项
0	0	0	1
1	1	1	$\rho\cos\theta$
		2	$\rho\sin\theta$
	0	3	$2\rho^2-1$
2	2	4	$\rho^2\cos2\theta$
		5	$\rho^2\sin2\theta$
	1	6	$(3\rho^2-2)\rho\cos\theta$
		7	$(3\rho^2-2)\rho\sin\theta$
	0	8	$6\rho^4-\rho^2+1$

若各项系数分别为 $Z_0,Z_1,\cdots,Z_8$，则用泽尼克多项式前 9 项表示的波像差为

$$W(\rho,\theta)=Z_0-Z_3+Z_8+(Z_1-2Z_6)\rho\cos\theta+(Z_2-2Z_7)\rho\sin\theta$$
$$+(2Z_3-6Z_8+Z_4\cos2\theta+Z_5\sin2\theta)\rho^2+3(Z_6\cos\theta+Z_7\sin\theta)\rho^3+6Z_8\rho^4$$

上式中各项均有明确的物理意义，除常数项外，ρ 的 1 次项表示倾斜，ρ 的 2 次项表示离焦和初级像散，ρ 的 3 次项表示初级彗差，ρ 的 4 次项表示球差。可见，由泽尼克多项式的系数可以直接得到各初级像差引起的波像差。因此高精度光学镜头也常对泽尼克多项式各项系数提出要求。关于泽尼克多项式在单位圆上正交的性质，以及其中各独立项产生的波像差现象和在波面检测中的应用，读者如需进一步了解请参阅文献[44]。

10.5　复色光的波像差

单色球面波经光学系统后，将由于像差而发生变形。如果物方球面波是复色的，那么，各色波面经系统后，将因各自像差的不同而有不同程度的变形。康拉弟①在其著作《应用光学和光学设计》一书中首先提出引入波色差讨论两种色光波面间的偏离，给出了用于计算波色差的($D-d$)方法。这种方法计算简便、精度高，并且便于调换等折射率不等色散的玻璃来校正色差，而对单色像差并无影响。这在以往计算机软、硬件条件受到限制时，在对复杂系统，特别是照相物镜等大像差系统的设计中，曾经发挥了重要作用。目前的光学设计软件已经完全按照空间光线追迹计算实际波面得到不同色光的波像差。

据此，对于单色光或主色光可以得到一种波像差，即对每条光线在出瞳处计算与参考波面的交点处光程，并与参考光程(通常是主光线光程)相比较到单色光的波像差。而对于复色光中除了主色光之外的其他色光，有两种不同的波像差，一种是实际波面相对于该色光自己的理想波面的偏离，另一种是该色光实际波面相对于主色光理想波面的偏离，前者不反映色差，只有后者才反映色差的影响。但这个波像差与康拉弟的波色差不同，并不是需要校正色差的两种色光之间的波像差。

当对于光学系统成像的所有特征色光均计算波像差时，必须有统一的参考波面，这就是主色光的理想波面。利用光学设计软件可通过选择波长来决定是计算单一波长的波像差还是计算多种色光的波像差。当计算单一波长的波像差时是以该波长的主光线或中心光线与像面的交点作为参考球面波的球心的，当计算多种色光的波像差时则以主波长的主光线或中心光线与像面的交点作为参考球面波的球心，从而获得出瞳处的参考波面。各种色光的出射波面均在出瞳中心与参考波面相切。图 10-2 就是以主色光的主光线在出瞳处的球面波作为参考波面所画出的子午、弧矢两个方向三种色光的波像差曲线，从而在一幅图中看出几种色光的波像差。如果画出的是轴上点的波像差曲线，我们会发现两个方向的曲线完全相同并且对称。由于各种色光的波面均以主色光的波面为参考波面，因此这种波像差曲线和仅与色差有关的波色差曲线相比更能综合地反映系统的像质。但波像差三维图只表示一种色光的波像差，如果光学系统对复色光成像，则需要对各色光作出波像差三维图，计算时可以选择是否参考主色光。

10.6　光学系统的像差容限

光学系统不可能把像差校正得尽善尽美。多大的像差能被认为是允许的？这是一个很重要的问题，也是一个甚为复杂、并且还不能认为已被解决了的问题。原因是光学系统的成像质量是各种像差综合影响的结果，光学系统的像质要求还随系统的使用条件、使用要求和

---

① 康拉弟(Alexander Eugene Conrady，1866—1944)，英藉荷兰光学家，伦敦大学帝国科技学院光学设计教授。

接收器性能等的不同而不同。而诸多像质评价方法之间虽然有直接或间接的联系,但它们各有其局限性,不能用任一种方法来评价各种光学系统。

由于波像差与几何像差之间有着较为方便和直接的联系,因此,以最大波像差为评价依据的瑞利判断(详见"光学系统的质量评价"一章)是一种方便而实用的像质评价方法。利用它可由波像差的允许值得出几何像差的容限。但它只适用于评价望远镜和显微镜物镜等小像差系统。这类系统是一种视场很小而孔径较大或很大的系统,应该保证轴上点和近轴点有很好的像质。所以须校正好球差、色差和近轴彗差,使最大波像差不大于 1/4 波长,符合瑞利判断的要求。

对于球差,利用第一节已得到的公式,可直接得出容限计算式。有两种情况:

(1)当系统仅有初级球差时,其所产生的最大波像差(经$(1/2)\delta L'_m$ 离焦后),令其小于或等于 1/4 波长,即可得边光球差的容限公式为

$$\delta L'_m \leqslant \frac{4\lambda}{n' u'^2_m} = 4 \text{ 倍焦深}$$

上式的严格表示应为

$$\delta L'_m \leqslant \frac{4\lambda}{n' \sin^2 U'_m} \tag{10-14}$$

(2)当系统同时具有初级和二级球差时,在对边光校正好球差后,0.707 带的光线具有最大的剩余球差。作$(3/4)\delta L'_{0.707}$的轴向离焦后,令系统的最大波像差小于等于 1/4 波长,则可得 $\delta L'_m = 0$ 时的带光球差容限为

$$\delta L'_{0.707} \leqslant 6 \text{ 倍焦深}$$

或

$$\delta L'_{0.707} \leqslant \frac{6\lambda}{n' \sin^2 U'_m} \tag{10-15}$$

实际上,边光的球差未必正好校正到零,需控制在焦深范围内。故此时边光球差的容限为 1 倍焦深。

类似于球差,以往也对弧矢彗差提出容限,如

$$\text{弧矢彗差} \quad K_s \leqslant \frac{\lambda}{2n' \sin U'_m} \tag{10-16}$$

如果系统对复色光成像,色差引起的波像差应当$\leqslant \frac{\lambda}{4} \sim \frac{\lambda}{2}$。

对于如目镜这样的小孔径大视场目视光学系统,引起成像模糊的像差除了像面弯曲外,其他采用综合性评价如点列图,详见"光学系统的质量评价"一章,几何像差只是作为控制手段。当眼睛作为接收器时,由于眼睛具有一定的调节能力,像面弯曲只要在眼睛的调节范围内即可,实际设计时常取合理的弯曲像面或物面。如果是电子目镜则要求平场。另对畸变提出要求:

$$\text{畸变} \quad \frac{\delta y'}{y'_0} \leqslant 5\% \sim 10\%$$

照相物镜是大孔径大视场系统,应校正全部像差。但其接收器即感光胶片有一定的粒度,因此物镜本身无须达到很高的像质要求,可认为是一种大像差系统。它所具有的各种像差的剩余值,要超出瑞利极限好多倍,自然不能用瑞利判断来评价其像质。对于大像差系

统，一般用像点的弥散斑来直接评定(对应的评价方法为点列图)若弥散斑直径在 0.03～0.1 mm 以内，就可认为是满意的。畸变则以观察者感觉不出像的明显变形为限，一般可允许 2%～4%。

对于采用光电接收器的数码相机光学系统，需要根据传感器的分辨率提出像质要求，详见“光学系统的质量评价”一章。

实际上现代光学设计已经从像差的优化转为主要评价系统的综合像质，较少把单独一种像差分离出来要求达到什么指标，通常光学设计软件可以直接输出各特征视场的成像弥散斑均方根半径和最大半径、波像差曲线和波像差三维图、光学传递函数等综合性的评价指标，这时往往不必拘泥于几何像差的具体数值。当然几何像差过大时这些综合评价指标也不可能达到要求。

但这并不表明设计者采用综合性评价指标就可以了，当使用光学设计软件并直接利用波像差或由波像差计算得出的传递函数来评价像质时，需要对畸变加以特别的注意。这是因为软件所选取的参考波面球心是主光线或中心光线与像面的交点，并未涉及这个交点距离理想像点有多远，也就是说不涉及畸变。当视场有一定大小时畸变可能会超出要求。

由于光学传递函数等评价指标的计算远不如几何像差快，特别是在设计的初始阶段，主要以弥散斑作为评价依据，利用几何像差参与优化设计仍不失为一种快速、高效的方法，有经验的设计人员常常把几何像差作为一种便于控制的手段，利用它更快地达到设计指标。这就需要设计者根据用户的要求和光学系统的像差特征对优化过程加以合理的人工干预。同时，在设计初期以几何像差特别是初级像差为依据选择合理的光学结构，可以帮助设计人员更顺利地完成光学设计过程。

在设计的最后阶段，在绝大多数指标都达到的情况下，个别视场的弥散斑比设计要求只大了一点、个别视场个别空间频率的传递函数距离设计指标还差了 0.01，优化时这个指标好了另一个指标又下来了，这时往往需要设计者付出很大的努力加以平衡，找出原因并对具体光线的光程差加以微调，使系统能够满足每一个设计指标。

光学设计是一种非常个性化的工作，同样的指标下可以设计出千差万别的光学系统，这里对像差理论特别是初级像差理论的运用极大地影响着设计进程和设计结果。进一步的研究还表明，具有较小初级像差的光学结构可以降低公差灵敏度，为加工、装配带来方便，提高系统的稳定性。

因此，现代高质量光学镜头的设计仍然需要设计者具有很好的像差理论功底，如投影光刻镜头这样的极高精度光学系统甚至直接对波像差的 Zernike 多项式各项系数提出具体指标，对于这样的镜头，几何像差的控制仍然是一项非常重要的工作。

习　题

1. 对第 7 章习题第 1 题中已求出球差展开式的光学系统，要求：(1) 以计算方法和图形积分方法求其波像差；(2) 画出波像差曲线；(3) 求出最佳焦点位置以及以此点为参考点时的波差值，并画出波像差曲线；(4) 求最大的波像差值及其所在的环带。

2. 对第 11 章习题第 4 题中的平凸透镜，根据其 $h=12.5\text{mm}$ 的边缘光线和近轴光线的光路追迹求得的边光球差(假定只有初级球差)，用对球差曲线图形积分的方法求其波像差，画出波像差曲线，确定最佳焦点位置，以及以该焦点为参考点时的最大波像差。

3. 对单透镜，若最大波像差小于 $\lambda/4$，或边光球差小于 4 倍焦深时，依然能对单色光良好成像。试对上题的单透镜(已知 $D/f'=1:4$)计算其球差容限。实际上，其球差大大超过此容限值。为使其最大的波像差小于等于 1/4 波长($\lambda=0.000555\text{mm}$)，必须将其相对孔径降低以减小其球差值。试求相对孔径降到多少时，可使球差减小到正好为 4 倍焦深?

4. 据理说明为什么对于大多数只包含初级与二级色差的光学系统，对 0.707 带校正位置色差与对边缘带校正波色差是一致的，并且可以使最大剩余波色差为最小。

参考点移动对
波像差的影响

第 11 章　光线追迹

由第 2、3、4 章的讨论可知，实际光学系统只有在近轴区才能像理想光学系统那样完善成像。然而，只能对近轴小物体以细光束成像的光学系统并无实用意义，因为恰恰是相对孔径和视场这两个参数与光学系统的功能和使用价值密切相关，拉氏不变量决定了系统能够传输的信息量的大小。实际上，任何光学系统都需根据仪器的要求而具有远超出近轴区范围的孔径和视场，导致产生一系列像差。因此，任何实用的光学系统，都必须经过精细设计，校正其像差以达到良好的成像质量。

在设计光学系统时，为了获得像差的最佳校正和平衡，要不断地修改结构参数，包括表面的曲率半径、间隔和透镜的材料等。每修改一次，都必须追迹大量光线，了解有关像差，进行综合分析和评价，确定是否需进一步修改及修改方向。光学系统自动设计或称优化设计只是借助计算机来完成这些繁复的运算与分析，其基本过程并无本质的区别。所以，设计光学系统需要反复作大量光线的光路计算，也称为**光线追迹(ray trace)**。通常需作如下四类光线的光路计算：

1. 作近轴光线的光路计算以确定像的理想状态；
2. 作含轴面内光线的光路计算以求得大部分像差；
3. 作沿主光线的细光束像点的计算以求得细光束像差；
4. 作空间光线的光路计算以全面了解系统的像质。

为作各类光线的光路计算，除需给出光学系统的结构参数外，还要知道物体的位置和大小以及孔阑的位置和大小。

不论作哪一类光线的光路计算，其基本方法各自相同，都是对系统的每一面重复进行的。但为了计算各种像差，须选取不同的光线，它们的初始数据各不相同，最后结果也要根据所求像差作相应的处理。

本章知识要点

1. 第一近轴光和第二近轴光
2. 近轴光线的初始条件
3. 近轴光线的光路计算
4. 子午面内实际光线的初始条件
5. 子午面内实际光线的光路计算
6. 沿主光线的细光束计算初始条件
7. 沿主光线的细光束像点的计算
8. 光路计算的后处理

9. 光程和光程差计算

11.1 近轴光线追迹

计算近轴光线的目的，如果只是求知高斯像的位置和大小，以及光学系统的基点位置和焦距，则应用公式(2-11)或(2-12)并辅以过渡公式(2-28)或(2-29)即可。但在光学设计时，通常还要利用近轴光线在各面上的高度和入射角等有关量，来算出各种初级像差及其分布，这就需按公式(2-5)～(2-8)来进行计算，并辅以过渡公式(2-27)和(2-28)。计算的初始数据为 l_1 和 u_1，如光线发自无穷远轴上点，则 $l_1=\infty$，$u_1=0$，此时取 h_1 作为初值。

要计算初级像差，需作两条近轴光线的光路计算，如图 11-1 所示，一条是轴上物点 A 发出、过入瞳边缘的第一近轴光线，其初始数据为：$l_1=l$（物距），$u_1=\sin U$，当 $l_1=\infty$，$u_1=0$ 时，取 $h_1=a$（入瞳半径）；另一条是物面边缘点 B 发出、过入瞳中心 P 的第二近轴光线，初始数据为：$l_1=l_{p1}$，$u_1=u_{p1}=\sin W$。W 为视场角，有

$$\tan W=\frac{y_1}{l_{p1}-l_1} \tag{11-1}$$

若物体在无穷远，视场角是直接给定的。

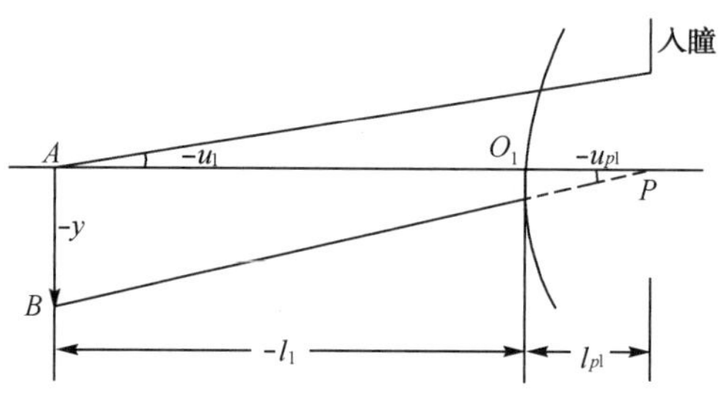

图 11-1

对第 4 章用于举例的双胶合望远镜物镜作第一近轴光线计算，得到如表 11-1 所示的结果。该物镜的性能参数为：$f'=100$，相对孔径 $2a/f'=1/5$，视场 $2W=6°$。对于第一近轴光线，其初值为 $l=-\infty$，$u=0$，$h=10$。

表 11-2 列出了对该物镜作第二近轴光线计算的结果。由于物镜作为入瞳，因此 $l_{p1}=0$，并且按视场角得出 $u_{p1}=\sin(-3°)=-0.052336$，这里负值是习惯上的取法。

表 11-1 第一近轴光线的计算 $l=-\infty, u=0, h=10$

	1	2	3
l $-r$	$-\infty$ 62.50	179.537 -43.65	341.319 -124.35
$l-r$ $\times u$ $\div r$	$h_1=10$ 62.50	223.187 0.0544849 -43.65	465.669 0.0284512 -124.35

续表

	1	2	3
i $\times n/n'$	0.16 1/1.51637	−0.278587 1.51637/1.67268	−0.106545 1.67268/1
i' $\times r$ $\div u'=u+i-i'$	0.105515 62.5 0.0544849	−0.252553 −43.65 0.0284512	−0.178215 −124.35 0.100122
$l'-r$ $+r$	121.037 62.5	387.469 −43.65	221.341 −124.35
l'	183.537	343.819	96.9912
$h=lu=l'u'$	10	9.78206	9.71093
$l'=h/u'$ $-d$	183.537 4	343.819 2.5	96.9912
l	179.537	341.319	

表 11-2　第二近轴光线的计算　　$l_1=0, u_1=-0.052336$

	1	2	3
l $-r$	0 62.50	−4 −43.65	−6.87104 −124.35
$l-r$ $\times u$ $\div r$	−62.5 −0.052336 62.50	39.65 −0.0345140 −43.65	117.479 −0.0315843 −124.35
i $\times n/n'$	0.052336 1/1.51637	0.0313512 1.51637/1.67268	0.0298391 1.67268/1
i' $\times r$ $\div u'=u+i-i'$	0.0345140 62.5 −0.0345140	0.0284215 −43.65 −0.0315843	0.0499112 −124.35 −0.0516564
$l'-r$ $+r$	−62.5 62.5	39.2790 −43.65	120.1488 −124.35
l'	0	−4.37104	−4.20116
$h=lu=l'u'$	0	0.138056	0.217017
$l'=h/u'$ $-d$	0 4	−4.37104 2.5	−4.20116
l	−4	−6.87104	

在遇到 $r=\infty$ 的平面时，可用 $i=-u$ 和 $l'=n'l/n$ 分别代替公式(2-5)和(2-8)。

由于近轴光路计算公式对 u 角的线性关系，初始数据 u 或 h 的取值并不影响像的位置和大小以及基点位置和焦距的计算结果。但当要计算初级像差时，u_1 和 u_{p1} 应按要求的孔径和视场来确定。通常要计算边缘孔径和边缘视场的初级像差，故应取全孔径和全视场。

11.2 子午光线追迹

包含物点和光轴的平面称子午面，其上的光线称为子午光线。

光学系统的大部分像差可以由子午光线的光路计算结果求出，因此，必须进行大量的子午光线计算。通常按第 2 章公式(2-1)～(2-4)进行计算，过渡公式为 $L_{i+1}=L_i-d_i$ 和 $U_{i+1}=U'_i$，最后的计算结果为 L'_k 和 U'_k。

为计算各种像差，需对从物面中心点和若干个轴外点发出的数量较多的子午光线进行光路计算，它们的初值各不相同。下面分两种情况讨论之。

1. 当物在无穷远时

图 11-2 是轴上点 A 和轴外点 B 发出的光线入射于系统第一面时决定其初值的简图。ξ、η 是入瞳面坐标，因系子午光线，$\xi=0$。

因系无穷远点，故轴上点 A 发出的光线需以离光轴的高度 h_1 来确定其初值，即

$$h_1=\eta=K_\eta\cdot a=K_\eta\cdot\eta_{\max} \tag{11-2}$$

式中，$\eta_{\max}$ 是坐标 η 的最大值，等于入瞳半径；K_η 称孔径取点系数，由于轴上点发出的光线关于光轴对称，所以只算光轴之上的光线即可，故有 $0<K_\eta\leqslant 1$。例如当 $K_\eta=1$ 时，表示算的是边缘光线；当 $K_\eta=0.707$ 时，算的是 0.707 带光线。

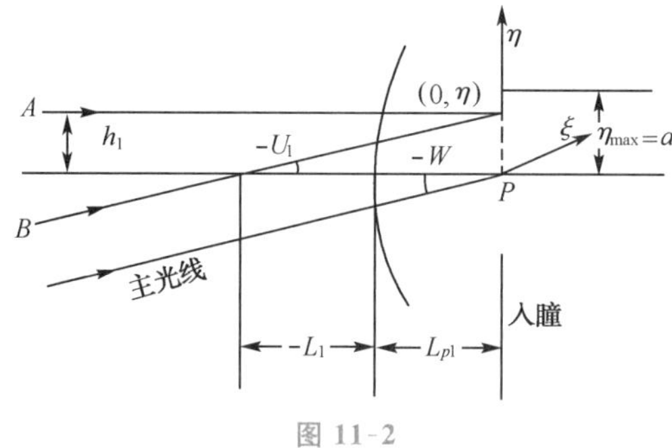

图 11-2

轴外点 B 发出的光线，由图可见，其初值为

$$\left.\begin{aligned} U_1&=K_W\cdot W_{\max}=W \\ L_1&=L_{p1}+\frac{\eta}{\tan U_1}=L_{p1}+\frac{K_\eta\cdot\eta_{\max}}{\tan U_1} \end{aligned}\right\} \tag{11-3}$$

式中，K_W 是视场取点系数，也满足 $0<K_W\leqslant 1$，W 是视场角。对于轴外点光线，一般 U 角取负值。如 $K_W=1$，表示算的是光轴以下边缘物点发出的光线；如 $K_W=0.707$，表示光轴以下 0.707 带视场的光线。必须指出，由于主光线并非轴外点光束的对称轴，对称光线经系统后不能保持对称，因此主光线以上和以下的光线都要算，即 K_η 应在 -1 和 $+1$ 的范围内取值。请读者据此写出用于计算视场边缘点的上、下边缘光线和主光线的初值。

2. 物在有限距时

按照同样的确定方法，可得出此时的光路计算初值。

对于轴上点光线，其初值可直接获得

$$L_1=l$$

$$\sin U_1 = K_\eta \cdot \sin U_m$$

式中 U_m 为最大孔径角，K_η 为孔径取点系数。

对于轴外点发出的光线，可参照图 11-2 另行作图，为与轴上点区别采用$\overline{L_1}$、$\overline{U_1}$符号，有

$$\left.\begin{aligned}\tan\overline{U_1} &= \frac{y-\eta}{L_{p1}-L_1} = \frac{K_W \cdot y_{\max} - K_\eta \cdot \eta_{\max}}{L_{p1}-L_1} \\ \overline{L_1} &= L_{p1} + \frac{\eta}{\tan\overline{U_1}} = L_{p1} + \frac{K_\eta \cdot \eta_{\max}}{\tan\overline{U_1}}\end{aligned}\right\} \tag{11-4}$$

式中，y 是物面纵坐标，表示线视场，$y_{\max}$是边缘视场半径。K_W 为视场取点系数。请读者同样写出计算光轴以下的视场边缘点 B 发出的上、下光线和主光线的初值。

光线的初值 L_1 和 U_1 确定后，即可按公式(2-1)～(2-4)进行光路计算，直到求出 L'_k 和 U'_k。尽管现在光线的光路计算工作几乎全被计算机所承担，但作为初学者，为了熟悉计算方法，进行必要实践，了解自动设计软件中的光路计算方法，有必要编写一些光路计算小程序，并做点各类光线的人工计算与软件比对。计算表格对于编程或人工计算都很有用处。

表 11-3　轴上点边缘光线的计算　　$L_1=\infty, U_1=0, h_1=10$

	1	2	3
L $-r$	 62.50	178.510 −43.65	351.133 −124.35
$L-r$ $\times\sin U$ $\div r$	$h_1=10$ 62.50	222.160 0.0549510 −43.65	475.483 0.027857 −124.35
$\sin I$ $\times n/n'$	0.16 1/1.51637	−0.279678 1.51637/1.67268	−0.106518 1.67268/1
$\sin I'$ $\times r$ $\div\sin U'$	0.105515 62.5 0.0549510	−0.253542 −43.65 0.0278570	−0.178171 −124.35 0.100099
$L'-r$ $+r$	120.010 62.5	397.283 −43.65	221.336 −124.35
L'	182.510	353.633	96.9858
U $+I$	0 9.20690	3.15005 −16.2410	1.5963 - 6.11465
$U+I$ $-I'$	9.20690 6.05685	−13.0909 −14.6872	−4.51834 −10.2632
U'	3.15005	1.59630	5.74489
$L\sin U$ $\div\cos[(I-U)/2]$	10 0.996774	9.80933 0.985717	9.78154 0.997737
PA $\times\cos[(I'-U')/2]$	10.0324 0.999678	9.95147 0.989921	9.80373 0.990258
$L'\sin U'$ $\div\sin U'$	10.0291 0.0549510	9.85117 0.027857	9.70822 0.100099
L' $-d$	182.510 4	353.633 2.5	96.9859
L	178.510	351.133	

为确保计算结果的可靠性，在计算过程中须逐面校对。通常用 PA 校对法，即

$$\frac{L'\sin U'}{\cos\left(\frac{I'-U'}{2}\right)}=PA=\frac{L\sin U}{\cos\left(\frac{I-U}{2}\right)} \tag{11-5}$$

式中，PA 是光线入射点到球面顶点的距离。只要折射光线和入射光线的 PA 值相等，且折射角 I' 和入射角 I 符合折射定律，就能使折射光线和入射光线在球面上相衔接，确保计算无误。PA 校对法的缺点是公式中没有包含折射率因子，因此，由 $\sin I$ 求 $\sin I'$ 时的错误不会影响校对结果，所以在计算这一步时须倍加小心。此外，在用过渡公式由 L_i' 求 L_{i+1} 时，也要特别留意防止出错。

作为例子，对前面举例的双胶合望远物镜计算其轴上点边缘光线（$h_1=10$），见表 11-3，请读者利用计算表自行计算视场边缘点主光线的光路。这里表 11-4 仅列出部分数据供核对和以后之用。

表 11-4　3°视场时主光线计算的一些结果　　$L_1=0, U_1=-3°$

	1	2	3
L	0	−4	−6.87140
U	−3	−1.97790	−1.80996
I	3	1.79658	1.70992
I'	1.97790	1.62865	2.86091
U'	−1.97790	−1.80996	−2.96095
L'	0	−4.37140	−4.19806

在光路计算时，有时会遇到 $\sin I>1$ 和 $\sin I'>1$ 两种情况。前者表示入射光线的高度已超过半球，后者总发生在光线从玻璃射入空气时，表示光线在该面上发生了全反射。二者都表示所算的光线实际上已不能通过系统，该条光线的追迹应当被终止。

当光线射经平面时，公式（2-1）～（2-4）不能直接应用，须以 $I=-U$ 和 $L'=L\tan U/\tan U'$ 代替其中的（2-1）和（2-4）二式。但计算 L' 的公式在小角度时很不精确，可变换为

$$L'=L\frac{\tan U}{\tan U'}=L\frac{n'}{n}\cdot\frac{\cos U'}{\cos U} \tag{11-6}$$

校对公式对平面仍适用。编程时通常以一个很大的半径值如 10^{15} 表示平面。

如果计算中遇到反射球面，只要令 $n'=-n$ 即可照常进行。反射光线继续行进时，过渡公式 $L_{i+1}=L_i'-d_i$ 中的 d_i 值应改变符号。

计算光线光路的目的是求知各种像差。轴上点光线求出其 L_k' 和 U_k' 后，可直接用于计算像差，但对轴外点光线的光路计算结果还需进行换算和处理。只要求出轴外点光线经系统后与高斯像面的交点高度 y'，就可计算出该点的全部子午像差。由图 11-3 显见，有

$$y'=(L_k'-l')\tan U_k' \tag{11-7}$$

例如，根据表 11-4 列出的计算结果和表 11-1 查得同一物镜的 l'，可算得该主光线与高斯像面的交点高度为

$$y_p'=(L_3'-l_3')\tan U_3'=5.23395$$

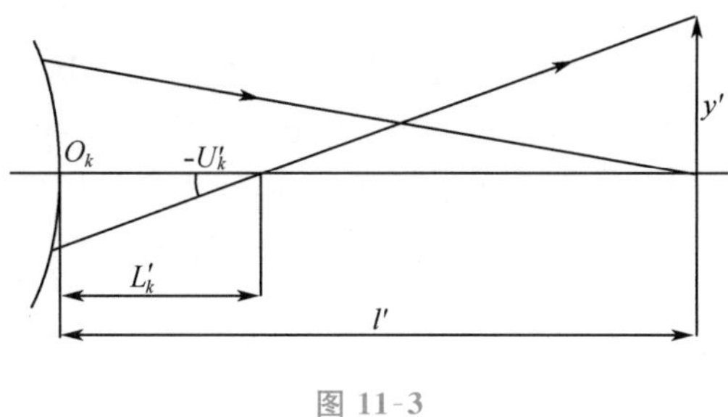

图 11-3

11.3　沿轴外点主光线的细光束像点的计算

为了求出细光束像散和像面弯曲，须计算沿主光线的细光束像点位置。首先考虑轴外点细光束经单个球面折射后所形成的像散光束及其结构特征。

如图 11-4，BM_1M_2 是由轴外物点 B 发出的一束子午细光束，BM 为主光线。对于单个球面来说，B 点可看成是在辅光轴 BC 上。该子午细光束经球面折射以后会聚于 B_t' 点，即子午像点。若称包含主光线并与子午面垂直的平面为弧矢平面，则沿主光线的弧矢细光束的会聚点 B_s' 为弧矢像点，显然它就是主光线与辅轴的交点。图 11-5 表示出了弧矢细光束的成像情况。

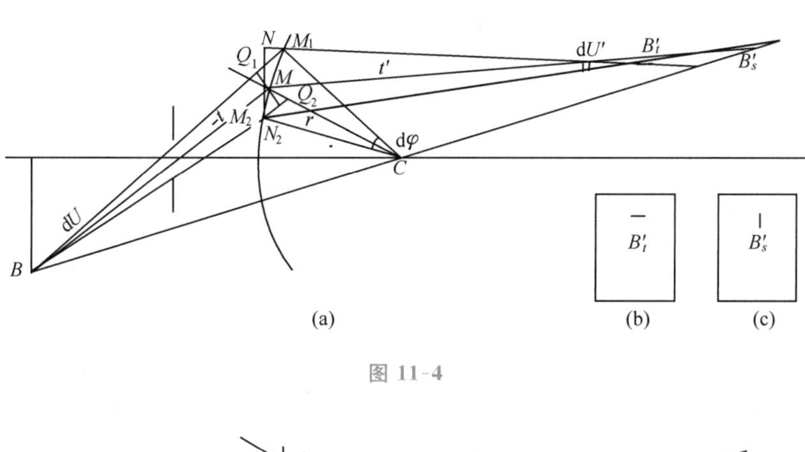

图 11-4

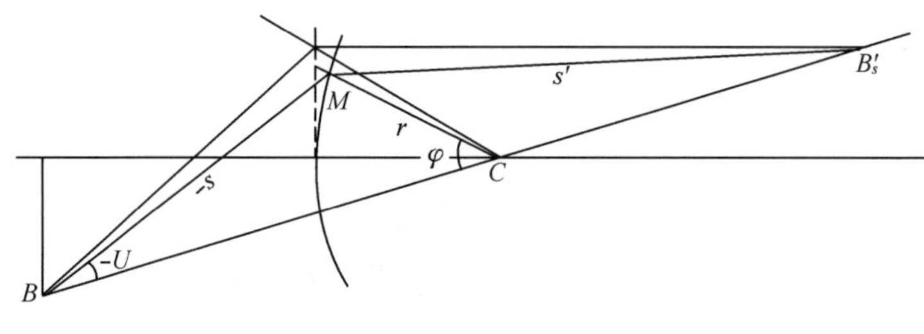

图 11-5

由于子午像点和弧矢像点并不重合，实际上弧矢细光束在 B_t' 处将截得一条垂直于子午平面的短线，即为子午焦线；子午细光束在 B_s' 处也将截得一条弧矢焦线。此二焦线之间的

距离 $B_t'B_s'$ 就是像散。

因为子午像点和弧矢像点均位于主光线上，故它们的位置均沿主光线度量。分别用 t' 和 s' 表示从主光线在球面上的折射点 M 到 B_t' 和 B_s' 的距离。对应地，用 t 和 s 表示从 M 到 B_t 和 B_s 的距离，如图 11-4 和图 11-5 所示。在图中，B 为无像散的实际物点，应有 $t=s$。这些量的正负，以主光线在球面上的入射点为原点来确定。图中所示情况为 $t=s<0, t'>0, s'>0$。

下面推出由 t 求 t' 和由 s 求 s' 的公式。

在图 11-4 中，分别以 B 和 B_t' 为中心，以 t 和 t' 为半径作圆弧 Q_1Q_2 和 N_1N_2，考虑到 M_1M_2 的弧长为 $r\cdot \mathrm{d}\phi$，有

$$t'\cdot \mathrm{d}U' = r\cos I'\cdot \mathrm{d}\phi, t\cdot \mathrm{d}U = r\cos I\cdot \mathrm{d}\phi$$

按 $\phi = U + I = U' + I'$ 写出 s' 和 $\mathrm{d}U$，代入上式，并消 $\mathrm{d}\phi$ 得

$$\frac{t' - r\cos I'}{t'\mathrm{d}I'} = \frac{t - r\cos I}{t\mathrm{d}I}$$

微分折射定律得 $n'\cos I'\mathrm{d}I' = n\cos I\mathrm{d}I$ 并与上式相乘，稍作整理得

$$\frac{n'\cos^2 I'}{t'} - \frac{n\cos^2 I}{t} = \frac{n'\cos I' - n\cos I}{r} \tag{11-8}$$

这就是由 t 求 t'，即求子午像位置的公式。

为推出 s 和 s' 之间的关系，须根据图 11-5。从图中的$\triangle BMC$ 和$\triangle B_s'MC$ 可得

$$\frac{r}{s} = \frac{\sin U}{\sin\phi}, \frac{r}{s'} = \frac{\sin U'}{\sin\phi}$$

第一式乘以 n，第二式乘以 n'，二式相减，并利用 ϕ 将 $n'\sin U' - n\sin U$ 转换成$(n'\cos I' - n\cos I)\sin\phi$，可导出

$$\frac{n'}{s'} - \frac{n}{s} = \frac{n'\cos I' - n\cos I}{r} \tag{11-9}$$

这就是由 s 求 s'，即求弧矢像位置的公式。

计算细光束像散用的公式(11-8)和(11-9)称杨氏①公式。如果在该两式中令 $I=I'=0$，两公式将相同，并得到与轴上点近轴光线的球面成像公式(2-11)完全相同的形式。它说明主光线与入射点法线重合的细光束经球面折射以后，不会产生像散。

由公式(11-8)和(11-9)可知，为计算细光束的子午像和弧矢像的位置，必须知道主光线经球面折射前后的入射角和折射角，所以需事先作主光线的光路计算。

为对整个系统进行像散光束的计算，需应用沿主光线的转面过渡公式。图 11-6 画出了光学系统的头两个折射面。从图显见有 $t_2 = t_1' - D_1$，类似地有

$$t_{i+1} = t_i' - D_i,\quad i=1,2,\cdots,k-1 \tag{11-10}$$

对于弧矢光束，同样可得

$$s_{i+1} = s_i' - D_i,\quad i=1,2,\cdots,k-1 \tag{11-11}$$

上两式中的 D 是相邻两表面之间沿主光线的距离。从图易于得出

$$D_i = \frac{h_i - h_{i+1}}{\sin U_i'} \tag{11-12}$$

---

① 杨(Thomas Young，1773—1829)，英国医生、物理学家，研究领域包括力学、光学、声学、语言学、动物学、埃及学、经济学等，光的波动学说奠基人，生理光学创始人，艺术爱好者。

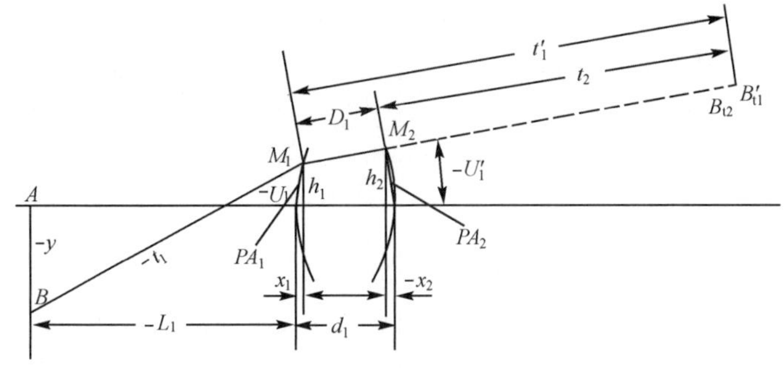

图 11-6

或

$$D_i=\frac{d_i-x_i+x_{i+1}}{\cos U_i'} \tag{11-13}$$

式中 h_i 和 x_i 可按如下公式计算：

$$h_i=r_i\sin\phi_i=r_i\sin(U_i+I_i) \tag{11-14}$$

$$x_i=\frac{PA_i^2}{2r_i} \tag{11-15}$$

为计算 h_i 和 x_i 所需的量均可从主光线的光路计算表格中直接查取。

在计算之初，首先必须确定初值。显然，对于自实际物点发出的细光束而言，t_1 和 s_1 是相等的。当物体位于无穷远时，$t_1=s_1=\infty$；而当物体位于有限距离时，则从物点 B 沿主光线到第一面入射点 M 的距离可以直接得出，有

$$t_1=s_1=\frac{h_1-y}{\sin U_1} \tag{11-16}$$

或

$$t_1=s_1=\frac{L_1-x_1}{\cos U_1} \tag{11-17}$$

式中，物距 L_1、物高 y 和角度 U_1 均为已知，而 h_1 或 x_1 可按公式(11-14)或(11-15)求得。

在应用杨氏公式计算像散时，如遇到平面，公式仍然可用，只要以 $r=\infty$ 代入即可，此时主光线在平面上的高度就等于 PA 值，矢高 x 为零。

表 11-5　3°视场像散光束的计算

	1	2	3
r	62.5	−43.65	−124.35
PA	0	0.138131	0.217132
$x=PA^2/(2r)$	0	−0.000218559	−0.000189571
d	4	2.5	
$\cos U'$	0.999404	0.999501	0.998665
$D_i=\frac{d_i-x_i+x_{i+1}}{\cos U_i'}$	4.00217	2.50128	

续表

	1	2	3
n	1	1.51637	1.67268
n'	1.51637	1.67268	1
I	3	1.79658	1.70992
I'	1.97790	1.62865	2.86091
$n'\cos I'$	1.51547	1.67200	0.998754
$n\cos I$	0.998630	1.51562	1.67194
$a=\dfrac{n'\cos I'-n\cos I}{r}$	0.00826939	−0.00358258	0.00541360
t	$-\infty$	179.151	340.455
$c=\dfrac{n\cos^2 I}{t}+a$	0.00826939	0.00487330	0.0103223
$t'=\dfrac{n'\cos^2 I'}{c}$	183.153	342.956	96.6363
$t_{i+1}=t_i'-D_i$	179.151	340.455	
s	$-\infty$	179.369	340.871
$k=\dfrac{n}{s}+a$	0.00826939	0.00487133	0.0103207
$s'=n'/k$	183.3714	343.372	96.8929
$s_{i+1}=s_i'-D_i$	179.369	340.871	

求得最后一面的 t_k' 和 s_k' 以后，须将它们换算成相对于最后一面顶点的轴向距离 l_t' 和 l_s'。从图 11-7 易得

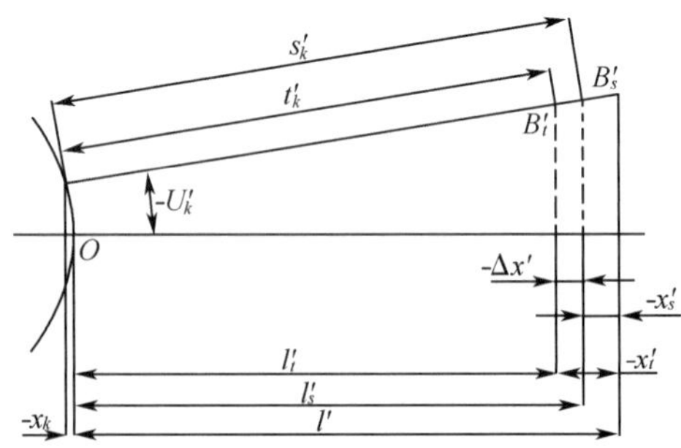

图 11-7

$$\left.\begin{aligned} l_t' &= t_k'\cos U_k' + x_k' \\ l_s' &= s_k'\cos U_k' + x_k' \end{aligned}\right\} \tag{11-18}$$

于是得子午场曲和弧矢场曲分别为

$$\left.\begin{aligned} x_t' &= l_t' - l' \\ x_s' &= l_s' - l' \end{aligned}\right\} \tag{11-19}$$

像散

$$\Delta x' = x_t' - x_s' \tag{11-20}$$

对上述双胶合望远镜物镜在半视场角为 3°时沿主光线的细光束像点位置进行计算(见表 11-5),按公式(11-18)求得 $l_t'=96.5071$ 和 $l_s'=96.7634$ 后,得子午场曲 $x_t'=-0.4841$,弧矢场曲 $x_s'=-0.2278$,像散 $\Delta x'=-0.2563$。

11.4　共轴球面系统空间光线追迹

设计光学系统,尤其是孔场和孔径都比较大的光学系统时,为了全面地考察和评定轴外点的成像质量,常需对子午面外的光线进行计算,如求弧矢像差需算弧矢光线,有时甚至还需对子午和弧矢平面以外的更多光线进行光路计算。这些光线因都在子午面外,故称其为**空间光线(skew ray)**。空间光线经系统各个面的传播过程中,总不会与光轴相交。但对于共轴球面系统,由于子午平面是光学系统的对称面,从轴外点发出对称于子午平面的前后两条光线,其光路也是对称的,出射光线相交于子午面上,有相同的坐标。因此,空间光线无须成对计算,只从子午面之前或之后选取就可以了。

空间光线的光路计算是一个三维问题,用人工计算要较子午光线繁复得多。但用计算机来计算则是甚为快捷的。为此,在计算程序中,为使公式通用化,一般都兼用空间光线的光路计算公式来作子午光线的计算,只要在公式中令与子午平面垂直的坐标分量为零即可。

空间光线的计算方法有多种,其基本原理仍是折射定律的矢量形式。

图 11-8 所示是相邻两个折射球面,从前一个面上 E_0 点射出,再入射于后一个面上 E_1 点的空间光线由位置坐标(x_0,y_0,z_0)(表示 E_0 点的位置)和方向余弦($\cos\alpha_0$,$\cos\beta_0$,$\cos\gamma_0$)(表示光线入射方向)完全确定。此光线经后一面在 E_1 点折射后,折射光线也被相应的位置坐标(x,y,z)和方向余弦($\cos\alpha$,$\cos\beta$,$\cos\gamma$)所决定。所以,空间光线的计算,就是要由已知的入射光线起点坐标(x_0,y_0,z_0)和方向余弦($\cos\alpha_0$,$\cos\beta_0$,$\cos\gamma_0$)求折射光线的起点坐标(x,y,z)和方向余弦($\cos\alpha$,$\cos\beta$,$\cos\gamma$)。

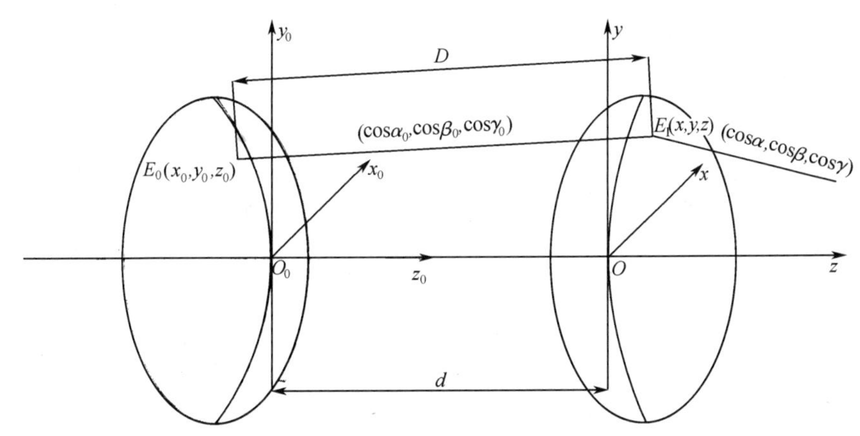

图 11-8

作空间光线的光路计算时,一般将坐标系建在当前折射表面的顶点。当光线从一个面追迹到下一个面时,坐标原点也随之变化。因此,(x_0,y_0,z_0)是在以前一面顶点为原点的坐标系中的坐标，而(x,y,z)是以所讨论的折射表面顶点为原点的坐标系中的坐标。因此，在以当前折射表面顶点为原点的坐标系，入射光线方程为

$$\frac{x-x_0}{\cos\alpha_0}=\frac{y-y_0}{\cos\beta_0}=\frac{z-(z_0-d)}{\cos\gamma_0} \tag{11-21}$$

式中d为两个表面之间的间隔，符号按第2章的规定。

设当前折射球面的半径为r，则可写出其球面方程为

$$x^2+y^2+(z-r)^2=r^2$$

展开得

$$F(x,y,z)=x^2+y^2+z^2-2rz=0 \tag{11-22}$$

将方程(11-21)和(11-22)联立，可能有两种结果。若得两个解，取其中合理的一个，即为E_1点的坐标(x,y,z)。如果无解，说明这条空间光线与折射球面无交点，就不必再计算下去了。

求得(x,y,z)以后，以$F(x,y,z)$分别对三个自变量在(x,y,z)处求一阶偏导数，即得该点处的法线方向的单位矢量为

$$\boldsymbol{N}=\frac{\frac{\partial F}{\partial x}\boldsymbol{i}+\frac{\partial F}{\partial y}\boldsymbol{j}+\frac{\partial F}{\partial z}\boldsymbol{k}}{\sqrt{(\frac{\partial F}{\partial x})^2+(\frac{\partial F}{\partial y})^2+(\frac{\partial F}{\partial z})^2}} \tag{11-23}$$

于是，入射角I可由下式求得

$$\cos I=(\cos\alpha\boldsymbol{i}+\cos\beta\boldsymbol{j}+\cos\gamma\boldsymbol{k})\cdot\boldsymbol{N}$$

再由折射定律求得I'，即可由矢量形式的折射定律计算出折射光线矢量。即

$$\boldsymbol{A}'=\boldsymbol{A}+P\boldsymbol{N}$$

式中$\boldsymbol{A}=n(\cos\alpha\boldsymbol{i}+\cos\beta\boldsymbol{j}+\cos\gamma\boldsymbol{k})$，$P=n'\cos I'-n\cos I$。分别求出$\boldsymbol{A}'$的三个分量，即得折射光线矢量，这就是入射于下一个表面的入射光线矢量。

采用上述方法不断循环，即可解决共轴球面系统中任一条空间光线的光路计算问题。

光线初值的计算，由于是空间光线，情况相对复杂，但总的原则仍然是：物面上的一个点和瞳面上的一个点决定一条入射光线。由于物面上和瞳面上取点均不限于子午面内，特别是当计算点列图、波像差和传递函数时必须在瞳面上密集取点，故分别有x方向的取点系数和y方向的取点系数。采用常用光学设计软件中的符号，设瞳面上沿两个方向的取点系数分别为P_x和P_y，物面上沿两个方向的取点系数分别是H_x和H_y。尽管多数光学系统是对称视场，即只要单方向取视场点进行计算就可以了，但现在也有许多光学系统需要计算非对称视场。不失一般性，我们按非对称视场取光线的初值，在对称视场时只要使一个方向的取点系数为0就可以了。

光线初值的确定也可分三种情况：

1. 物平面在无穷远而入瞳在有限距离

此时视场$2W$和入瞳直径$2h$为已知。通常以入瞳平面作为参考面，即整个系统的第一面来确定入射光线的初始位置坐标(x,y,z)，入瞳的位置根据系统给出的孔阑位置易于求知，再根据视场角和视场的取点系数确定入瞳光线的三个方向余弦。由图11-9可见，任一光线与入瞳面的交点坐标为

$$x=P_xh,y=P_yh,z=0$$

P_x和P_y的取值根据计算要求确定，当计算像差时可以在子午、弧矢两个方向取，如计算几

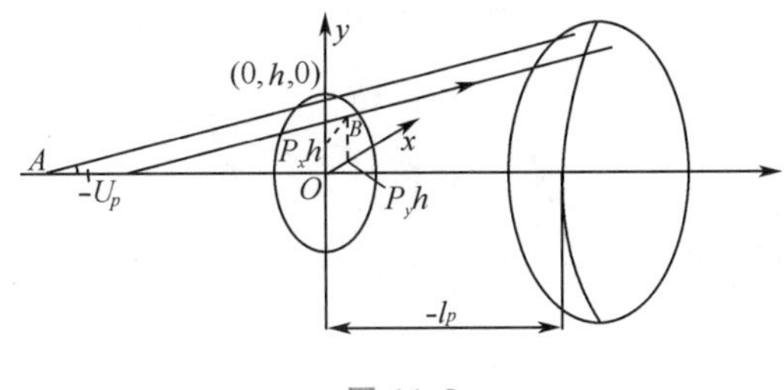

图 11-9

个特征孔径的子午彗差只要 $P_y=\pm1,\pm0.85,\pm0.707,\pm0.5,\pm0.3,0$，计算球差只取正值。由于光束总对子午平面对称，$P_x$ 只需单向取值。当只计算 $y=z=0$ 的弧矢光线时，一般取 $P_x=1,0.85,0.707,0.5,0.3$。$P_x=0$ 时为子午光线，$P_y=0$ 时为弧矢光线，P_x 和 P_y 均为零为主光线。

当需要在光瞳上密集取点以计算点列图或波像差时，采用的取点方法有如图 11-10 所示的三种，图中(a)表示**正方网格(squre)**取样，(b)表示极坐标**六角网格(hexapolar)**取样，(c)表示**随机(dithered)**取样。

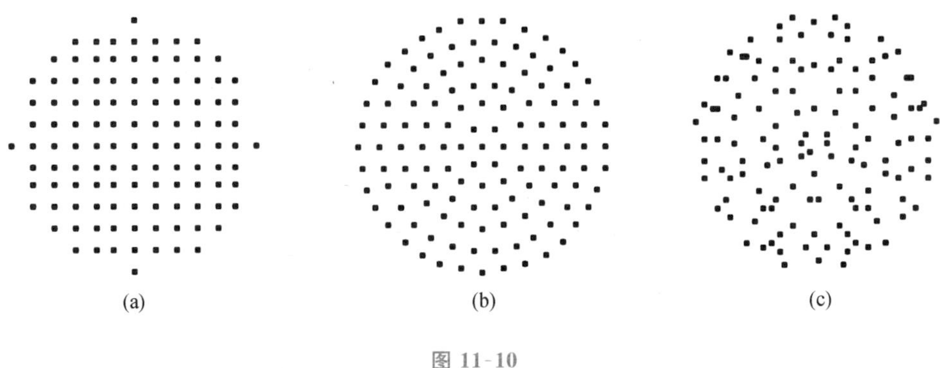

图 11-10

由于无穷远物点发出的是平行光束，其中每条光线的方向余弦是相同的，因此可根据 x 和 y 方向的视场取点系数任取一条光线来确定。对于视场沿 x 方向和沿 y 方向的取点系数分别为 H_x 和 H_y 的空间光线，设 $a=H_x\tan W$，$b=H_y\tan W$，其三个方向余弦为

$$\begin{cases}\cos\alpha=\dfrac{a}{\sqrt{1+a^2+b^2}}\\ \cos\beta=\dfrac{b}{\sqrt{1+a^2+b^2}}\\ \cos\gamma=\sqrt{1-\cos^2\alpha-\cos^2\beta}\end{cases}\tag{11-24}$$

如果是对称视场，一般取 $H_x=0$，$H_y=K_W=1,0.85,0.707,0.5,0.3,0$。$K_W=0$ 表示算的是轴上点发出的平行于光轴的光线。由于轴上点光束对光轴的对称性，在决定光线的起始坐标时，不仅 $a=0$，而且 P_y 也只需单向取值。

2. 物面和瞳面均在有限远的情况

如图 11-11 所示。此时线视场 $2y$ 和孔径角 $2U$ 为已知。求得入瞳位置 l_p 后，入瞳半径 h 可按下式求得

$$h=(l_p-l)\tan U \tag{11-25}$$

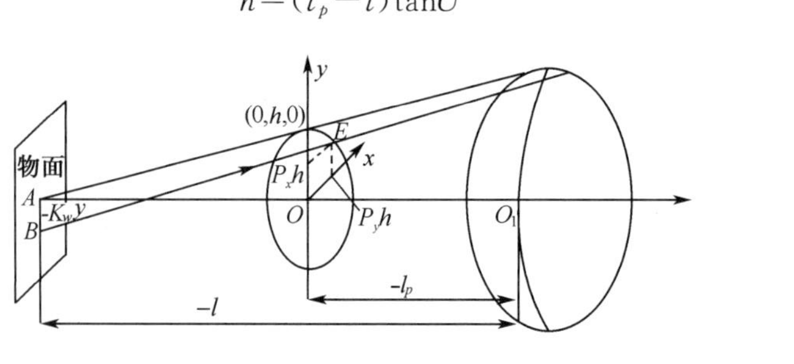

图 11-11

当选用瞳面作为参考平面时，光线 BE 的起始坐标应为：$x=P_xh$，$y=P_yh$，$z=0$。光线 BE 的长度为

$$BE^2=(l_p-l)^2+(P_xh-H_xy)^2+(P_yh-H_yy)^2$$

于是，可得光线 BE 方向余弦为

$$\begin{cases}\cos\alpha=\dfrac{P_xh-H_xy}{BE}\\ \cos\beta=\dfrac{P_yh-H_yy}{BE}\\ \cos\gamma=\dfrac{l_p-l}{BE}\end{cases} \tag{11-26}$$

3. 物面在有限远而瞳面在无穷远的情况

如图 11-12 所示。此时物面上各点的主光线都平行于光轴，并且相对于主光线同方位的光线也是互相平行的。由于入瞳在无穷远，只能取物平面作为参考面来确定入射光线的起始位置坐标(x,y,z)，于是有 $x=H_xy$，$y=H_yy$，$z=0$。

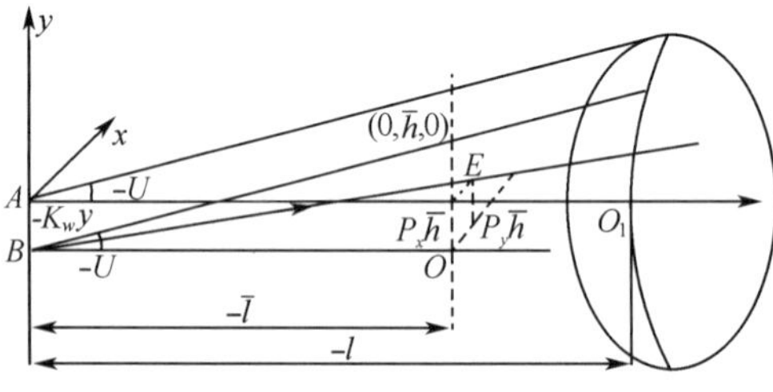

图 11-12

入射光线的方向余弦可在垂直于光轴方向任取一个截面来确定。设在该面上全孔径时的光束截面半径为 $\bar{h}$，则由图可知

$$\bar{h}=\bar{l}\tan U$$

$$BE^2=\bar{l}^2+(P_x\bar{h}-H_xy)^2+(P_y\bar{h}-H_yy)^2$$

则可得入射光线的方向余弦为

$$\begin{cases}\cos\alpha=\dfrac{P_x\bar{h}-H_xy}{BE}\\ \cos\beta=\dfrac{P_y\bar{h}-H_yy}{BE}\\ \cos\gamma=\dfrac{\bar{l}}{BE}\end{cases} \tag{11-27}$$

以上就是确定入射光线初值时可能遇到的情况。

计算空间光线的光路时，通常把高斯像面作为系统的最后一个面来处理，对于存在离焦的光学系统则以离焦后的最佳像面作为系统的最后一个面，以便直接得到光线与该面的交点坐标 x' 和 y'，从而直接得知轴外点像的弥散情况和求得像差的垂轴分量，并可根据出射光线的方向余弦求得像差的沿轴分量。但细光束像散和场曲仍需应用杨氏公式来计算，计算所需的量可直接取自按空间光线计算主光线时的中间量，是很方便的。

以前述双胶合望远物镜在视场角为 $W=-3°$ 时的全孔径弧矢光线为例，其初值为

$$x=10, y=0, z=0$$

$$\cos\alpha=0, \cos\beta=\sin3°=0.052336, \cos\gamma=\cos3°=0.998630$$

11.5　空间光线经非共轴面时的光线追迹

前面我们只考虑了共轴球面系统。实际上，由于加工、装配的误差，难免会使某几个表面或透镜出现偏心与倾斜。因此，严格意义上的共轴球面系统是不存在的。由于这些误差很小，一般在设计时都按共轴系统来计算，但在作公差分析时必须考虑多大的偏心或倾斜量是可以允许的。当然也有一些光学系统本来就是非共轴光学系统，例如含有折射棱镜的系统或含有衍射光栅的系统，光轴通过时将会发生偏转；而倾斜平板将会使光轴发生平移。由于存在偏心和倾斜时会带来一些附加的像差，影响成像质量，所以在作光线的光路计算时，有必要了解对偏心和倾斜的处理方法。

偏心和倾斜是两个不同的概念，如图 11-13 所示。**偏心(decenter)**是指曲率中心偏离于光轴，但该表面的光轴与整个系统的主光轴仍属平行，而**倾斜(tilt)**是指表面的光轴与整个系统的主光轴不平行。可以看出，对于单个折射球面来说，偏心和倾斜是联系在一起的，如图 11-14 所示。而对于非球面和透镜来说，由于存在唯一的光轴，则光轴的平移即为偏心，光轴的旋转即为倾斜，所以应当将偏心和倾斜分别加以考虑。当然，表面的加工及透镜的装配误差是一种综合的误差，但不论是工艺误差造成的，还是光学系统本来就是非共轴的，总可以用三维空间相对独立的几个几何量来表示。

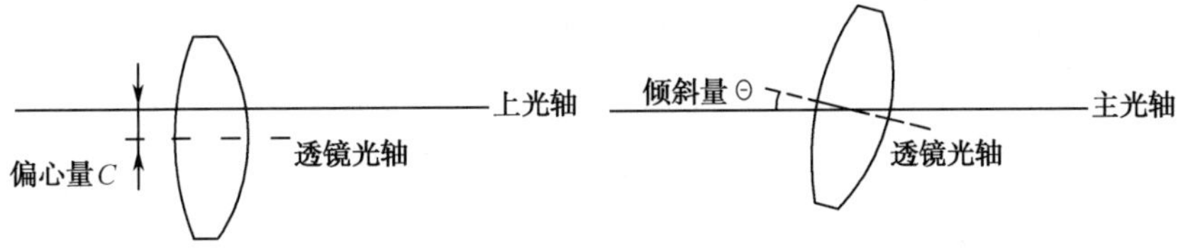

图 11-13

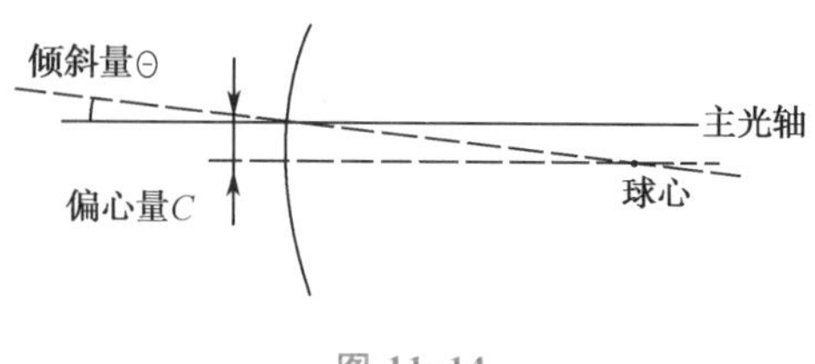

图 11-14

由上节可知,空间光线的光路计算基于矢量形式的折射定律,并且在计算过程中需要不断地将当前坐标系的原点移动到所考虑的表面顶点。而光线的起始坐标和方向余弦都是在这个建立于表面顶点处的坐标系中定义的。从几何上来说,当光学系统中某表面存在偏心或倾斜时,总是引起光轴的变化。按照以上对偏心和倾斜的定义方法,偏心将引起光轴的平移,倾斜将导致光轴的转动。在三维空间,光轴的平移有 x、y、z 三个方向,而光轴的旋转也可以分解到绕 x 轴、y 轴和 z 轴。最方便的做法是在该表面顶点处进行坐标变换。

设当前表面无偏心和倾斜时,入射于该表面的光线的起始坐标为(x,y,z),方向余弦为$(\cos\alpha,\cos\beta,\cos\gamma)$,并且这些坐标值和方向余弦已经换算到建立在该表面顶点处的坐标系。那么当该表面存在偏心和倾斜时,将会导致顶点位置和表面光轴的方向发生变化。为了使上节所述的光路计算方法仍可使用,应当将坐标原点移动到新的顶点,并使工作坐标的 z 轴与该表面的光轴重合。据此,如果该表面只存在偏心,设其在三个方向上的偏心量分别为 Δx、Δy、Δz,则在新坐标系中,光线的起始坐标为(x_1,y_1,z_1)

$$x_1=x-\Delta x,\quad y_1=y-\Delta y,\quad z_1=z-\Delta z \tag{11-28}$$

如果该表面只存在倾斜,设新光轴相当于原光轴绕 x 轴旋转 θ_x,绕 y 轴旋转 θ_y,绕 z 轴旋转 θ_z,则入射光线的起始坐标应变换为

$$\begin{bmatrix}x_1\\y_1\\z_1\end{bmatrix}=\begin{bmatrix}\cos\theta_z & -\sin\theta_z & 0\\ \sin\theta_z & \cos\theta_z & 0\\ 0 & 0 & 1\end{bmatrix}\begin{bmatrix}\cos\theta_y & 0 & \sin\theta_y\\ 0 & 1 & 0\\ -\sin\theta_y & 0 & \cos\theta_y\end{bmatrix}\begin{bmatrix}1 & 0 & 0\\ 0 & \cos\theta_x & -\sin\theta_x\\ 0 & \sin\theta_x & \cos\theta_x\end{bmatrix}\begin{bmatrix}x\\y\\z\end{bmatrix} \tag{11-29}$$

对方向余弦$(\cos\alpha_1,\cos\beta_1,\cos\gamma_1)$也作同样变换。

公式(11-29)适用于坐标系先绕 x 轴旋转,再绕 y 轴旋转,最后绕 z 轴旋转的情况。如果旋转的次序发生变化,式中右边三个变换矩阵的顺序也必须作相应的变化。

如果当前表面同时存在偏心和倾斜,应按照光轴是先平移后旋转还是先旋转后平移来确定是先应用公式(11-28)还是先应用公式(11-29)。同时还要注意,在新坐标系中求得出射光线的起始坐标和方向余弦后,还必须反向变换回原坐标系,反向变换的次序也就是反向变换矩阵相乘的次序,应当与正向变换完全相反,才能正确地做下一个表面的光路计算。

11.6 光程和光程差的计算

由第 1 章可知,完善成像条件就是等光程条件。因此,光程的不等或同一物点发出的光线到达像方存在光程差就表征了成像的不完善。由于波面之间的光程总是相等的,而像差使完善的球面波产生了变形,所以计算光程和光程差是了解波面变形或称波像差的必要前提。上一章已对波像差进行全面讨论,本章主要研究光程与光程差的计算问题。

光程是光在介质中传输的距离与介质折射率的乘积。设光学系统中某空间光线与第 i 面的交点坐标为(x_i,y_i,z_i)，与第 $i+1$ 面的交点坐标为$(x_{i+1},y_{i+1},z_{i+1})$，则这条光线从第 i 面到第 $i+1$ 面的光程为

$$S_i=n_i\sqrt{(x_{i+1}-x_i)^2+(y_{i+1}-y_i)^2+(z_{i+1}-z_i)^2}=n_iD_i$$

其中 n_i 是这两个面之间的介质折射率，D_i 表示两个面光线的实际长度。于是，光从物面上一点发出，利用空间光线追迹方法一直追迹到像面，总的光程为

$$S=\sum n_iD_i=\sum S_i \tag{11-30}$$

据此，是否就可以通过计算空间光线从物面到像面的光程和光程差来判断成像质量呢？分析可知这样做还不行。由于像差的存在，物面上同一点发出的光到达像面将不交于同一点，使得计算到像面的光程缺乏一个统一的参考点。如果取某一条参考光线形成的波面作为参考波面，然后计算其他空间光线到达这个参考波面时的光程，即可计算出与参考光线的光程差，得到实际光线所形成的有像差的波面。

考虑到出瞳是所有成像光束出射的公共出口，通常取主色光的主光线或中心光线作为参考光线，计算该条光线在出瞳面上形成的参考球面波，得到这一波面上的光程作为参考光程，再计算各条空间光线在这个波面上的光程及与参考光线的光程差。

由公式(11-30)可知，只要实现了空间光线的光路追迹，计算各面之间的光程及累加并不复杂，只要编一个按面循环的子程序即可。需要注意的仍然是起始参数的确定和计算结果的后处理。

当物面在有限远时，以物点作为起始点计算光程，这时光程的初值为 0。

当物面在无穷远时，如果仍以物点作为起始点计算光程，光程的初值将为无穷大，这显然是不合理的。这时空间光线的光路追迹起始点是在入瞳面上，所以光程的初值也应当在入瞳面上计算，但一般不为 0。

无穷远物点发出的是平面波，等光程面是垂直于光线的平面。对于轴上点发出的平行于光轴的光线，其等光程面与入瞳重合，所以入瞳上各点的起始光程均为 0。而对于轴外点发出的斜平行光，如图 11-15 所示，其等光程面也是倾斜的，通过入瞳的各取样光线的起始光程与光线在入瞳上位置有关。如果以主光线的起始光程为 0，而与入瞳交点为(x_0,y_0,z_0)、方向余弦为$(\cos\alpha_0,\cos\beta_0,\cos\gamma_0)$的光线的起始光程可以用点到平面的距离公式求出，为

$$S_0=x_0\cos\alpha_0+y_0\cos\beta_0+z_0\cos\gamma_0 \tag{11-31}$$

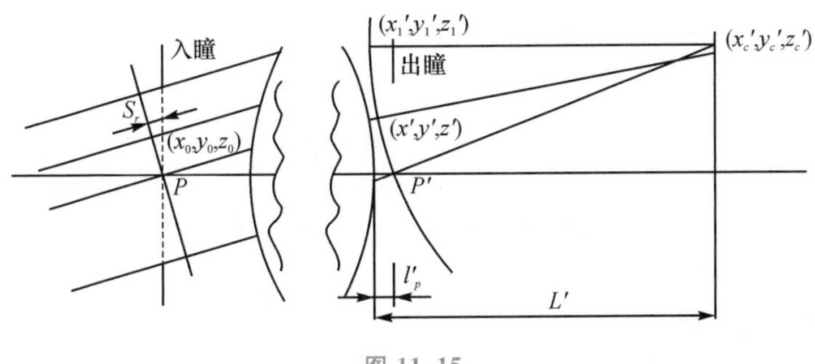

图 11-15

光程计算的后处理及求出光程差需要在出瞳面上进行，所以首先要求出参考光线在出

瞳面上形成参考球面波的光程。设参考光线与像面的交点为(x_c', y_c', z_c')，方向余弦为$(\cos\alpha_c', \cos\beta_c', \cos\gamma_c')$，系统的出瞳距为$l_p'$，最后一面到像面的距离为$L'$，则参考球面波的球心就是$(x_c', y_c', z_c')$，半径为$(L'-l_p')/\cos\gamma_c'$。参考光线到达像面时的光程为公式(11-30)计算所得，则参考光线在参考波面上的光程为

$$S_r = \sum S_i - n' \frac{L' - l_p'}{\cos\gamma_c'} \tag{11-32}$$

对其他各条空间光线均计算到像面，也可计算到最后一面的出射光线，然后求出这条光线与参考波面的交点。由于波面的球心、半径已知，为了便于利用11.4节中同样的方法或程序模块求像方光线与参考球面的交点，读者可以首先把坐标原点转换到参考波面的顶点(x_1', y_1', z_1')处，显然$x_1' = x_c'$，$y_1' = y_c'$，$z_1' = z_c' - \dfrac{L'-l_p'}{\cos\gamma_c'}$，然后在新的坐标系中利用式(11-21)描述像方空间光线，用式(11-22)描述参考波面，求出光线和参考波面的交点(x', y', z')，那么即可求知光线由最后一面或像面到这个交点应该改变多少光程，于是可以得到该空间光线到达参考波面时的光程，及其与参考光程的光程差。

某些光学系统要求远心光路，如液晶投影光学系统、某些测量光学系统等。假如是物方远心光路，会不会影响初值的计算呢？结论是不会的。因为物方无穷远时入瞳不可能在无穷远，所以不会是物方远心光路；物方有限距时光程的计算是从物面开始，入瞳是否在无穷远也不会影响初值的计算。

像方远心光路会影响结果的后处理，因为这时主光线平行于光轴，参考球面波半径为无穷大。如果形成像方远心光路，像方参考波面为通过出瞳中心的平面，参考光线即为这个平面的法线，可以写出以出瞳中心为原点的参考平面方程为

$$x\cos\alpha_c' + y\cos\beta_c' + z\cos\gamma_c' = 0 \tag{11-33}$$

求出其他空间光线与公式(11-33)所表示的平面的交点，即可计算出空间光线至该点的光程及与参考光线的光程差。

光程的计算是一个光程累加的过程，计算光程差需要将两个光程相减，这一过程中的计算误差主要来自于舍入误差。光程差相对于光程来说是非常小的量，光学系统的像差校正得越完善，光程差就越小。光学系统的光程以几十毫米至数百毫米量级居多，一些长的光学系统光程可能在几米量级，激光多程放大系统光程甚至有百米量级，而光程差往往在波长量级甚至波长的若干分之一以内。光程相减得光程差就是两个大数相减得到小数的过程，如果有效数字较少可能会造成大的误差，甚至有效数字会部分损失。如对某激光多程放大系统进行计算，在最后的聚焦位置处参考光线的光程是147166.363904mm，全孔径子午光线的光程是147166.362728mm。如果采用16位机的float型进行计算，由于只有7至8位有效数字，这两个大数相减就会使有效数字全部损失。这在过去计算机内存空间非常有限时是必须考虑的重要问题，需要采取一些特殊的处理方法。现在我们计算光程都采用double型，计算机及软件系统也以32位和64位为主流，用光程相减计算光程差的方法在通常情况下不会影响计算结果的精度。

习　题

1. 以第4章所举的双胶合望远镜物镜为题，用近轴光线追迹方法求其物方焦点和主点

的位置，并编制相应的程序。

2. 对上题望远物镜编程计算：

1）轴上点 0.85 带光线的光路，求出 L' 和 U'（已知 $h_m=10$）；

2）0.707 带视场的主光线，求出 L'_p 和 U'_p，再连续计算该主光线与高斯像面的交点高度 y'_p（已知入瞳位置 $l_p=0$，高斯像面位置 $l'=96.9912$）；

3）0.707 带视场时沿主光线的 t' 和 s' 值；

4）0.707 带视场时过入瞳上、下边缘的子午光线，即上光线和下光线的光路，分别求出其与高斯像面的交点高度 y'_a 和 y'_{-a}；

5）0.707 带视场时 F 光和 C 光的主光线光路，求出其与高斯像面的交点高度 y'_{pF} 和 y'_{pC}。

3. 有一显微镜物镜，$\beta=-40$，$\sin U=0.65$，通常对高倍显微物镜，以倒向进行光线追迹以求出其有关像差。已知像面离物镜最后一面的距离为 165mm，出射光瞳在最后一面之后 4mm 处，像面直径为 25mm，将物镜倒转进行光线追迹，试确定：

1）轴上点边缘光线、近轴光线；2）视场边缘点主光线、上光线和下光线；3）视场边缘点全孔径时的弧矢光线以及 4）沿主光线的细像散光束的计算初值。

4. 有一单块平凸透镜和凹球面镜，具有相同的焦距值和相对孔径，其结构参数为：

单透镜：$r_1=51.63$，$r_2=\infty$，$d=4$，$n=1.5163$；

凹面镜：$r=-200$

物在无穷远，分别计算轴上点 $h=12.5$ 时的边缘光线和近轴光线的光路。

第三部分　光学设计

光学仪器的基本功能是借助于光学原理、通过光学系统来实现的。光学系统的优劣直接影响仪器的性能和质量，因此，光学系统设计是光学仪器设计和制造过程中的重要一环。

本部分的目的是使读者获得光学设计所需要的基本理论和知识，并通过必要的设计实践以掌握光学设计的初步能力。

光学设计工作大体上可分四个阶段：

一、根据仪器的技术参数和要求，考虑和拟定光学系统的整体方案，并计算其中各个具有独立功能的组成部分的高斯光学参数；

二、选择各组成部分的结构型式，并查取或计算其初始结构参数；

三、逐次修改结构参数，使像差得到最佳的校正和平衡；

四、对设计结果进行评价。

上述各个阶段性工作之间有着密切的联系，前期工作的合理与否会影响到后期工作能否顺利进行，甚至会决定设计工作能否成功。

光学系统的整体方案可以有很大的灵活性和多样性，应该力求在满足仪器的性能要求的前提下，寻求一个简单易行、便于装调和经济合理的最佳方案。相应地，系统各组成部分的光学性能参数也应根据整体要求定得恰如其分。

选择结构型式是光学设计中的重要一步，可能决定设计的成败。现在，各种用途的光学镜头已积累起种类甚多的结构型式，它们有各自的像差特征和在保证像质时可能达到的相对孔径和视场，有些型式还能在工作距离或镜筒长度等参数方面达到其特殊要求。因此，基于对已有结构型式基本特征的全面了解，有可能挑选到符合要求的型式。但应注意到，随着对镜头要求的不断提高，设计者还应不断探求和研究新的更佳结构。

镜头初始参数的获得一般采用两种方法，一是根据初级像差理论求解满足初级像差要求的解，另一种方法是在已有的设计成果中选取性能参数相当的结果作为初始参数。有经验的设计者也常凭经验快速地构造初始结构。

像差的平衡是一项通过反复修改结构参数以逐步逼近最佳结果的工作，目前均使用光学优化设计软件结合必要的人工干预来实现。光学软件不仅取代了繁重的光路计算，而且能充分挖掘出系统各个结构参数对像差校正的潜力，极大地加快了设计进程，显著提高了设计质量。光学软件已经是现代光学设计者必须要掌握的优化工具，但到目前为止，光学系统的设计者仍然是人而不是软件。

在认为像差已全面校正和平衡到良好程度后，需对像质作全面评价，以决定设计结果是否已达到要求。如果没有达到要求，仍需继续做像差平衡工作；如果属于结构型式的局限或初始参数不合理，应另选结构型式或另定初始参数，并重复前面的工作。

上述光学设计的第一步工作主要以几何光学部分的内容为基础。第二步和第三步则需有较全面和坚实的像差知识。作为它们的应用，本部分还将以若干个典型光学系统与镜头为例进行设计计算。在“特殊光学系统”一章中将目前被广泛运用的一些特殊光学系统，如激光光学系统、傅里叶变换透镜、光谱仪光学系统、光电光学系统、梯度折射率透镜以及光学纤维。随着设计、加工、测试技术水平的提高和新材料、新技术的发展，非球面和衍射面等特殊面形已在光学系统中发挥了独特的作用，在本部分将专门针对各种非球面和衍射面展开讨论。不同的光学系统设计结果适宜于不同像质评价方法，本部分专有一章予以介绍几种光学设计中常用的像质评价方法。鉴于光学设计软件已成为光学设计者的必备工具，本部分还将专章讨论光学系统优化设计的方法和有关问题，并新增对国际上常用光学设计软件的简单介绍。此外，光学系统设计必须保证所设计的结果可以通过现有的加工手段加工出来，并满足一定的技术标准，在“光学工程制图和技术要求”一章中将针对光学设计人员设计制图有关问题作简单介绍。

最后值得指出，在光学设计过程中，必须使所设计系统在满足仪器的技术要求和达到良好像质的前提下，充分注意其经济性，包括做到结构简单合理、材料选用恰当、公差恰如其分、工艺性能良好、装配调整方便等，所有这些，都与降低成本有密切的联系。

第 12 章　典型光学系统

视觉是人和大多数动物最重要的感觉，至少有 80%以上的外界信息经视觉获得，但眼睛的视觉能力并不是无限的，传统的光学仪器就是人眼能力的延伸，放大镜、显微镜是向微观方向的延伸，望远镜是向宏观方向的延伸，照相机、摄影摄像机等是时间方向的延伸。本章所讨论的就是这些典型光学系统的成像特性、光学结构特点、外形轮廓、光束限制、能量传递等问题，虽然本章是围绕经典光学系统展开，但是绝大多数现代光学系统也是基于这些系统的基本原理。本章的内容较多，知识要点分别列出。

本章知识要点

眼睛

1. 眼睛的构造，黄斑、中心凹、视轴、盲斑
2. 标准眼和简约眼
3. 眼睛的调节，远点（距）、近点（距），正常眼和非正常眼（近视、远视、散光、斜视）
4. 眼睛的适应，眼睛的分辨本领与相关因素，瞄准精度
5. 眼睛的立体视觉，立体视差角、立体视差、体视锐度、体视圈半径、体视阈值

放大镜

1. 放大镜的成像原理
2. 放大镜的放大倍率
3. 放大镜的光束限制

显微镜及照明系统

1. 显微镜的成像原理、放大倍率
2. 显微镜的基本结构和齐焦条件
3. 显微镜的光束限制
4. 显微镜的景深及相关因素
5. 显微镜的分辨率，数值孔径，有效放大率与数值孔径的关系
6. 显微镜的物镜和目镜，镜目距和工作距离
7. 显微镜的临界照明与柯拉照明，两对共轭关系，照明系统应满足的条件

望远镜及转像系统

1. 望远镜的成像原理与放大率
2. 望远镜的分辨率与正常放大率
3. 望远镜的瞄准精度
4. 望远镜的主观亮度

5. 望远镜的光束限制
6. 望远镜的物镜和目镜，视度调节
7. 望远镜的棱镜转像系统、单组透镜转像系统和双组透镜转像系统，场镜的作用
8. 光学系统外形尺寸计算（含棱镜展开及空气平板法）

摄影光学系统

1. 摄影光学系统的焦距、相对孔径（与光圈数的关系）和视场
2. 摄影物镜的光束限制，相对孔径与照度关系
3. 摄影物镜的景深和几何焦深
4. 摄影物镜的分辨率
5. 摄影物镜与各种镜头效果

投影及放映光学系统

1. 像面照度均匀时投影系统和照明系统的位置关系，对照明系统的要求
2. 宽银幕镜头简介

12.1 眼睛

眼睛（eye）作为显微镜和望远镜等目视光学仪器的接收器，它的构造及有关特性应在设计这类仪器时予以考虑。这里仅作必要的介绍，读者如需进一步了解，请参阅参考文献[17]。

12.1.1 眼睛的构造、标准眼和简约眼

人眼呈球状，直径约25mm，右眼的内部构造如图12-1所示。

眼球被一层坚韧的膜所包围，前面凸出的透明部分称角膜（**cornea**），其余部分称**巩膜（sclera）**。角膜在外层 bb 处与眼皮相连。角膜后是充满折射率为1.336的透明液体的前室。前室的后壁为**虹彩膜（iris）**，其中央部分有一圆孔，称**瞳孔（pupil）**，随着外界光亮程度的不同，瞳孔的直径能自主地在2～8mm范围内变化，以调节进入眼睛的光能量。虹膜之后是**水晶体（crystalline lens）**，它是由多层薄膜构成的一个双凸透镜，但各层折射率不同，内层约为1.41，外层约为1.38。其前表面的曲率半径比后表面大，并且在与之相连的睫状肌的作用下，前表面的半径可本能地发生改变，使不同距离的物体都能成像在网膜上。水晶体的后面是后室，也称眼腔，内中充满折射率为1.336的胶状透明液体，称玻状液。后室的内壁与玻状液紧贴的部分是由视神经末梢组成的膜，称为**视网膜（retina）**，也简称网膜，是眼睛系统所成像的接收器。它具有非常复杂的结构，共有10层。前八层对光透明但不引起刺激，第九层是感光层，布满作为感光元素的视神经细胞。第十层直接与脉络膜相连。脉络膜是网膜外面包围着的一层黑色膜，它吸收透过网膜的光线，使感光器官免受强光的过分刺激。在视神经进入眼腔处 s 点附近的网膜上，有一个椭圆形区域，这个区域内没有感光细胞，不产生视觉，称为**盲斑（blindspot）**。通常我们感觉不到盲斑的存在，是因为眼球不时在眼窝内转动之故。距盲斑中心15°30′，在太阳穴方向有一椭圆形区域 e，大小为1mm（水平方向）×0.8mm（垂直方向），称为**黄斑（macula lutea）**，在黄斑中心有一0.3mm×0.2mm的凹部，称

中心凹(central covea)，这里密集了大量的感光细胞，是网膜上视觉最灵敏的区域。当眼睛观察外界物体时，会本能地转动眼球，使像成在中心凹上，因而称通过眼睛节点和中心凹的直线为眼睛的**视轴(visual axis)**。

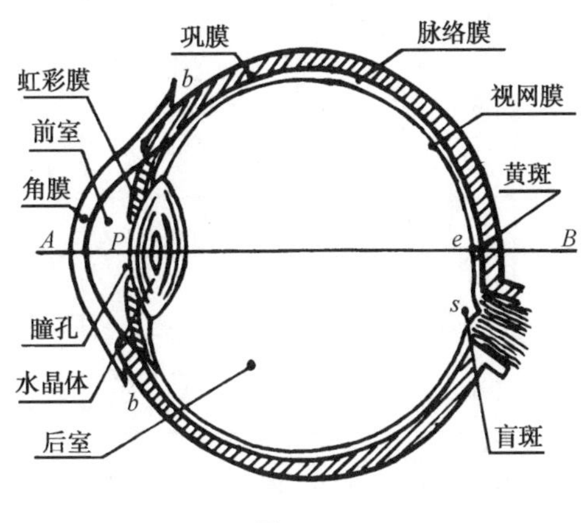

图 12-1

由上所述，整个眼睛犹似一只自动变焦和自动收缩光圈的照相机。

眼睛作为一个光学系统，其有关参数可由专门的仪器测出。根据大量的测量结果，定出了眼睛的各项光学常数，包括角膜、水状液、玻状液和水晶体的折射率、各光学表面的曲率半径，以及各有关距离。称满足这些光学常数值的眼睛为标准眼。

为了作近似计算方便，可把标准眼简化为一个折射球面的模型，称为**简约眼(reduced eye)**。简约眼的有关参数如下：

折射面的曲率半径	5.56mm
像方介质的折射率	4/3=1.333
网膜的曲率半径	9.7mm

可算得简约眼的物方焦距为－16.70mm；像方焦距为 22.26mm；光焦度为 59.88 屈光度。

12.1.2　眼睛的调节和适应

水晶体在睫状肌的作用下曲率可变，使不同远近的物体精确地成像在网膜上。当肌肉收缩时，水晶体曲率变大，可看清近物；肌肉放松时，水晶体曲率减小，可看清远物。眼睛的这种本能地改变水晶体光焦度以看清不同远近物体的功能称为**调节(adjustment)**。当肌肉完全放松时，眼睛所能看清的最远的点称为**远点(far point)**；当肌肉收缩到最紧张状态时所能看清的最近点称为**近点(near point)**。分别以 p 和 r 表示近点和远点到眼睛物方主点的距离(米)，则其倒数 $P=1/p$ 和 $R=1/r$ 就是近点和远点会聚度的屈光度数。两者之差以 A 表示，即

$$A=R-P \tag{12-1}$$

称为眼睛的调节范围或调节能力。

正常眼(normal eye)的调节范围是随年龄而变化的，随着年龄的增大，肌肉收缩功能衰退，近点逐渐移远，调节范围减小，如表 12-1 所列。

表 12-1 正常眼在不同年龄时的调节能力和范围

年 龄 （岁）	近点距 p （m）	$P=1/p$ （屈光度）	远点距 r （m）	$R=1/r$ （屈光度）	$A=R-P$ （屈光度）
10	−0.071	−14	∞	0	14
20	−0.100	−10	∞	0	10
30	−0.143	−7	∞	0	7
40	−0.222	−4.5	∞	0	4.5
50	−0.40	−2.5	∞	0	2.5
60	−2.00	−0.5	2.0	0.5	1.00
70	1.00	1.00	0.80	1.25	0.25
80	0.40	2.50	0.40	2.5	0.00

可见，青少年时期，近点距眼睛很近，调节范围很大。但 40～45 岁开外，近点渐移到明视距离以外，称**老性远视**或**老花眼(presbyopia)**。而当年龄至 70 岁以上时，眼睛就失去了调节能力。这里，**明视距离(distance of distinct vision, normal reading distance)**指正常眼在正常照明(约 50lx)下的正常阅读距离，国际上规定为 250mm。

对于正常眼，远点会聚度 $R=0$，如图 12-2 所示。反之，若在正常年龄之内 $R\neq 0$，则称为非正常眼。远点会聚度称为眼睛的折光度，是眼睛的一项性能指标，可用折光度计来测定。

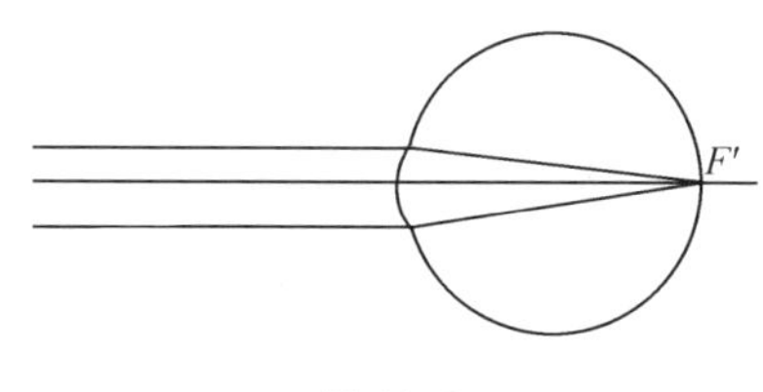

图 12-2

非正常眼主要有以下几种：

1. **近视眼(myopic eye)**：远点在眼前有限远处，$R<0$，这是由于眼球偏长，像方焦点位于网膜之前所致，只有眼前有限远处的物体才能成像在网膜上。因此，须配一负光焦度的眼镜，如图 12-3 所示。

2. **远视眼(hyperopic eye)**：远点在眼睛之后，$R>0$。这是由于眼球偏短，像方焦点位于网膜之后所致。因此，只有会聚光束才能聚焦在网膜上，可用正透镜来矫正。请读者自行画出原理图。

3. 由于眼睛结构上的其他缺陷，如水晶体位置不正、各个折射面曲率不正常或不对称等也会使眼睛成为非正常眼，即**散光眼(astigmatic eye)**和**斜视眼(slant-eye)**。前者须用柱面透镜矫正，后者以光楔矫正。

4. 有时，眼睛可能同时存在几种缺陷，如**近视散光(myopic astigmatism)**等。

人眼除了能随物体距离的改变而调节水晶体的曲率外，还能在不同亮暗条件下工作。眼睛所能感受的光亮度变化范围是很大的，可达 $10^{12}:1$。这是因为眼睛对不同的亮度具有

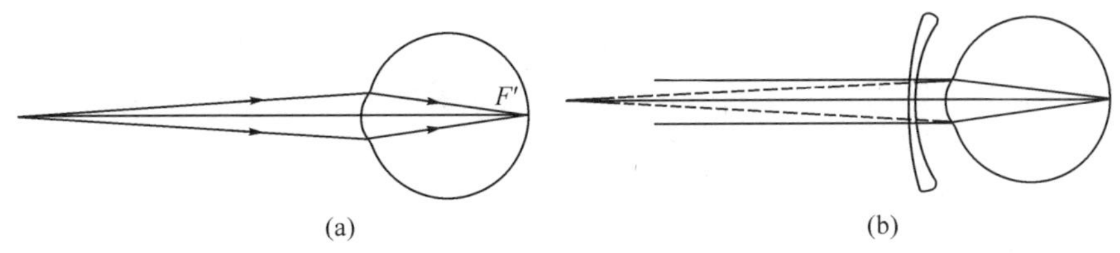

图 12-3

适应能力。适应有暗适应和亮适应两种，前者发生在自亮处到暗处时，后者发生在自暗处到亮处时。

亮适应或暗适应并不是即刻完成的。当人们从亮处到暗处时，瞳孔逐渐变大使进入眼睛的光量逐渐增加，暗适应逐渐完成。此时，眼睛的敏感度大大提高。在暗处逗留的时间越长，暗适应越好，对光的敏感度就越高。但经过约 50～60 分钟后，敏感度达极限值。人眼能感受到的最低照度值称为**绝对暗阈值**，约为 10^{-9} lx。它相当于蜡烛在 30km 远处所产生的照度。即当忽略大气的吸收和散射时，眼睛能感受到 30km 远处的烛光。

同样，当从暗处进入亮处时，也不能立即适应，要产生眩目现象。但亮适应过程很快，几分钟即可完成。

12.1.3　眼睛的分辨率和瞄准精度

眼睛能分辨开两个很靠近的点的能力称为眼睛的**分辨率(resolution)**。刚能分辨开的两个点对眼睛物方节点的张角称为眼睛的**极限分辨角(limiting angle of resolution)**。显然，分辨率与极限分辨角成反比。

根据物理光学理论，入瞳为 D 的理想光学系统的极限分辨角为

$$\phi=\frac{1.22\lambda}{D} \tag{12-2}$$

对 555nm 的色光而言，若入瞳单位取 mm，将极限分辨角的单位取作秒，则有

$$\phi''=\frac{140}{D} \tag{12-3}$$

当日间瞳孔直径为 2mm 时，极限分辨角约为 70″。当瞳孔直径增大到 3～4mm 时，分辨角还可小些。若瞳孔直径继续增大，则由于眼睛像差的影响，分辨角反而增大。所以一般认为眼睛的极限分辨角为 1′，对应于网膜上的大小约为 5～6μm，这个尺寸大于视神经细胞的直径。因此，网膜的结构不会限制眼睛的分辨率。

眼睛的分辨率随被观察物体的亮度和对比度而异。当对比度一定时，亮度越大则分辨率越高；当对比度不同时，对比度越大则分辨率越高。当背景亮度增大时分辨率与对比度的这一关系十分明显。同时，照明光的光谱成分也是影响分辨率的一个重要因素。由于眼睛有较大的色差，单色光的分辨率要比白光为高，并以 555nm 的黄光为最高。此外，网膜上的成像位置对此也有影响，当成像于黄斑处时分辨率最高。

由于分辨率的限制，当我们看很小或很远的物体时，必须借助显微镜、望远镜等光学仪器。这些目视光学仪器应具有一定的放大率，以使能被仪器分辨的物体像放大到能被眼睛分辨的程度。否则，光学仪器的分辨率就被眼睛所限制而不能充分利用。

在很多量测工作中，为了读数，常用某种标志对目标进行对准或重合，例如用一根直线去与另一直线重合。这种重合或对准的过程称为瞄准。由于受人眼分辨率的限制，二者完全重合是不可能的。偏离于完全重合的程度称**瞄准精度(pointing accuracy)**。它与分辨率是两个不同的概念，但互有关系。实际经验表明，瞄准精度随所选取的瞄准标志而异，最高时可达人眼分辨率的 1/5～1/10。

常用的瞄准标志和方式有二直线重合、二直线端部对准、叉丝对直线对准和双线对直线瞄准，分别如图 12-4 所示。其瞄准精度分别为 30″至 60″、10″至 20″、10″和 5″。

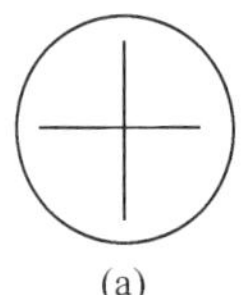
(a)

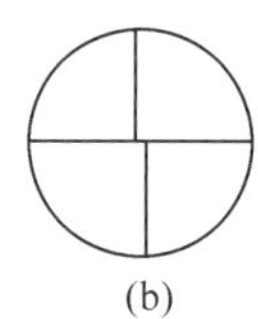
(b)

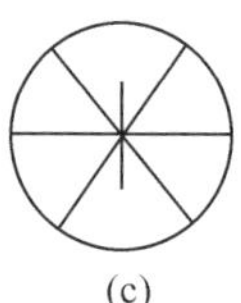
(c)

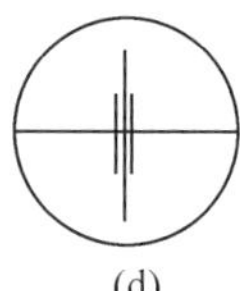
(d)

图 12-4

12.1.4 眼睛的立体视觉

眼睛观察空间物体时，能区别它们的相对远近而具有**立体视觉(stereopsis)**。这种立体视觉单眼双眼都能产生，但产生的原因和效果不同。

单眼观察时，对于较近的物体，是利用眼睛的调节发生变化而产生的感觉来估计距离的，范围不大于 5m，因看更远的物体时，水晶体的曲率已几乎不变。对于较远的熟悉物体，是利用它对眼睛的张角大小来估计远近的，而不熟悉的物体，则以与邻近的熟悉物比较来确定其相对远近。此类估计是极粗略的。

通常，人们总以双眼观物。物在两眼中各自成像，然后，两眼的视觉汇合到大脑中产生单一的印象。但物在两眼网膜上的像必须位于网膜的对应点，即相对于黄斑中心的同一侧时，才有单像的印象，这是因为两网膜上的对应点由视神经相联结，成对地将该对点上的光刺激传到大脑的缘故。若物在两网膜上的像不在对应点上，就不能合而为一而有双像的感觉。如图 12-5 所示，当两眼注视 A 点时，A 点的像 a_1 和 a_2 位于黄斑的中心，较近的 B 点在两网膜上的像 b_1 和 b_2 分别位于黄斑中心的外侧，不在对应点上，将明显地感到是双像，实际上，此时凡在角 O_1AO_2 内的点都是成双像的；反之，当注视 B 点时，会感到较远的 A 点成双像；此外，当注视 A 点时，图中 C 点在两眼网膜上的像位于黄斑的同侧，将有单像的印象。

双眼视觉的另一特性是能估计被观察物体的距离及辨别空间物体的相对远近，这就是**双眼立体视觉(binocular stereopsis)**。

对于图 12-5 中不同远近的三个物点 A、C、D，当两眼注视点 A 时，A 在两眼网膜上的像 a_1 和 a_2 位于黄斑的中心，两视线的夹角 O_1AO_2 称为**视差角(angle of parallax)**，即

$$\theta_A = \frac{b}{L} \tag{12-4}$$

式中，b 为两眼节点 O_1 和 O_2 的连线长度，称为**基线长度(base length)**；L 为 A 到基线的距离。可见，不同远近的物体有不同的视差角。设另两点 C 和 D 位于直线 CDO_2 上，则它们在右眼中的像 c_2 和 d_2 重合，而左眼中的两个像 c_1 和 d_1 并不重合，其对节点 O_1 的张角即为 C 点和 D 点的视差角之差，即

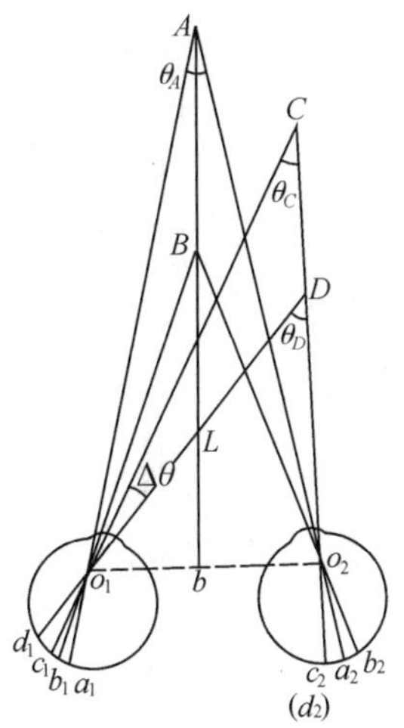

图 12-5

$$\Delta\theta=\theta_D-\theta_C$$

称为**立体视差(stereoscopic parallax)**。立体视差大时,表示两物体的远近相差大,眼睛极易判知;但当 $\Delta\theta$ 小到某一限度时,人眼就辨别不出与此对应的两物体的相对远近了。人眼正好能觉察的最小立体视差称为人眼的**体视锐度(stereoscopic acuity)**,用 $\Delta\theta_0$ 表示。通常人眼的体视锐度为 $30''\sim 60''$,经训练可小到 $10''$或 $10''$以下。一般以 $10''$作为体视锐度的极限值。

成年人的双眼基线平均长度 $b=65\text{mm}$,当 $\Delta\theta_0=10''$时,可导出双眼存在体视的距离

$$L_m=\frac{b}{\Delta\theta_0}=1350\text{m}$$

这里 L_m 称为**体视圈半径(radius of stereoscopic vision)**。位于体视圈以外的物体,人眼已分辨不出远近。

能分辨出不同远近的两点间的最小距离 ΔL_0 称为**体视阈值(stereoscopic threshold)**。对式(12-4)微分得

$$\Delta L_0=\frac{L^2}{b}\Delta\theta_0 \tag{12-5}$$

当 $\Delta\theta_0=10''$,$b=0.065\text{m}$ 时,得 $\Delta L_0=7.46\times10^{-4}\text{m}$。

由公式(12-5)知,观察远物时,体视阈值很大;而对近处物体,辨别其远近的能力就很强。结合公式(12-5)可以看出,如能增大基线长度 b 和减小体视锐度 $\Delta\theta_0$,体视圈半径 L_m 就可增大,体视域值 ΔL_0 就可减小,从而提高体视效果。双筒棱镜望远镜和某些军用指挥仪就是为此目的而设计的。若其放大率为 Γ,两物镜的中心距即基线长度为人眼的 K 倍,则根据公式易于得出,通过此类仪器来观察时,体视锐度将为 $\Delta\theta_0/\Gamma$,体视圈半径将扩大到肉眼观察时的 $K\Gamma$ 倍,而体视阈值缩小为肉眼观察时的 $K\Gamma$ 分之一,使体视效果大为提高。

12.2　放大镜

肉眼观察时,要能看清物体的细节,该细节对眼睛的张角须大于眼睛的极限分辨角,一

般不小于 $1'$。当物体移到眼睛的近点附近而其细节对眼睛的张角仍小于 $1'$时，眼睛就无法辨别它了，只能借助于**放大镜(amplifier)**或显微镜将其放大后再行观察，才能了解其细微结构。

对于目视光学仪器，其放大作用不能简单地以横向放大率来表征，而应代之以视觉放大率。因此，放大镜的放大率应该是：通过放大镜看物体时，其像对眼睛张角的正切与直接看物体时，物体对眼睛张角的正切之比。如图 12-6 所示，放大镜将位于焦点以内的物 AB 在镜前明视距离处形成虚像 $A'B'$，它对眼睛张角为 W'，有

$$\tan W' = \frac{y'}{-x'+a}$$

而当眼睛直接于明视距离 250mm 处观察物体时，对眼的张角为 W，有

$$\tan W = \frac{y}{250}$$

以 $\tan W'/\tan W$ 表示放大镜的放大率 M，并以 $\beta=-x'/f'$代替 y'/y，得

$$M = \frac{250}{f'}\frac{x'}{x'-a} \tag{12-6}$$

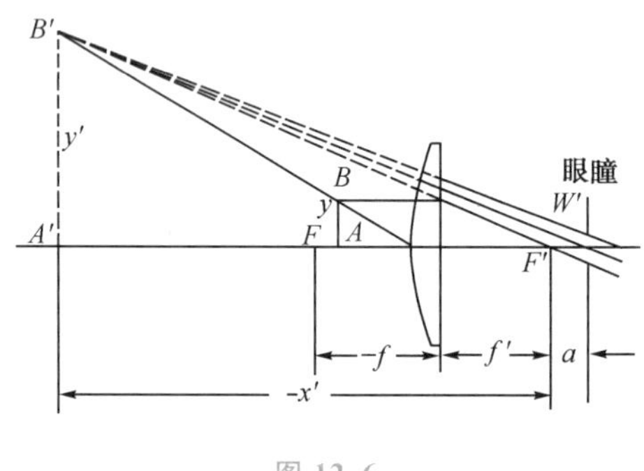

图 12-6

由上式可见，放大镜的放大率除与焦距有关外，还与眼睛的位置有关。由于使用放大镜时，眼睛总位于像方焦点附近，a 相对于 x'是一小量，于是

$$M = \frac{250}{f'} \tag{12-7}$$

即放大镜的放大率仅由其焦距所决定。焦距越短，放大率越大。

其实，由于正常眼正好能把入射的平行光束聚焦于网膜上，因此在使用放大镜时应使物位于物方焦面上，即有 $M=250/f'$。请读者画出此时的光路图并直接导出该式。

一般，放大镜的直径比瞳孔直径大得多，物面上各点的成像光束是被眼瞳所限制的，眼瞳是孔径光阑，也是出瞳，放大镜是渐晕光阑。由于放大镜通光口径的限制，视场外围有渐晕而无明晰的边界。图 12-7 画出了决定无渐晕成像范围的 B_1 点、50%渐晕的 B_2点和可能成像的最边缘点 B_3，对应的视场角分别为 W_1'、W_2' 和 W_3'。由图可见

$$\tan W_2' = \frac{h}{d} \tag{12-8}$$

同理易于写出 $\tan W_1'$ 和 $\tan W_3'$ 的表达式。可见，放大镜的直径 $2h$ 越大，眼睛越靠近放大镜，可见的视场就越大。若以 50%渐晕点为界来决定线视场，可导出

$$2y = \frac{500h}{Md} \tag{12-9}$$

所以在放大镜的直径和眼瞳位置一定时，放大率越大，线视场越小。这就限制了放大镜的分辨率不能做得很大，一般不超过 15 倍。

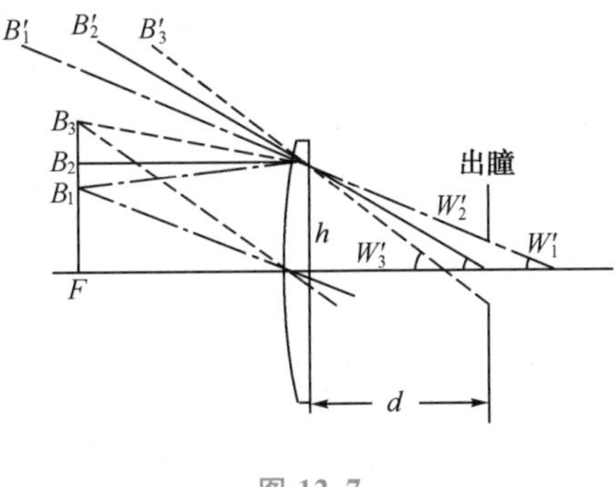

图 12-7

低倍放大镜仅用单块平凸透镜即可。倍率较高(5～10 倍) 且要求有良好像质的放大镜可用双胶合镜组。高于 10 倍的放大镜一般用两块有一定间距的平凸透镜组成。

12.3 显微镜与照明系统

放大镜可用来观察不易为肉眼看清的微小物体，但如果是更微小的观察对象或其微观结构，则须依赖显微镜才能观察和分析。最早的显微镜来源于荷兰的眼镜商，从列文虎克①首先磨制装配成功并用于观察细菌和原生动物以来，显微镜已成为应用广泛的重要光学仪器。

12.3.1 显微镜概述

显微镜(microscope)的主光学系统由物镜和目镜两部分组成，图 12-8 即为显微镜的成像原理图。位于物镜物方焦点以外与之靠近处的物体 AB，先被物镜成一放大、倒立的实像 $A'B'$ 于目镜的物方焦面上或之后很靠近处，然后此中间像再被目镜成一放大虚像 $A''B''$ 于无穷远或明视距离处，供眼睛观察。目镜的作用与放大镜一样，但它的成像光束是被物镜限制了的。相应的，眼睛就不能像使用放大镜那样自由，而必须有一个固定的观察位置。

显然，显微镜的总放大率应该是物镜放大率 M_o 和目镜放大率 M_e 的乘积。这里

$$M_o=\beta=-\frac{\Delta}{f'_o}\qquad M_e=\frac{250}{f'_e}$$

即

$$M=M_oM_e=-\frac{250\Delta}{f'_of'_e}\tag{12-10}$$

式中，$\Delta=F'_oF_e$ 称为光学筒长。显然，显微镜的放大率与光学筒长成正比，与物镜和目镜的焦距成反比，且 $M<0$，即对物体成倒像。如果将物镜和目镜组合起来看成一个系统，则可得到与放大镜的放大率完全相同的公式，表示显微镜实质上就是一个复杂的放大镜。

① 列文虎克(Antonie van Leeuwenhoek，1632—1723)，荷兰生物学家、显微镜学家，公务员。

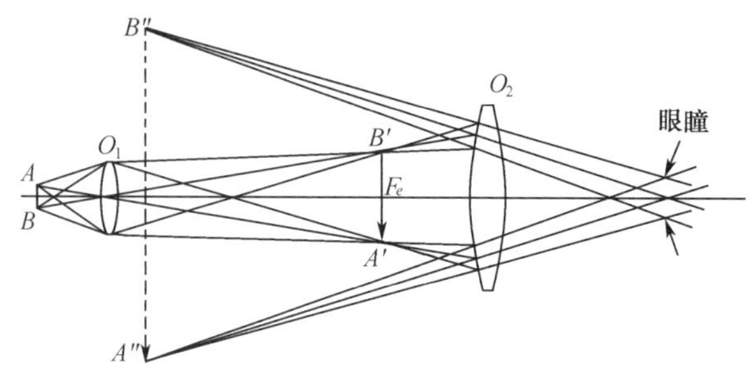

图 12-8

显微镜的物镜和目镜各有数只组成一套。通常物镜有四只，倍率分别为 4、10、40 和 100，都装在镜筒下面的物镜转换器上，可通过旋转方便地选用。目镜通常有三只，倍率分别为 5、10 和 15，是插入式的。这样，总共可获得自低倍到高倍的 12 种倍率。

显微镜物镜和目镜的支承面之间的距离 t_m 称为显微镜的机械筒长。大量生产的生物显微镜的机械筒长都按标准值设计，此标准各国不同，在 160～190mm 范围。我国标准为 160mm。

由于显微镜在使用过程中要经常调换物镜和目镜，它必须满足**齐焦**(**parfocalization**)条件，即当调换物镜后，不需重新调焦就能看到物体的像。为此，不同倍率的物镜需有不同的光学筒长，并在光学和机构尺寸上满足如下要求：

1. 不同倍率的物镜有相同的物像共轭距。对于生物显微镜，我国规定这个值为 195mm。

2. 物镜的像面到镜筒的上端面，即目镜的支承面的距离固定。我国规定为 10mm。

3. 为在调换目镜后也不需重新调焦，目镜的物方焦面要与物镜的像面重合。

当然这些尺寸不可能做得很准确，但至少调换物镜后不需粗动调焦，只需微调就可以了。

还有一类称为筒长无限大的显微物镜，在现代显微镜尤其是金相显微镜中得到了广泛的应用。它的物平面恰位于物方焦面上，在像方的成像光束是平行的，由其后的一个称为镜筒透镜的辅助镜组将此平行光束会聚于目镜的物方焦面上。显然，整个物镜的倍率是镜筒透镜的焦距 f'_t 与前置物镜的焦距 f'_o 之比。镜筒透镜的焦距是固定的，只要调换不同焦距的前置物镜就能达到改变倍率的目的。这类物镜由于两镜组之间是平行光束，具有间距比较自由、装配调整方便以及可任意加用棱镜等一系列优点。

为了避免长时间使用显微镜而导致两眼不均衡的疲劳，现代的观察显微镜多半设计双目镜型式。此时需利用反射棱镜将物镜射出的成像光束分为两路，并应保证其具有相等的光程。此外，如使物体经显微物镜所成的像位于目镜的物方焦点之外，还可将高倍放大的实像显示在投影屏上，或将其用摄影方法记录下来。

综上所述，显微镜与放大镜相比，具有如下一系列优点：

1. 有相当高的放大率；

2. 眼睛与物体之间距离适度，便于使用；

3. 可通过调换物镜和目镜方便而迅速地改变放大率；

4. 在物镜的实像平面上安置分划板后，可对被观察物体进行测量；

5. 通过目镜的离焦，可把微小物体经两次放大后的实像显示出来或摄影记录下来。

12.3.2　显微镜中的孔径光阑和视场光阑

对于单组低倍显微物镜，其镜框就是孔径光阑；对于多组透镜组成的复杂物镜，或以最后一组的透镜框作为孔径光阑，或在物镜的像方焦面上或其附近专设孔阑。这些孔阑的位置差异相对于光学筒长 Δ 是一小量，因此孔阑被目镜所成的像，即显微镜的出射光瞳都在目镜的像方焦点之外近乎相同的地方，即距目镜像方焦点为 $x'=f_e'^2/\Delta$ 处。这正是整个显微镜的像方焦面位置。所以，在观察时眼瞳能与出瞳重合，且在更换物镜时不需改变眼瞳的位置。

图 12-9 所示是显微镜像方的成像光束，据此易于求出出瞳的大小，即

$$a'=x'\tan U'\approx x'\sin U'$$

利用正弦条件 $n'y'\sin U'=ny\sin U$ 和横向放大率 β 的表示式，考虑到 $n'=1$，可导出

$$a'=-f'n\sin U=-f'A \tag{12-11}$$

式中，$A=n\sin U$ 称为显微镜物镜的**数值孔径（numerical aperture）**，是显微镜的一个重要性能参数。引入显微镜的放大率，可得

$$a'=250\frac{A}{M} \tag{12-12}$$

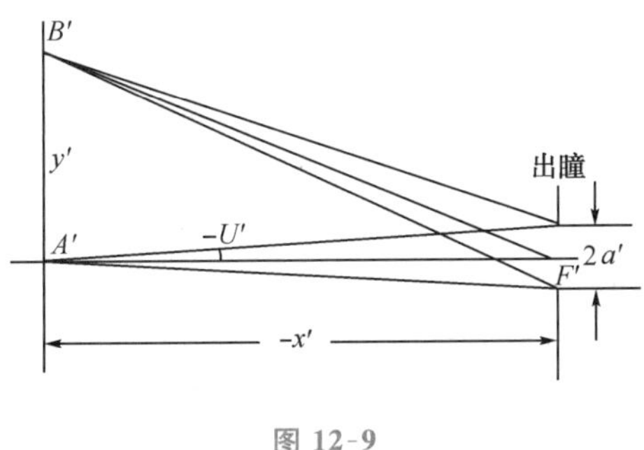

图 12-9

可见，显微镜的出瞳主要被其焦距或放大率所决定。高倍率时出瞳是很小的。例如，用 40 倍物镜（$A=0.65$）和 15 倍目镜获得 600 倍总倍率时，出瞳直径仅为 0.54mm。

在显微镜中间实像平面上有专设的视场光阑，其大小是物面上的可见范围（线视场）与物镜放大率的乘积。因此，高倍物镜只能看到物面上很小的范围，低倍物镜才有较大的视场。早期的显微镜，视阑直径只有 14～15mm，相当于线视场只有物镜焦距的 1/15，而能给出满意像质的范围仅 $f_o'/20$。但随着光学设计和制造工艺水平的提高，特别是光学新材料的发展，现代显微镜的视场有了成倍的增大，质量也有所改善，能更好地适应科学技术研究的需要。

12.3.3　显微镜的景深

当显微镜调焦于物面即对准平面时，如果位于其前和后的物面仍能被看清的话，则该两平面之间的距离称为显微镜的景深。

图 12-10 中，$A'B'$ 是对准平面被显微镜所成的像，即景像平面，$A_1'B_1'$ 是对准平面之前的

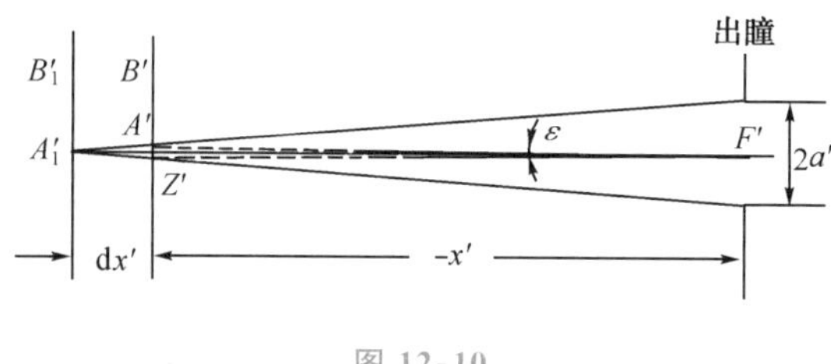

图 12-10

物平面的像，与景像平面相距 dx'。设显微镜的出瞳与像方焦面重合，则 A'_1 点的成像光束被景像平面截得一弥散圆，其直径 Z' 由下式决定：

$$\frac{Z'}{2a'}=\frac{dx'}{-x'+dx'}$$

若弥散圆对出瞳中心的张角不大于眼睛的极限分辨角 ε，眼睛看它时犹似点像。此时 $2dx'$ 就是像方能同时看清景像平面前后两像平面间的深度。考虑到 $|dx'|<<|x'|$，可导出 $2dx$ 的表达式；再利用轴向放大率 $\alpha=n'\beta^2/n$ 将此换算到物方，可得

$$2dx=\frac{nf'^2\varepsilon}{a'} \tag{12-13}$$

根据公式(12-12)和 $M=250/f'$，上式还可表示为

$$2dx=\frac{250n\varepsilon}{MA} \tag{12-14}$$

可见，显微镜的倍率越高，物镜的数值孔径越大，景深就越小。

以上讨论的仅是显微镜本身的景深，没有考虑到眼睛的调节。由于眼睛能在近点和远点间自行调节，故景深将有所扩大。若在像空间中，近点和远点到眼瞳所在的出瞳面的距离为 p' 和 r'，根据出瞳与显微镜的像方焦点重合可导出与此对应的物空间距离 p 和 r，两者之差即为眼睛通过显微镜观察时的调节范围，有

$$r-p=-nf'^2\left(\frac{1}{r'}-\frac{1}{p'}\right) \tag{12-15}$$

当 r' 和 p' 以米为单位时，括号内的值就是眼睛的调节范围 A，单位是屈光度，即

$$r-p=-0.001nf'^2\overline{A} \tag{12-16}$$

根据上述公式，若有 $A=0.65$，$n=1$ 的 40 倍物镜分别与 5 倍、10 倍和 15 倍的目镜配用时，设极限分辨角为 2′，即 $\varepsilon=0.00058$，该显微镜由一 30 岁的中年人使用，调节范围约为 7 屈光度，分别求出显微镜本身的景深和眼睛的调节深度如表 12-2 所示。

表 12-2 显微镜本身的景深和眼睛的调节深度

放大率 M(倍)	200	400	600
景深 $2dx$(mm)	0.00112	0.00056	0.00037
调节范围 $r-p$(mm)	0.0109	0.0027	0.0012

显微镜的景深应该是以上两个数值 $2dx$ 和 $r-p$ 之和，是相当小的。显微镜是通过对整个镜筒的调焦来看清被观察物体的，要调到这样小的范围内，必须要有精密的微调机构才行。

12.3.4　显微镜的分辨率和有效放大率

由于衍射现象的存在，即使是理想光学系统对一个几何点成像时，也只能得到一个具有一定能量分布的衍射图形。按瑞利判据，一个点的衍射像中心正好与另一点的衍射像的第一暗环重合时，是光学系统刚好能分辨开这两点的最小界限。从波动光学原理可知，自身发光的点被理想系统所成的衍射像，其第一暗环半径对出瞳中心所张的角度，即正好能被此系统分辨得开的两个点的极限分辨角 ϕ 由式(12-2)决定，即 $\phi=1.22\lambda/D$。D 为系统入瞳直径。该式虽得自远场衍射，但在物距与光瞳直径相比大得多时也能适用。显微物镜的像空间是符合此条件的。

显微镜的分辨率以物面上能被物镜分辨开的两点之间的最小距离表示。如图 12-11 所示，对应的两像点之间的距离 σ' 应等于其中任一个衍射斑的第一暗环的半径，再考虑到像方孔径角很小，有

$$\sigma'=\phi\cdot P'A'=\frac{0.61\lambda}{\tan U'}=\frac{0.61\lambda}{\sin U'}$$

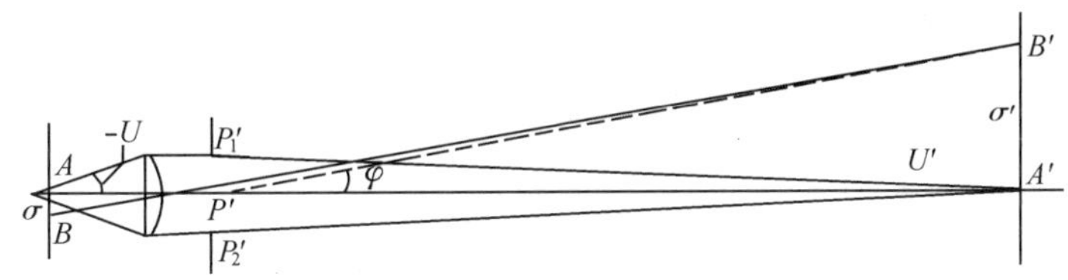

图 12-11

由于显微物镜总满足正弦条件 $n'\sigma'\sin U'=n\sigma\sin U$，且 $n'=1$，故可得最小分辨距为

$$\sigma=\frac{0.61\lambda}{n\sin U}=\frac{0.61\lambda}{A} \tag{12-17}$$

须指出，据以导出此式的基本公式(12-2)只对两个非相干的自身发光点是正确的。但在显微镜中，被观察物体系被其他光源所照明，使物面上相邻各点的光振动是部分相干的，受此影响，公式(12-17)中的数字因子将略有不同。根据参考资料[1]，该数值因子将在 0.57～0.83 范围内变化。根据阿贝研究，在对物体作斜照明时，最小分辨距为

$$\sigma=\frac{0.5\lambda}{n\sin U} \tag{12-18}$$

从以上讨论可见，显微镜的分辨率，对于一定波长的色光，在像差校正良好的情况下，完全被物镜的数值孔径所决定。数值孔径越大，分辨率越高。这就是显微物镜为什么要有尽可能大的数值孔径的原因。当显微镜物方介质为空气时，物镜的极限数值孔径为 1，一般最大只能做到 0.9 左右。在物与大数值孔径物镜之间浸以液体，可提高数值孔径。常用的液体有折射率为 1.5 左右的香柏油和某些更高折射率的液体，后者可使数值孔径达到 1.5。由于数值孔径只能在 1 左右变动，光学显微镜的极限分辨距与所用色光的波长同一数量级。

浸液物镜需要把浸液作为物方介质来专门设计。

为充分利用物镜的分辨率，使已被物镜所分辨的物体细节能被眼睛看清，显微镜必须有恰当的放大率，以便把细节放大到足够使人眼能分辨的程度。分别取 2′和 4′为人眼分辨角的下限和上限，则人眼在明视距离处能分辨开两点的间距即为 σ 被显微镜放大以后的像，有

$$250\times2\times0.00029<\frac{0.5\lambda}{A}M<250\times4\times0.00029$$

对于目视光学仪器，主色光的波长为 0.00055，则

$$500A<M<1000A \tag{12-19}$$

满足此公式的放大率称为显微镜的**有效放大率(effective magnification)**。可见，该有效放大率被物镜的数值孔径所决定，即数值孔径须与放大率相匹配。由于浸液物镜的最大数值孔径可达 1.5，故光学显微镜所能达到的最高有效倍率为 1500 倍。不考虑数值孔径而盲目加大物镜或目镜的倍率是无效放大，不但没有好处，反而会因对物体的细节的不真实反映而造成判别的错误。

12.3.5 显微镜的物镜

物镜是显微镜光学系统的主要组成部分，其主要性能参数是数值孔径和倍率。为了分辨物体的细微结构并确保最佳成像质量，除一定要在设计该物镜时所规定的机械筒长下使用外，还应有尽可能大的数值孔径，且其放大率须与数值孔径相适应。就生物显微镜的物镜系列而言，大致按表 12-3 选取。

表 12-3 常用生物显微镜的放大倍率和数值孔径

放大率(倍)	100	60	40	10
数值孔径	1.25～1.5	0.80～0.85	0.65	0.25

生物显微镜的观察标本是极薄的物体切片，夹在两玻璃片之间。承载标本的玻片较厚，称**载玻片(slide)**；覆盖标本的玻片较薄，称**盖玻片(cover-glass)**。盖玻片的厚度(常用的为 0.17mm)必须严格控制，使其产生的像差与设计值相符。

为使显微镜能在最适条件下使用，上述物镜参数需要在物镜的外壳上标明，如图 12-12 所示。左二表示放大率为 M_o 为 40 倍，数值孔径 A_o 为 0.65，机械筒长为 160，盖玻片厚度为 0.17。左三表示 $M_o=10$，$A=0.25$，并为不需要盖玻片的无限筒长物镜，应用于金相显微镜中。

显微物镜在提高其数值孔径时，首先碰到的是校正高级像差的困难，结构简单的物镜无法解决这一问题。这就决定了显微物镜将有相当复杂的结构型式。

显微物镜有折射式、反射式和折反射式三类，但绝大多数实用的物镜是折射式的。折射式显微物镜又可根据质量要求的不同而有不同的类型。

1. 消色差物镜(achromatic objective)

这是应用最广泛的一类物镜，一般只要对轴上点校正好色差和球差，并使之满足正弦条件而达到对近轴点消彗差即可，因此只能用于中低档的普及型显微镜中作一般观察之用。下面几种典型的消色差物镜，由于其结构型式有利于带球差的校正，仍为人们所广泛采用。

1)单组**双胶合(doublet)**低倍物镜　见图 12-13，这是可能实现上述像差要求的最简单结构，能承担的最大相对孔径为 1∶3，因此数值孔径只能达 0.1～0.15，相应的倍率为 3～6 倍。

图 12-12

2)**李斯特**[①]**(Lister)**型中倍物镜　如图 12-14 所示，由两组双胶合镜组组成。它能达到的数值孔径为单组的两倍，即 0.2～0.3，相应的倍率为 8～20 倍。它是更复杂的其他型式物镜的基础。

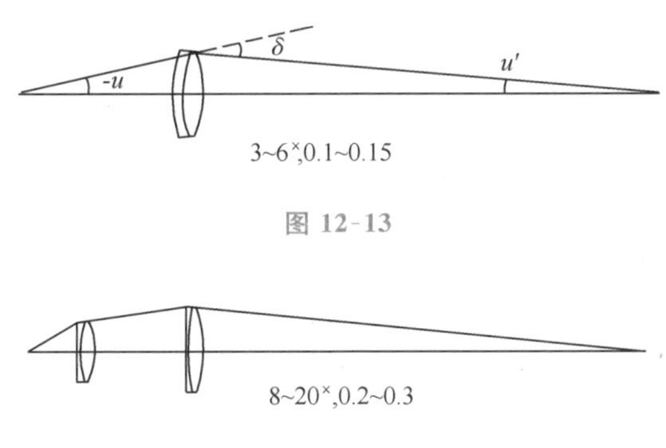

图 12-13

图 12-14

3)**阿米西**[②]**(Amici)**型高倍物镜　这种物镜可看成是在里斯特物镜之前加一半球形透镜而成，如图 12-15 所示。该半球透镜称为前片，一般其第一面是平面，第二面是齐明面。当前片的折射率满足 $n \geqslant 1.5$ 时，阿米西型物镜能达到的数值孔径为 0.65，相应的倍率为 40。

4)**阿贝(Abbe)**浸液物镜　数值孔径大于 0.90 时，采用干物镜已不合适，通常都用浸液物镜。阿贝浸液物镜的结构如图 12-16 所示，相当于在阿米西物镜的前片与中组之间加一弯月形正透镜，其数值孔径可达 1.25～1.35，用高折射率的浸液时可达 1.5，相应的倍率为 100。

浸液物镜的第一块透镜是超半球的，应选用折射率与浸液相同或略高的玻璃。这样第一面通常是平面，不产生像差；第二面是齐明面，也不产生像差。物镜的第三面应在平面和大的负球面之间选取，第四面为齐明面。

---

① 李斯特(Joseph Jackson Lister，1786—1869)，英国葡萄酒商人，业余光学家。

② 阿米西(Giovanni Battista Amici，1786—1863)，意大利天文学家、博物学家、光学仪器制造家。

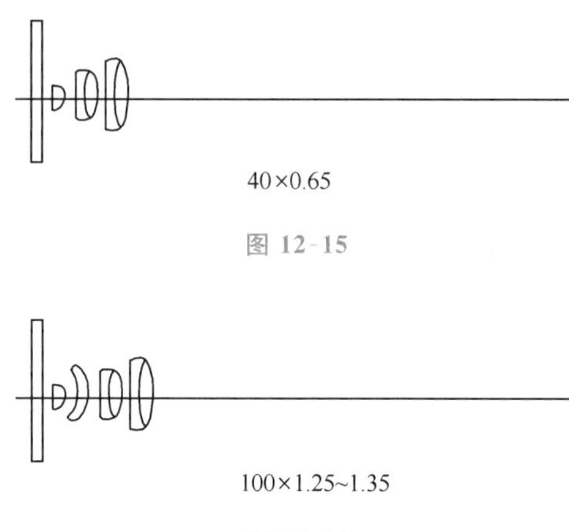

图 12-15

图 12-16

设计阿米西物镜和阿贝浸液物镜时，由于数值孔径大，一定要把盖玻片考虑在内。

消色差物镜存在着二级光谱，且由于匹兹凡和不能校正，存在着较大的像面弯曲，因而这类物镜的视场较小，不能满足研究工作和显微摄影的质量要求。

2. **复消色差物镜(apochromatic objective)**

这种物镜是在消色差物镜的基础上，再对二级光谱和色球差作严格的校正而成，因此在小视场范围内有极高的成像质量。为校正二级光谱，部分透镜需要采用特殊色散的光学材料，如萤石(CaF_2)或特种光学玻璃。这些材料的折射率均很低，又要校正色球差，故复消色差物镜的结构要较消色差物镜复杂得多。图 12-17 所示为一数值孔径为 1.25 的 100 倍复消色差物镜，其中阴影部分是萤石透镜。由于这种物镜倍率色差较大，需与相应的补偿目镜配合使用。

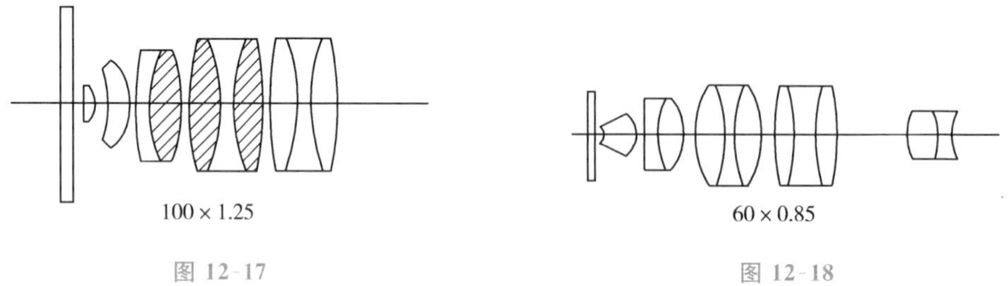

图 12-17　　图 12-18

3. **平场(flat-field)**消色差物镜和平场复消色差物镜

由于复消色差物镜仍然具有较大的像面弯曲，不能在平的接收面上给出整个视场的清晰像，为作显微投影或显微摄影，或被光电器件接收，最好应用平场物镜。这种物镜的主要问题是设法减小或校正匹兹凡和，办法是在系统中加入弯月形厚透镜或正负光焦度分离的薄透镜成分，或二者兼用，因此必然导致结构的复杂化。图 12-18 所示为一数值孔径为 0.85 的 60 倍平场消色差物镜。

在消色差物镜的基础上，同时对二级光谱和色球差、像散和场曲作严格校正，即得到平场复消色差物镜。它在较大视场范围内有极高的成像质量，都配用于大型研究用显微镜中。它结构极为复杂，设计、工艺、装校检测上都甚为困难，因此价格十分昂贵。图 12-19 所示为一数值孔径为 1.4 的 100 倍平场复消色差物镜的例子，其中阴影部分为萤石透镜。

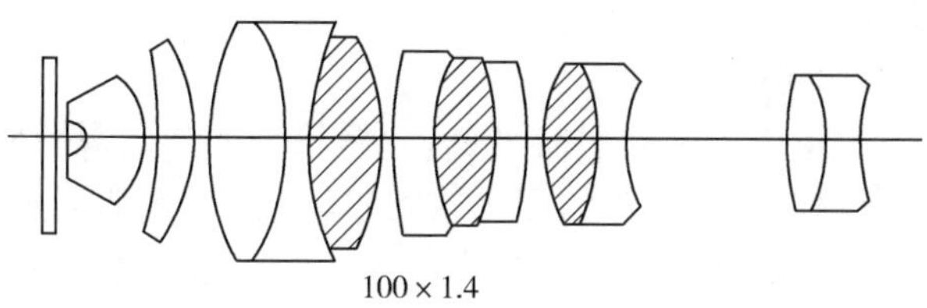

图 12-19

随着光学设计和工艺水平的提高，新的高折射率和特殊色散玻璃的推出，现代显微物镜的质量不断提高，品种也有所增加，视场也有明显扩大，还推出了同时消倍率色差的平场复消色差物镜系列(CF 系统)，标志着显微物镜发展的最高水平。

至此，折射式物镜结构已极度复杂，而要增大工作距离和扩展使用波段就更难以解决了。但是，反射式物镜和折反射式物镜，则可用简单的结构达到要求。

反射式物镜不产生色差，可使用在很宽的波段内，且有相当大的工作距离。如图 12-20 所示的同心双球面系统，数值孔径可做到 0.5，常用作紫外光显微物镜。

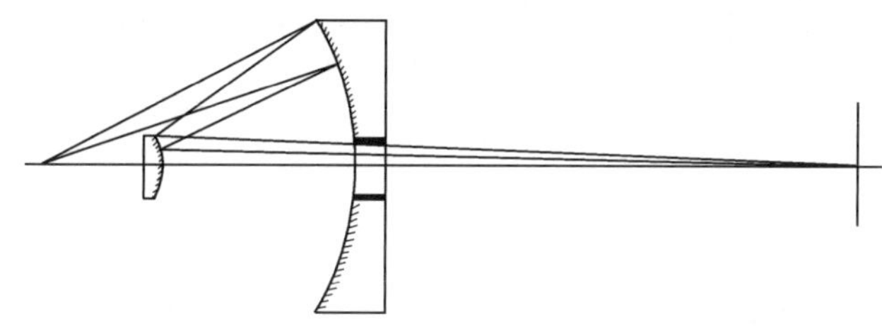

图 12-20

在反射式系统之前加一半球透镜，所得到的折反射物镜将达到更大的数值孔径。当它用于浸液时，数值孔径可达 1.25。若其中的折射透镜采用对紫外光透明的材料，也能用于紫外。

反射式和折反射式物镜由于中心遮拦的存在，导致衍射图形的中央亮斑能量下降，像的对比度降低，因此只适于对高对比物体的成像。此外，反射面的加工要求高，物镜装调、防止杂光和保持稳定性等也较困难，因此这类物镜未能普遍采用。

12.3.6　显微镜的目镜

显微镜中目镜的作用相当于放大镜，对于正常视力的观察者，物镜的像应与目镜的物方焦面重合。前面我们知道，目镜的出瞳总在其像方焦点之外与之很靠近的地方，它与目镜最后一面的距离称**镜目距(eye relief)**，它是目镜的一个性能参数。为使眼瞳能与出瞳重合，镜目距不应小于 6～8mm。各种型式的目镜，镜目距相对于焦距有比较一定的值，决定了可能应用的最高倍率。

在目镜的物方焦面上设置视场光阑，它到目镜第一面的距离称目镜的**工作距离(operating distance)**，不能太短。尤其在测量用显微镜中，此距离应保证近视眼观察时不能因目镜调焦而碰到分划板。由于物镜的高倍放大，目镜只承担很小的光束孔径角，但视场相对较大，因此显微镜目镜属短焦距的小孔径大视场系统，设计时首先应考虑轴外像差，主要是倍率色差、彗差和像散的校正。

1. **惠更斯**[①]**目镜(Huygens eyepiece)**

这是观察用生物显微镜中普遍应用的目镜，由两块平面朝向眼睛的平凸透镜相隔一定距离组成，如图 12-21 所示。朝向物镜的那块透镜叫场镜，朝向眼睛的那块透镜叫接目镜。场镜的作用是使由物镜射来的轴外光束折向接目镜，以减小接目镜的口径，也有利于轴外像差的校正。

通常惠更斯目镜的两块透镜采用同种玻璃，按校正倍率色差的要求，有 $d=(f_1'+f_2')/2$，其中场镜的焦距总大于间隔 d，因此其物方焦点位于两透镜之间，应在此位置设置视场光阑。由于此视阑只通过接目镜被眼睛所观察，不能在其上设置分划板，故此种目镜不宜在量测显微镜中应用。

惠更斯目镜的镜目距约为焦距的 1/3，因此其焦距不能小于 15mm。

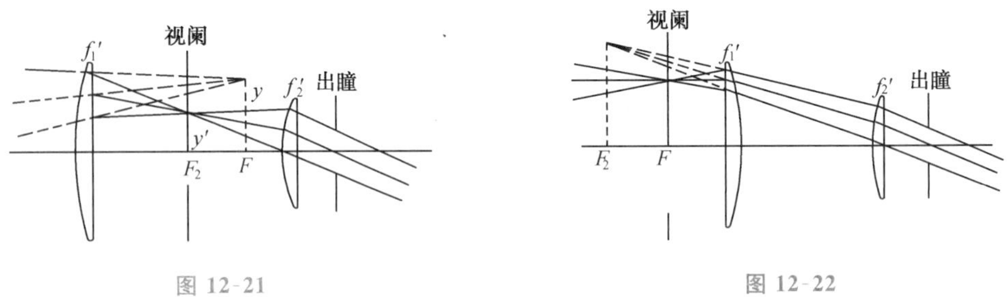

图 12-21　　　　图 12-22

2. **冉斯登**[②]**目镜(Ramsden's eyepiece)**

这种目镜由两块凸面相对的平凸透镜组成，如图 12-22 所示。其间隔小于场镜和接目镜的焦距，且这两个焦距也不相等。这样使目镜的物方焦点位于场镜之外，可设置分划板；镜目距也可有所增大，使之能用于量测显微镜中。

与惠更斯目镜相比，冉斯登目镜的物方焦面到接目镜的距离要长一些，应用时显微镜的镜筒长度要明显增长，故不宜用于只作观察的生物显微镜中。在像差校正方面，由于这种结构对彗差和像散的校正条件比惠更斯目镜有利得多，因此除了倍率色差外，所有其他的像差都要比惠更斯目镜小。请读者分析其原因。

3. **补偿目镜(compensating eyepiece)**

这种目镜用于和具有残余倍率色差的复消色差物镜匹配使用，其结构型式如图 12-23 所示。它相当于把惠更斯目镜中的单片接目镜改为双胶合镜组而得，可利用控制该组的色差而使整个目镜产生定量的倍率色差。

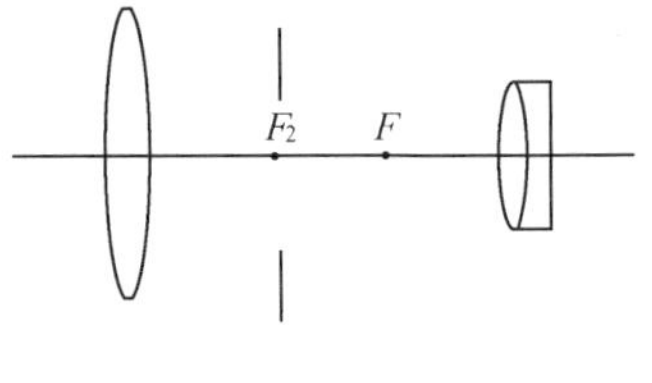

图 12-23

4. 平场目镜

这种目镜与平场物镜一起使用，一般的结构如图 12-24 所示。请读者考虑它改善像面弯曲的机理。

---

① 惠更斯(Christiaan Huygens,1629—1695)，荷兰物理学家、天文学家、数学家，光的波动学说代表人物。

② 冉斯登(Jesse Ramsden,1735—1800)，英国天文与科学仪器制造商。

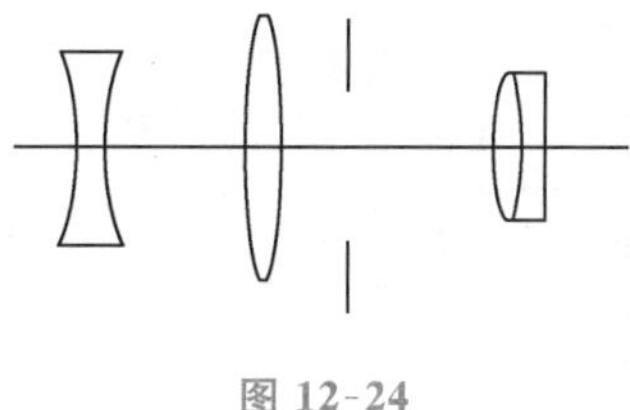

图 12-24

关于显微镜系统的详细设计方法，请参阅参考文献[17]和[19]。

12.3.7　显微镜的照明系统

照明系统（illuminating system）是显微镜中不可缺少的组成部分，根据被观察物体的不同，主要有以下三类。

1. 用透射光照明透明标本的照明系统

在生物显微镜中，被观察物体系透明标本，必须具备这种照明系统。可以有两种方法：

（1）**临界照明（critical illumination）**　这是把光源通过照明系统或聚光镜成像于物面上的照明方法，如图 12-25 所示。图中的双点划线是从光源到物面再到像面的一对共轭关系，虚线是从光源光阑到物镜孔阑的另一对共轭关系，此时，聚光镜的像方孔径角必须与物镜的物方孔径角相匹配，为此在聚光镜的物方焦面上或附近设置可变光阑。于是照明系统的出瞳正好与物镜的入瞳大致重合。临界照明的缺点是当光源的亮度不均匀或呈现明显的灯丝结构时，将会反映到物面上而影响观察效果。

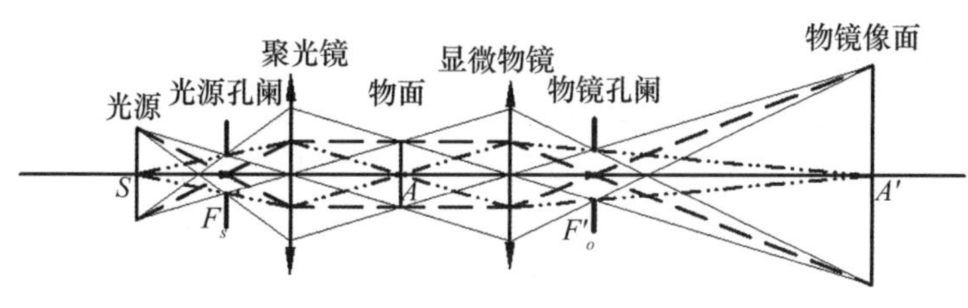

图 12-25

（2）**柯拉**[①]**照明（Kohler illumination）**　这是一种把光源像成在物镜入瞳面上的照明方法。它没有临界照明那种缺点，整个系统如图 12-26 所示。图中的虚线是从光源到物镜孔阑的一对共轭关系，双点划线是从光源光阑 J_1 到物面再到像面的另一对共轭关系，光源发出的光先经一个前置透镜 L 成像于聚光镜前的可变光阑 J_2 上，聚光镜再将此光源像成在物镜的入瞳面上。在前置透镜后紧靠透镜处设置另一可变光阑，它被照明后具有均匀的亮度，并被聚光镜成像于物面上，使物面也得到均匀照明。调节光阑 J_2，可以使照明系统与不同数值孔径的物镜相匹配；调节光阑 J_1，可改变物面上的照明范围。对比图 12-25 和图 12-26 的两种照明可以发现柯拉照明可以是临界照明将光源换成光源加前置物镜和光源光阑 J_1，将光源通过前置物镜成像到 J_2，J_1 位于原临界照明的光源位置。

照明系统中的**聚光镜（condenser）**有多种型式。对于小数值孔径的低倍物镜，仅应用显

① 柯拉（August Köhler，1866—1948），德国光学家，蔡司厂工程师，耶拿大学教授，1893 年发明柯拉照明方法。

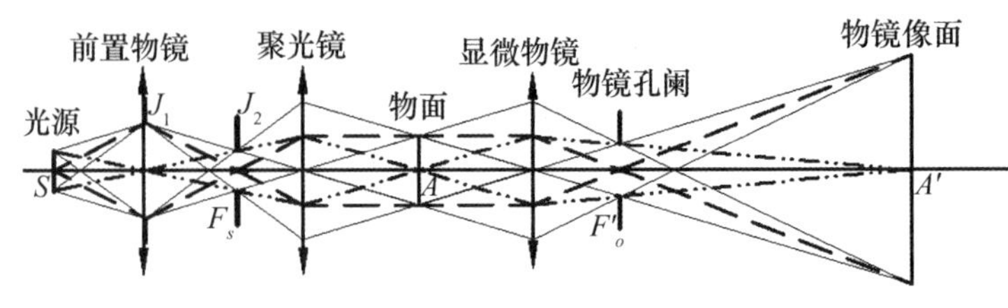

图 12-26

微镜中所装有的单块凹面镜即可，光源可以是天空光。适用于大数值孔径的物镜，有两片式和三片式聚光镜，如图 12-27 所示。前者的数值孔径可达 0.65，后者可达 0.85，油浸时可达 1.3。这类由单片球面透镜组成的聚光镜只适用于照明要求不高的场合。若照明要求较高，应配用齐明聚光镜，其结构型式与阿米西物镜和阿贝浸液物镜相同，只是参数不同而已。

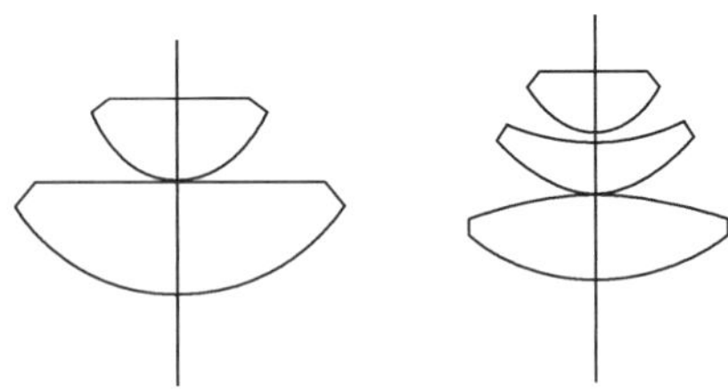

图 12-27

除了临界照明和柯拉照明外，是否还有其他更合理的照明方式呢？

在照明系统和成像系统的合成系统中，成像系统的所有光都必然来自照明系统，根据 5.6 节的讨论，这些光要想达到像面，必须通过照明系统和成像系统各自的瞳和窗。要使光传输的信息量不损失，任一光线都不能被照明系统或成像系统的任一光孔所拦，那么只可能存在两种光瞳匹配关系，一种是照明系统的窗与成像系统的窗共轭，照明系统的瞳与成像系统的瞳共轭，这就是临界照明；另一种是照明系统的窗与成像系统的瞳共轭，照明系统的瞳与成像系统的窗共轭，这就是柯拉照明。因此，如果既不满足临界照明的共轭关系也不满足柯拉照明的共轭关系，光传输信息量就会有所损失或浪费，或者损失光能、或者损失视场范围、或者损失分辨率。这一结论对于除显微镜照明系统以外的其他系统同样适用。至于在投影光学系统中常用的复眼透镜照明等方式，只是通过透镜列阵更好地改善了照明均匀性，光信息传输的基本原理仍然与此相同。

2. 非透明物体的照明系统

观察非透明物体时，光必须从侧面或正面来照明它。

当物镜倍率不高而工作距离较大时，可按如图 12-28 所示方式从侧面对物体进行照明。此时规则反射的光线不能进入物镜，进入物镜成像的仅为从物体表面散射的光线。

照明非透明物体最常用的方法是正向照明，把显微物镜同时作为聚光镜来用，有如图 12-29 和图 12-30 所示的两种方法，读者易于看出，前者相当于临界照明，后者相当于柯拉照明。

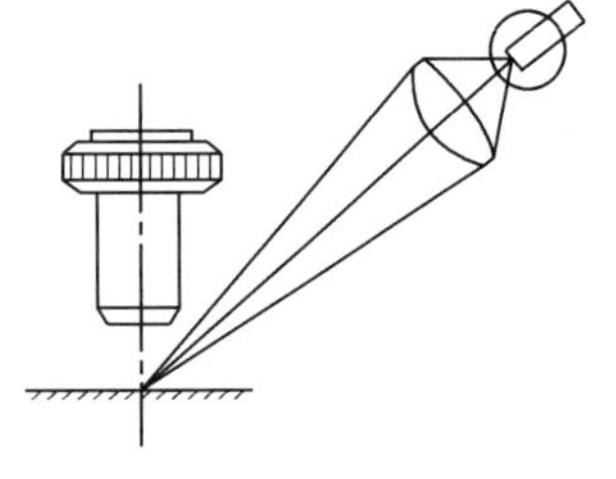

图 12-28

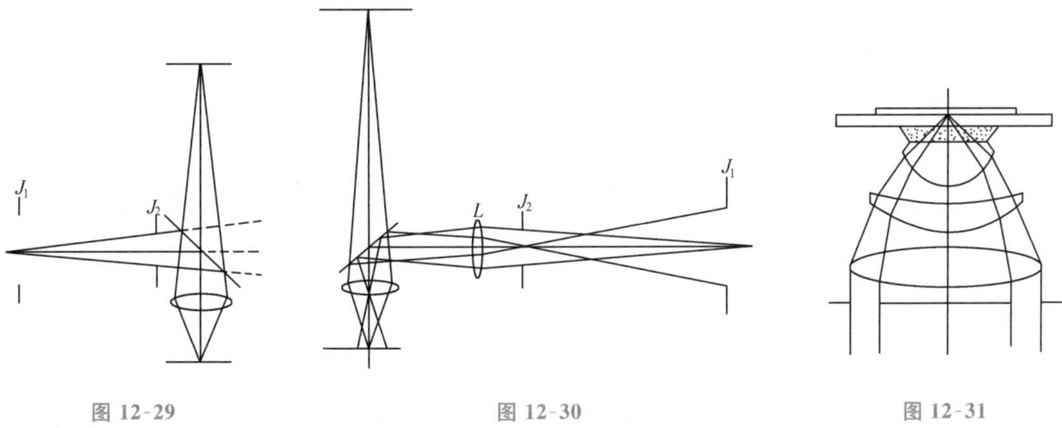

图 12-29　　图 12-30　　图 12-31

3.用暗视场观察微小质点的照明方法

用暗视场(dark field)方法可观察到超显微质点,即小于显微镜分辨极限的质点。图12-31所示即为一种暗视场照明系统,它是在普通的三透镜聚光镜下安置一个环形光阑所成的系统。在聚光镜与标本之间应滴以油,而盖玻片与物镜之间是干的。于是经聚光镜会聚的环形光束在盖玻片内全反射,能进入物镜的只是由微粒散射的光束,因此能在暗的视场背景上看到亮的微粒的像。这种用环形光束获得暗场观察的方法只适用于小数值孔径的物镜。若要在大数值孔径物镜中获得暗视场,需应用专门的暗视场聚光镜。读者可参阅参考文献[19]。

12.4　望远镜系统

望远镜是一种用于观察远距离物体的目视光学仪器,能把物方很小的物体张角按一定的倍率放大,使之在像空间具有较大的张角,使本来无法由肉眼看清或分辨的物体变得清楚可见或明晰可辨。所以,望远镜是天文观察和天体测量中不缺少的工具,在军事上指挥、观察、瞄准和测距等方面无不需要,在大地测量和一些其他光学仪器中也大量地应用望远镜系统。

12.4.1　望远镜系统的一般特性

望远镜系统是一种使入射的平行光束仍保持平行射出的光学系统。据此,最简单的望远镜系统须由两个光组组成,前一光组的像方焦点与后一光组的物方焦点重合,即光学间隔$\Delta=0$。图12-32所示是可能实现望远镜系统的两种情况。光组L_1朝向物体,称望远镜的物镜;另一个光组L_2称目镜。具有正光焦度目镜的那个系统叫**开普勒**[①]**望远镜(Keplerian**

① 开普勒(Johanns Ke-pler,1571—1630),德国天文学家、数学家,行星运动三大定律的发现者,实验光学家,科普作家。

telescope)，具有负光焦度目镜的那个系统叫**伽利略**[①]**望远镜(Galilean telescope)**。实际应用的几乎都是开普勒望远镜。

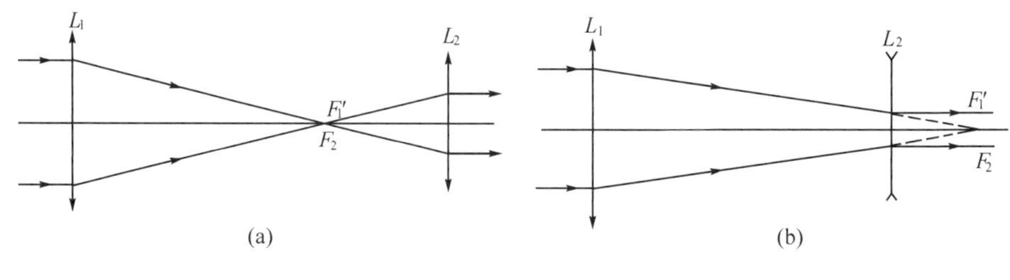

图 12-32

图 12-33 画出了光束经开普勒望远镜时的光路，这里物镜和目镜均以单薄透镜表示。通常在中间实像面上设置视场光阑。在仅由物镜和目镜组成的简单望远镜中，一般不再专设孔径光阑。从图易知，物镜的通光孔径限制了轴上点的成像光束，是系统的孔径光阑和入瞳，出瞳是物镜的通光孔被目镜所成的像，应在目镜的像方焦点之外，能与观察者的眼瞳重合。

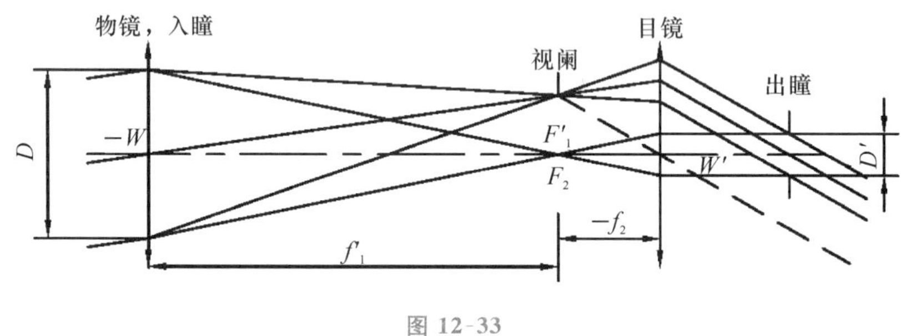

图 12-33

望远镜的放大率以 Γ 表示，定义为：眼睛通过望远镜观察时，物体的像对眼睛张角的正切与眼睛直接看该物体时，物体对眼睛张角的正切之比。由于物方、像方都位于无穷远，这个放大率就是系统本身的像方视场角与物方视场角的正切之比。从第 4 章我们已经知道：

$$\Gamma=\frac{\tan W'}{\tan W}=-\frac{f_1'}{f_2'}=\frac{D}{D'} \tag{12-20}$$

所以，望远镜的放大率还可表示为物镜焦距与目镜焦距之比、入瞳直径与出瞳直径之比。从上式可见，开普勒望远镜成倒像，伽利略望远镜成正像。

从视觉放大率公式(12-20)可知：

(1)当物镜的焦距大于目镜的焦距时，望远镜有视觉放大作用；

(2)当目镜的焦距一定时，倍率越大，物镜的焦距就越长，导致望远镜长度增大；

(3)当像方视场角 W' 一定时，倍率越大，物方视场就越小；

(4)当入瞳直径一定时，倍率越大，出瞳直径就越小；下面将会知道，当出瞳小于眼瞳时，视见像的光强度要下降。

---

① 伽利略(Galileo Galilei，1564—1642)，意大利物理学家、天文学家、哲学家，在力学、天文学、哲学、光学、热学等方面均有贡献，并提出了相对性原理。

可见，望远镜系统的诸光学参数之间存在着相互矛盾的制约关系。所以，望远镜的倍率要考虑各个因素，综合确定。首先要联系物镜的分辨率。前已述及，当望远镜的入瞳直径为 D 时，它能分辨的远处两点对入瞳中心的最小张角为 $\phi''=140/D$。为充分利用物镜的分辨率，望远镜应把此角度放大到能为眼睛所分辨的程度，因此要求 $\Gamma\phi''\geqslant 60''\sim 70''$，即

$$\Gamma\geqslant 0.5D \tag{12-21}$$

式中，D 的单位是 mm。按此式确定的放大率称为望远镜的**正常放大率(normal magnification)**，对应的出瞳直径为 2mm，正好与白天光亮条件下的眼瞳直径相当。

实际上，较多情况下按仪器用途确定的放大率，常大于正常放大率。这是因为在正常放大率时，观察者须注意力集中，容易疲劳；另外，若通过望远镜瞄准，则瞄准误差应为

$$\Delta\alpha''=\frac{\alpha''}{\Gamma} \tag{12-22}$$

式中，α''是肉眼的瞄准误差，可见增大倍率可提高瞄准精度。当然，也有另一些望远镜，其实际放大率要比正常放大率低，如手持观察的军用望远镜。这是为了具有较大的出瞳直径，提高夜间观察时的光强度，也为了减小手的抖动造成的目标像的晃动，更有利于观察。

12.4.2　望远镜的主观亮度

眼睛观物时，成在视网膜上的像对感光神经末梢的作用所引起的视觉刺激程度，称为**主观亮度(subjective luminance)**。眼睛直接观物时感知的像的明亮程度称为肉眼的主观亮度；通过望远镜观察时感知的像的明亮程度称为望远镜的主观亮度。不论何种情形，像的主观亮度均与进入眼睛的光能量有关，但随观察对象是点物还是有限大小物体而异。

1. 点物或点光源的像

网膜上感光细胞的大小约为 5～6μm，只要网膜上的像在一个感光细胞内，与之对应的物即认为是点光源。此时像的主观亮度仅取决于进入眼睛的光通量。当通过望远镜观察该点光源时，能进入望远镜的光通量 Φ_T 被入瞳直径 D 决定；用人眼直接观察时，能进入眼瞳的光通量 Φ_e 由眼瞳的直径 D_e 决定。若眼瞳直径 D_e 大于望远镜的出瞳直径 D'，所有射入望远镜的光通量全部能进入眼睛，因此点像的主观亮度要比肉眼观察时大。其相对主观亮度，即两种情况下光通量之比为

$$\frac{\Phi_T}{\Phi_e}=k\frac{D^2}{D_e^2} \tag{12-23}$$

其中 k 为望远镜的透过率。若望远镜的出瞳直径 D' 与眼瞳直径 D_e 相等，此时有 $D=\Gamma D_e$，则相对主观亮度为

$$\frac{\Phi_T}{\Phi_e}=k\Gamma^2 \tag{12-24}$$

再若出瞳大于眼瞳，则进入望远镜的光通量不能全部进入眼瞳，眼睛便成为整个系统的出瞳，入瞳直径应为 ΓD_e，此时同样可得到公式

$$\frac{\Phi_T}{\Phi_e}=k\Gamma^2 \tag{12-25}$$

后两种情况，公式虽同，但含义不同。例如，有一望远镜，透过率 $k=1$，物镜的直径为 40mm，利用调换目镜获得 20、10 和 5 倍的倍率，假定眼瞳直径为 4mm，则各种倍率时的相对主观亮度如表 12-4 所列。

表 12-4　某望远镜的相对主观亮度

$D=40\text{mm}$		$D_e=4\text{mm}$	
Γ（倍）	$D'=D/\Gamma$	D' 与 D_e 比较	Φ_T/Φ_e
20	2	$D'<D_e$	$(D/D_e)^2=100$
10	4	$D'=D_e$	$\Gamma^2=100$
5	8	$D'>D_e$	$\Gamma^2=25$

从上面的例子可见，望远镜的物镜口径一定时，倍率越高，相对主观亮度越大，但倍率高到使出瞳不大于眼瞳时，即为定值。而当望远镜的倍率和眼瞳直径一定时，物镜的直径越大，相对主观亮度也越大。因此，要能观察到天空中微弱发光的星星，须用倍率高、物镜孔径大的**天文望远镜(astronomical telescope)**。

2. 观察有限大小物体的情况

此时，像的主观亮度应用网膜上的照度决定。通过望远镜观察的物体与人眼直接观察同一物体在视网膜上像的面积之比值为 Γ^2，由公式(6-13)和(12-23) 得观察有限大小物体的相对主观亮度为

$$\frac{E_T}{E_e}=k\left(\frac{D'}{D_e}\right)^2 \tag{12-26}$$

显然，上式的值不可能大于 k，所以，当用望远镜观察有限大小的物体时，主观亮度总比用肉眼观察时为低。特别是当出瞳小于眼瞳时更甚。据此，对于需在黄昏或夜间使用的望远镜，由于眼瞳较大，应有较大的出瞳。

望远镜的倍率越高，出瞳越小，当用于天文观察时，作为点光源的星星，其相对主观亮度很大，而作为背景的天空，相对主观亮度则很小，所以在白天，利用高倍天文望远镜可以看见明亮天空中的星星。

12.4.3　望远镜的光束限制

伽利略望远镜和开普勒望远镜是望远镜的两种基本类型，它们具有不同的光束限制。

伽利略望远镜是问世最早的一台望远镜，因伽利略曾用它发现了木星的卫星而得名。这种望远镜由于是用负目镜，如将物镜作为入瞳，其被目镜所成的像将是位于目镜之前的虚像，使观察者的眼瞳无法与之重合。而当把眼瞳作为一个光孔时，显然它就是整个系统中的孔阑和出瞳。它被整个望远镜所成的像即入瞳，是一个位于眼瞳之后放大了的虚像，而物镜则成为渐晕光阑。图 12-34 中画出了物方的入瞳和物镜、像方的出瞳和渐晕光阑的像。根据它们之间的几何关系，易于导出无渐晕、50%渐晕的视场角，后者的正切为

$$\tan W=\frac{D}{2l}=\frac{D}{2\Gamma(f_1'+f_2'+\Gamma l_p')} \tag{12-27}$$

式中，D 为物镜的直径，l_p' 为出瞳距。可见，伽利略望远镜的倍率越高，视场越小。因此，这种望远镜的倍率不宜过高，一般不超过 6～8 倍。同时，视场还随眼睛远离目镜而变小。

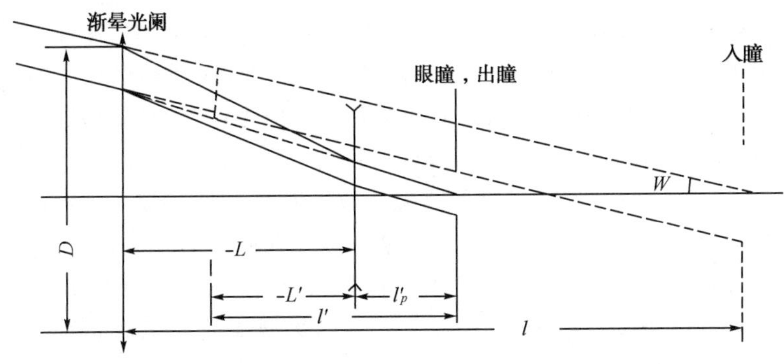

图 12-34

伽利望远镜的优点在结构简单，筒长短，因此既轻便，光能损失也少，还有一个突出的优点是成正像，这是一般观察所必需的。但它没有中间实像平面，不能设置分划板作瞄准和定位之用。所以，问世不久即被开普勒望远镜所取代。

开普勒望远镜于 1611 年首次由开普勒论述，并于 1615 年首次制造出来。与伽利略望远镜不同，这种望远镜用的是正光焦度目镜，因而在物镜与目镜之间具有中间实像平面，可以在其上专设视阑，安装分划板，作瞄准、定位和测量之用。所谓分划板，就是在磨光的玻璃片上刻以分划标志的光学零件，其通光口径就是视阑的直径，有

$$D_F = 2f'\tan W \tag{12-28}$$

显然，通过开普勒望远镜观察时有明晰的视场边界。但为了在大相对孔径和大视场的情况下不致使目镜直径太大，并减少目镜斜光束像差的有害影响，可适当减小目镜的口径而允许轴外点存在 50%的渐晕，此时图 12-33 中主光线以上部分光束将被目镜限制而不能通过。

开普勒望远镜对物体成倒像，这使得它只能适用于天文观察或对一些专设目标的瞄准和测量。如果要便于观察，应加进转像系统。当然，在结构上要比伽利略望远镜复杂得多。

12.4.4　望远镜系统的物镜

一般说，望远镜物镜的视场较小，例如大地测量仪器中的望远镜，视场仅 1°～2°；天文望远镜的视场则是以分计的；而一般低倍率的观察用望远镜，视场也只在 10°以下。但物镜的焦距和相对孔径相对较大，这是为保证分辨率和主观亮度所必需的，可认为是长焦距、小视场中等孔径系统。因此，望远镜物镜只需对轴上点校正色差、球差和对近轴点校正彗差，轴外像差可不予考虑，其结构相对比较简单，一般有以下几种型式：

1. 折射式望远镜物镜

这类物镜要达到上述像质要求并无困难，但要求高质量时，要同时校正二级光谱和色球差就相当不易。后者常只能以不同程度地减小相对孔径才能实现。这类物镜常用的型式有：

(1)**双胶合物镜(doublet lens)**　在玻璃选择得当时，能同时校正色差、球差和彗差，是可能满足像质要求的最简单形式，但胶合面上的高级球差使相对孔径受到限制，且当用普通玻璃时，二级光谱为常量，色球差也无法控制，因而不能获得高的像质。该型式的优点是结构

简单，工艺方便，光能损失也小，适宜在焦距不长、相对孔径不大的场合采用。

(2)**双分离物镜(air-spaced doublet)** 当口径大于 50～60mm 时宜采用双分离物镜。这种物镜在玻璃选得恰当时，除能校正好色差、球差和彗差外，还能利用灵敏的空气间隙的少量变化来校正带球差，因此可达到相当大的相对孔径。但色球差和二级光谱也不能校正。

(3)**三分离物镜(triplet lens)** 将双分离物镜中的正透镜分裂成两片时，即获得三分离物镜，有图 12-35 所示的两种型式。这种物镜能改善对色球差的校正，若选用特种玻璃，并与其他玻璃适当配组，还可校正或改善二级光谱。但要在此同时控制好带球差，相对孔径只能是相当小的。目前实际应用的复消色差物镜(多半用作平行光管物镜)都采用这种型式。

(4)**内调焦物镜(internal focusing lens)** 上述单组型式的物镜对非无穷远物体进行调焦时，会增大镜筒长度，相应的望远镜称外调焦望远镜。内调焦望远镜物镜是指在物镜之后一定距离处加一负镜组而成的复合系统，如图 12-36 所示。这种物镜在对不同远近物体成像时，总可利用改变负镜组的位置而使像位于同一位置上。此负镜组称为内调焦镜。计算内调焦望远镜的参数时，可根据给定的物镜焦距 f'、物镜长度 L 和准距条件即

$$L-2d+\frac{\delta\cdot f'_A}{\delta+f'_A}=0 \tag{12-29}$$

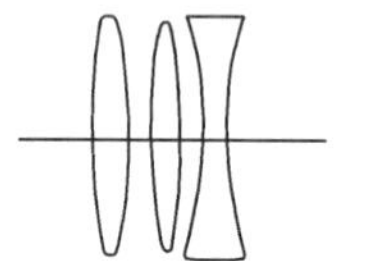
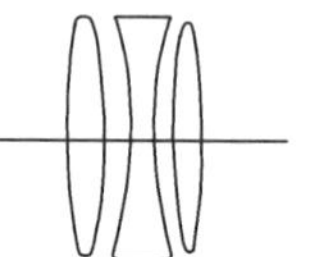

图 12-35

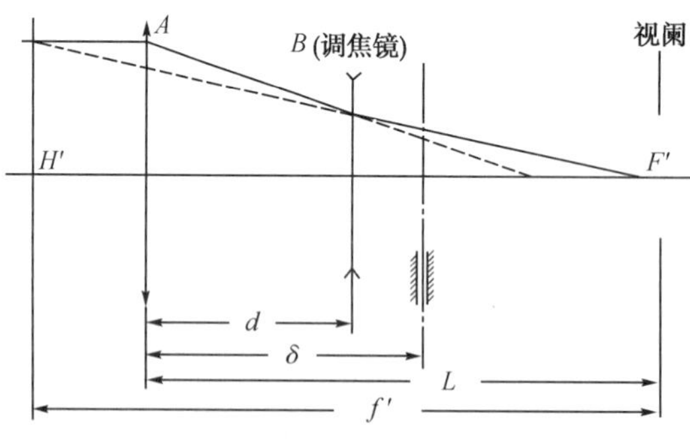

图 12-36

联立求解出两镜组的焦距及其间隔。当物镜对有限远物体调焦时，易于按照成像规律导出内调焦镜的移动距离。现代大地测量仪器中，几乎全部应用内调焦望远镜。这是因为它具有可以达到简化视距测量、缩短镜筒长度、改善密封性能等一系列优点。这对经常需要在野外作业的测量仪器来说是非常重要的。

2. 反射式望远镜物镜

反射式物镜主要用于天文望远镜中，因天文望远镜需要很大的口径，而大口径的折射物镜无论在材料的熔制、透镜的加工和安装上都很困难。因此，口径大于 1m 时都用反射式。

反射式物镜完全没有色差，可用于很宽的波段。但反射面的加工要求要较折射面高得

多，表面的局部误差和变形对像质的影响也大。最著名的反射式物镜是双反射面系统，它有如下两种型式：

（1）**卡塞格林系统**[①]**（Cassegrain system）**　如图 12-37 所示，称主镜的第一个大反射面是抛物面；称次镜的第二个小反射面是双曲面。F_1' 是主镜的焦点，又是次镜的虚焦点，因而满足等光程条件，轴上点成像是完善的。该系统对物体成倒像，焦距长而筒长短。

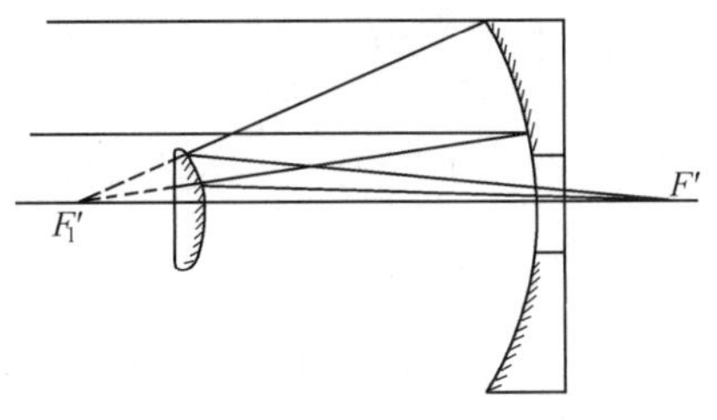

图 12-37

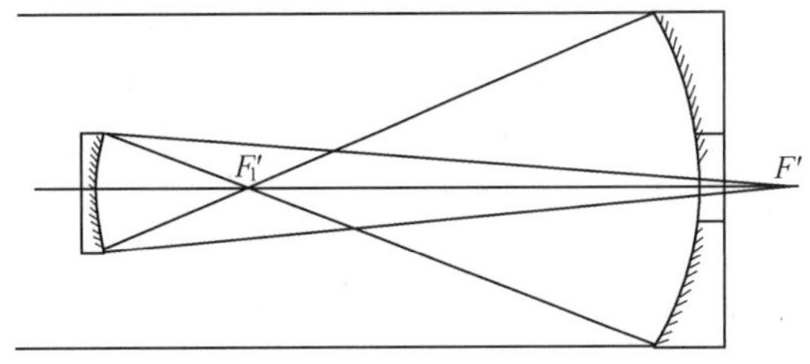

图 12-38

（2）**格里果里**[②]**系统（Gregorian system）**　如图 12-38 所示，由抛物面主镜和椭球面次镜组成。抛物面的焦点 F_1' 与椭球面的第一焦点重合，对于轴上点也满足等光程，成像也是完善的。该系统对物体成正像，筒长比同焦距的卡塞格林系统长些。

以上两种反射物镜虽对轴上点完善成像，但近轴点却有彗差，使视场只能很小。若适当降低对轴上点的像质要求，采用双球面系统，可同时兼顾球差和彗差，既使加工方便，又能使视场内有均匀的像质。

3. 折反射式望远镜物镜

以球面反射镜为基础，再加入用于校正像差的折射元件，可避免困难的大型非球面加工，又能获得良好的像质。这就是折反射物镜。比较著名的有如下几种：

（1）**施密特物镜（Schmidt lens）**　如图 12-39 所示，它在球面反射镜的球心处置一施密特校正板。施密特校正板的一面是平面，另一面是轻度变形的非球面，使光束的中心部分略有会聚，而外围部分略有发散。由于校正板位于球心且作为物镜的入瞳，轴外点不会产生彗差和像散，仅有匹兹凡像面弯曲。校正板近于平板，对色差的影响也是很小的。

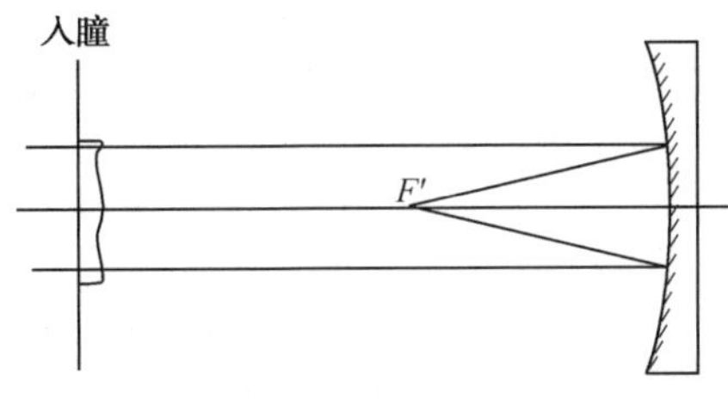

图 12-39

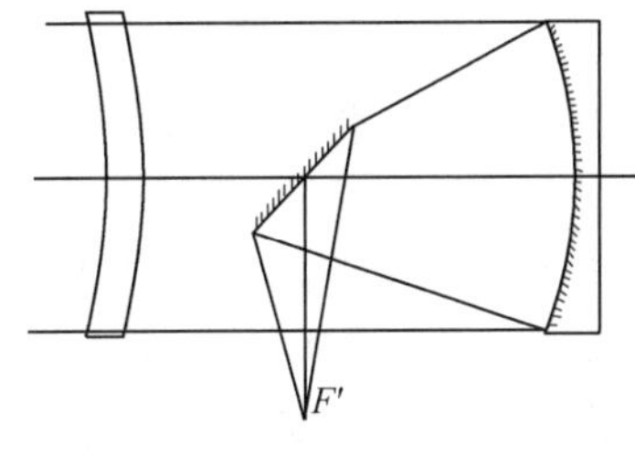

图 12-40

① 卡塞格林（Laurent Cassegrain，1629—1693），法国光学家。

② 格里果里（James Gregory，1638—1675），英国数学家、天文学家，圣安德鲁斯大学和爱丁堡大学教授。

(2)**马克苏托夫[①]物镜(Maksutov objective)** 如图 12-40 所示,由球面反射镜与略具负光焦度的弯月形透镜构成,后者满足马克苏托夫提出的消色差条件,即 $r_2-r_1=(n^2-1)d/n^2$。适当选择弯月形透镜的参数和它相对于反射镜的位置,可同时校正好球差与彗差。若将这种消色差弯月形透镜置于卡氏系统的平行光束中,可把两个反射镜改成球面而获得良好的像质。

(3)将无光焦度双透镜与球面卡氏系统相结合,可构成像质更好的折反射物镜,有图 12-41和图 12-42 两种结构。这种双透镜由焦距相等、玻璃相同、间隔甚小的正、负透镜组成,总光焦度为 0 且消色差。当分别改变两透镜的弯曲形状时,则可抵消球面系统的球差和彗差。

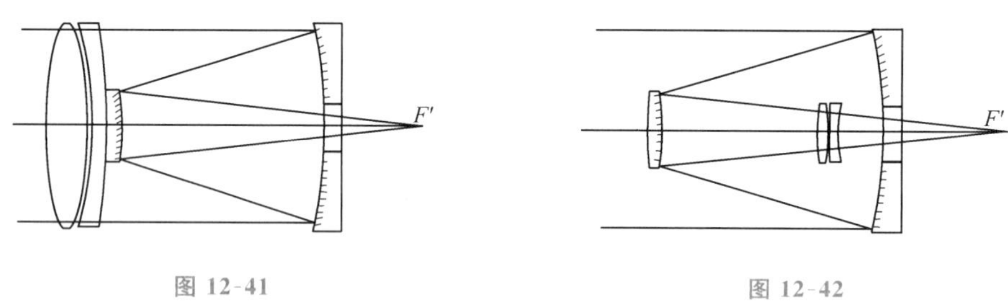

图 12-41　　图 12-42

12.4.5 望远镜的目镜

望远镜目镜的相对孔径与物镜相同,属中等大小,但其焦距比物镜短得多,故视场较大。据此,目镜的像差校正一般以轴外像差为主。只有对低倍望远镜的目镜,在焦距不短、出瞳直径较大时才有必要考虑轴上像差,并且主要是通过与物镜的像差相互补偿来改善的。

用于瞄准和测量的望远镜须在其视阑平面上设置分划板。为了使屈光不正的观察者能看清分划刻线,目镜应能作视度调节。若要求视度的调节范围为 $\pm N$ 个屈光度,目镜相对于分划板的调焦量 Δl 应为

$$\Delta l=\pm\frac{Nf'^2_2}{1000}(\mathrm{mm}) \tag{12-30}$$

式中,f_2'为目镜的焦距,以毫米计。一般仪器中,要求 $N=\pm5$ 屈光度。显然,目镜的工作距离应大于 Δl。

望远镜中常用的目镜有以下几种:

(1)在简易望远镜中,冉斯登目镜常有应用,参见本章第 3 节。

(2)**凯涅尔[②]目镜(Kellner eyepiece)** 这种目镜可认为是在冉斯登目镜的基础上,将接目镜改变为双胶合镜组而成,如图 12-43 所示。它具有比冉斯登目镜更好的像质,工作距离、镜目距和视场均有所增大。视场可达 40°～50°,镜目距约为焦距的 50%,工作距离约为焦距的三分之一。

---

① 马克苏托夫(Дми́трий Дми́триевич Максу́тов,1896—1964),苏联光学工程师、天文学家。

② 凯涅尔(Carl Kellner,1826—1855),德国光学家、数学家,徕卡相机制造商 Leitz 公司的前身的创始人。

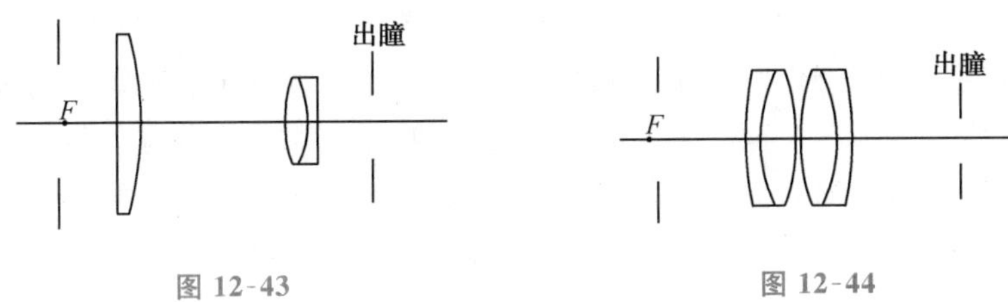

图 12-43　　　　图 12-44

(3)**对称式目镜(symmetric eyepiece,Plossl eyepiece)**　由两组相同的双胶合镜组对称设置而成,如图 12-44 所示。二镜组各自校正好轴向色差,整个目镜的倍率色差也随之校正,使其间隔可不受倍率色差的限制而做得很小,使其匹兹凡和与凯涅尔目镜、冉斯登目镜和惠更斯目镜相比最小,这样就能在校正好像散时有相对较平的清晰像面。对称式目镜的镜目距也由于二镜组的间隔小而有较大的值,可达焦距的 70%,适宜于在目镜的焦距很短或需要有较长镜目距的场合下采用。然而,由于胶合面的高级像差限制了视场的增大,其视场一般只能到 40°～45°。为了有利于像差的校正,现在的对称式目镜的结构参数并不完全对称。

(4)**阿贝目镜(Abbe eyepiece)**　也叫阿贝无畸变目镜。由朝向物镜的三胶合镜组和朝向眼睛的单正透镜组成,如图 12-45 所示。由于二镜组无限靠近,故镜目距甚大,可达焦距的 80%,因此能设计成很短的焦距,特别适用于天文仪器中的高倍率望远镜。该目镜因能在校正倍率色差、彗差和像散的同时改善畸变而得名,视场约为 40°～50°。

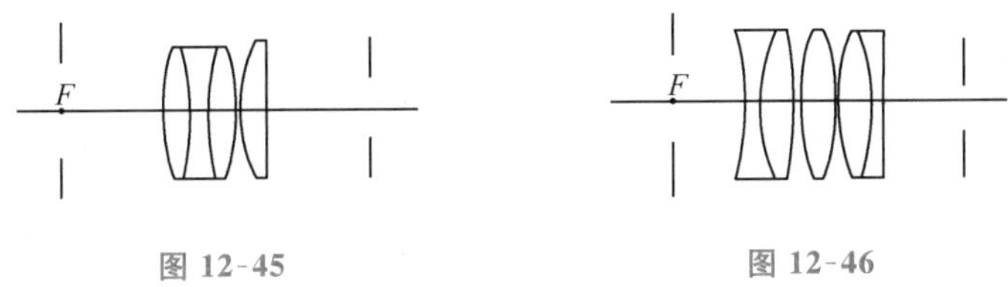

图 12-45　　　　图 12-46

(5)**爱弗尔[①]目镜(Erfle eyepiece)**　是在对称式目镜中加入一块正透镜而得,如图 12-46 所示。由于减轻了两个双胶合镜组对主光线的偏角负担,高级轴外像差减小,视场可达 65°～70°,属广角目镜之列,较多应用于质量较高的高倍双筒望远镜中。镜目距约为焦距的 70%。

望远镜系统的具体设计方法请参阅参考文献[19]。

12.4.6　正像望远镜中的转像系统和场镜

观察用和大部分瞄准用的望远镜须对物体成正像。伽利略望远镜虽成正像,但因没有中间实像平面和只能有很低的倍率而无实用意义。实际应用的都是利用**转像系统(inverting system)**使倒像转成正像的开普勒型望远镜。这种望远镜常称地上望远镜。转像系统为棱镜系统或透镜系统。

1. 棱镜转像系统

当要求望远镜系统的筒长较短且结构紧凑时,都采用棱镜系统来实现转像,并根据需要可以对光轴作转折或改变视线方向。

第 3 章中已知,用单块屋脊棱镜或由普通棱镜组合起来的棱镜系统,均能达到使像相对

① 爱弗尔(Heinrich Erfle,1884—1923),1917 年设计了最早的广角目镜。

于物体在上下和左右方向都倒转过来的目的。例如图 3-13 所示的周视瞄准镜和图 3-16 所示的步枪瞄准镜中,等腰直角屋脊棱镜和施密特屋脊棱镜均起到了转像和光轴转折的双重作用。图 3-22 所示的别汉棱镜系统能实现直视转像,而应用最为普遍的是双筒棱镜望远镜中的普罗型棱镜系统,见图 3-21,它使光轴平移,增大了基线长度,扩大了体视范围。总之,应根据仪器的具体要求选取转像系统,且必须是偶数次反射以防止产生镜像。

2. 透镜转像系统

设在物镜的实像平面后面,使倒像再一次倒转成为正像的透镜系统称为透镜转像系统。有单组和双组两种形式,如图 12-47 和图 12-48 所示。后一种形式中第一组图 12-47 的物方焦平面与物镜的像面重合,被倒转过来的像位于第二镜组的像方焦面上,在二镜组间光束是平行的。显然,透镜转像系统使镜筒长度大为增加,适宜在需有长镜筒的场合下使用。

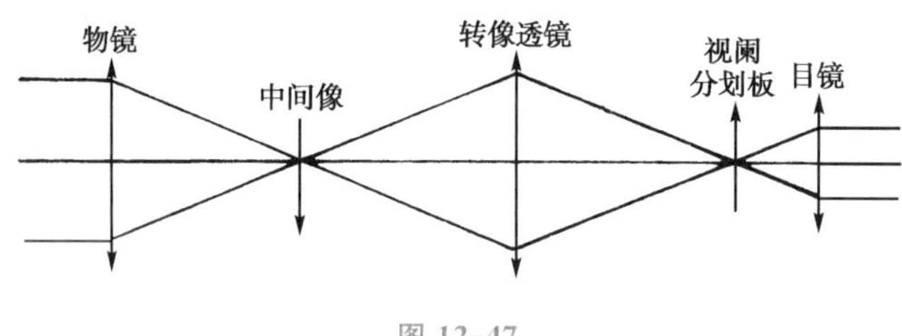

图 12-47

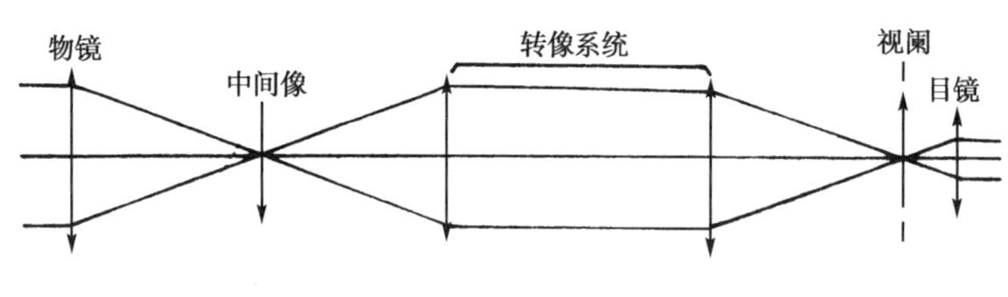

图 12-48

透镜转像系统一般采用负一倍的倍率以保持原望远镜的倍率不变。通常单独校正像差。负一倍单组转像系统所承担的相对孔径是物镜的两倍,为校正轴上宽光束像差只能取较短的焦距,但随之需承担较大的视场,对轴外像差不利,难以达到预期的像质。而负一倍双组转像系统一般采用两个相同且对称设置的双胶合镜组,并在二镜组的中间位置放置光阑,如图 12-49 所示,使镜筒长度增加了 $f'_A+d+f'_B$。在共轭距取定后,镜组的焦距和间隔的选择与像质有关。间隔大对校正像散有利,但会导致轴外光束渐晕的增加。一般不应使渐晕大于 50%。

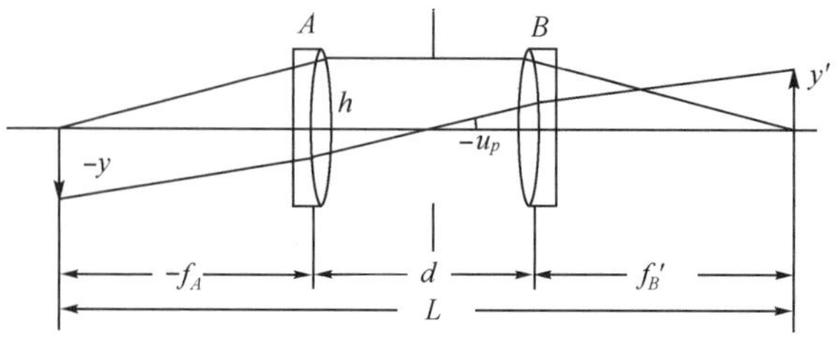

图 12-49

必须指出，如果只是简单地加入透镜转像系统，则轴外点成像光束在转像镜组上的入射高度将大为增加，以致视场较大时，绝大部分光线不能通过转像系统。为此，可在中间实像平面上加一适当光焦度的透镜，使望远镜的光瞳与转像系统的光瞳共轭，使轴外光束折向转像镜组，如图 12-50 所示。这种加于中间像面上或其附近的透镜称为场镜，它的光焦度对系统的总光焦度并无贡献，不影响轴上点光束和系统的放大率。

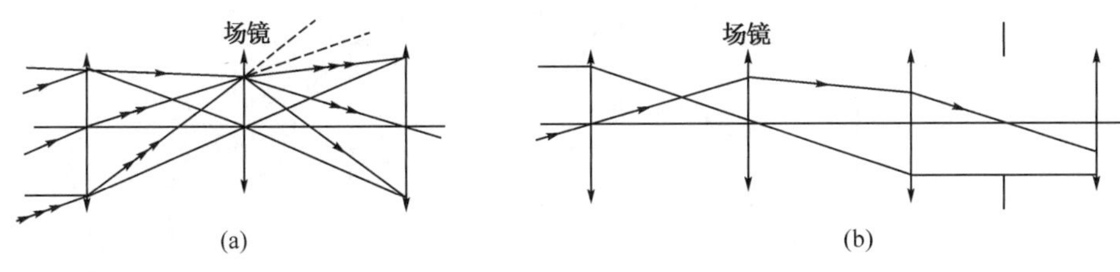

图 12-50

根据像差理论可知，位于像面上的场镜除只产生匹兹凡和以及由此引起的畸变外，不产生其他像差。因此场镜都用单透镜，并且在不需由它来改变畸变时，都采用平凸透镜。

12.4.7　望远镜系统的外形尺寸计算

望远镜系统随使用场合和要求的不同，有多种形式。特别是当需要用棱镜或透镜系统来转折光轴或转像时，整个系统可能会相当复杂。外形尺寸计算的任务就是根据系统的整体方案和技术要求，确定系统各个组成部分的有关参数，即各透镜组的焦距、口径、相对位置以及棱镜的位置和尺寸等。这种计算只基于高斯光学而不涉及像差理论，但应考虑结果是否合理和便于实现。这种计算并不是望远系统所独有，但各种光学系统的计算方法是类似的。

例 1　镜筒长度为 250mm、放大率为－24、视场角为 1°48′的开普勒望远镜，设入瞳与物镜重合，外形尺寸计算的步骤如下：

1)根据筒长和倍率，求出物镜、目镜的焦距为 $f'_1=240$，$f'_2=10$。

2)在未给出其他条件时，可按正常放大率 $\Gamma=0.5D$ 求出入瞳直径为 $D=48$mm，相应地，出瞳直径为 $D'=2$mm。

3)视阑直径按 $D_F=2f'_1\tan W$ 求得，为 $D_F=7.54$mm，取 $D_F=7.6$mm。

4)按 $\tan W'=\Gamma\tan W$ 求得目镜视场(即望远镜像方视场角)为 $2W'=41.32°$。

5)按物像关系得镜目距为 $l'_p=10.42$mm。

6)目镜的通光口径与渐晕系数有关，无渐晕时按 $D_e=D'+2l'_p\tan W'$ 得 $D_e=9.86$mm。

可见，其数值已达到与焦距同等大小，表明用单透镜难以满足要求。

7)若要求目镜视度调节为±5 屈光度，按公式(12-30)可算得调节距离为 $x=\pm0.5$mm。

当采用棱镜或棱镜系统来转折光轴或转像时，根据第 3 章所述，反射棱镜相当于平行平板，且其通光孔径与等效厚度之间被结构常数所联系。因此，只要按平行平板来计算系统中的反射棱镜即可。为了避免对折射的计算，还可将玻璃平板换算成等效空气板。

如图 12-51 所示，光线通过平行平板，在 CD 面上的 G 点出射的情况与光线无折射地通过平板 $ABEF$ 的情况完全相同，故 $ABEF$ 就相当于平行玻璃板 $ABCD$ 的等效空气板。二者厚度之差 HG 就是光线经平板时所产生的轴向位移量 $\Delta l'$，因此等效空气平板的厚度为 $\bar{d}$

$=d/n$,再联系棱镜通光口径 D_0 与结构常数 K,有

$$\bar{d}=\frac{KD_0}{n} \tag{12-31}$$

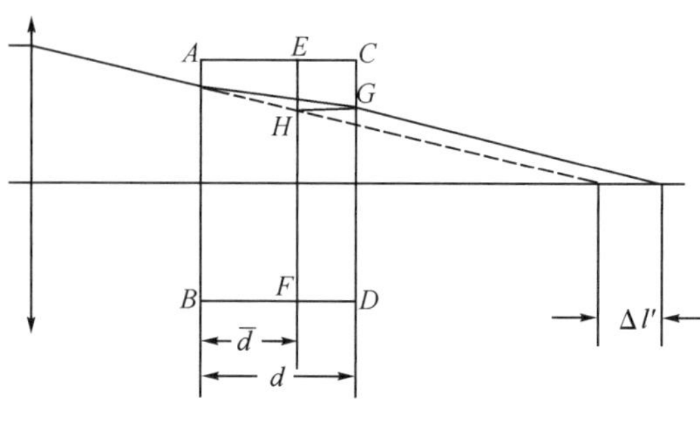

图 12-51

引用等效空气板的概念计算平板的尺寸异常方便。如图 12-52 所示系统,若不要求由物镜后面的棱镜来限制光束,则在规定视场范围内的所有成像光束都应包含在由物镜的孔径 D 和视阑所限定的锥体范围内。故平板的最小通光孔径就为

$$D_0=D_F+2(a+\bar{d})\tan\alpha \tag{12-32}$$

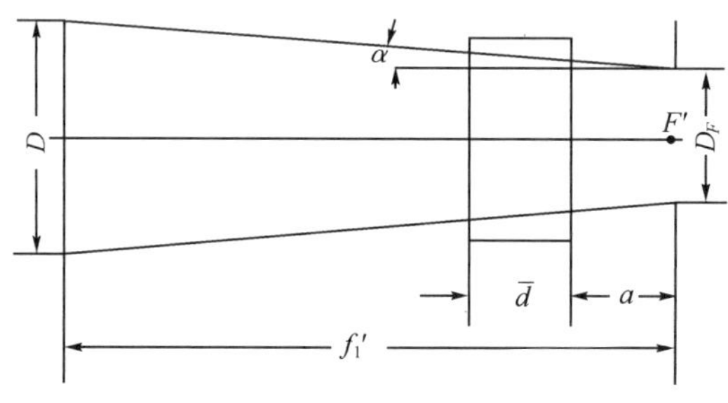

图 12-52

将公式(12-31)中的 $\bar{d}$ 代入式(12-32),即可算出 D_0。其中

$$\tan\alpha=\frac{D-D_F}{2f_1'} \tag{12-33}$$

图中所示情况,物镜直径 D 大于视阑直径 D_F,平板的通光直径被第一面所决定;反之,平板的通光直径由第二面决定,读者可自行推导相应公式。

如果在物镜后面用的是屋脊棱镜,应将所算得的值乘以各种屋脊棱镜所固有的放大系数值,参见第 3 章。此外,棱镜的实际直径应比通光直径略大些,以便装夹。

例 2 计算双筒棱镜望远镜的普罗型转像棱镜的尺寸。要求倍率为 8,物镜的通光直径为 30mm,即 8×30;且物镜的焦距为 120mm,视场 $2W=6°$,棱镜的折射率为 1.5163。

解:图 12-53 给出了系统的两个视图,以表示两个转像棱镜的相对位置。将两个棱镜展开成平板后,如图 12-54 所示。二平板的位置分别用它们的出射面到物镜焦平面的距离 a_1 和 a_2 表示。为使第一棱镜不碰到目镜,且二棱镜不相碰,间隙 a 和 b 是必要的。由此,二平板的出射面到焦平面的距离为

$$a_2=a+b+D_1$$

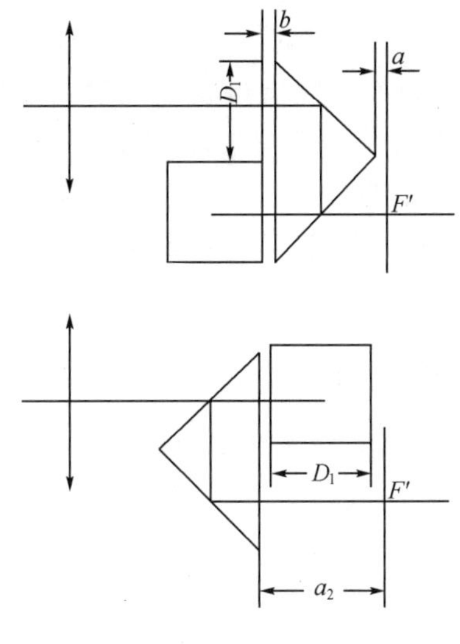

图 12-53

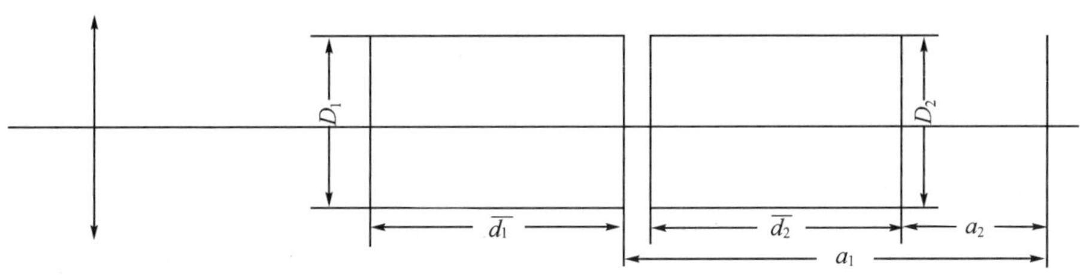

图 12-54

$$a_1=a_2+b+\bar{d}_2$$

将其代入公式(12-32)可导出 D_1 和 D_2 的表达式,联立求解可得二平板所需的通光孔径。兹对本例具体计算结果为:

1)视阑直径为 $D_F=12.58$。

2)锥角 α 的正切为 $\tan\alpha=0.07258$。

3)二次反射等腰直角棱镜的结构常数 $K=2$,再取 $a=2,b=2$,按以上方法写出 D_1 和 D_2 的表达式,联立求解得 $D_1=26.34$ 和 $D_2=21.01$。

12.5 摄影光学系统

摄影光学系统(photographic optical system)是指那些平面图像或空间物体成像于感光胶片上或图像传感器上的光学系统,通常称它们为**摄影物镜(photographic lens)**。摄影时,底片上的感光乳胶受光的作用获得了潜像,经化学处理后即显现出与所摄物体明暗相反的像,称为负像或负片。用另一感光胶片或感光纸与负片接触,经再一次光作用和相同的化学处理后,就可获得与原物明暗对应的正片或正像,即所谓影片和照片。用接触印像法获得正像,不需光学系统,大小与负像相同。

从1969年博伊尔①和史密斯②发明固体**图像传感器(imaging sensor)**以后,**数码摄影技术(digital photogaphy)**得到了很大的发展,数字化记录和计算机处理使摄影技术进入了新的时代。**数码相机(digital camera)**已经从尖端科技领域走到百姓身边,占领了民用相机主流市场。从光学成像原理与光学系统基本结构来说,数码摄影系统仍未超出摄影光学系统定义的范畴。手机镜头也属于这一范畴,只是在其长度、结构、像质等方面需满足特殊要求。

应用摄影系统相应的机械、电子设备,可把各种事物真实地记录下来,在各个领域有极为广泛的用途。

12.5.1 摄影物镜的性能参数

摄影物镜的基本光学性能由焦距、相对孔径和视场角这三个参数表征。

物镜的焦距决定拍摄像的大小,这可从公式 $y'=-f'\tan W$ (物在无穷远时)或 $y'=\beta y=-(f/x)y$ (物在有限远时)看出。当视场角 W 或焦物距 x 一定时,像的大小 y' 与焦距成正比。摄影物镜视其用途不同,焦距覆盖范围很大,有短到十几毫米以下的,如普通数码相机镜头的焦距可为几毫米,也有一米以上的。一般照相机上应用的物镜,焦距在二十几毫米到几百毫米之间,用于空间摄影的镜头焦距可达几米以上。

由公式(6-41)知,像的照度与相对孔径的平方和透过率 k 的乘积成比例。因此,相对孔径反映了照相物镜的光度特性,它与透过率 k 的乘积客观地反映了物镜的光强度特征。随相对孔径的不同,摄影物镜有弱光、普通、强光、超强光之分。普通镜头的相对孔径大约为1/6.3~1/3.5,而超强光镜头的相对孔径达到1∶1,甚至更大。

摄影物镜的视场角决定了摄入底片的空间范围。任何摄影系统,作为视场光阑的片框或图像传感器CCD或CMOS有效成像范围都有其固定的大小。120相机的片框尺寸为60mm×60mm(12张时)或60mm×45mm(16张时);135相机的片框为36mm×24mm;35mm电影摄影机的片框为22mm×16mm;16mm影片的画幅为10.4mm×7.5mm。数码摄影系统的感光器件CCD或CMOS有1/4吋、1/3吋、1/2.5吋、1/1.7吋、2/3吋、3/4吋等多种规格,单反数码相机需要用到大感光面的CCD,甚至达到全幅面规格,空间摄影系统的感光面可达到数十毫米甚至数百毫米。同一种机具配用不同焦距的物镜时,对应的视场角 $2W$ 可由公式 $y'=-f'\tan W$ 算得,式中的 y' 应是画幅对角线之半。可见,长焦距的物镜只能有较小的视场角,能对远处物体拍摄得比较大的像,适宜于远距离摄影,故常称之为望远镜头;而短焦距的物镜则有较大的视场角,能将较大范围内的景物摄入底片,故又称之为广角镜头;介于二者之间,焦距约等于画幅对角线长度的物镜称为标准镜头。现在,变焦距物镜已得到广泛应用,可以取代一套不同焦距的定焦镜头,使摄影十分方便,尤其在电影或电视摄影中,能获得定焦镜头难以达到的艺术效果。图12-55所示是几种照相物镜,可以看出其焦距和相对孔径值。

由上可知,135胶片相机的底片大小是一定的,由焦距易于计算视场角的大小。但数码

---

① 博伊尔(Willard Boyle,1924—2011),加拿大物理学家,在贝尔实验室工作,为美国宇航局提供技术支持,因发明CCD与史密斯获得2009年诺贝尔物理学奖。

② 史密斯(George Smith,1930—),美国物理学家,博伊尔的同事,因发明CCD与博伊尔获得2009年诺贝尔物理学奖。

图 12-55

相机图像传感器的规格众多,如要计算视场角,仅知道焦距值就不够了。所以数码相机常给出另一个焦距值,称为相当于 135 相机的焦距值。这意味着知道这个焦距值就可以按 135 相机底片框的大小计算出视场角。也许读者会发现,如果既知道数码相机的实际焦距,又知道相当于 135 相机的焦距值时,按后者计算出视场角,再利用前者计算出的感光面大小比用户手册上标出的要小,这是因为规格所称的感光面大小并非有效感光面大小,而是将周边面积也计算在内了。例如,某公司推出用于单反相机的 4/3 吋图像传感器,其有效感光面仅 18mm×13.5mm,也就是说对角线只有 22.5mm 而达不到 4/3 吋。因此,在设计时需要按照有效感光面的大小来确定视场。为便于讨论,以下讨论凡涉及焦距均采用相当于 135 相机的焦距值。

上述决定摄影物镜性能的三因素之间,有着相互制约的关系。这主要反映在像差的校正上。一方面,对于一定的相对孔径和视场角,像差与焦距成正比,但像差的容限并不因焦距的增大而可放宽,使得长焦距物镜只能有较小的相对孔径。另一方面,相对孔径大时要控制好宽光束像差已非易事,再要达到大视场就更困难了。这就是说,要设计一个兼顾大孔径大视场的优良结果是极其困难的。实际上,常根据物镜的具体用途满足其主要的性能指标,即强光镜头只能有较小的视场,而广角镜头只能选较小的孔径。

12.5.2 摄影物镜中的光束限制

在摄影物镜中,都设有专门的孔径光阑,它限制进入物镜的光通量,决定像的照度。为了使同一物镜能适应各种光照条件以控制像面获得适当的照度,孔阑都采用大小可连续变化的可变光阑,从而获得多种相对孔径以供选用,并在物镜的外壳上标出各档相对孔径的位置刻线及其倒数,称为 F 数或**光圈数(F-number)**。由于像的照度与相对孔径平方成比例,镜头中所标出的各档 F 数是以$\sqrt{2}$为公比的等比级数。根据国家标准,F 数按表 12-5 中数值给出。

表 12-5 摄影物镜的 F 数

F 数	1	1.4	2	2.8	4	5.6	8	11	16	22	32

像面上的照度与曝光时间的乘积称**曝光量(exposure value)**,它分别被镜头的 F 数和快门开启时间所决定。F 数按上表排列时,正好使相邻两档在曝光量上相差一倍(曝光时间相同时)。摄影时,为使接收器正确曝光,即使所摄影像具有与景物明暗程度相对应的光学密度,以显示出影像的明暗层次,应根据接收器的感光度,正确控制曝光量。同时,根据景物条件,有时需首先确定 F 数(光圈优先),有时需先确定曝光时间(快门优先),但都要使 F 数和曝光时间相匹配。

摄影物镜中,底片框或图像传感器感光面就是视场光阑。由于相对孔径和视场都相对较大,为校正各种像差,物镜须具有相当复杂且正负光焦度分离的结构。这样,为了减小物镜的体积和重量,并拦截那些偏离理想光路较远的光线,提高成像质量,常有意识地减小远离光阑的透镜直径。图 12-56 画出了三片式物镜中的拦光情况。一般,视场边缘点渐晕50%是常有的事,这并不会引起底片感光的明显不均匀。必要时拦剩 30%也是勉强可以的。因为相机极少在物镜光圈开足时使用,当光圈缩小时,光束的渐晕程度随之减轻。

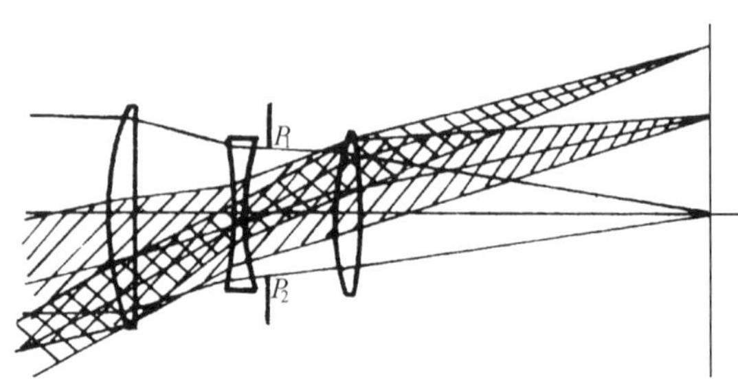

图 12-56

数码摄影系统由于采用光电器件接收,光线斜入射和垂直入射相比所产生的电信号响应会有一定的差别,视场较大时边缘偏暗的情况会比胶片相机明显,加之光电传感器的动态范围比胶片要小,所以拦光要尽量少,并且往往需要控制光线在像面上的入射角度不要太大,以获得明亮程度比较均匀的像。

12.5.3 摄影物镜的景深

在摄影时,像面上摄得的是在物镜视场角范围以内的纵深空间中各物体的像。其中有多大的深度范围能在像面上成清晰像？这就是摄影物镜的景深问题。具体说，当把物镜调焦于某一摄影对象时，在该对象的前后能在像面上成清晰像的范围，称为景深。

在第 5 章中已对这一问题作过较详细的一般性讨论，并导出了计算公式(5-3)和(5-4)。将其中的入瞳直径 $2a$ 用光圈数 F 取代，即可得到适用于计算摄影物镜景深的公式：

$$\Delta_1 = p_1 - p = \frac{p^2 Z'}{f'^2/F - pZ'}$$

$$\Delta_2 = p - p_2 = \frac{p^2 Z'}{f'^2 F + pZ'} \tag{12-34}$$

式中各物理量的含义与第 5 章相同。可见，景深与物镜的焦距、光圈大小和摄影距离有关。光圈越小(F 数越大)，或摄影距离越远，景深越大，但远景深度要比近景深度大。若在同一距离用同一光圈值摄影，则焦距短的镜头具有大的景深；反之，长焦距镜头的景深就小。

合理地运用景深，能得到具有各种艺术效果的照片。例如要获得清晰的背景，使照片具有丰富的景物层次，就需在小光圈的状况下拍摄；而为了突出人物形象需对背景加以模糊的话，就应加大光圈或选用长焦距的镜头。应用变焦距镜头，能较好地运用影响景深的诸因素，当然就更理想了。

由于在使用同一物镜时，景深随光圈大小和摄影距离而变，所以在照相物镜外壳上，与镜头调焦的距离刻度相关联地标出光圈数刻度，以粗略指示所选定的光圈数和摄影距离时的景深。读者可通过实例计算和摄影实践体会景深和光圈、焦距、拍摄距离的关系。计算时可取 135 相机变焦镜头为例，焦距取 35mm、50mm、70mm，光圈数取 4、5.6、8、11、22，拍摄距离取 2m、3m、5m、10m，允许的弥散圆直径为 $z'=0.03$mm。

12.5.4　摄影物镜的几何焦深

严格地说，一个像面只与一个物面对应。当拍摄某一物面时，要通过对镜头的调焦，使之清晰成像于像平面上。但因接收器分辨率的限制而存在调焦不准，在真正的像面前后也存在一个貌似清晰的深度范围。这一在像空间对同一物面都成清晰像的范围称**几何焦深(geometrical focal range)**。

如图 12-57 所示，成像光束与像面前后相距 Δ' 的两个平面相截的弥散圆 z'，如果小到被接收器看起来是清晰的点像时，则 $2\Delta'$ 即为几何焦深，有

$$2\Delta' = \frac{Z'}{\tan U'}$$

由于摄影物镜一般都具对称或近对称型结构，光瞳放大率约为 1，因此可认为入瞳和出瞳分别与物方主面和像方主面重合，引入光圈数 F 和放大率 β，可导出

$$2\Delta' = 2Z'F(1-\beta) \tag{12-35}$$

当对准平面位于无穷远时，几何焦深

$$2\Delta' = 2Z'F \tag{12-36}$$

可见，几何焦深与 F 数有关，相对孔径越大，焦深越小。由于调焦不准导致的接收像面上的弥散圆与像面上由于像差所引起的弥散斑相一致，故 $2\Delta'$ 可作为摄影物镜轴向像差的允差。

12.5.5　摄影物镜的分辨率

摄影物镜的分辨率是以焦面上每毫米中能分辨开的黑白相间的条纹数来表征的。根据

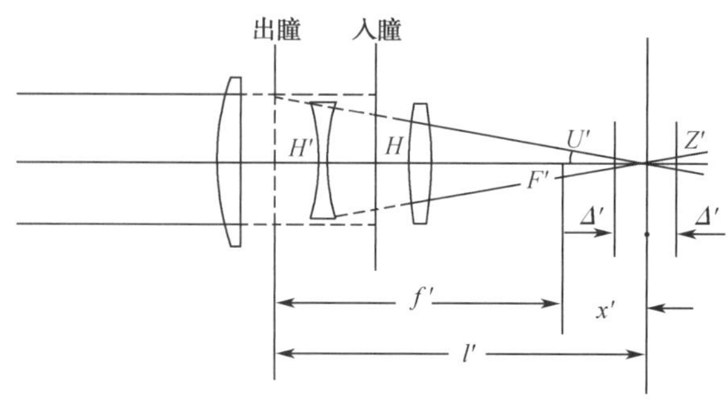

图 12-57

对无穷远两点可能被理想系统分辨开的最小分辨角公式(12-2)，在摄影物镜焦平面上能分辨开的两条纹之间的相应间距为

$$\sigma=\frac{1.22\lambda}{D/f'}$$

其倒数即为摄影物镜的分辨率。当 $\lambda=0.00055\text{mm}$ 时，有

$$N=\frac{1}{\sigma}=1475\frac{D}{f'} \tag{12-37}$$

可见，完善的摄影物镜，其分辨率与相对孔径成正比。此公式决定了视场中心的分辨率，视场边缘由于成像光束的孔径角比轴上点小，分辨率有所降低，且在子午和弧矢方向也有差异。实际的摄影物镜总有较大的剩余像差，其分辨率要比上述理想分辨率低得多，而视场边缘受轴外像差和光束渐晕的影响，要低得更多。因此分辨率是衡量摄影物镜的像质指标之一。

图 12-58 给出了两种检验摄影物镜分辨率的图案，前者由 16 或 25 组条纹宽度不等的相同图案按序排列而成，各组又以条纹方向不同的四个小方块排列起来，根据被检物镜能分辨开的最密一组条纹宽度可得知其分辨率。后者是一个条纹和间隔的宽度在径向连续变化的图形，根据它被物镜所成的像中已分辨不出条纹的模糊圆直径来求知其分辨率。通常还将多种图样组合起来构成大幅综合图表，可同时测试整个视场内的分辨率。

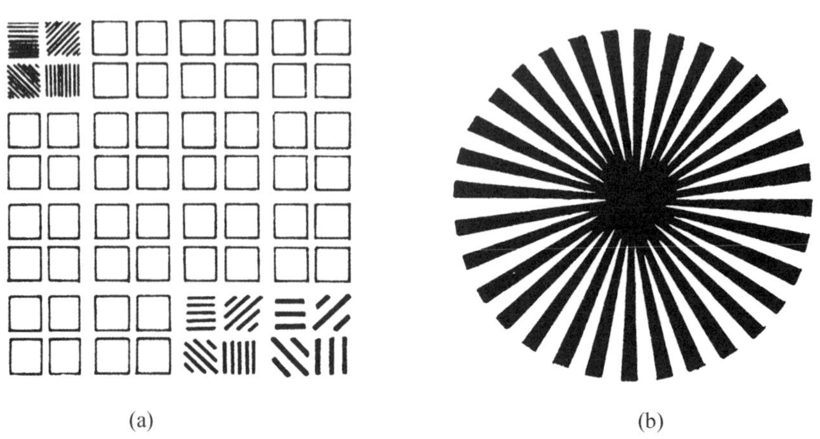

(a) (b)

图 12-58

检验时，分辨率图表须给予充分而均匀的照明。测试方式可以是直接用显微镜来观察

图案被物镜所成的像，得到物镜的目视分辨率。此时显微物镜的数值孔径应与被检物镜的像方孔径角匹配。也可以用显微镜来观察图案被物镜所拍摄得的底片，得到物镜的照相分辨率。显然，照相分辨率同时被摄影物镜的分辨率和感光面的分辨率所决定。底片的感光乳胶由卤化银晶粒组成，其粒度远比人眼的感光细胞粗。普通底片的分辨率约为 40～60 线对/mm。因此，照相分辨率要比目视分辨率低得多。一般摄影物镜在视场中心能有 40 线对/mm、边缘能有 20 线对/mm 的照相分辨率就算是优良的了。物镜的目视分辨率 N_L、照相分辨率 N_P 与底片分辨率 N_F 之间有如下的关系：

$$\frac{1}{N_P}=\frac{1}{N_L}+\frac{1}{N_F} \tag{12-38}$$

测试物镜的照相分辨率时，所用的底片和拍摄、冲洗条件都必须严格规定。

数码摄影系统的分辨率要考虑到图像传感器的像元大小，它比胶片上的感光颗粒要小得多，一般是几个微米。这就使像面上的分辨率更高，可达 140～150 线对/mm 以上甚至更高。不同规格、不同厂家的 CCD 像元大小也不相同，这一点可以从同样大小的 CCD 具有不同的总有效像素数看出来。可以根据像元总数和 CCD 感光面积计算出像元大小，用户在提出设计要求时也会把像元大小提供给设计者。

国家标准 GB/T 19953—2005 规定了数码相机分辨率测试方法，采用朗伯体基材的 ISO12233 标准分辨率板或由其中标准图案单元组合配置而成的等效图案在规定照明条件下进行测试，也可以采用其他具有同等测试效果的图案。图 12-59 是 ISO12233 分辨率测试图。

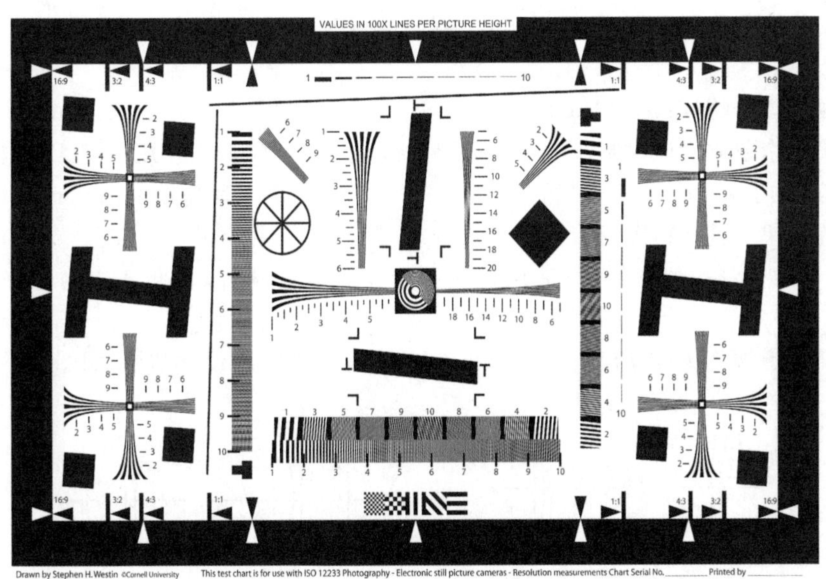

图 12-59

须指出，由于高对比分辨率检验图案与物镜所拍摄的景物有很大差别，测试结果并不足以断定该物镜的成像质量。但采用低对比的分辨率图案的测试结果与像质的好坏是一致的。

12.5.6 摄影物镜

摄影物镜属大孔径大视场系统，需要对各种像差作全面校正。但由于其光能接收器——感光乳胶的粒子相对较粗，对像差的要求要比目视光学系统低得多，属大像差系统。按普通照相底片的分辨率，像的结构中小于 0.025～0.017mm 的细节就无法反映了。这一细节仅相当于理想系统在相对孔径为 1/32～1/25 时的分辨率。因此可以认为，摄影物镜的相对孔径小到 1/10 时就可算是理想的了。相对孔径大时，像差将随之增大，其像差容限要比显微物镜和望远物镜大 10～40 倍。正因如此，摄影物镜才具有比目视系统高得多的光学性能，同时具有大孔径和大视场。

摄影物镜在设计时，一般对无穷远物面校正像差。因为在作一般摄影时，拍摄距离总要比物镜的焦距大得多。对于只对有限远物体摄影的物镜，应按最常用的拍摄距离或摄影倍率来进行设计。而对照相制版物镜，则常对一倍的倍率进行设计。

摄影物镜随相对孔径和视场大小的不同，结构型式繁多。只要结构不是很不合理或过于简单，七种初级像差一般都能校正到目标值。又因各种型式物镜的高级像差和像差特征不会有明显的变化，所以须从高级像差出发来选择结构型式，并使初级像差与高级像差合理平衡。

基于初级像差理论可以计算初始结构，但计算繁复，特别是高级像差较大，使初始结构与最后结果相差颇多，需经大量的像差平衡工作才能完成。除应用计算机进行像差自动平衡外，各种型式的物镜每年均有不少专利发表。从中选取一个适当的结果作为初始结构，对其作必要的修改和像差平衡，是设计工作中的一条捷径。下面仅介绍几种历史上有较大影响的基本类型。

1. 匹兹凡型物镜(Petzval lens)

这是第一个依靠设计而制造出来的摄影物镜，于 1841 年由匹兹凡所设计，结构如图 12-60 所示，其相对孔径为 1/3.4，视场为 25°。1878 年有人把这种物镜的后组改成胶合镜组，使结构更为简单。这种物镜的结构对校正带球差有利，但由于正组分离而产生较大的匹兹凡和，使它只能有较小的视场，只适用于大孔径小视场的场合，长期来作为电影放映物镜使用。

在像面附近加负场镜以校正匹兹凡和，可得到像质优异的设计结果，如图 12-61 所示。

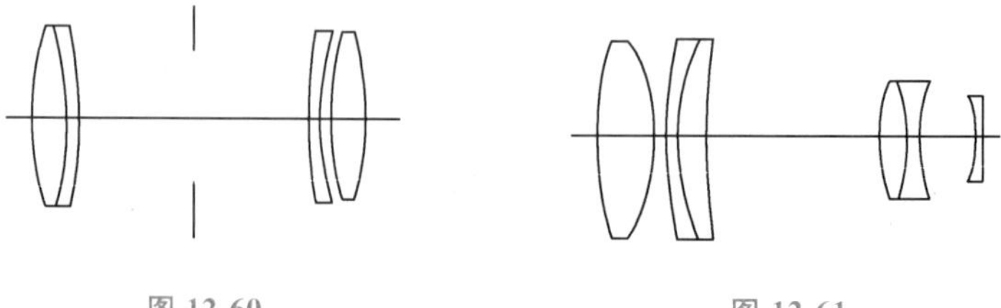

图 12-60　　图 12-61

2. 柯克三片式物镜(Cooke triplet)及其变型

柯克物镜由正负正分离的三片单透镜组成，如图 12-62。它是三片式物镜所能得出的必然结构型式，共有八个变数，是能同时校正七种像差的最简单结构。设计时玻璃的选择对结果有相当影响，一般正透镜宜用高折射率低色散玻璃，负透镜宜选低折射率高色散玻璃。这种物镜的相对孔径约为 1/4.5～1/3.5，视场约为 50°，是普及型相机广泛采用的一种物镜。

天塞物镜(Tessar-type split triplet)和**海利亚物镜(Heliar split triplet)**都是可看成是由柯克物镜演变而成,分别如图 12-63 和图 12-64 所示。胶合面可用来改善高级彗差、像散和轴外球差。前者的相对孔径可达 1/3.5～1/2.8,视场约为 50°～55°,是比较流行的一种物镜。后者曾被广泛用于航空摄影。

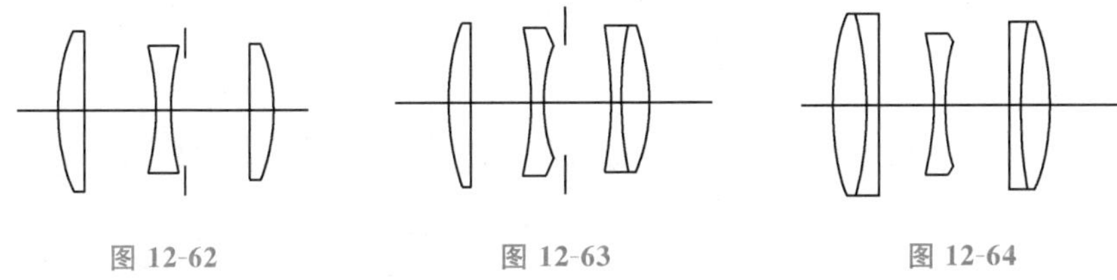

图 12-62　　图 12-63　　图 12-64

3. 双高斯物镜(double-Gauss objective)

这是经常用于大相对孔径的摄影物镜之一,如图 12-65 所示，以厚透镜为基础加上薄透镜而成。由于小半径的面处于会聚光束中近于不晕的有利位置,可将球差校正得很好,对称型结构使垂轴像差可以自动校正,并引用一个胶合面来校正色差。所以,这种物镜做成相对孔径 1/2、视场 45°毫无困难，是得到普遍应用的一种物镜。进一步提高其性能指标,将受到轴外球差和高级像散的限制。如把最后一块透镜分离成两块,可使其相对孔径提高到 1/1.4。

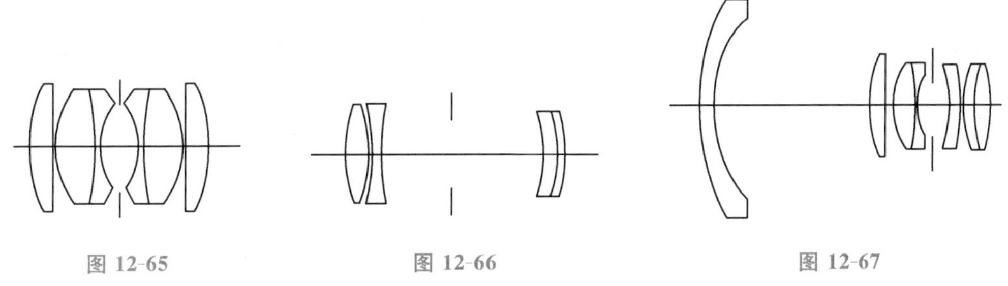

图 12-65　　图 12-66　　图 12-67

4. 远距物镜(telephoto lens)

为拍摄远距离目标并获得较大的像时,应采用正负透镜分离、正组在前的结构型式,以使主面前移,得到长焦距短工作距离的结果。一般,筒长可缩短到焦距的 70%左右,图12-66 所示是远摄物镜的基本结构。相对孔径一般为 1/5.6,视场约 30°。这种物镜由于主光线的角放大率偏离于 1 较大，使畸变的校正困难。如果焦距特别长,二级光谱也是一个主要问题。

5. 反远距物镜(retrofocus objective)

与远摄物镜相反,这种物镜要求短焦距长工作距离。这就必须采用正负镜组分离、负组在前的结构型式,以使主面后移。图 12-67 所示是这种物镜的一个例子,焦距为 35mm,相对孔径 1/2.8，视场 60°,工作距离约为 35mm。现代 135 单反相机中,**广角镜头(wide-angle lens)**的焦距短到 28mm 以下,视场为 75°以上,需更复杂的结构。

6. 超广角物镜(ultra wide-angle lens)

视场角大于 90°的摄影物镜属超广角物镜,常应用于航空测量工作中。该种物镜的结构型式都属对称型。

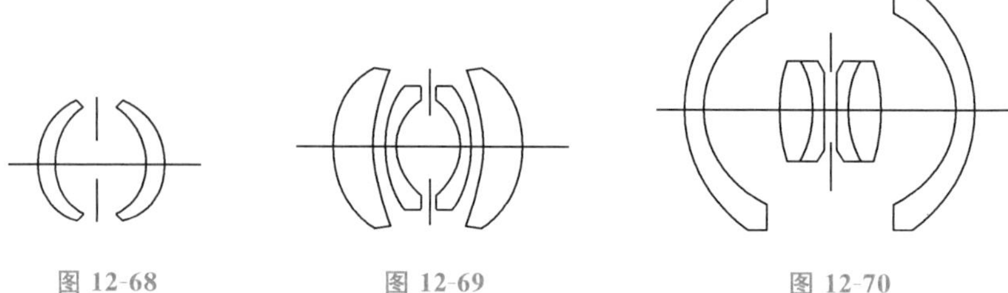

图 12-68　　图 12-69　　图 12-70

早期的超广角物镜是**海普岗物镜(Hypogon lens)**,由两块弯曲得很厉害的弯月形正透镜组成,如图 12-68 所示。尽管视场可达 130°,但因不能校正球差和色差,相对孔径仅为$\frac{1}{30}$～$\frac{1}{15}$,是其他超广角物镜的基础结构。

在海普岗物镜的基础上校正球差,可以得到**托普岗物镜(Topogon lens)**,如图 12-69 所示。为了校正球差,负透镜必须极度弯曲,接近与光阑同心,使视场可达 100°,相对孔径比海普岗物镜有很大提高,但因消球差后负透镜半径很小,相对孔径只能在 1/6.3 以下。它的畸变校正也不理想,不能作精密测量之用。

苏联学者设计了一种负正负对称型超广角物镜,称**鲁沙尔 25 型物镜(Pyccap25)(Russar lens)**,如图 12-70 所示,相对孔径为 1/6.3,视场角为 122°,带畸变仅为 0.03%。

瑞士在 20 世纪 60 年代推出了一种称为**阿维岗物镜(Aviogon lens)**的超广角物镜,结构型式有图 12-71 和图 12-72 所示的两种,前者焦距 152mm,视场 90°,后者焦距 88mm,视场 120°。二者不仅畸变很小,且轴外的宽光束像差也校正得十分完善,相对孔径达 1/5.6。

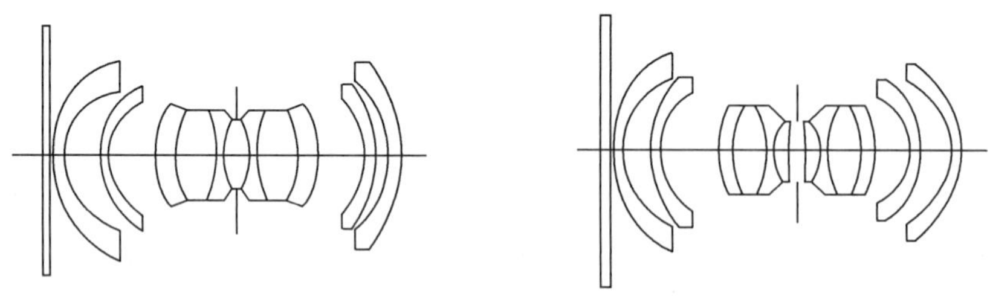

图 12-71　　图 12-72

鱼眼镜头是超广角物镜的一种极端情况,视场角可达 180°甚至更大,实现半球成像甚至超半球成像。这种镜头由于半视场角接近甚至超过 90°,已经不可能按公式 $y'=-f'\tan W$ 计算像方线视场,所以必然会有很大的畸变,以使大视场成像仍能落在有效像面上。大视场带来很大的轴外像差,使得这种镜头的结构也比较复杂。图 12-73 所示是一种视场角达 200°的鱼眼镜头结构。

广角物镜的一个重要问题是视场边缘照度的显著降低,在不考虑轴外光束的渐晕时,就为视场中心照度的 $\cos^4 W'$。反远距型广角物镜可做到 $W'<W$,照度的降低还不显著;而对称型超广角物镜的 $W'\approx W$,对于理想成像情况,当 $2W=120°$时视场边缘的照度仅为中心照度的 1/16,将使底片感光严重不均,是不能允许的。解决的方法一是在物镜前加一透过率不均的中性滤光保护玻璃,以抑制视场中心的照度;二是利用光阑彗差,使轴外光束比轴上光

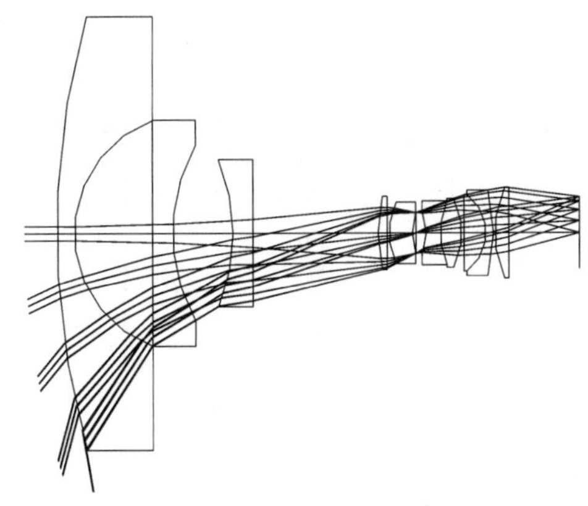

图 12-73

束具有更大截面的像差渐晕，也可两种方法兼用。用第二种方法时，轴外点成像的照度公式应为：

$$E_W = E_0 \frac{S'_p}{S'_{p0}} \cos^4 W' \tag{12-39}$$

式中，S'_p 和 S'_{p0} 分别为轴外点和轴上点的成像光束在入瞳上的截面面积。光阑彗差应使前者大于后者。上述鲁沙尔型和阿维岗型物镜可看成是由两个反远距型系统相向组成的对称型结构，正好做到了这一点。应用这一原理，可使照度按 $\cos^3 W'$ 的规律变化。当然，此时对轴外宽光束像差的校正将显得特别重要。但如果超广角物镜具有较大的负畸变，还要考虑轴外点成像的放大倍率与轴上点不同，本书第 6 章对此已有讨论。

7. 变焦距物镜(zoom lens)

这是一种利用系统中某些镜组的相对位置移动来连续改变焦距的物镜，特别适宜于电影或电视摄影，能达到良好的艺术效果。变焦距物镜在变焦过程中除需满足像面位置不变、相对孔径不变或变化不大这两个条件外，还必须使各档焦距均有满足要求的成像质量。

变焦或变倍的原理基于成像的一个简单性质——物像交换原则，即透镜要满足一定的共轭距可有两个位置，此二位置的放大率分别为 β 和 $1/\beta$。若物面一定，当透镜从一个位置向另一位置移动时，像面将发生移动，若采取补偿措施使像面不动，便构成一个变焦距系统。

变焦距系统有光学补偿和机械补偿两种，“前后固定组＋双组联动＋中组固定”构成光学补偿变焦距系统，使像面位置的变化量大为减小，如图 12-74 所示；“前固定组＋线性运动的变倍组＋非线性运动的补偿组＋后固定组”所规定的机械补偿变焦距系统，使像面位置不动，如图 12-75 所示。各运动组的运动须由精密的凸轮机构来控制。

实际的变焦距物镜，为满足各焦距的像质要求，根据变焦比的大小，应对 3～5 个焦距校正好像差，所以各镜组都需由多片透镜组成，结构相当复杂。现在，由于光学设计水平的提高，光学玻璃的发展、光学塑料及非球面加工工艺的发展，变焦距物镜的质量已可与定焦距物镜相美，正向着高变倍、小型化、简单化的方向发展，并且不仅在电影和电视摄影中广泛采用，也已普遍用于普通照相机中。后者主要要求结构紧凑、体积小、重量轻，目前多采用二组元、三组元和四组元的全动型变焦距系统。图 12-76 所示是日本 Minolta 公司推出的一个成功的商品化实例，它是一个二组元全动型系统，并使用了一个非球面。有关变焦距镜头的

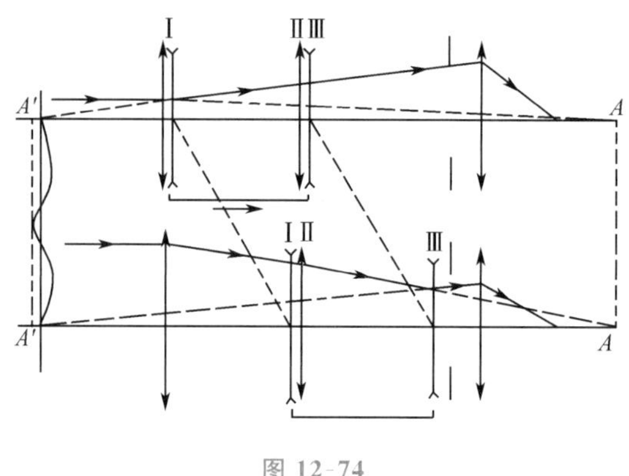

图 12-74

详细设计方法请参阅参考文献[21]。

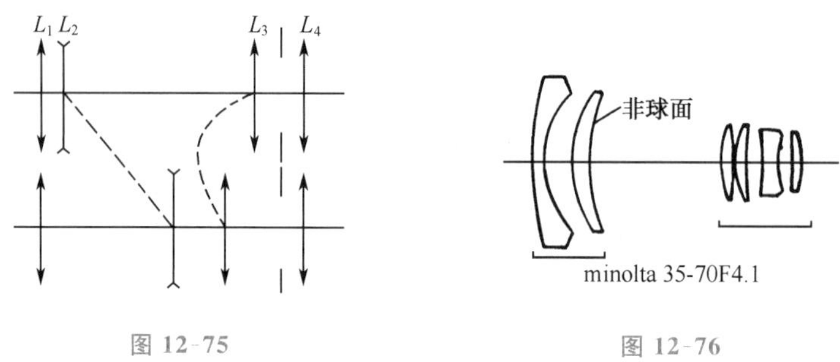

图 12-75　　图 12-76

12.6 放映系统

放映系统(projection system)也称投影系统是指那些将图像源经照明后放大成像于屏幕,以供观察的系统。它由照明物体的聚光镜系统和对物体成像的放映或投影物镜两部分合理配置而成。

放映仪器有两类,一是用透射光成像的透射放映仪器,如电影放映机、幻灯机和放大照片的放大机、其他透射式投影系统等;另一类是对非透射图片成像的反射放映仪器。

12.6.1 透射放映时幕上的照度

设图片的亮度为 L_1,按公式(6-39),幕上的照度分布为

$$E=E_0\cos^4 W'=\pi k_2 L_1 \sin^2 U'\cos^4 W'$$

式中,E_0 为中心点照度,k_2 为放映物镜的透过率,W'为像方视场角。一般,放映距离 l'远较放映物镜的出瞳直径 D 大,U'角很小,有 $\sin U'\approx\tan U'=D/(2l')$,再引入光瞳面积 S,上式化为

$$E=\frac{k_2 L_1 S}{l'^2}\cos^4 W' \tag{12-40}$$

对于视场角较小的放映物镜,欲使幕上照度均匀,不同视场角的成像光束在物镜出瞳面上

应有相同的截面积。如果物镜、聚光镜和图片之间的相互位置安排不当，这一要求是不能满足的。解决这个问题的合理办法是使图片紧靠聚光镜，同时使光源的像与物镜重合，如图 12-77 所示。这样做与显微镜照明系统中介绍的柯拉照明相同，光源像（照明系统的出射窗）与放映物镜（放映系统的孔径光阑）重合，而聚光镜（照明系统的孔径光阑）与图片（放映系统的入射窗）重合，此时图片上的各点均以相同孔径角的光束成像，可做到像面上照度均匀。

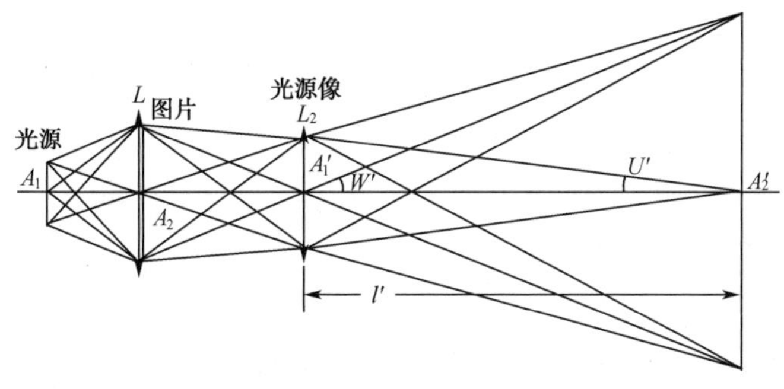

图 12-77

设光源的亮度为 L，则经聚光镜照明图片后，图片的亮度为 $L_1=k_1L$，k_1 是聚光镜的透过率。因 $l'>>f_2'$，可表示为 $l'\approx\beta_2 f_2'$，并将式(12-40)中的 S 再用 D 表示，得

$$E=\frac{k_1k_2\pi L}{4\beta_2^2}\left(\frac{D}{f_2'}\right)^2\cos^4W' \tag{12-41}$$

可见，透射放映时，像的照度与放映物镜的相对孔径平方成正比，与像的放大率平方成反比。

反射放映时，将从正向或侧向照明非透光图面，由其上的漫反射光来成像，像的照度很低。为此，除了需用大相对孔径的放映物镜和取较低的倍率外，还需提高照明光源的功率，以增大图面亮度。

12.6.2 放映系统中的聚光镜

放映系统中的聚光镜除了应与图片、放映物镜之间有合理的位置关系外，还应使图片和物镜的入瞳包容在它的照明光管内。后一要求可具体表达为：由光源和聚光镜组成的光管，其拉氏不变量 J_1 应大于或等于由物面和放映物镜所成光管的拉氏不变量 J_2。若光源的大小为 $2y_1$，聚光镜的孔径角为 u_1，图片大小为 $2y_2$，放映物镜的孔径角为 u_2，应有

$$y_1u_1\geqslant y_2u_2 \tag{12-42}$$

聚光镜除按上述原则来计算有关参数外，并无理想的成像要求，但要使像差尽可能小，以免一些光线不能通过放映物镜。如选用低色散玻璃减小色差，并采用使球差最小的透镜形状。放映仪器中常用的聚光镜系统有图 12-78、图 12-79 和图 12-80 所示的三种，第一种孔径角不大于 30°；第二种加了一个齐明透镜，孔径角可达 45°～50°，并加了球面反射镜以提高光能的利用率；第三种是反射式照明系统，通常用椭球面反射镜，常用于小型电影放映机中，孔径角可达 70°。

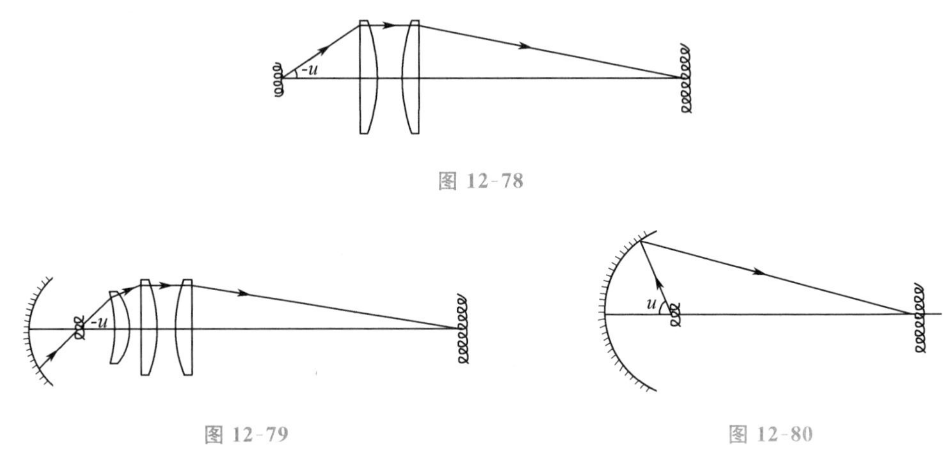

图 12-78

图 12-79

图 12-80

12.6.3 放映物镜

放映物镜(projection lens)除了应使放映像具有良好的像质外,还应有利于像照度的提高,故应有尽可能大的相对孔径。电影放映物镜的相对孔径一般为 1/2～1/1.2。在像质要求方面,显然球差、彗差、色差等宽光束像差应予特别重视。对于视场不大的电影放映物镜,常应用匹兹凡型物镜,因它对小视场范围内的物体有良好的像质。当视场较大或对像质有更高的要求时,应采用消像散物镜。常被采用的有柯克型、天塞型和双高斯型物镜。

当放映宽银幕影片时,需在放映物镜之前附加一个**宽银幕镜头(anamorphic lens)**。因为这种影片的画幅尺寸与普通影片相同,只是在画面的宽度方向将景物压缩为正常景物的 1/2 倍,故放映时, 应在影片的宽度方向给予 2 倍的单向放大,将影片中的变形景物恢复为正常的放映像。显然, 这种镜头应在相互垂直的两个方向有不同的倍率。两个方向的倍率比称变形系数。

容易想到,宽银幕镜头需用柱面透镜来构成。图 12-81 画出了一个平凸柱面透镜的成像原理,它只在弧矢方向有放大作用,而子午方向则无。但它对物体所成的子午像与弧矢像并不重合,使得单组柱面透镜不能直接用作宽银幕镜头。

实际的宽银幕镜头是由母线方向相同的两组柱面透镜组成的伽利略望远镜系统。负的镜组朝向银幕,母线与银幕的上下同向。只要弧矢方向的角放大率等于变形系数,即能满足要求。图 12-82 画出了上下、左右两个方向的系统图。上下方向只相当于一个平板,左右方向相当于加了一个 2 倍的望远镜,使视场角扩大为原系统的 2 倍。当然, 由于放映距离并非无穷远,该附加镜头不应处于真正的望远镜系统状态,应根据不同的放映距离调节二镜组之间的间隔,才能使子午像与弧矢像重合。

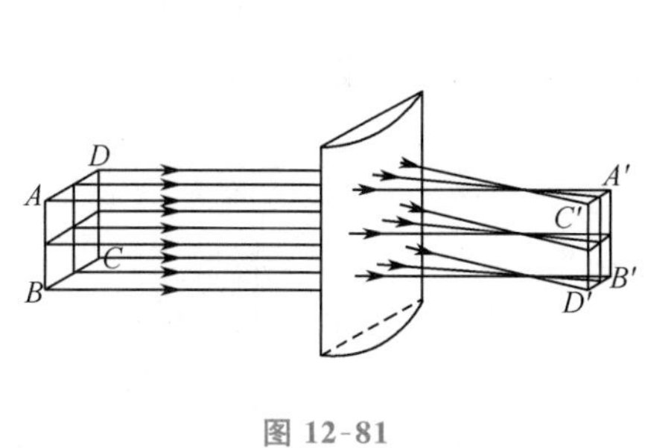

图 12-81

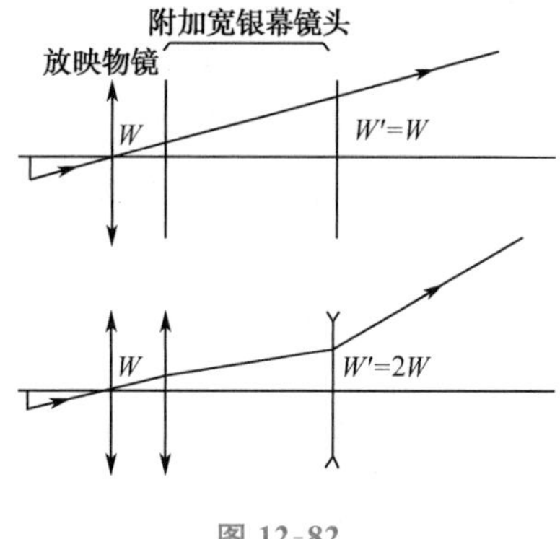

图 12-82

目前已广泛应用的液晶投影系统也属于放映系统。由于液晶板对照明光和成像光的方向、偏振态等的选择性，其照明系统与成像物镜的设计具有一些不同的特点，将在“特殊光学系统”一章另行讨论。

习　题

1. 一双 200°的近视眼，其远点在什么位置？矫正时应佩戴何种眼镜？焦距多大？若镜片的折射率为 1.5，第一面的半径是第二面半径的 4 倍，求眼镜片两个表面的半径。

2. 一个 5 倍伽利略望远镜，物镜的焦距为 120mm，当具有 1000°深度近视眼的人和具有 500°远视眼的人观察用它观察时，目镜分别应向何方向移动多少距离？

3. 晚间在灯下看书时，纸面被灯光所照明的照度为 50lx，眼睛的瞳孔直径为 4mm，设纸面为理想的漫反射表面，求网膜上的照度。

4. 有一 16D（屈光度）的放大镜，人眼在其后 50mm 处观察，像位于眼前 400mm 处，问物面应在什么位置？若放大镜的直径为 15mm，通过它能看到物面上多大的范围？

5. 有一显微镜系统，物镜的放大率 $\beta_o=-40$，目镜的倍率为 $M_e=15$（设均为薄透镜），物镜的共轭距为 195mm，求物镜和目镜的焦距、物体的位置、光学筒长、物镜与目镜的间隔、系统的等效焦距和总倍率。

6. 一个显微镜系统，物镜的焦距为 15mm，目镜的焦距为 25mm，设均为薄透镜，二者相距 190mm，求显微镜的放大率、物体的位置以及系统的等效焦距和倍率。如果用来作显微摄影，底片位于离目镜 500mm 的位置，问整个显微镜系统应向何方向相对于物面移动多少距离？整个系统的横向放大率为多少？

7. 一显微镜物镜由相距 20mm 的二薄透镜组成，物镜的共轭距为 195mm，放大率为 $-10\times$，且第一透镜承担总偏角的 60%，求二透镜的焦距。

8. 有一望远镜，物镜的焦距为 1000mm，相对孔径为 1∶10，入瞳与物镜重合，出瞳直径为 4mm，求望远镜的倍率 Γ、目镜的焦距 f'_e、望远镜的长度和出瞳的位置。

9. 有一 7 倍的望远镜，长度为 160mm，求分别为开普勒望远镜和伽利略望远镜时，物镜和目镜的焦距。如果这两种望远镜的物镜焦距相同，问此时伽利略望远镜的长度可缩短多少？

10. 有一双胶合的双筒棱镜望远镜物镜，其焦距 $f'=150$mm，最后一面到像方焦点的距离为 145mm，在其后加入普罗型转像棱镜组后，相当于加入两块厚度各为 48mm 的平行平板，棱镜折射率为 1.5，求此时像方主面和像方焦点离该物镜最后一面的距离。若在此物镜前加上一个 2 倍的伽利略望远镜，问整个系统的焦距是多少？像方基点的位置有无变化？

11. 一望远镜系统，为转折光轴，在其物镜之后采用一块一次反射直角棱镜，其出射面离物镜焦平面上分划板 20mm，折射率为 1.5，物镜的焦距 240mm，通光直径 50mm，视场角 $2W=8^\circ$，计算棱镜的有关尺寸。

12. 有一玻璃圆棒，一端磨成 5 屈光度的球面，另一端磨成 20 屈光度的球面，长度为 375mm，折射率为 1.5，试问这是一个什么系统？主点在何处？

13. 有一利用双透镜组转像的望远镜系统，其物镜的焦距 $f_o'=300$mm，目镜的焦距 $f_e'=30$mm，二转像透镜的焦距分别为 $f_1'=200$mm，$f_2'=300$mm，间距为 250mm，系统的物方视场角 $2W=4^\circ$，在物镜的像方焦面上有一场镜，在目镜的物方焦面上有一分划板，物镜的通光直径 60mm，为系统的入瞳。设所有透镜均系薄透镜，求：

1）系统的像方视场角；

2）场镜的直径和分划板的直径；

3）如果在第一转像透镜后 100mm 处设一光阑，且使主光线通过此光阑中心，求光阑的大小和场镜的焦距。

4）系统的出射光瞳位置和大小。

5）各个透镜保证能让轴上点边缘光线和视场边缘点的主光线通过的通光直径。

6）如果要求目镜能调节±5 屈光度的视度，目镜应相对分划板移动多少距离？

14. 有一照相物镜，焦距 $f'=50$mm，采用整组调焦方式。试求拍摄距离分别为 0.8m、1m、1.5m、5m、10m 时，物镜相对于底片平面，即 $l=-\infty$时的焦平面的调焦距离。若采用物镜中的前片进行调焦的方式，设前片的焦距为 75mm，则前片的调焦量各为多少？

眼睛

放大镜光路

显微镜和照明

望远镜和转像

摄影物镜对焦和景深

投影物镜及其照明

第 13 章　光学系统初始结构设计

光学镜头种类繁多，型式不一，由于其结构参数与像差之间的复杂的非线性关系，即使简单的镜头，也不能从像差要求直接求解得可用的结果。因此，镜头设计至今为止仍然是一个相当复杂的过程，即先根据镜头的性能参数和像差要求选定适当的结构型式，再基于初级像差理论求解或从文献中查取最佳的初始结构参数，然后对像差进行逐步平衡，直到满足像质要求。计算机的应用——光学系统 CAD 并没有改变这一过程，只是使这一过程的进程大为加快，使设计质量和效率大为提高而已。

从方法上看，除了一些较简单的镜头已有一套行之有效的设计方法外，对于较复杂的镜头，无论是初始结构参数的获得，还是像差的具体校正方法，并无一定的章程可循，且离不开大量的具体数据。其中初始结构的设计方法大体上可以归纳为借助前人已有成果的查资料法、基于自己丰富经验从无到有的经验法、基于初级像差理论的计算法等三种方法。

本章知识要点

1. 基本像差参量与 PW 方法
2. 简单光学结构的基本像差参量与初始结构设计
3. 查资料法
4. 经验法

13.1　简单物镜初始结构设计的计算法

简单物镜是指那些属于单组元的镜头，如胶合镜组、间隙很小的双分离镜组等。在一些性能要求不高的望远镜系统和低倍显微镜系统中，由于孔径不大，视场很小，常单独作为物镜被采用。同时，简单物镜也是一些复杂镜头的重要组成部分。由于简单物镜结构参数很少，能够校正的像差有限，结构参数与初级像差具有明确的代数关系，完全可以通过代数方法并结合玻璃对的搜索得到很好的初始结构。

在小视场情况下使用的物镜，应校正色差、球差和近轴彗差。双胶合物镜虽只有三个变量，但在玻璃组合恰当时，有可能在给定焦距下同时校正好这三种像差。

双胶合镜组的球差校正是由胶合面的作用所致。由于胶合面两边的介质折射率差别较小，要产生足够的正球差来校正第一、三两面的负球差，必须具有较大的相对孔径，因此必存在大的正高级球差，它远大于一、三两面的负高级量之和，使镜组具有正的高级球差。为把边缘地带的球差校正为零，需用等量的负初级球差与之平衡，导致中间带残余负的球差，约为高级量的1/4。因此,为保证像质,双胶合镜组的相对孔径不能任意提高。表13-1给出了用双胶合镜组作为望远镜物镜时,在不同焦距时的相对孔径。

表13-1 双胶合望远物镜在不同焦距时的相对孔径

焦距 f'(mm)	50	100	150	200	300	500	1000
相对孔径 D/f'	1∶3	1∶3.5	1∶4	1∶5	1∶6	1∶8	1∶10

如果在物镜后有相当厚度的平行平板,物镜就需保留相当的负色差和球差来补偿平板产生的正的像差,等于减轻了胶合面的负担,可使相对孔径略为提高。另外,如果选用阿贝常数相差较大、折射率较高且相差也较大的玻璃对,也可使高级球差有少量减少。

众所周知,光学玻璃的折射率随波长的变短而增大,但火石玻璃比冕牌玻璃增大得快。这样,胶合面两边的折射率差 Δn 随色光而异,有 $\Delta n_F > \Delta n_d > \Delta n_C$,而 Δn 的变化对胶合面产生球差的影响最为灵敏,波长变短时,胶合面上的正球差增加得多,其他两面上的负球差增加得少。因此,当对 d 光校正了球差后,F 光的球差必定过校正,而 C 光的球差必为欠校正。再当对带光校正了 F 光和 C 光的色差后,必残余负的近轴光色差和正的边光色差,且在数值上近似相等。这些就是双胶合物镜的基本像差特征。

双胶合物镜的初始结构参数,用本章后面所述的 PW 方法易于求得。此外,由初级像差公式,用代数方法求解初始结构,再作适当的像差校正,也可较快地求得结果。

随着双胶合物镜像差要求的不同,合适的玻璃组合也随之不同。在光学软件中任意选取两块玻璃,总可以在该种组合下得到优化的解,但不同的玻璃组合得到的解其像质会有很大差异。考虑到高级像差不可太大,宜选用折射率差和阿贝常数差较大的。对于望远物镜,宜选冕牌透镜在前的形式。然后,根据其焦距和色差要求,按照公式(8-52)或(8-53)求得二透镜的光焦度 ϕ_{I} 和 ϕ_{II},就可应用薄透镜的球差公式(8-41)和彗差公式(8-49)来求解结构参数。由于二式中只有一个变量 ρ_2,球差和近轴彗差一般不能同时满足,除非玻璃组合恰当,正好使这一变量能同时满足两个方程式。

下面举例说明消三种像差的双胶合望远物镜的设计过程,采用合适的玻璃对为K9+ZF2。有关数据如下:

焦距 $f'=100\mathrm{mm}$,相对孔径 $D/f'=1:4$,玻璃的光学常数为:

K9:$n_d=1.51637, \nu=64.1, n_F=1.52196, n_C=1.51389$;

ZF2:$n_d=1.67268, \nu=32.2, n_F=1.68747, n_C=1.66662$。

根据公式(8-53)计算消色差解得

$\phi_{\mathrm{I}}=0.02013, \phi_{\mathrm{II}}=-0.01013$

再根据公式(8-41)写出球差方程式。其中 $\sigma'_{\mathrm{I}}=\sigma_{\mathrm{II}}=\phi_{\mathrm{I}}=0.02013$,得

$$\delta L'_0=-(19090\rho_2^2+871.33\rho_2+9.943)=0$$

以上二次方程的判别式小于零,无球差为零的解。但该判别式的值甚小,表示负的球差极小值也甚小,因此,与此极值相对应的 ρ_2 值即可认为是消球差的解,得

$$\rho_2=-0.02282, r_2=-43.82$$

将以上算得的结果代入公式(8-49),经验证可以满足消彗差的条件。

胶合面半径求得以后,其他两个面的半径可由透镜的光焦度求出,有

$$\rho_1=0.01617, r_1=61.84, \rho_3=-0.007761, r_3=-128.85$$

至此，半径已全部求得。

求得透镜的表面曲率半径后，下一步是决定透镜的厚度。对于正透镜，应保证边缘具有一定的厚度 t_m，其值随透镜直径的增大而增大，可参见第 20 章。据此，中心厚度 d 应为

$$d=x_1+t_m-x_2\approx\frac{D^2}{8r_1}-\frac{D^2}{8r_2}+t_m=\frac{D^2}{8f'(n-1)}+t_m \tag{13-1}$$

式中 x_1 和 x_2 为透镜二表面的矢高。一般将按上式算得的厚度值扩大凑整到小数点后一位。

对于负透镜，应保证中心有一定的厚度，也随直径大小而定。根据不同要求，可在 $d=(0.06\sim0.1)D$ 范围内选取。

本例中，取正透镜的厚度 $d_1=5$，负透镜的厚度 $d_2=2$，则得物镜的初始结构参数如表 13-2 所示。

表 13-2　双胶合物镜的初始结构参数

$r_1=61.84$	$d_1=5$	K9
$r_2=-43.83$	$d_1=2$	ZF2
$r_3=-128.85$		

将以上算得的初始结构输入光学设计软件，略作优化即可得到满足要求的解。

双分离物镜是指二透镜以微小的空气间隔分开的物镜。由于 $r_2\neq r_3$，比双胶合物镜多了一个自由变数，因此可对任选的两种玻璃同时消球差和近轴彗差。先用以上方法求得双胶合物镜的初始结构，再将它的胶合面变成两个分离面，即可得到双分离物镜的初始结构。

图 13-1(a)和图 13-1(b)分别是以上举例的双胶合透镜和双分离透镜经优化得到的三色球差曲线，二者比例相同。可见，后者的球差校正质量大大优于前者。不过双分离物镜的空气间隔大小对像质的影响往往比较灵敏，需要在装配时加以处理。

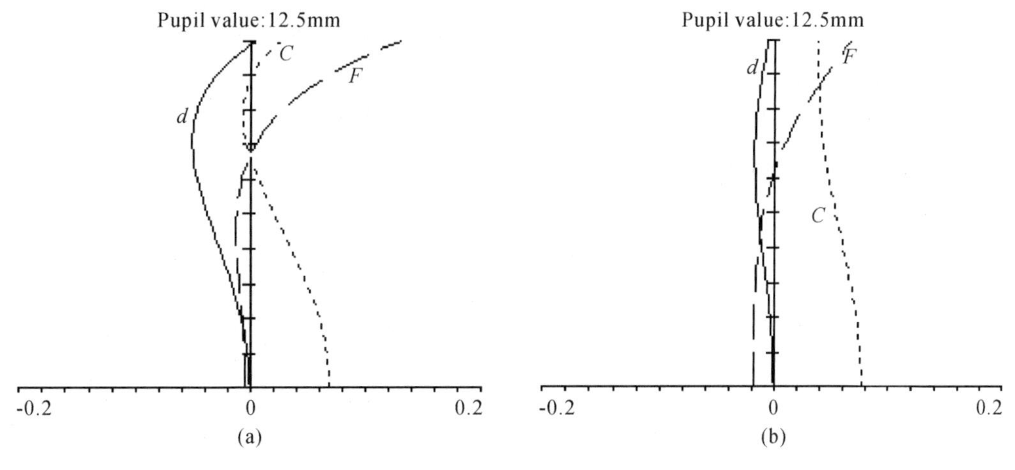

图 13-1

简单物镜既然结构参数很少，使用光学设计软件直接优化也可以很快地得到设计结果，包括数据的输入输出可能只需要几分钟时间。这种方法作者也曾多次使用。但如果要挑选最合适的玻璃对那就不是一瞬间或几分钟可以完成的了，可能需要设计者多次干预。如果

把上文所说的代数方法编成程序模块,并加上玻璃对的自动匹配与搜索,完全可以比采用光学设计软件更迅速地得到更理想的结果。据此还可以迅速地建立读者自己的简单物镜库,从而在需要时直接使用或者作为复杂物镜的组成部分使用。

13.2 基本像差参量与 PW 方法

为应用初级像差理论求解光学系统的初始结构参数,需把便于实际计算初级像差系数的基本公式组(9-1)作必要的变换,以使它们能与透镜或透镜组的结构参数联系起来。用 P、W 表示的初级像差系数表示式是解决这一实用问题的较好形式。

在初级像差系数的公式组(9-1)中引入符号

$$P=ni(i-i')(i'-u) \tag{13-2}$$

$$W=(i-i')(i'-u) \tag{13-3}$$

并将 $i_p/i=h_p/h+J/hni$ 代入,即可得以 P 和 W 表示的初级像差系数为

$$\begin{aligned}\sum S_{\mathrm{I}} &= \sum hP \\ \sum S_{\mathrm{II}} &= \sum h_p P + J\sum W \\ \sum S_{\mathrm{III}} &= \sum \frac{h_p^2}{h}P + 2J\sum \frac{h_p}{h}W + J^2\sum \frac{1}{h}\Phi\end{aligned} \tag{13-4}$$

式中

$$\Phi=\frac{u'}{n'}-\frac{u}{n}=h\Delta\frac{1}{nl} \tag{13-5}$$

公式组(13-4)把三个初级像差系数表示为两条近轴光线在折射面上的高度以及参量 P、W 之和的函数。它们表征着折射面的像差贡献。由于它们仅被第一近轴光线的量决定,使得在使用上甚为方便。以往也用此表示第四、第五赛得和数,但在实用上意义不大,因此这里只取三个赛得和数。

对于若干个薄透镜组组成的薄透镜系统,由于两条近轴光线在每一透镜组的各个面上的高度相同,各个赛得和数可表示成

$$\begin{aligned}\sum S_{\mathrm{I}} &= \sum h_i P_i \\ \sum S_{\mathrm{II}} &= \sum h_{pi} P_i + J\sum W_i \\ \sum S_{\mathrm{III}} &= \sum \frac{h_{pi}^2}{h_i}P_i + 2J\sum \frac{h_{pi}}{h_i}W_i + J^2\sum \phi_i\end{aligned} \tag{13-6}$$

式中,P_i 和 W_i 是第 i 个透镜组中各面的 P、W 之和;ϕ_i 是第 i 个透镜组的总光焦度。这个公式对于多光组系统的初始结构计算是很有意义的。

据此,我们可以得出两种特殊情况的相应公式,一是相接触的单组薄透镜系统,此时两条近轴光线在各折射面上均有相同的高度,得公式如下:

$$\begin{aligned}\sum S_{\mathrm{I}} &= hP \\ \sum S_{\mathrm{II}} &= h_p P + JW\end{aligned} \tag{13-7}$$

$$\sum S_{\rm III} = \frac{h_p^2}{h}P + 2J\frac{h_p}{h}W + J^2\phi_{总}$$

二是与光阑重合的接触薄透镜系统，此时第二近轴光线在镜组上的高度 $h_p=0$，则有

$$\begin{aligned}\sum S_{\rm I} &= hP \\ \sum S_{\rm II} &= JW \\ \sum S_{\rm III} &= J^2\phi_{总}\end{aligned} \tag{13-8}$$

可见，当光阑与薄透镜组重合时，参量 P 仅表示该镜组的初级球差，W 仅表征其初级彗差，具有明确的物理意义。这种情况下初级倍率色差也自动为零。单个双胶合镜组在校正好位置色差的基础上，同时使 $P=W=0$ 是易于做到的，这样的双胶合镜组可在小视场时得到良好的成像质量。

用 P、W 表示的薄透镜系统的赛得和数公式组(13-6)有重要的实用意义。当系统的高斯参数确定，并求得 h_i、h_{pi} 和 J 值后，就可根据系统总的像差要求，由此公式组求出每一镜组所应有的像差参量 P、W，然后设法使各透镜组满足这样的像差参量值即可。

然而，上述像差参量 P 和 W 不仅与镜组的内部结构参数有关，还要随外部参数(即物体位置)而异。为便于求解光组结构参数，须将 P 和 W 中与内部参数有关的量和与物体位置有关的量分离开来。具体做法是以某特定位置，即物在无穷远时的 P、W 值来作为薄透镜组的基本像差参量，记之以符号 P^{∞} 和 W^{∞}，再建立起任意物体位置时的 P、W 值与 P^{∞} 和 W^{∞} 之间的关系。

对公式(13-2)和(13-3)进行推导，P 和 W 可表示成

$$\begin{aligned}P &= \left(\frac{\Delta u}{\Delta\frac{1}{n}}\right)^2\Delta\frac{u}{n} \\ W &= -\frac{\Delta u}{\Delta\frac{1}{n}}\Delta\frac{u}{n}\end{aligned} \tag{13-9}$$

式中，$\Delta u=u'-u$，其余类推。把从无穷远轴上点发出的光线与光轴的夹角用 $\bar{u}$ 表示，则 P^{∞} 和 W^{∞} 应是在 $\bar{u}_1=0$ 的条件下求得的量。

为使物距无穷远和物距有限远时镜组具有一样的相对孔径，应使表征 P^{∞} 和 W^{∞} 的射自无穷远的光线与表征 P、W 的射自任意其他位置的光线，在镜组上具有相同的高度，如图 13-2 所示。这样，根据公式(2-12)可以导出它们之间的关系，结果如下：

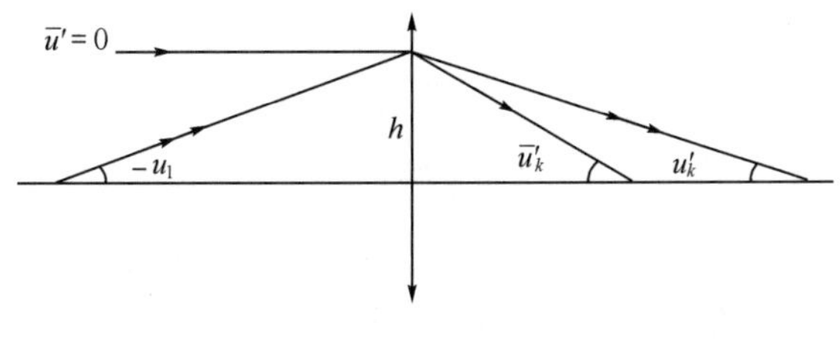

图 13-2

$$W = W^{\infty} - u_1(2+\pi)h\phi \tag{13-10}$$

$$P = P^{\infty} - u_1(4W^{\infty} + h^2\phi^2) + u_1^2(3+2\pi)h\phi \tag{13-11}$$

式中，$\pi = \sum(\phi/n)/\phi_{总}$。为方便应用引入规化条件：

$$h=1, f'=1, u'_k-u_1=h\phi=1$$

与此对应的像差参量分别为 $\bar{P}^{\infty}$、$\bar{W}^{\infty}$ 和 $\bar{P}$、$\bar{W}$。从公式(13-10)和(13-11)可得

$$\bar{W}=\bar{W}^{\infty}-u_1(2+\pi) \tag{13-12}$$

$$\bar{P}=\bar{P}^{\infty}-u_1(4\bar{W}^{\infty}+1)+u_1^2(3+2\pi) \tag{13-13}$$

这里 $\bar{P}^{\infty}$、$\bar{W}^{\infty}$ 与镜组的结构参数有关，各种不同的结构能够满足的 $\bar{P}^{\infty}$、$\bar{W}^{\infty}$ 具有不同的范围，这就为利用 $\bar{P}^{\infty}$、$\bar{W}^{\infty}$ 进行初始结构设计提供了可能性。

因为 P 和 W 分别与角度的三次方和二次方成比例，因此实际条件下的 P、W 与规化条件下的 $\bar{P}$、$\bar{W}$ 之间有关系

$$\begin{aligned} P&=(h\phi)^3\bar{P} \\ W&=(h\phi)^2\bar{W} \end{aligned} \tag{13-14}$$

按此，赛得和数的表示式(13-7)可直接由规化条件下的 $\bar{P}$、$\bar{W}$ 表示出来，即

$$\begin{aligned} \sum S_{\mathrm{I}} &= \sum h^4\phi^3\bar{P} \\ \sum S_{\mathrm{II}} &= \sum h^3h_p\phi^3\bar{P}+J\sum h^2\phi^2\bar{W} \\ \sum S_{\mathrm{III}} &= \sum h^2h_p^2\phi^3\bar{P}+2J\sum hh_p\phi^2\bar{W}+J^2\sum\phi \end{aligned} \tag{13-15}$$

用此公式组，可由实际的像差要求，直接求得各镜组在规化条件下的像差参量 $\bar{P}$、$\bar{W}$，然后再由(13-12)和(13-13)式求得基本像差参量 $\bar{P}^{\infty}$、$\bar{W}^{\infty}$。

13.3　单个薄透镜和双胶合透镜组的基本像差参量

用上节讨论的方法求得各镜组的基本像差参量以后，应进一步求出各镜组能满足其像差参量所应有的结构参数。单透镜和双胶合透镜组是组成光学系统的最简单结构或结构单元，并且它们的 $\bar{P}^{\infty}$、$\bar{W}^{\infty}$ 与结构参数具有简单明确的关系。原则上，当像差参量能以单片透镜满足时，就应取单片；不能满足时，考虑用双胶合或分离透镜组；如果还是不能满足，就需要考虑三片等更复杂的结构。

对于单个薄透镜，在规化条件下，因有 $h=1, \bar{u}_1=0, \bar{u}'_2=1$，故当玻璃选定后，其基本像差参量即可表示成 $\bar{u}_2$ 的函数。根据公式(2-12)，将 $\bar{u}_2$ 以表面曲率 ρ_1 表示，按公式(13-9)可得

$$\bar{P}^{\infty}=\frac{n+2}{n}\rho_1^2-\frac{2n+1}{n-1}\rho_1+\frac{n^2}{(n-1)^2} \tag{13-16}$$

$$\bar{W}^{\infty}=\frac{n+1}{n}\rho_1-\frac{n}{n-1} \tag{13-17}$$

所以，随着变数 ρ_1（即透镜形状）的变化，$\bar{P}^{\infty}$ 按抛物线而变，$\bar{W}^{\infty}$ 按直线而变。这表明单透镜能满足任意的 $\bar{W}^{\infty}$ 值，而 $\bar{P}^{\infty}$ 的满足受到极值的限制。

为直观地了解 $\bar{P}^{\infty}$ 与 $\bar{W}^{\infty}$ 之间的关系，以 $n=1.5$ 的单薄透镜为例，计算它在不同形状时的这两个值。图 13-3 是根据计算结果画出的 $\bar{P}^{\infty}$ 和 $\bar{W}^{\infty}$ 随 ρ_1 而变的曲线。由图可见，球差为极小值时的透镜形状，正好是 $\bar{W}^{\infty}$ 接近于零的形状。单透镜的这种关系并非偶然的巧合，

而是内在的必然联系。由公式(13-16)可知，当

$$\rho_1=\rho_{10}=\frac{n(2n+1)}{2(n+2)(n-1)} \tag{13-18}$$

时，$\overline{P}^{\infty}$ 取得极小值为

$$\overline{P}_0^{\infty}=\frac{n(4n-1)}{4(n+2)(n-1)^2} \tag{13-19}$$

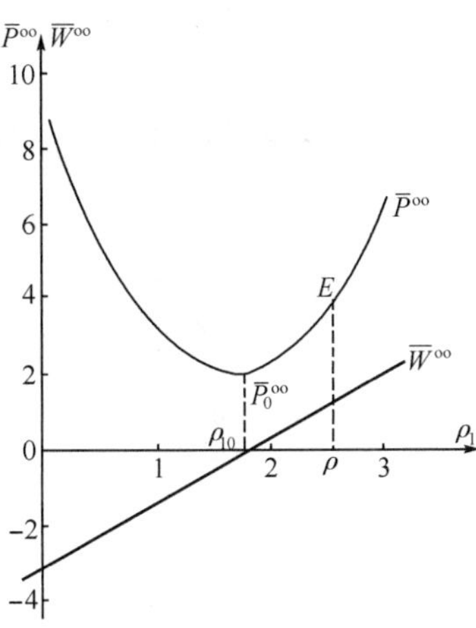

图 13-3

结合式(13-17)得

$$\overline{P}^{\infty}=\overline{P}_0^{\infty}+\frac{n(n+2)}{(n+1)^2}\left[\overline{W}^{\infty}+\frac{1}{2(n+2)}\right]^2 \tag{13-20}$$

这就是单薄透镜 $\overline{P}^{\infty}$ 和 $\overline{W}^{\infty}$ 之间的关系式。对不同折射率算出上式中与折射率有关的项后，发现除 $\overline{P}_0^{\infty}$ 之值有较大变动外，其他两项变化甚小，可近似地认为是常数。当 n 在 1.5～1.8 范围变动时上式可写成

$$\overline{P}^{\infty}=\overline{P}_0^{\infty}+0.85(\overline{W}^{\infty}+0.14)^2 \tag{13-21}$$

其中 $\overline{P}_0^{\infty}$ 在 2.14～1.15 范围变动。

此式表明，单薄透镜的 $\overline{P}^{\infty}$ 和 $\overline{W}^{\infty}$ 之间有密切关系，且完全由 $\overline{P}_0^{\infty}$ 之值所确定，该值仅与材料有关。可见单透镜能够满足的像差参量的取值范围极为有限，于是得出如下结论：

(1)当 $\overline{W}^{\infty}=-0.14$ 时，单透镜 $\overline{P}^{\infty}$ 取极值，使 $\overline{P}^{\infty}$ 抛物线和 $\overline{W}^{\infty}$ 直线有固定的位置关系。

(2)以 $\overline{W}^{\infty}$ 为横坐标，$\overline{P}^{\infty}$ 为纵坐标对一定折射率的透镜作图时，所得为一抛物线，如图 13-4 所示。对于不同 n 的透镜，仅因 $\overline{P}_0^{\infty}$ 的差异而使曲线上下错开。

(3)若单透镜的折射率在 1.5～1.8 范围内取值，则只有当 $\overline{P}^{\infty}$ 和 $\overline{W}^{\infty}$ 之值介于图中的两条曲线之间，即 $\overline{P}_0^{\infty}$ 在 2.14 和 1.15 之间时，单透镜才有可能同时满足 $\overline{P}^{\infty}$ 和 $\overline{W}^{\infty}$ 两个像差参量。此时，n 和 ρ_1 随之确定。鉴于玻璃种类有限，n 并非连续变数，所以即使在上述比较狭窄的范围内的 $\overline{P}^{\infty}$ 和 $\overline{W}^{\infty}$ 值，也不一定能为实际存在的玻璃所满足。

从以上讨论可看出单薄透镜满足 $\overline{P}^{\infty}$ 和 $\overline{W}^{\infty}$ 的局限性。然而，用双胶合透镜在许多情况下是能满足这两个要求的。双胶合透镜除了需满足两个单色像差参量外，还须考虑一个色差参量。

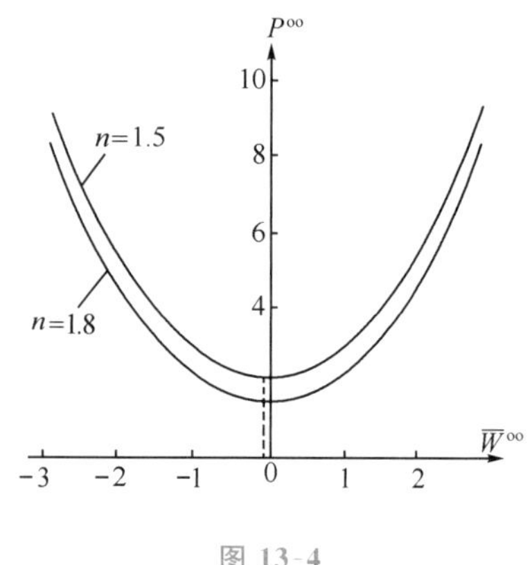

图 13-4

定义 $f'=1$ 时的 $\phi_{\text{I}}/\nu_{\text{I}}+\phi_{\text{II}}/\nu_{\text{II}}$ 为双胶合镜组的色差参量，用 $\overline{C}$ 表示，根据色差基本公式(9-7)和(9-17)，有

$$\delta l'_{ch}=-\left(\frac{\phi_{\text{I}}}{\nu_{\text{I}}}+\frac{\phi_{\text{II}}}{\nu_{\text{II}}}\right)=-\overline{C} \tag{13-22}$$

式中 ϕ_{I} 和 ϕ_{II} 须满足总光焦度 $\phi=\phi_{\text{I}}+\phi_{\text{II}}=1$ 的要求。所以，在规化条件下，色差参量 $\overline{C}$ 完全决定了双胶合镜组的色差。

下面考虑两个单色像差的基本参量 $\overline{P}^{\infty}$ 和 $\overline{W}^{\infty}$。在物距无穷远的规化条件(即 $h=1$，$f'=1$)下，考虑到 $\sigma_1=\frac{1}{l_1}=0$，$\sigma'_1=\sigma_2$，$\sigma'_2=\sigma_3$，$\sigma'_3=\frac{1}{f'}=1$，$n_1=n'_3=1$，$n'_1=n_2=n_{\text{I}}$，$n'_2=n_3=n_{\text{II}}$，对于具有 3 个面的双胶合透镜展开公式(8-3)、(8-4)和(8-15)，可将 $\overline{P}^{\infty}$ 和 $\overline{W}^{\infty}$ 写成三个面的阿贝不变量的函数。当二透镜的光焦度随色差参量 $\overline{C}$ 和总光焦度 ϕ 确定后，三个折射面的阿贝不变量中就只有一个独立变数。若取 Q_2 为独立变数，则可将 $\overline{P}^{\infty}$ 和 $\overline{W}^{\infty}$ 表示成仅含 Q_2 的表达式，为

$$\overline{P}^{\infty}=AQ^2+BQ+C \tag{13-23}$$

$$\overline{W}^{\infty}=\frac{A+1}{2}Q-\frac{1-\phi_1-B}{3} \tag{13-24}$$

式中的 Q 即为胶合面的阿贝不变量 Q_2，去掉下标是为了方便，下同。A、B、C 分别是

$$\begin{aligned}
&A=1+2\phi_{\text{I}}\left(\frac{1}{n_{\text{I}}}-\frac{1}{n_{\text{II}}}\right)+\frac{2}{n_{\text{II}}}\\
&B=\frac{3}{n_{\text{I}}-1}\phi_{\text{I}}^2-\frac{3}{n_{\text{II}}-1}(1-\phi_{\text{I}})^2+2\phi_{\text{I}}-2\\
&C=\frac{n_{\text{I}}}{(n_{\text{I}}-1)^2}\phi_{\text{I}}^3+\frac{n_{\text{II}}}{(n_{\text{II}}-1)^2}(1-\phi_{\text{I}})^3+\frac{n_{\text{II}}}{n_{\text{II}}-1}(1-\phi_{\text{I}})^2
\end{aligned} \tag{13-25}$$

式中，n_{I}、n_{II} 分别表示第一透镜和第二透镜的折射率。从公式(13-24)和(13-25)可见，双胶合镜组的 $\overline{P}^{\infty}$ 随 Q 而变的关系为抛物线，$\overline{W}^{\infty}$ 与 Q 是直线关系。这与单透镜一样。但双胶合镜组随二透镜玻璃组合的不同，$\overline{P}^{\infty}$ 的极值可正可负，能在很大范围内变动。

然而，双胶合镜组在满足色差参量 C 而确定了 ϕ_{I} 和 ϕ_{II} 后，也不是在任意情况下都能同时满足 $\overline{P}^{\infty}$ 和 $\overline{W}^{\infty}$ 两个参量的，这要视玻璃组合而定。通过对式(13-23)和式(13-24)的进一步分析推导，我们发现，可以写出如下关系：

$$\bar{P}^{\infty}=\bar{P}_0^{\infty}+A(Q-Q_0)^2$$
$$\bar{W}^{\infty}=\bar{W}_0^{\infty}+\frac{A+1}{2}(Q-Q_0) \tag{13-26}$$

消去 $Q-Q_0$，得

$$\bar{P}^{\infty}=\bar{P}_0^{\infty}+\frac{4A}{(A+1)^2}(\bar{W}^{\infty}-\bar{W}_0^{\infty})^2 \tag{13-27}$$

式中，$\bar{P}_0^{\infty}$ 是 $\bar{P}^{\infty}$ 的极小值，Q_0 是当 $\bar{P}^{\infty}$ 为极值时的 Q 值，$\bar{W}_0^{\infty}$ 是当 $Q=Q_0$ 时的 $\bar{W}^{\infty}$ 值。其中 $\bar{W}_0^{\infty}$ 的变化很小，当第一块透镜用冕牌玻璃时为 -0.1，当第一块透镜用火石玻璃时为 -0.2；因此，上式成为

$$\bar{P}^{\infty}=\bar{P}_0^{\infty}+0.85(\bar{W}^{\infty}+0.1)^2\text{（冕牌在前）}$$
$$\bar{P}^{\infty}=\bar{P}_0^{\infty}+0.85(\bar{W}^{\infty}+0.2)^2\text{（火石在前）} \tag{13-28}$$

由公式(13-28)可见，双胶合镜组的像差参量 $\bar{P}^{\infty}$ 和 $\bar{W}^{\infty}$ 之间也存在与单透镜相同的关系，即总是当 $\bar{W}^{\infty}=-0.1\sim-0.2$ 时，$\bar{P}^{\infty}$ 有极小值。因此 $\bar{P}_0^{\infty}$ 决定了 $\bar{P}^{\infty}$ 和 $\bar{W}^{\infty}$ 之间的联系。双胶合镜组只要能同时满足色差参量 $\bar{C}$ 和 $\bar{P}_0^{\infty}$，就能同时满足 $\bar{C}$、$\bar{P}^{\infty}$ 和 $\bar{W}^{\infty}$ 三个参量。双胶合镜组的 $\bar{P}_0^{\infty}$ 值，随玻璃组合的不同，可正可负，并可在较大范围内变化，所以一般能同时满足三个参量，问题在于如何挑选得合适的玻璃组合。

过去常用查 $\bar{P}_0^{\infty}$ 表的方法来挑选玻璃组合。苏联国家光学研究所最早做了这方面的工作，他们通过大量的计算，构造了一套对双胶合镜组设计非常方便和有用的 $\bar{P}_0^{\infty}$ 表，利用它可查取同时满足 $\bar{C}$ 和 $\bar{P}_0^{\infty}$ 值的玻璃组合。国内的参考文献[10]和参考文献[11]也给出了用于挑选玻璃组合的有关参数表。在参考文献[10]中，除对各种玻璃组合列出了七种色差参量值时的 ϕ_k（冕牌透镜的光焦度）、Q_0 和 $\bar{P}_0^{\infty}$ 外，还给出了系数 A、B、C 等值。

如今我们已经拥有先进的光学设计软件，如双胶合之类简单物镜的设计只要通过非常简单的优化步骤即可实现。然而作为专业的光学设计人员，更多的是需要将简单物镜作为复杂系统的组成部分来使用，因此了解一些简单物镜的像差特征、设计算法还是很有必要的，如果有兴趣可以编写相应的程序模块来构造双胶合透镜组在不同 $\bar{C}$ 下的 $\bar{P}_0^{\infty}$ 表，需要时可直接从表中搜索所需的玻璃对。附录 1 即给出了这种计算子程序，使用的前提是必须先建立玻璃在所要求谱线下的 $n\sim\nu$ 库文件。该算法以 C 语言编写，采用链表结构，有关的知识读者可参阅书后相关参考文献。读者也可在此基础上进一步充实完善双胶合透镜的设计算法，包括怎样通过双胶合物镜和单透镜的组合实现更复杂的物镜初始结构设计。

如果一个光组的初始结构仅包括单透镜和双胶合透镜，可以采用下面的计算方法和步骤：

(1)根据系统的像差要求，应用公式组(13-15)求解透镜组的 $\bar{P}$、$\bar{W}$ 值，并根据色差要求，确定透镜组的色差参量 $\bar{C}$。

(2)根据公式(13-12)和(13-13)，把 $\bar{P}$ 和 $\bar{W}$ 换算成基本像差参量 $\bar{P}^{\infty}$ 和 $\bar{W}^{\infty}$。

(3)按公式(13-21)求解 $\bar{P}_0^{\infty}$，确定是否可用单透镜满足要求，如果可以则按单透镜设计，否则做下一步。

(4)根据 $\bar{P}^{\infty}$ 和 $\bar{W}^{\infty}$ 值由公式(13-28)求解 $\bar{P}_0^{\infty}$。

(5)根据 $\bar{C}$ 和 $\bar{P}_0^{\infty}$ 值，搜索合适的玻璃对，注意应挑选折射率差和阿贝常数差尽可能大的组合，同时还应考虑玻璃的化学、物理性能、加工性能和成本因素等，然后求出要求 $\bar{C}$ 值时

的 $\bar{P}_0^\infty$、Q_0 和 ϕ_k。如玻璃对恰当，$\bar{P}_0^\infty$ 值应与要求值相同或接近，Q_0 和 ϕ_k 就相对较小。

(6)根据公式(13-26)由 Q_0 计算 Q 值。此时应将实际的 $\bar{W}_0^\infty$ 代入公式计算。第一式的两个根中，应取与第二式求得的相同的根。两式求得的两个 Q 值并不全同，若以保证 $\bar{P}^\infty$ 为主，应取第一式的根；若以保证 $\bar{W}^\infty$ 为主，应取第二式的根。

(7)根据 Q 和 ϕ_k，即可求出双胶合组三个面的规化条件下的曲率，然后换算到实际焦距下的曲率半径，即

$$r_1=\frac{f'}{\rho_1},r_2=\frac{f'}{\rho_2},r_3=\frac{f'}{\rho_3}$$

(8)如果双胶合透镜不能满足要求，但和要求相比相差不大，可以先按双胶合透镜求解，然后改成双分离结构输入软件进行优化。如果距离要求太远，则可把这个光组分成两个，再重复上面的步骤。

求得曲率半径之后，接下去的工作是根据工艺要求(参阅第 19 章)确定透镜的厚度。

13.4 PW 方法计算实例

前述 PW 方法对光学系统尤其是薄透镜系统的设计很有用处，利用它可将对系统总的像差要求变成对系统各薄光组的像差要求。这种方法称为变数分离法。下面给出两个实例。

例 1 单组望远镜物镜(设光阑与之重合)

望远镜物镜属小视场系统，只需校正位置色差、球差和彗差。根据公式组(13-15)的第一、二式和色差表示式可得

$$\bar{P}^\infty=0,\bar{W}^\infty=0 \text{ 和 } \bar{C}=0$$

根据所得基本像差参量可知，需用双胶合镜组才能满足要求。这就是说，双胶合镜组是可能充当物镜的最简单结构。

由于望远镜在室外使用，与外界接触的第一块透镜应有较好的化学稳定性和较高的硬度，故宜采用冕牌透镜在前的形式。按式(13-28)算得 $\bar{P}_0^\infty=-0.0085$。比较合适的玻璃对有 BaK6+F2，ZK3+BaF8，K7+ZF3，K9+ZF2 等多种。但考虑到高级像差、玻璃性能和成本因素，选用 K9+ZF2 为佳，其折射率为 $n_{\mathrm{I}}=1.51637, n_{\mathrm{II}}=1.67268$。

对上述玻璃对查表或计算可得，$\bar{C}=0$ 时，$\bar{P}_0^\infty=0.02$，$\phi_k=2.009$，$Q_0=-4.29$。此时应用公式(13-26)求 Q 时，根号内为一个小的负值，可近似为零，故 $Q=Q_0$，于是可求得各面的曲率为

$$\rho_1=1.61,\rho_2=-2.281,\rho_3=-0.781$$

设透镜的焦距为 100，则各面的曲率半径为

$$r_1=62.11,r_2=-43.84,r_3=-128.04$$

至此，薄透镜组的结构参数已求出，接下去还应考虑透镜的厚度，计算像差，并给以必要的精细校正，使之达到最佳结果。

例 2 计算一个共轭距为 200，$\beta=-4$ 倍，数值孔径为 0.1 的显微镜物镜。

根据高斯光学公式可求得此物镜在薄透镜时的焦距和物像距为 $f'=32$，$l=-40$，l'

=160。

显微物镜因视场很小,只需校正位置色差、球差和彗差。考虑到其相对孔径不大,采用单个双胶合组足能达到像质要求,则其像差参量为

$$\bar{P}=0,\bar{W}=0 \text{ 和 } \bar{C}=0$$

此系物距为有限距时的规化值,应将其换算成 $l_1=\infty$ 时的基本参量 $\bar{P}^{\infty}$ 和 $\bar{W}^{\infty}$。为此须应用公式(13-12)和(13-13)。公式中的 π 对双胶合组来说近于常量,在规化条件下约为 0.7,而 u_1 值应按规化物距求取,即 $\bar{u}_1=\bar{h}/\bar{l}_1=\bar{h}f'/l_1=-0.8$。由此得

$$\bar{W}^{\infty}=-2.16,\quad \bar{P}^{\infty}=3.296$$

双胶合显微物镜一般取火石透镜在前的形式,按式(13-28)得 $\bar{P}_0^{\infty}=0.031$。

根据 $\bar{C}=0$ 和 $\bar{P}_0^{\infty}=0.031$ 的要求,选用 ZF1($n=1.6475$)+K9($n=1.51637$)这对玻璃,查得

$$\bar{P}_0^{\infty}=0.05,\phi_k=2.122,Q_0=5.06$$

按式(13-26)有

保证 $\bar{P}^{\infty}$ 要求　$Q=6.24$ 或 3.88

保证 $\bar{W}^{\infty}$ 要求　$Q=3.89$

显然应取 $Q=3.89$。然后用与前面同样的方法算出结构参数即可。

例 3　设计一个单组目镜。要求 $f'=24$,相对孔径为 1∶6,视场为 12°。

通常物体被物镜所成的像位于目镜的物方焦面上,因此计算时将目镜反转,应是平行光入射。此外,目镜的出瞳约在焦点附近稍偏外些,反转时可认为在物方焦面上。由此得

$$u_p=\sin W=\sin(-6°)\approx-0.1,h_p=fu_p=2.4,h=2,J=-hu_p=0.2$$

目镜由于焦距短,相对孔径小,而视场相对较大,因此球差和位置色差一般不予考虑;匹兹凡和不能消除,畸变不影响成像清晰度,一般也不予顾及。首先需校正的像差是彗差、像散和倍率色差。由此,要求 $\sum S_{\text{II}}=\sum S_{\text{III}}=\sum C_{\text{II}}$。可见,至少需使用双胶合镜组,并按校正位置色差的要求分配光焦度(请读者考虑其原因)。

对于其他两种像差,可按公式组(13-15)列出方程。此时,方程中的 $\bar{P}$ 和 $\bar{W}$ 就是 $\bar{P}^{\infty}$ 和 $\bar{W}^{\infty}$。由方程组解出 $\bar{P}^{\infty}$ 和 $\bar{W}^{\infty}$ 后,接下去的计算同前。

以上设计的单组目镜只能用于视场很小的场合,多数目镜与此相比具有大得多的视场,需要由分离的镜片甚至镜组来构成。绝大多数目镜有较大的匹兹凡和,像散为零时像面甚为弯曲。能否允许,要取决于此弯曲的像面是否在眼睛的调节范围内。根据公式(12-16),眼睛通过光学系统观察时,其调节深度与系统的焦距平方成比例,因而对于焦距较长的低倍目镜,调节深度大,依靠眼睛的调节可以看清整个像面,此时宜把目镜的像散校正为零。反之,高倍的短焦距目镜,调节深度将小于匹兹凡面的弯曲量,就应使目镜具有适量的正像散以适当改善像面弯曲,一般使子午像面靠近或重合于高斯像面,即 $S_{\text{III}}\approx-(1/4\sim1/2)S_{\text{IV}}$。至于倍率色差,考虑到眼睛自身的色差,可以稍为校正不足一些。最简单的惠更斯目镜和冉斯登目镜由于结构型式一定,可变参数很少,设计计算简单。冉斯登目镜除倍率色差外,其他像差的校正性能都比较好。如果把这种目镜的单片接目镜改成双胶合组以改善倍率色差,就得到了凯涅尔目镜。这种目镜应用较多。这类两光组以上的光学系统首先需要进行高斯参数的计算,得到合理的光焦度分配,再对各光组进行初始结构设计,合成得到完整的初始参数进行像差平衡。关于多光组光学系统的设计方法及设计举例请参阅第 18 章。

13.5 初始结构设计的查资料法

在计算机进入光学设计领域之前，光学设计意味着大量的手工计算与反复修改，这些计算必须精确到6位有效数字。产生一个有设计前途的初始结构对设计人员创造力、经验及对像差理论的掌握程度都是一种考验。从第一台电子计算机问世至今，已经过了近80年的光阴，并且最早从1951年由德国的莱卡公司首先引入光学设计领域。光学设计从手工计算到拥有功能强大的自动设计软件，利用先进的优化理论进行设计，长期以来人们积累了大量的丰富资料，现在设计者足不出户就可以检索到不同用途、种类繁多的镜头专利，这就为我们利用前人的经验和现代计算工具优质、高效地设计出满足各种需要的光学镜头提供了方便。

查资料法是被大多数设计人员采用的初始结构设计方法。设计人员通过查阅已有的镜头结构，结合所设计的镜头的焦距、孔径、视场等参数，从已有大量镜头专利中选择合适的初始结构。随着时间的推移，过了保护期的专利也越来越多，并且作为镜头库被一些专业的光学软件公司作为商品出售。成千上万的公开发表的设计专利使设计人员可以从大致的设计构思着手，以成熟的专利作为初始结构，然后利用高速的计算机系统对此进行优化，达到设计要求。

例如，我们要设计一个焦距为58mm、相对孔径为1∶2.8、像方视场为24×36的135相机标准镜头，后截距不小于40mm，采用查资料法设计初始结构。

根据像方视场大小，计算出 $y'=\sqrt{24^2+36^2}=21.633$，该镜头对无穷远成像，所以物方半视场角为 $W=\arctan(-y'/f')=-20.5°$。检索专利数据库时应当主要考虑相对孔径和视场与此较为匹配。

国防工业出版社出版的《光学镜头手册》收集了以前发表的许多过期专利，从中检索到两个镜头参数列于表13-3和表13-4中，对应于表13-3和表13-4的两个镜头结构如图13-5和图13-6所示。

表13-3 *E.F.L*=1，*B.F.L*=0.80566，*FNo.*=2.4，*F.A.*=±24°

面号	r	d	n_d	ν_d
1	0.455042	0.11732	1.78797	47.44
2	7.882584	0.05729		
3	−0.862766	0.03876	1.68893	31.15
4	0.397638	0.03		
5	光阑面	0.04705		
6	−14.149473	0.03355	1.62004	36.34
7	0.492931	0.08778	1.78443	43.77
8	−0.580024			

表 13-4 $E.F.L=100, B.F.L=49.91, FNo.=2, F.A.=\pm 22.5°$

面号	r	d	n_d	ν_d
1	50.82	7.74	1.5688	63.1
2	278.16	0.07		
3	27.83	8.9	1.7015	41.1
4	61.65	1		
5	83.58	4.88	1.7408	27.7
6	18.55	19		
7	光阑面	2.9		
8	379.58	12.61	1.6700	47.1
9	−17.62	4.38	1.6073	49.2
10	−115.32			

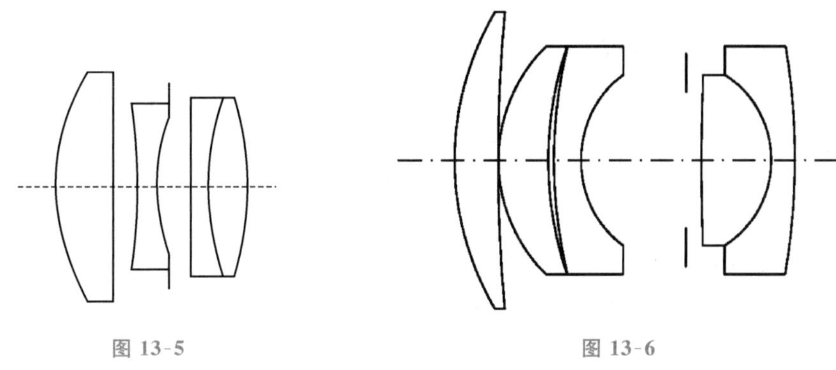

图 13-5　　　　图 13-6

表中 $E.F.L$ 表示焦距，有不少专利给出的焦距是归一化值，如表 13-3 那样。所以我们不必一定要找到和要求差不多的焦距，可以对选择的初始结构进行整体缩放得到要求的焦距值。$B.F.L$ 是后截距，同样不关心它的具体数值，但要关心它和焦距的比例。因为我们的设计要求是焦距 58mm，后截距要大于 40mm，即后截距与焦距的比例最好不要小于 0.7，这样设计结果比较容易达到要求。$FNo.$ 是镜头的 F 数，$F.A.$ 是镜头的视场角。显然就相对孔径和视场角来说，两组参数都可选择。但从后截距与焦距的比例来看，表 13-3 所列的镜头更合适一些，并且结构简单，缺点是使用了两块高折射率、高阿贝数的玻璃。

现在我们选择图 13-5 所示的结构，输入光学设计软件，使焦距为 58 进行整体缩放，按要求输入相对孔径和视场，再将仅用 n_d 和 ν_d 表示的理想玻璃用具有相同参数的国产玻璃来代替，得到如表 13-5 所列的数据。由于整体缩放将使所有的线性量按比例缩放，所有的角度量都不变，所以如果输入的是入瞳直径及线视场就会有变化，在缩放后应及时修正，而 F 数和视场角是不会随整体缩放而变化的。

表 13-5　$f'=58, l'=46.73, D/f'=1:2.8, y'=21.633$

面号	r	d	材料
1	26.392	6.8	LAF10
2	457.19	3.32	
3	−50.04	2.25	ZF10
4	23.063	1.74	
5	光阑	2.73	
6	−820.67	1.946	F4
7	28.59	5.09	LAF9
8	−33.641	46.73	

这是一款天塞型物镜，一般认为是将柯克型物镜的最后一片透镜改成胶合透镜而来。其中 ZF10 是不常用的玻璃，从参数上看，可以考虑改成 ZF2，LAF9 和 LAF10 是相对比较贵重的玻璃，F4 和 LAF9 的胶合是低折射率、低阿贝数和高折射率、高阿贝数玻璃组成的反常组合，不过这种组合在天塞型结构中常有应用，主要是因为其中的正透镜需要承担比较大的光焦度，如果折射率低了弯曲就会严重，所以使用了高折射率的镧玻璃。

本系统相对孔径和视场都比较大，初始解与最后的优化结果之间会有比较大的差别，尚需进行大量的像差校正和平衡工作。3 组 4 片型用于本系统是相当简单的结构，具体能否得到满足要求的解还要看用户提出的像质要求。如果像质要求比较高的话这种结构将无法胜任，就需要重新选择初始结构，或在优化过程中施加较多的人工干预，如将胶合结构改为分离结构、一片变成两片、换玻璃等，甚至改得面目全非，变成完全不同的另外一种结构。

13.6　初始结构设计的经验法

随着所设计的镜头越来越多，设计者对于不同光学结构的像差特征也越来越熟悉，并且积累了大量的设计经验，对一些问题的处理有了自己的独特手段，采用经验法设计初始结构的条件也就逐渐成熟。

所谓经验法就是设计者依赖自己的丰富经验从无到有生成初始结构的方法。设计者在了解镜头的焦距、孔径和视场的前提下，根据用户提出的像质要求，决定采用简单的结构还是复杂的结构，大致上有几组几片，其中的正负透镜怎样组合，光焦度如何分配，然后大致勾画出系统的结构草图，并根据色差校正的基本原理提出最初的材料搭配方案，再将这一结构输入光学设计软件，边输入边根据二维图中显示的结构与光线走向手工修改参数，直到获得一组“看得过去的”初始结构，然后进入优化过程，在优化过程中还需要根据像质变化情况修改玻璃并施加其他人工干预，最后获得满足要求的设计结果。

经验法依赖于设计者的丰富经验和对光学结构像差特征的把握，其中有几点主要原则是值得每个设计者遵循的：

(1)对于同一类型的光学系统，如果不采用特殊面形的话，像质要求与系统的复杂程度密切相关。

(2)通常需要正负透镜组合的方法来校正像差,如果对像质有一定的要求,就不要寄希望于仅使用若干正透镜或若干负透镜来完成任务,除非是如聚光镜那样的照明系统或对特定位置成完善像的齐明透镜系统。

(3)每个光学表面不要承担太大的光焦度,也就是说光线在各表面上、各透镜上的偏角不要太大,光线与光轴的夹角不要大起大落。光线在表面上的偏角越大,该表面的相对孔径也就越大,所产生的高级像差越大,导致像差平衡越困难。

(4)对于宽光谱成像的系统必须考虑色差,这就要采用不同的光学材料组合,并且越是长焦距系统色差的影响越严重,有的需要采用超低色散材料如萤石等。只要是校正色差的光学系统,总用到冕牌玻璃和火石玻璃的组合,半导体光学材料在中远红外光学系统中所起的作用也相当于冕牌玻璃和火石玻璃。通常在正光焦度的光组中,正透镜用冕牌玻璃,负透镜用火石玻璃;而在负光焦度的光组中,负透镜用冕牌玻璃,正透镜用火石玻璃。

(5)视场大的系统如果要校正像面弯曲,只有正负光焦度分离这一种方法,包括弯月形厚透镜或正负薄透镜分离。

(6)一些新技术应用于成像光学系统会带来意想不到的效果,如非球面的应用可以大大简化结构、提高像质,二元光学元件由于具有与常规元件完全不同的色差特性,在校正宽光谱色差方面表现优异,这种元件也具有良好的热像差特性,利用它可以使光学系统在较大的温度范围内保持良好像质。但新技术的应用通常需要付出额外的代价,如加工的代价、成本的提高、检测的困难、非球面的公差更严、二元面产生多级衍射杂光等。因此在应用时需要权衡利弊。

(7)业内通常把某些光学系统称为“现代光学系统”,如激光传输系统、光信息处理系统、红外探测系统、光谱分析系统等,这些光学系统在设计上与经典的光学系统其实并无本质的区别,主要是由于其中的光束特征或接收处理特征有所不同,在设计时需要有一些与通常像质评价指标不同的特殊评价方式。这些特殊光学系统在设计时同样需要用到经典光学系统的设计要领。

以上原则除了应用于初始结构设计阶段,也同样可以应用于像差平衡阶段的人工干预。实际上人工干预就是对现有结构参数的一种改变,这种改变同样以获得更好的像质为目的。同时经验法产生的初始结构输入设计软件后,常会存在很大的像差,直接优化容易陷入局部极值,难以很快接近设计要求,这时有经验的设计者常采用人工修改结构参数的办法。这种人工干预除以上原则外,还包括:

(1)如能判断结构参数对像差变化的灵敏度或贡献,一般应挑选其中既能改好所要改变的那种像差,又能兼顾其他像差的面来修改。

(2)若要求单色像差有较大变化而保持色差不变,可对某个透镜或透镜组作整体弯曲。这种做法对除色差和匹兹凡和以外的所有像差均属有效。

(3)利用折射球面的反常区。在一个光学系统中,负的发散面或负透镜常是为校正正透镜的像差而设置的,它们只能是少数。因此,让正的会聚面处于反常区,使其在对光束起会聚作用的同时,产生与发散面同号的像差就显得特别有利。设计者应善于利用这一性质。

(4)利用透镜或透镜组处于特殊位置时的像差性质。例如处于光阑位置或与光阑位置接近的透镜或透镜组,主要用于改变球差和彗差(用整体弯曲方法);远离光阑位置的透镜或透镜组，主要用来改变像散、畸变和倍率色差。在像面或像面附近的场镜可以用来校正像面弯曲。当仅依靠球面系统难以得到良好像质而需要加入非球面等特殊面形时，也同样遵循这一原则。

(5)对于对称型结构的光学系统，可以选择成对的对称参数进行修改。作对称性变化以改变轴向像差，作非对称性变化以改变垂轴像差。

(6)利用胶合面改变色差或其他像差，并在必要时调换玻璃。可以在原胶合透镜中更换等折射率不等色散的玻璃，也可在适当的单块透镜中加入一个等折射率不等色散的胶合面。胶合面还可用来校正其他像差，尤其是高级像差。此时，胶合面两边应有适当的折射率差，可根据像差的校正需要，使它起会聚或发散作用，半径也可正可负，从而在像差校正方面得到很大的灵活性。同时，在所有需要改变胶合面两边的折射率差以改变像差的性态、或微量控制某种高级像差，以及需要改变某透镜所承担的偏角等场合，都能通过调换玻璃而奏效。

(7)合理地拦截光束和选定光阑位置。孔径和视场都比较大的光学系统，轴外的宽光束常表现出很大的球差和彗差。原则上，应首先立足于把像差尽可能校正好，在确定无法把宽光束部分的像差校正好时，可以在必要时改变光阑位置，利用远离孔径光阑的面把光束中 y' 值变化大的外围部分光线拦去，以消除其对像质的有害影响。

13.7 初始结构设计方法的比较与选择

初始结构设计对于达到最终的设计要求是非常重要的，尽管商业的光学设计软件可以为我们进行优化设计，但如果设计的出发点即初始结构本身先天不足，我们很难指望光学设计软件对结构做出突破性的改变。

前几节所述的简单物镜设计的代数法或应用初级像差理论求解初始结构参数的 PW 方法，最多只能满足初级像差的要求，并且随着系统中各组元光焦度的分配、玻璃的选取和对某些参数的选择的不同，满足初级像差的解会很多。而其中往往只有少数的解有实用意义。这就需要进行全面、系统的计算、分析、归纳，以求得较好的初始解。一个好的初始解，应该是像差分布合理、透镜弯曲恰当，特别是高级像差不能很大。要获得这样的解，并非易事，并且在求解的过程中常常需要设计者依靠自己的经验来加以判断和取舍。

采用查资料法生成初始结构快捷方便，生成的初始结构质量较高，设计前景一般较好。易于被初学者采用，甚至有一定经验的设计人员也愿意这样做。但这种方法也有它的局限性，初始结构必然会引入原始结构的固有缺点，不易打开设计者自己的思路，使设计者的创造性受到局限；另外，如果采用的是一个尚处于专利保护期内的结构，而设计者对此在优化过程中修改不大的话，最终的设计结果很有可能会侵犯他人的专利权，在当今知识产权保护日益受到重视的情况下，极易导致侵权纠纷。

与上面两种方法相比，可以说经验法是最容易发挥设计者的创造力与独特构想，也是最没有一定之规、难以用文字描述的一种方法。上节总结了经验法设计的一些基本原则，其实这也是计算法应当遵循的原则，如果读者注意观察一些现有的光学结构，会发现它们也是满足这些原则的。光学设计个性极强，同是经验丰富的设计者设计出完全不同的结构是非常正常的事情，对这些原则能够信手拈来、灵活运用，这种水平是设计者光学底蕴、创造力、想象力和设计功力的表现。各种类型光学结构的设计经验积累、对每一个设计进行有目的的总结、观察大量成功的光学结构并从中培养光学审美观是形成这种水平的必要条件。设计做得多了我们常会发现，如果一个结构越看越别扭，往往就不想做下去了，就算是继续设计也很难得到理想的结果；反之对于一个看起来很美的结构，设计者就有信心做下去，得到理想结果的概率也比较高。

习　题

1. 应用薄透镜的初级球差和色差的公式，计算一个消色差和消球差的双胶合望远物镜。要求 $f'=100$mm，$D/f'=1:4$，冕牌玻璃在前，玻璃为 K8($n=1.516$，$\nu=56.8$)和 ZF2($n=1.6727$，$\nu=32.2$)。

1)求出两个消球差的 ρ_2 解，并取其平均值由求解公式计算其球差值；

2)对上面所列的两个 ρ_2 应用公式 (8-46)～(8-48)计算初级弧矢彗差，回答这一对玻璃能否在消色差的情况下同时校正球差和彗差。

3)若在物镜后面有一块 50mm 厚的平板，所求得的结果与无平板时相比哪个好？

2. 与上题相同要求的双胶合物镜，若应用 K9($n=1.5163$，$\nu=64.1$)和 ZF2 玻璃，即与本章第一节第一个例子相同，根据其在消色差时已得出的初级球差和弧矢彗差随 ρ_2 而变的方程式，要求：

1)分别以 $\rho_2=-0.032$，-0.022，-0.012 三个值计算出 $\delta L_0'$ 和 K_{s0} 的三组值；

2)在同一图中画出 $\delta L_0'$ 和 K_{s0} 随 ρ_2 而变的曲线，并据理回答这对玻璃能否同时校正色、球、彗三种像差。

3)分析比较第 1、2 两个题目，能得出双胶合望远物镜设计中的什么重要结论？

3. 有一双筒棱镜望远镜的双胶合物镜，$f'=150$mm，$D/f'=1:4$，$2W=8°$，在其后面的普罗型转像棱镜系统的两块二次反射直角棱镜，展开成平板后具有 104mm 的总厚度，材料为 K9 玻璃，要求对整个系统校正色差、球差和正弦差，试用 PW 方法求解物镜的初始结构。

4. 用第 1 题所用的玻璃，求解一个微小间隙的双分离望远镜物镜。要求 $f'=100$mm，$D/f'=1:4$，$2W=8°$，同时校正色、球、彗三种像差。该初始结构一般不能达到实际像差良好的结果，还需作结构参数适量的调整。再据理回答：

1)色差过校正时(按此解，近轴光消色差时带色差必过校正)，若修改正透镜光焦度 ϕ_1，应增大还是减小；若改变负透镜的光焦度 ϕ_2，又该如何？

2)若球差过校正，且用弯曲第一块正透镜来修改时，弯曲方向应如何？而用弯曲负透镜来修改时，又如何根据近轴光线的光路数据来判断其弯曲方向？

3)与双胶合物镜相比，双分离型式的物镜在像差校正方面有什么特点和好处？

5. 在设计大像差系统，如照相物镜时，常运用调换等折射率不等色散的玻璃来校正色差。若已知一个系统的波色差过校正，欲调换正透镜的玻璃，其色散 δn 应增大还是减小？调换负透镜的玻璃时，又该如何？

6. 在校正和平衡像差阶段，如果以修改单个表面来减小各种像差，据理回答分别应怎样修改；如果改变系统中透镜的弯曲，可使哪些像差变化？减小这些像差的弯曲方向如何？

7. 在对称型系统中，对对称结构参数作对称性改变时，会引起像差的如何变化？对对称参数作非对称改变时，会引起像差的如何变化？

8. 设计复杂系统时，常因采用多种手段平衡像差而导致设计结果的焦距或物像共轭距偏离要求数值。此时，常用整体缩放方法使焦距或共轭距达到要求。问缩放系数如何确定？对哪些数值施以缩放？在缩放系数偏离 1 较大时，整体缩放会带来什么新的问题？

第 14 章　特殊光学系统

前几章的讨论是围绕传统光学系统的成像展开的，本章内容中包含了激光光学系统、线性成像系统、傅里叶变换系统、光谱分析光学系统、红外光学系统、液晶投影系统、光学纤维等特殊光学系统，本章重点是这些光学系统的特殊性和设计分析要点。

本章知识要点

1. 激光光学系统
2. 高斯光束的基本性质
3. 束腰
4. 高斯光束通过薄透镜时的变换
5. 激光扩束望远镜
6. 线性成像透镜(透镜)
7. 傅里叶变换透镜
8. 一般光谱分析系统的原理与设计
9. 成像光谱仪
10. 红外光学系统
11. 液晶投影系统
12. 梯度折射率透镜
13. 梯度折射率介质中的光路计算
14. 光学纤维
15. 光纤传感器

14.1　激光光学系统

激光的理论基础早在 1917 年就由爱因斯坦提出，到 1958 年汤斯[①]实现了受激辐射并提出激光原理，此后只经过短短的 20 多年，同是研究激光的肖洛[②]获得 1981 年诺贝尔物理学

① 汤斯(Charles Hard Townes，1915—)，美国物理学家，哥伦比亚大学教授，因发现激光并提出激光原理获得 1964 年诺贝尔物理学奖。

② 肖洛(Arthur Leonard Schawlow，1921—1999)，美国物理学家，斯坦福大学教授，因激光光谱学方面的贡献获得 1981 年诺贝尔物理学奖。

奖。目前激光作为一种新颖的光源,同时又是一门新的学科与一种新的技术,使古老的光学获得了新的生命。它已在生产、科研、医学、艺术等许多领域中得到了广泛应用。

激光是电磁波的一种新的传播形式,它与普通光源不同,是一种结构特殊的高亮度、且方向性、单色性和相干性好的高斯光束。**高斯光束(Gaussian beam)**是垂直于光波传播方向的电矢量的振幅呈高斯函数分布的光束,其特性及在不同介质中的传播规定可用高斯光束的有关公式描述。

14.1.1 高斯光束的基本性质

稳定腔激光器发出的激光束是一种具有特殊结构的高单色性的高斯光束,它具有最小横向发散角,在光学元件边缘的衍射损耗最少。此外,高斯光束通过自由空间的传播和通过无像差透镜的变换时,除轮廓比例因子外,将始终保持高斯型分布。

电矢量沿 Z 方向传播的高斯光束的性质可由以下三个方程式决定:

$$R(Z)=Z\left[1+\left(\frac{Z_R}{Z}\right)^2\right] \tag{14-1}$$

$$A(r)=A_0 e^{-(r/\omega)^2} \tag{14-2}$$

$$\omega(Z)=\omega_0\left[1+\left(\frac{Z}{Z_R}\right)^2\right]^{\frac{1}{2}} \tag{14-3}$$

式中,$R(Z)$是距坐标原点(束腰)为 Z 处的高斯光束的波阵面的曲率半径(为球面),$A(r)$是高斯光束电矢量在 r 方向(垂直于光波传播方向)的振幅,A_0 是波阵面中心的振幅, ω 为高斯光束的光斑半径,并有 $Z_R=\frac{\pi\omega_0^2}{\lambda}$。

对式(14-1)的分析可知,当 $Z\to 0$ 时,有 $R(Z)\to\infty$,波阵面为平面;当 $0\leqslant|Z|\leqslant Z_R$ 时,$R(Z)$逐渐减小,且 $R(Z)>Z$,即波阵面的曲率中心不在原点而随 Z 变化,如图 14-1 所示;当 $Z=\pm Z_R$ 时,$R(Z)$取到极小值$\pm 2Z_R$;而当 $Z>>Z_R$ 时,$R(Z)$重又增大,至 $Z\to\infty$时,又成平面波。

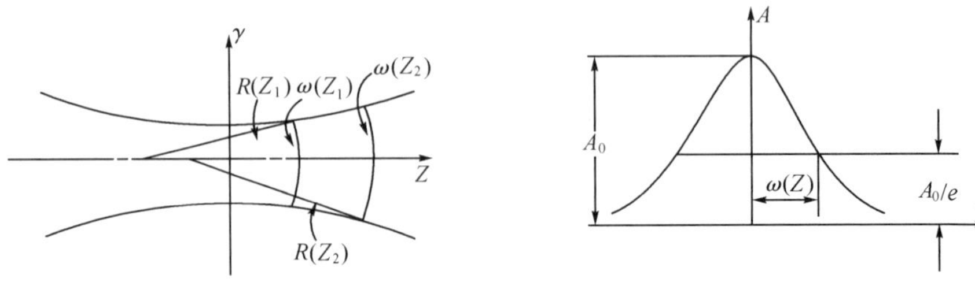

图 14-1　　图 14-2

对式(14-2)的分析可知,高斯光束电矢量的振幅呈高斯函数变化,在光束中心($r=0$)处振幅最大,如图 14-2 所示,因而高斯光束的光斑无清晰的轮廓。式(14-3)中的光斑半径是振幅为 A_0/e 时所对应的 r 值,它又是 Z 的函数,如图 14-3 所示。当 $Z=0$ 时,$\omega(0)=\omega_0$ 为最小,它是高斯光束的**束腰(waist of Gaussian beam)**,ω_0 称为腰粗。当 $Z>>Z_R$ 时,有

$$\omega(Z)=Z\left(\frac{\omega_0}{Z_R}\right)=Z\cdot\theta \tag{14-4}$$

式中,$\theta=\omega_0/Z_R=\lambda/(\pi\omega_0)$是高斯光束的远场**发散角(angle of divergence)**,用以描述高斯光

束的发散度。$2Z_R$ 为高斯光束的准直区，在该范围内其光斑半径变化缓慢，准直性较好。在准直区两端，$Z=Z_R$，有 $\omega=\sqrt{2}\omega_0$，光斑半径仅为束腰半径的$\sqrt{2}$倍。当 $|Z|>>Z_R$ 时，为高斯光束的远场区，与普通球面波的变化规律完全相同。据此，普通球面波可视为束腰半径 $\omega_0=0$ 的高斯光束。

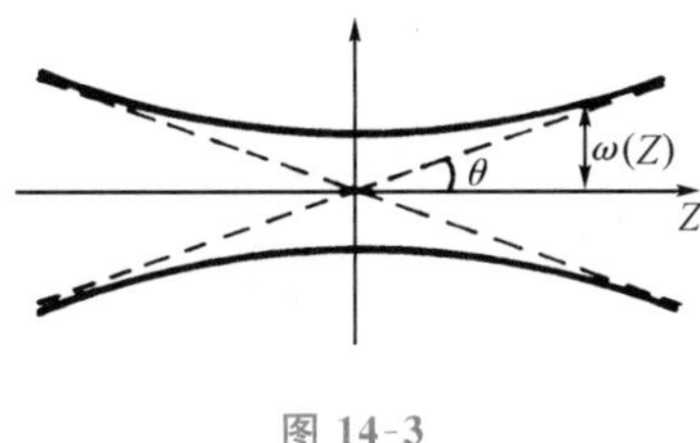

图 14-3

综上所述，对于一个确定波长的高斯光束，当 ω_0 一定时，$R(Z)$、$\omega(Z)$和 $\theta(Z)$ 都可以确定。所以腰粗 ω_0 是高斯光束的一个主要特征参量。

由于光束参数 $R(Z)$、$\omega(Z)$完全确定了高斯光束的几何形状，为了讨论方便，引入复曲率半径 $q(Z)$，即

$$\frac{1}{q(Z)}=\frac{1}{R(Z)}-i\frac{\lambda}{\pi\omega^2(Z)} \tag{14-5}$$

当 $Z=0$ 时，$R(0)\to\infty$，于是

$$q_0=i\frac{\pi\omega_0^2}{\lambda}=iZ_R \tag{14-6}$$

将式(14-1)、(14-3)和(14-6)代入(14-5)得

$$q(Z)=q_0+Z \tag{14-7}$$

由此可见，q 在高斯光束传播中的作用与球面波的曲率半径在球面波传播中的作用相同，如图 14-4 所示。这进一步表明，激光束是电磁波中光波段的一种新的传播形式，它的传播具有普遍的规律性，普通球面波的传播规律可认为是激光束的一种特殊情况。

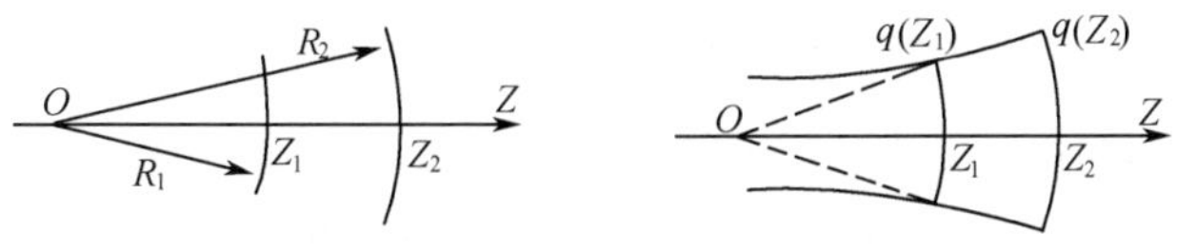

图 14-4

14.1.2　高斯光束通过薄透镜时的变换和激光扩束望远镜

如图 14-5(a)所示，由物点 O 发出的球面波到达透镜左方的曲率半径为 R_1，通过透镜 L 的变换，在它右方出射的是曲率半径为 R_2 的会聚球面波。并规定发散球面波的曲率半径为正，会聚球面波的半径为负。

对于焦距为 f' 的薄透镜，成像公式为

$$\frac{1}{R_1}-\frac{1}{R_2}=\frac{1}{f'} \tag{14-8}$$

高斯光束可看作是均匀球面波的一种推广，博伊德和戈登理论已证明：高斯光束的传播

轴线与透镜主轴重合时，通过透镜后仍为高斯光束。对于薄透镜，透镜两侧的光斑尺寸相等，即 $\omega'=\omega$。在图 14-5(b)中，设束腰半径为 ω_{01} 的高斯光束的束腰与透镜的距离为 Z_1，通过透镜后的像方高斯光束的束腰半径为 ω_{02}，与透镜的距离为 Z_2。并令 R_1 和 R_2 分别为入射于透镜的波阵面半径和自透镜出射的波阵面半径，则 R_1 和 R_2 应满足关系(14-8)。但必须注意，在一般情况下，$R_1\neq Z_1$，$R_2\neq Z_2$，只有在远场区，才有 $R=Z$ 的关系。

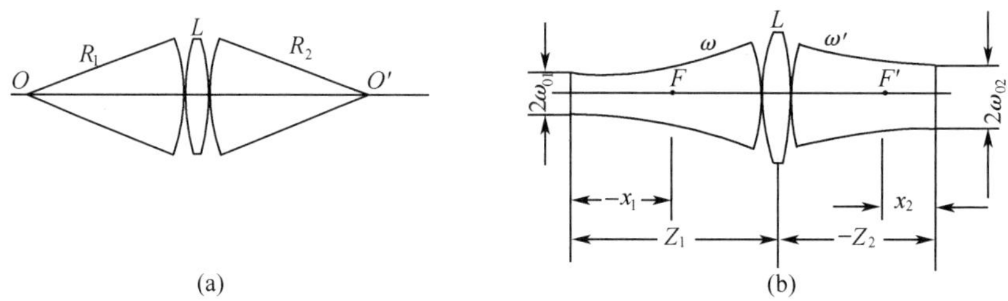

图 14-5

由式(14-8)并结合 $\omega'=\omega$ 得

$$\frac{1}{q_1}-\frac{1}{q_2}=\frac{1}{f'} \tag{14-9}$$

这时 q_1、q_2 分别为入射、出射高斯光束的复参量，可由式(14-6)、(14-7)写出它们的表达式。将其代入式(14-9)并使方程两边的实部与虚部分别相等，再注意到图中关系 $f'-Z_1=x_1$ 和 $f'+Z_2=-x_2$，得

$$-x_1x_2=f'^2-f_0^2 \tag{14-10}$$

$$-\frac{x_1}{x_2}=\frac{Z_{R1}}{Z_{R2}} \tag{14-11}$$

式中，$f_0^2=Z_{R1}Z_{R2}$。由式(14-10)、(14-11)得

$$Z_{R2}=Z_{R1}\left(\frac{f'^2}{x_1^2+Z_{R1}^2}\right) \tag{14-12}$$

$$x_2=\frac{-x_1f'^2}{x_1^2+Z_{R1}^2} \tag{14-13}$$

用式(14-12)、(14-13)可由已知物方束腰的位置与大小求得像方束腰的位置与大小。

由式(14-10)可见，当 $f_0=0$ 时，高斯光束经透镜的变换与几何光学中的牛顿公式一致，从而使高斯光束的计算大为简化。据此，下列三种情况可采用几何光学的近轴公式：(1) $\omega_{01}\to 0$ 即 $Z_{R1}\to 0$ 时；(2) $f'\to\infty$（如望远镜系统）时，此时 f_0^2 可略去不计；(3) $x_1\to\infty$（远场）时。

若上述条件不满足，则几何光学的近轴公式不适用。

当已知变换前后高斯光束束腰半径之比及变换透镜的焦距 f' 时，可用下列两式分别求得入射光束和出射光束的束腰到变换透镜的距离：

$$Z_1=f'\pm\frac{\omega_{01}}{\omega_{02}}\sqrt{f'^2-f_0^2} \tag{14-14}$$

$$Z_2=-\left(f'\pm\frac{\omega_{02}}{\omega_{01}}\sqrt{f'^2-f_0^2}\right) \tag{14-15}$$

由此可见，变换透镜的焦距 f' 必须大于 f_0，否则无解。

若系统由多个透镜组成，上述公式对每个透镜都适用，透镜间的过渡公式为

$$Z_{R(i+1)} = Z_{Ri} \quad (\omega_{0(i+1)} = \omega_{0i}) \tag{14-16}$$

$$Z_{i+1} = Z_i + d_i \tag{14-17}$$

自然，式中 Z、d 之值都是相对于主面的。

由式(14-12)可见，Z_{R2} 随 x_1 的增大而单调地减小，当 $x_1 \to \infty$ 时，由式(14-13)得 $x_2 \to 0$，即出射高斯光束的束腰位于透镜焦点附近，这就是聚焦后光斑的大小。以式(14-3) 平方除以式(14-1)可得光斑大小与 R 和 Z 的关系：

$$\frac{\omega^2}{R} = \frac{\lambda^2 Z}{\pi^2 \omega_0^2}$$

若出射光束的 $Z_2 >> Z_{R2}$(远场)，即 $R_2 = Z_2 \approx -f'$，则

$$\omega_{02} \approx \frac{\lambda f'}{\pi \omega'} \tag{14-18}$$

例如，$f' = 20\text{mm}$，$\lambda = 6.328 \times 10^{-4}\text{mm}$，$\omega' = 1\text{mm}$，则 $\omega_{02} \approx 0.004\text{mm}$。

由式(14-18)可见，为了将高斯光束良好地聚焦，通常采用短焦距透镜，而且入射的高斯光束束腰远离透镜，如图 14-6 所示。聚焦后光斑的大小可由式(14-18)得出，为

$$2\omega_{02} \approx \frac{2\lambda}{\pi \omega'} f' = \frac{\lambda}{\sin U'}$$

式中，$\sin U' = \pi\omega'/(2f') = 1.57\omega'/f'$。可见，焦斑尺寸相当于衍射斑直径，系统孔径角越大，焦斑尺寸越小，功率密度越高。

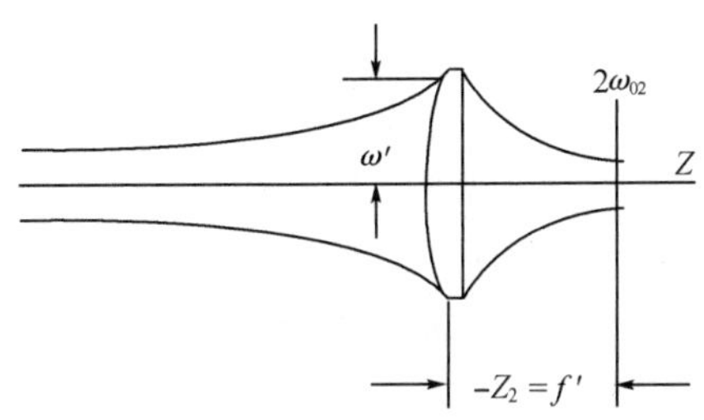

图 14-6

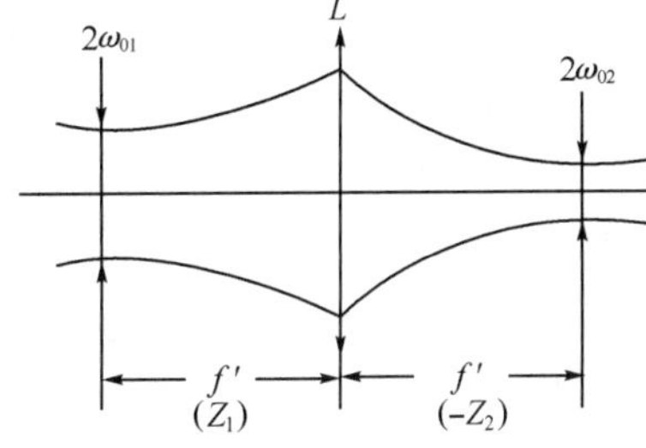

图 14-7

另一方面，当入射束腰位于透镜物方焦面时，即 $x_1 = 0$，由式(14-13)得 $x_2 = 0$ $Z_2 = -f'$，如图 14-7 所示。出射光束束腰也位于后焦面上。由式(14-12)得 $Z_{R2} = f'^2/Z_{R1}$，于是

$$\omega_{02} = \frac{\lambda f'}{\omega_{01}\pi} \tag{14-19}$$

为极大值。可见，入射光束的束腰距透镜焦点越近，出射光束的光斑直径越大。与前比较可知，入射光束的束腰在无穷远或位于透镜的前焦点时，出射光束的束腰均位于像方焦点处，但光斑直径不同，前者为极小，后者为极大，即后者出射光束的远场发散角为极小，且

$$\frac{\theta'}{\theta} = \frac{\pi\omega_{01}^2}{f'\lambda} = \frac{Z_{R1}}{f'} \tag{14-20}$$

据此，透镜焦距 f' 越长，入射光束束腰 ω_{01} 越小，则 θ' 越小，且当 $Z_{R1} << f'$ 时，可使 θ' 小到可以忽略的程度。因此，常用的激光准直系统总是预先用一个短焦距透镜将高斯光束聚焦，以便获得极小的腰粗，然后用一个长焦距透镜来改善其方向性，就可获得很好的准直效果。该系统即为倒置的伽利略望远镜或开普勒望远镜，称为激光扩束望远镜。

激光扩束望远镜广泛应用于空间滤波、全息照相、激光测距仪、激光干涉仪以及激光雷达的发射系统中,用来改善激光束的发散角,提高激光束的准直性。除空间滤波必须采用开普勒望远镜外,一般均为伽利略望远镜,因它对缩小外形尺寸有利。尤其在强功率激光束的场合,由于通过负目镜时,使光束发散,可避免因正目镜会聚而产生的空气击穿现象和导致透镜的损伤。其设计要点如下:

(1)因为激光束的发散角较小,所以只需校正轴上球差及正弦差。

(2)结构宜简单,采用非球面单透镜,以尽量减少激光能量的损耗。

(3)不宜用胶合面,因胶合面易受激光损坏。

(4)在设计时,应考虑到表面的多次反射像不要成在透镜内部,以免损伤玻璃。

(5)不必校正色差,但应减小色球差,以兼顾几种不同波长。

(6)当 $Z=0$,即束腰 ω_{01} 与负透镜重合时,扩束望远镜的横向放大率 $\beta=-f'_2/f'_1$,即与一般望远镜相同,否则 $|\beta|=|f'_2/f'_1|$。所以,扩束望远镜比一般望远镜能更好地改善光束的发散度。

(7)在用开普勒望远镜作准直或扩束时,为了滤掉较高空间频率的噪声,可以在透镜焦面上加上一个针孔光阑,作为空间滤波器。小孔的大小应该只允许高斯光束通过,而挡掉噪声所对应的高次空间频率分量。为此,小孔的直径略大于焦点处的高斯光斑直径即可。

14.2 线性成像透镜($f\cdot\theta$ 透镜)

线性成像物镜是**激光扫描系统(laser scanner system)**中一种常用的具有特殊要求的透镜系统。激光扫描系统如图 14-8 所示。用某种信息经电光效应、声光效应调制的激光束,经扩束器扩束后再经旋转反射镜或旋转多面体的扫描元件而改变方向,最后经聚焦用的线性成像物镜在接收器上成一维或二维的扫描像。因此,激光扫描系统将时间信息变成了可记录的空间信息。

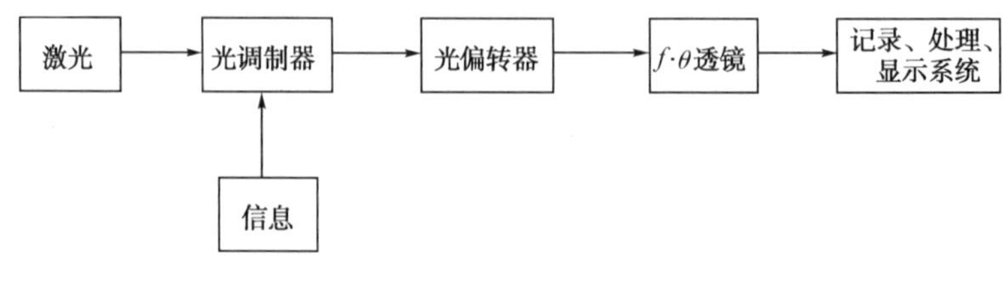

图 14-8

根据扫描器和聚焦透镜的位置不同,可分为透镜前扫描(图 14-9(a))和透镜后扫描(图 14-9(b))两种。

透镜前扫描就是扫描器位于透镜前面,扫描后的光束以不同方向射入聚焦透镜,在其焦面上形成扫描像。为此,要求聚焦透镜是一个大视场、小相对孔径的物镜,并且应是线性成像物镜。透镜后扫描就是扫描器位于透镜后面,由激光器发出的光束首先被聚焦透镜聚焦,然后经置于焦点前的扫描器使焦点像呈圆弧运动。这类聚焦透镜通常是小视场、小相对孔径的望远物镜。前者物镜设计困难,但其他问题的处理则很简单。后者物镜的设计是简单的，但由于像面是圆弧形的，处理就很困难。因此，要求高的扫描装置通常采用透镜前扫描。

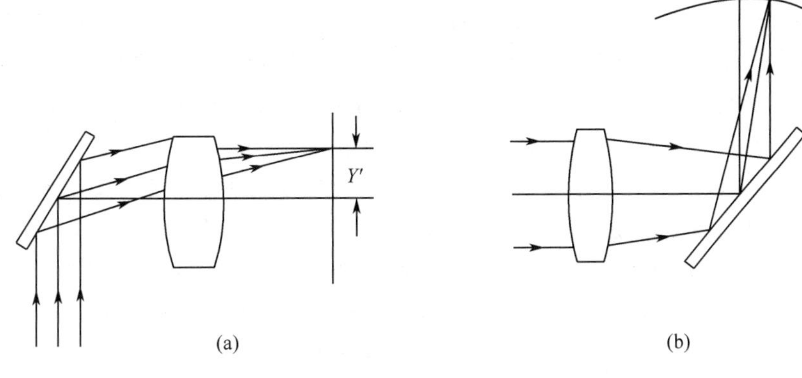

图 14-9

那么，什么是线性成像物镜呢？

首先，由于扫描元件的运动被以时间为顺序的电信号控制，为了使记录的信息与原信息一致，像面上的光点应与时间成一一对应的关系，即理想像高 y' 与扫描角 θ 呈线性关系，有 $y'=f'\cdot\theta$。但是，一般的光学系统，其理想像高为 $f'\tan\theta$，使以等角速度偏转的入射光束在焦平面上的扫描速度不是常数。为了实现等速扫描，应使聚焦透镜产生一定的负畸变，从而实现线性扫描。随扫描角的增大，实际像高应比理想像高小，对应的畸变量为

$$\delta y'=f'\theta-f'\tan\theta=f'(\theta-\tan\theta) \tag{14-21}$$

具有上述畸变量的透镜系统称为线性成像物镜，其像高 $y'=f'\cdot\theta$，简称 $f\cdot\theta$ 透镜。

同时，该物镜对单色光成像，像质要求达到衍射极限，而且整个像面上像质要求一致，像面为平面，且无渐晕存在。

在透镜前扫描系统中，入射光束的偏转位置（扫描器位置）一般置于物镜前焦点处，构成像方远心光路，像方主光线与光轴平行。如果系统校正了场曲，就可在很大程度上实现轴上、轴外像质一致，使像点精确定位，而且提高了边缘视场的分辨率与照度的均匀性。

可见，线性成像物镜的光学参数应由使用要求出发，并考虑光信息传输中各环节（光源、调制器、偏转器、记录介质）的性能来确定。

一是 F 数。由于使用高亮度的激光光源，所以不必依据亮度，而应根据记录的光点尺寸来确定 F 数。由于像质达到衍射极限，像点的尺寸即为衍射斑直径 d，其大小为

$$d=\frac{K\lambda}{D}f'=K\lambda F \tag{14-22}$$

式中，D 由透镜通光直径、扫描器通光直径和高斯光束的光斑直径所确定，K 是与实际通光孔径形状有关的常数，$K=1\sim3$。若通光孔为圆孔，则光斑为艾里斑，$d=2.44\lambda F$。

根据用途不同，激光扫描记录仪的光点尺寸也不同。用于制作半导体集成电路的激光图形发生器，光点尺寸为 0.001～0.005mm；用于高密度存贮及图像处理的为 0.005～0.05mm；用于传真机、印刷机、打字机、汉字信息处理等的为 0.05mm 以上。

二是焦距。焦距由要求扫描的像点排列的长度 L 和扫描角度 θ 决定，即

$$f'=\frac{L}{2\theta}\times\frac{360}{2\pi} \tag{14-23}$$

当扫描长度一定时，f'与θ呈反比关系。在F数一定时，应尽可能用大的θ角、小的f'，以减小透镜和反射镜尺寸，从而减小棱镜表面角度的不均匀性和扫描轴承的不稳定性造成的不利影响。又由于入射光瞳位于扫描器上，在实现像方远心光路时，f'小可以使物镜与扫描器之间的距离减小，使仪器轴向尺寸减小。但L一定时，f'小θ就大，这给光学设计带来了困难，使光学系统复杂，加工制造成本增大。反之，仪器纵向尺寸加大，使用不便。实际工作中，应综合考虑各方面因素，反复权衡，才能最后确定。

大多数线性成像物镜属于小相对孔径(一般F数为5～6)大视场的远心光学系统，要求具有一定的负畸变，在整个视场上有均匀的光强度和分辨率，不允许轴外渐晕存在，并要达到衍射极限性能。玻璃材料的质量与透镜表面的均匀性要求比一般透镜更为严格。

在设计线性成像物镜时，先由已知的f'及选定的l_p、l'_2决定外形尺寸，即各组元的光焦度及其间隔。若为二组元系统，由这三个方程可得到唯一解。其中l_p是扫描器到第一组透镜的距离，l'_2是第二组透镜到像面的距离。求得的解应对校正场曲有利。然后，由初级像差要求求解初始结构参数，要求$\sum S_{\text{I}}=\sum S_{\text{II}}=\sum S_{\text{III}}=0$和$\sum S_{\text{V}}=f'\cdot(\theta-\tan\theta)2n'u'$。在此过程中，要判断解出的各组元$P$、$W$的合理性。对于二组元系统，若不可能获得满意的解，可在两组之间加一组无光焦度的薄透镜组，重复给定前后两组的P、W值，反复求解，直到最后找到一组满足初级像差要求的解。最后，校正像差，求得满足要求的实际解。

值得指出，高速扫描旋转多面体的加工精度对成像有很大影响。反射面的平面度影响光斑的直径；反射面对中心轴的偏心及各反射面的分度误差使扫描线在扫描方向的位置偏移；反射面对旋转轴的倾斜使扫描线在垂直于扫描方向上偏移。如果每一反射面对旋转轴的倾角相同，则对扫描精度无影响。

14.3 傅里叶变换透镜

光学镜头既可以作为成像传递信息的工具，又可以作为计算元件。具有傅里叶变换的能力、为这个目的而设计的镜头称**傅里叶**[①]**变换镜头(Fourier transform lens)**。这种镜头结构简单，信息容量大，具有进行运算和处理信息的能力，而且运算速度为光速，故应用日趋广泛，常用于图像频谱分析、空间滤波和相关处理等工作，是光学信息处理系统中最基本的部件。

图14-10所示是由两个傅里叶变换透镜串联而成的一个空间滤波系统。有关的理论请参阅参考文献[23]、[24]和[25]。

为了获得严格的傅里叶变换关系，应把被处理面(输入面)放在透镜的前焦面上，频谱面(滤波面)置于后焦面上，它同时又是起傅里叶反变换作用的下一个透镜的前焦面，从而在后焦面上得到输出信息。

光学信息处理中的傅里叶变换透镜所能传递的信息容量为

① 傅里叶(Jean Baptiste Joseph Fourier，1768—1830)，法国数学家、物理学家，政府官员，在热传导理论研究中创立了傅里叶分析理论。

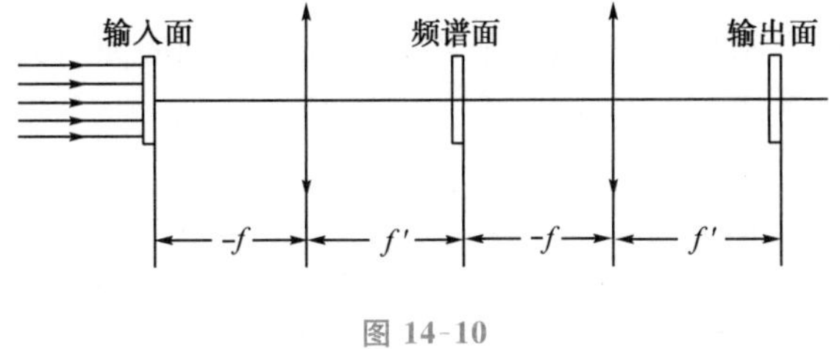

图 14-10

$$W=2h_1N_{\max} \tag{14-24}$$

式中，$2h_1$ 为输入面的直径(mm)，如图 14-11 所示，相当于常规光学系统中的物面直径，$N_{\max}$ 是能处理的最高空间频率(lp/mm)。衍射极限的相干光学系统的截止频率为

$$N_{\max}=\frac{u}{\lambda}=\frac{h_2}{\lambda f'} \tag{14-25}$$

式中，h_2 为频谱面的半径(mm)，f' 为傅里叶变换透镜的焦距(mm)，λ 为光波波长(mm)。因此

$$W=\frac{2h_1h_2}{\lambda f'} \tag{14-26}$$

h_1 相当于几何光学中的物高，h_2/f' 相当于几何光学中的孔径角，即信息容量 W 实质上等价于几何光学中的拉氏不变量 $J=nyu$。对于信息系统 J 表示能传递的信息量大小，对于成像系统 J 表示传递能量的大小。而从光学设计角度看，J 表征了光组本身设计、制造的难度。

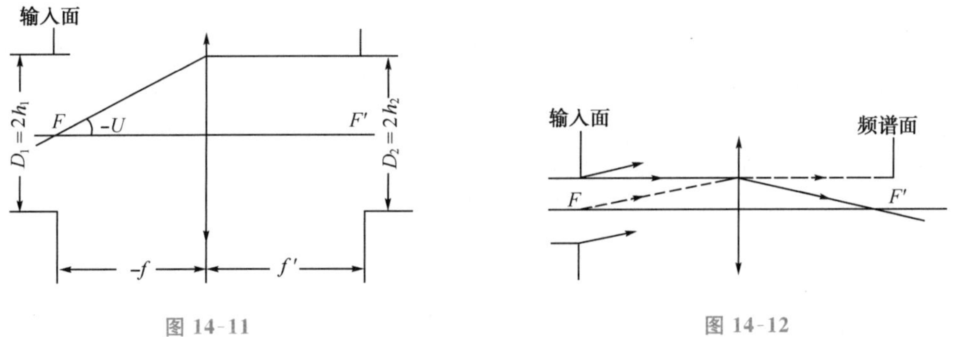

图 14-11　　图 14-12

傅里叶变换透镜要求对两对物像共轭位置校正像差。当平行光照射输入面上的物体，如光栅时，发生衍射。不同方向的衍射光束经傅里叶变换透镜后，在频谱面上形成夫琅和费衍射图样。为使图样清晰，各级衍射光束必须具有准确的光程。所以，傅里叶变换透镜必须使无穷远入射的平行光束在后焦面上完善地成像；第二对必须控制像差的共轭平面是以输入面作为物体，对应的像在像方无穷远，如图 14-12 所示。

为了减少杂散光和保证所需要的直径，宜在输入面与频谱面上放置光阑，以控制输入面与频谱面的大小，而且不能使傅里叶变换透镜本身的外径起拦光作用。输入面和频谱面中的任一个都可以视为孔径光阑，而另一个视为视场光阑，与此对应有两种处理方法，一种是物在无穷远，孔阑在前焦面，为像方远心光路；另一种是物在前焦面，孔阑是后焦面，为物方远心光路。两种处理方法的几何光路与最终效果完全相同。无论用何种方法都必须同时控制物面像差和光阑像差，即对两对共轭面校正像差。

若以输入面为孔径光阑来考虑，假设 m 级衍射光与光轴的夹角为 U_{pm}，则按照衍射理论

$$\sin U_{pm}=\frac{m\lambda}{d} \tag{14-27}$$

式中，d 为光栅常数，m 为衍射级次。

为使各级谱线的像高 $y'_1,y'_2,\cdots,y'_m$ 呈线性分布，像高 y'_m 应有

$$y'_m=f'\sin U_{pm}=m\frac{f'\lambda}{d} \tag{14-28}$$

由像差理论知，平行于光轴入（出）射的光线，正弦条件为 $h=f'\sin U'$ 或 $f\sin U$，即平行于光轴出射的主光线满足正弦条件，恰好就是保证式(14-28)成立的必要条件。

傅里叶变换透镜要求全视场内的像质达到衍射极限，即波像差＜(1/10～1/4)λ。若以输入面为孔阑，则校正物面像差等价于校正频谱面像差，校正光阑像差等价于校正输入面像差。由像差理论(9-11)式可知，物面畸变与光阑彗差间应满足下列关系：

$$\sum S_{\mathrm{V}}-\sum S_{\mathrm{II}\,p}=-J(U'^2_{pk}-U^2_{p1})$$

据此，傅里叶变换透镜为满足式(14-28)，当主光线满足正弦条件时，必存在物面畸变。

当满足无畸变的共线成像关系时，常规光学系统主面是平面，谱面上无畸变的理想像高 $y'=f'\tan U_p$，而傅里叶变换透镜要求像高 $y'=f'\sin U_p$，相当于主面是一个以焦点为中心的球面，请读者作图理解这一点。傅里叶变换透镜的畸变为

$$\delta y'=f'(\sin U_p-\tan U_p) \tag{14-29}$$

因此，以常规光学系统作为傅氏变换透镜时，最大谱面范围由谱点位置的非线性误差所限制。

傅氏变换透镜一般能对物面校正球差、彗差、像散、场曲，整个视场内像质达到衍射极限，且对光阑位置校正球差、彗差。若傅氏变换透镜需供多个波长同时工作，则应按常规方案校正色差。若在一定时间内只供某一特定波长工作，则应保留较大的负轴向色差，如图14-13所示，以改善每种单色光的波像差。但使用时必须对不同波长选用不同的焦面位置，来补偿色差的校正不足。

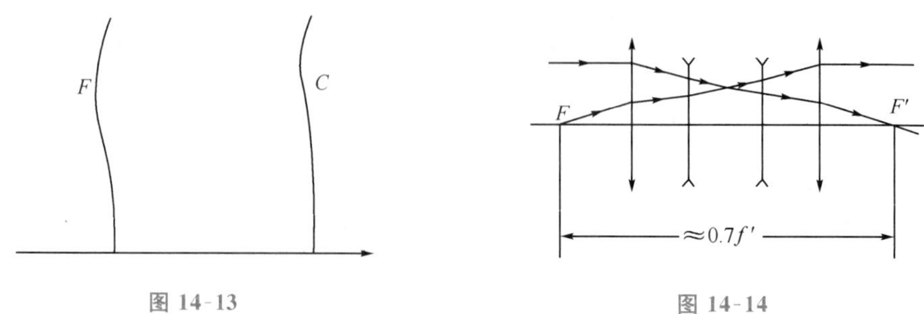

图 14-13　　图 14-14

自从1963年英国 Blandford 发布了第一个傅氏变换透镜以来，已出现的傅氏变换透镜基本上可以分为两大类。

一类是全对称或非对称双远距型。由于输入面与频谱面的直径决定了傅氏变换透镜的相对孔径和视场，为将其控制在适当范围内，以保证整个像面上的优良像质，目前傅氏变换透镜的焦距大多大于300mm。图14-10所示就是一个常用的 $4f'$ 系统。于是，长焦距的傅

氏变换透镜都采用如图 4-14 所示的远距型结构。为了同时校正物面像差与光阑像差，采用如图 14-14 所示的对称结构型式。四组元对称远距型透镜的前焦点到后焦点距离可以缩小到 $0.7f'$ 左右。图 14-15 显示了双远距对称型和非对称型中的两种结构型式示例，其中透镜(b)为 $f'=70\text{mm}$，输入面直径 48mm，频谱面直径 5mm。由于频谱面小，像方孔径角达 1/1.5。为充分发挥校正像差的潜力，采用非对称结构，末端的弯月形厚透镜可起到增大像方视场角的作用。

这类双远距型的优点是：总长度短，可供消像差的变数多，有利于提高像质或扩大孔径和视场。缺点是：结构复杂，价格昂贵，尤其是片数较多时，使由于镜片表面污点、玻璃内部缺陷和杂光等引起的相干噪声更为严重。

当傅氏变换透镜的孔径与视场较大，而焦距较短时，则无须用远距型来缩短筒长，甚至需增大两端的工作距离。此时宜采用像差校正状况更为有利的双反远距型，它可以负担更大的孔径与视场。

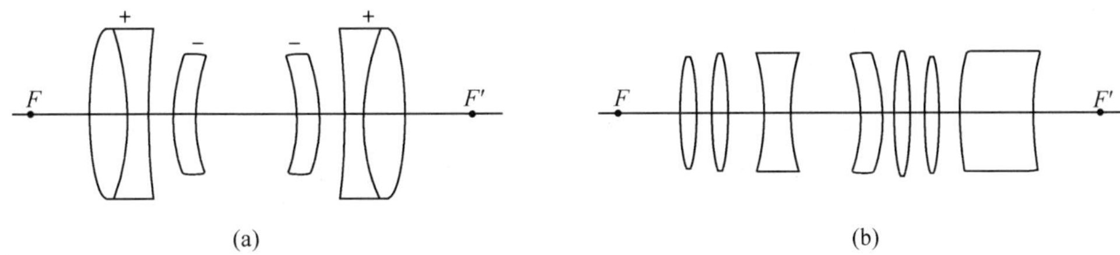

图 14-15

另一类傅氏变换透镜是单组元对称或非对称型，如图 14-16 所示。尽管变量较少，但仍然足以在较小孔径和视场下满足全部像质要求，而且有利于改善双远距型工作距离太短和相干噪声严重等缺点。

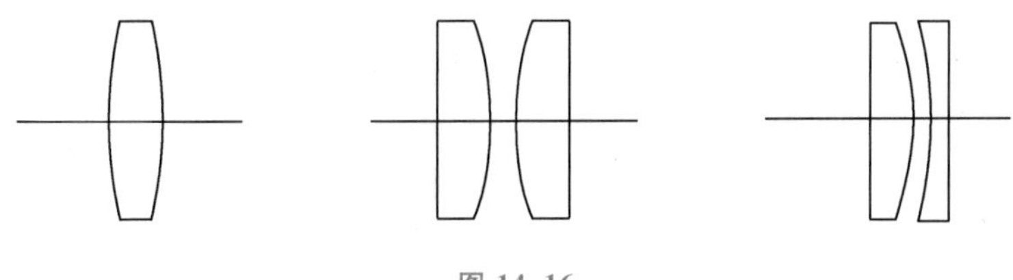

图 14-16

傅里叶变换透镜的焦距为 300～1000mm，相对孔径为 1/17～1/10，除特殊情况外，多属小孔径、小视场系统，可以用初级像差理论由 PW 方法求初始结构参数，然后进行修改。

14.4 光谱分析光学系统

14.4.1 一般光谱分析系统的原理与设计

光谱分析仪器通过检测样品的吸收或发射光谱，达到分析样品组分、监测样品质量的目的，在生化、医学、药物临床、化学化工、仪器卫生、环境监测等方面具有广泛的用途，是分析复杂混合物不可缺少的手段。凭物质的红外光谱图可以推断出分子中存在的基团或键，确定分子的化学结构，而紫外光谱可作为定量分析最有用的工具之一，在测量微量、超微量组分中具有很高的灵敏度。仪器中**光谱分析光学系统**(**spectrum analysis optical system**)具有重要的作用。要求光源发出的具有一定光谱范围的光经过光学系统后，能够被分离出样品的吸收或发射光谱。这种以分光为目的的光学系统与常规成像光学系统相比，在评价指标与设计方法上有很大的不同。

光谱分析仪器光学系统一般包括前置光学系统与单色器两个子系统，通常含有常规反射元件与衍射光学元件，有的还包括透射光学元件。图 14-17 所示是一种原子吸收分光光度计光学系统，图 14-18 所示是一种**色谱仪**(**chromatograph**)光学系统。

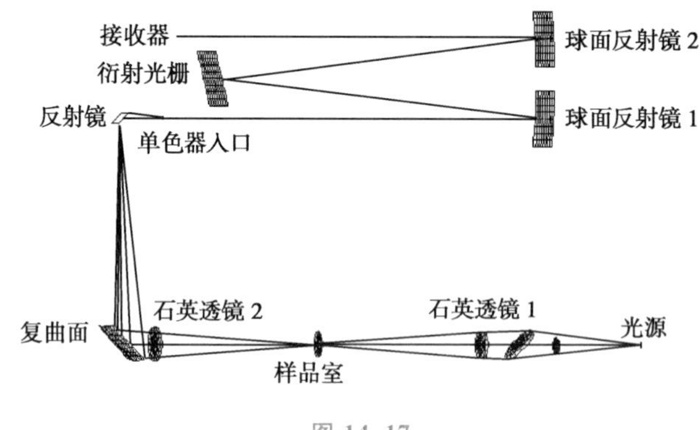

图 14-17

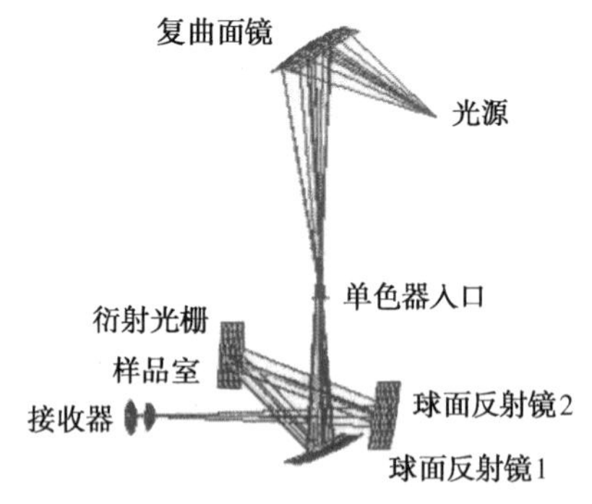

图 14-18

由图中可以看出，光源(通常是面光源)发出的光经过前置光学系统在单色器入口处会聚成高能量密度的均匀光柱，该光柱作为单色器的二次光源，发出的光经单色器中的分光光学元件分光，再会聚到接收面上形成光谱。样品室有放置于前置光学系统中的，也有放在后面的，但都是位于光能较为集中的地方。

目前分辨率较高的单色器大多采用**衍射光栅**(**diffraction grating**)分光，其衍射公式为

$$\sin\theta_i + \sin\theta_d = \frac{N\lambda}{d} \tag{14-30}$$

式中，θ_i 为入射角，θ_d 为衍射角，N 为衍射级，λ 为光的波长，$\frac{1}{d}$ 为光栅常数。不同波长的零级衍射光出射方向都相同，其他各级主极大衍射光对不同的波长将有不同的方向。为了有

足够的能量供检测，同时又将各波长的光谱区分开，通常采用＋1 级或－1 级衍射光。当光栅绕着与其入射面垂直的轴转动时，在接收器上就会得到不同波段的光谱，从而可以利用光栅转动扫描得到一系列特征谱线。

由公式(14-30)可以看出，当入射角一定时，有

$$\cos\theta_d \mathrm{d}\theta_d = \frac{N\mathrm{d}\lambda}{d}$$

因此，在某波长附近对于同样的波长间隔和同样的衍射级，光栅常数越大，相邻波长的衍射光分开的角度也就越大。因此，当系统中其他光学元件确定时，光谱分辨率主要取决于光栅常数。

常规成像光学系统以成像为目的，而光谱分析光学系统以光谱分离为目的，因此具有不同的质量评价要求，从光学系统设计来说，应包括单色器入射光柱光强均匀性、在要求的入射波段内应达到一定的光谱分辨率等。因此，常规的成像光学系统的质量评价方法如几何像差、波像差、传递函数等在此将不再适用，有必要根据以上要求对从光源到接收面的光路作全面分析，对每一条可能的光路进行计算，从而在单色器入口处得到能量集中且光强均匀的入射光柱，在接收面上得到较高的光谱分辨率。

对这类光学系统一般应分为两个部分进行分阶段优化设计。为了保证系统评价的准确性，可以在光源和光瞳上以高密度取样作实际光线追迹，以此产生的一系列点列图作为一个评价依据。这部分工作可以交给常用的光学设计软件来完成。

对于光学系统的第一个部分，即从光源到单色器入口，为了节省仪器空间，这部分光路往往须有一次以上的转折，最终要求光源发出的光在单色器入口处形成能量集中而且光强均匀的入射光柱。也就是说，该处应形成满足一定要求的像散光束，故此前的光路中通常含有复曲面。需要说明的是，这里通常并不是光斑的最佳会聚位置，计算时应根据单色器入射光柱的大小(如单色器入口处的狭缝大小)及其均匀性对前置光学系统进行优化。在光瞳上取样可以由光学系统设计软件自动完成，而在光源上取样从几何光学来说是对视场取样，一般光学设计软件对视场的设置极其有限，所以必须做多次计算与优化，必要时还要施加较多的人工干预。例如，对图 14-17 所示的原子吸收分光光度计光学系统在波长为 210nm、436nm 和 860nm 处分别作高密度取样光线计算所得到的单色器入口处的叠加点列图如图 14-19 所示。

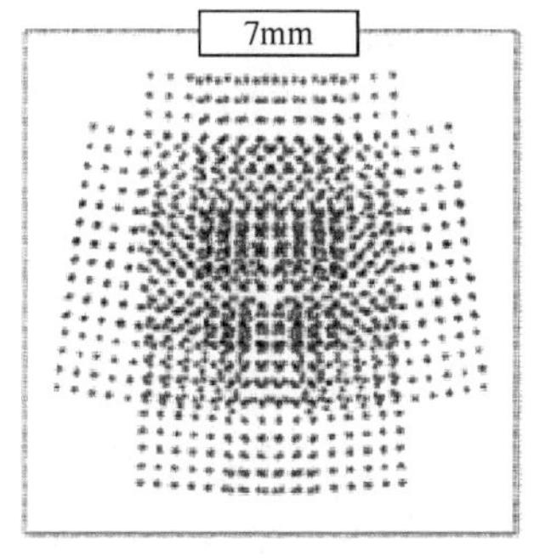

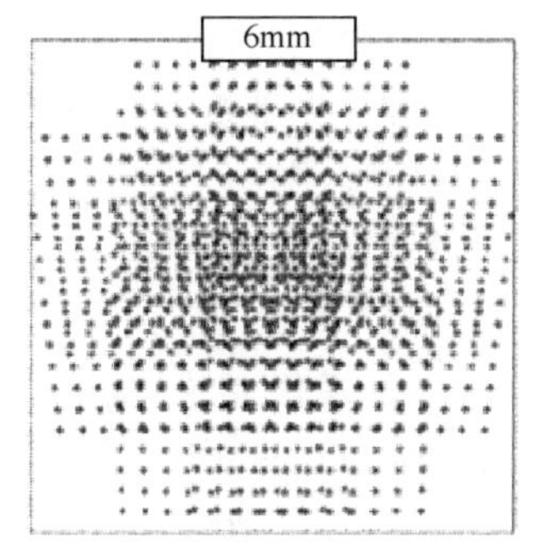

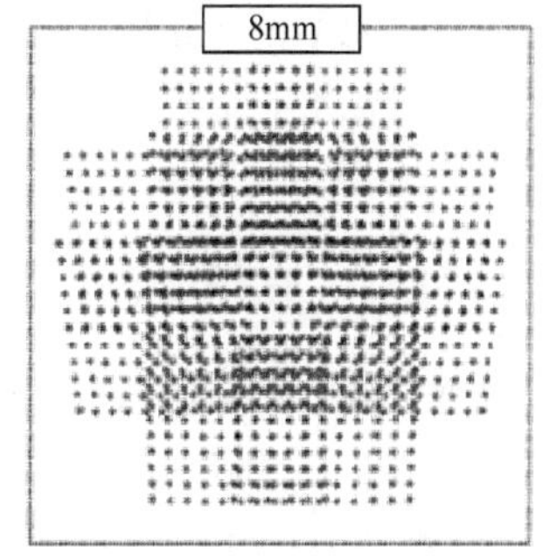

图 14-19

对于光学系统的第二个部分，即单色器入口到接收面，应在前置光学系统确定后，考虑

由光源到接收面的整个光路，对单色器各面面形与位置进行优化。这里对视场取样时存在与第一部分相同的问题，即一次只能计算少数视场，所以也必须做多次计算，其结果还需要做进一步的数据处理，以得到整个面光源发出的光经系统后在接收面上产生的综合效果。

有的仪器所分析的波长范围小，可以取中心附近的波长进行设计，再对两端作一验证计算即可。但有的仪器分析的波长范围相当大，如从紫外到近红外的原子光谱都要能够分析。如果系统中只有反射元件，将不会产生色差，光学系统的设计相对比较简单，只要取任一特征波长进行设计即可。如果系统中还有透射元件，由于透射元件对不同色光存在色散，就需要取几个特征波段进行设计。这时应选用对有效光谱范围均具有足够透过率的材料来制作透镜，并要注意对于不同的波段光栅的转动角度不同，每次计算时都要先确定光栅的方位，同时还要考虑对不同的波段都要满足接收器能量与光谱分辨率的要求，特别是对仪器的常用波段应提出严格要求，从而对光学系统参数取得合理的平衡。

以图 14-17 所示的原子吸收分光光度计光学系统为例，在光源上以 10×10 网格取样，在光瞳上以 32×32 网格取样，对波长为 190nm 至 860nm 的宽波段光谱完成了优化设计。本例中单色器入口狭缝宽度为 0.1mm，光栅常数为 1800 条/mm，考虑到该仪器主要应用于短波波段，设计时取主波长为 486nm，接收器上 279.2nm、279.5nm 和 279.8nm 三个波长产生的光谱分布如图 14-20 所示。样品实验结果表明，全波段的光谱分辨率均能满足 0.3nm 的要求。

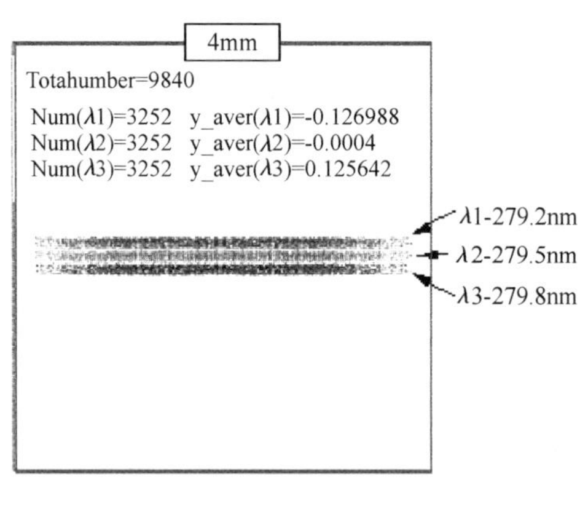

图 14-20

最后，应给出光栅方位与接收器表面得到的特征光谱波长的关系，以便进行机构设计。

可见，光谱分析光学系统的设计与成像光学系统有较大的不同，其设计流程可以概括为如图 14-21 所示。

14.4.2 成像光谱仪

成像光谱仪(imaging spectrometer)是现代遥感技术最重要的发展之一，它能够在连续光谱段上对同一目标同时成像，可直接反映出被观测物体的光谱特征，甚至物体表面的物质成分，因此可用于环境污染管理、城市规划、土地资源分析、植被分类和测绘、农业、洪涝火灾、地质与矿产调查、海岸带和海洋生态研究、大气探测和军事等多个方面。它对自然灾害、环境污染、危及人类的危险事故等的预报、发生、评估等将起重要作用，具有极高的军事应用

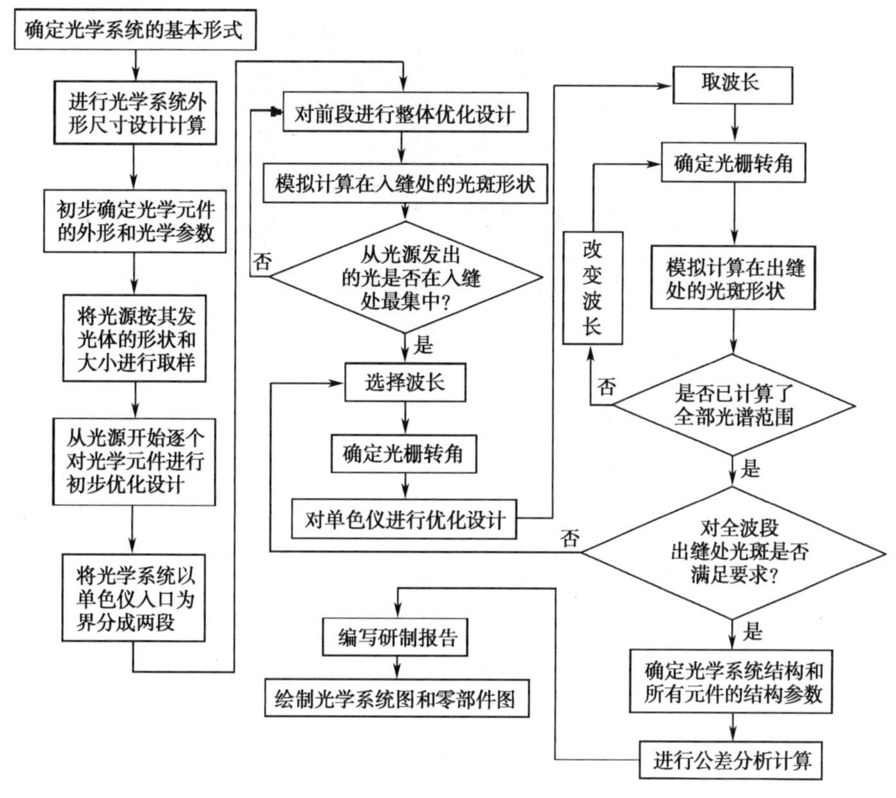

图 14-21

价值。根据光谱分辨率的不同，可分为多光谱型、超光谱型和超高光谱型三种，其光谱分辨率分别为几十个、数百个和上千个谱段。

图 14-22 是一种装载于飞行器上的推扫式超光谱成像系统的原理图。图中用透镜表示的可以是透镜组，也可以是反射镜组或折反射组件。由目标(如地面，可视为无穷远)发出的光通过物镜成像于狭缝处，由狭缝获得目标的一维图像，再经准直镜成像于无穷远处。物镜和准直镜构成一个典型的望远镜系统。由准直镜出射的光经色散元件得到一系列光谱，再经成像物镜会聚于光敏面上。由于色散元件仅在与狭缝垂直的方向对光起色散作用，同时光敏面与狭缝关于准直镜和成像物镜构成的光学系统共轭，因此在光敏面上可以得到二维图像，其中与狭缝同方向的是空间维，垂直于狭缝方向的是光谱维，即得到了一个目标条带的光谱数据。再结合飞行器的扫描运动，就可以得到目标的二维图像和图像的光谱数据，通常称为一个图像立方体。

可见，光谱成像系统包括成像光学系统、色散元件、光敏探测器件和电路系统等主要组成模块，其空间分辨率和光谱分辨率除与成像光学系统、色散元件有关外，还受到光敏探测器件本身的分辨率的限制。光敏探测器件在两个方向上的像元数分别限制了最大空间成像像元数和最大光谱波段数。

图像立方体包含很大的数据量，特别是超光谱或超高光谱成像系统具有极高的光谱分辨率和空间分辨率，导致非常庞大的数据量。电路系统应解决大容量数据信号的记录、处理和传输的问题，并有必要研究数据的实时无损压缩的解决方案。

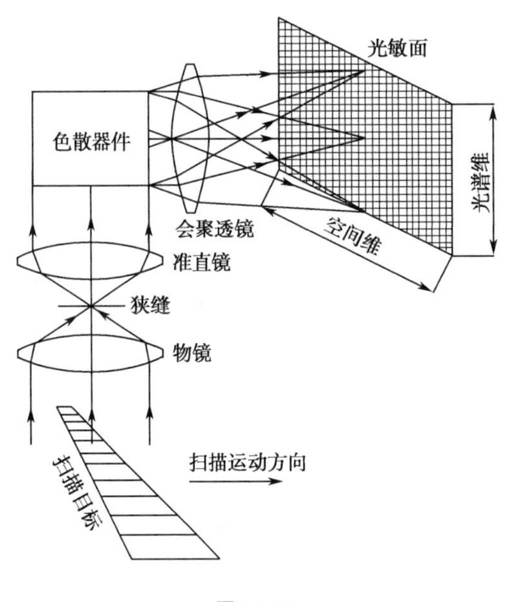

图 14-22

14.5 光电光学系统

1887 年赫兹①发现的光电效应在当时被形容为物理学界的三朵乌云之一,20 世纪初爱因斯坦②推广了普朗克③的量子概念,对此给出了正确的解释。现在以光电效应为基础的光电器件已在军事和国民经济各领域得到了广泛应用。

光电光学系统指以光电探测器件作为图像的接收器,或以光电显示器件作为图像源的光学系统。根据光路的可逆性,在设计时也可将后者看成光电接收。由于接收器不是人眼或胶片,这种光学系统的设计必须考虑光电器件的一些特点。

14.5.1 红外光学系统

红外光学系统(infrared optical system)是指接收或发射红外光波的光学系统。作为光学系统的一个类别,红外光学系统在光能的传递、成像和接收等光学概念上并没有本质的区别。但由于工作在红外波段,一般以光电探测器件作为光能的接收元件,因此与一般光学系统相比,也有其自身的一些特点。

任何高于绝对零度的物体都会发出红外辐射,在环境温度下,绝大部分红外辐射发生于

① 赫兹(Heinrich Rudolf Hertz,1857—1894),德国物理学家,赫姆霍兹的学生,证实了麦克斯韦的电磁理论,光电效应的发现者。

② 爱因斯坦(Albert Einstein,1879—1955),美籍德国物理学家、思想家和哲学家,相对论创立者,现代物理学奠基人,因光电效应研究获得 1921 年诺贝尔物理学奖。

③ 普朗克(Max Karl Ernst Ludwig Planck,1858—1947),德国物理学家,赫姆霍兹的学生,量子力学创始人,因普朗克公式获 1918 年诺贝尔物理学奖。他的墓志铭为普朗克常量。

$3\mu m$ 以上的光谱区域。然而并不是所有波段的红外辐射都具有很好的大气透过率。研究表明,红外光在大气中透过率比较高的波段有:近红外区域(低于 $2.4\mu m$ 的一些波段)、中波红外(波长约为 $3\sim5\mu m$)、长波红外(波长约为 $8\sim14\mu m$)。通常人们将这种在大气中衰减较小的波段称为大气窗口。对于近红外区域,由于绝大多数光学玻璃可以透过远至 $2.5\mu m$ 的红外光,因此在光学系统设计上所考虑的问题与可见光光学系统相比并无实质性的差异。而后两个区域是绝大多数热能存在的区域,也是大多数红外光学系统的工作波段,此时光学设计将与可见光系统有很大的差异。

对红外光学系统可以有不同的分类方式:按其工作原理来分,可分为主动式和被动式两类,前者以自带的红外光源照明目标,系统接收目标反射的红外光,后者则直接探测目标的红外辐射。按其工作方式来分,可分为扫描系统和凝视系统。

图 14-23 所示是一种主动红外夜视系统,它由红外光源和红外成像系统组成。红外光源发射近红外光,起照明目标的作用,红外成像系统的作用是接收目标反射的红外光,得到目标的像,并将其转换为人眼可以观察的像。红外成像系统主要由红外物镜、红外变像管和目镜组成。由目标反射的红外光通过物镜会聚于变像管前端的光电阴极上,光电阴极接受光照后会激发出光电子。光电子的多少随入射光强弱而不同,从而使光学图像转换为电子图像。光电子在高压电场的作用下,在变像管的真空腔中被加速,最后移动到其后端,并轰击荧光屏,再激发出光子,即可实现电光转换。于是,荧光屏上的目标图像可以通过目镜被人眼所观察。可见,在这种光学系统中,应当使光电阴极对不同的视场接受的光照比较均匀,所以成像物镜应尽量设计成像方远心光学系统。对于目镜来说,荧光屏可以看成是自身发光的图像,其孔径光阑只要与眼瞳匹配即可。

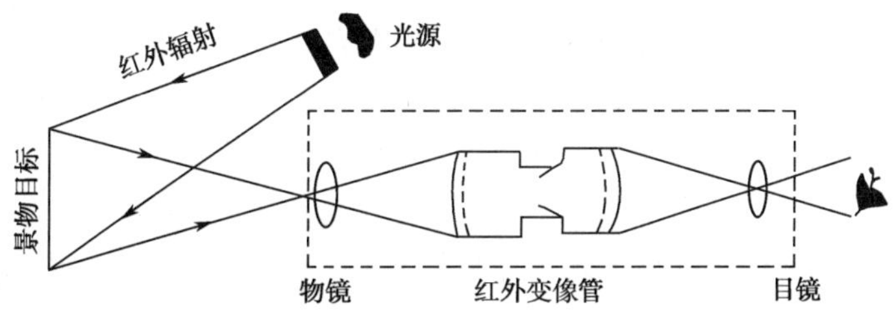

图 14-23

被动式红外系统本身不带有红外光源,而是直接探测目标发出的红外辐射。凡是绝对零度以上的物体都会发出红外线,但由于不同的物体之间、物体的不同部位,以及物体与环境之间温度不同,发射的红外线的波长和强度也就各不相同。温度较低的物体发出的红外线主要分布于远红外区,而温度较高的热源如发动机等发出的红外辐射波长在中红外区,辐射强度也相当高。利用这些辐射特性的差别,并通过对红外光进行光电、电光转换,可以得到人眼可视的图像。因此,这种图像反映的是目标的辐射温度分布。

红外光学系统的工作方式与探测器的发展紧密相关。早期红外探测系统通常采用光机扫描的方法,使小型探测器相对于目标顺序扫描整个视场。这种工作方式又分为串行扫描与并行扫描(推帚式扫描)两种,如图 14-24 所示。前者是由小型探测器首先扫描视场上方的一个窄条带,从左扫至右,然后下移至第二排窄条带,重复扫描过程,直至记录目标的整个幅面。事实上应当是探测器静止不动,而是被探测的图像扫过探测器。因此串行扫描要求有正交方向的两个独立运动，这就要求系统中有两个独立扫描的反射镜。也可以用一块具有复合运动功能的反射镜。推帚式扫描是一种并行扫描方式，它以一维探测器阵列按“推式扫帚”方式扫描物空间。相对于串行扫描方式，并行扫描探测器要复杂一些，像元数量比较多，但相应的机械结构要简化得多。

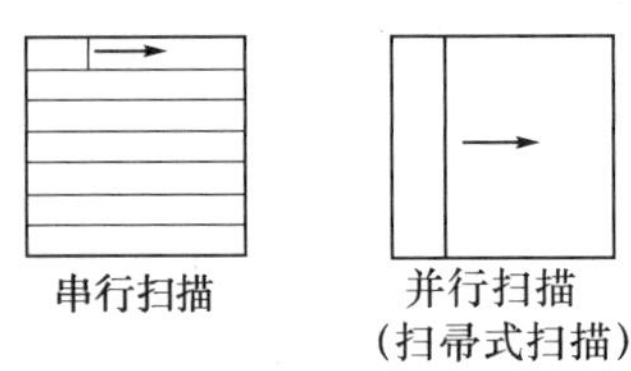

图 14-24

如果系统在所要求覆盖的空间范围内，对目标成像于充满光学系统焦平面的红外探测器，则称为凝视红外成像系统。显然，这种系统取消了光机扫描机构，减小了体积和重量，使结构更加紧凑，而且探测器单元有较长的积分时间，因而有更高的灵敏度。凝视红外成像系统的应用是红外成像技术发展到高级阶段的一个标志。

红外焦平面阵列(focal plane arrays)探测器是利用半导体材料制成的光伏元件或光导元件。光导元件是利用半导体的光电导随光照的变化，把光照强度转化为电流信号。光伏元件是一种结型光电器件，它利用光生伏特效应把光照强度转化为电压信号。金属-半导体形成的肖特基势垒层也能产生光伏效应。

红外光学系统与普通光学系统相比，具有以下不同的特点：

第一，红外辐射波段位于不可见区，而普通光学玻璃对 2.5μm 以上的光波不透明，因此在材料的选择上自由度很小。在设计时除了要选择透红外波段的材料外，还必须考虑材料的机械性能、应满足的尺寸等，这就使透镜系统在红外光学系统中的应用受到一定的限制，而反射式和折反射式光学系统占有较大的比例。同时，光学系统的结构应尽量简单，以减少能量的损失。

第二，红外光学系统的接收器不是人眼或胶片，而是光电探测器。因此，光学系统的性能以它和探测器匹配的灵敏度、信噪比为主要评价依据，而不是单纯考虑光学系统的分辨率。

第三，由于红外辐射波长较长，相应的衍射极限较低。早期的红外探测器分辨率低，对光学系统的像质要求也相应较低。但随着红外探测器分辨率的提高，对光学系统的要求也越来越高，而要得到较高的分辨率必须要有大的相对孔径。对于光机扫描结构，光学系统的视场较小，属于大孔径小视场系统，但要考虑对像面弯曲或畸变的特殊要求。对于凝视成像系统，由于探测器像元数比扫描型要多得多，相应的光学系统视场也必须与此匹配，并且要充分发挥探测器的效能。

第四，由于中波红外和长波红外是绝大多数热能存在的区域，所以红外光学系统的热效应也是一个需要考虑的问题。由于红外探测器敏感于热能，任何能够到达探测器的热辐射都会降低系统的灵敏度，甚至造成图像异常。某些红外探测器必须在深冷的条件下工作，需要封装在杜瓦瓶中，这时需要考虑光学系统的孔径光阑与杜瓦瓶冷阑的匹配问题，请参阅文献[42]。同时，光学元件的折射率会随温度变化，并且光学、机械元件都会由于热膨胀而产生变形，由此而导致的像差称为**热差（thermal aberration）**。因此在设计时需要对此进行分析，必要时还需要采用消热差的设计方法。

第五，红外光学材料相对于普通光学玻璃在工作波段具有更高的折射率，这使红外光学系统在实现大孔径的同时，视场外入射的光也更容易在镜头内部发生全反射，并且可能经几次全反射以后混入正常光路到达像面。这是红外光学系统的特殊的杂散光，往往来自特定的角度范围，路径诡异，难以捕捉，必须进行专门的分析，并针对具体系统的具体分析结果采用合理的方法避免或减小其影响。否则如果在该角度上有一个强光源，如太阳，就会对成像探测带来严重影响。

14.5.2　液晶投影系统

投影显示技术是利用光学投影方式将图像放大投影到大尺寸的屏幕上。早期的投影显示系统是以 CRT(阴极射线管)直接作为光源和图像，从 1991 年以来，TFT—LCD 问世并逐步实现了商品化，**液晶显示（liquid crystal display，LCD）**及投影技术得到了很大的发展，以其低功耗、小型化、轻量化和高像质引起了人们的关注，由于**液晶投影仪（LCD projector）**体积小，重量轻，安装方便，在多媒体教学、家庭影院、学术活动甚至军事指挥系统中得到了广泛的应用。

从图 14-25 可以看出，整个液晶显示系统包括光源、光学引擎、液晶模块及电子电路等部分。所谓光学引擎就是整个光学系统组合，包括高效率照明系统、分合色系统、投影镜头等。

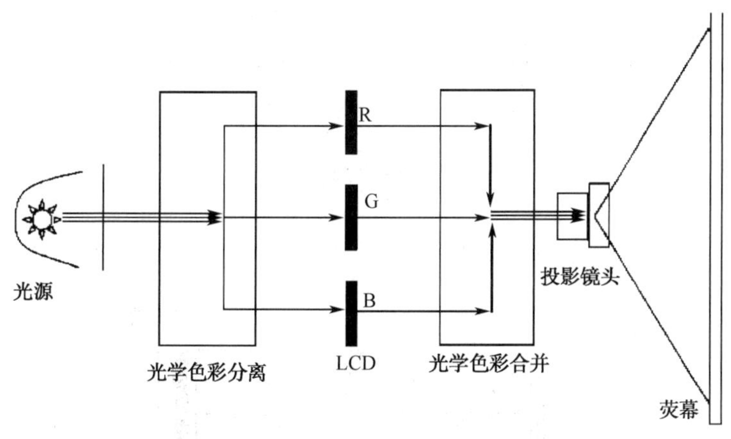

图 14-25

液晶模块是控制投影机显示图像的器件。液晶是有规则性排列的介于液体与晶体之间的一种物质状态。在液晶显示板上加上视频信号电压，可以改变液晶的分子的排列状态，从而控制通过的光的光程，利用光的偏振干涉在液晶板上形成表示图像特性的亮暗变化。

光源通常采用金属卤化物灯，这种灯正常发光的光谱范围很宽，具有发光效率高、白色光纯正的优点。这种灯不能瞬间点亮，也不能在关灯后立即开灯。

根据所用的 LCD 片数的不同，液晶投影机有单片式与三片式两种。采用一片透射式 LCD 的称为单片式液晶投影机，在这一片液晶面板上应能同时提供 R、G、B 三种颜色，使得光源利用效率较低。尽管如此，由于单片式液晶投影机可以做得轻便短小、结构简单且价钱便宜，作为低端产品仍具有特定的消费市场，如用于影视播放系统等。三片式液晶投影机将光源分离成 R、G、B 三色分别加以调制，然后再通过合色系统合成彩色图像，经投影物镜成像于大屏幕上。这种系统光源利用效率较高、颜色逼真，但光学系统和机械结构都较单片式复杂得多，因此体积较大、重量较重且价钱较高。

20 世纪 90 年代中期开始发展起来的 LCOS 技术是一种基于标准 CMOS 工艺的反射式 LCD 投影显示技术。所谓 LCOS，就是"硅片上的液晶"，即将液晶片以及驱动液晶的电路和其他一些功能一并集成在硅片上，实现对输入光随电子图像的调制。透射式 LCD 由于电极不透明，光的透过面积与电路晶体管面积相竞争。而 LCOS 由于微电路部分都集成在像素反射镜下面，有效面积大大增加，而且像素尺寸减小到微米量级，光能利用率和图像分辨率均得以提高，而且还大大降低了设备的制造成本。

图 14-26 所示是目前普遍采用的 Phillip 棱镜光学分色/合色系统。这种分色/合色系统原理简单、分色性能好，已广泛应用到三片式投影系统中。但是，这种分色系统对角度很敏感，如果入射角度不符合条件或入射角度范围过大，都会引起颜色失真。图 14-27 所示是一种由偏振干涉滤光片组成的分色/合色系统，这种系统具有原理简单、分色/合色效率高的特点，并可降低造价。

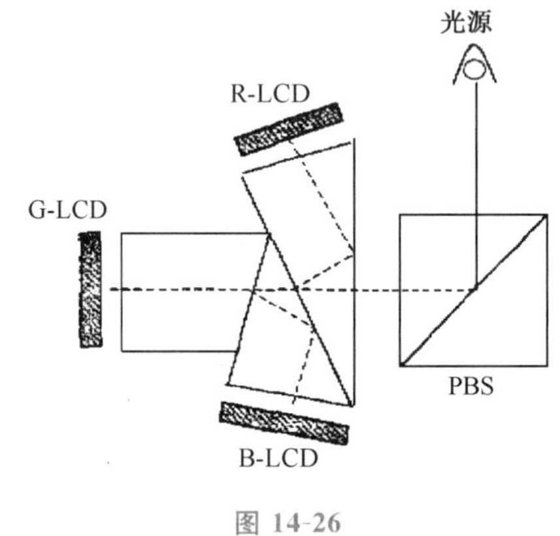

图 14-26

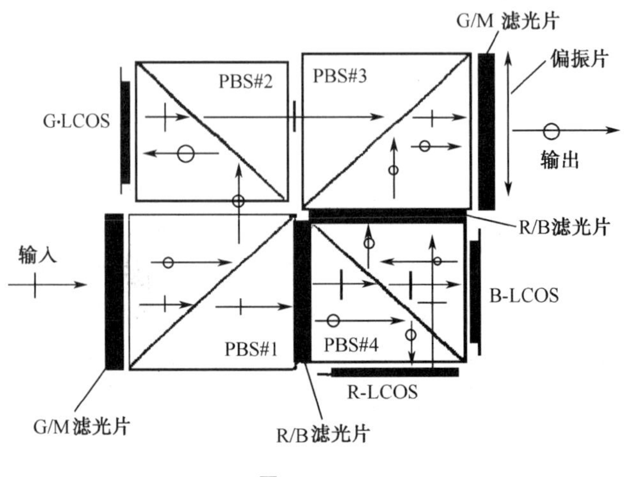

图 14-27

液晶投影光学系统包括其照明系统和投影系统。照明系统要求为液晶板提供高亮度、均匀的照明，并且由于液晶板对于光束方向的选择性，入射于液晶板的光束应尽量与之垂直。因此，通常采用基于柯拉照明原理的各种照明方式。图 14-28 所示是一种采用复眼透镜的均匀照明方式，由光源、反光碗、两排复眼透镜和聚光镜组成。光源发出的光经第一排复眼透镜成像于第二排复眼透镜上，在其上形成多个光源像。这些光源像作为二次光源，经后面的聚光镜叠加后均匀地照明液晶板。采用复眼透镜照明可以将宽光束照明分为多个细光束照明，由于每个细光束的均匀性必然大于整个宽光束范围内的均匀性，再加上对称位置细光束的相互叠加作用，从而又进一步补偿了细光束的细微不均匀性。所以采用双排复眼透镜阵列可以更充分、均匀地利用进入光学系统中的照明光束。

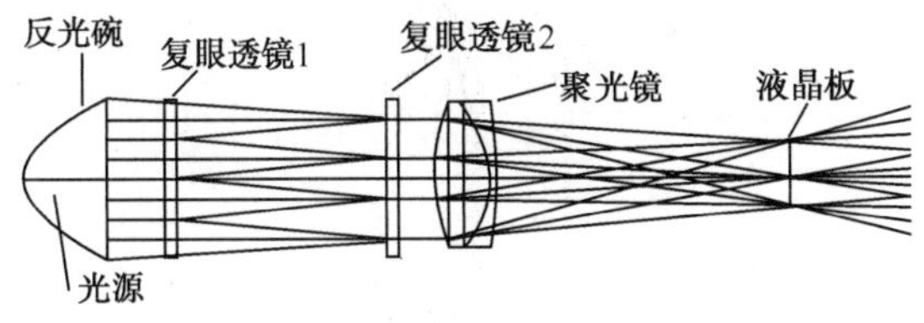

图 14-28

无论采用何种图像源，都必须经过投影物镜才能得以显示。因此，投影物镜是实现图像显示的直接模块，其视场、孔径以及成像质量必须和图像源相匹配。从光学系统来看，液晶投影镜头仍属于放映光学系统一类，其目的是对图像源成放大像以供观看。但通常的放映系统一般不能用于液晶投影，原因在于液晶板对于光线方向的选择性，只有与液晶板法线方向夹角不大的光才是有效的。同时，液晶投影与通常的放映系统相比，投影距离大约在几米左右，由于距离比较近，相应的投影视场角也要大一些。所以液晶投影物镜当属中等孔径中等视场的光学系统，也有一些属于大视场系统，并且考虑到不同视场发出的主光线都应平行于光轴，所以一般要满足物方远心光路的要求。按照反向设计，应设计成像方远心光学系统。由于合色棱镜经展开后是一块厚度很大的平行平板，所以在设计时必须考虑平板产生的像差，应将平板作为光学系统的一部分参与设计。图 14-29 所示是一种液晶光阀投影物镜，相对孔径为 1∶4，图像源大小为 33mm×44mm，要求投影到 8m 远处，屏幕大小为 3m×4m。

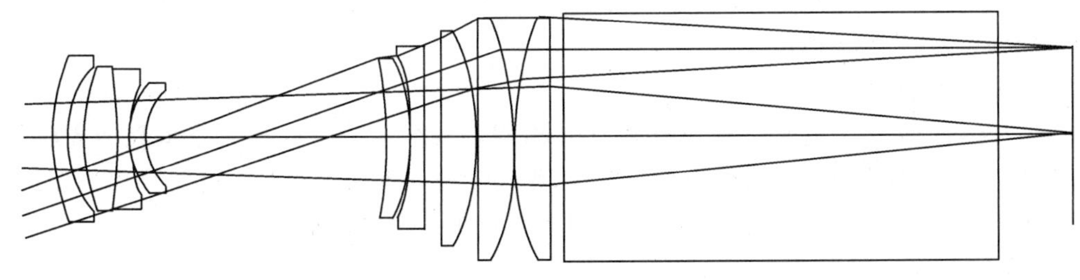

图 14-29

也有一类液晶显示系统是利用入射到液晶板上的光线方向来实现分色合色的，不同方向的光具有不同的颜色。这种系统要求具有相当大角度的有效光线，相对孔径比图 14-29

所示的系统要大得多,是一种大孔径大视场系统。图 14-30 所示即为这种系统,其相对孔径为 1∶1.8。

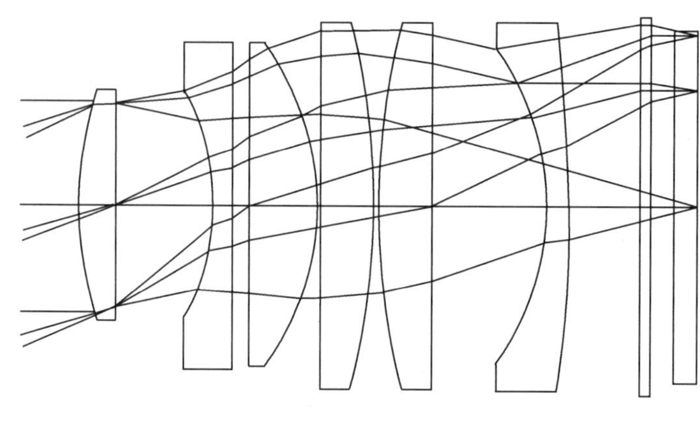

图 14-30

14.6 梯度折射率透镜

梯度折射率透镜(Gradient index lens)与普通透镜不同,是一种非均匀介质构成的透镜,在其内部折射率是连续变化的。1845 年英国物理学家 Maxwell 建立的鱼眼透镜理论是近代梯折光学的基础。光纤的问世促进了梯折光学理论的发展和梯折材料的试制。20 世纪 60 年代末人们用离子扩散法生产出了梯折玻璃。1971 年,美国光学家 D. T. Moore 设计了梯折单透镜的成像光组,并计算出它的初级像差,成为最早的梯折透镜设计理论。

梯度折射率介质按其折射率的变化规律可以分成以下四种形式:

1. 径向梯度折射率

这种材料中,各点的折射率是该点到光轴的径向距离的函数,因此,其等折射率面是以光轴为轴线的圆柱面。长而细者称自聚焦纤维,短而粗者叫作伍德透镜。由于折射率从透镜中心到边缘呈径向变化,用这种材料制成的垂直于轴线的平行平板具有透镜的作用。当折射率梯度有细微变化时透镜的聚焦性能就会有明显的变化。用径向梯度折射率介质制成的球面透镜具有非球面的作用。

2. 轴向梯度折射率

这种材料的折射率变化方向与光轴方向相同,因此,其等折射率面是垂直于光轴的平面。轴向梯度折射率介质如果做成平行平板,则是无光焦度的。当至少有一个面为曲面时,就会产生光焦度。球面的轴向梯度折射率透镜等效于一个非球面透镜。

3. 层状梯度折射率

这种材料的等折射率面是平行于光轴的平面。因此,在折射率的梯度方向,光线的轨迹与径向梯度折射率介质相同。在无梯度的方向,光线轨迹的投影为直线。

4. 球面梯度折射率

折射率随径向距离而变化,等折射率面是同心球面。球面梯度折射率介质中的光线都是平面曲线，任何光线入射于这种介质后，只在该光线与球心构成的平面内传播。制造时，折射率梯度的对称中心并不与表面的曲率中心重合。

梯度折射率材料的使用，给光学设计带来了更多的自由度，并可以使光学系统结构简化，减小了体积和重量。

梯度折射率透镜的像差校正原理如图 14-31 所示。对于用常规均匀材料制成的单正透镜，根据球差的分析，应产生负球差，即边光交光轴于 A'，近轴光交光轴于 A_0'。当以梯度折射率材料制作这种单透镜时，使透镜边缘处的折射率比透镜中心处低，因而边缘的会聚能力差，可以使边缘光线经透镜后也交光轴于 A_0'，从而校正了边缘光线的球差。适当选择梯度折射率的分布，可使各环带的光线均交于 A_0' 点，实现对轴上点完善成像。因此，梯折透镜的设计就是修改折射率分布函数，使整个系统的成像满足像质要求。

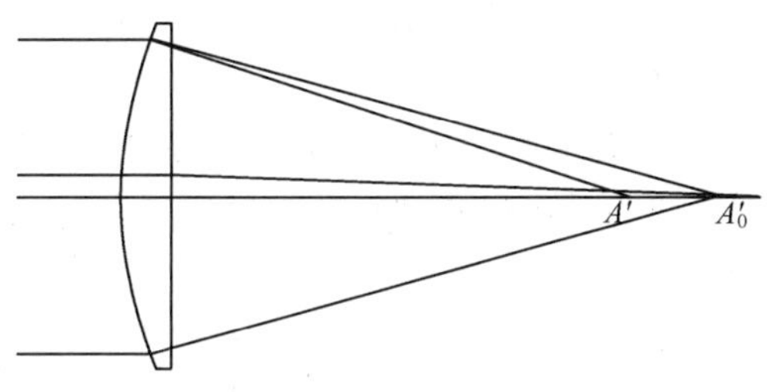

图 14-31

梯度折射率材料目前主要用于光通信系统。光通信系统中需要用到直径很细而长度以公里计的光纤。第一代光纤是以高折射率的芯子和低折射率的包层做成的全反射型均匀介质折射率光纤，为防止进入光纤的光线因折射角和折射率的影响而向纤外空间射出的可能性，需采取防护措施，以防止漏光。但在用径向梯折材料制成的光纤中，光线将聚集于轴线的周围，不再与纤壁相接触，因而大大降低了光的损耗或衰减。这种光纤中光的行进方式完全不同于均匀介质中利用全反射原理使光线曲折行进的原理。

折射率材料的制备是保证梯折透镜校正像差作用的关键。如果能够生产便宜的重复性好的折射率梯度材料，将会使梯折透镜在光学系统中有更广泛的作用。目前已经用过的方法有离子交换、溶胶凝胶法等低温扩散方法，但由于梯度分布的深度浅，折射率分布变化范围有限，以及折射率分布不易控制，所以要生产大直径光学零件还有待深入研究。离子交换法是制备梯度折射率材料的常用方法，其基本原理是用熔盐中的对折射率贡献较小的离子部分替换基础玻璃中对折射率贡献较大的离子，使这两种离子在玻璃中的浓度形成一定的梯度，由离子浓度的梯度产生折射率梯度。

由于梯度折射率介质是一种非均匀介质，其中任何一点的折射率是空间坐标(x,y,z)的函数。因此，光线传播轨迹不是直线而是曲线。如图 14-32 所示，根据费马原理，当光线从 A 点传播到 B 点时，应沿着光程为极值的路径传播，即

$$\delta L = \delta\int_A^B n(x,y,z)\mathrm{d}s = 0 \tag{14-31}$$

式中，$\mathrm{d}s$ 是弧长的微分，在直角坐标系中，有

$$\mathrm{d}s=\sqrt{(\mathrm{d}x)^2+(\mathrm{d}y)^2+(\mathrm{d}z)^2}=\mathrm{d}z\sqrt{1+(\frac{\mathrm{d}x}{\mathrm{d}z})^2+(\frac{\mathrm{d}y}{\mathrm{d}z})^2}$$

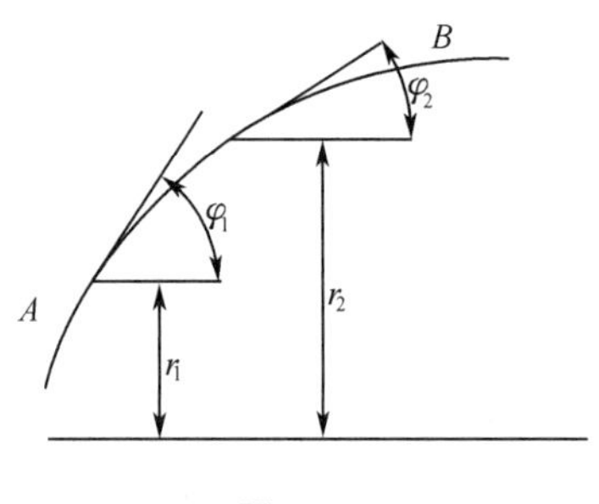

图 14-32

将上式代入公式(14-31),由欧拉方程可得

$$\frac{\mathrm{d}}{\mathrm{d}s}\left(n\frac{\mathrm{d}\boldsymbol{r}}{\mathrm{d}s}\right)=\nabla n \tag{14-32}$$

其中 $\boldsymbol{r}$ 表示光线上任意一点的位置矢量。

公式(14-32)称为光线方程式,也叫费马原理的拉格朗日表述,因为它可以通过定义所谓的光学拉格朗日量,利用经典力学中以哈密顿原理讨论质点运动轨迹的方法而得出,它普适于任何介质中的光线传播问题。

对于均匀介质,折射率是常量。由于$\nabla n=0$,有 $n\frac{\mathrm{d}^2\boldsymbol{r}}{\mathrm{d}s^2}=0$,其解为

$$\boldsymbol{r}=\boldsymbol{a}s+\boldsymbol{b}$$

显然,这是直线方程。所以,均匀介质中的光线为直线。

一般情况下,求解方程(14-32)是困难的,但对于近轴光线,由于光线和光轴的夹角很小,可以认为 $\mathrm{d}s\approx\mathrm{d}z$,光线方程可简化为

$$\frac{\mathrm{d}}{\mathrm{d}z}\left(n\frac{\mathrm{d}\boldsymbol{r}}{\mathrm{d}z}\right)=\nabla n \tag{14-33}$$

公式(14-33)称为近轴光线方程式。

有一类径向梯度折射率介质常用于制作棒状透镜或光纤,后者称自聚焦光纤。在包层型的光纤中,光的传播取决于纤维内壁光的全反射,芯与包层界面上的缺陷将导致光的散射损失。而采用具有适当折射率分布的径向梯度折射率介质,可使光线轨迹在子午面内是一条正弦曲线。

将折射定律应用于图 14-32 所示的梯折介质中,有

$$n(\boldsymbol{r}_1)\cos\varphi_1=n(\boldsymbol{r}_2)\cos\varphi_2=n(\boldsymbol{r})\cos\varphi$$

式中,φ 是光线的切线与光轴的夹角,$n(r)$为径向距离为 r 处的介质折射率。显然,光线在径向梯折介质中的传播轨迹中,必有一点的光线轨迹平行于光轴,对应于正弦函数的最大振幅。设该振幅为 R,则有

$$n_0\cos\varphi_0=n(r)\cos\varphi=n(R)$$

式中,$n(0)$为介质中心轴线上的折射率。如果端面上光线的入射角为 θ_0,则

$$\sin\theta_0=\sqrt{n^2(0)-n^2(R)}$$

自聚焦光纤随着径向距离的增大,折射率单调减小。为了保证光线的传输,在一个振动周期内,任意一条光线的轴向速度为常数,如图 14-33 所示。换言之,在一个振动周期内,任意一条光线的光程长度为常数,即满足费马原理。这样的梯折材料能够在其端面上成像,并

且物、像之间的距离等于周期长度。可以得到其折射率分布为

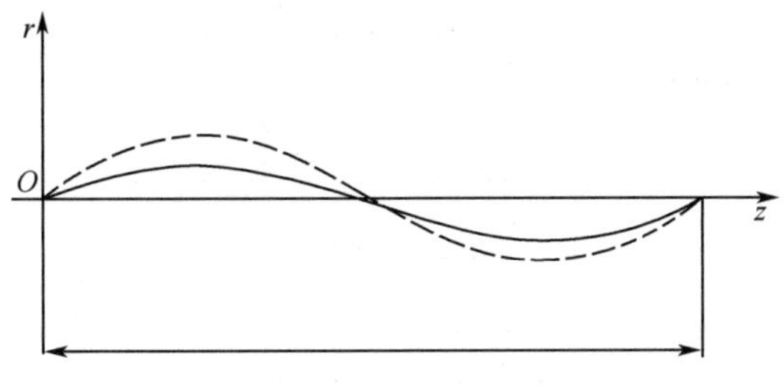

图 14-33

$$n^2(r)=n^2(0)[1-\cos^2\varphi_0 a^2 r^2]=n^2(0)[1-\cos^2\varphi_0 a^2(x^2+y^2)]$$

式中，$n(r)$和 $n(0)$分别为 r 处和轴上的折射率，φ_0 为入射光线和子午面间的夹角，a 为与梯度折射率变化有关的常数。对于近轴光线，可认为在子午面内，$\varphi_0\approx 0$，折射率分布函数变为

$$n(r)=n(0)(1-a^2r^2)^{1/2}\approx n(0)(1-\frac{1}{2}a^2r^2)$$

折射率分布符合以上公式的光学纤维通常称为自聚焦光纤，直径较大的称为聚焦棒透镜。对于这种折射率分布，分别考虑近轴光线方程式中的各分量，易于得出近轴解为

$$\begin{cases} x(z)=A\cos(az)+B\sin(az) \\ y(z)=C\cos(az)+D\sin(az) \end{cases}$$

其中 A、B、C、D 是取决于光线初始条件的常数。可见，近轴光线是周期为$\frac{2\pi}{a}$的正弦曲线，这个周期为常数，并与光线的初始条件无关。

由于介质是旋转对称的，所以总可以把入射点选在 y 轴上，此时 $x(z=0)=0$，所以 $A=0$。

对于由点$(0,y_0,0)$发出的与三轴夹角分别为 α_0、β_0、γ_0 的光线，可得

$$y\Big|_{z=0}=C=y_0$$

$$\frac{\mathrm{d}y}{\mathrm{d}z}\Big|_{z=0}=aD=\frac{\mathrm{d}y}{\mathrm{d}s}\cdot\frac{\mathrm{d}s}{\mathrm{d}z}=\frac{\cos\beta_0}{\cos\gamma_0}，故\ D=\frac{\cos\beta_0}{a\cos\gamma_0}$$

同理，$B=\frac{\cos\alpha_0}{a\cos\gamma_0}$

如果入射光线的 $\alpha_0=\frac{\pi}{2}$使 $B=0$，则 $x(z)\equiv 0$，光线总限制在子午面内。可见，光线在自聚焦棒中的轨迹是周期为 $L=2\pi/a$ 的正弦曲线，它与一般透镜一样，可以聚光、成像。其直径可以小到几十微米，也可以大到几十毫米。截取不同轴向长度的棒，可以得到具有不同焦距的透镜。如图 14-34 所示，P、Q 为一对共轭点，P 点发出的光线在空气中沿直线传播，在介质分界面上产生折射，在介质内沿正弦曲线传播，Q 为两条出射光线的交点。可以得出其主要光学性能为

焦距　$f'=-f=-\frac{1}{n(0)a\sin(aZ)}$

焦点位置　$l'_F=-l_F=\frac{\cot(aZ)}{n(0)a}$

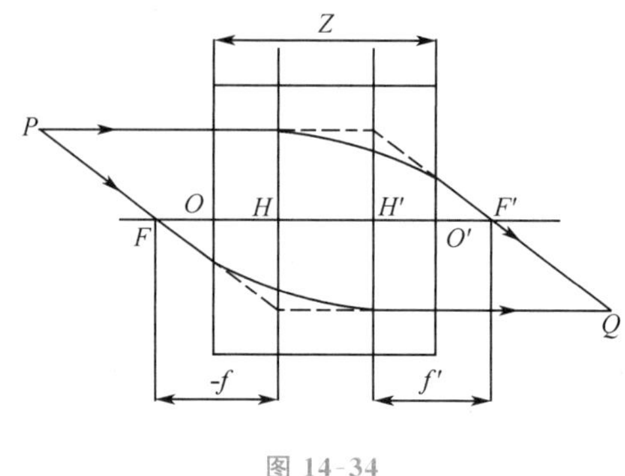

图 14-34

主平面位置 $l'_H=-l_H=\dfrac{1-\cos(aZ)}{n(0)a\sin(aZ)}$

式中，Z 为梯折棒的长度。

梯折棒的基点位置确定以后，均匀介质中的牛顿公式、高斯公式、放大率公式均可适用。

对于子午光线，梯折透镜具有下列特性：

(1) 随着透镜长度的变化，焦距呈周期性的变化，周期为 L。

(2) 若 Z 为 $nL/4$ 且 n 为奇数时，对应的焦距为极值。当 $n=1,5,9,\cdots$ 时，焦距为正的极小值。当 $n=3,7,11,\cdots$ 时，焦距为负的极大值。当 n 为偶数时，焦距趋向无穷大。

(3) 中心处折射率 $n(0)$ 越大，边缘折射率越小，则极值焦距越小。

(4) 光线从端面中心入射时，其孔径角为 $2\theta=2\arcsin(\sqrt{2n(0)\Delta n})$。当光线在端面的入射点的 r 增加时，其数值孔径不断减小。当 $r=a$ 时，数值孔径为零。

梯折棒透镜与常规透镜相比，有其独特的优点。它可以做得很小，并且有超短的焦距。可用同种材料做成不同厚度的平行平板，形成具有不同焦距的梯折透镜，并且可以在端面上成正立或倒立的实像。

在梯折透镜中，对于一般近轴光线有 $\begin{cases} x(z)=\dfrac{\cos\alpha_0}{a\cos\gamma_0}\sin(az) \\ y(z)=y_0\cos(az)+\dfrac{\cos\beta_0}{a\cos\gamma_0}\sin(az) \end{cases}$

当 $x^2+y^2=\text{const}$ 时可以形成如图 14-35 所示的螺旋形光线。这时 $\beta_0=\dfrac{\pi}{2}$ 且 $y_0=\dfrac{\cos\alpha_0}{a\cos\gamma_0}=\pm\dfrac{1}{a}\tan\gamma_0$。

梯度折射率介质为校正像差提供了附加的自由度，为设计结构简单、像质优良的光学系统提供了可能性。利用哈密顿理论，可以推导出梯度折射率光学系统的像差。与均匀介质的光学系统一样，梯折透镜的初级像差也可以通过追迹两条近轴光线得到，当然它比均匀介质要复杂得多。根据梯折介质的初级像差表达式，可以得出对子午光线无像差的折射率分布或对螺旋形光线无像差的折射率分布。这两种分布具有完全不同的形式，因此不能兼顾。同时，梯折介质中除了子午光线和螺旋形光线外，还有其他的空间光线。因此，对于参与成像的所有光线，要找到无像差的折射率分布是不可能的，只能通过改变非均匀介质的参数来控制像差。同时，梯度折射率透镜的初级像差与实际像差还有很大的出入，所以必须考虑高

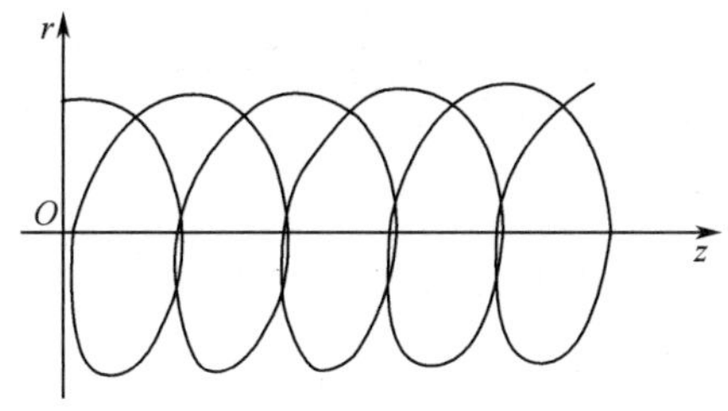

图 14-35

级像差，一般在计算中用光线追迹来求实际像差。

14.7 光学纤维

提起**光学纤维(optical fibre)**，读者很容易想到光通信。当然，近些年来，光学纤维已广泛应用于通信领域，但这只是光学纤维应用的一个方面。事实上，光学纤维是一类多用途的光学元件，它具有传输光信号的功能，最早出现在 20 世纪 50 年代初。到了 60 年代中期，高锟[①]提出以石英基玻璃纤维传输信息，并出现了自聚焦光纤及石英玻璃光纤，使传输损耗大为降低。自从 1973 年美国贝尔实验室组装了第一条光纤通信实验系统后，各种实验线路大量涌现。目前光学纤维已在医学、工业、国防、通信等领域得到了广泛的应用。

为适应不同的用途，可以有不同类型和不同性能的光纤。按材料分，有玻璃光纤、塑料光纤和液芯光纤等；按传输介质分，有普通阶跃型、梯度折射率型、光子晶体光纤和纳米光纤；按使用波段，有可见光波段、红外波段和紫外波段的光纤；按光纤中传输的光的模式分，有单模光纤和多模光纤；按用途来分，有传光光纤、传像光纤和光纤传感器。

普通阶跃型光纤由高折射率的芯子和低折射率的包层组成，如图 14-36 所示。当入射光在界面上满足全反射条件时，就可以光纤内传播。当然，如果只将其中的芯子拉成细小的纤维，那么，光纤中仍然遵循全反射原理。但这种无包层的单根纤维是没有实用意义的。一根光纤只能传递一个像元，为达到传光或传像的目的，必须将大量单根光纤排列在一起。如果纤维之间没有低折射率的包层，光在相邻纤维之间就会发生“串光”。因此，每根光纤都必须有低折射率的包层。

根据电磁场理论，光在界面上发生全反射时，仍有进入第二种介质的波，称为倏逝波。倏逝波的透入深度与入射光的入射角、波长及偏振等因素有关。为了防止串光，光纤包层的厚度必须大于其透入深度。

另外一类光学纤维是梯度折射率介质的光纤，如自聚焦光纤。关于光在自聚焦光纤中的传播请参见上节。

将大量光纤以一定的方式排列、胶合或熔压成为纤维束后，经端面研磨、抛光即可获得具有各种用途的光学纤维元件。光学纤维元件可以起到传递光学信息的作用，这种作用主

① 高锟(1933—2018)，英籍美籍华裔物理学家，香港中文大学教授，因在光纤领域的特殊贡献获得 2009 年诺贝尔物理学奖。

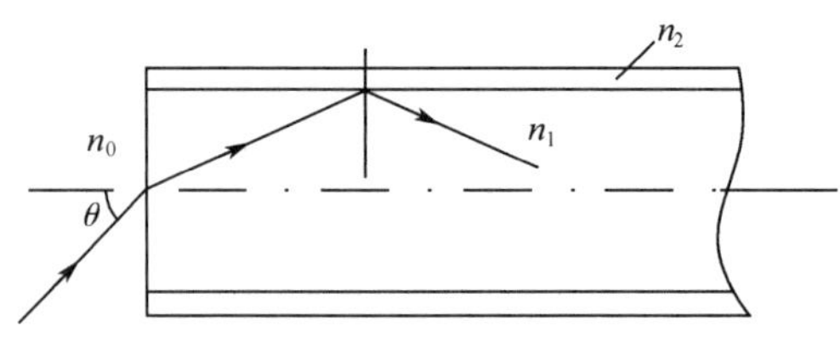

图 14-36

要通过传光和传像这两个过程来实现。

为了充分利用光能，传光纤维要求两端的几何形状分别与光源和接收面的外形相一致，但由于不成像，其排列可以是任意的。相比之下，对传像光纤的要求要高得多。首先要求理想情况下每根光纤都具有良好的光学绝缘性，同时由于每根光纤的端面即为一个取样孔，在传像过程中将独立地传播一个像元，因此像元的大小和每根光纤的孔径要相等。同时，在排列方式上，光纤在两端的排列必须一一对应，即每根光纤在入射面和出射面上的几何位置要完全相同，并且光线在光纤中的入射角和出射角的大小也应相等。这样，对于位于光纤元件端面上的图像，就可传播到另一端，并保持图像的形状不变。

14.7.1　光纤的主要特征

光纤的主要特性包括数值孔径、透过率、分辨率。

1. 数值孔径

通常以数值孔径 NA 来表示光纤的集光能力。对于图 14-36 所示的阶跃型光纤，要求入射到光纤输入端面上的光线最大入射角满足全反射条件，经推导有

$$NA=n_0\sin U_{\max}=\sqrt{n_1^2-n_2^2}$$

对于径向梯度折射率光纤，由上节可知，子午光线在其中沿正弦曲线传播。如图 14-33 所示，设入射角大小为 U_0，光线传播到径向距离为 R 处到达正弦曲线的极值点，然后开始向下弯曲，则可得其数值孔径为

$$NA=n_0\sin U_0=\sqrt{n^2(0)-n^2(R)}$$

式中，$n(0)$是光纤在光轴处的折射率。

当光纤的直径均匀、且光纤不弯曲时，光线在光纤的子午面内传播，从另一端出射时光线的出射角是不变的，但出射光线方向随光线在其中的反射次数而变。但光纤通常是在弯曲条件下作光束传输的，如图 14-37 所示。如果光纤直径为 d，光纤弯曲的曲率半径为 R，入射光锥半角为 α_{in}，出射光锥半角为 α_{out}，则有如下关系：

$$\Delta\cos\ \alpha_{\text{out}}=\frac{2dR\cos\ \alpha_{\text{in}}}{R^2-\left(\dfrac{d}{2}\right)^2}$$

当 $R>>d$ 时，有 $\Delta\cos\alpha_{\text{out}}=\dfrac{2d\cos\ \alpha_{\text{in}}}{R}$。因此，对于有一定弯曲半径的光纤，出射光锥会有一定的偏离角，将不再是平行光束。

对于如图 14-38 所示的锥形光纤，子午光线通过后，其角度有如下关系：

$$a_1\sin\alpha_1=a_2\sin\alpha_2$$

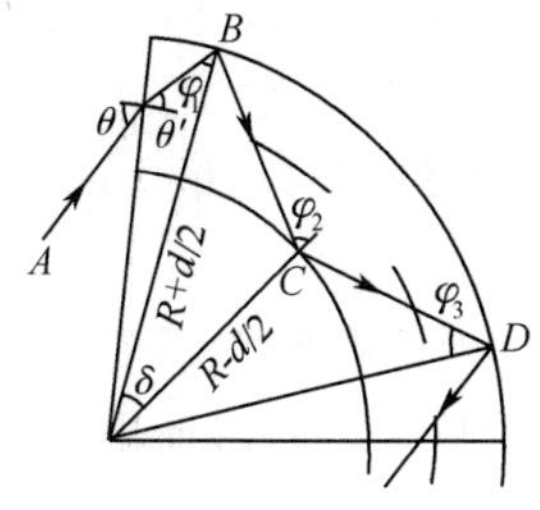

图 14-37

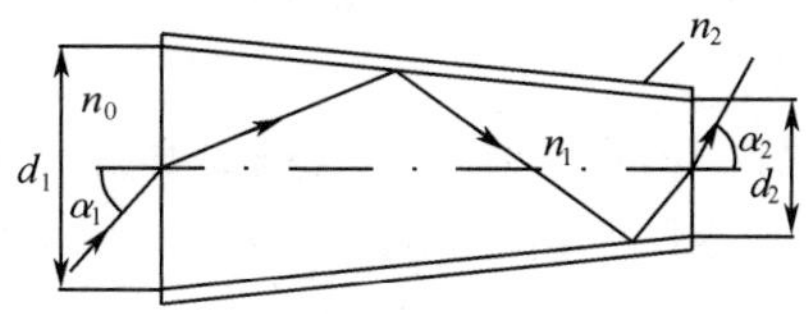

图 14-38

式中，α_1、α_2 分别为大端面和小端面的入射角和出射角，a_1、a_2 分别为大端面和小端面的半径。于是

$$NA_{大}=n_0\sin\alpha_1=\frac{a_2}{a_1}\sqrt{n_1^2-n_2^2}$$

可见，在锥形光纤中，大端面的数值孔径比同样情况下的直圆柱光纤要小。

2. 透过率

透过率是表示光纤传光性能的一个重要物理量，它表示输出光通量与输入光通量之比，即

$$\tau=\frac{\Phi_{出}}{\Phi_{入}}$$

影响光纤透过率的因素主要为光束在光纤端面上的反射损失、光束在光纤内传播时的吸收和反射损失、光纤束的填充系数、数值孔径等。即

$$\tau=k\tau_1\tau_2\tau_3$$

其中 τ_1 为光纤两端面上的光能透射比。若端面上的反射系数为 ρ，则

$$\tau_1=(1-\rho)^2$$

τ_2 表示考虑吸收损失后，光线通过光纤的光能透射比。设 α 为光纤芯料的系数，S 为光线在光纤中传播时所通过的几何长度，则

$$\tau_2=\exp(-\alpha S)$$

对于图 14-39 所示的阶跃型光纤，$S=L/\sin\theta$。因此，L 越长，θ 越小，吸收损失就越大。

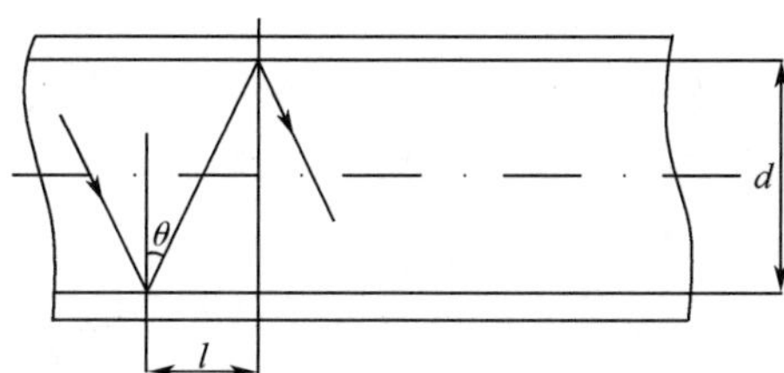

图 14-39

τ_3 为考虑界面上非理想全反射造成的损失后的光能透射比。设某阶跃型光纤界面上的反射率为 R，光线在光纤中的反射次数为 n，则

$$\tau_3=R^n$$

越是细长的光纤其反射次数越多，非全反射损失就越明显。

k 为光纤的填充系数。由于光纤束是由许多根光纤而成的，黏层、外包皮以及排列间隔

都会占有一定的空间，使得光纤的横截面并不全是有效的透光面，只有内芯截面才能透光。光纤束的填充系数就是截面上的有效传光面积与整个截面积之比，它与光纤的外包皮厚度以及光纤束的排列方式有关，其值远小于1。六角形排列的光纤束具有最大的填充系数。

3. 分辨率

由上文已经知道，每根光纤的端面都是一个取样孔径，传递图像时都携带着一个像元。分辨率是传像光纤的重要质量指标之一，表示可分辨的两个目标之间的最小距离，通常用每毫米线对数表示。分辨率越高，光纤元件传递图像的性能就越好，被传递的图像就越清晰。

光纤元件的分辨率与光纤的中心距、排列方式、扫描方式和纤维直径等有关。有如图14-40所示的两种排列方式。设每根光纤的直径相同，则正方形排列和六角形排列的相邻光纤中心距不同。设 d 为光纤的直径，对于正方形排列的光纤元件，在紧密排列的情况下，分辨率是 $N=1/(2d)$，对于六角形排列的光纤元件，在静态条件下，极限分辨率为 $N=1/(\sqrt{3}d)$。因此，光纤直径相同时，六角形排列的极限分辨率为正方形排列时的1.15倍，并且光纤直径越小分辨率越高。

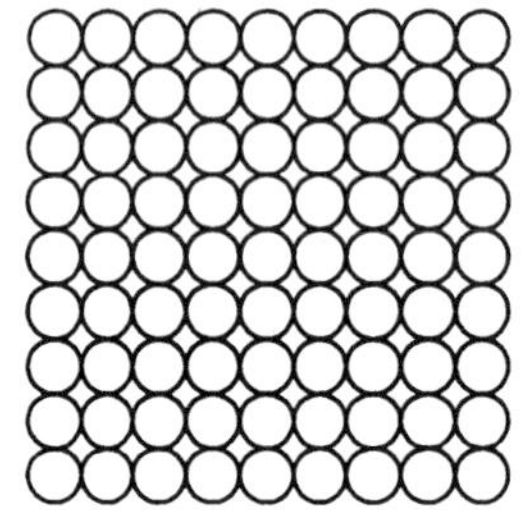
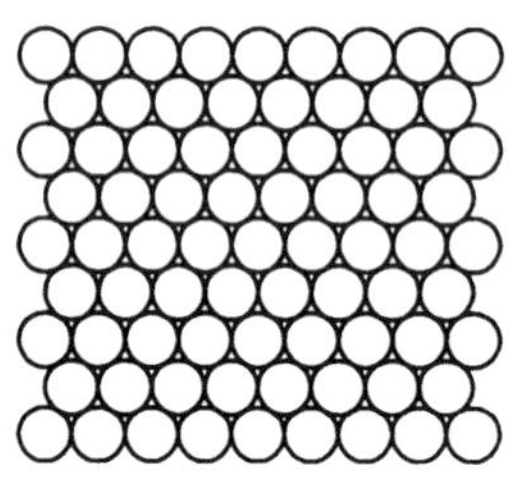

图 14-40

14.7.2 光学纤维元件的应用

光纤元件具有良好的透光性与柔软性，弯曲或扭转任意角度而不改变其性能，能以长距离传光、传像，可以根据需要做成不同大小和形状的纤维束，具有较大的数值孔径。光纤应用的主要领域有：

1. 直接导光

由于光纤束直径小、柔软、使用方便，并且可以使光源与被照明区域分开，能把光传到复杂的通道或内腔中，当需要探测高温、危险、快速运动物体以及一般的照明方式难以进入的区域（如人体）时，宜采用光纤传光。

用光纤传光还可以对不可接近的光源进行可靠且安全的监控，并且如果被照明区域的形状与光源形状不同时，还可采用两端面分别与光源和被照明面形状一致的导光纤维束，但总面积不变，从而提高光能利用率。如果将纤维束的一端分裂为要求的次纤维束，也可用于多通道照明，这比各个通道单独用一个小型光源更为可靠。反之，也可将各纤维束组合起来，得到信号的总和。

如果将光纤的输出端排列成不同形状，还可以构成光纤信号显示器，显示的信号可以是数字、符号或图形。这种信号显示器具有稳定、准确、明显以及视野可变等优良特性。

2. 传像光纤束

传像光纤束以传递图像为目的。一般而言，光纤束直接同物体接触是不大可能的，需要有一个特定的成像物镜组将不同位置和大小的物体成像到光纤束的输入端面。同时为了能够观察图像，也必须有一个后置光学系统，如目镜或光电图像转换器件。在设计时应使成像物镜的像方数值孔径与光纤束的物方数值孔径匹配，后置光学系统的物方数值孔径也要和传像光纤的像方数值孔径匹配。当满足这一要求时，由于轴上物点的成像光束关于光轴对称，能全部进入传像光纤，而轴外物点的一部分上光线或一部分下光线的倾斜角将会超过传像光纤的孔径角，导致被拦光，使轴外物点的像比轴上点的像要暗，这是不能允许的。因此，为了轴上物点和轴外物点的全部成像光束都能进入传像束中传播，应将成像物镜设计成像方远心光路。同理，后置光学系统也应设计成物方远心光路，如图 14-41 所示。

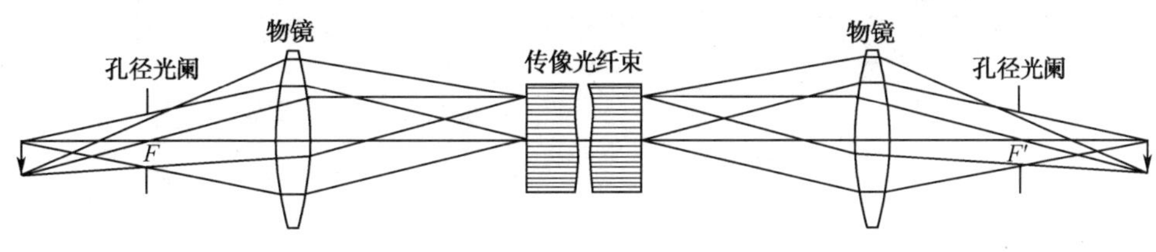

图 14-41

这种物镜—光纤—目镜组合系统实质上是一种利用光纤束将中间像平面作轴向延伸的显微镜或望远镜系统，利用光纤柔软可弯曲的特点可将其插入人体与物体内腔，在医疗诊断和工业检验方面有重要的应用。一般应同时以另一束传光光纤实现对内腔的照明。

3. 平场镜

光学系统要求校正各种像差，利用光纤束制作的平场透镜可以同时校正像面弯曲和畸变。图 14-42 所示即为一种照相型平场镜，该平场镜的入射端面为凹面，与物镜的像面弯曲一致，其出射端面为平面，可以用接触法在照相底片或其他感光元件上记录由它传递的图像。

也有一类场镜型平场镜，图 14-43 所示是在潜望镜的中间实像平面上使用的场镜型平场镜，其两端面分别与光学系统前、后半部的实际像面一致，均为凹面。

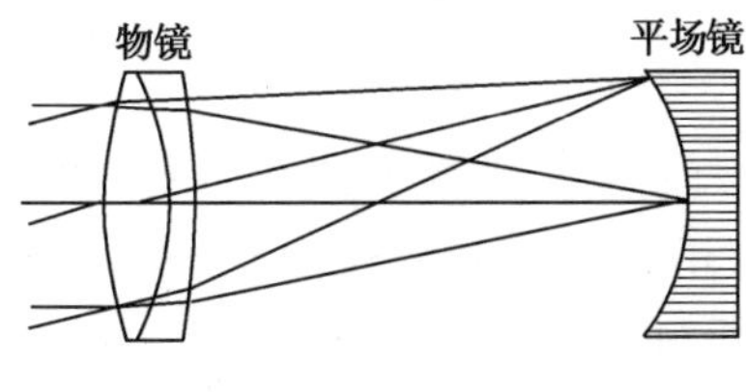

图 14-42

4. 光纤在电子光学系统中的应用

图 14-44 是光纤面板用于变像管中的示意图，面板的一面为凹面，与荧光屏的凹面相匹配。这种纤维面板在多极像增强管和变像管中有重要应用。当图像从上一级荧光屏传递到下一级的光电阴极面时，由于它们彼此都凸得很厉害，所以不可能互相接触，甚至光学成像也十分困难。这时可以采用光纤来校正像面弯曲和畸变，并且提高边缘部分像的分辨率。

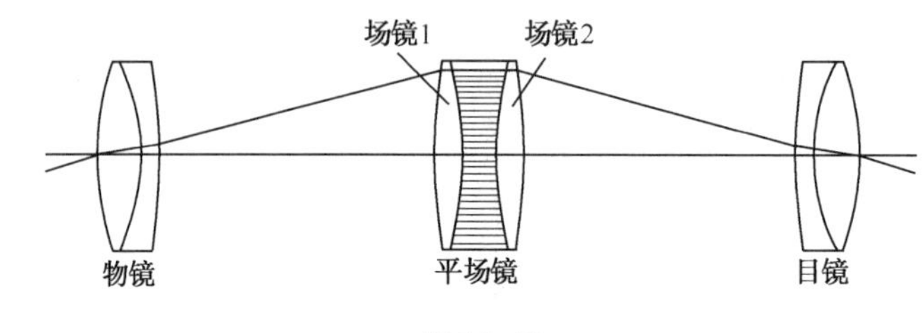

图 14-43

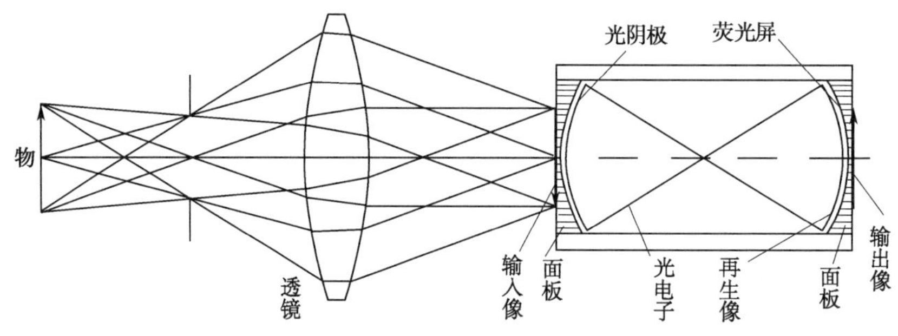

图 14-44

5. 光纤转换器

利用光纤柔软、可弯曲的特性，可以把光纤元件排列成各种形状，而且可以把光纤元件的两个端面排列成不同形状，做成光纤转换器，如图 14-45 所示。它可以满足系统析像的要求，例如将二维图像解析成线状列阵，然后进行一维扫描，使问题得到简化。

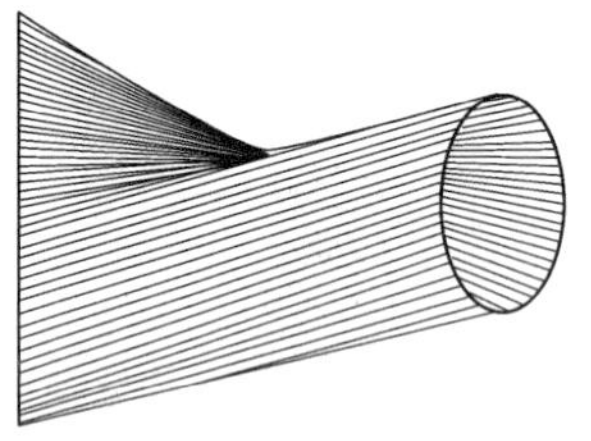

图 14-45

6. 光纤传感器

有人把光纤传感器分为光纤自身的传感器和利用光纤的传感器两类，其实后者是将传统的传感器和光纤相结合，利用光纤传光的功能。这里所说的**光纤传感器(optical fibre sensor)**指光纤自身的传感器，即利用光纤内光波的强度、相位、偏振态、频率、模式等在外界因素如温度、压强、电场、磁场等影响下发生变化，来测量多种物理量。在狭小的空间里，在强电磁干扰和高电压的环境里，光纤传感器都显示出了独特的能力，可以完成现有测量技术难以完成的测量任务。如利用测量臂传输的光与参考臂的参考光互相干涉，根据输出光的变化检测出被测量的变化，体积小，成本低，可以得到很高的测量灵敏度。图 14-46 是通过检测顺时针方向和逆时针方向传播的两束光的相位差来测量角速度的光纤陀螺原理图。

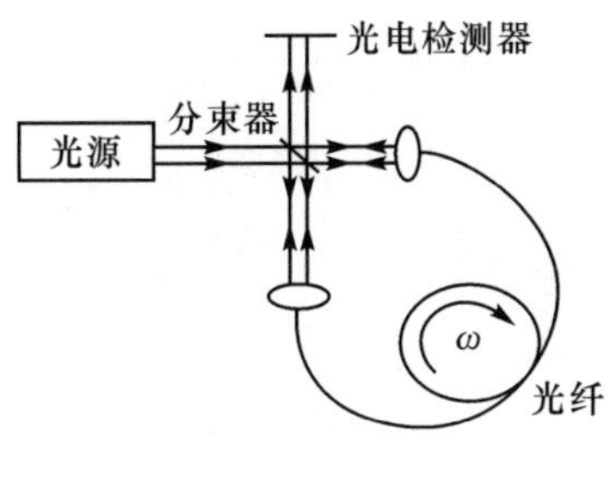

图 14-46

习　题

1. 试计算 $\lambda=0.00063\text{mm}$，$\omega_{01}=1\text{mm}$ 的高斯光束的远场发散角。

2. 若 $f'=16\text{mm}$，$\omega=1\text{mm}$，$\lambda=0.6\times10^{-3}\text{mm}$，求聚焦后的焦点直径。

3. 若 $f'=100\text{mm}$，$\omega_{01}=0.1\text{mm}$，$\lambda=0.63\times10^{-3}\text{mm}$，$Z_1=150\text{mm}$，试求出射束腰的腰粗及位置。

4. 若 $f'=150\text{mm}$，$\omega_{01}=0.1\text{mm}$，$\omega_{02}=0.2\text{mm}$，$\lambda=0.63\times10^{-3}\text{mm}$，试求入射束腰与出射束腰的位置。

5. 若 $\lambda=0.63\times10^{-3}\text{mm}$，$f'_1=100\text{mm}$，$f'_2=150\text{mm}$，$\omega_{01}=0.1\text{mm}$，$\omega_{03}=0.2\text{mm}$ 且 $Z_1=0.1\text{mm}$，$Z_2=-200\text{mm}$，试求两个透镜之间的距离。

6. 线性成像物镜的 $f'=150\text{mm}$，$D/f'=1:15$，$\theta=25°$，试计算扫描长度及 $\sum S_\text{V}$ 值。

7. 傅里叶变换透镜 $f'=500\text{mm}$，$D/f'=1:10$，$2W=10°$ 时，试计算频谱面上的 $\sum S_\text{V}$ 值及信息容量（$\lambda=0.00063\text{mm}$）。

8. 径向梯度折射率的分布为 $n=1.5-0.2r^2$，试求梯折棒状透镜的周期长度、焦距的极值及孔径角（$D=0.1\text{mm}$）。

9. 光学纤维的 $n_1=1.67$，$n_2=1.52$，试求子午光线的数值孔径。

fthita 透镜

第 15 章　特殊光学表面及其应用

现代光学系统越来越向着小型化、轻量化、结构简单化、高性能价格比的方向发展，一些特殊光学零件在这方面往往起到重要作用。随着设计、加工、测试技术水平的提高，非球面已逐渐成为光学系统中应用最广泛、最有效的元件之一。在光学系统中的适当位置恰到好处地引进非球面，可以有效地简化结构，如用一个非球面代替复杂系统中的若干透镜；同时可以采用非球面来提高像质。实际上简化结构与提高像质是一个问题的两个方面。在同样简单的结构条件下，一般透镜系统达不到的成像质量由于使用了非球面而达到了，这就是非球面的作用。另一方面，一些特殊的非球面还可以为我们完成采用单纯球面系统或简单非球面难以完成的工作，如灯具等照明系统的配光设计等。若将光学系统中常用的非球面作一分类，大体上可以分为二次曲面、高次小变形连续非球面、其他特殊连续非球面、面形为有限间断的非球面等。

20 世纪 60 年代全息光学元件的出现，大大拓展了衍射元件的应用范围。作为光学与微电子学科渗透与交叉的成果，二元光学元件使常规光学系统与设计得到了极大的变革与创新，可以实现许多仅依靠传统光学难以实现的目的和功能。从振幅型衍射光学元件到位相型衍射光学元件的发展大大提高了衍射效率，使我们能够得到真正实用的衍射光学元件，利用衍射表面的相位结构对光的传播产生作用，可以实现谐波分离、波面整形、消色差、消热差等功能，给设计提供了很大的自由度。

下面我们将对以上所说的特殊光学表面在光学系统中的应用作一系统的阐述。

本章知识要点

1. 非球面的数学表示
2. 非球面的光路计算及其关键路径
3. 求光线与非球面交点的算法
4. 光线经非球面时的光路计算
5. 旋转对称非球面的初级像差及在光学系统中的应用
6. 特殊连续非球面在光学系统中的应用
7. 面形为有限间断的非球面应用简介
8. 衍射光学元件的一般表示
9. 衍射光学元件的光路计算
10. 衍射光学元件在光学系统中的应用

15.1　非球面的数学表示

所谓**非球面(asphere, aspheric surface)**,就是除了球面和平面以外的所有面形。常规光学系统中主要应用旋转对称的非球面,其中最简单的一种是**二次曲面(conicoid)**。设光轴为 z 轴,非球面顶点为坐标原点,则可写出二次曲面的表达式为

$$z=\frac{cr^2}{1+\sqrt{1-(1+k)c^2r^2}} \tag{15-1}$$

式中,r 为非球面上任一点到光轴的距离,即 $r^2=x^2+y^2$,c 为非球面顶点处的曲率(即半径的倒数),k 是二次曲面的圆锥系数,它与二次曲面的离心率有关。$k<-1$ 表示双曲面,$k=-1$ 表示抛物面,$-1<k<0$ 表示椭球面,$k=0$ 表示球面,$k>0$ 表示扁平椭球面。不失一般性,设 a 和 b 分别表示椭球面的半主轴和半辅轴,则有

$$k=-\left(\frac{a^2-b^2}{a^2}\right) \tag{15-2}$$

在大多数情况下,光学系统中应用较多的当属高次小变形非球面,即在球面或二次曲面的基础上作一些微小变形,以达到校正像差的目的,因而一般采用在二次曲面上附加变形的表示方法来表示旋转对称非球面,即

$$z=\frac{cr^2}{1+\sqrt{1-(1+k)c^2r^2}}+\beta_1r^1+\beta_3r^3+\beta_4r^4+\cdots \tag{15-3}$$

式中,第一项表示基准二次曲面,以 β_1、β_3、β_4 等为系数的各项表示非球面相对于基准二次曲面的变形。式中 r 是非球面上的点到光轴的距离,或称为径向坐标,即

$$r=\sqrt{x^2+y^2}$$

式中没有 r 的二次项,是因为基准二次曲面部分已包含二次项。如果出现,实际影响的将是基准面形。由于以式(15-3)表示的非球面含有 r 的奇次项,一般称为**奇次非球面(odd aspheric surface)**。实际应用最多的当属**偶次非球面(even aspheric surface)**,其方程可表示为

$$z=\frac{cr^2}{1+\sqrt{1-(1+k)c^2r^2}}+\alpha_4r^4+\alpha_6r^6+\alpha_8r^8+\cdots \tag{15-4}$$

也可以用 z 关于 r 的级数展开式表示非球面,即

$$z=A_1r^1+A_2r^2+A_3r^3+A_4r^4+\cdots \tag{15-5}$$

由公式(15-3)、(15-4)表示的非球面与公式(15-5)表示的非球面并无本质的区别,但在应用上以前一种为主。这是因为由前一种表示易于看出非球面相对于基准面形的变形,在讨论像差贡献时比较方便,并且随着计算机的运算速度大大提高,虽然求导不如后一种表示方便,对计算速度的影响已是微乎其微。因此前一种表示方法目前已为绝大多数光学设计软件所采用。第二种表示方法求导方便,但不是对于任意大的孔径都适用的,并且对于经常碰到的球面上加小变形的非球面计算是不利的,因为它的余项即使对于球面也不为零,导致较大的计算误差,一般不予采用。

以上旋转对称的非球面可以看成是先在子午平面内光轴以上或以下画一段曲线,然后

让这曲线绕光轴旋转 360°得到的曲面。通常在光学设计软件中 yz 平面就是子午平面。如果先在 yz 平面关于光轴对称地画一段曲线，然后绕与 y 轴平行并与 z 轴相交的某个轴旋转，则可得到**环形面(toroidal surface)**。其中 yz 平面内的曲线可以用以下方程表示：

$$z=\frac{cy^2}{1+\sqrt{1-(1+k)c^2y^2}}+a_4y^4+a_6y^6+a_8y^8+\cdots \tag{15-6}$$

同时还要定义非球面的顶点到以上曲线的旋转轴之间的沿光轴距离 R，这就得到了一个在 yz 平面内的截线高次式、在 xz 平面内的截线是圆的非球面了。这是一种非旋转对称的非球面。

如果在 xz 平面和 yz 平面内的截线都是二次曲线，并且这两条二次曲线具有不同的曲率和圆锥系数，则为**双圆锥面(biconic surface)**。这种非球面表达式如下：

$$z=\frac{c_xx^2+c_yy^2}{1+\sqrt{1-(1+k_x)c_x^2x^2-(1+k_y)c_y^2y^2}} \tag{15-7}$$

其中 c_x 和 c_y 分别表示 x 方向和 y 方向的曲率，k_x 和 k_y 分别表示 x 方向和 y 方向的圆锥系数。

这类在两个互相垂直的方向上截得不同曲线的非球面称为双曲率面、**复曲面或轮胎面(double-curved surface, toric surface)**。

在灯具照明系统中经常用到所谓**自由曲面(free face)**，这类曲面通常用样条函数表示，有时还需要将其分成若干不连续的小块，每个小块各有不同的函数。它们的输入输出需要用到标准的三维图形格式。

自由度更多的非球面(但不属于以上自由曲面)现在也常用于成像系统，在某些光学软件中，一般的偶次非球面最高可到 16 次项，奇次非球面最高可到 8 次项，并且提供了扩展的偶次非球面和奇次非球面，可以有更高次项。非旋转对称的高次非球面用基于二项式定理的多项式表示，称为扩展多项式非球面，其方程为

$$z=\frac{cr^2}{1+\sqrt{1-(1+k)c^2r^2}}+\sum_{i=1}^{N}A_iE_i(x,y)$$

其中在基准面后面加上的各项是对自变量按照二项式定理写出的，如一次项包括 x 和 y 的一次项，二次项包括 x^2、xy 和 y^2 项，等等。有的软件中后面这些项是归一化的，也就是在公式中代入数据时要把坐标值先除以输入的归一化半口径值。

这类公式表示的非球面也常被很多设计人员称为自由曲面，但实际上仍然是可以用一个公式直接表示的非球面，并非样条函数表示的非球面，一些软件仍会限制其能够计算的最高项数。

15.2 非球面的光路计算及其关键路径

非球面的光路计算的基本公式仍是折射定律，但当计算法线的位置和方向时，必须先求出光线与曲面的交点，然后计算该点的法线方向，从而确定入射角，求出折射角，计算出折射后的光线方向余弦。

非球面的光线追迹包括子午平面内的光线追迹、空间光线追迹和对轴外细光束的光路计算等方面。不论何种光线追迹，都必须首先求出光线与非球面的交点，因此，求光线与曲面的交点是非球面的光路计算的关键路径。

15.2.1 求光线与非球面交点的算法

常用非球面的面形方程决定了求光线与非球面的交点必然要采用逐次逼近法，于是，逐次逼近的起始点的选取就成了决定光线追迹正确与否的关键。关于起始点的选取有多种方法，图 15-1 描述了一种过去常用的起始点的选取与逐次逼近算法。它以入射光线与非球面在顶点处的切平面 oxy 平面的交点 P_0 作为第一次近似值，再过此点作光轴的平行线(辅助线)得到与曲面的另一交点 P_0'，过 P_0' 作非球面的切平面，求出其与光线的交点 P_1 作为新的近似解，如此反复，直至达到精度要求。这种做法可能出现两种错误，一是实际光线与非球面有交点而辅助线 P_0P_0' 与非球面可能无交点，以至于存在交点而求不出。二是计算出的可能不是实际光线与非球面的交点，如图 15-2 所示，实际交点为 P，逐次逼近求出的交点为 $\bar{P}$。这两种错误对于光路计算都是不可接受的。

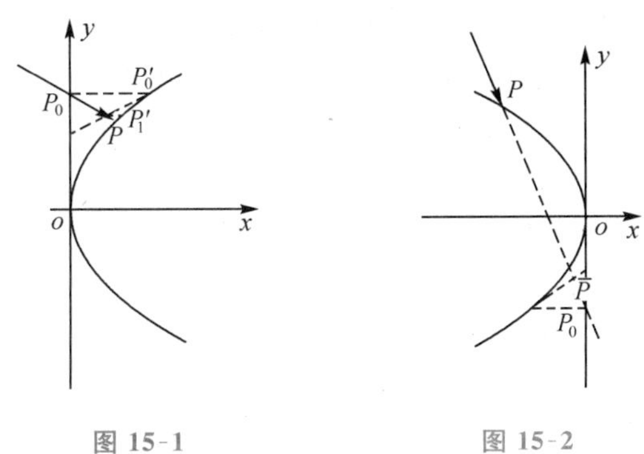

图 15-1　　图 15-2

为避免上述问题，可以采用光线与参考球面的交点或与基准二次曲面的交点作为起始点。由于对球面或二次曲面的光线追迹是一般光追程序中已有的部分，这种做法运算简单，对大多数非球面速度也足够快。

用逐次逼近法计算光线与非球面的交点，应当有一个合理的迭代终止条件。显然，一个无误差的交点必然是非球面上的一点。故可以直接把该点的坐标代入非球面方程，求得其残差作为判断的依据。

总之，迭代起始点的选取关键是保证能正确收敛到光线与非球面的实际交点。

15.2.2 光线经非球面时的光路计算

对于旋转对称的非球面，计算子午光线经非球面时的光路是比较简单易行的。如图15-3所示，为了便于求得光线入射点的坐标，可把光线的方程表示为

$$L\sin U = Q = z\sin U + y\cos U \tag{15-8}$$

将(15-8)式与非球面方程联立，得到一个非线性方程组，可化成非线性方程，并用迭代法求解。选择入射光线与基准球面或二次曲面的交点作为迭代起始点，只需要迭代很少的次数即可求出满足精度要求的交点(y,z)。

对于法线的倾角，显然应有

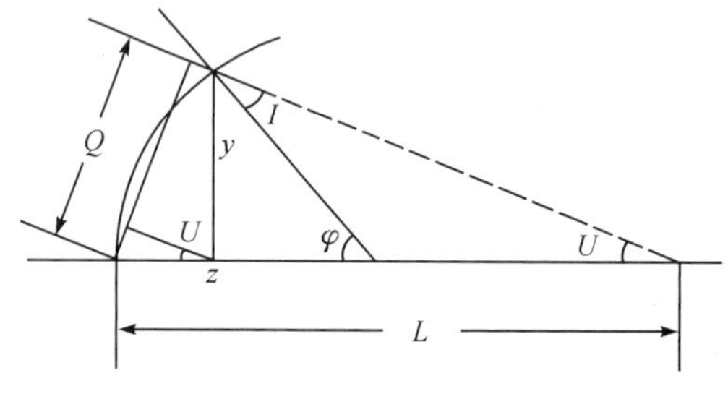

图 15-3

$$\tan\phi=\tan(U+I)=\frac{\mathrm{d}z}{\mathrm{d}y} \tag{15-9}$$

按此式可求得光线的入射角 I。接下去按式(2-2)和(2-3)计算,式(2-4)变换为

$$L'=z+\frac{y}{\tan U'} \tag{15-10}$$

转面时的过渡公式与计算球面的光路相同。

在通用的光学设计软件中,空间光路计算是不可缺少的必要组成部分。由于空间光路计算更具有一般性,所以在许多软件中,并不单独编写子午光线光路计算的模块。

对于空间光线经非球面的光路计算,仍需使用矢量形式的折射定律。设光线从前一面出射时的交点坐标为(x_0,y_0,z_0),其方向余弦为$(\cos\alpha,\cos\beta,\cos\gamma)$,非球面的面形方程为$F(x,y,z)=0$,则联立光线方程与非球面方程,得方程组

$$\begin{cases}F(x,y,z)=0\\ \dfrac{x-x_0}{\cos\alpha}=\dfrac{y-y_0}{\cos\beta}=\dfrac{z-z_0+d}{\cos\gamma}\end{cases} \tag{15-11}$$

式中,d 为前一面到当前非球面的距离。利用适当的迭代法求得以上方程组的解,即为光线和非球面的交点(x,y,z)。过该点的法线方向单位矢量为

$$\mathbf{N}=\frac{\dfrac{\partial F}{\partial x}\boldsymbol{i}+\dfrac{\partial F}{\partial y}\boldsymbol{j}+\dfrac{\partial F}{\partial z}\boldsymbol{k}}{\sqrt{\left(\dfrac{\partial F}{\partial x}\right)^2+\left(\dfrac{\partial F}{\partial y}\right)^2+\left(\dfrac{\partial F}{\partial z}\right)^2}}=\lambda\boldsymbol{i}+\mu\boldsymbol{j}+\nu\boldsymbol{k} \tag{15-12}$$

式中,(λ,μ,ν)为法线的方向余弦。利用入射光线的单位矢量,易于求得入射角,即

$$\cos I=\lambda\cos\alpha+\mu\cos\beta+\nu\cos\gamma \tag{15-13}$$

再利用折射定律求得折射角 I',即可得到 $P=\mathbf{N}\cdot\mathbf{A}'-\mathbf{N}\cdot\mathbf{A}=n'\cos I'-n\cos I$。然后利用折射定律的矢量形式:

$$\mathbf{A}'=\mathbf{A}+P\mathbf{N}$$

将已知参数代入即可求得折射光线的方向余弦。

为了了解含非球面的光学系统的初级像差情况,特别是需要画出细光束像散和像面弯曲曲线,需要计算非球面产生的细光束像散和像面弯曲。对于旋转对称的光学系统,应用杨氏公式是比较简单的方法,但对于非球面而言,在主光线的入射点处,其子午曲率半径 r_t 和弧矢曲率半径 r_s 是不相同的,需要根据非球面方程和入射点坐标另行计算。不过在光学设计软件中,对于存在偏心、倾斜的非旋转对称光学系统也需要计算细光束像散和像面弯曲,而旋转对称光学系统可以看成一般光学系统当偏心、倾斜等非对称量为零时的特殊情况。

当存在偏心、倾斜时，在整个系统中不再有统一的子午细光束或弧矢细光束，这时我们采用的方法是追迹与主光线无限靠近的一对上下光线和一对前后光线，在像方求取它们的最接近点作为子午细光束像点和弧矢细光束像点。

15.3　旋转对称非球面的初级像差及其应用

为了在光学系统中正确地设计非球面，有必要研究非球面的初级像差贡献，以了解非球面校正像差的能力。这里，通过考察非球面产生的波差可以得出其初级像差贡献的数学表达式。对于最常用的旋转对称偶次非球面，其初级像差贡献可以用比较简单的形式来描述。

将旋转对称偶次非球面看成是一个球面与一个中心厚度无限薄的校正板的结合，如图 15-4 所示。非球面方程为

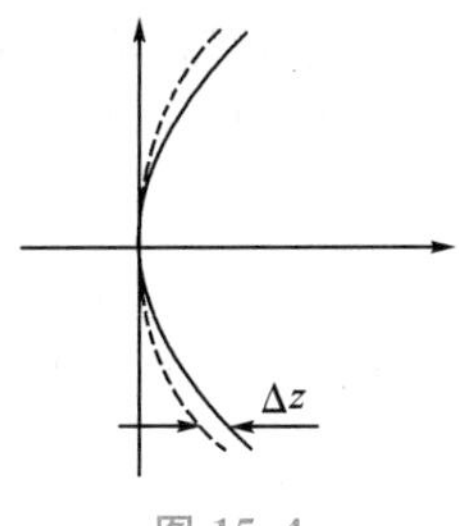

图 15-4

$$z=\frac{1}{2}cr^2+Br^4+Cr^6+Dr^8+\cdots \tag{15-14}$$

在原点与非球面相切的球面方程的级数展开式为

$$z=\frac{1}{2}cr^2+\frac{1}{8}c^3r^4+\frac{1}{16}c^5r^6+\frac{5}{128}c^7r^8+\cdots \tag{15-15}$$

比较公式(15-14)和(15-15)，可得

$$\begin{cases} B=\dfrac{1}{8}c^3(1+\Delta B) \\ C=\dfrac{1}{16}c^5(1+\Delta C) \\ D=\dfrac{5}{128}c^7(1+\Delta D) \\ \cdots \end{cases}$$

其中 ΔB、ΔC、ΔD 等为变形系数，表示非球面与球面的差异。

将公式(15-14)和(15-15)相减，可得

$$\Delta z=\frac{\Delta B}{8}c^3r^4+\frac{\Delta C}{16}c^5r^6+\frac{5\Delta D}{128}c^7r^8+\cdots \tag{15-16}$$

由公式(15-16)表示的 Δz 引起附加程差。当只考虑初级量时的附加程差为

$$\Delta s=(n'-n)\Delta z=(n'-n)\frac{\Delta B}{8}c^3r^4 \tag{15-17}$$

这就是光阑在非球面顶点时的附加波差。若考虑光阑不在校正板上的一般情况，第二近轴

光线在非球面上的入射高度不为零，根据初级像差理论，可得

$$
\begin{aligned}
&\Delta S_{\mathrm{I}} = (n'-n)\Delta B c^3 h^4 \\
&\Delta S_{\mathrm{II}} = \Delta S_{\mathrm{I}} \frac{h_p}{h} \\
&\Delta S_{\mathrm{III}} = \Delta S_{\mathrm{I}} \left(\frac{h_p}{h}\right)^2 \\
&\Delta S_{\mathrm{IV}} = 0 \\
&\Delta S_{\mathrm{V}} = \Delta S_{\mathrm{I}} \left(\frac{h_p}{h}\right)^3 \\
&\Delta C_{\mathrm{I}} = 0 \\
&\Delta C_{\mathrm{II}} = 0
\end{aligned}
\tag{15-18}
$$

式中，h、h_p 分别为第一、第二近轴光线在非球面上的入射高度。

在旋转对称光学系统中应用非球面，首先要确定哪一个光组、哪一个表面采用非球面最合适。从公式(15-18)可见，选 h_p 小、h 大的位置(靠近孔阑)设置非球面，能得到较小的轴外像差贡献，较大的轴上像差贡献；反之，在 h_p 大、h 小的位置设非球面，可以在尽量少影响轴上像差的同时对轴外像差施加影响。

因此，单光组和多光组定焦光学系统，可以参照非球面位置与初级像差贡献的关系，根据非球面应起的校正像差作用确定非球面的位置。当然在这个前提下，也要适当考虑光学材料的加工性能，将非球面设置在易于加工的表面上。

对于组元间有相对运动的变焦距系统，孔径光阑可能固定不动，可能随光阑前的组元运动，可能随光阑后的组元运动，也可能以自己特定的曲线运动。这几种不同运动方式再配合以各透镜组元的变焦运动，使第一近轴光线和第二近轴光线在不同焦距时产生不同的变化，非球面的影响要复杂得多。此时，非球面的应用应首先着眼于整个系统的性能优化，而不仅仅是为某焦距时的某种像差。可以根据初级像差方程组的解来确定非球面引进的可能性和位置。这样做的好处是：可以早期发现引进非球面的必要性，并通过优化，获得高次小变形非球面。在具体实施时，应先确定非球面在哪个组元，再进一步在解初始结构时具体到面。

上述原则同样适用于变焦系统、多组元复杂定焦系统中梯度折射率透镜的设计。

需要说明的是，在常用光学软件中，受软件数据结构限制，公式(15-4)表示的非球面通常包括有限项数，有最高次数限制，有的最高到 16 次项；同样，公式(15-3)表示的非球面也有项数限制，例如最高到 8 次项。如果需要用到更高的次数，软件中用 extended 表示，如 extended asphere 表示项数更多的偶次非球面，extended odd asphere 表示项数更多的奇次非球面。这两类非球面仍然是旋转对称的。

当光学系统中需要使用非球面时，没有特殊要求的情况下旋转对称非球面是首选。

15.4 非球面在手机镜头中的应用

目前手机摄影功能已经是手机的标配，手机镜头是一种比较特殊的光学系统。

最初的手机只具有通信功能，2000 年起第一款拥有摄像头的手机诞生，传感器只有 11 万像素。当时人们对手机摄像功能并不看好，夏普的这个镜头拍出来的照片质量当然也不

能用现在的眼光来评价，但这一功能的加入对于手机来说是个突破性的进步。仅仅两年后，便出现了 30 万像素的手机镜头，装备在诺基亚的一款手机上，现在已经进入博物馆了。此后人们看到了这一需求，手机镜头的更新换代显著加快，自动对焦、变焦、高分辨、大光圈不断取得突破，在提升感光性能的同时，传感器像素越来越小，并通过双镜头、多镜头实现各种功能，现在已经实现了大众摄影，无论是重大活动、旅游观光、朋友聚会或者家庭成员共享天伦，人们常常拿出手机留下珍贵影像，而集成了摄影和通信功能的手机更方便实时将影像分享出去，脖子里挂相机的人倒越来越少了。

从分类上来说，手机镜头仍应属于摄影光学系统，但和第 12 章所述的镜头结构区别很大。

首先，镜头结构受手机内部空间限制显著，特别是在超薄要求的背景下，大多数镜头所占空间只有几个毫米。因此在设计中如何充分地利用空间，成为设计者必须考虑的问题。镜头的焦距往往只有 3～5mm，但对于一个摄影爱好者来说，长焦功能又很重要，所以常利用多个镜头实现长焦和变焦，其中长焦镜头可采用转折光路的方法来实现。

手机镜头的传感器像素小，Nyquist 频率高，以目前常用的传感器来说，一个像素为 1.12μm 大小，因此设计时像质要求也非常高，这就使得手机镜头大量应用非球面，考虑批量化加工成本，光学塑料也得到了广泛应用。这里的非球面包括 extended 非球面，从而可以有更多的自由度，同时也导致像差补偿关系更为复杂。

大视场同样是手机镜头追求的目标之一，但和通常的摄影镜头实现大视场的方法不同，不再是传统的正负组合、负组在前的结构，那种结构光阑通常在后组，而手机镜头光阑通常靠前，利用复杂的复球面技术实现光线角度的逐步变化，如图 15-5 所示。

基于这样的结构，当视场较大时，光线在像面上的入射角也会相当大，而光电接收器件厂商会提供从中心到最大像高时传感器上的最佳主光线角，设计时要注意使各视场的主光线角与传感器的主光线角曲线匹配，要求差异在一定范围内。

由于非球面相对于球面变形较大，已不属于小变形非球面，其像差特征不符合上节的分析，各视场像质变化规律也不同，如果还像球面系统那样只取少数特征视场，可能出现其他未取到的视场像质很差的情况。为保证各视场像质良好，设计时需要观察更多的视场，一般需要取 10 个以上视场进行优化设计，对非球面镜片的公差分析与质量保证也提出了更高的要求。

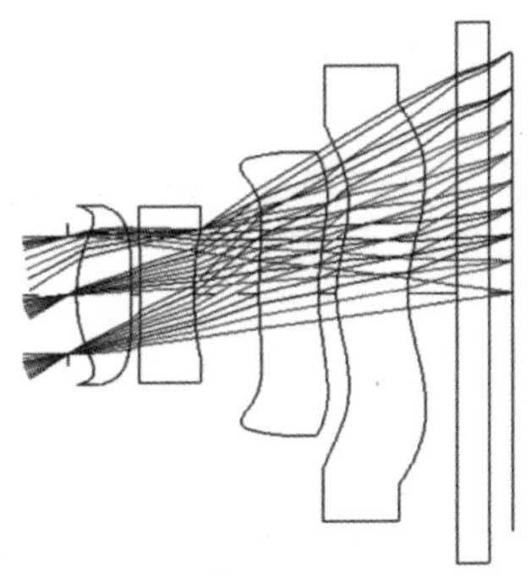

图 15-5

15.5 特殊连续非球面在光学系统中的应用

以上我们主要讨论了最常用的旋转对称非球面在光学系统中的作用。事实上，光学系统中还常用到一些特殊的连续非球面，也包括旋转对称的与非旋转对称的非球面两种。前者如奇次非球面，后者如**柱面(cylinder surface)**、双曲率面、扩展多项式非球面等。

柱面常用于宽荧幕电影放映系统中。由于宽荧幕镜头要求在两个互相垂直的方向具有不同的倍率，故一般要使用柱面透镜。具体请参阅第 12 章有关内容。柱面透镜也常用于校正像散光束。

由轴外像差可知，像散光束是在两个互相垂直的方向上具有不同的会聚成像位置或会聚点。在有些场合，需要产生像散光束；在另一些场合，需要校正像散光束。双曲率面(也称轮胎面)在像散光束的产生与校正方面具有重要应用。如分光光度计光学系统中要将圆形光斑转化为椭圆形光斑，就要用到双曲率面。图 15-6 是使用了双曲率面的某分光光度计光学系统图，具体请参阅第 14 章中有关光谱光学系统的部分。

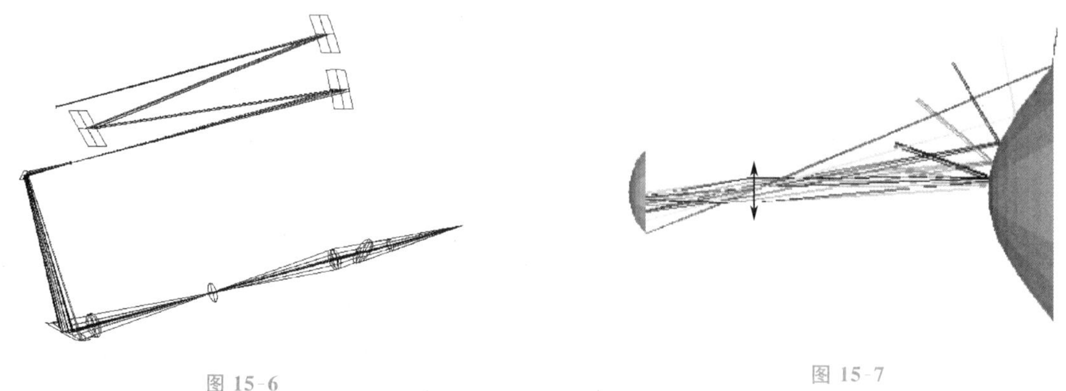

图 15-6　　图 15-7

在大多数光学系统中应用非球面以旋转对称偶次非球面为主，但近年来人们正逐渐认识到旋转对称的奇次非球面在光学系统中的作用。采用奇次非球面表达式可以描述一些用偶次非球面表达式难以描述的特殊非球面。图 15-7 所示就是采用了该种非球面的全景成像系统。全景成像系统是一种超半球成像系统，在经济、科技、军事、商业等各领域都具有广泛的应用，这种系统成像信息量大，特别适合用于各类监视器中。由图中可以看出，该系统成像的视场范围已超过 180°。关于这种非球面的设计，请参阅参考文献[52]。

15.6 面形为有限间断的非球面应用简介

不论是旋转对称的偶次非球面还是奇次非球面，以及其他特殊面形，如柱面、双曲率面等，都属于连续的非球面，其面形可以用某种连续函数来表示。在光学系统中，还有另一类不连续的非球面，我们称之为面形具有有限间断的非球面。这类非球面的面形通常难以用某种连续函数来描述，它是由有限个连续面形组合而成，许多灯具系统即属此类，如机动车前照灯反射配光系统。通过有限个连续面形的组合，实现给定的配光要求。图 15-9 所示即为直角坐标分布的有限间断非球面汽车前照灯反射配光系统。

图中的每一小块即为一个连续非球面区域，有限块具有不同方向倾斜、偏心的非球面组合成一个大的非球面配光系统。图中圆孔是光源（灯泡）安装孔。标准卤钨灯泡安装在规定位置，它发出的光能经这种非球面反射后，应在 25m 远的测试屏上产生国家标准规定的光能分布。通过对整个表面合理分区分块、精心设计各块的倾斜、偏心，使其达到给定配光要求这样的综合效果。图 15-8 所示是原始抛物面及其在测试屏上的光能分布，图 15-9 所示是设计后面形及其产生的光能分布。

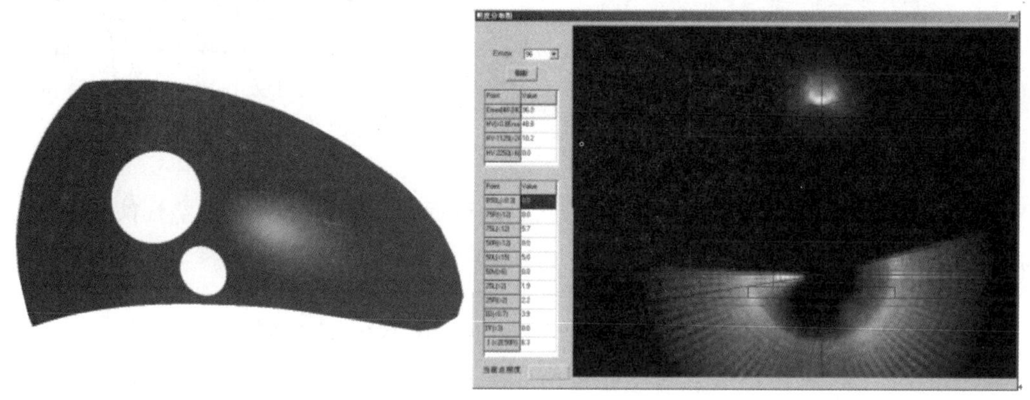

图 15-8

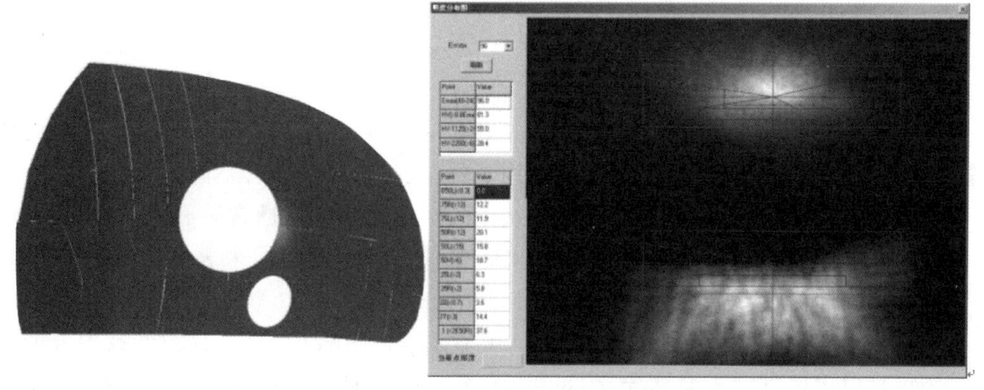

图 15-9

与上述灯具系统中用的面形具有有限间断的非球面不同，**菲涅耳**[①]**透镜(Fresnel lens)**是成像光学系统中另一种不连续非球面。这种非球面事实上是同样曲率的球面或连续非球面在一个连续表面基底上呈环状叠加而成，最常用的基底是平面。它在光学系统中的作用不亚于一个连续复杂非球面，更重要的是，它可以做得很薄，比一个连续非球面透镜体积小，重

① 菲涅耳(Augustin-Jean Fresnel，1788—1827)，法国土木工程师、物理学家，波动光学理论的创始人之一。

量轻。图 15-10 所示是一个超短工作距离的投影光学系统,采用全球面常规设计,图 15-11 所示是对图 15-10 所示的光学系统加以改造的结果,在用一块菲涅耳透镜置于液晶板前,使得整个光学系统外形尺寸大为减小,透镜减薄,重量变轻,有效地提高了产品的市场竞争力。

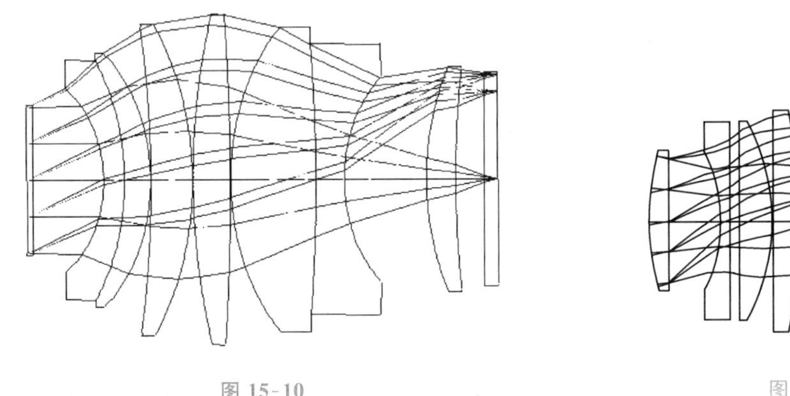

图 15-10　　图 15-11

可见,应用非球面于光学系统,可以达到单纯球面系统难以达到的光学性能,在光学系统中起到相当大的作用。非球面种类很多,怎样在不同的光学系统中合理使用非球面,是一个值得研究的课题。在此我们有必要拓展思维,从一般连续非球面到特殊连续非球面,从连续非球面到不连续非球面,在设计、加工、测试等方面全方位地进行研究。这些研究对于提高非球面的应用水平,在光学系统设计和光学工艺水平方面取得新的突破,从而使各类常规、非常规光学系统的性能更上一个层次具有重要意义。

15.7　衍射光学元件的一般表示

光学系统中所用的**衍射光学元件(diffractive optical element, DOE)**可以是固定周期光栅、全息光栅和二元光学等。根据它们的结构不同,在光学设计时有不同的表示。

固定周期光栅的表示最为简单,可以直接输入空间频率或光栅常数和主衍射级,空间频率通常用每毫米中的线条数来表示。有的软件也用每微米多少线来表示。如每毫米 1200 线就是每微米 1.2 条线。这种表示方法直接与光栅的结构建立了联系。

全息术最早于 1947 年被盖伯[①]在改进电子显微镜的过程中发现,自激光技术发明以后在光学领域得以迅速发展。**全息光栅(holographic grating)**的表示方法有两种,一种是用生成全息图的两个球面波表示,其中一个是物光波,另一个是参考光波。分别输入物光波的球心位置坐标(x_o,y_o,z_o)、参考光波的球心位置坐标(x_r,y_r,z_r)和制作波长,即可在给定位置生成全息光栅。这种表示是把生成全息图的两个球面波都看成理想的球面波。另一种需要引用生成全息图的两个实际光学系统,一个产生物光波,另一个产生参考光波。当光线追迹到全息面时首先通过这两个实际光学系统入射到全息面上的光线,决定该点处的相位变化量。当然,主衍射级也是必须要输入的。

---

① 盖伯(Denise Gabor,1900—1979),英籍匈牙利物理学家,伦敦大学帝国科学技术学院教授,最早发现全息术,并因此获得 1971 年诺贝尔物理学奖。

二元光学的概念是 20 世纪 80 年代中期由美国 MIT 林肯实验室威尔得坎普(Veldkamp)提出。**二元光学元件(binary optical element, BOE)**可以认为是一种相位值被量化了的相息图,其本质是利用多台阶状的表面相位结构对光的传播产生作用,完成对光的引导、组合和分配等功能。

二元光学表面一般用相位函数或光程函数表示。目前应用较多的是旋转对称的二元面,它由旋转对称的许多环带组成,如果是多阶浮雕衍射面,每个环带又有若干台阶,如图 15-12 所示,其表面微结构在波长量级。它的基底面形可以是平面、球面或用公式(15-4)表示的偶次非球面,它的相位函数是

$$\phi=m(A_1\rho^2+A_2\rho^4+\cdots+A_N\rho^{2N}) \tag{15-19}$$

其中 m 是主衍射级,N 是相位函数所取的项数,当 $N=0$ 时为常规面。A_i 是第 i 项的系数,单位为弧度,每 2π 弧度的相位变化对于中心波长的光对应于 1 个波长的光程差。ρ 是二元面上当前点的归一化半孔径值。

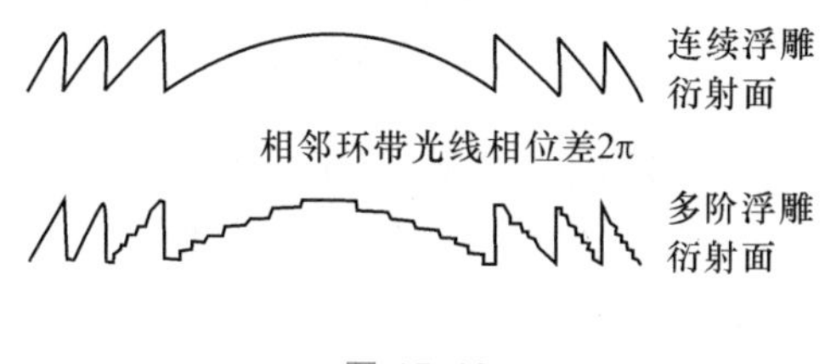

图 15-12

这里应当指出的是,16.5 节所述的菲涅耳透镜和二元光学表面是完全不同的两种光学表面,菲涅耳透镜是在宏观上构成多环带结构,仍然利用表面的折射形成光焦度,光的传输仍然符合折射定律;二元光学面上的环带与台阶是波长量级的微观结构,利用其衍射效应改变光的相位,在此不能直接使用折射定律,需要由费马原理出发得到光的传播规律。

公式(15-19)适用于光路计算,但不能直接作为二元面的加工数据,因为该式没有表示出二元面的结构参数,不能据此得出二元面的微浮雕结构。

二元面每个环带之间的相位差为 2π,通常使用 +1 级为主衍射级,设共有 n 环带,并且实际光孔的最大半孔径值即为归一化孔径值,则有

$$2\pi n=A_1+A_2+\cdots+A_N \tag{15-20}$$

于是可得最大环带数为

$$n=(\mathrm{int})\left(\frac{A_1+A_2+\cdots+A_N}{2\pi}\right) \tag{15-21}$$

并且由公式(15-19)可以计算出各环带的半径,由每个环带的台阶数计算出台阶深度。

15.8　衍射光学元件的光路计算

在第 1 章我们介绍了费马原理,它是光线传输的最基本原理,它基于波动方程而得出,认为光在介质中是沿光程为极值的路径传输的,即光沿光程为极小、极大或常量的路径传播。光在各向同性均匀介质中的直线传播定律、光在两种介质的分界面上传播的折射定律和反射定律均可由费马原理直接证明。

如果光在非均匀介质中从 A 点到 B 点传播，则所走的路径不是直线。此时根据费马原理，光程 S 应为极值，即

$$\delta S=\delta\int_A^B n(x,yz)\cdot \mathrm{d}l=0 \tag{15-22}$$

当光学系统中存在衍射光学表面时，费马原理仍然成立，但常规面上折射定律的矢量形式在此不再适用，原因是衍射面上产生了附加的光程。在第1章里我们已经推出包含附加光程的折反射定律一般矢量公式，即公式(1-17)，要应用这一公式，应首先确定各种衍射面产生的附加光程。

衍射光学元件具有周期性衍射结构，对于设计波长，其相邻周期的光线主衍射级的相位差为 2π，即相邻周期光线主衍射级的光程差为 λ。

如果是固定周期光栅，直接输入空间频率或光栅常数，设光栅常数为 d，光栅沿 x 方向刻划，即在 y 方向形成周期性结构。如果计算波长为 λ，则光线通过光栅面时产生的附加光程为

$$\delta S=\frac{m\lambda y}{d} \tag{15-23}$$

这就是固定周期光栅面的光程函数，其中 m 为衍射级。

如果是全息光栅面，则制作全息面的物光和参考光波面决定了表面的条纹结构。输入制作全息面的两个球面波球心的位置坐标 $C_o(x_o,y_o,z_o)$ 和 $C_r(x_r,y_r,z_r)$，通过光路计算可得入射光线和全息面的交点坐标 $P(x,y,z)$，则全息面对该条光线所产生的附加光程为

$$\delta S=\frac{m\lambda}{\lambda_0}(\boldsymbol{r_o}\cdot\boldsymbol{C_oP}+\boldsymbol{r_r}\cdot\boldsymbol{PC_r}) \tag{15-24}$$

式中，$\boldsymbol{r_o}$ 是沿物光的单位矢量，$\boldsymbol{r_r}$ 是沿参考光的单位矢量，$\boldsymbol{C_oP}$ 是由 C_o 点指向 P 点的矢量，$\boldsymbol{PC_r}$ 是由 P 点指向 C_r 点的矢量。

如果是二元光学面，将输入相位函数 ϕ。这个相位函数对设计波长的一级衍射所产生的附加光程为 $\delta S=\frac{\lambda_0}{2\pi}\phi$，$\lambda_0$ 为设计波长。如果工作波长 λ 和设计波长不同，则产生的附加光程为 $\frac{\lambda}{\lambda_0}\delta S$。

在第1章得出的折反射定律的一般矢量公式及其分量为

$$\boldsymbol{A}'=\boldsymbol{A}+p\boldsymbol{N}+\mathrm{grad}\Delta S \tag{15-25}$$

$$\begin{cases} n\cos\alpha-n'\cos\alpha'+\dfrac{\partial\Delta S}{\partial x}=-pN_x & (1)\\ n\cos\beta-n'\cos\beta'+\dfrac{\partial\Delta S}{\partial y}=-pN_y & (2)\\ n\cos\gamma-n'\cos\gamma'+\dfrac{\partial\Delta S}{\partial z}=-pN_z & (3)\end{cases} \tag{15-26}$$

据此便可对含衍射作用的光学表面进行光路计算。由于附加光程 ΔS 对不同的衍射面具有不同的表达式，相应地待定常量 p 也有所不同。

以 y 方向形成周期结构的光栅为例，将公式(15-23)代入式(15-26)，得

$$\begin{cases} n\cos\alpha - n'\cos\alpha' + pN_x = 0 & (1) \\ n\cos\beta - n'\cos\beta' + \dfrac{m\lambda}{d} + pN_y = 0 & (2) \\ n\cos\gamma - n'\cos\gamma' + pN_z = 0 & (3) \end{cases} \tag{15-27}$$

根据 $\cos^2\alpha' + \cos^2\beta' + \cos^2\gamma' = 1$，在以上公式中消去出射光线的三个方向余弦，可得

$$(n\cos\alpha + pN_x)^2 + \left(n\cos\beta + \frac{m\lambda}{d} + pN_y\right)^2 + (n\cos\gamma + pN_z)^2 = n'^2 \tag{15-28}$$

因此，求得光线的入射点便可知法线矢量，通过求解方程(15-28)可得适用于光栅的待定常量 p。

对于旋转对称的二元面，其相位函数以公式(15-19)表示，当考虑设计波长的 m 级衍射时，换算到附加光程为

$$\Delta S = \frac{\lambda_0}{2\pi} m (A_1\rho^2 + A_2\rho^4 + \cdots + A_N\rho^{2N}) \tag{15-29}$$

由此可以计算$\dfrac{\partial \Delta S}{\partial x}$、$\dfrac{\partial \Delta S}{\partial y}$，而$\dfrac{\partial \Delta S}{\partial z}$为零，再代入公式(15-25)或(15-26)即可求解。需要注意的是计算时要考虑 ρ 是归一化的，$\rho = \sqrt{\left(\dfrac{x}{R}\right)^2 + \left(\dfrac{y}{R}\right)^2}$，$R$ 为归一化值。对于其他工作波长，附加光程与设计波长不同，要先换算到工作波长的光程。

对于非旋转对称的二元面，或者其他衍射表面，读者也可用同样方法解决其计算问题。

由公式(15-27)还可看出，当光栅常数 d 趋于无穷大时，公式变成了通常的折射定律。这表明，折射表面是衍射表面当衍射周期趋于无穷大时的特殊情况，也表明衍射表面上光的传播路径不仅和相位函数有关，也与表面两边的介质有关。其他衍射面也同样如此。

15.9　衍射光学元件在光学系统中的应用

光栅作为色散元件，在光谱分析光学系统中已经得到了非常广泛的应用，本书 14.4 节中已经详细讨论了这类光学系统的结构特征、设计与评价。

此外，光栅还在高能短脉冲激光系统中用于脉冲的展宽与压缩。高能短脉冲激光是近期国际上研究的热点问题，在高能量密度物理研究领域具有多方面的应用背景，如快点火需要皮秒量级数十拍瓦的脉冲激光；高能量密度物理和武器物理研究领域需要高能短脉冲激光作为驱动源；惯性聚变能的研究需要激光高重复频率发射；超短脉冲激光还在生物医学、超精微细加工、高密度信息的传输、处理与存储等方面有很好的发展前景。对于强场物理相关的研究而言，激光的功率密度是最重要的物理量，因此希望激光脉冲宽度尽可能短。目前拍瓦/皮秒激光和飞秒激光在各国均得到了极大重视和大力发展，国内已有多家单位通过自主创新和国际合作建立了多台百太瓦/飞秒级强激光装置，获得了多轮稳定的输出。

啁啾脉冲放大技术(chirped pulse amplification，CPA)是高能超短脉冲激光系统的关键技术，其基本原理是在放大前先将飞秒脉冲展宽成几百皮秒乃至几个纳秒，使其峰值功率降低 3～5 个数量级，经过放大后再压缩，如图 15-13 所示，这样一方面可避免在放大过程中由于极高的峰值功率对放大器光学元件的损伤，提高放大器能量的提取，另一方面克服了高功

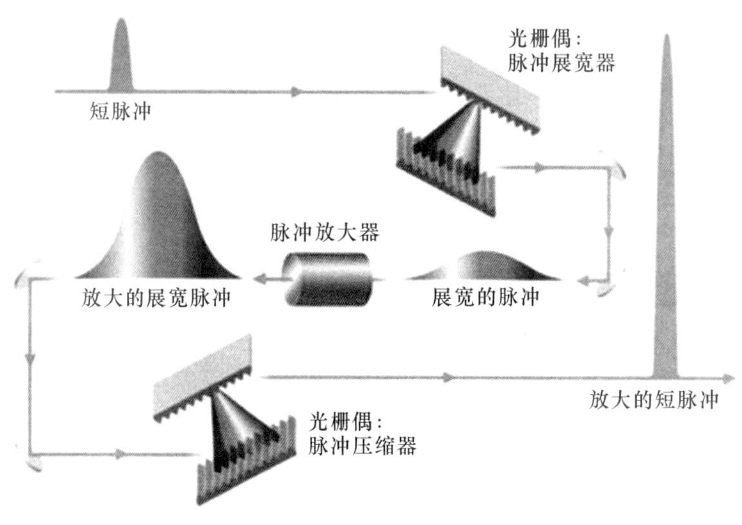

图 15-13

率条件下由于介质的非线性效应而使得压缩后的脉冲质量下降。这项技术的发明人是唐娜·斯特里克兰①和她的导师莫罗②。师生因此共同获得了 2018 年诺贝尔物理学奖。衍射光栅对之所以能够实现脉冲在时域上的展宽与压缩,是由于它在空域上的色散使激光带中不同色光产生不同的光程差,在时域上就表现为脉冲宽度的变化。利用高强度飞秒脉冲和高次谐波生成技术可进一步产生阿秒脉冲,目前已经得到百阿秒乃至数十阿秒的脉冲,这就让人们能够“看到”电子的运动过程,为探测高速运动的微观粒子及其相互作用创造了条件,意义十分重大。埃尔·阿戈斯蒂尼(Pierre Agostini)、费伦茨·克劳斯(Ferenc Krausz)和安妮·吕利耶(Anne L'Huillier)三位教授因他们阿秒激光方面的贡献获得了 2023 年的诺贝尔物理学奖,包括我国在内的多个国家都在开展阿秒激光的研究。

美国劳伦斯·利弗莫尔国家实验室(LLNL)建造的国家点火装置(NIF)是一种庞大的高能激光系统,在它的终端光学系统中应用了取样光栅。基频激光经过倍频晶体后,光路中基频光、二倍频光和三倍频光同时存在,终端光学系统将三倍频光聚焦于靶场中要求的位置,而将基频光和二倍频光与三倍频光分离。同时为了对三倍频光的光束质量进行诊断,还要通过取样光栅将极少量的三倍频光引出主光路。这种光栅可以是全息光栅,也可以是某种集成的衍射元件。如图 15-14 所示,图中(a)是终端光学系统及靶场的示意图,(b)是激光束通过终端光学系统的光路示意图。其中 0 级光沿正常光路,主要依靠楔形透镜将 3ω 光和 1ω 光、2ω 光分离,极少量 3ω 的 1 级衍射光被引出主光路用于诊断。

二元光学元件由于具有独特的色散性能,除了可以用作色散元件外,目前大多被用在成像光学系统中起改善色差的作用。由于二元面微浮雕结构的尺度在波长量级,波长越长越

① 唐娜·斯特里克兰(Donna Strickland,1959—),加拿大物理学家,加拿大滑铁卢大学教授,2018 年诺贝尔物理学奖获得者。

② 杰拉德·莫罗(Gérard Mourou,1944—),法国物理学家,中国科学院外籍院士,美国国家工程院院士,俄罗斯科学院外籍院士,奥地利科学院院士,意大利科学院院士,因 1985 年在罗彻斯特大学的工作于 2018 年获诺贝尔物理学奖。

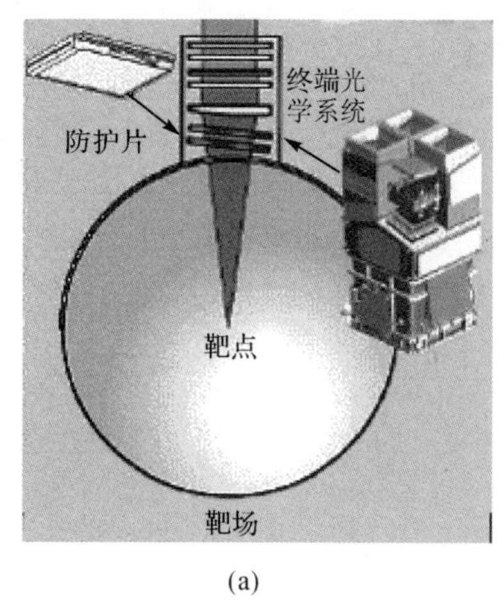

(a)

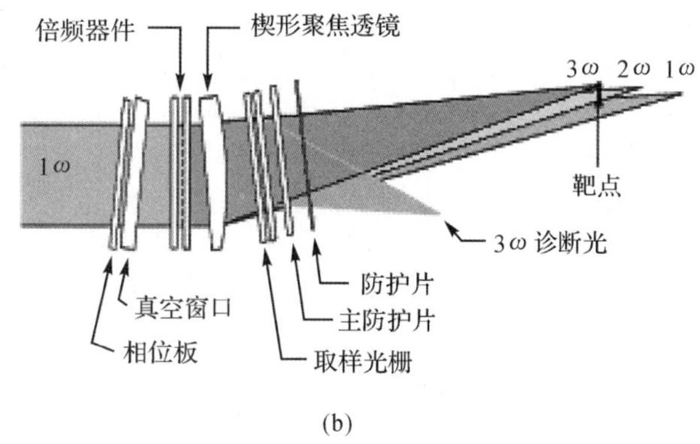

(b)

图 15-14

容易实现，因此二元光学元件首先被应用于成像波段为 3～5μm 或 8～12μm 的中、远红外光学系统，与常规光学元件共同构成折/衍混合光学系统。随着加工水平的提高，也逐渐被应用于可见光波段的成像系统中。二元面产生的色差由该面的折射效应和衍射效应共同决定，而以衍射效应为主，由其相位函数产生了附加的 C_{I}，这为我们提供了更大的自由度，使满足设计要求所需的光学元件大为减少，从而减少系统的体积和重量。

另一方面，某些光学系统要求具有对外部恶劣环境的适应能力，如空间光学系统所承受的温度、压力等与地面相差很大，当温度等环境因素发生变化时，光学系统面形、间隔、厚度会因热胀冷缩而改变，光学材料的折射率也会随温度和压强而改变，机械紧固件的热胀冷缩会使光学零件之间的间隔发生变化，成像就偏离了最佳的状态，这种由温度变化而产生的成像误差就称作热差。热差将会影响光学系统的成像质量，使光学系统的最佳像面位置发生位移，成像质量下降。因此，对于这些光学系统经常会提出无热化设计的要求，即在一定温度范围内保持成像质量良好。衍射元件由于具有负的热差特性，利用该特点易于实现无热化要求的光学系统。

将衍射光学元件应用于光学系统，需要特别注意它的各级衍射效率，即各级衍射光具有的能量分布。例如二元光学面每环带有 N 台阶时在理想情况下对设计波长第 m 级衍射光的衍射效率为

$$\eta_m=\left\{\frac{1}{m\pi}\sin\left(\frac{m\pi}{N}\right)\frac{\sin[(m-1)\pi]}{\sin[(m-1)\pi/N]}\right\}^2$$

1 级光为主衍射级。取 4 台阶时，1 级光的衍射效率为 81%；8 台阶时，1 级光的衍射效率为 95%。显然，提高工艺水平有助于提高主衍射级的衍射效率，但除了主衍射级以外的其他各级衍射效率不可能做到完全为 0，例如 4 台阶时 −3 级衍射效率约为 9%，+5 级衍射效率约为 3%，这就造成含衍射元件的光学系统中存在多级衍射杂光，可能在像面形成亮的背景，影响像的对比度，或聚焦形成多级衍射像；在高能激光系统中杂光的聚焦还可能损坏关键元件，危害系统安全。所以在光学系统中应用衍射元件，不仅要对主衍射级进行光路计算和精心设计，而且常常需要对其他各级衍射光作出分析。

习　题

1. 解释非球面表达式(15-3)和(15-4)中各符号的物理意义。

2. 如图17-5所示的变焦距光学系统,试讨论如果要加非球面以改善像质或精简结构,应该加在哪里?考虑以下三种情况:(1)非球面主要校正球差;(2)非球面主要校正轴外像差;(3)非球面在广角端校正轴外像差,在长焦端校正球差。

3. 编写一段空间光线通过非球面的光路计算程序,体会求光线与非球面交点的不同算法。

4. 试讨论菲涅耳透镜和二元光学面的异同。

5. 当光入射于二元光学元件表面时,出射光线的方向与哪些因素有关?二元光学面的色散性质取决于哪些因素?

第 16 章　光学系统质量评价

成像光学设计必须校正光学系统的像差，但既不可能也无必要把像差校正到完全理想的程度，因此需要选择像差的最佳校正方案，也需要确定校正到怎样的程度才能满足使用要求，即确定像差容限。这两方面都属于光学系统质量评价问题，它对光学设计者具有重大指导意义。

任何物体可以分解为点，也可以分解为各种频率的谱，两种不同的分解方法构成两类评价光学系统的方法。

第一类以物点所发出的光能在像空间的分布状况作为质量评价的依据。事实上，即使理想光学系统，也会由于衍射使点物不能成点像而形成一个衍射光斑。点像的衍射图样中，光能主要集中在中央亮斑中，这一亮斑称为艾里斑，而像差的存在使衍射光斑的能量比无像差时更为分散。属于这一类的像质评价方法有斯特列尔判断、瑞利判断和分辨率。对于大像差系统，通常用几何光线的密集程度来表示，与此对应的评价方法有点列图。

第二类方法是仿效电讯系统而得到的。电讯系统和光学系统从传递信息的观点来看并无本质的差别。大多数情况下，可把光学系统看成是线性系统，并用傅氏分析法将物体分解为一系列不同频率的正弦分布，它们经线性系统传递到像方时频率不变，但对比度要下降、要发生相移，并截止于某一频率。对比度的降低和相移与频率之间的函数关系称光学传递函数，它与像差有关，因此光学传递函数是评价光学系统的像质的更全面、客观的一项指标。

以照明系统为代表的非成像系统不以成像为目的，而是要对光能进行另一种方式的分配与利用，对这类系统的质量评价已经超出了传统的“像质评价”范畴。但从广义上说，任何光学系统都是对光的重新分布。成像系统是把物面上各点发出的光尽可能会聚到像面上的共轭点，而非成像系统是把光源上各点发出的光分布到某些特定的区域，这些区域与光源上的发光区域一般并不满足一一对应的关系，而是以在这些区域形成特定的照度分布为目的。因此，对非成像系统的质量评价也纳入了本章的讨论范围。

本章知识要点

1. 斯特列尔(Strehl)判断
2. 瑞利判断
3. 分辨率
4. 点列图
5. 光学传递函数
6. 非成像系统质量评价
7. 成像光学系统中非成像光的分析

16.1 斯特列尔(Strehl)判断

斯特列尔[①]于 1894 年提出了判断小像差光学系统像质的标准。光学系统有像差时，衍射图样中中心亮斑(艾里斑)占有的光强度要比理想成像时有所下降，两者的光强度比称为 **Strehl 强度比(Strehl ratio)**，又称中心点亮度，以 $S.D.$ 表示。**Strehl 判断(Strehl criterion)** 认为，中心点亮度 $S.D.\geqslant 0.8$ 时，系统是完善的。

根据惠更斯－菲涅耳原理，点光源 S 对 P 点的作用，如图 16-1 所示，可以看成是 S 与 P 之间的任一个波面上各点所发出的次波在 P 点的叠加结果。**基尔霍夫**[②] **(Kirchhoff)** 从波动方程出发，由场论推导出求 P 点振幅的比较严格的公式

$$\psi_P=\frac{i\psi_Q}{\lambda}\iint_{\Sigma}\frac{1+\cos\theta}{2}\cdot\frac{e^{-ikl}}{l}d\sigma \tag{16-1}$$

式中，ψ_Q 为波面 Σ 上 Q 点处的复振幅，$d\sigma$ 为波面元，$k=2\pi/\lambda$，其他符号的含义如图 16-1 所示。

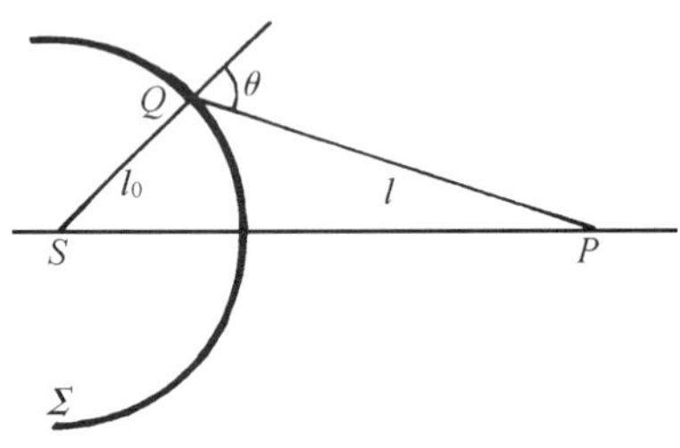

图 16-1

我们可以将 Σ 看作是由 S 点光源发出的光经过出瞳时的波面。当出瞳通光孔不很大时，可认为 $\cos\theta\approx 1$。若以 Σ 面上发出的光振动为 1 个单位，即 $\psi_Q=1$，并设像面坐标为 (x,y,z)，出瞳极坐标为 (r,ϕ)，令 z 轴与光轴重合，并对一般具有圆形通光孔的光学系统，取通光孔半径为 1，式(16-1)可表示为

$$\psi_P=\psi(\Delta x,\Delta y,\Delta z)=\frac{i}{\lambda}\int_0^1\int_0^{2\pi}\frac{e^{-ikl}}{l}r\,dr\,d\phi \tag{16-2}$$

式中，l 是 Q、P 之间的光路长度。P 点的坐标改变时，该点的振幅也随之改变。

物点发出的波面经过理想光学系统后，在出射光瞳处得到的是球面波，而实际光学系统的像差使像方的波面不再是球面波。像差的影响就是通过这种位相的变化而反映为衍射图样的变化。若像差引起的光程差，即波像差为 W，则只需将式(16-2)中的 e^{-ikl} 变为 $e^{-ik(l+W)}$，即可计算有像差存在时的 ψ_P 值。相应的中心点亮度可表示为

$$S.D.=\frac{|\psi_{P,W\neq 0}|^2}{|\psi_{P,W=0}|^2}=\frac{1}{\pi^2}\left|\int_0^1\int_0^{2\pi}e^{-ikW}r\,dr\,d\phi\right|^2 \tag{16-3}$$

---

① 斯特列尔(Karl Strehl，1864—1940)，德国物理学家、数学家。

② 基尔霍夫(Gustav Robert Kirchhoff，1824—1887)，德国物理学家，海德堡大学教授，柏林大学教授，在电路、热辐射、力学、光学、化学等方面均有成就。

当像差很小时，可把积分中指数函数在 $x=0$ 处展开为马克劳林级数。若 $|W|<1/k$，则取前三项即可，由此得

$$
\begin{aligned}
S.D. &= \frac{1}{\pi^2}\left|\int_0^1\int_0^{2\pi}\left(1+ikW-\frac{k^2}{2}W^2\right)r\mathrm{d}r\mathrm{d}\phi\right|^2 \\
&\approx \left|1+ik\overline{W}-\frac{k^2}{2}\overline{W^2}\right|^2 \approx 1-k^2\left(\overline{W}^2+\overline{W^2}\right)
\end{aligned} \tag{16-4}
$$

式中，$\overline{W}$ 是波像差的平均值，$\overline{W^2}$ 是波像差的平方平均值。有

$$\overline{W} = \frac{1}{\pi}\int_0^1\int_0^{2\pi} Wr\mathrm{d}r\mathrm{d}\phi \tag{16-5}$$

$$\overline{W^2} = \frac{1}{\pi}\int_0^1\int_0^{2\pi} W^2 r\mathrm{d}r\mathrm{d}\phi \tag{16-6}$$

由于计算波像差 W 时，参考球面的半径是可以任意选择的，故 W 中可以有常数项。适当选择常数项总可以使 $\overline{W}=0$。作此选择后，$S.D.$ 就只与波像差的平方平均值有关了。即

$$S.D. = 1-k^2\,\overline{W^2} \tag{16-7}$$

可见，一个像差很小的光学系统，中心点亮度与波像差之间有相对简单的关系。利用这关系和上述 $S.D.\geqslant 0.8$ 的判据，就可以决定像差的最佳校正方案和像差的公差。为此，必须将 W 表示为积分域中的正交多项式，使积分式(16-6)中各交叉项的积分为零，从而使波像差的平方平均值为各正交多项式的系数平方和。其中各项对中心点亮度 $S.D.$ 的影响是相互独立的，任意一项系数的增加均使 $S.D.$ 降低。

斯特列尔提出的中心点亮度 $S.D.\geqslant 0.8$ 的判据是评价小像差系统成像质量的一个比较严格而又可靠的方法，但是计算起来相当复杂，不便于实际应用。

16.2　瑞利判断

1879 年，**瑞利**[①]**(Rayleigh)**在观察光谱仪成像质量时提出了一个简单判断，即“实际波面与参考球面之间的最大偏离量，即波像差不超过 1/4 波长时，此实际波面可认为是无缺陷的”。它被称为**瑞利判断(Rayleigh criterion)**。

该判断提出两个标准，即：有特征意义的是波像差的最大值；波像差最大值的容许量不超过 $\lambda/4$。但瑞利判断是不够严密的，它只考虑了波像差的最大值，而未考虑波面上缺陷部分在整个面积中所占的比重。透镜中的一个小气泡或透镜表面的一条很细的划痕，都会引起好几个 λ 的波像差，但这种缺陷只占波面上极小的局部区域，对成像质量并无显著影响。

瑞利判断的要点是波差的最大值小于 $\lambda/4$。光学系统的结构参数确定以后，与某一物点的成像光束对应的实际波面也就随之确定，但一方面波像差将随参考球面或参考点的选择而异，另一方面，在最佳参考点时，波像差最大值的数值大小还随像差的平衡方案而异。利用瑞利判断作为评价指标时，应该寻求与之相应的像差最佳平衡方案。

瑞利判断的优点是便于实际应用。由于波像差与几何像差之间的关系比较简单，其值

---

① 瑞利(John William Strutt，1842—1919)，英国物理学家，称瑞利勋爵三世，剑桥大学教授，卡文迪许实验室主任，研究领域几乎涉及物理学各分支。

易于计算。对于同时存在几种像差的轴外点，也可以按综合的波像差曲线作出判断，无须过多地追究个别像差。根据波像差情况还能判断像差的校正是否已处于最佳状态，并以此来指导像差的校正方向。由波像差与几何像差的关系，利用瑞利判断可以得出几何像差的公差，这对光学设计是十分有用的。瑞利判断的另一优点就是对通光孔不必作任何假定，只要计算波像差曲线，便可据以评价。

表 16-1 根据点像的衍射图样中光能分布情况，对瑞利判断和斯特列尔判断作了比较。可见，瑞利的波像差小于 $\lambda/4$ 的判据与斯特列尔的中心点亮度 $S.D.\geqslant 0.8$ 的判据是一致的。

表 16-1　点像的衍射图样中光能分布情况

波　像　差	0	$\lambda/16$	$\lambda/8$	$\lambda/4$
中心亮斑所占能量/%	84	83	80	68
$S.D.$	1.0	0.99	0.95	0.81

对于小像差系统，例如望远镜和显微物镜，可利用瑞利判断与斯特列尔判断来评价其成像质量。瑞利判断由于计算方便，是大家广为采用的。

16.3　分辨率

能被光学系统分辨开的两个物点(或像点)之间的最小距离，称为光学系统的**分辨率**(**resolution**)或分辨本领。对大部分光学系统都应有分辨率的要求，它反映了光学系统分辨物体细微结构的能力，是评价光学系统的质量指标之一。它比较容易测量，被广泛应用于光学仪器质量检验中。

瑞利指出："能分辨的两个等亮度点间的距离对应艾里斑的半径"，即一个点的衍射图中心与另一个点的衍射图的第一暗环重合时，正好是这两个点能分辨开的界限，如图 16-2 所示。这时两个衍射图的合成光强分布曲线中，两个极大值与中间极小值之比为 1∶0.735，与光能接收器(如眼睛或照相底板)能分辨的亮度差别相当。

根据衍射理论，远处物点被理想光学系统形成的衍射图样中，第一暗环的半径对出瞳中心所张的角度由式(12-2)决定，即

$$\phi=\frac{1.22\lambda}{D}$$

其中 ϕ 为光学系统的最小分辨角，D 为入射光瞳直径。式(12-2) 是计算光学系统理论分辨率的基本公式。对不同类型的系统可以由它导出不同的表示方法，已分别在有关章节叙述，此处不予重复。

分辨率作为成像质量指标并不是一种完善的方法。虽然光学系统的分辨率与像差有一定关系，但是更深入的研究表明，小像差系统(如望远物镜、显微物镜)的实际分辨率几乎只与入瞳直径或数值孔径有关，受像差影响很小，所以它不适宜用来评价高质量的小像差系统，而只能用于如照相物镜等大像差系统。但用它作为大像差系统的像质指标也不甚适宜。因为像差主要导致能量分散，直接影响线条的清晰度，对分辨率的影响则并不显著。因分辨

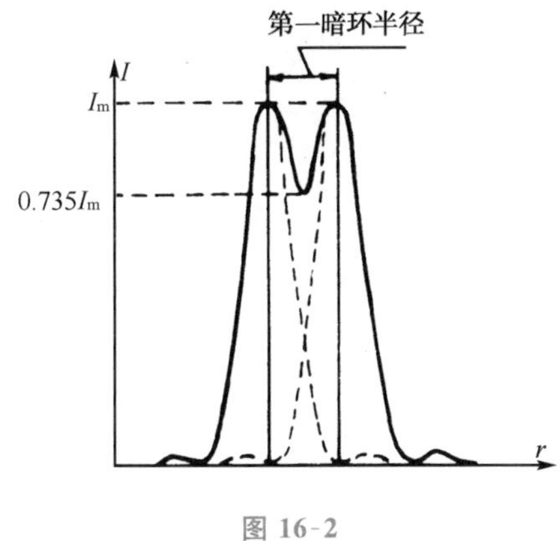

图 16-2

率与成像清晰度之间并无必然的联系,有时甚至会出现矛盾的情况。这是因为测试用的分辨率板(如图 12-58 和图 12-59)是高对比的,而实际的景物常常是低对比的。而且分辨率检验时,有时会出现“伪分辨”现象,即高于截止频率的图案出现对比度反转,这是无意义的。此外,实际检验条件常与瑞利原始条件不符,使瑞利规定的分辨率不能很好地反映光学系统的质量。首先,各种光能接收器分辨亮度对比度的能力有差别,如人眼在照度良好、界线清楚的情况下能分辨 1∶0.95 的亮度差别;其次,瑞利的规定是对两个相等亮度的自身发光点而言的,并且除两个发光点外是没有背景亮度的,这也与实际情况不符。所以分辨率是一个不很确定的量,对同一个光学系统,随着测试条件的不同,结果也不相同。实际研究表明,当用低对比分辨率板来检验照相物镜等大像差系统时,检验结果是与像质相一致的。

对于以 CCD 或 CMOS 作为接收器件的光学系统,如数码相机等,常以奈奎斯特①频率为依据提出分辨率要求。如果接收器件一个像素的大小是 σ 微米,则其奈奎斯特频率为每毫米 $500/\sigma$ 线对。

16.4　点列图

由一点发出的许多光线经光学系统后,因像差使其与像面的交点不再集中于同一点,而形成了一个散布在一定范围的弥散图形,称为**点列图(spot diagram)**。点列图忽略了衍射效应。实验和实用结果表明,在大像差系统的点列图中,点的分布能近似地代表点像的能量分布。因此,用点列图中点的密集程度可以衡量系统成像质量的优劣。

为用点列图来评价成像质量,必须计算大量光线的光路,且选择计算的各条光线在瞳面上应有合理的分布。通常是把光学系统入瞳的一半(因光束总对称于子午面)分成大量等面积的网格元,从物点发出,通过每一网格元中心的光线,可代表进入瞳面上该网格元的光能量。所以,点列图中点的密度就代表了点像的光强度分布。追迹的光线越多,点子越多,就越能精确地反映点像的光强分布。一般总要计算上百条甚至数百条光线。

---

① 奈奎斯特(Harry Theodor Nyqvist,1889—1976),美籍瑞典物理学家,在 AT&T 和贝尔实验室工作,1927 年提出采样定理。

可以将光瞳面划分为等面积的扇形网格，如图 16-3(a)所示，也可以是正方形网格，如图 16-3(b)所示。图 16-3(c)所示为随机取点网格。

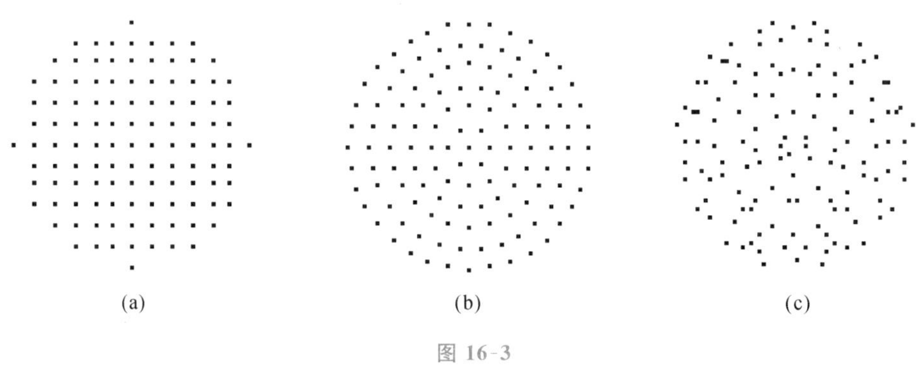

图 16-3

用点列图来评价系统的像质是一种方便、易行、直观的方法。

图 16-4 是某光学系统的三个视场的点列图，采用正方网格取样，取样密度为 20(即 41 ×41)，图下方左边是比例尺，右边是各视场点列图的尺寸，RMS Radius 是**均方根(root-mean-square)**半径，GEO Radius 是**几何(最大)半径**。在计算机上的点列图是彩色的，不同颜色的点表示不同色光。使用点列图一方面要看点列图的大小，也要看点的分布，观察是什么像差影响成像质量。

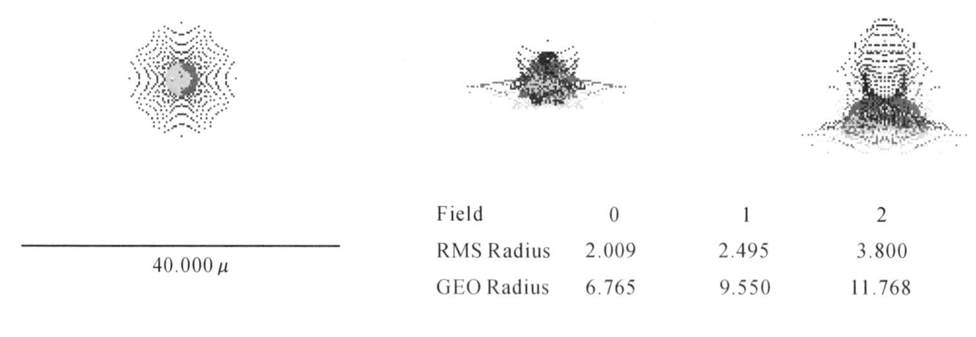

Field	0	1	2
RMS Radius	2.009	2.495	3.800
GEO Radius	6.765	9.550	11.768

图 16-4

16.5 光学传递函数

前面所述的像质评价方法是多年来光学设计和产品检验中实际应用的方法，但它们各有其适用范围和局限性，这里不再重复。总之，上述方法是把物点看作是发光点的集合，并以一点成像的能量集中程度来表征光学系统成像质量。但对物体结构还可采用另一种分解方法，即分解为各种频率的谱，也就是将物的亮度分布函数展开为傅里叶级数(对周期性物函数)或傅里叶积分(对非周期性物函数)。于是光学系统的特性就表现为它对各种频率的正弦光栅的传递和反应能力，从而建立了另一种像质评价指标，称为光学传递函数。这是目前认为较好的一种像质评价方法，它既有明确的物理意义，又和使用性能有密切联系，可以计算和测量，对一般的大像差系统和小像差系统均可适用(前提是像差不是特别大或者特别小)，是一种有效、客观而全面的像质评价方法。1946 年法国的杜费①(Duffieux)首先应用傅氏积分方法研究光学成像问题，认为非相干光学成像系统可看作是一个低通线性滤波器，并提出了光学传递函数的概念；1948 年美国的 Schade 第一次应用光学传递函数来评定电视摄影系统的成像质量。现在，它不仅能用于光学系统设计结果的评价，还能用于控制光学系统设计过程、光学镜头检验和光学信息处理等各方面。

下面讨论空间不变线性系统的非相干光学传递函数。关于这种系统的概念和讨论读者可参阅参考文献[23]，光学传递函数及其计算请参阅参考文献[25]。

所谓线性系统是指能够满足“叠加原理”的系统，即对系统输入 N 个激励函数，则系统输出 N 个响应函数；如果把 N 个激励函数相叠加后输入到系统中，由系统输出的是与之相应的 N 个响应函数的叠加。而光学系统的空间不变性是指物面上不同的物点在像面上有相同形状的光能分布。虽然光学系统在不同视场会有不同的像差，但对经过像差校正的光学系统，像差随视场的变化是缓慢的，像面上总可以划出许多称为“等晕区”的小区域，在每个等晕区内光学系统为空间不变线性系统。若物面分布函数为 $o(x_0,y_0)$，并假定物面上各亮点是非相干的。若各个亮点经光学系统后的光强分布，即**点扩散函数(point spread function, PSF)**为 $h(x_0,y_0;x,y)$，且

$$\iint h(x_0,y_0;x,y)\mathrm{d}x\mathrm{d}y=1$$

按照空间不变性有 $h(x_0,y_0;x,y)=h(x-x_0,y-y_0)$，则像面上的光能分布为

$$i(x,y)=\iint_{-\infty}^{\infty}o(x_0,y_0)h(x-x_0,y-y_0)\mathrm{d}x_0\mathrm{d}y_0=o*h \tag{16-8}$$

上式称为卷积。由于点扩散函数非常复杂，物体光强分布又不可能用显函数来表示，所以上述卷积积分难以实现。

设 $i(x,y)$、$h(x,y)$、$o(x,y)$的傅里叶变换分别为 $I(s,t)$、$H(s,t)$、$O(s,t)$，根据傅里叶变换理论中的 Parslrval 定律，它们之间有如下简单的关系：

$$I(s,t)=H(s,t)\cdot O(s,t) \tag{16-9}$$

这一结果的意义是：一个任意的非相干的光强分布 $o(x,y)$，可以看作是各种空间频率的余弦光强度分布的组合。每个余弦分量 $O(s,t)$称为物面分布函数 $o(x,y)$中频率为(s,t)的谱。光学系统对 $o(x,y)$成像的过程，就是将 $o(x,y)$中的每一余弦分量 $O(s,t)$乘上一个相应的因子 $H(s,t)$，构成像面分布函数 $i(x,y)$的对应余弦分量 $I(s,t)$，即像 $i(x,y)$的谱。$H(s,t)$反映了光学系统对各种余弦分量的传递特性。因此，光学系统的成像特性完全由 $H(s,t)$反映出来，称为**光学传递函数(optical Transfer Function, OTF)**。显然，它也是一个复数，即

$$H(s,t)=T(s,t)\exp[-i\theta(s,t)] \tag{16-10}$$

式中，$T(s,t)$是**调制传递函数(modulation Transfer Function, MTF)**，$\theta(s,t)$是**相位传递函数(phase Transfer Function, PSF)**。

我们可以对余弦分布的物面函数进行上述分析，从而进一步理解光学传递函数的物理

① 杜费(Pierre-Michel Duffieux，1891—1976)，法国物理学家，傅里叶光学创始人。

意义。设物面分布函数为 $o(x)=a+b\cos(2\pi Nx)$，如图 16-5 上半部所示。按物理光学中对比度的定义，有 $M=(I_{\max}-I_{\min})/(I_{\max}+I_{\min})=b/a$。我们可以把这种物分布函数 $o(x)$ 看成是由无数条非相干的亮线并排排列而成，每一条亮线被光学系统所成的像是线扩散函数 $h(x)$。在一维条件下利用式(16-8)，并将 $\int_{-\infty}^{\infty}h(x)\mathrm{d}x$（即物面上一条无限细亮线在像面上所产生的总能量）规化为 1，可得

$$i(x)=a+bT(N)\cos 2\pi N\left[x-\frac{\theta(N)}{2\pi N}\right] \tag{16-11}$$

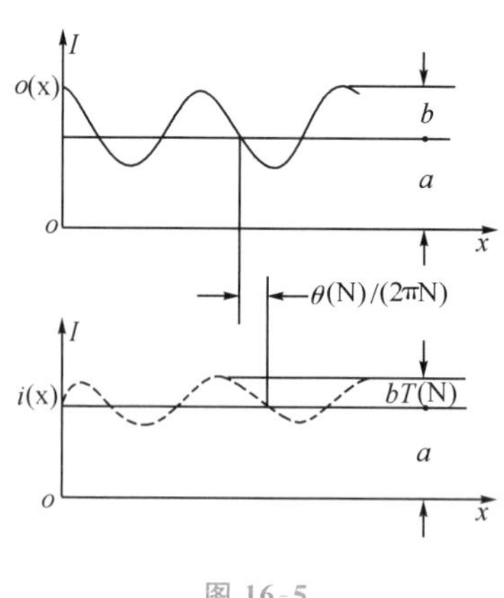

图 16-5

式中

$$\theta(N)=\arctan\frac{T_s(N)}{T_c(N)},\quad T(N)=\sqrt{T_c^2(N)+T_s^2(N)}$$

$T_s(N)=\int_{-\infty}^{\infty}h(x)\sin 2\pi Nx\,\mathrm{d}x$ 是线扩散函数的正弦变换；

$T_c(N)=\int_{-\infty}^{\infty}h(x)\cos 2\pi Nx\,\mathrm{d}x$ 是线扩散函数的余弦变换。

由此可得出如下重要结论：亮度为余弦分布的物体，经光学系统所成的像仍为同频率的余弦分布，平均亮度 a 不变，但对比度降低到原来的 $T(N)$ 倍，同时相位移动了 $\theta(N)/(2\pi N)$。$T(N)$ 即为调制传递因子，表征光学系统传递物对比的能力。$\theta(N)$ 称为相位传递因子。物分布函数 $o(x)$ 与像分布函数 $i(x)$ 间的关系如图 16-5 所示。

调制传递因子和相位传递因子随空间频率 N 而变化，这种函数关系称为光学系统的调制传递函数(MTF)和相位传递函数(PTF)。它们共同构成了光学传递函数(OTF)。当空间频率 N 增大到某一值时，$T(N)$ 降低为零，与此对应的频率称为光学系统的截止频率。由此证明，光学系统是一低通滤波器。

由于光学传递函数就是光学系统的点扩散函数的傅里叶变换，我们只要对点扩散函数的傅里叶变换加以研究即可。理想光学系统由于衍射的存在，点扩散函数也并非 δ 函数，其调制传递函数也要随空间频率的增加而降低，直到截止频率；而实际光学系统的像差将使调制传递函数随空间频率的增高比理想系统降低得更快（畸变不影响传递函数），这就是光学传递函数之所以能用来评价光学系统成像质量的原因。

为了对其进行计算，定义系统的光瞳函数为

$$f(\xi,\eta)=\begin{cases}\tau(\xi,\eta)\exp[-ikW(\xi,\eta)] & 点(\xi,\eta)在光瞳内\\ 0 & 点(\xi,\eta)在光瞳外\end{cases}$$

式中，(ξ,η)是光瞳坐标，$\tau(\xi,\eta)$是光瞳的振幅透过率，通常可取作 1，$W(\xi,\eta)$是光学系统的波像差函数。

像面上的振幅函数 $\psi(x,y)$是光学系统光瞳函数的傅里叶逆变换，并由于点扩散函数 $h(x,y)$是像面振幅分布函数的平方，而光学传递函数 $H(s,t)$又是点扩散函数的傅氏变换，经过简单的数学推导可得

$$H(s,t)=\iint_{-\infty}^{\infty} f\left(\xi+\frac{s}{2},\eta+\frac{t}{2}\right)\cdot f^{*}\left(\xi-\frac{s}{2},\eta-\frac{t}{2}\right)\mathrm{d}\xi\mathrm{d}\eta \tag{16-12}$$

即由光瞳函数的自相关积分可以求得光学传递函数。若光学系统的最大传递因子取为 1，采用此规化条件后的规化传递函数为 $R(s,t)$，即有

$$R(s,t)=\frac{1}{A}\iint_{-\infty}^{\infty}\exp\left\{-ik\left[W\left(\xi+\frac{s}{2},\eta+\frac{t}{2}\right)-W\left(\xi-\frac{s}{2},\eta-\frac{t}{2}\right)\right]\right\}\mathrm{d}\xi\mathrm{d}\eta \tag{16-13}$$

式中，A 是出瞳面积（对于规化的单位圆 $A=\pi$），积分区域 S 是两个出瞳中心互相错开 $(\pm s/2,\pm t/2)$时的公共区域，如图 16-6 所示。

由式(16-13)可得，对于不存在像差的理想系统，$R(s,t)$是光瞳错开时的重叠区域面积与光瞳面积之比。两个光瞳完全错开时对应的规化空间频率即为截止频率。

光学传递函数的概念不仅适用于一个光学成像系统，也适用于复合光学系统（如多次成像），甚至适用于一个总体系统（包括目标、传输器和接收器等）。对于一个由线性环节串联而成的复合系统，总的光学传递函数是各个环节的光学传递函数的连乘积

$$R(\nu)=R_1(\nu)\cdot R_2(\nu)\cdot R_3(\nu)\cdot\cdots\cdot R_n(\nu) \tag{16-14}$$

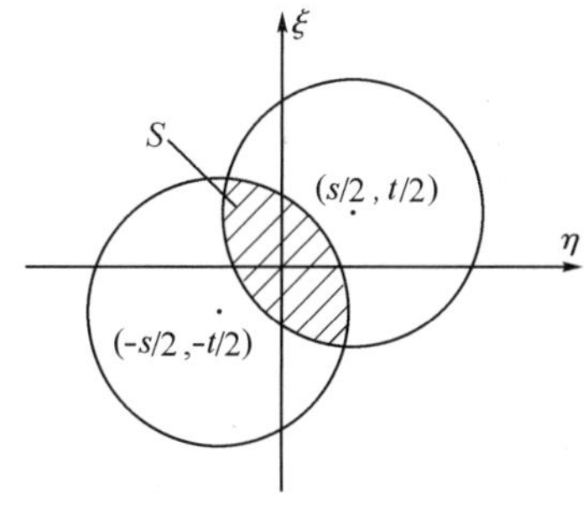

图 16-6

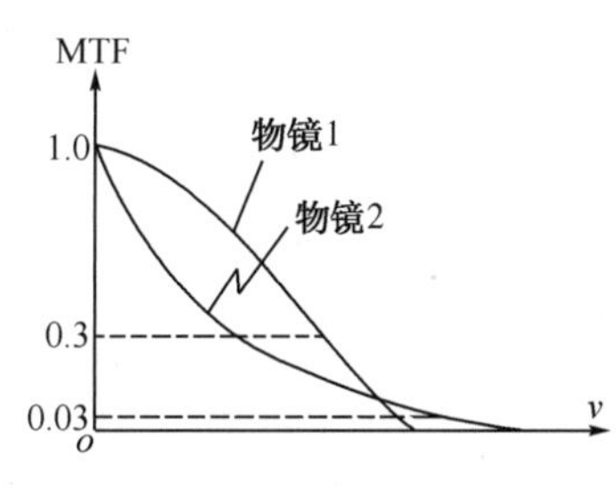

图 16-7

相应地，复合系统的 MTF 和 PTF 计算公式分别为

$$\begin{aligned}T(\nu)&=T_1(\nu)\cdot T_2(\nu)\cdot T_3(\nu)\cdot\cdots\cdot T_n(\nu)\\ \theta(\nu)&=\theta_1(\nu)\cdot\theta_2(\nu)\cdot\theta_3(\nu)\cdot\cdots\cdot\theta_n(\nu)\end{aligned} \tag{16-15}$$

据此，不仅能对整个系统作出质量评价，还能对光学系统提出合理的要求。

OTF 是一种比较全面、客观的评定像质的方法，尤其是对成像质量密切相关的调制传递函数与前述中心点亮度、分辨率有一定的关系，但比它们更为严格与全面。由傅氏变换的基本定理可以证明，中心点亮度值等于 MTF 曲线与坐标轴所围之面积，我们可以由该面积大小来评价和比较系统的好坏；同时，MTF 能反映不同频率、不同对比度的传递能力。一般而言，高频传递函数反映了物体细节传递能力，低频传递函数反映物体轮廓传递能力，中频

传递函数反映对物体层次的传递能力。如图 16-7 所示，物镜 2 的极限分辨率比物镜 1 高，但在低频部分则物镜 1 比物镜 2 高，故用物镜 1 拍出的影像层次丰富，真实感强。在这种情况下就不能用目视鉴别率，而只能用光学传递函数才可以比较物镜的质量。

应用光学传递函数来评价光学系统的成像质量，是像质评价工作的一个进步，它较客观地反映了光学系统成像过程、特性与像质。然而它与视场、孔径、空间频率的取向以及光学系统的使用波长等许多参数有关。为了实际应用，必须对这些大量数据进行处理，寻求一个能比较全面地反映光学系统空间频率传递特性的评价指标。这是一个值得探讨的问题。

用光学传递函数评价光学系统像质，目前大致有如下几种方法：

(1)比较分析 MTF 曲线，如图 16-7 所举例子。

(2)根据光学系统的使用目的，选取一个或几个特定频率的 MTF 值作为评价指标，如奈奎斯特频率处的 MTF 值常作为评价像质的主要指标。

(3)根据 MTF 值降到某一特定值时，以与其对应的频率不应小于某值来评价。

(4)以 MTF 曲线与坐标轴或接收器的“察觉阈”所围的面积 MTFA 来评价复合系统，如图 16-8 所示。MTF 曲线与“察觉阈”曲线的交点所对应的空间频率就是复合系统的极限鉴别率。

(5)利用 MTF 曲线族作像质评价。为了对某些研究型光学系统作出更全面的评价，必须把有关数据和曲线加以综合，以曲线族的形式来表达所需反映的参数。如图 16-9 所示。如果规定 $T(\nu)=0.4$ 为最小允许值，则由图中的五条 MTF 曲线可确定焦深范围(1.8mm)及最佳焦面位置。

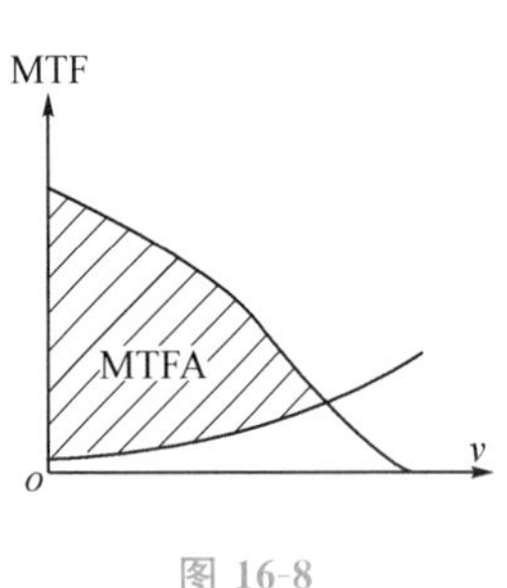

图 16-8

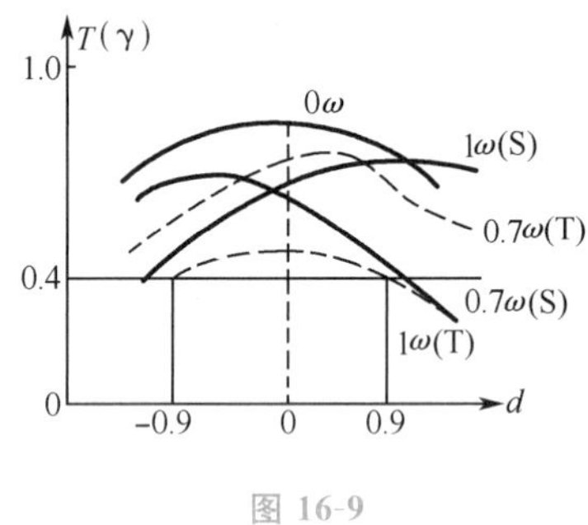

图 16-9

值得指出，OTF 不仅能用来评价设计结果，而且能指导光学设计，根据 OTF 的要求制定像差的合理校正方案和公差。在光学自动设计的精校阶段，还可作为评价函数，求得系统更佳结构参数。

16.6 非成像系统质量评价

事实上光学系统无论是成像还是非成像的，其作用都是将特定的光控制在要求的位置，所谓成像光学系统，就是如何使物体发出的光尽可能完善地在像面上成像，正如本书第 4 章理想光学系统中所要求的一样。所以在这一类光学系统中，考察的是分立点的成像情况，点列图、传函、波差等评价都是对一个个分立的物点讨论的，由于物体总是可以看作是无穷多个点的集合，我们相信当将这些选定的物点发出的光控制好了，整个像的成像质量也就控制好了。但是对很多光学系统并非要求从物面一个点发出的光要汇聚到像面上的一个点上，而是希望能在指定的区域形成指定的光能分布，这类光传输光学系统类型很多，其中，最为典型的就是各类照明系统，激光光学系统虽然也是主要考虑能量传输，但是由于光束质量比较高，有其自己的传输特点，已在第 14 章中激光光学系统中讨论。光谱分析系统是一种比较特殊的光学系统，评价除了要考虑接收器上的能量，还要考虑光谱分辨率，关于这个系统在第 14 章的光谱分析光学系统一节中有较详细的论述，在这一节中我们重点讨论照明光学系统的评价。

16.6.1　照明光学系统分析

照明光学系统是很大的一类光学系统，还可以细分成很多类别，如在本书的第 12 章中已经讨论的科拉照明和临界照明可以归类到仪器类照明，但无论什么类型的照明光学系统，其目的就是将光源发出按一定能量分布的光，通过光学系统改变其能量分布，以满足特定的照明要求。不同照明的评定标准差异很大，通常会有以下要求：光能量大小要求，能量分布特性要求，光谱特性要求，光效要求，防眩光要求，等等。例如，一个聚光手电筒这样一个最简单的照明系统，直接要求可以是在规定距离最亮点的光照度要达到多少，虽然这个要求很简单，但是如果使用相同的光源和供电，聚光系统的聚光性能和聚光效率就很容易比较出来。

机动车前照灯是一类特殊的照明系统，国家制定了相关的照明标准，这个标准考虑到了远近光的使用条件和要求，给出了在规定照明距离上，规定测试点上照度的范围，这个要求就充分考虑了防眩光的具体要求。读者可以具体查阅有关国家标准。

在很多照明情况下，对均匀性提出了具体的要求，均匀性是指在指定的照明区域内最亮和最暗之差，具体计算如下：

$$\text{均匀性}=\frac{\text{最大光照度}-\text{最小光照度}}{\text{最大光照度}+\text{最小光照度}}\times 100\%$$

图 16-10 所示是光学设计软件对某被照明区域进行照度均匀性计算结果的图形输出，图中(a)、(b)和(c)分别是以曲面、等高线、灰级图来表示的照度均匀性，也可以用伪彩色表示。

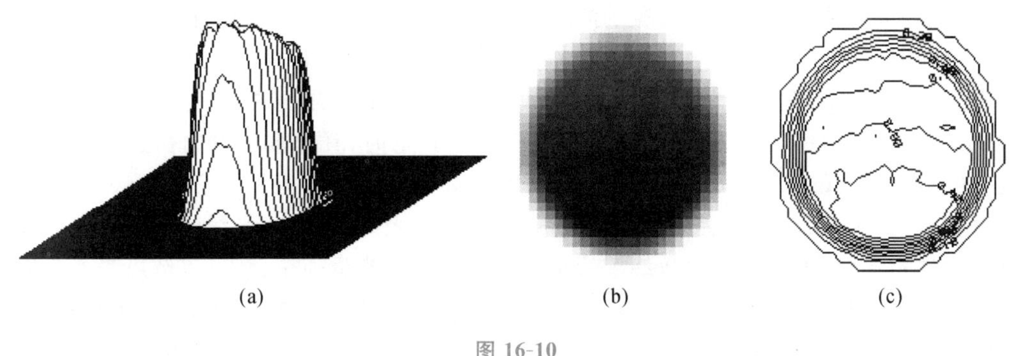

图 16-10

在非成像光学系统的设计阶段，目前使用的方法是计算机配光仿真分析，这种方法的基础还是基于光线追迹。与前面成像光学系统不同在于，成像光学系统的几种评价只要在物面上选取几个特征点的成像情况，就可以了解整个物面上的情况，而非成像光学系统则需要对从发光体到接收面的全程仿真，在这种仿真计算中每一根光线代表了带有一定能量的一小束光，当从光源上发出的大量的光线通过光学系统，在接收面上就可以得到光线的数量和密度分布，将接收面上按照分划好的区域内光线数的统计并换算成能量就是接收面上的能量分布。因此，在这个仿真分析中建立尽可能接近实际系统的模型是关键所在，有以下几个问题需要考虑：

1. 光源模型

光源模型就是如何描述各种光源发光特性，采用光线追迹的方法就涉及如何取样的问题，要尽可能接近实际光源的发光，就要了解光源的形状、发光角度、配光特性、光谱特性等具体特性。当知道光源形状和发光角度后就可以采用高密度取样的方法，但是光源本身发光并不一定是均匀的，配光特性告诉我们光源发光各方向上也不一定均匀，如何模拟？可以用几种方法模拟。

一种是密度法，这种方法各条光线所表示的能量是一样的，就可以根据光源发光能量分布确定取点密度，再根据不同方向上能量大小来确定各点上光线的取样密度。密度法的典型算法是蒙特卡罗取样法，即伪随机取样方法，将光源能量分布和配光特性作为随机取点和光线随机取样的概率因子，当取样光线数量很大时，这种随机取样的情况就同实际光源的发光很接近了。

另外一种方法是能量因子法，这种方法每一根光线的能量可以不同，用一个能量因子来表示，这种方法可以采用光源上均匀取点，各点均匀取样的方法，光源的能量因子由所在点的和该方向的能量情况而定。

2. 系统模型

系统模型就是对光学系统的完整描述，包括系统中各种光学表面的光学特性，如折射率、表面形状、透过率、反射率等，还有各种非光学表面如镜筒、支撑件等的反射和散射模型。由于零件可能很多，结构可能很复杂，这个模型的建立就会比较困难，常常要借助其他光学设计软件、三维 CAD 软件结合建立形状模型，再在形状模型上定义各表面的光学特性。光线追迹计算时，由于在不同的表面上发生的情况不同，可能有部分透过，有部分反射，有部分散射，反射和散射光线就可能脱离了原先的光路，所以按照原先安排好的表面序号的光追无法进行，就要采用根据元件空间位置的非顺序光线追迹的方法。从能量角度来说，当光线到达某个表面时，就会由于这个表面的透过率、反射率、衍射和散射特性使能量重新分配成几个部分。这是一个非常复杂的情况，目前解决这个问题，比较方便的还是蒙特卡罗方法，将表面的透过率、反射率等作为概率因子，当一根光线到达时，其出射的方向由这个概率因子决定，各方向的光线数就会按照这样的概率分布。如果使用光线能量因子的方法，当光线到达一个表面时，一条入射光线变成几条出射光线或反射光线，每一条光线的入射能量因子乘以相关的透过率、反射率或衍射效率等就是出射光线的新能量因子，也可以解决光线计算能量仿真问题。两种方法相比蒙特卡罗方法比较容易实现，其主要问题是需要大量的光线计算，否则无法满足统计的数量要求。能量因子方法由于光线分叉的方法又要避免重复计算，可以采用光线多叉树的方法，详细算法可以参考文献[56]，实现起来比较困难。但是计算速度快是它的最大优点。

3. 接收评价模型

这个模型就是要模拟接收检测的相关方法和要求，将有关的标准结合到这个模型中去。另一方面，如果采用蒙特卡罗方法，所取样的光线总数量可以由到达设定单元区域的光线数的多少来确定，如果到达单元区域光线数太少，统计精度就达不到要求，就必须增加光线总数。

16.6.2　成像光学系统中非成像光的分析

非成像系统分析评价还有一部分重要的工作是评价成像光学系统中非成像光的走向和分布情况，这包括光学系统的杂散光分析和红外光学系统的热辐射分析等。

杂散光是在光学系统中非正常传输光的总称，其产生原因有漏光、透射光学表面的残余反射和镜筒内壁等非光学表面的残余反射以及光学表面由于表面质量问题产生的散射光，而红外光学系统还有由于光学系统自身热辐射产生的杂散光。杂散光会对光学系统的性能产生不同程度的影响，对于成像光学系统而言，杂散光会增加像面上的噪声，特别是在像面附近出现的杂散光光束汇聚点会对成像产生严重的影响，这些汇聚点就称之为“鬼像”。图 16-11 所示是对图 15-14 中的光学系统进行多级衍射透射杂散光的分析结果。

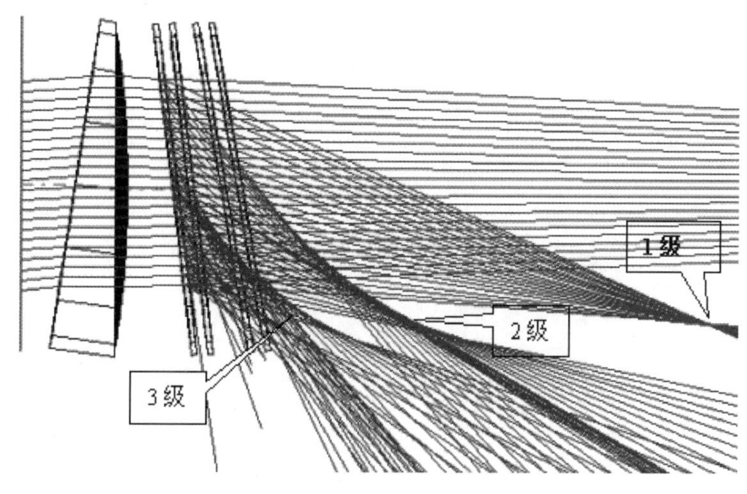

图 16-11

杂散光分析工作在现代光学设计中越来越重要，已经成为设计的一个必要的环节。杂散光分析可以采用前面讨论的非成像系统的分析方法，建立系统的分析模型。成像系统主要分析各种杂散光到达像面的情况，是否有能量比较集中的“鬼像”影响系统的成像，另外如果是能量很高的激光传输系统，还要分析在各元器件表面的能量汇聚情况，如果有“鬼像”出现在表面，就可能汇聚很大的能量以至影响器件的性能，甚至破坏该器件。有关杂散光分析的详细内容请参考文献[57]。

习　题

1. 简述中心点亮度、瑞利判断、分辨率、点列图四种像质评价方法的特点。
2. 为什么高对比物体的分辨率大于低对比物体的分辨率？

3. 光学系统在什么条件下可以看作空间不变线性系统?

4. 点扩散函数与光学传递函数之间有什么关系?

5. 用光学传递函数作为像质评价指标有哪些优点?

6. 试计算理想光学系统的 MTF 值,并画出相应的曲线。

7. 试说明 MTF 与波像差、中心点亮度、分辨率的关系。

第 17 章　光学系统优化设计

如上章所述，光学系统随应用场合和使用要求的不同，必须达到相应的像质要求，这些要求都与几何像差相联系。因此，力求把光学系统的有关几何像差校正到尽可能小或取得最佳匹配，是与像质要求相一致的。但像差与光学系统的结构参数之间不可能建立起确切的函数关系，无法从像差要求出发直接求得光学系统。即使用初级像差理论来求解，也异常复杂，且当系统的孔径和视场较大时，初始结构参数需经大量的像差校正工作后才能应用。这是一项艰巨而费时很多的工作。自从电子计算机取代了繁重的光路计算后，设计进程大大加快。计算机技术与最优化理论和数值方法互相促进而得到发展，也为光学系统优化设计或称自动设计(确切地说应是像差自动平衡)打下了基础，并推动其发展。

本章知识要点

1. 评价函数及其构成
2. 阻尼最小二乘法
3. 权因子的选择
4. 阻尼因子的选择
5. 变量的选择
6. 边界条件的处理
7. 光学设计时对光学零件加工、装配工艺性的保证
8. 光学零件的外径余量
9. 光学零件的中心和边缘最小厚度
10. 机械定中条件
11. 靠样板
12. 多组元光学系统

17.1　概述

光学系统优化设计的特点，是根据系统的各个结构参数对像差的影响，同时修改对像差有校正作用的所有结构参数，使像差得到平衡。由于充分发挥了各个参数的作用，大大加快了设计速度，提高了设计质量。

应该说，既有多种像质评价方法及其相应的判据和指标，撇开几何像差，直接以此为目标来修改结构参数，在用计算机作自动设计时，是未尝不可的。这样，作为像质指标，或波

差、或点列图、甚或调制传递函数，也都被赋予了像差的含义。所以在光学系统优化设计中，像差一词是广义的，并不一定单指通常的几何像差。

一个光学系统的结构由各透镜表面的曲率半径或非球面系数、透镜的厚度和间隔、透镜的折射率所确定，统称为系统的结构参数。若共有 n 个，记为 $\boldsymbol{x}=(x_1,x_2,\cdots,x_n)^{\mathrm{T}}$。向量 $\boldsymbol{x}$ 就表示了光学系统的一个设计方案。对于给定位置的物体，在一定的孔径和视场下，其像差也就完全确定。因此，像差是结构参数的函数。若系统要考虑 M 种像差，并记作 $\boldsymbol{f}=(f_1,f_2,\cdots,f_m)^{\mathrm{T}}$，则有

$$f_i=f_i(x_1,x_2,\cdots,x_n)\quad(i=1,2,\cdots,m)\text{或 }\boldsymbol{f}=\boldsymbol{f}(x)\tag{17-1}$$

光学系统**优化设计(optimization design)**就是要修改结构参数向量 x，使 m 种像差都逐渐达到各自可允许的**目标值(target value)**。但结构参数并不都是独立的自由变量，如透镜的曲率受限于它的中心或边缘厚度，折射率也受限于材料的种类而不能任意改变，因此修改时需提出一些称为边界条件的限制和约束。

在优化设计中要求控制的各种像差也是相关的，并不都是能任意控制的独立的量。所以应根据需要和可能，对各种像差进行综合平衡，以确定光学系统的最优结构参数。鉴于此，必须建立一个能综合评价并足以反映像质好坏的函数 ϕ，以引导结构参数的自动修改，直到获得良好的解。这个函数是由像差构成的，显然也是结构参数的函数，即

$$\phi=\phi(x)$$

ϕ 之值越小，成像质量就越好。我们称之为**评价函数(merit function)**，也有称价值函数或目标函数的。

综上所述，所谓光学系统优化设计，就是在根据系统的要求构成评价函数以后，在边界条件下寻求一组结构参数 x 的解，使评价函数 ϕ 具有尽可能小的值。这属于数学上的最优化问题。

由于评价函数 ϕ 以及构成 ϕ 的各种像差与结构参数之间非线性的复杂关系，不可能使结构参数经一次修改后就达到使 ϕ 为极值的终解，必须逐次迭代才能完成。因此，能否使评价函数快速收敛，是衡量优化设计方法的好坏和程序质量的主要标志。有时，经迭代以后，评价函数反而发散，这是由于像差之间的相关，像差与结构参数之间的非线性程度严重，不能给结构参数修改方向和步长以有效的控制而引起的。碰到这种评价函数发散或收敛速度很慢等情况时，设计人员必须对设计过程进行人工干预，或改变评价函数中的某些因子，或人为地改变一些结构参数，以使评价函数能继续收敛下去，获得好的结果。所以在光学自动设计中，设计人员依旧需要发挥他的作用，而这些作用是与设计者对像差理论的了解和设计的实践经验分不开的。

现今较为有效而实用的像差自动平衡方法有阻尼最小二乘法、适应法、正交化法等多种优化方法。但是目前最为成熟的还是阻尼最小二乘法。这里限于篇幅，仅介绍这一方法。

17.2 评价函数及其构成

在光学系统优化设计中，评价函数起着引导函数的重要作用。因此，要求评价函数除能充分反映系统的成像质量外，还要便于计算，要能提供一个单一的评价标准，易于计算机判

断。由于像质是随像差的减小而改善的，再考虑到传统的设计以校正像差为主，故用几何像差来构成评价函数是恰当的。

为使软件能适用于像差要求不同的各种光学系统，评价函数中所包含的像差应该齐全一些。对于一个具体的系统，不可能也无必要把所有像差都校正到零，对不同的像差也应该区别对待。即严格控制影响像质严重的像差，放宽另一些影响不大的像差的容限，而对有些不需考虑的像差，则可不予控制。这些通用性和灵活性的要求，可用下述两种方法解决：

(1)对各种像差在评价函数中的表现形式加以改变，不是以像差自身的绝对值，而是以它们相对于目标值之差 $f_i-f_i^*$ 来参与评价。目标值 f_i^* 可按像差的要求来确定。如果 $f_i(x)$ 的允许范围为 $a_i\leqslant f_i(x)\leqslant b_i(i=1,2,\cdots,m)$，则可取

$$f_i^*(x)=\frac{a_i+b_i}{2} \tag{17-2}$$

为 $f_i(x)$ 的目标值。若像差的范围对称，如 $|f_i(x)|\leqslant C_i$，则其目标值为零。

(2)对各种像差乘上一个表示其相对重要性的系数 W，该 W 为非负数，称权因子或**权重(weight)**。这样，对要求严格控制的像差，可乘上一个较大的权；对要求不高的像差乘以较小的权；对不需考虑的像差权取零。权因子的选取不仅要考虑各种像差的相对重要性，还要令其起统一像差量纲的作用。因为各种像差在数值上的要求差别很大，若不给它们乘以不同的权因子，计算机就会只顾校正数值大的像差，而忽略了数值小者。还有，各种像差受变量的影响也不一样，并且随着迭代过程中变量参数的改变而变化，因此，还必须在计算过程中随时修正权因子。所以权因子的选取相当复杂而重要。后面再加以讨论。

根据上述考虑，评价函数通常按下式构成：

$$\phi(x)=W_1^2(f_1-f_1^*)^2+W_2^2(f_2-f_2^*)^2+\cdots+W_m^2(f_m-f_m^*)^2 \tag{17-3}$$

应当指出，构成评价函数的诸像差 $f(x)$ 是泛指的，可以是各种形式的像差，也可以是一些光学系统需严格保证的高斯光学参数，如像方孔径角 u' 和像方截距 l' 等。

用通常的几何像差来构成评价函数时，其中包含供选用的像差数少则三十种左右，多则四十几种。考虑最少的计算量，一般取用的是：

像方孔径角 u' 和像方截距 l'；七种初级像差系数；全孔径和 0.7 带孔径的球差、正弦差和波色差；全视场和 0.7 带视场的弧矢像面弯曲、像散、畸变和倍率色差；全视场和 0.7 带视场的全孔径子午彗差和 0.7 孔径子午彗差；全孔径和带孔径的二级光谱。共计 29 种。

如果再需多取，还可增加：

全视场和带视场时的全孔径和带孔径的八条子午光线的子午像差分量；全视场和带视场时的全孔径和带孔径的四条弧矢光线的子午像差分量和弧矢像差分量。共计 16 种。

以上像差数共计为 45 种。对一个具体系统进行设计时，可根据其孔径和视场的性能要求及像质要求，选用其中若干种作为受控像差。

评价函数也可以用光线的横向像差，即点列图来构成。通常用点列图评价时，计算一个点就需算出数量很多的光线，并且至少对轴上、0.7 视场和全视场三个点进行，另外再考虑三种色光，故计算工作量是很大的。优化设计时考虑到像差之间的相关性和设计速度，只挑选最少数量的光线进行计算，同时还需把细光束的像散和像面弯曲包括进去。光线数可选取：轴上点的全孔径和 0.7 孔径光线；全视场和 0.7 带视场时的全孔径和带孔径的子午光线与主光线各五条及弧矢光线各两条。这样共有 16 个 $\delta y'$ 值和 4 个 $\delta x'$ 值。这是最少应算的

光线数。现代光学软件已提供默认的点列图光线选取方案，不仅包括子午和弧矢光线，而且包括空间光线，从而更直观地看到点列图分布和形状。

这里横向像差可以只对主色光进行计算，至于色差，轴上点可用波色差，轴外点可用倍率色差来控制。

类似地，也可以用波像差构成评价函数。波像差是光瞳坐标的函数，可用所选定光线至参考面的光程与主光线光程之差来算出该光线的波像差。另外，波像差中反映不出畸变的影响，故畸变应加入评价函数中。色光的影响仍可用色差来表示。

此外，还有用光学传递函数来构成评价函数的。从评价函数应充分反映像质来讲，用传递函数来构成是最好的。但它计算效率很低，只能应用于设计的后阶段作进一步精校之用。因为像质的好坏不全在像差的大小，还取决于像差的最佳匹配。在此情况下，能以客观反映像质的光学传递函数来作评价函数，自然是最理想的了。

17.3 阻尼最小二乘法

优化设计的阻尼最小二乘法是在最小二乘法的基础上，为克服其严重的缺陷而加以改进了的方法。因此有必要先对最小二乘法作一番了解。

17.3.1 最小二乘法

按照**最小二乘(least square)**原则，评价函数应满足

$$\phi=f_1^2+f_2^2+\cdots+f_m^2=|f|^2=\text{极小值} \tag{17-4}$$

式中的像差 f_i 已包括权因子和目标值。

根据多元函数的极值理论，使 ϕ 为极小值的条件是 ϕ 关于各自变量 $x_1,x_2,\cdots,x_n$ 的一阶偏导数为零，即

$$\frac{\partial\phi}{\partial x_j}=2\left(f_1\frac{\partial f_1}{\partial x_j}+f_2\frac{\partial f_2}{\partial x_j}+\cdots+f_m\frac{\partial f_m}{\partial x_j}\right)=0,\quad j=1,2,\cdots,n \tag{17-5}$$

考虑到上式中的像差是结构参数 x 的非线性函数，为便于计算，把像差 $f_i(x)$ 在初始点 x_0 处作泰勒级数展开，并只取其线性项，有

$$f_i=f_{i0}+\sum_{j=1}^{n}\left(\frac{\partial f_i}{\partial x_j}\Delta x_j\right),\quad i=1,2,\cdots,m \tag{17-6}$$

以上公式中，$\partial f_i/\partial x_j$ 是第 i 种像差关于第 j 个结构参数的偏导数或变化率，可以由计算机在 x_0 处用差商代替导数的方法求得。注意计算差商时所取的 Δx_j 值一定要相当小。

可以把公式(17-6)写成矩阵形式：

$$\boldsymbol{f}=\boldsymbol{f}_0+\boldsymbol{A}\Delta\boldsymbol{x} \tag{17-7}$$

式中，$\boldsymbol{f}$、$\boldsymbol{f}_0$ 和 $\Delta\boldsymbol{x}$ 分别是结构参数修改以后的像差、初始结构参数 $\boldsymbol{x}_0$ 时的像差和结构参数的改变量的列向量；$\boldsymbol{A}$ 是 m 行 n 列的以偏导数为元素的矩阵，即

$$\boldsymbol{f}=(f_1,f_2,\cdots,f_m)^{\mathrm{T}}$$

$$\boldsymbol{f}_0=(f_{10},f_{20},\cdots,f_{m0})^{\mathrm{T}}$$

$$\Delta\boldsymbol{x}=(\Delta x_1,\Delta x_2,\cdots,\Delta x_n)^{\mathrm{T}}$$

$$\boldsymbol{A}=\left[\frac{\partial\boldsymbol{f}}{\partial x_1},\frac{\partial\boldsymbol{f}}{\partial x_2},\cdots,\frac{\partial\boldsymbol{f}}{\partial x_n}\right]$$

同样，方程组(17-5)也可写成

$$A^{T}f=0 \tag{17-8}$$

将式(17-7)中的 f 代入式(17-8)得

$$A^{T}f_{0}+A^{T}A\Delta x=0 \quad 或 \quad A^{T}A\Delta x=-A^{T}f_{0} \tag{17-9}$$

这就是**最小二乘法(least square method)**的法方程。它是一个 n 元线性方程组，要求有唯一组解时必须 $m>n$。

法方程组(17-9)的解向量为

$$\Delta x=-(A^{T}A)^{-1}A^{T}f_{0} \tag{17-10}$$

于是经一次迭代得到一组结构参数解为

$$x=x_{0}+\Delta x \tag{17-11}$$

以上计算中，我们是把像差函数 $f(x)$ 作为线性函数来处理的。如果初始点 x_0 非常靠近对应于 ϕ 为极小值的点，则在其附近评价函数接近二次函数，对像差函数作线性逼近是可以的。但是远离极小点时，像差函数的非线性程度非常严重，此时用线性逼近将不能使评价函数收敛。其次，由于像差之间相关性，矩阵 $A^{T}A$ 接近奇异，会导致对解 Δx 无法控制，远超出像差的线性范围，反导致评价函数的发散。所以，最小二乘法没有实用意义。

17.3.2　阻尼最小二乘法

阻尼最小二乘法(damped least square, DLS)是最小二乘法的一种改进方法。为了有效地应用最小二乘法，必须适当地限制参数修改量 Δx，以使初始结构参数 x_0 远离极小点时，线性逼近依然有效。

为了对参数修改量 Δx 加以限制，英国学者 Wynne 提出在评价函数中加入一个对 Δx 给以阻尼的项，构成了如下的评价函数：

$$\psi(x)=\phi(x)+p\,|\Delta x|^{2} \tag{17-12}$$

式中，p 是一个适当的正数，称为阻尼因子。于是，我们就不只是对 $\phi(x)$，而是对包含带阻尼的参数修改量 Δx 在内的新评价函数使用最小二乘法，称为阻尼最小二乘法。显然，在对新的评价函数作最优化处理时，被减小的不仅是像差，而且还有修改步长 Δx 本身。Δx 被减小的程度由阻尼因子 p 的大小决定。适当地确定阻尼因子，就能有效的控制 Δx，使之在像差的线性范围以内，从而很好地防止评价函数的早期发散。

用以上同样的方法可以导出法方程为

$$(A^{T}A+pI)\Delta x=-A^{T}f_{0} \tag{17-13}$$

式中，I 是单位矩阵。可见，法方程(*17-13*)也是 n 元线性方程组，只是其系数矩阵由于在主对角线的元素上都加入了一个阻尼因子，成为一个非奇异矩阵，它总可使系数行列式的值不为零，因此，求得的解 Δx 是有意义的。

解方程组(17-13)得解向量为

$$\Delta x=-(A^{T}A+pI)^{-1}A^{T}f_{0} \tag{17-14}$$

于是按式(17-11)得到一组新的结构参数。如果此时评价函数尚未达到极小值，则以此作为新的结构参数重复上述过程，就能使评价函数一步步收敛，直到合乎要求为止。

阻尼最小二乘法的主要优点是收敛快，这是因为阻尼因子起到了对解的步长和方向的限制作用，并能通过对阻尼因子的合理选择处理好非线性问题，从而获得最适步长。因此，是到目前为止国内外所普遍采用的一种优化设计方法。此法的缺点主要是容易陷入局部极值，故应用时需采取一些辅助措施，使之避开局部极值，或在陷入局部极值时能从中跳出。常用的措施有选定较好的结构参数、改变评价函数的结构(改变受控像差的数目、增减自变量的数目、改变权因子等)，也可人为地改变几个结构参数，使之跳出局部极值。

17.3.3 权因子的选择

权因子除能反映各种像差的相对重要性外，还能把各种像差调整到同一量级。它的不同取法，可导致评价函数的不同收敛途径。合理选择权因子不仅可加快收敛速度，还可做到像差之间的最佳匹配，尤其当评价函数由于陷入局部极值而无法继续收敛下去时，需通过改变权因子使迭代继续下去。因此必须合理选择之。选取方法通常有以下几种：

(1)设计者根据光学系统的像差校正能力和受控像差之间的量级差异而人为给出；

(2)设计者根据所设计系统的像差容限选定权因子。若像差 f_i 的允许范围是 $a_i \leqslant f_i \leqslant b_i$，则像差的容限为 $\Delta f_i=(b_i-a_i)/2$，则取其倒数作为该种像差的权因子，即

$$W_i=1/\Delta f_i,\quad i=1,2,\cdots,m$$

这种选取方法既能统一像差的量纲，又能区分像差的校正要求，因而是合理的。

(3)把权因子分成两部分，即

$$W_i=\tau_i\sigma_i,\quad i=1,2,\cdots,m \tag{17-15}$$

其中 τ_i 为本征权或人工权，由设计者按像差的量级和相对重要性按上述方法给定，也可在计算过程中根据需要作人工修改。σ_i 是修正权或自动权，它是结构参数的函数，是在计算过程中由程序自动调节的。自动权的思想是给变化灵敏的像差以较小的权，给变化不灵敏的像差以较大的权，从而使各种像差均匀地收敛。

像差变化的灵敏程度可由像差梯度的模 $|\mathrm{grad} f_i|$ 来表征，它是某种像差 f_i 对 n 个结构参数的总变化率的度量。它正好是 $\boldsymbol{A}$ 矩阵中第 i 个行向量的长度。于是

$$\sigma_i=\frac{1}{|\mathrm{grad} f_i|}$$

但不能直接以 $1/|\mathrm{grad} f_i|$ 作为自动权，因为 $|\mathrm{grad} f_i|$ 在迭代过程中要变化，将使评价函数在不同的迭代阶段的尺度不一致。为此须对权因子规一化，即乘以一个规化常数 C，为

$$\sigma_i=\frac{C}{|\mathrm{grad} f_i|}$$

以满足条件

$$\sum(\tau_i\sigma_i)^2=\sum\tau_i^2$$

则总权因子可按式(17-15)得出。

17.3.4 阻尼因子的选择

阻尼因子(damping factor)是为改善法方程组中系数矩阵的条件和消除非线性的影响而引进的。选择阻尼因子既意味着选择解的方向，也表征着在此方向上前进的步长。正确的阻尼因子应该是在保证评价函数收敛的前提下，具有尽可能大的参数修改步长。因此，也必须合理选择。

(1)Wynne 提出在每次迭代后算出如下的表征线性程度的预报量：

$$\theta=\frac{\phi_0-\phi'}{\phi_0-\phi_L}$$

其中，ϕ_0 是迭代前的评价函数，ϕ' 是迭代后的评价函数，ϕ_L 是本次迭代的线性近似函数，即按泰勒级数展开的像差算出来的评价函数线性近似值：

$$\phi_L=\sum_{i=1}^{m}(f_{i0}+\text{grad}f_i\cdot\Delta\boldsymbol{x})^2$$

当 $\phi_L=\phi'$ 时，表示迭代过程完全在线性范围内，$\theta=1$。所以可用 θ 偏离 1 的程度作为线性好坏的标志，并据以确定阻尼因子的大小。Wynne 建议：当 $0.5<\theta<0.9$ 时，线性程度中等，可保持 p 不变；当 $\theta<0.5$ 时，线性程度差，应加大阻尼，取 $p=4p_0$；当 $\theta>0.9$ 时，线性程度好，应减小阻尼，取 $p=p_0/4$。

(2) Wynne 在 1967 年又提出了在每次迭代中优选阻尼因子 p 使 ϕ 为极小，以保证解的最佳方向和步长。具体做法是选择一个以 p 为自变量的多项式来表示 ϕ，然后求 ϕ 对 p 的一阶导数，并使其为零来确定这次迭代中使 ϕ 为极小值的阻尼因子。这样做，每次迭代都要计算 p，因此在过去计算机速度较慢时要多花不少时间。现在计算机速度大大加快，加之比较精确地选择了 p 的最佳值，使迭代次数有所减少，总的效果是很好的。

(3) 类似于人工权和修正权的处理方法，阻尼因子也可考虑由两个对角阵的乘积组成，即 $\boldsymbol{p}=\boldsymbol{PQ}$。$\boldsymbol{P}$ 可以是按前述方法确定的对角阵，也可以根据不同类型的变量(曲率、间隔、折射率等)分别选定阻尼因子构成对角阵；$\boldsymbol{Q}$ 是以变量 x_j 对像差校正的灵敏度所决定的量 q_j 为主对角线元素的对角阵，其中 q_j 是 $\boldsymbol{A}$ 矩阵的第 j 个列向量的模，表示各个像差关于变量 x_j 的总变化率。此方法称相对阻尼法，能加快收敛速度。$\boldsymbol{Q}$ 称相对阻尼量。

17.3.5 变量的选择

在阻尼最小二乘法中，由于不能有效地克服变数相关，把所有结构参数都选作变量参与设计过程并不总是有利的，所以应选择合适的参数作为自由变量。此外，为了使各类变量在量纲上一致，应把参数作相应的替换。通常以曲率代替半径、将轴向间隔除以系统焦距的平方、将折射率除以焦距作为相应的变量。这样，可使各类变量对像差的影响不致悬殊，从而可避免矩阵中各个元素间有过大的数量级差异。

17.4 边界条件的处理

边界条件(boundary condition)的处理是优化设计中的重要问题。优化设计由于受多个边界条件的约束而变得复杂，同时不可避免地增加了软件编写和计算工作量。

有两类边界条件。第一类是属于自变量本身的边界条件，即对结构参数的变化范围的限制，包括透镜的中心厚度和空气间隔应便于加工和装调；折射率的变化应能保证挑选到相应的玻璃等，称为变量边界条件。变量边界条件除应考虑工艺条件和材料的可能性，还要考虑到程序处理的方便和不致引起收敛过程的波动。对于各类变量可作如下的限制：

曲率半径一般不需加以限制(因为优化设计中为了确保像差的良好校正，并不会导致半径的极度变小)；透镜的厚度应严格限制下限(可令 $d\geqslant 0.1D$，D 为透镜口径)，为了防止透镜过厚，对上限也可适当提出限制；透镜的空气间隔只需限制下限；玻璃透镜的折射率可限制在 1.48～1.85 范围，并将其分段，以便能与色散或阿贝数相适应。

第二类边界条件是以结构参数为自变量的函数的边界条件，是对结构参数函数的限制，包括正透镜的边缘厚度、焦距或倍率、后截距、系统的总长度等，甚至也可把系统的成本作为边界条件。对这类边界条件需提出相应的目标值和限制要求。

凡是不符合所规定的限制条件和要求时，都称为违反边界条件。

对第一类边界条件通常用以下方法处理：

(1)变数替换法，此法常用于对透镜中心厚度的控制。如果透镜的中心厚度为 d_j，定义一个新的变数 x_j，使 $d_j=d_{j0}+k_jx_j^2$。d_{j0} 是透镜的最小厚度允许值，k_j 是一大于零的值。此时，不论 x_j 取何值，都不会违反边界条件。这种方法在程序处理上非常方便。

(2)当迭代后的新解违反边界条件时，将违反的变数人为改变到允许范围内，再进行下一次迭代。这种做法易于处理，但破坏了原来的解，将会引起收敛过程的波动。

(3)当新解违反边界条件时，认为该解不能接受，将所有参数恢复到迭代前的状况，并将违反的参数暂时冻结不作为变量。经过 3～5 次迭代后，可认为此时的系统已离开原系统很远，变数的变化方向可能已发生变化，再将被冻结的参数释放，重新作为变量参与求解。若再违反，再予冻结。这种做法比较合理，但程序处理上比较复杂。

第二类边界条件由于是多个自变量或全部自变量的函数，通常都作为像差来处理。其中如焦距或倍率等必须严格控制的边界条件，始终让其出现在评价函数中作为像差；而另一些，如正透镜的边缘厚度、系统的总长度等，则只当其违反时才作为像差处理，并给以一定的目标值和较大的权。这类边界条件也是每次迭代后都要检验的。若违反，就将其作为像差加入评价函数中。若连续 3～5 次不再违反，就予以释放。这种方法在程序处理上相当复杂。

对单边约束的边界条件如 $b(x)\geqslant 0$ 还可用另一种处理方法，即构造成函数 $|b(x)|-b(x)$，然后把它作为像差，加权后加入评价函数。当边界条件违反时，该函数值非零，就自然作为评价函数中的一部分；而当边界条件满足时，该函数值为零，将自动从评价函数中脱出。对于可用单边约束的边界条件，这种方法在程序处理上要较前法简单得多。

至此，对阻尼最小二乘法的有关问题均作了比较详细的介绍和讨论。读者如需进一步了解和研究优化设计问题，可参阅参考文献[26]、[27]和[28]等和近期的一些文献资料。

17.5 光学设计时对光学零件加工、装配工艺性的保证

任何光学设计除了要能够设计出满足成像质量要求的光学系统外，还要保证设计出的系统是可以通过合理的生产工艺制作出来的，否则再好的设计也是没有意义的。这对设计人员提出了比较高的要求。要求不仅要懂得光学设计还要对光学工艺、机械设计和安装加工工艺也要有一定程度的了解和掌握。这些内容每一部分都是一门单独的课程，其范围大大超出了本书的内容要求。在此仅对一些设计中有代表性的问题展开讨论。

17.5.1 光学零件的外径余量

任何光学零件都不可能是悬空安装的，必须要有一定的固定、支撑方式。这就要求光学

零件的外径大小除了要满足通光口径的要求之外，还要为其安装、支撑、固定提供一定的边沿宽度。这就是**外径余量(diameter allowance)**。外径余量必须根据固定、安装的要求合理留置，所留的余量太小，可能会造成边沿拦光，或固定不稳。余量太大，造成光学系统的体积、重量增加和材料浪费，加工难度增加，杂散光增加，而且常常出现想大也大不起来的问题。方式不同所需的外径余量有所不同。表 17-1 所给出的是不同的通光口径以不同的固定方式安装时的外径余量数据。

表 17-1 光学零件外径余量

通光口径/mm	外径/mm		通光口径/mm	外径/mm	
	用滚边固定	用压圈固定		用滚边固定	用压圈固定
到 6	$D+0.6$	—	>30～50	$D+2.0$	$D+2.5$
>6～10	$D+0.8$	$D+1.0$	>50～80	$D+2.5$	$D+3.0$
>10～18	$D+1.0$	$D+1.5$	>80～120	—	$D+3.5$
>18～30	$D+1.5$	$D+2.0$	>120	—	$D+4.5$

外径余量的留置必须在像差校正阶段考虑，如果等像差校正好了再加余量就有可能出现问题，例如正透镜边缘厚度太小。有些面成为超半球面等给加工带来困难。

17.5.2 光学零件的中心和边缘最小厚度

光学零件在加工和安装中都要求有一定的强度和刚性的保证。通常说来，正透镜由于中心厚、边缘薄，所以对**边缘厚度(edge thickness)**有一定的要求，而负透镜边缘厚、中心薄，则要保证中心厚度不能太薄。表 17-2 给出了不同透镜直径时的正透镜最小边缘厚度和负透镜最小中心厚度值。实际设计时不一定全按本表，有的厂家可以做到更小的数值。

表 17-2 透镜边缘及中心最小厚度

透镜直径/mm	正透镜边缘最小厚度/mm	负透镜中心最小厚度/mm
3～6	0.4	0.6
>6～10	0.6	0.8
>10～18	0.8～1.2	1.0～1.5
>18～30	1.2～1.8	1.5～2.2
>30～50	1.8～2.4	2.2～3.5
>50～80	2.4～3.0	3.5～5.0
>80～120	3.0～4.0	5.0～8.0
>120～150	4.0～6.0	8.0～12.0

设计时考虑边缘厚度应该在透镜增加了外径余量之后。如果使用光学设计软件设计，可将边缘厚度作为边界条件处理。

在光学零件加工中定中磨边是其中的主要环节之一，机械定中是目前透镜大批量生产中采用的定中方式。由于机械定中法是利用一对同轴夹头借助弹簧力实现自动定中心，这

就要求光学零件的两个曲率半径满足一定的要求，这就是**机械定中条件**，可用公式给出为

$$\left|\frac{D_1}{r_1} \pm \frac{D_2}{r_2}\right| \geqslant 0.4 \tag{17-16}$$

式中，D_1 为第一个面的直径，D_2 为第二个面的直径，r_1 为第一个面的曲率半径，r_2 为第二个面的曲率半径，当透镜为双凸或双凹时取"+"号，为弯月透镜时取"－"号。很明显在设计中主要考虑弯月透镜时的情况，如果 r_1 和 r_2 很接近，会导致夹紧角过小而无法使用机械定中。因此，在设计过程中如果发现出现两个曲率半径很接近的弯月透镜，最好能使用公式(17-16)计算是否满足夹紧角的要求。关于定中磨边的问题请参阅参考文献[38]。

17.5.1 靠样板

目前在光学车间球面透镜生产中对透镜加工质量的检验，主要是通过样板检验的方法，也就是所谓"看光圈"。一般的球面生产工艺中，每一个曲率半径就应有一个对应的**样板(test plate)**。由于样板实际上就是一个测量基准，因此对其精度等各方面的要求就远远高于一般的球面，生产样板的周期要长，成本要高。不过，专业的生产厂都会有自己的样板库。库中的样板多少也是衡量一个光学球面生产单位生产能力的重要标志，如表 17-3 列出了浙江大学光学仪器厂的样板库中的很小部分样板数据。当然库中的样板不会刚好同设计的曲率半径一致。因此，生产单位应给光学设计人员提供其样板库数据表格。设计者在像差校正之后，在保证成像质量要求的前提下，通过对曲率半径的微调，尽可能多地采用样板库中的曲率半径数值。这就是设计时的**靠样板(test plate fitting)**工作。这样可以大大节省生产成本、缩短产品的开发周期。

表 17-3　浙江大学光学仪器厂的样板库中的很小部分数据表格　　单位：mm

球面半径	样板直径	球面半径	样板直径	球面半径	样板直径
2.299	4	7.079	12	15.94	25
3.356	6	7.178	10	16	27
4.4	4	7.379	9	16.01	33
4.699	8	7.413	10	16.12	25
4.75	6	7.494	11	16.239	30
5.543	8	7.62	12	16.32	26
5.81	9	7.814	8	16.368	30
6	10	7.84	12	16.4	30
6.516	9	8.128	15	16.5	17
6.54	11	8.14	8	16.51	33

靠样板不仅要采用表格中的球面半径数值，还要注意样板直径是否大于零件直径。如果样板直径小于零件直径在测量时在小得不多的情况下可以通过换算测出光圈数，但使用不太方便，如果样板直径比零件直径小得比较多则不宜采用。

靠样板时，由于可变化的曲率半径随着靠上的样板数的增加而减少，所以难度随之增加。因此，靠样板应采用先难后易的基本原则，具体可以采用以下顺序：

先多后少：即，如果系统中有几个面半径很相近，如胶合面等，可以采用同一个样板的首先解决。

先精后粗：光学系统中每个面的变化对成像质量的贡献是不同的，有些面很敏感，这样的面如果留到最后靠样板就会很困难。

先疏后密：样板表格中的数值并非等间隔的，有些区段比较多，有些区段比较少，通常应先靠比较稀疏区段的样板。

先大后小：由于大直径样板制作比较困难，因此，靠样板时应优先考虑大直径的零件。一些直径很小，曲率半径不大，而又很灵敏的面可以不靠样板。

17.5.2　其他要注意的问题

1. 设计时一个系统中光学玻璃材料的种类要尽可能少，这样便于采购和安排生产。

2. 材料选择应尽量挑选质优价廉的、被广泛使用的品种。还要留意材料的加工工艺性和化学稳定性，有些加工工艺性和稳定性不好的玻璃，如一些标号比较高的重火石玻璃等要谨慎选用。

3. 选择材料还要考虑材料的光谱透过率是否与仪器应用的光谱范围一致。

4. 双凸或双凹透镜的两个曲率半径是否比较接近，如果比较接近在安装时很容易装反。对于这样的情况最好干脆使用相同的曲率半径。如果不行就要采用一定的特殊措施，如倒角、涂漆等方法，制作出可以识别的标记加以区分。

5. 使用注塑加工的塑料光学零件还应注意注塑收缩的问题，零件的厚度不要太大，各部分的厚薄要尽可能均匀。

17.6　多组元光学系统优化设计

某些光学系统只用单一光组难以实现对成像与结构两方面的要求，如长焦距光学系统要有较短的结构，或短焦距光学系统需要一定长度的工作距离，这都是单一光组不能满足的，必须要有两个光组组合才能实现。除了定焦距系统中的多光组结构以外，变焦距光学系统更是典型的多组元光学系统，这类光学系统的设计与单一光组构成的系统相比更为复杂，优化设计通常需要分阶段进行。

由于至少要两个光组相对运动才能在实现焦距变化的同时保持像面稳定，因此传统的变焦距光学系统通常由 4 个光组构成，即前固定组、变焦组、补偿组和后固定组，去掉前固定组和后固定组也可以得到更紧凑的仅由两个运动光组组成的结构。其中变焦组的运动主要使系统的焦距发生变化，这同时导致了像面位置变化，就需要补偿组作相匹配的运动使像面位置保持稳定。变焦距光学系统一直致力于追求超高倍、超广角、大孔径、高性能、小型化、轻量化，随着变焦距镜头的应用领域日益广泛、设计水平的提高和数控加工工艺技术的成熟、高折射率低色散材料的发展，多组元全动型变焦距系统已经成为变焦距系统的主流。这类系统中不再有分工明确的变焦组、补偿组等，而是各光组均以最有利的方式运动，每一组元都能对变焦有适当的贡献，从而相对缩小每一组元的移动量，达到小型化的目的。全动型设计与非球面、特殊材料的应用使变焦距系统的成像质量大为提高，不少变焦镜头已具有与定焦镜头相媲美的成像特性，价格也大幅下降。

由于多组元光学系统特别是全动型变焦镜头的结构相当复杂，不可能采用代数法直接求解，设计者大多采用查资料法，这也带来了13.7节中所述的一些问题。在此我们基于系统整体最优化的思想，采用分阶段或称分层次优化方法设计多组元光学系统。

光学系统可分为各个透镜组，对于变焦距系统而言就是各独立光组，各光组的光焦度及其相互间隔的确定可以看成是第一个层次；各光组又由不同的光学材料以不同的半径、间隔等光学参数构成了它们的初始结构，这可以看成是第二个层次；各镜组内部的具体结构参数将直接参与像差平衡，在校正像差方面发挥不同的作用，使系统具有一定的焦距、相对孔径和视场，达到一定的像质要求，这是设计的第三个层次。各层次之间是相互联系与影响的，它们之间具有非加和性。系统的光焦度分配会影响初始结构设计，初始结构设计得好坏又会影响到能否实现像差平衡。因此，在每个层次的设计都应考虑到对系统最终性能即像差的影响。

高斯解即光焦度分配是多组元光学系统设计的第一个层次，在此如能找出系统的光焦度分配与最终像差校正能力之间的关系，即可合理地进行本层次设计。一般而言，应当尽量减小各光组的高级像差。由于高级像差与光组的相对孔径高次方的正比关系，各光组不宜承担太大的相对孔径。反映在光线走向上，第一近轴光偏角过大会导致较大的轴上点高级像差，第二近轴光偏角过大会导致较大的轴外点高级像差，这就要求每个光组的 $u'-u$ 和 $u_p{}'-u_p$ 越小越好，同时控制系统的总长度在要求范围内。

对于存在运动光组的变焦距镜头，除了以上要求外，为了提高变焦效率以实现小型化，并且在变焦时手感舒适，还可以对各光组的运动曲线提出适当的要求；另外变焦过程中有的要求相对孔径不变，有的可以在一定范围内改变，这些都是在光焦度分配阶段必须满足的。

光焦度分配确定以后，就可以进入第二层次，即对各光组进行初始结构设计。如读者采用 PW 方法，可以列出如式(13-6)这样的初级像差方程组，当然在列出方程组时考虑主要的像差，不必将几个方程全部列上。对于变焦距系统，由于组元之间的间隔在不同焦距时是不相同的，各组元本身的物距也是变化的，需要对3～5个焦距位置列出如式(13-6)的方程组，并统一以各组元的 $\bar{P}^{\infty}$、$\bar{W}^{\infty}$ 作为未知量。这时如果方程的个数多于未知量的个数，可以再追加对 $\bar{P}^{\infty}$、$\bar{W}^{\infty}$ 的其他限制，以得到比较简单的初始结构；如果方程的个数少于未知量的个数，应当求取加权最小二乘解。求解后可采用第13章的 PW 方法进行各组元的初始结构设计。如果采用经验法，也可以在熟悉多种光组结构的基础上自行选择初始结构，这时的初始结构因没有经过计算，直接进入下一层次尚属过早，可以先按各光组的物像位置大致优化一下。

将以上设计的初始结构输入光学设计软件，进行像差平衡。这是设计的第三层次。如果画出二维图发现光线路径很乱，无法进行像差平衡，则需要退回上一层次，对各光组按其各自的物像位置先做一下预优化，然后再对整个系统进行像差平衡。

下面以一个4倍变焦光学系统为例，按以上设计方法进行优化设计。

系统参数：焦距 $f'=10\sim40\text{mm}$，相对孔径为 1∶1.5，理想像高 $y'=3.2\text{mm}$，工作波段 $0.465\sim0.704\mu\text{m}$，光学系统尽量小型化，不使用非球面。可以适当渐晕，但应保证视场边缘的光照度与中心的光照度之比＞80%。

1. 光焦度分配

本设计视场中等，但孔径较大，并且从短焦端变到长焦端要保持稳定。为了尽量小型化，采用四组元全动型结构，由正、负、正、正四个光组构成。当第 1 个正组和第 2 个负组靠近时，相当于合成一个负光组，和后两个光组形成正负分离负组在前的反远距结构，用于短焦端。先考虑短焦和长焦两个焦距位置，借助软件画出的二维图大致确定 4 个光组的焦距与间隔，这里间隔要留有余地，以便实际光学结构产生后足以放入，然后在中间加一个中焦位置，如果变焦时不会相碰，再加中短、中长两个焦距。这里要求相对孔径稳定，所以孔径光阑应当放在后面，但后置光阑离前片太远，会使前片尺寸过大，要避免这点只有增大拦光，因此将孔径光阑安排在中间偏后的光组，即第 3 组元。高斯解暂不考虑系统的拦光，而拦光会使轴外点的相对孔径变小，所以可先允许相对孔径变化量为 1∶1.4～1∶1.7。要求各组元对第一近轴光和第二近轴光的偏角都不要太大，高斯光学系统长度＜70mm，可得如图 17-1 所示结构。

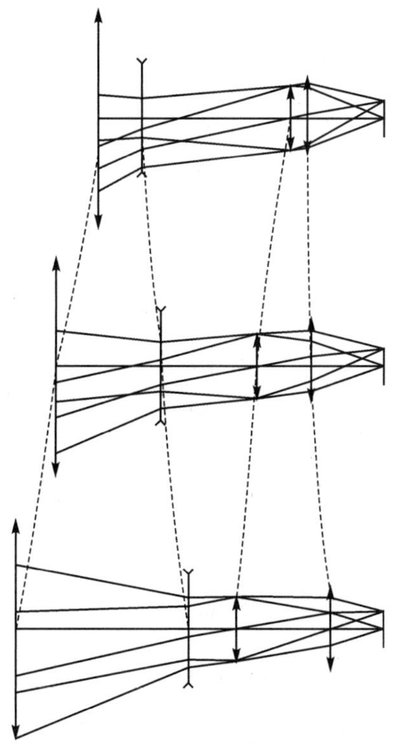

图 17-1

这里各光组的焦距和间隔列于表 17-4 中。

表 17-4 变焦镜头高斯解

组元号	焦距	总焦距 10.75 时的间隔	总焦距 14.55 时的间隔	总焦距 19.06 时的间隔	总焦距 28.81 时的间隔	总焦距 38.51 时的间隔
1	61.4	8	13.15	19.15	26.15	32.15
2	−23.36	28	21	18	8.9	9
3	28	3	6.73	10.46	14.2	17.92
4	22	14.65	14.41	13.67	12.59	9.95
像面						

2. 初始结构设计

用经验法，按各光组的焦距和最大通光口径，大致判断各光组需要承担的最大相对孔径分别是 1∶3、1∶2.7、1∶4.7 和 1∶3.3。选择前二光组均为 2 组 3 片，第 3 组相对孔径较小，选择双胶合结构，第 4 组需要校正前面系统的残余像差，相对复杂一些，用 4 片结构，并且必须正负组合。所有光组均注意使弯曲面尽量弯向光阑。其中正光组中正透镜用冕牌玻璃，负透镜用火石玻璃；负光组中正透镜用火石玻璃，负透镜用冕牌玻璃；承担光焦度较大的透镜用折射率较高的材料，如果需要阿贝数也高可以选择重钡火石、镧冕、镧火石等，经初步优化得到各组的结构如图 17-2 所示。图中(a)、(b)、(c)、(d)分别表示从第 1 组至第 4 组的结构。把这样的结构逐步输入光学设计软件，每输入一个光组都会使光束质量发生变化，因此通常需要一个逐步优化的过程。图 17-3 表示只输入第 1 组和第 2 组并初步优化后的结构，可以看出第 1 组已经有了明显变化。

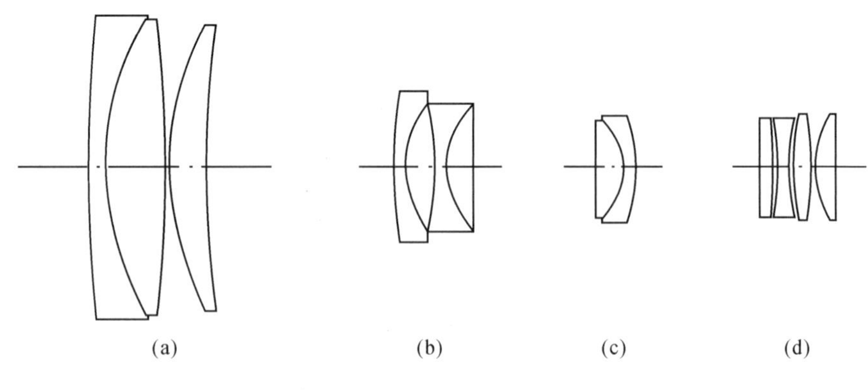

图 17-2

计算各光组的物方、像方主面位置，根据表 17-4 中所列的间隔计算出各光组前、后两表面和相邻表面的间隔，输入光学设计软件，构成变焦距系统，可用设计软件中的**多重结构(multi-configuration)**来处理，得本系统的初始结构如图 17-4 所示。由于各组元内部的间隔尚未完全放开，边界条件尚未全部控制，可以看出一些透镜(如第 4 组元中的透镜)的边缘已经太薄，有的因为空气间隔太小而相碰，这使第 4 组元显得有点丑。这在变焦镜头这样复杂的系统初始结构设计中是经常会遇到的，在像差平衡阶段参数还会有不小的改变，那时会对

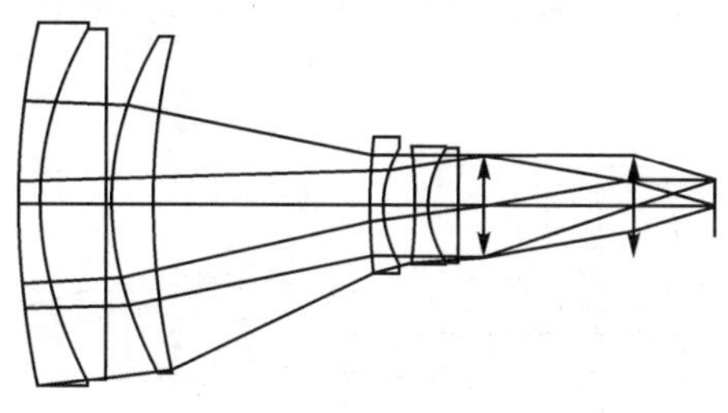

图 17-3

边界条件做严格的控制，也会放开更多的变量。

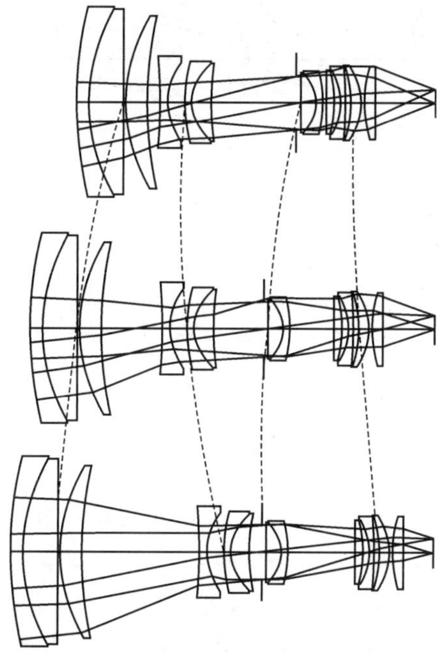

图 17-4

3. 像差平衡

对 5 个焦距位置加入缺省的评价函数，然后加入用户自定义的评价函数，如短焦到长焦的各焦距、对边缘厚度、中心厚度与间隔的限制条件等，并要求相对孔径不变，经反复优化并在必要时进行人工干预，包括修改结构参数、修改权因子、像差的目标值等。人工修改结构参数应按照 13.6 节所述的原则；修改权因子应考虑到各受控像差的量纲和校正要求；有时还需修改目标值，此时常采用“矫枉过正”的手段，例如某像差的当前值是 0.4，希望校正到 0.1 左右，但给目标值为 0.1 不一定能奏效，此时可给 0 或−0.2，甚至−0.4 等，以使其值下降。最后得到设计结果如图 17-5 所示。由图可见刚才有点丑陋的第 4 组元已经好看多了，变焦凸轮曲线也比较平滑。

需要注意的是像差不可能校正到完美无缺的理想程度，最后的像差应以在最佳像面上达到设计要求为准。对于普通摄影物镜，0.7 视场以内是比较重要的成像区域，为确保 0.7 视场内有较好的质量，必要时宁愿放弃全视场的像质，让它有更大的像差。因为在 0.7 视场以外已非成像的主要区域，当画幅为矩形时（如照相底片），此区域仅是像面一角，其像质的相对重要性可以较低些。

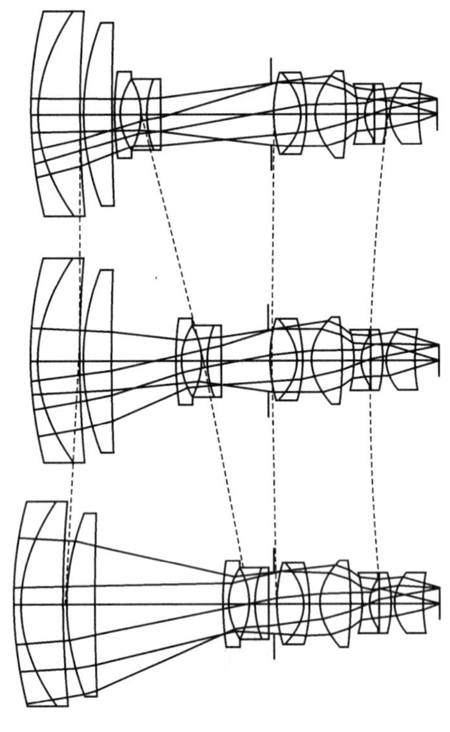

图 17-5

该结果的最终设计参数为：焦距 $f'=10.16\sim39.75\text{mm}$，相对孔径 1∶1.5，理想像高、工作波段均按要求。由于工作波段比通常采用的 d、F、C 光覆盖范围要大，挑选合适的玻璃是校正色差的最重要手段，材料组合对系统像质影响极大。为了达到小型化的目的并且得到优良的像质，对边缘视场适当有所拦光，相对孔径不变的要求使最大拦光出现在长焦端，为13%，此时边缘视场与中心视场的照度比为83%，满足设计要求。从第1面到像面的最大总长出现在长焦端，为85.5mm。MTF 曲线形状合理，低频的 MTF 值均高于高频的 MTF 值。

由于计算了5个焦距位置，各种像质评价图形较多，限于篇幅不再一一画出，仅将本设计达到的像质指标列于表 17-5 中。由表可见，短焦、中短焦、中焦、中长焦各位置 0.707 视场以内在空间频率为100线对/mm 时的子午、弧矢 MTF 值均为 0.34 以上，长焦端相应的 MTF 值为 0.26 以上。

表 17-5　$f'=10\sim40F1.5$ 镜头设计结果所达到的像质指标

焦距/mm	弥散斑 RMS 半径/μm			MTF 值/(100lp/mm)					最大畸变/%
	轴上	0.7 视场	全视场	轴上	0.7 视场		0.85 视场		
					MTFT	MTFS	MTFT	MTFS	
10.16	4.286	4.740	6.552	0.458	0.345	0.357	0.295	0.365	−4.62
15.01	3.237	6.032	7.758	0.473	0.340	0.397	0.348	0.384	−2.63
20.00	3.489	6.326	8.383	0.533	0.351	0.351	0.291	0.339	−1.6
29.97	3.478	5.077	7.788	0.522	0.472	0.498	0.442	0.471	−0.98
39.75	4.387	5.835	8.747	0.268	0.329	0.416	0.262	0.413	1.19

此例子给出了一个变焦距系统设计，从技术要求、高斯解、初始结构到最后优化结果，图 17-5 可以看出系统已经考虑了外径余量、中心、边缘厚度等问题。接下来的工作就是公差分析，画光学工程图，并给出变焦凸轮曲线。

17.7　光学设计过程小结

总结以上的步骤，光学设计主要包含以下过程：

(1)功能要求分析，由使用目的提出对光学系统基本要求，包括基本形式、物像关系、光瞳匹配等。

(2)理想光学系统分析，用理想光学系统原理对系统要求的合理性与可行性进行分析，并进行外形尺寸初始计算。

(3)确定初始结构；由光学系统的基本要求，求解光学系统的初始结构。

(4)像差校正；通过改变光学系统的曲率、间隔、材料、光阑位置等参数将像差校正到允许的范围之内，并控制好边界条件。人工修正时要根据 13.6 节所述的原则。

(5)零件加工、装配工艺性的保证。

(6)靠样板。

(7)公差设计。

(8)画光学工程图，光学制图在第 19 章讲述。

其中第 4 步到第 7 步一般利用光学自动设计软件来完成，第 3 步和第 8 步也可借助于光学软件。常用光学自动设计软件将在第 18 章介绍。

10—40 变焦镜头 4 组全入

10—40 变焦镜头 12 组入

10—40 变焦镜头 123 组入

10—40 变焦镜头高斯解

第18章　常用光学设计软件简介

从使用对数表和手摇计算机进行手工计算，到使用功能强大的光学系统优化设计软件进行自动设计；从设计一个镜头需要数以年计的时间，到现在只要几周就可以完成一个中等难度的设计；从手工填写在表格上的几尺高的设计数据，到现在以数据文件的形式保存在计算机存储装置上；从只能设计共轴球面系统，到各种新结构形式、新光学材料、面型与元件的广泛应用，光学设计作为一门传统的学问和技术，经过了漫长的发展历程。光学设计的工具今非昔比，光学设计的效率成倍提高，光学设计的水平更是突飞猛进。在这个过程中，几代光学工作者在高斯光学、像差理论、光学设计方法与像质评价等方面所作的大量基础研究是光学设计得以发展的根本依托，计算机和计算技术的发展为光学设计提供了强大的算法与软件支持，各种功能完备的光学设计软件为设计人员提供了高效快捷的设计工具。“君子生非异也，善假于物也。”掌握一种光学设计软件已经成为今天从事光学设计的必要条件，是否“善假于”软件已经在很大程度上左右着我们的设计水平，灵活熟练地使用软件并且在必要时编写自己的源代码已经成为光学设计者的日常工作。

与此同时，设计人员对软件的依赖也达到了前所未有的程度，对于绝大多数设计人员来说，离开了软件(确切地说是离开了国际知名公司的自动设计软件)一切都将无从着手。软件在设计中的地位日益提高，发挥的作用日益巨大。这也或多或少地使人们对光学设计的认识走入了一个误区，很多不了解或不从事光学设计的人认为光学设计是非常简单的事，只要买个光学自动设计软件就可以从事光学设计。经常在网上看到有关的帖子，其中不乏光学软件应用方面的求助，但实际上问的通常是一些基本的光学问题。那么，目前光学设计软件究竟包括哪些功能？它们能为我们做些什么？还有哪些事情是软件无法胜任的呢？这有赖于我们对软件功能及其实现方法的了解。首先，光学设计软件必须以光线追迹为基础，第11章已经对各类光线的光路计算方法作了详细的讨论；实现自动设计必须采用优化设计方法，第17章也对此作了简要的介绍。目前国际上最著名的当推CODE V、OSLO和ZEMAX这三个光学设计软件。以下就光学设计软件所具有的功能、特点等问题做简单介绍。

本章知识要点

1. 常用设计软件 CODE V、OSLO、ZEMAX
2. 其他相关软件 ASAP、LightTools、TracePro

18.1 目前常用设计软件的主要功能

18.1.1 广泛的适应能力

适应能力是指软件可以处理的系统类型、光学表面面型和光孔及拦光方式等，现在的几个设计软件都可以方便地对共轴和非共轴光学系统进行建模、输入、计算和优化，表面面型可以是球面、平面、旋转对称的奇次或偶次非球面，还可以是非对称的复合曲面，还提供了全息面、二元光学面、光栅面等衍射面，以及用户自己定义的面型，还包括梯度折射率材料和阵列透镜等，光孔类型可以是圆形、矩形、环带、多孔等形式，还可以方便地自己定义光孔和拦光的形状，光阑的位置和孔径、视场、渐晕系数及工作波长的设定非常简单。多重结构可以处理变焦镜头，带有可换元件、可逆元件的系统、扫描系统和多个物像共轭的系统。

18.1.2 完善的分析能力

软件可以计算几何像差、波像差、点列图和传递函数，并且给出不同离焦位置时点列图和传递函数的变化情况，向使用者提供完备的像质评价的结果。

温度分析(thermal analysis)可以模拟系统中光学材料的折射率随温度变化，光学材料和支撑材料的热变形等因素造成的温度变化对成像的影响。

公差分析(tolerance analysis)可以模拟光学表面的面形加工误差，表面和零件的偏心、倾斜，零件厚度和间隔加工装配误差，材料折射率误差等生产环节可能产生的与设计结果的偏差。找出可能对系统成像质量产生影响的灵敏环节，公差分析还可以设定补偿环节，可以自动根据系统像质要求分配公差，从而为设计图公差标注提供依据。

偏振分析(polarization analysis)可以提供光学系统对入射光偏振态的影响，可以分析不同方向偏振光的透过率，对不同方向线偏光，椭圆偏光偏振态改变的分析。

物理光学(physical optics)分析包含高斯光束分析和物理光学光传输分析，如干涉仪等。

杂散光分析用于分析由于光学表面残余反射产生的杂散光对成像的影响。

以上分析模块为设计的工程实现提供了完整的计算仿真结果。

18.1.3 强大的优化处理能力

软件都具有很强的像差自动平衡和系统优化功能，可以对多种评价函数进行优化处理，可以方便地设定边界条件，并对评价函数和边界条件加以灵活的控制。有的软件还具有全局优化功能，提供多种优化算法模块，从而最大程度地避免优化陷入局部极值。采用多重结构优化可以设计变焦系统，还可以考虑温度对光学参数的影响，尽可能消除由于温度产生的成像质量下降(消热差)。

18.1.4 非序列面(non-sequential)光线追迹(非序列描光)功能

这是指光线计算不是按照排好的面号顺序进行，而是按照实际空间的情况确定光追的次序和光线的走向，使用这个功能可以方便地处理屋脊棱镜、角反射镜、导光管、光纤、谐振腔等具有特殊光路的元件，可以分析系统漏光等杂散光的情况，还可以分析各种照明系统和一些分光系统的光的走向和分布。

18.1.5 友好的交互界面

这几个光学设计软件目前都是基于 Windows 操作系统，主要光学系统参数界面均采用表格方式，输入、定位、修改都很方便，大量的图像界面更加生动形象，使用者可以一目了然地了解系统结构和成像情况。

18.2 几个软件各自的特点

18.2.1 CODE V

CODE V 是美国 Optical Research Associates(ORA®)公司于 1963 年就开始研制的大型光学设计专用软件，通过几十年的发展，CODE V 已经成为应用最广泛的软件。同其他软件相比，CODE V 最突出的特点有以下几个方面。

(1)从第 13 章可以了解，光学系统初始结构是十分重要、但又没有很好解决办法的问题，CODE V 提供了“镜头魔棒”功能，也就是自带一个镜头专利库并有检索功能，用户只要输入所要设计的系统的使用波段、相对孔径、视场、变倍比等参数，软件即可从自带的专利库中找出最接近的结构以供选择。

(2)CODE V 的优化功能是它的特色之一，其中，**全局优化功能(Global Synthesis)**是非常出色的。这种被严格保密的算法不仅可以跳出局部极值，而且可以将找到的满足设计要求的各种完全不同的结构形式列出供使用者选择。CODE V 优化功能中最突出的是玻璃材料优化功能，在做优化时软件可以选出与实际光学相近的材料折射率和相应阿贝数，转换成实际玻璃材料后成像质量变化不大。同其他软件相比，目前 CODE V 的优化计算速度最快。

(3)CODE V 的公差分析模块非常完善，可以针对均方根波像差、传函、畸变或用户定义的评价指标进行公差分配。在公差计算中可以使用多个像面位移、倾斜、垫圈厚度等参数的各种补偿环节来模拟系统装校过程中的调整。为了实现对复杂光学系统的计算机辅助实时装调，CODE V 提供了与 Zygo 或 Wyko 干涉仪的接口。

(4)CODE V 提供了基于近轴光线和实际光线追迹的两种不同杂散光分析方法，使用者可用近轴光线追迹快速地找出造成鬼像的表面，再用实际光线追迹对杂散光进行进一步分析，并可以在设计过程中对杂散光加以控制。

(5)CODE V 软件带有一个宏语言，叫作 Macro-PLUS。用户可以用它根据需要对软件进行扩充和修改，访问程序中的各种数据，定义自己的变量、数组和函数，设计各种新的运算功能，实现独特的文字和图形输出，乃至进行磁盘读写等等，从而增加了 CODE V 的灵活性。CODE V 宏程序库在不断增加之中。此外，CODE V 还可以通过 IGES 或 DXF 图形文件实现与机械 CAD 软件的接口。

有关 CODE V 的进一步信息可以参见网址：http://www.opticalres.com。

18.2.2　OSLO

OSLO 源自美国罗切斯特大学光学研究所，作者是 Prof. D. Sinclair。Prof. D. Sinclair 在 1976 年创建了 Sinclair Optics，开始有商用版的 OSLO。OSLO 在本质上是一个面向对象的 Windows 程序，具有唯一的内置应用程序管理器/编译器，在桌面计算机上能够提供非常高的性能，其主要特点如下。

(1)OSLO 着重交互性的光学设计，体现以设计者为导向的设计风格。在设计过程中提供的反馈信息容易理解。设计者能够及时做出取舍决定，从而选择最佳的解决方案。

(2)OSLO 的用户界面直观、清晰，体现出其独特的使用交互性设计控制思想。

(3)OSLO 使用先进的光学设计技术，功能强大并且层次清晰。包括多重结构优化和公差分析的方法都有其独到之处。

(4)OSLO 提供高性能非顺序光线追迹和随机的光源建模与分析方法。

(5)OSLO 提供的 CCL 语言相似于 Java 语言或 Visual Basic，灵活性强。可以很容易根据用户需要进行定制，并且能够将程序改编成特殊的需要。

有关 OSLO 软件的其他详细资料请访问 http://www.lambdares.com。

18.2.3　ZEMAX

ZEMAX 产自美国 ZeMax Development Corporation 的光学设计软件，公司前身是 Focus Software Inc，成立于 1990 年，2021 年被 Ansys 公司正式收购。同前两个软件相比，ZEMAX 的历史比较短，但是由于它一出现就是基于 Windows 操作系统，因此 ZEMAX 界面和有关操作更自如地采用了 Windows 的特性。从技术发展来看，在几个软件中 ZEMAX 的更新速度最快，相比 CODE V 和 OSLO Zemax 价格非常便宜，其最大特点在于其方便的可操作性和程序的开放性，因此 ZEMAX 成为目前光学设计行业中最为普及的设计软件。在以下几个方面 ZEMAX 更加突出。

(1)ZEMAX 中的光学表面可以是反射面、折射面或衍射面，也可以创建因镀膜造成不同透过率的光学面特性；表面之间的介质可以是各向同性均匀介质，如玻璃或空气，也可以是径向、轴向的梯度折射率分布，折射率可以是位置、波长、温度或其他特性参数的函数。同时也支持折射率是偏振态和光线角度的函数的双折射材料。在 ZEMAX 中所有描述表面的特性参数包括形状、折射、反射、折射率、梯度折射率、温度系数、透过率和衍射级数都可以自行定义。

(2)视场可按视场角、物高、实际像高或近轴像高来定义，不同的视场可以用不同权重，还可以分别指定或计算每个视场的拦光系数。也可使用用户自定义的类似于 Bitmap 图形的物，或用标准的 Windows BMP 或 JPG 格式的图形作为物，这些图形各个像素上的光强度可以是不同的，并且还支持像散或椭圆形状的半导体激光光源及扩展光源。

(3)ZEMAX 提供的材料包括有 Schott、Hoya、Ohara、Corning 和 Sumita 等多个不同的玻璃库，目前已经有几个中国玻璃库，和红外材料、光学塑料、光学晶体材料(如 CaF2、MgF2 等)及双折射材料。目录里包括色散、折射率温度系数、线胀系数、比重、成本因子和其他数据，所有数据都可以看到或是进行更改，重要的是 ZEMAX 可很方便地增加玻璃种类和修改数据，可以自行创建玻璃库。ZEMAX 支持自动进行样板比对，使用者可以自己创建样板库或是在已有的数据库中修改数据。

(4)目前 ZEMAX 的优化功能相比 CODE V 不是很强,使用阻尼最小二乘法,但是 ZEMAX 的评价函数定义和选择很有特色,ZEMAX 有多个默认评价函数,包括使用弥散斑半径或波像差的峰谷差(peak-to-valley)或均方根(RMS)值,所有的评价函数都在放在评价函数表格中,设定自定义的评价函数简单、直接、方便,所有的权重和目标值都可以设定,可同时对任意数量的评价函数优化。ZEMAX 可以优化系统中任何参数,包括曲率半径、厚度、玻璃、二次项系数和非球面系数、孔径、波长、视场等。非顺序光追元件的位置和参数也可以进行优化。ZEMAX 支持两种全局优化:(1)**全局搜索 (Global search)**寻找新的设计形式,进行优化,然后找寻最佳的 10 个设计形式。(2)**Hammer 优化(hammer optimization)**不停寻找设计中较好的形式。两种方法都可以做到直到使用者中断计算为止,设计者可以运行后任其自动搜寻,过一段时间再看一下结果,就有可能使设计跳出局部极值,此两种算法与普通优化所使用的评价函数相同。

(5)ZEMAX 的宏语言称为 ZPL,其结构有点像 BASIC,可以函数调用、自定义数组、数字和字符串、文本和图形输出等。针对更复杂的分析功能,ZEMAX 支持延伸功能程序界面,叫 Extensions,可在外部程序的控制下进行光线追迹、分析和优化,调用 C 或 C++语言编写的 dll 动态链接库。ZEMAX 可以输出可直接用 AutoCad 打开的 DXF 文件格式二维图,还可以与结构设计 CAD 软件进行标准格式文件 IGES、STEP、SAT 等的双向转换。

有关 ZEMAX 软件的更详细资料请访问 http://www.ZEMAX.com。

简单总结以上三个光学设计软件,CODE V 在优化和公差分析方面比较突出,OSLO 更强调交互性,ZEMAX 在可操作和开放性方面见长。但是三个软件都要求使用者有坚实的光学基础知识和工程能力,无论使用何种软件设计者自身的设计技术和经验积累仍然是设计的最关键因素。软件的使用通常具有先入为主的特点,每个设计者都会有自己最熟悉、最中意的软件,不存在哪个软件档次更高的问题。如果有条件,设计者可以几个设计软件并行使用,这样可以发挥各软件的优势,最快地达到设计要求。

18.3 其他相关软件

除了以上光学设计专用软件外,还有一些软件更擅长于光学分析,主要用于照明系统分析、杂散光分析等比较复杂的光学分析方面。下面简要介绍几个此类软件。

18.3.1 ASAP

ASAP(Advanced Systems Analysis Program)是功能强大的光学分析软件,是由美国 Breault Research Organization Inc(BRO)公司研发的,主要用于仿真成像或进行照明设计,让用户的光学计算工作更加准确而迅速。通过 ASAP,可以制作原型系统或者在大量生产前进行预先的光学系统的仿真,以便加快产品上市的时间。

普通的高密度取样光线追迹计算量是很大的。但 ASAP 对非顺序光追模块都做了速度的优化处理,可以在短时间内做出大量光追计算。此外 ASAP 可以选择你所要分析的物体上的光线,选择并列出特定的光束,列出光线的来源(折射/反射/散射…)以及其路径的变化，跟踪光线的来源，模拟强度变化，此功能可用于杂散光模拟分析。

由于得到业界公认，ASAP 高级系统分析程序已成为光学系统定量分析的业界标准。ASAP 的分析功能包括照明分析、辐射度测量、偏振、光纤耦合效率、干涉测量、杂光分析（散射和鬼像分析）、成像质量及薄膜镀膜性能分析等。

有关 ASAP 软件的更详细资料请访问 http://Breault.com。

18.3.2 TracePro

TracePro 与 OSLO 是同一家公司的产品，是一套普遍用于照明系统、光学分析、辐射分析及光度分析的光线仿真软件。它是一套以实体模型为核心（ACIS Solid Modeling Kernel）的光学软件，特点是：(1)结合真实固体模型；(2)强大光学分析功能；(3)数据转换能力强；(4)容易上手的使用接口。TracePro 的应用领域包括：照明（illumination）、导光管（light pipes）、薄膜光学（tissue optics）、光机设计（optomechanical design）、杂散光以及光泵浦。

18.3.3 LightTools

LightTools 同 CODE V 是同一家公司的产品，通常这类软件建模最为困难，而建模功能是 LightTools 的一大特色，它具有全新高精度的交互式三维实体建模体系，可以方便地直接描述光学系统中的光源、透镜、反射镜、分束器、衍射光学等元件、棱镜、扫描转鼓、机械结构以及光路。采用非顺序光追的 LightTools 还具有一些优化功能，这在另外两个软件中目前是没有的。软件的应用领域 LightTools 同前两个差不多。

以上三个软件同前面介绍的光学设计软件的最主要区别：CODE V、OSLO 和 ZEMAX 主要用于成像光学系统等高像质要求的光学系统的设计，采用像差、波像差、传递函数、点列图等作为系统评价，参数化的模型描述简单、直接，优化设计是软件的主要功能，一次计算的取样光线一般不会太多；而 ASAP、LightTools 和 TracePro 则是以非成像系统的光学分析为主要目标，更多考虑光能的分布、像面的照度以及均匀性等问题，计算是基于海量的光线追迹基础之上，优化设计不是其主要目标，目前只有 LightTools 有一点优化功能。究其原因可能是由于计算量太大，目标不像成像光学系统这么清晰、准确，模型很多是采用如 IGES 格式的三维 CAD 图形，很难实施参量优化。

使用时，CODE V、OSLO 和 ZEMAX 主要在于其设计优化，而 ASAP、LightTools 和 TracePro 的使用关键是建模，所以使用后三个软件最好还要了解像 SolidWorks、ProE 或 Unigraphics 等三维 CAD 软件。

以上对各种软件的介绍，部分是根据有关产品介绍和其他用户使用经验，部分是作者自己的使用体验，仅供读者参考。

18.4 光学设计者和软件

至此，我们不仅讨论了光学设计的基本计算原理和算法，而且对常用光学设计软件的功能有了一定的了解。要深入、全面地掌握这些，还需要读者积累大量的设计实践经验。这里我们仅对本章开头提出的问题加以小结。

光学设计软件目前能够做什么？

(1)能够输入输出给定的光学系统结构参数，画出光学系统的二维图或三维图。

(2)能够对给定的光学系统结构计算各种光线的光路与光程，并对这些光线数据进行处理，得到各种像质评价指标。

(3)能够采用用户设定的评价函数进行优化设计，迅速使用户得到更优异的设计结果。

(4)能够对软件所带的各种库文件进行编辑与修改，有时还为用户提供二次开发环境。

光学设计软件现在还不能做什么？

(1)软件不是掌握了几何光学与像差理论基本原理的人，在没有人的干预的条件下，不能从无到有地自动生成初始结构，不能根据像质情况与工艺要求自动改变评价函数的设置，把握设计方向。

(2)软件不是几何光学与光学设计理论的教程，不能教会一个初学者从事光学设计。做光学设计的永远是人而不是软件。其实做一个简单的实验即可证明这点，让几个同样具有独立设计能力的人同时设计同样技术指标的光学系统，将会得到完全不同的设计结果，光学设计的创造性与魅力也在于此。

因此，我们一定要牢牢记住这一点：在镜头设计中起决定性作用的是人而不是软件。有了人，没有软件也可以编出软件，软件功能不足的可以补充、修正。如果评价函数不合理，某些边界条件没有控制，有时软件会把一个结构修改得乱七八糟，然而一个有经验的人可以把它拉回到正确的轨道，也许还可从中得到灵感与启发。

应该看到，由于有了现在功能强大的设计软件后，光学设计工作得到了很大的发展，对设计者经验的依赖性有所降低，很多初学者经过短时间的训练就可以设计出几款像样的镜头，设计工作确实比以前简单、方便了许多，但是新的挑战也随着软件的进步不断出现，一方面新的应用需求不断出现，新材料、新技术、新工艺都需要设计者不断地学习和提高，同时对光学系统的要求也在不停地提升，造价更低、性能更好、体积更小、结构更紧凑的光学系统都对设计者提出新的更高的要求。还有很多原先由于设计手段限制无法进行严格的光学设计只能凭经验的领域，如照明行业，在有了相应设计软件之后也对设计提出了很高很严格的要求。随着设计软件的发展和进步，设计者要应对的新问题会更多更复杂。

第 19 章　光学工程制图和技术要求

光学工程图纸是光学设计人员与机械结构设计、光学加工、装配及其他相关人员交流的主要媒介。光学工程图包括光学系统图、光学部件图、光学零件图、胶合件图等几类。

本章知识要点

1. 光学系统图
2. 光学工程图中的特殊符号标记
3. 胶合件图
4. 光学零件图
5. 球面光学零件图，对材料的要求，对零件的要求，其他技术要求
6. 平面光学零件图
7. 非球面光学零件图

19.1　光学系统图

光学系统图(optical system drawing)要描述的是整个光学系统的全貌、外形尺寸，所有的光学零部件相互之间位置关系和安装公差要求，光学系统的主要参数，有些还要给出物像关系，光阑位置和大小，对系统的各种技术要求等。图 19-1 是一个光学系统图的样图。

可以看出，光学系统图基本是按照机械装配图的方式制作的。图中用尺寸标注的方法给出光学零部件之间的位置关系和安装公差。要注意的是图中的间隔为中心间隔，而设计镜筒的隔圈时使用的是边缘间隔，不能直接使用中心间隔。如果光学系统中存在实像面，可以给出像面的位置，对光学系统装配和调整会有帮助。图中可以给出光学系统的长、宽、高等参考值。

有关光学系统的性能参数可以在技术要求中用文字或符号说明，不同的系统需要标注的内容有所不同，表 19-1 是不同的光学系统需要标注的内容。

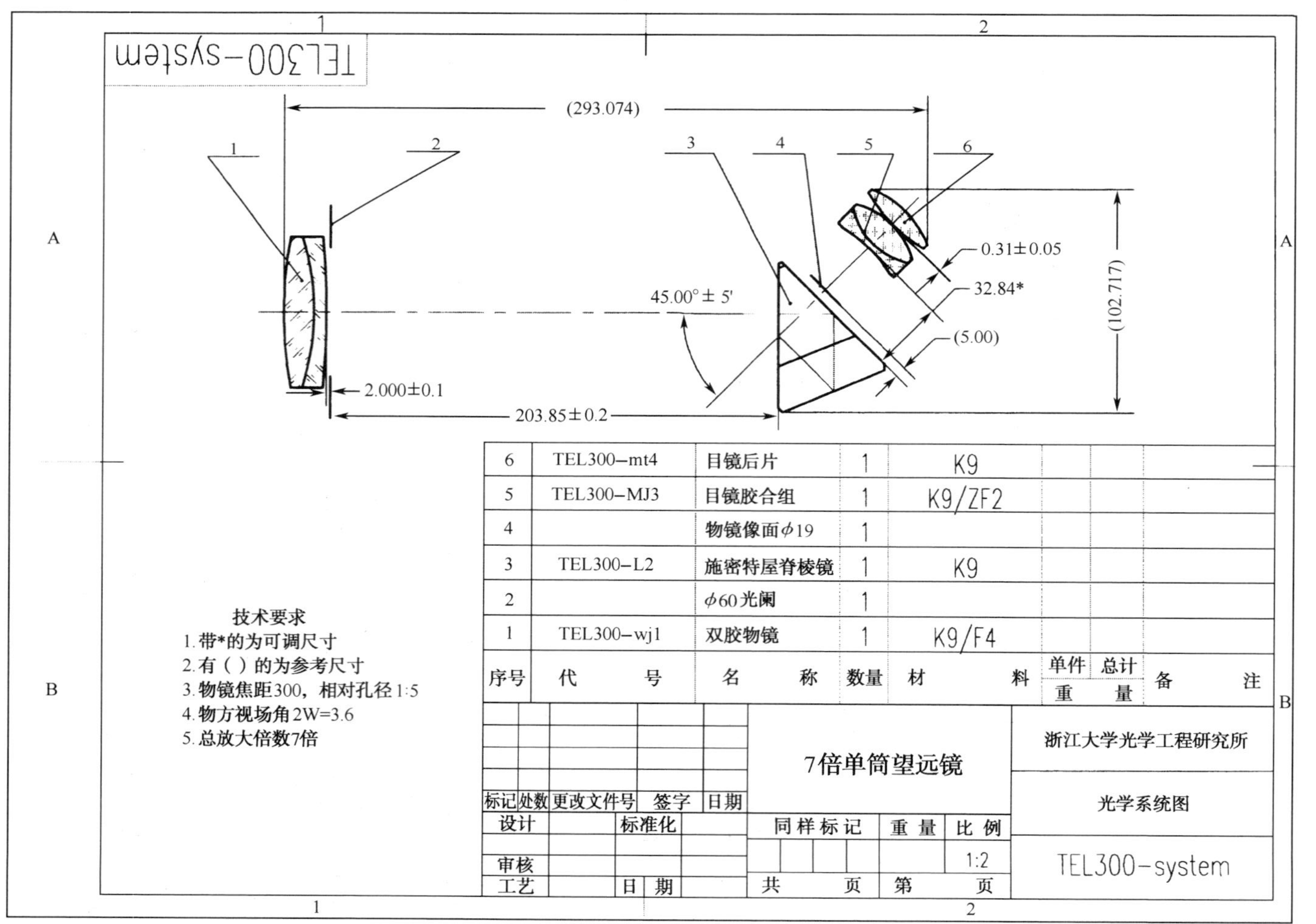
TEL300-system
(293.074)
1
2
3
4
5
6
0.31±0.05
32.84*
(5.00)
(102.717)
45.00°±5′
2.000±0.1
203.85±0.2
技术要求
1.带*的为可调尺寸
2.有（）的为参考尺寸
3.物镜焦距300，相对孔径1:5
4.物方视场角2W=3.6
5.总放大倍数7倍
6 TEL300–mt4 目镜后片 1 K9
5 TEL300–MJ3 目镜胶合组 1 K9/ZF2
4 物镜像面φ19 1
3 TEL300–L2 施密特屋脊棱镜 1 K9
2 φ60光阑 1
1 TEL300–wj1 双胶物镜 1 K9/F4
序号 代号 名称 数量 材料 单件重量 总计重量 备注
标记 处数 更改文件号 签字 日期
设计 标准化
审核
工艺 日期
7倍单筒望远镜
同样标记 重量 比例
1:2
共 页 第 页
浙江大学光学工程研究所
光学系统图
TEL300-system

图 19-1 光学系统图

表 19-1　不同的光学系统需要标注的内容

光学性能		光学系统			
		望远系统	显微系统	照相系统	光谱系统
视觉放大率	(Γ)	标注	标注		
工作波段					标注
像方焦距	(f')			标注	
相对孔径	(A)			标注	标注
数值孔径	(NA)		标注		
成像质量	分辨率	标注	必要时标注	必要时标注	标注
	星点	必要时标注	必要时标注	必要时标注	
	光学传递函数	必要时标注		标注	
	波相差		必要时标注		
	中心点亮度		必要时标注		
角视场($2w$)		标注		标注	
线视场($2y$)			标注		
出瞳直径	(D)	必要时标注	必要时标注		
出瞳距		必要时标注	必要时标注		
镜目距		必要时标注			
像面大小				标注	
线色散倒数					标注
共轭距			标注		

其他光学系统，可以根据其用途自行确定标注内容。

光学系统图中零部件的序号一般按照光路前进方向自左至右、自下而上绘制。与机械装配图类似光学系统图中也有零部件列表，表中有以下内容：

(1)序号：应与引线注明的零部件相一致，一般按光路前进方向自左至右、自下而上绘制，也可以与光学系统的工作位置一致，重复出现的零部件按第一次编排的序号，附件最后编排序号。

(2)零件名称：可以包含像面、出瞳面等光学面。

(3)图号：如果使用计算机制图，则图号可以是计算机文件名，这样比较便于查找。

(4)材料：主要给出光学零部件的材料，光阑材料等在机械设计中决定，在此可以不给。

19.2　光学工程图中的特殊符号标记

光学工程图中有一些比较特殊的符号标记，如光阑、光源等。这些标记需按照有关的规定进行绘制。绘制方法如表 19-2 所示。

表 19-2　光学工程图中的特殊符号标记

序号	名称	标记	尺寸	图线名称	附注
1	光阑或光瞳		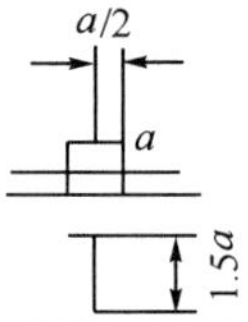	粗实线	①尺寸 a 的选取应与整幅图面相称。②光源与光电接收器的型号和要求在图样的明细栏中注明。③序号 1～5 亦可根据需要按实体绘制。④毛面标记仅适用于系统图中。
2	狭缝		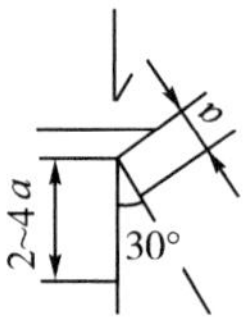		
3	物面或像面		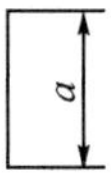		
4	光源		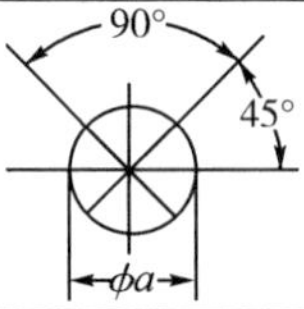		
5	光电接收器		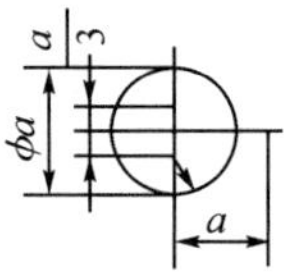		
6	眼点		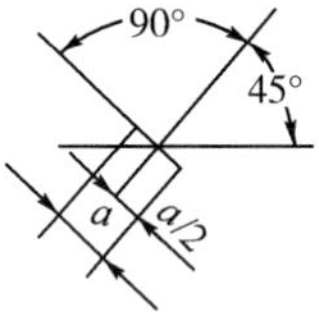		
7	分划面		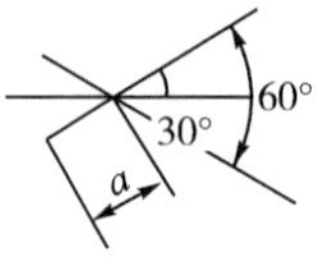		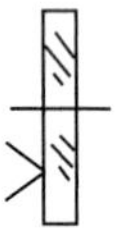
8	毛面		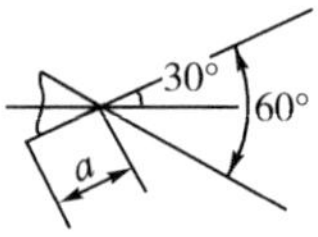	细实线	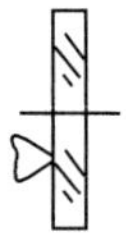
9	减反射膜		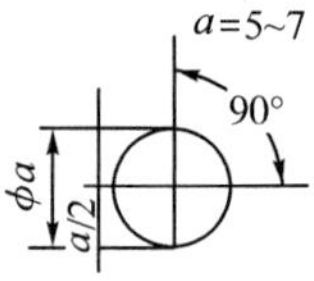		

续表

序号	名称		标记	尺寸	图线名称	附注
1	反射膜	内反射膜		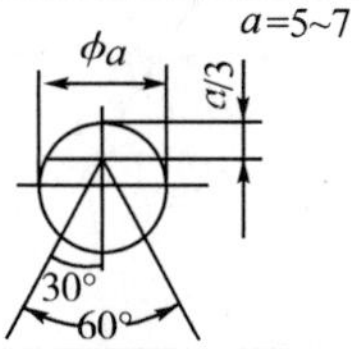 a=5~7	粗实线	
		外反射膜		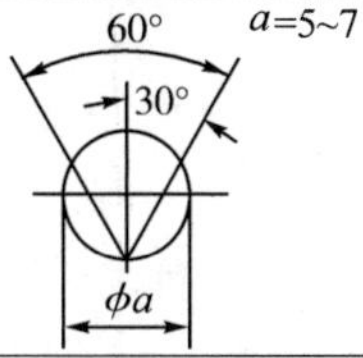 a=5~7		
2	分束(色)膜			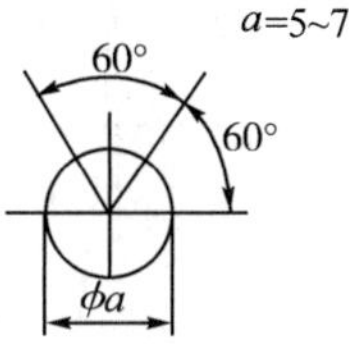 a=5~7		
3	滤光膜		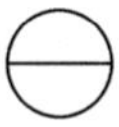	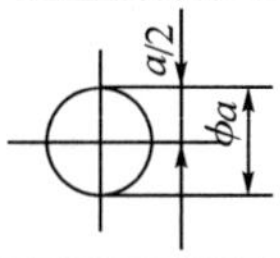		
4	保护膜		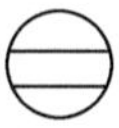	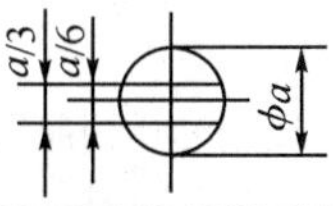		
5	导电膜			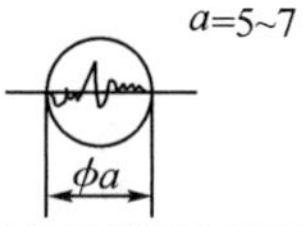 a=5~7		
6	偏振膜			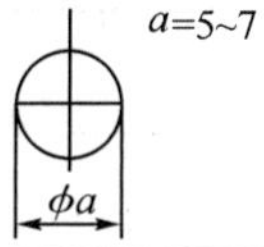 a=5~7		
7	涂黑		——	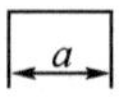		

19.3　胶合件图

胶合件是一种很常用的光学零部件。胶合件中有最常用的球面双胶合透镜、三胶合透镜，还有胶合棱镜、光楔等平面胶合件和一些特殊胶合件。在设计时胶合面是作为一个面处理的，这样双胶合零件有三个光学面可以变化。胶合件图是一种介于系统图和零件图之间的部件图，具有比较特殊的技术要求和参数描述。图 19-2 所示是胶合件图的样张。

与光学零件图相似，胶合件图应该给出焦距等光学系统参数，以便于测量。由于胶合通常是有两个以上零件胶合，因此要有类似于系统图的零件列表，从表中可以查出各零件的名

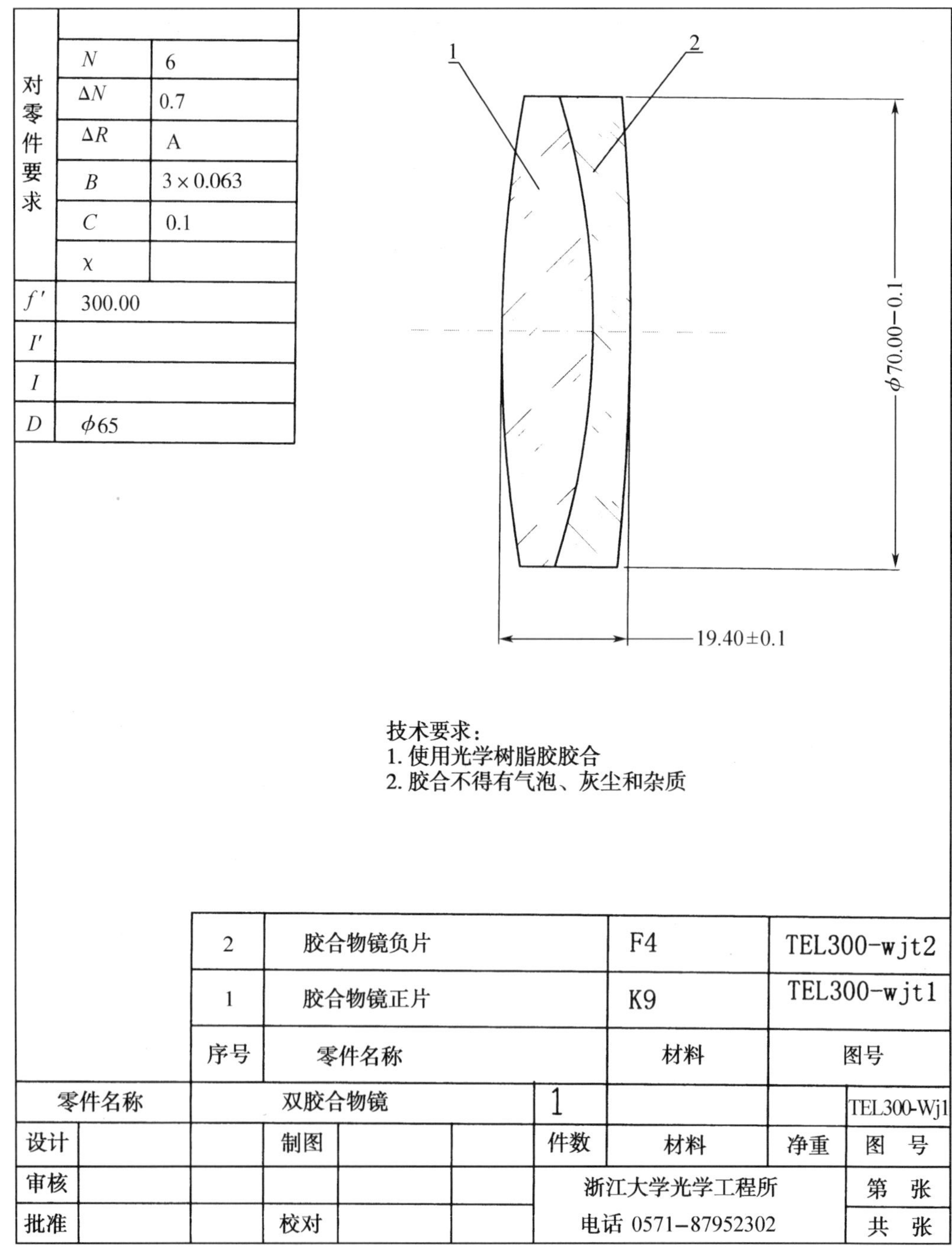

图 19-2 胶合件图

称、材料和图号(文件名)。

胶合件对于镜筒设计者来说是一个单独的零件,应该给出胶合件与镜筒配合的公差要求。

在技术要求中可以提出对胶合质量、定中精度及胶合材料的要求。对光学黏胶剂的要求有以下几点:

(1)无色透明,在指定的光谱范围内透过率应大于 90%,并且固化后折射率与被黏结零件的折射率相近;

(2)在胶合时浸润性好,固化后收缩率小,零件不易变形;

(3)在胶合件使用温度范围内,耐冲击强度和耐冷热性能好;

(4)化学稳定性好,长期使用不变质;

(5)胶合工艺简单,对操作者无毒无害;

(6)拆胶容易,便于返修。

目前使用的胶合材料主要有以下几种:

1. 天然冷杉树脂胶

特点:使用简便,拆胶清洗容易,无毒无害,收缩率小(5%～6%),机械强度低,耐热、耐寒性能差(−40～+40℃),在近紫外有明显的吸收,不能用于紫外光学零件胶合。

用于胶合一般的透镜、棱镜、滤光片、度盘、分划板等室内使用的仪器。

2. 甲醇胶

特点:透明度良好,胶合强度、耐高低温性能都优于冷杉树脂胶,收缩率高达 12%,胶层抗老化性能差,配置工艺复杂,保存期短,拆胶难。

主要用于军用光学仪器中的透镜或某些棱镜和平面零件的胶合。

3. 光学环氧胶

特点:折射率接近玻璃,强度大收缩小(<2%),耐高低温,耐水,化学性质稳定,但工艺性不足,拆胶困难,有一定毒性。

4. 光学光敏胶

这是一种光固化胶黏剂。特点:具有光学环氧胶的各种优点,还有工艺简便、固化快速、储存期长等特点。

设计者可以根据光学系统的用途确定使用胶合黏结剂。有关胶合工艺方面的问题请参阅光学零件制造工艺学的有关资料[38]。

19.4 光学零件图

光学零件图(optical parts drawing)主要包含球面、平面零件和非球面零件三大类。由于其各自的加工方式、测量检验方法和原理有很大的不同,所以零件图的标注方法、技术要求等也有区别。以下分别对这三种零件图予以讨论。

19.4.1 球面光学零件图

球面光学零件是指球面透镜或球面反射镜等常用光学零件。这类零件图如图 19-3 所示。

光学零件图与普通机械零件图有很大的不同,主要是由于光学零件图中有许多特殊的要求和标注。特别是图的左上角的列表全面地给出了对光学零件的技术要求。以下详细给出表中项目的含义和标注方法。

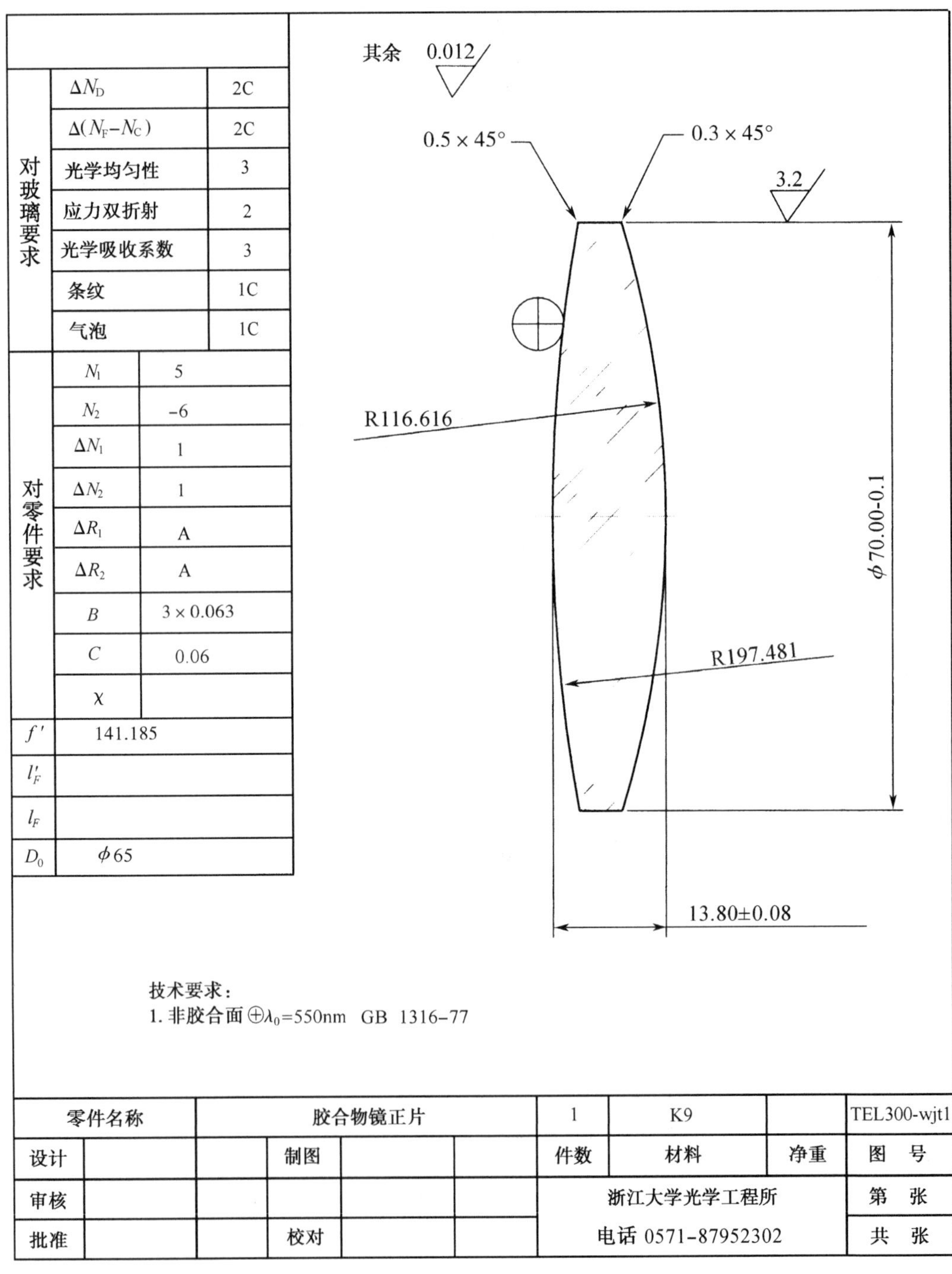

图 19-3 球面光学零件图

19.4.2 对材料的要求

在表的上部为对材料的要求，使用无色玻璃材料时可以参考表 19-3 标注。

表 19-3 光学零件对无色玻璃的要求参考表

技术指标	物镜			目镜		分划板	棱镜	聚光镜	反射镜
	高精度	中精度	低精度	$2w>50°$	$2w<50°$				
Δn_D	1B	2C	3C	3C	3D	3D	3D	3D	—
$\Delta(n_F-n_C)$	1B	2C	3C	3C	3D	3D	3D	3D	—
均匀性	3	3	4	4	4	4	3	5	3
双折射	2	2	3	3	3	3	3	3	2～3
光吸收系数	3	3	4	3	4	4	4	5	—
条纹度	1C	1C	2C	1B	1C	1C	1A	2C	—
气泡度	1C	1C	1C	1B	1C	1A	1C	1C	—

表中高精度物镜一般是指大孔径照相物镜、高倍显微物镜等要求和性能比较高的物镜。中等精度物镜是指一般照相物镜、低倍显微物镜等。此表主要用于无色光学玻璃在可见光波参考表段。如使用红外、紫外等光学材料，可根据使用要求和材料的生产水平另行标注。

光学零件对晶体材料要求可参考表 19-4 标注。

表 19-4 光学零件对晶体材料要求参考表

技术指标	Δn_D	$\Delta(n_F-n_C)$	均匀性	双折射	光吸收系数	条纹度	气泡度
棱镜	—	—	2	2	1	1A	2C
透镜	—	—	3	3	1	2C	4D

有色光学玻璃一般比无色玻璃对均匀性、双折射、气泡度和条纹的要求要低 1～2 级，光谱特性指标则根据生产单位提供的指标和实际需要而定。

19.4.3 对零件的要求

球面质量的检验是使用样板检验等厚干涉条纹(牛顿环)的办法。表中 N_1 和 N_2 分别为第一和第二个面的干涉条纹环数(光圈数)。这个数据表示透镜两个面曲率半径的偏差。严格说来，此偏差应该在设计时进行公差分析由分析结果来决定。光学系统设计的公差分析实际上是对光学系统参数变化灵敏度的分析。许多设计软件提供公差分析功能。设计者也可以通过对各参数做微小变化的办法进行手工分析。对灵敏的参数公差要求要严格一些。至于如何确定公差量，一方面可以根据系统成像质量要求，另一方面也要把握加工单位的生产能力。

光圈数有正负之分，样板检验时中心接触的为正(高光圈)；边缘接触为负(低光圈)。一般标注时不需要标注正负号，如 $N_1=5$ 表示第一个面的半径偏差最大为 5 个光圈。但是有些表面的公差分析结果可能会有正负号要求，还有一些特殊的面，如胶合面由胶合工艺要求，加工时应该给负光圈(低光圈)，以保证胶合时两个胶合面不是中心接触。

ΔN_1 和 ΔN_2 别为第一和第二个面光圈局部误差符号，表示上述干涉条纹的不规则程度，表征光学表面存在局部的凹陷、凸起、折断等缺陷，造成干涉条纹不平滑连续。

N 和 ΔN 之间有一定的比例，一般 $\Delta N=(0.1\sim0.5)N$。表 19-5 所示是光学零件表面

误差 N 和 ΔN 的参考值。

表 19-5 光学零件表面误差参考数值

仪器类型	零件性质	表面误差	
		N	ΔN
显微镜和精密仪器	物镜	1～3	0.1～0.5
	目镜	3～5	0.5～1.0
照相系统投影系统	物镜	2～5	0.1～1.0
	滤光镜	1～5	0.1～1.0
望远系统	物镜	3～5	0.5～1.0
	转换透镜	3～5	0.5～1.0
	目镜	3～6	0.5～1.0
望远系统	棱镜 反射面	1～2	0.1～0.5
	棱镜 折射面	2～4	0.3～0.5
	棱镜 屋脊面	0.1～0.4	0.05～0.1
	反射镜	0.1～1.0	0.05～0.2
	场镜、滤光镜、分划板	5～15	0.5～5.0

相同的光学系统也会有不同的等级，表 19-6 所示是不同等级光学零件的面形公差参考。

表 19-6 光学零件精度等级分类

零件精度等级	精度性质	公 差	
		N	ΔN
1	高精度	0.1～2.0	0.05～0.5
2	中精度	2.0～6.0	0.5～2.0
3	一般精度	6.0～15.0	2.0～5.0

注意，此表只能作为设计时参考。实际设计时需使用软件进行公差分析再制定详细的公差要求。

ΔR_1 和 ΔR_2 分别为所使用工作样板的精度等级，按 JB/T 10568—2006 分为 A、B 两级。工作样板直接用于检验加工的零件，用基准样板复制而得，其精度由工作样板对基准样板的光圈要求来保证。

B 为光学零件表面疵病符号。此符号用于光学表面，表示对光学表面存在的亮丝、麻点、划痕等的限制。

一般表面疵病标注内容由 GB/T 1185—2006 的规定分为 $A_{n,1}$ 和 $N_{n,1}$ 两部分，$A_{n,1}$ 表示表面疵病的大小，等于表面疵病面积的平方根值，$N_{n,1}$ 表示允许疵病的个数。标注时为 $N_{n,1}\times A_{n,1}$。

C 为偏心误差，在数值上用焦点像的跳动圆半径来度量。

χ 为面倾角，使用光学表面定中心顶点的法线与基轴的夹角来度量。对于球面透镜 C 和 χ 之间具有如下关系：$\chi=\dfrac{C}{R}\times 3438'$ 或 $C=R\times\chi\times 2.91\times 10^{-4}\,\text{mm}$。所以标注时两者要一致，一般球面单透镜只要标注 C 就可以。

表 19-7　偏心差允许值参考表

透镜性质	偏心差/mm	透镜性质	偏心差/mm
显微镜与精密仪器	0.002～0.01	望远镜	0.01～0.1
照相投影系统	0.005～0.1	聚光镜	0.05～0.1

f' 和 D_0 分别为透镜焦距和通光口径。其中 f' 最好是标注测量焦距所用波长的焦距值，以便于测量。

l'_F 和 l_F 与书中的定义相同，一般可以不标。

19.4.4　光学零件图的其他技术要求

1. 光学零件的倒角

光学零件的**倒角(beveling)**分为设计性和保护性两大类。设计性倒角主要用于系统的拦光、装配工艺要求等。保护性倒角一般按照表 19-8 和表 19-9 取值，具体还应根据厂家的加工能力而定。

表 19-8　圆形光学零件的倒角

零件直径 D	倒角宽度 b		
	非胶合面	胶合面	辊边面
3～6	$0.1^{+0.1}$	$0.1^{+0.1}$	$0.1^{+0.1}$
>6～10			$0.3^{+0.2}$
>10～18	$0.3^{+0.2}$	$0.2^{+0.1}$	$0.4^{+0.2}$
>18～30			$0.5^{+0.3}$
>30～50	$0.4^{+0.3}$	$0.2^{+0.2}$	$0.7^{+0.3}$
>50～80			$0.8^{+0.4}$
>80～120	$0.5^{+0.4}$	$0.3^{+0.3}$	—
>120～150	$0.6^{+0.5}$	—	—

表 19-9　圆形零件倒角角度

零件直径与表面半径的比值(D/r)	倒角角度		
	凸面	凹面	平面
<0.7	45°	45°	45°
>0.7～1.5	30°	60°	
>1.5～2	—	90°	

2. 透镜中心厚度公差

透镜中心厚度公差指定也应该根据系统公差分析结果和透镜加工的能力。表 19-10 中的值仅用作参考。

表 19-10　透镜中心厚度公差参考表

透镜类别	仪器种类	厚度公差/mm
物镜	显微镜及试验室仪器	±0.01～±0.05
	照相物镜及放映镜头	±0.05～±0.3
	望远镜	±0.1～±0.3
目镜	各种仪器	±0.1～±0.3
聚光镜	各种仪器	±0.1～±0.5

3. 表面粗糙度

GB/T 131—2006 规定了零件表面粗糙度(roughness)的代号及标注方法，但以往的标注法厂家也用，并不会误解。表 19-11 是表面粗糙度的符号及含义。

表 19-11　表面粗糙度的符号及含义

早期版符号	现行版符号	含　　义
3.2	√Ra3.2	用任何方法获得的表面
3.2	√Ra3.2	用去除材料的方法获得的表面，如车、铣、钻、磨等加工方法形成的表面。磨削、抛光加工的玻璃透镜可用此符号
3.2	√Ra3.2	用不去除材料的方法获得的表面，如铸、锻、冲压等方法获得的表面。注塑加工的塑料透镜用此符号

"3.2"表示轮廓算术平均偏差"*Ra*"最大允许值为 3.2μm。
在光学零件图中光学表面 *Ra* 一般取 0.012 或 0.01，非光学面取 3.2 或 1.6。

有关粗糙度标注的其他问题请参阅 GB/T 131—2006 的有关规定。

4. 光学零件镀膜的标注

光学**镀膜(coating)**的标注，对于已定国家标准的薄膜按照下列方式填写：

薄膜符号	使用条件	允许的选择要求	验收依据的国家标准号

光学零件镀膜标注符号见表 19-12 的后半部分，对已有国家标准的薄膜，如果标准未规定使用条件和允许有选择指标时，应标注使用条件和选择指标，然后标注相应标准号。如标准已规定使用条件，且不允许有选择指标时，只标注标准号。

表 19-12　已定国家标准的标注实例

标　注	说　　明
$\lambda_0=550$nm GB/T 26332.5	中心波长为 550nm 的增透膜
AR GB/T 26332.5-W-420-660	边界值为 420nm 和 660nm 的 W 型增透膜
RE GB/T 26332.6-Al-GS-400-680	镀有保护膜(GS)的前表面反射铝膜(Al)，反射波长 400～680nm
BS GB/T 26332.7-D1	标准已定条件和指标的代码为 D1 的中性分束膜，为 450nm 到 650nm 波长范围内，入射角为 45°时将非偏振光 50%反射、50%透射的无吸收介质分束膜
$\lambda_0=532\pm10$nm，$\delta\lambda_{0.5}\leqslant9.0$nm，JB/T 8226.6	干涉滤光膜应标注最大透射波长 λ_0 和半宽度 $\delta\lambda_{0.5}$

对只知性能要求但暂无标准规定的薄膜按下列方式填写：

薄膜符号	使用条件	允许的选择要求	验收依据的标准号(如有)

表 19-13 暂无国家标准的标注实例

标 注	说 明
AR ρ(905nm,0°～30°)＜0.01	对 905nm 波长，入射角不大于 30°时反射率小于 0.01 的增透膜
RE ρ(400～700nm,25°～35°)＞0.98	对于指定波长和入射角范围，反射率大于 0.98 的反射膜
α＝45°，P＝99.5％，T≥45％其余按照 JB/T 5474 验收	当入射角为 45°时要求的偏振度为 99.5，透过率不低于 45％

注：这里的标准常为推荐性标准，所以标注方法并不一定随着新标准的修改或颁布而马上变化，老的标准和标注很多厂家仍然在使用。

19.4.5 平面光学零件图

在光学系统中常常需要一些平面零部件，包括棱镜、平面反射镜、光楔、分划板、保护玻璃等。平面零件图有一些比较特殊的要求和标注方法。图 19-4 是施密特屋脊棱镜的零件图。图中要求表达清楚棱镜的几何形状、光学表面、加工精度和技术要求。图中表格与透镜零件图不同之处有以下几点：

第一**光学平行差(optical parallelism tolerance)**θ_{I}，是指反射棱镜展开成等效平板后，其光学平行度在入射光轴截面内的分量，由棱镜入射光轴截面内的角度误差引起。

第二光学平行差 θ_{II}，是指反射棱镜展开成等效平板后，其光学平行度在垂直于入射光轴截面内的分量，由棱镜棱向误差引起，棱向误差有两种：rA 和 rc。rA 表示棱镜任一工作面(屋脊面除外)与棱的平行度。rc 表示屋脊棱在垂直于屋脊平分面内相对于理论位置的倾角。

非圆形光学零件的保护性倒角与圆形两件有一些不同，表 19-14 给出非圆形光学零件倒角的技术要求。

表 19-14 非圆形光学零件倒角

最短棱边长度	二面角倒角宽度	三面角倒角宽度	倒角位置
3～6	$0.1^{+0.1}$	$0.4^{+0.3}$	二面角：倒角面垂直于二面角的二等分面。 三面角：倒角面垂直于三面角中每个二面角的二等分面之交线。
＞6～10	$0.2^{+0.2}$	$1.0^{+0.4}$	
＞10～30	$0.4^{+0.3}$	$1.5^{+0.5}$	
＞30～50	$0.6^{+0.4}$	$2^{+0.6}$	
＞50	$0.8^{+0.5}$	$2.5^{+0.8}$	

对于棱镜来说，棱镜的**角度误差(angle tolerance)**是在加工中要加以控制的重要因素。不同的棱镜，棱镜的不同位置，其角度公差要求都有所不同。表 19-15 是不同棱镜不同角的公差要求。

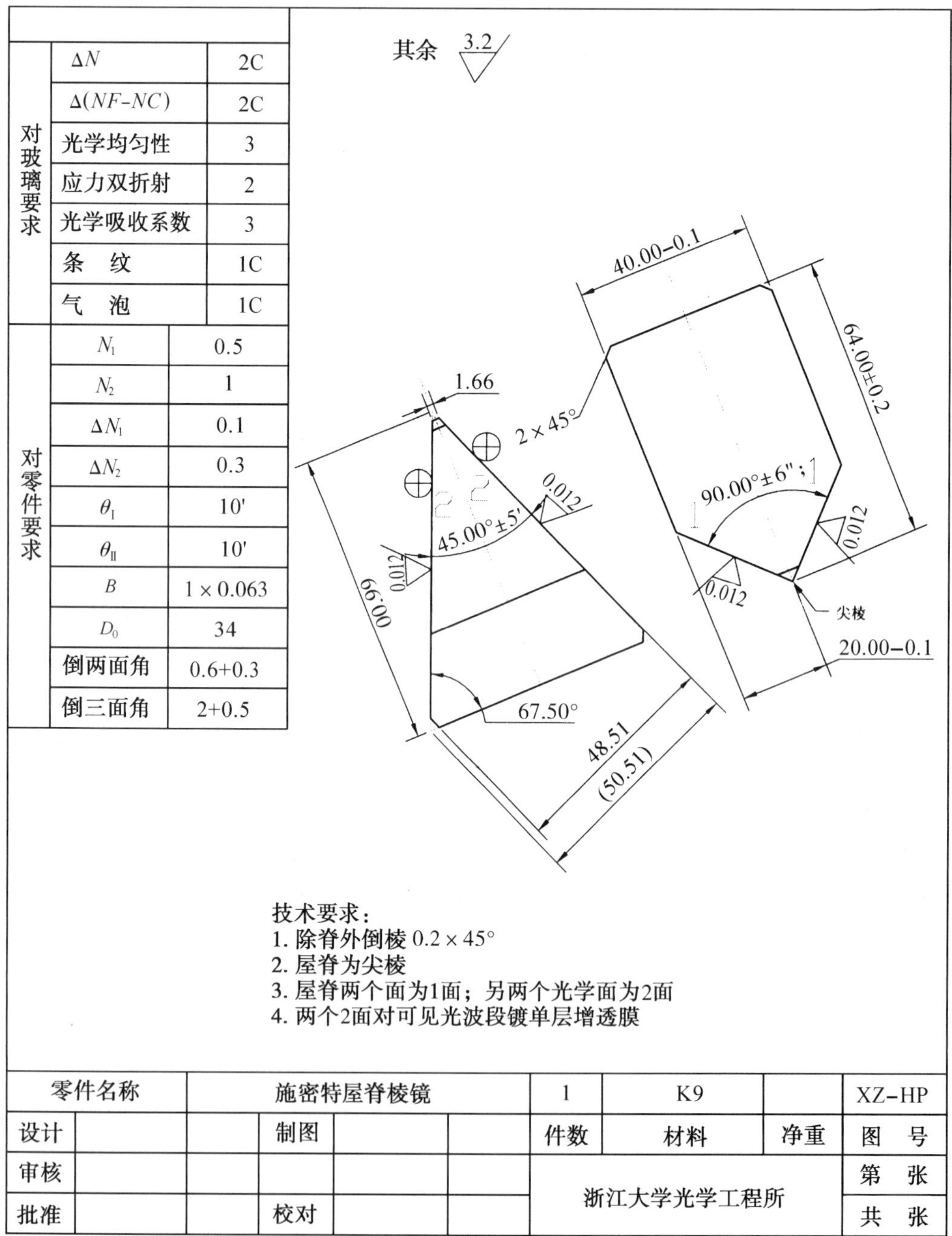

图 19-4 施密特屋脊棱镜

表 19-15　棱镜的角度公差

角度公差	棱镜类型			
	一个反射面	两个反射面	五角棱镜	屋脊棱镜
直角或钝角差	3′～12′	2′～10′	0.5′～5′	0.5′～6′
锐角(45°)差	2′～10′	4′～10′	0.2′～3′	1′～5′
塔尖差	2′～10′	2′～10′	1′～5′	1′～5′
屋脊角差				1″～5″

表 19-15 中的塔尖差是指平行的棱之间的不平行度。

除了棱镜之外平面光学零件还包含各类平板零件，平板零件除了面形等公差要求外，主要还有两个平面的平行度公差。表 19-16 是一些主要的平板零件的平行度公差。

表 19-16　平板零件的平行度公差

平板零件的类型	不平行度 θ
高精度滤光镜	3”～1′
一般精度保护镜	1′～10′
分划板	10′～15′
平面外反射镜	10′～15′
平面内反射镜	2″～30″

19.4.8　非球面光学零件图

现在越来越多的光学系统中使用了非球面，特别是在塑料光学透镜中应用很多。由于非球面的描述方式很多，要表达清楚一个非球面，像球面那样标注是不行的。图 19-5 是一个塑料非球面透镜的零件图。

图中的透镜是由一个平面和一个非球面组成的。平面的标注用 $R\infty$，非球面主要通过非球面方程来描述。有些加工人员会要求给出不同环带的矢高，可以在零件图中用表格列出。图中表格所列的对零件的要求，由于非球面的检验不是使用样板，所以不必标注光圈数 N 和 ΔN，而且非球面的中心偏差 C 和倾斜量 χ 要单独标注。

为了便于检验，图中可以标明在给定条件下的成像质量，或建议使用的测量方法和质量标准。

本章中所给出的光学工程图只是选取了几个常用和比较典型的。其他的零部件可以参照工程制图的要求进行。

制图是光学设计中一个非常重要的环节，设计结果必须通过图纸传达给其他人员，因此，应做到制图清晰、标注完备、公差要求合理，并且要按照有关国家标准。各类国家标准会随着行业技术发展而更新，请读者注意查阅国家技术监督局最新发布的国家标准。

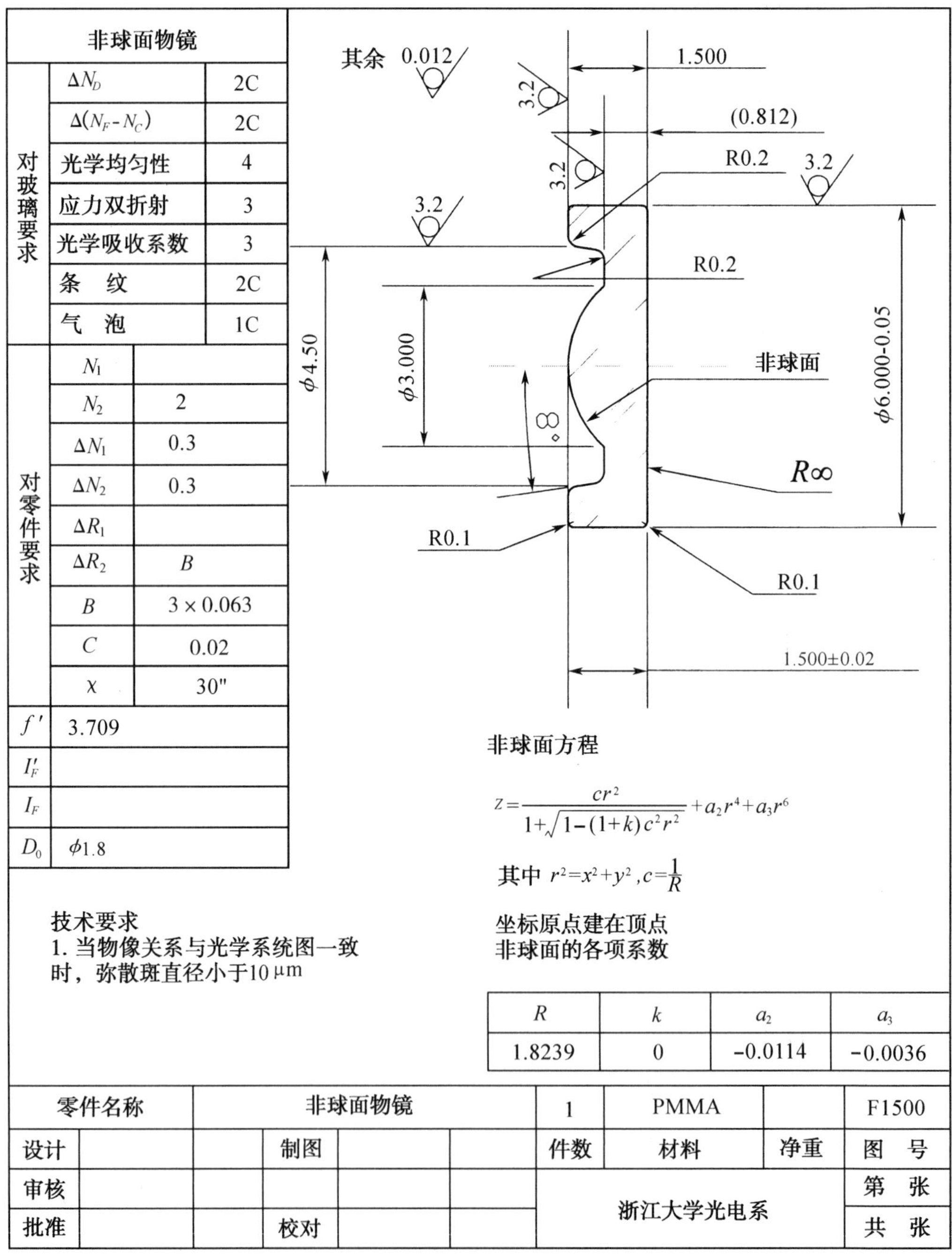

图 19-5 塑料非球面透镜光学零件图

参考文献

[1] 王子余. 几何光学和光学设计. 杭州:浙江大学出版社,1989.

[2] Born M, Wolf E. Principles of Optics. Cambridge: Combridge University Press, 2019.

[3] 郑玉祥,陈良尧. 近代光学. 北京:电子工业出版社,2011.

[4] 王之江. 实用光学技术手册. 北京:机械工业出版社,2007.

[5] 刘颂豪. 光子学技术与应用. 广州:广东科技出版社,2006.

[6] 岑兆丰. 数码摄影技术. 杭州:浙江大学出版社,2002.

[7] 王自强,包正康. 光学测量. 杭州:浙江大学出版社,1989.

[8] 冯其波. 光学测量技术与应用. 北京:清华大学出版社,2008.

[9] 叶其孝. 实用数学手册. 北京:科学出版社,2006.

[10] 王之江. 光学设计理论基础. 北京:科学出版社,1985.

[11] 光学仪器设计手册编辑组. 光学仪器设计手册. 北京:国防工业出版社,1972.

[12] Smith W J. Modern Lens Design. New York: McGraw-Hill,2004.

[13] Malacara H D, Malacaa H Z. Handbook of Optical Design. New York: Marcel Dekker, 2004.

[14] Laikin M. Lens Design. Boca Raton, FL: CRC Press,2006.

[15] Mouroubis P, Macdonald J. Geometrical Optics and Optical Design. London: Oxford University Press,1996.

[16] Fischer R E. Optical System Design. Bellingham, WA: SPIE Press, 2008.

[17] 虞启琏. 医用光学仪器. 天津:天津科学技术出版社,1988.

[18] 安连生. 应用光学. 北京:北京理工大学出版社,2010.

[19] 袁旭沧,等. 光学设计. 北京:科学出版社,1983.

[20] 叶玉堂. 光学教程. 北京:清华大学出版社,2005.

[21] 陶纯堪. 变焦距光学系统设计. 北京:国防工业出版社,1988.

[22] 张以谟. 应用光学. 北京:电子工业出版社,2008.

[23] Goodman J W. 傅里叶光学导论. 北京:科学出版社,1976.

[24] 加斯基尔. 线性系统·傅里叶变换·光学. 北京:人民教育出版社,1981.

[25] 庄松林,等. 光学传递函数. 北京:机械工业出版社,1981.

[26] 南京大学数学系计算数学专业. 光学系统自动设计中的数值方法. 北京:国防工业出版社,1976.

[27] 南京大学数学系计算数学专业. 光学自动设计程序汇编. 北京:国防工业出版社,1978.

[28] 王永仲. 新光学系统的计算机设计. 北京:科学出版社,1993.

[29] 谭浩强. C 程序设计. 北京:清华大学出版社,2010.

[30] Ellis H, Sartaj S, Susan A F. Fundamentals of Data Structures in C. New York: Computer Science Presss, 2007.
[31] 李晓彤,等.变焦距系统高斯解优化的研究.浙江大学学报,1993,27(1).
[32] 赵秀丽.红外光学系统设计.北京:机械工业出版社,1986.
[33] 余怀之.红外光学材料.北京:国防工业出版社,2007.
[34] 王永仲.现代军用光学技术.北京:科学出版社,2008.
[35] 沈中,等.航天超光谱成像技术原理及其发展现状.航天器工程,2001,10(4).
[36] 沈中.航天超光谱成像仪原理分析.航天返回与遥感,2002,23(2).
[37] 邵晖,等.推帚式超光谱成像仪(PHI)关键技术.遥感学报,1998,2(4).
[38] 曹天宁,周鹏飞.光学零件制造工艺学.北京:机械工业出版社,1987.
[39] 李士贤,李林.光学设计手册.北京:北京理工大学出版社,1990.
[40] 张登臣,郁道银.实用光学设计方法与现代光学系统.北京:机械工业出版社,1995.
[41] 魏光辉,等.矩阵光学.北京:兵器工业出版社,1995.
[42] Fischer R E.红外系统的光学设计.云光技术,2000,32(6).
[43] 郁道银,谈恒英.工程光学.北京:机械工程出版社,2011.
[44] 马拉卡拉.光学车间检验.北京:机械工业出版社,2010.
[45] Welford W T. Aberrations of Optical Systems. Bristol; Boston: A. Hilger, 1986.
[46] 吕立波.话说夜视技术.安全技术防范,2001(1).
[47] 胡玉禧,等.红外系统的光机热一体化设计.红外技术,2000,22(2).
[48] 熊静懿,等.液晶投影显示技术发展现状.光学仪器,2001,23(4).
[49] 贺银波,等.LCOS投影显示技术及应用.光学仪器,2002,24(2).
[50] Ghatak A K. Contemporary Optics. New York: Plenum Press, 1978.
[51] Marchand E W. Gradient Index Optics. New York: Academic Press, 2012.
[52] 李晓彤,等.用于全景成像系统的一种新型光学非球面.光电工程,2001,28(6).
[53] 陈海清.现代实用光学系统.武汉:华中科技大学出版社,2003.
[54] Cen Z F, et. al. Optical design of free face reflective headlamps. Proceedings of SPIE, 2005, 5638:81-87.
[55] Li Xiaotong, et al. Optimization design of zoom lens systems. Proceedings of SPIE, 2003, 4927:44-49.
[56] Li Xiaotong, et al. Paraxial analysis of stray light caused by multi-order diffraction and multi-reflection. Proceedings of SPIE, 2005, 5627:20-24.
[57] 岑兆丰,等.光学系统杂散光分析.红外与激光工程,2007,36(3):300-304.
[58] 奚晓,等.无热技术在光学系统中的应用.红外与激光工程,2005,34(4):388-390,409.
[59] 李林.应用光学.北京:北京理工大学出版社,2012.
[60] 宋菲君,陈笑,刘畅.近代光学系统设计概论.北京:科学出版社,2019.
[61] Yu Nanfang, et al. Light Propagation with Phase Discontinuities: Generalized Laws of Reflection and Refraction. Science, 2011, 334(6054):333-337.
[62] Sawicki R H. The National Ignition Facility: Laser System, Beam Line Design and Construction. Proceedings of SPIE, 2004, 5341:43-54.

附　录　双胶合透镜 $P\infty0$ 的算法

本算法采用链表结构，有关数据类型(类型和变量名按见名知义原则取)和算法如下：

```
  struct glass                          /* 玻璃链表结点类型 */
{char name[7];                          /* 玻璃牌号 */
 float n,v;                             /* 折射率和阿贝数 */
 struct glass *next;                    /* 指向下一个结点的指针变量 */
};

struct cem_lens                         /* 双胶合透镜结构体类型 */
{char name1[7],name2[7];                /* 第一块玻璃和第二块玻璃的牌号 */
 float A,B,C,P0,Q0,fik;                 /* 双胶合透镜在给定 C 下的各个参量 */
};                                      /* fik 表示 φk */

struct cem_node
{struct cem_lens cem;                   /* 选出的双胶合透镜链表结点类型 */
 struct cem_node *next;                 /* 指向下一个结点的指针变量 */
};

void calcu_cemented_p0(c)1,kpoint,fpoint      /* 计算双胶合透镜像差参量的函数 */
float c1;                               /* 色差参量 */
struct glass *kpoint, *fpoint;          /* 冕牌玻璃和火石玻璃链表头结点指针 */
{struct glass *p, *q;                   /* 指向第一块玻璃结点和第二块玻璃结点的工作指针 */
 struct cem_lens cem;                   /* 当前双胶合透镜结构体变量 */
 float fi1,fi2;                         /* φ1 和 φ2 */
 FILE *fp;                              /* 双胶合透镜数据文件指针(算出的参量存入文件) */
 int i,j;                               /* 循环变量 */
 if(!(fp=fopen("文件名","wb")))
   {printf("Cannot open file! \n");return;
   }
 for(i=1;i<3;i++)                       /* i=1 时,冕牌玻璃在前;i=2 时,火石玻璃在前 */
 {if(i==1)p=kpoint;
   else p=fpoint;
```

```
    do                                              /＊第一块玻璃循环＊/
    {if(i==1)q=fpoint;else q=kpoint;
      do                                            /＊第二块玻璃循环＊/
      {fi1=p->v＊(1-q->v＊c1)/(p->v-q->v); fi2=1-fi1;
        cem.A=1+2＊fi1＊(1/p->n-1/q->n)+2/q->n;
        cem.B=3＊fi1＊fi1/(p->n-1)-3＊fi2＊fi2/(q->n-1)+2＊fi1-2;
        cem.C=p->n＊pow(fi1,3)/((p->n-1)＊(p->n-1))+
          q->n＊pow(fi2,3)/((q->n-1)＊(q->n-1))+q->n＊fi2＊fi2/(q-
          >n-1);
        cem.P0=cem.C-cem.B＊cem.B/(4＊cem.A);            /＊计算 P∞0＊/
        cem.Q0=-0.5＊cem.B/cem.A;                        /＊计算 Q0＊/
        if(i==1)cem.fik=fi1;else cem.fik=fi2;           /＊计算 φk＊/
        for(j=0;j<7;j++)
        {cem.name1[j]=p->name[j]; cem.name2[j]=q->name[j];
        }
        if(fwrite(&cem,sizeof(struct cem_lens),1,fp)!=1)   /＊存入文件＊/
        {printf("file write error\n");return;
        }
        q=q->next;
      }while(q!=NULL);
      p=p->next;
    }while(p!=NULL);
  }
  fclose(fp);
}

struct cem_node ＊search_cem_lens(filename,P0,error)
                                          /＊在给定文件中查找合适玻璃对＊/
char ＊filename;float P0,error;           /＊文件名;给定 P∞0 和误差＊/
{int i;
  FILE ＊fp;
  struct cem_node ＊cpoint,＊r,＊s;        /＊合适玻璃对链表的头指针和工作指针＊/
  if(!(fp=fopen(filename,"rb")))
  {printf("cannot open file\n");return(NULL);
  }
  cpoint=(struct cem_node＊)malloc(sizeof(struct cem_node));
  r=cpoint;
  while(!feof(fp))
  {s=(struct cem_node＊)malloc(sizeof(struct cem_node));
```

```
    fread(&(s->cem),sizeof(struct cem_lens),1,fp);
    if(fabs(s->cem.P0-P0)<error)          /*找到一个,接入合适玻璃对的表尾*/
    {r->next=s;r=s;}
  }
  r->next=NULL;
  fclose(fp);
  return(cpoint);                       /*返回合适玻璃对链表的头指针*/
}
```

主调函数请读者自行编写。有关的编程与链表结构知识请读者参阅参考文献[29]和[30]。

索 引

后　记

从 2014 年本书的第三版，到第四版和今天的第五版，不由得感叹时光真的就像流水，一去不返。这期间国际上在线教育的发展非常迅猛，我们开设的应用光学课程成为国家级精品资源共享课程后，参加了教育部高等学校电子信息类专业教指委光电教指分委的"光电专业共建国家集成创新课程的探索与实践"项目，形成了 O2O(Online to Offline)教学模式，为多所使用本教材的院校提供了线上资源，有机会和老师们共同探讨了教学中的问题，得到了老师们和同学们的帮助和肯定。2019 年起应用光学课程在中国大学 MOOC 上线，2023 年成为国家级一流本科课程。本书是以浙江大学光电学院(原光电系)原光学教研室全体教师的工作为基础编著而成的，之前的修订已融入作者多年的一些研究成果、设计经验和思考，写入了折反射定律的一般矢量形式的详细推导，拓展了几何光学基本定律，希望读者从几何光学和波动光学的交叉中得到启示，并为在光学设计中应用新型光学表面和元件提供理论思路和计算方法。本次修订增加了动画视频二维码，希望其中的概念和原理更生动，读者更容易理解，让线上学习更流畅、更有趣。

本书从几何光学最基本的理论入手，任何一位有一定高等数学和大学物理基础的读者均可阅读，但阅读的方式可以不同。我们希望读者在学习本书的过程中注重两个方面的思维，一个是开放性思维，一个是工程性思维。所谓开放性思维，就是不拘泥于几何光学的传统思维方式，如由费马原理得到折反射定律的一般公式时对衍射元件产生附加光程或相位的考虑，以及对费马原理和波动方程关系的简单讨论，希望读者借助这些在几何光学和波动光学乃至其他研究领域之间建立联系，而不是把它们割裂开来。所谓工程性思维，就是使自己的思维方式从偏重理想透镜成像规律逐步转化到有像差的实际光学系统，与工程实际相联系，在光学设计中考虑到光学系统像差及其相互补偿的复杂性和设计结果的工艺性，熟悉典型光学系统的成像规律和设计方法，同时了解现代常用的特殊光学系统及其设计特点，把握各类光学系统的共性和本身具有的个性，从而能够在设计中举一反三。拓展性、创造性研究开发既需要天马行空，也需要脚踏实地。这正是开放性思维和工程性思维各自的优势所在。

"落其实者思其树，饮其流者怀其源。"本书的基本原理可上溯至公元前 400 年左右，书中涉及的原理、方法以及各种光学元件和系统包含了跨越 24 个世纪无数科学家和工程师的心血与贡献。本书以脚注形式简介了书中涉及的一些科学家和工程师，以铭记他们的贡献。但本书毕竟不是一本光学史书，限于篇幅脚注只有短短的几句话，不可能涵盖他们的全部贡献，也不可能包含历史上所有著名的科学家和卓越的工程师，有一些虽经多方多次查询还是未能形成哪怕最少量的完整简介。作者谨希望借此缅怀和纪念前辈，同时也引导读者了解光学文化，在向前看的同时也能够回头看看，从中学习积累与创造。

本次仍保留部分英文单词及词组的索引。但光学词汇数量众多，本书不是光学词典，既不可能也无必要有那么大的容量，仅列出书中涉及的有解释的部分基本单词和词组。读者如需了解更多的词汇，还需要查阅专业词典。

限于本书的教材特性，作者没有对光学设计进行十分深入的讨论，也无法容纳作者所有的工作成果与经验。作为一本教材，本书更强调应用光学知识结构的系统性与开放性。当读者遇到一个具体的光学设计问题，相信书中的基本原理、设计过程和经验会帮助读者少走弯路，但由于光学设计的创造性、个性以及工程化特点，要成为一个熟练的光学设计工作者，还需要长期大量的设计实践以及在实践中灵活运用书中的知识，并参阅有关专著及不断更新的期刊论文。若干年以后，当读者设计一个复杂的镜头时，能够形成自己的设计思想与风格、灵感与潜意识，也许会发现在设计中像使用自己的眼睛和双手那样灵活自如地运用的某些方法正是书中所提到的，或者是以书中知识为基础而形成的，作者就感到非常欣慰了。

同时，本书也不是一本光学设计软件的使用指导书。国际上流行的光学设计软件有多种，虽各有特色，但对于相同用途的软件而言，其基本的功能往往大同小异。本书限于篇幅只对常用的几种做了简单介绍，不能奢望读者学习了本书就会使用各种软件。现代光学设计已经离不开软件的帮助，但无论如何设计者自己的思想仍然是决定设计成败的关键。常用的软件都有完备的用户手册或使用指导书，篇幅可达数百页之多，并且大多是按菜单顺序编排的，没有相关理论基础的读者常常会不知所云。读者有了本书的基础和自己的设计思想，阅读用户手册时就易于找到和理解具体的操作步骤，了解该如何去做以及为什么要这样做。

当原理那么枯燥，当设计不知从何入手，当创造好像遥远的浮云，当手机不时响起，各群频频呼叫，事务铺天盖地，还是要放一张安静的书桌，告诉自己静下心来，钻进去，做起来，没有开头就没有进展，没有基础就没有方向，没有潜心的钻研和长期的设计实践，就既不会有经验，也不会有成果。

当原理成为潜意识，当设计成为生活，当创造成为冲动，总是看到更好的设计结果在前方招手，我们希望读者能够收放自如，有时需要适可而止，有时也需要继续追根究底。光学设计没有终点，设计者不可能永无止境地寻找最优化点，那样即使花上多年的时间也难走到尽头，加工、装配中不可避免的误差也使理论上的最优化点永远不可能成为现实。对于产品开发而言，当达到设计指标后就需要适可而止。如果为了得到极端优异的像质而使镜头过于复杂，会使我们失去很多机会，产品也会失去竞争力。但也许我们在某一个早晨从梦中醒来，梦里探索的某种方法或某个设计还历历在目，却又似乎非常遥远，此刻便会被创造的冲动所驱使，去和同伴讨论那天空之上的一抹若隐若现。所以我们也希望读者不为现实所羁绊，去追求各种未知，不仅满足现实需求，更要创造新的需求。

几何光学和光学设计是活的学问，新材料、新元件、新工艺、新技术不断为它带来新的活力。虽然作者在编著中努力体现系统性与发展观的统一，但在编排方式、内容组织与取舍等各方面仍会留有遗憾之处。写书是一件遗憾的工作，总是觉得还应该再修改点什么，但一本书不能总在写作之中，还是要和读者见面的。希望得到读者的帮助，以便在下一版修正。

李晓彤　岑兆丰

2023 年 7 月 25 日于求是园

高等院校光电类专业系列规划教材

光电子学(第二版)	刘　旭　等
红外物理	石晓光　等
几何光学・像差・光学设计(第五版)	李晓彤　岑兆丰
光学材料与元件制造	叶　辉　侯昌伦
光电检测技术及系统(第三版)	刘华锋
物理光学——VirtualLab 虚拟仿真	付跃刚　等
颜色信息工程(第二版)	徐海松
光谱技术及应用	袁　波　杨　青
先进干涉检测技术	杨甬英
应用光学实验教程	郑晓东　吕玮阁